U0218618

中国文物学会 中国建筑学会 指导

中国文物学会 20 世纪建筑遗产委员会等 主编

中国 20 世纪建筑遗产年度报告（2014—2024）

20th-CENTURY CHINESE ARCHITECTURAL HERITAGE ANNUAL REPORT (2014-2024)

天津大学出版社
TIANJIN UNIVERSITY PRESS

图书在版编目(CIP)数据

中国20世纪建筑遗产年度报告：2014—2024：中国
文物学会、中国建筑学会指导 / 中国文物学会20世纪建
筑遗产委员会等主编. -- 天津：天津大学出版社，
2024.4
　　ISBN 978-7-5618-7712-8

　　Ⅰ.①中… Ⅱ.①中… Ⅲ.①建筑－文化遗产－研究
报告－中国－20世纪 Ⅳ.①TU-87

中国国家版本馆CIP数据核字(2024)第086237号

图书策划：金　磊　路　红
编辑团队：韩振平工作室
策划编辑：韩振平
责任编辑：刘　焱
装帧设计：朱有恒　董晨曦　刘仕悦

ZHONGGUO 20 SHIJI JIANZHU YICHAN NIANDU BAOGAO（2014—2024）

出版发行	天津大学出版社
地　　址	天津市卫津路92号天津大学内（邮编：300072）
电　　话	发行部：022-27403647
网　　址	www.tjupress.com.cn
印　　刷	廊坊市瑞德印刷有限公司
经　　销	全国各地新华书店
开　　本	210mm×260mm　1/16
印　　张	46
字　　数	1227千
版　　次	2024年4月第1版
印　　次	2024年4月第1次
定　　价	298.00元

凡购本书，如有缺页、倒页、脱页等质量问题，烦请与我社发行部门联系调换

版权所有　侵权必究

《中国20世纪建筑遗产年度报告（2014—2024）》编委会

指导单位	中国文物学会
	中国建筑学会

主编单位

北京市建筑设计研究院股份有限公司	中联筑境建筑设计有限公司
清华大学建筑设计研究院有限公司	中国建筑西北设计研究院有限公司
中国建筑设计研究院有限公司	上海建筑装饰（集团）有限公司
天津市建筑设计研究院有限公司	广东省建筑设计研究院有限公司
中国建筑西南设计研究院有限公司	天津华汇工程建筑设计有限公司
中南建筑设计院股份有限公司	重庆市设计院有限公司
中国中建设计研究院有限公司	四川省建筑设计研究院有限公司
浙江省建筑设计研究院有限公司	山东建筑大学
河北建筑设计研究院有限责任公司	山东大学
香港华艺设计顾问（深圳）有限公司	山东省建筑设计研究院有限公司
新疆建筑设计研究院有限公司	山东大卫国际建筑设计有限公司

学术顾问　吴良镛　傅熹年　张锦秋　郑时龄　程泰宁　何镜堂　王瑞珠　王小东　崔　愷　庄惟敏
　　　　　　段　进　常　青　孟建民　王建国　刘加平　梅洪元　李兴钢　周　岚　伍　江　费　麟
　　　　　　刘　力　刘景樑　黄星元　邹德侬　布正伟　顾孟潮　李拱辰　路　红

主　　任　单霁翔　修　龙　马国馨
名誉主编　马国馨　单霁翔　修　龙
主　　编　徐全胜　庄惟敏　李　琦

副主编　李存东　张　宇　周　恺　刘玉龙　宋　源　朱铁麟　钱　方　刘　艺　杨剑华　薄宏涛
　　　　　许世文　郭卫兵　赵元超　刘临安　陈　雄　申作伟　褚冬竹　冯　蕾　陈日飙　薛绍睿
　　　　　李　纯　高　静　吴宜夏　金　磊（常务）

策　　划　金　磊

编　委（以姓氏笔画排序）
马交国　王宇舟　叶依谦　永昕群　吕　成　仲继寿　刘　谞　刘兆丰　刘克成　刘伯英
刘若梅　祁　斌　孙一民　孙宗列　李子萍　李秉奇　李海霞　杨　宇　杨　杰　杨　瑛
何智亚　汪晓茜　宋　昆　宋雪峰　张　一　张　兵　张　松　张　杰　张玉坤　张立方
张远明　张锡治　陆　强　陈　纲　陈　雾　陈　薇　邵韦平　范　欣　林　毅　郑　军
郑　勇　屈培青　孟璠磊　胡　越　胡　燕　柳肃　桂学文　钱　方　倪　阳　徐　锋
徐苏斌　殷力欣　奚江琳　黄茂玲　曹　宇　崔　彤　崔曙平　谌　谦　彭长歆　韩冬青
韩林飞　韩振平　舒　平　舒　莺　裴云丹　戴　路

执行主编　苗　淼　朱有恒
执行编辑　李　沉　金维忻　董晨曦　刘仕悦　朱玉红　刘　焱　王占海
美术编辑　朱有恒　董晨曦　刘仕悦
图片提供　书中案例图片来自各参编单位
　　　　　　中国文物学会20世纪建筑遗产委员会
　　　　　　万玉藻　李　沉　朱有恒　金维忻　杨超英　刘锦标　陈　鹤　等

序

单霁翔

我清晰地记得 2014 年 4 月 29 日在故宫博物院敬胜斋举行"中国文物学会 20 世纪建筑遗产委员会成立大会"的情景。当时我向媒体表示："今天建筑大师和文物专家聚集在一起，共同研究 20 世纪建筑遗产保护问题，这天时、地利、人和的现象本身就体现出 20 世纪建筑遗产保护的本质意义，即文化传承。中国文物学会 20 世纪建筑遗产委员会的成立，使长期以来关注度不够的、极其珍贵的 20 世纪建筑遗产保护工作从此有了专家工作团队。"2024 年，正值中国文物学会 20 世纪建筑遗产委员会成立 10 周年之际，为总结全国诸建筑、城市、文博乃至社会文化人士对 20 世纪建筑遗产保护与发展的感悟与经验，委员会秘书处推出了《中国 20 世纪建筑遗产年度报告（2014—2024）》，对此我表示由衷的祝贺。

回望 20 世纪建筑遗产委员会工作的十年历程，我认为这是在遗产类型上不断拓展、坚持创新不止的十年；放眼国际、不断紧随世界潮流的十年；在建筑创作与建筑师中，不断用 20 世纪遗产科技与文化普惠交流的十年；不断与中国建筑学会合作交流，建立建筑与文博"交叉学科"的十年；持续增强对中国 20 世纪建筑遗产项目及建筑巨匠的敬畏，增加社会认同感的十年。

十年间，与 20 世纪建筑遗产相关的几件大事尤为难忘：2016 年 9 月 29 日，在"致敬百年建筑经典：首届中国 20 世纪建筑遗产项目发布暨中国 20 世纪建筑思想学术研讨会"上，吴良镛院士表示，希望此项活动能与《北京宪章》相结合，成为中国建筑界向世界彰显中国 20 世纪建筑经典的舞台；2021 年 5 月 21 日，"深圳改革开放建筑遗产与文化城市建设研讨会"在被誉为深圳改革开放纪念碑的标志性建筑——深圳国贸大厦召开，马国馨院士在总结发言中从"对深圳改革开放 20 世纪遗产的认知要更新传统的历史观"等五个方面对会议的意义与当代价值做出总结，他将改革开放与 20 世纪遗产的传承创新相联系；2023 年 11 月 18 日，"光阴里的建筑——20 世纪建筑遗产保护利用"活动在江苏南京举行，尤其值得关注的是活动举办的场地——南京市颐和路数字展示馆，这是在中国第一座自主设计建造的生活用水处理中心——"南京市第一新住宅区生活用水处理中心旧址"基础上修建的，该项目不仅给我们留下全新的印象，更通过丰富的内容向行业和社会彰显了江苏 20 世纪建筑遗产的贡献与经验；2023 年 11 月 19 日，中国安庆 20 世纪建筑遗产文化系列活动举办，在这里，我与陈独秀孙女陈长璞女士进行交流并拜谒了陈独秀儿子陈延年、陈乔年烈士故居等，不禁感慨安庆这座城是 20 世纪事件之城，也是中国革命的先驱之城。

2013 年，《中国建筑文化遗产》《建筑评论》编辑部曾编撰出版了《中国建筑文化遗产年度报告（2002—2012）》，我曾在序言中评介，它是一部力争弘扬建筑文化遗产正确理念，提升规划设计，保护技术优秀案例的著作，是一部有价值、有深度、有文献性及学术意义的行业指导书。我确信，新近出版的《中国 20 世纪建筑遗产年度报告（2014—2024）》，立意更新颖，内容更实用，且更契合当下城市更新与城市高品质发展的需要。如今，我正与委员会同人策划思考如何拍好中国 20 世纪建筑遗产纪录片，旨在让业界及公众理解 20 世纪建筑遗产的真谛。

特此为序。

单霁翔
中国文物学会会长
故宫博物院学术委员会主任
2024 年 2 月

序

修龙

2024 年，中国文物学会 20 世纪建筑遗产委员会成立十周年，从某种意义上讲，这十年也是中国文物学会、中国建筑学会共同推动中国 20 世纪建筑遗产保护事业的十年。今天，翻阅中国文物学会 20 世纪建筑遗产委员会编撰的《中国 20 世纪建筑遗产年度报告（2014—2024）》样稿，十分欣喜，它是凝结了中国文物学会和中国建筑学会携手对 20 世纪建筑遗产保护研究十年成果的心血之作。

十年间，两个国家级学会并肩举行了一系列针对中国 20 世纪建筑遗产项目推介的学术活动及调研考察。给我留下深刻印象的"大事件"如下。2016 年，在故宫博物院宝蕴楼举行的"致敬百年建筑经典：首届中国 20 世纪建筑遗产项目发布暨中国 20 世纪建筑思想学术研讨会"，引发了全国各大建筑设计机构的高度关注。我曾在致辞中说："中国文物学会与中国建筑学会联合向社会公布首批中国 20 世纪建筑遗产名录，并联名发布《中国 20 世纪建筑遗产保护与利用建议书》，这是两学会关于 20 世纪建筑遗产保护事业的工作开展与学术推进的开端，相信未来，中国建筑学会将借助其专家资源与专业平台，与中国文物学会携手共进，不断开拓跨界交流的新视野，让珍贵的中国 20 世纪建筑遗产融入人们的生活，成为繁荣当代中国建筑创作、丰富城市文化、探寻文化发展之根。"2017 年 8 月，我率领中建科技集团造访安徽池州，在当地市委、市政府引荐下走进了贵池润思祁红工厂，从而推动了其入选"第二批中国 20 世纪建筑遗产项目"，特别有意义的是，祁红厂在一系列文化活动的积极策划中，开始了多项以振兴池州"城市更新"为主旨的活动。迄今，在中国建筑学会举办的多个展览中，都有推介中国 20 世纪建筑遗产项目与建筑师的内容，如先后在威海"国际人居节"、

泉州"新时代本土建筑文化的融合与创新——2018 年中国建筑学会年会"、北京"第 27 届世界建筑师大会中巴合作论坛暨中国建筑展"等活动中举办"中国 20 世纪建筑遗产主题"展览，它们从一定层面上介绍并展示了 20 世纪中国建筑师及其作品的风采。2023 年 10 月 8 日，"新中国 20 世纪建筑遗产活化利用暨上海现当代优秀建筑传承创新研讨会"在上海召开，它将保护新中国经典建筑的传承创新工作纳入中国建筑学会团体标准建设中，为城市更新的"城市与建筑设计"提供了可供借鉴的标准、方法及手段。

回顾两学会十年合作历程，可总结的经验以及感触颇多。从 2016 年至今，由中国文物学会、中国建筑学会联合推介的八批 798 个"中国 20 世纪建筑遗产项目"，是中国文物学会、中国建筑学会协同奋进、跨界合作的丰硕成果；它们不仅持续填补了国家文保单位在 20 世纪建筑遗产类型上的空白，更给从事现当代建筑创作的建筑师们以新的启示。如果说敬畏历史、面向未来需要在传承的基础上创新，20 世纪建筑遗产恰恰应引发行业及全社会的共同关注，为此两学会的合作应不断持续推进。

中国建筑学会将继续与中国文物学会在 20 世纪与当代遗产上进行深度跨界交流，在不断开创的新平台上，让珍贵的中国 20 世纪建筑遗产"活化"的经验与案例服务城市生活，并繁荣现当代中国建筑创作，让更多的中国建筑师走向世界，贡献新的力量。

是为序。

修龙
中国建筑学会理事长
2024 年 2 月

序

马国馨

当前我国已经进入了高水平对外开放、高质量发展的新时代。在新的时代背景下，20世纪建筑遗产的保护面临着如何深入发展和开拓进取的新课题。在一篇论文中，我曾以"全面、完整地认识20世纪建筑遗产的价值""20世纪建筑遗产的可持续性""20世纪建筑遗产保护的公众性"三个主题进行过初步的探讨。近现代遗产保护和活用理论乃至文化遗产学的研究，是一个多学科交叉的系统工程和综合工程。习近平总书记多次指出，历史文化遗产承载着中华民族的基因和血脉，不仅属于我们这一代人，也属于子孙万代，要把凝结着中华民族传统文化的文物保护好、管理好。保护文化遗产，弘扬传统文化，是增强民族自信的重要方式。下面从城市历史和文化的新角度对近代建筑遗产进行初步的探讨。

一、20世纪建筑遗产与城市历史文化

城市是在一定的地域范围内集聚了大量人口、建筑、财富、服务和基础设施的容器和载体，是体现人类文明进展、生活方式、交往活动，并与特定的自然地理环境聚合在一起的巨型实体。一座城市既有直接可见的雄伟和壮阔，同时又有经过细致体味才能感觉到的精神和气质。正是空间的占有与时间的演变使文物和遗产逐渐从城市和建筑中被筛选出来，最后形成文明的载体。近代建筑遗产就是在这样的背景条件下产生和成长起来的。我们的任务就是要通过对历史的审视，打通过去和现在的时间界限，在回顾和展望的过程中考察古今之变，筹划未来之势。

回顾已评定的八批近代建筑遗产可以发现，这些建筑遗产无不与所在城市的时代背景、历史文脉、规划布局、空间设置、景观风格密切相关，从而表现出其历史文化特质。尤其是在我国城市化建设的热潮中，研究城市发展历史并从中找出一些可供借鉴的规律已经成为一门显学。其特色之一就是这个历史学科在具有学术性和理论性的同时，又兼具极强的现实性，与现实的城市动态发展联系在一起。它不仅是规划学、设计学和建筑学的问题，而且要与众多人文社会学科，诸如社会学、经济学、人类学、生态学、考古学、宗教学、民族学等相结合，从这些学科的动态发展中研究城市结构、形态发展、改造、变化和去留。因此，这种历史更接近社会发展史，又如同居民生活变迁史。正如雅各布斯所说："对于城市未来，最重要的指引应该是社会学，而不是城市规划学，更不是社会经济学。"而这种历史的研究主体和对象，也分别陆续由总体、群体、个体等不同的层次构成一个完整的系统。因此，作为个案研究对象的近代建筑遗产的相关课题应运而生，近代建筑遗产保护和活用自然归属于这个巨大的研究课题。一方面要把近代建筑遗产的形成和发展与社会、政治、经济的发展结合起来，另一方面又要从艺术潮流和技术进步的角度进行分析，从而提出研究的深度和广度要求。

清末在一些城市开办洋务运动和帝国主义国家划分租界，乃至民国时期的帝国主义势力再次入侵及民族工商业缓慢发展，都成为这一时期建筑遗产研究的重要背景。以近代建筑发展的一些先行城市为例，如上海市成为以外国租界为主体的商埠城市；天津市先后开设的九国租界中的英法日租界逐渐形成天津城市的主体格局，其中英租界前后经营了80余年，占地最大。民国以后的建筑活动也多集中于租界区。租界区又是北洋军阀的大本营，从而形成了形式多样、风格各异、彼此融合的建筑特色。按其历史文化的重要性，先后有746座建筑被列为近代遗产。又

如北京的长安街和天安门广场，是 1949 年以来新中国建设成果的主要体现，而其建设历史过程及文化意义又与北京市历次总体规划的拟定和修改执行有密切关系。同时，它们又是共和国政治、经济发展的重要历史事件的体现和见证。北京先后有八批建筑被列入中国 20 世纪建筑遗产名录。

习近平总书记指出，城市是一个民族文化和情感记忆的载体，历史文化是城市魅力之关键。城市就是这些遗产的容器和载体。所以城市建设史和建筑发展史二者互相依存又互相促进，有着千丝万缕的关联，在历史和现代之间、城市进程与个案之间、城市模式和建筑功能之间、新兴技术和建筑表现之间，都直接影响着人们对建筑遗产历史文化价值的认识。

二、20 世纪建筑遗产与城市历史记忆

对历史的重视是文明社会的重要标志。历史本身就是一个国家和民族的集体记忆，是民众的基本知识形态，也是人类的重要思维方式；是对已发生事件的理解和认知，也是总结性的反思。

联合国教科文组织在 1992 年设立了一个世界记忆遗产项目。该项目对世界范围内正在逐渐老化、损毁、消失的珍贵文献档案，通过国际合作并使用最佳技术手段来进行抢救性保护，从而使人类的历史记忆得以存续并更加完整。实际上，世界记忆遗产可以分为文字类和非文字类遗产。

由于历史的认识是一个不断深入和积累的过程，通过历时性的追根溯源，集体记忆和个人记忆的不断叠加，从而把众多的碎片逐渐拼接成一个较为完整又比较接近历史真相的结论。对于历史记忆，有集体共性也有个性差异，这是一个无限渐进的过程。我们所遵循的"学史明理，学史增信，学史崇德，学史力行"中就包含了如何把这种记忆遗产通过传承和总结而变成人类社会共同财富，真正做到"以史为鉴"。

在近代建筑遗产的研究过程中，如何发掘、认识、整理、分析、考证这种历史记忆就成为遗产研究的重要内容。因为只有充分导入这些历史记忆、人物和故事，才更有助于理解遗产中所蕴含的文化基因和当代价值。虽然近代建筑遗产距今不过百年，但历史记忆的缺失仍是十分突出的问题。

近代建筑遗产的建设过程和文字类文献可称为物质形式的记忆，包括文件、档案、志书、图纸、合同、契约，从审批资料到立项、设计、施工、运营的各种资料，仅这一部分就不是目前城建档案资料馆的收藏所能全部涵盖和保存的。迄今为止，近代建筑遗产项目基本资料的许多信息，如设计单位、施工单位、设计实践以至竣工时间等都不够完整、准确。另外，如前所述，不同建筑类型在使用过程中的社会、经济、历史、文化事件的始末，也都没有被系统地整理，涉及人文社会科学的内容也有待进一步发掘。关于建筑风格、建筑形式、建筑技术、建筑材料的分析和研究也多流于外观和一般叙述，缺少对室内设计和风格的分析研究和表述。

建筑遗产物质性记忆的另一个重要内容是有关设计人以及由此引发的设计过程、设计修改等方面的文献和记录。在相当长的一段时间内，人们将着力点置于建筑物本身而忽视了设计师，即便注意到了，也仅仅涉及设计公司（事务所）或主要建筑师，对于创作集体、配合专业、营造厂商等多有疏漏，由此而产生许多记忆缺失和谬误。

对设计者物质形式的回忆首先涉及本人的有关文献材料，如本人的回忆、自传、信札、日记、工作笔记、照片等内容。如张镈的专著《张镈：我的建筑创作道路》《回到故乡》，还有相关领导袁镜身、肖桐、何郝炬、沈勃、陈干等人的回忆。北京建筑大学的李浩教授最近整理了早期主管北京城建工作的郑天翔

同志在任职期间的工作日记，这就是十分珍贵的史料和记忆。笔者曾看过北京建工集团的技术领导胡世德撰写的《历史回顾》一书，该书收录了作者详尽记录的工作日记，收录了北京市建工局专家局、国庆工程、前三门统建、旅游饭店以及北京建工局科技处的发展和成果，记录中有时间，有地点，有人物，翔实可信。当前这种当事人的回忆资料日渐增多，这类记忆资料十分珍贵，需要我们进一步发掘、研究。尤其是许多当事人手中的文字记录、日记、信件等都需要我们以披沙拣金的精神深入细致地开展研究工作。

档案是社会生活中具有保存价值的原始记录，也是了解过去、论述现在、展望未来的珍贵文献。截至 2017 年，我国有 13 项档案入选了《世界记忆名录》。保护文档是保护人类历史记忆的重要组成部分。我国的所有权形式主要有国家所有权、集体所有权、个人所有权等，分别有不同的收集和管理办法。根据《中华人民共和国档案法》的规定，一般以 25 年为开放界限，经济、教育、文化、科技类档案可以少于 25 年，涉及国家安全或重大利益或不宜开放的档案可以多于 25 年。档案开放以后可以允许个人查询。李浩教授在查档过程中，发现了过去从未见过的由梁思成、林徽因、陈占祥三位先生署名的一份报告，对于了解当时的情况很有帮助。

图像史料也逐渐受到人们的重视，这是一个有待进一步开发、研究的学术领域。通过研究富于史料文献性质的照片，再配以解读文字和历史故事，则可对遗产进行更为丰富多元的考证，也就是"图像证史"和"图文互见证史"。这种记忆更为形象、直接，表现内容也更为广泛，凝聚了特定时间和空间的图像记录已成为历史记忆中不可缺少的组成部分。许多看似普通的图片，20 年后就成为历史，50 年后就可能成为文献。仅就目前而言，对一张照片的考证，包括拍摄时间、地点、其中人物的辨识都是学术研究的重点

对象。

当下，研究者通过对当事人进行采访并将沟通内容整理成口述史料，已成为历史记忆研究的重要方式。口述史料的价值就是可以作为前述各种物质形式记忆的文献和史料的重要补充，具有不可替代的特殊作用。它具有自下而上的"个人性"特点，但相对宏大的历史记忆来说，又有自己原始而质朴的独特之处，可以了解到正史中所看不到的生动细节和鲜活的个人体验。口述史料以人民自己的语言，把历史交还给人民。同时在口述记忆和相关史料的基础上，事件记述的还原和撰写文集、传记、年谱等成果也相继产生，进一步完善了历史记忆的拼图。

然而，这些物质性或非物质性的记忆，由于各种主客观条件的限制也常会失真，需要研究者仔细鉴定和分析，去伪存真，必要时采用"二重证据法"或"多重证据法"对其加以考证研究，这样也便于体现城市历史记忆的准确价值。

三、20 世纪建筑遗产与城市更新

随着我国城市化进程进入高质量发展的阶段，城市更新的课题被提上日程，中央经济工作会议提出实施城市更新行动，打造宜居、韧性、智慧城市。这是城市建设进入新阶段的选择，也是践行"人民城市"理念的内在要求；是提升城市核心功能的重要支撑，也是推动经济持续回升的重要举措；事关全局和长远，也事关城市发展和人民群众的切身利益。城市历史街区的近代建筑遗产，同样面临着保护、传承和利用的机遇与挑战。

从城市的发展历程来看，城市更新一直在进行。而这次专门提出城市更新，是因为它是改变城市发展方式的必然选择。总结目前各地城市更新的诸多手段，可看出这是提升城市空间效益和质量的过程，是

传承城市的历史文化的过程，是再造城市品质和城市功能的过程，是修复城市自然生态的过程，也是治理和修正城市存在的问题和短板的过程。它不是新一轮的"大拆大建"，而是涉及城市整体发展的系统工程，需要有全面、有效、稳定的考虑和规划，从物质功能、视觉感知、生态平衡、社会认同、精神心理等方面予以充分满足，从而开创城市发展的新局面。而历史生态上的文化遗产保护传承和活化利用，自然而然也成为人们更加关注的问题。

联合国教科文组织曾在 2011 年通过历史性城镇景观保护计划（HUL），强调保护与真实性结合，保护区域或对象作为城市的一部分，与城市同时保持活力，强调将纯技术层面的活动与文化层面的需求结合起来。保护的理念也应该是集各领域知识于一体后的再创造，这种保护不单着眼于若干历史建筑，更要为城市的未来发展做出贡献。因此，在保护、传承和活化利用的过程中，也需要各种探索和试验，要避免单一或雷同的更新模式，既不能过度开发，也不能与世隔绝，要针对不同的情况采取不同的措施，避免"一刀切"，此外，还要不断总结和探讨。

首先，在法治和规范上要有所规定。通过政策支持，明确保护利用的行为边界，对遗产保护的干预程度要有所界定，针对保养、维修、复建、迁移、拆除等行为都要有明确的管理审批流程，保证建筑遗产保护的高质量发展和可持续更新。

历史遗产建筑保护和修缮的出发点是遵循"完整性、历史性、文献性和时代性"的原则，详细考证，创新保护技术，还原其原始面貌、原始工艺、原始材料、原始形制以及室内外的全面整修，尤其是周围自然环境的整治，以达到建筑与自然的完美融合。如北京大学燕南园项目获 2023 年亚太文化遗产保护优秀奖。该项目占地 3.2 万平方米，建成于 20 世纪 20 年代，园内现存 17 栋建筑，曾入选北京市第一批历史建筑名单。在保护过程中，遵循最小干预原则，巧妙诠释建筑和景观的空间关系，最大限度地保护了建筑风貌和生态完整性，同时又十分重视师生广泛参与的集体记忆与文化感悟。又如上海冯继忠先生于 1986 年设计的何陋轩，代表了中国现代园林建筑的最高水准，作者用建筑语言来表达自己的人生感悟。三十多年后的本次大修，设计师尊重原有的特点甚至缺陷，没有作过多改动，结合了传统工艺与现代技术和绿色低碳理念，注重史料的发掘和归档。该工程于 2023 年竣工，被誉为里程碑式作品的"重生"。

同时，建筑遗产保护注重整体空间形态的保护，鼓励活化利用，通过维持原有功能或注入全新功能，使建筑焕发新生。北京的 798 园区改造项目已经积累了较多的经验，首钢工业园区的更新改造是对工业遗产保护和再利用，同时又对城市发展起到推动作用的实例。自 2010 年首钢停产以后，在保护改造规划中确定了以体育、数字智能和文化创意为主导产业的目标，经过近十年的修复改造创新，保留了原有工业建筑的风貌特色和记忆，衍生出一个全新的园区，除了在北京冬奥会期间大放异彩外，已成为北京重要的新型地标。此外，北京"五四运动"的重要文化遗址赵家楼，经更新改造后，在保留历史记忆的同时，又作为"赵家楼饭店"进行经营。上海黄浦江畔的工业遗产永安栈房西楼，合理规划内部空间，精心保护原有结构，不断提升使用功能，最后以世界技能博物馆的新面貌出现。另外，20 世纪 70 年代的上海徐家汇"万体馆"做了大量专业服务功能的提升，提供了多元化的体育服务。

近期，国家文物局依托不同的文物和遗产资源，创新工作机制，将资源的有效保护、合理利用和推动社会经济高质量发展方面的特定区域作为保护利用示范区，这将进一步引导不同模式保护、开发工作的升级。

由于各城市的自然条件和发展历史的差异，城市空间既表现了对自然的适应，也是一种社会秩序的表达，是各种矛盾的冲突、调和、再生的过程，是人们智慧的体现。在保护和活化过程中，理念和手法也在不断创新和探索中。如上海美丰大楼的保护更新工程，在政府、专家和开发商、设计单位的共同参与下，使原有保留价值的三层沿街清水墙立面脱离原结构体，采用套筒式双层结构，在它围合的空间范围内紧贴此立面建起了 60 米高的新高层建筑，该项目被认为是"有机更新，新旧更生"的探索。另外，北京工人体育场作为"国庆十大建筑"之一，2021 年在城市更新理念下进行了拆除改造复建，以"传统外观，现代场馆"为指导，完成了"历史风貌留存保护，功能体验提质升级"。但这些做法如何更精准地体现保护建筑遗产的历史性、文献性和艺术性，还有讨论的余地。

城市要发展、要更新，遗产要保护、要活化，文化基因要利用、要传承。城市本身就是漫长历史进程的叠加和积存，也在不断丰富着文化遗产和历史记忆。让城市实现高质量发展和转型，同时又让历史文化建筑遗产有尊严地走向未来，是我们面临的迫切任务。

马国馨

中国工程院院士

全国工程勘察设计大师

2024 年 2 月

序·回眸历史 面向未来

程泰宁

建筑是石头书写的史书。《20 世纪建筑遗产名录》凝聚了几代中国建筑师关于什么是"中国现代建筑"的凝思与创见。这份名录不仅对于中国建筑界来说具有重要意义，同时，从某种意义上来说也展现了中国社会百年以来的发展历程。通过这份名录，我们可以从建筑中见证国家的发展历程，同时也可以从历史中窥见未来。

一、现代与传统

回顾百年以来中国建筑的发展历程，我认为对于中国建筑来说，"现代"与"传统"之间的关系一直是一条非常重要的主线。20 世纪初，恰逢中国社会从"传统"走向"现代"的转型之路刚刚起步。一方面，来自西方的现代文明将科学精神、人文思想传入中国；另一方面，现代文明与西方文化对中国社会及其自身文化传统也产生了巨大的冲击。"什么是'现代'，什么是'传统'"，这些问题一直困扰着中国建筑师。中国建筑师的工作一开始就是在这样一种冲击下展开的。从这个角度来看，"20 世纪建筑遗产名录"正反映了百年以来中国建筑师在这条道路上的思考历程以及他们所走过的道路。

时至今日，"传统"与"现代"的关系仍然是中国当代建筑创作的重要主题，两者之间的张力至今仍然影响着中国建筑创作领域。而"20 世纪建筑遗产名录"也为我们提供了一种重新审视两者之间关系的切入点。由此出发，我个人对中国建筑的发展方向提出了几点看法，即走出语言、抽象继承、转化创新。

二、走出语言

20 世纪西方哲学语言学转向的潮流席卷全球，对很多学科都产生了影响。建筑学领域充斥着各种"语言"，耳熟能详的为符号学语言、类型学语言、模式语言、空间句法，以及近几年兴起的参数化语言等等，其影响不容忽视。

从我个人的创作经历来说，我对这几十年来学界主要从语言的角度去认识世界、认识建筑的观点持怀疑态度。最主要的原因是这一类理论对于建筑设计的理解过于抽象化与简单化。相比西方对"语言"的重视，中国人的"大美不言""天何言哉"表达了我们对语言、对这个世界的不同认识。相比西方的理性思维，我认为中国文化通过一种复杂理性的转化提升，回归到一种高度的整体性的思维方式对建筑的启发更大。

所以我一直在思考能不能走出语言，以中国哲学为基点，找到另一种对世界、对建筑的认知方式，以及建筑设计的创作方式。但同时又不是彻底否定语言，而是要看到语言哲学带来的分析导向的思维方式的局限性。由此出发将语言从哲学的本体变成一种可以灵活运用的工具。

我曾经提出"语言为术、境界为道"。作为"术"

的语言，它的首要任务是表达建筑的"立意"与"境界"。我认为相对于前者，后者才是最为根本的。而由建筑的"立意"与"境界"出发，也可能带动建筑语言的创新，从而走出一种固定的、程式化的语言的桎梏，使我们的建筑更贴合丰富的生活世界。

三、抽象继承

关于现代与传统的关系，尤其是对待传统的态度，我赞成冯友兰先生提出的"抽象继承"，即透过那些物质与非物质的遗存去理解传统的内在精神、价值判断与认知模式等等，将其中仍有生命力的东西融入今天的价值、思想体系中。作为一名建筑师，我对冯先生的看法深以为然，也就是谈继承传统，不能只看到表面的风格与形式。在中国百年以来的建筑创作历程中，"中国固有之形式""民族风格""新而中"等讨论从本质上来说都没有从中国文化内在精神的角度去思考中国现代建筑与自身文化传统的关系，而是只抓住了一些有形的符号和元素。这样一种对传统的肤浅理解，不仅不利于中国建筑的发展，也会造成对传统的误读与矮化。

由此，我认为对于传统，应该作多层次的、由表及里的理解：其中既包含"形"层面的内容，也包括美学思想层面的沉淀，更需要重视的是传统文化中深层次的哲理与文化精神层面，而后者对于建筑创作来说才是最为重要的，也是抽象继承的重点。认识到抽象继承对弘扬中国文化精神、推动中国建筑文化发展的重要性，并且在创作实践中不断进行探索，可能是当今建筑创作领域中需要特别关注的重要问题。

四、转化创新

2018年底，习近平总书记提出中国文化要进行创造性转化、创新性发展。时代在改变，人们的生活方式和价值取向也在改变，更不用提经济、文化上的改变了。所以我们应该清楚地认识到去建构能适应并能推动社会发展的中国新文化才是我们的目的。随着时代的发展，中国文化需要"重新理解自己"，中国的文化基因需要添加新的因子，需要重新编译。如果简单地将中国文化等同于传统文化，那么不仅泛化了传统，更掩盖了中国文化转化创新并不断壮大的必要性和可能性。中国文化犹如一条奔腾的大河，它从传统中来，但它需要不断引入新的源流汇入当代。我们只有对当代问题作出清晰的回应，才能使中国文化强势回归，生生不息。

对于中国建筑师而言，从百年建筑实践的历程得失出发，我们更需要思考的是如何能摆脱"唯形式论"和浅表审美的影响，在当代语境下对中国文化精神进行更深层次的探索，其中既包括建筑的哲学本体，也包括思维方式和工具载体，由此逐步形成对建筑创作的整体性思考。

在此基础上，我个人提出了"科学为术、自然为道""技艺为术、人文为道""语言为术、境界为道"这三组观点。同时这三组观点内部并不是两两相对的，而是道术相长的关系，也就是说既要认识到道与术之间的差异，又要关注它们之间的相互转化。在此基础上，实现建筑领域中中国文化的创新性发展。

百年以来，中国建筑的发展取得了很多辉煌的成就，但仍然面临许多深层次的挑战。而中国建筑要走出一条坚实的"现代中国"之路，就必须走出"现代性困境"与"传统的迷思"。回顾历史，任重道远，中国建筑百年所取得的成就已经凝固在历史之中，未来发展的无限可能等待我们去开拓发展。

程泰宁
中国工程院院士
全国工程勘察设计大师
2024年3月

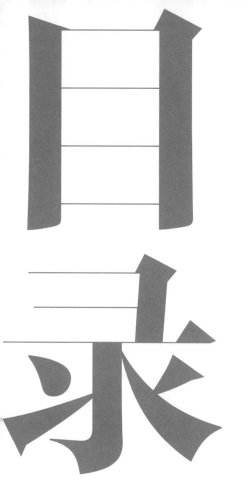

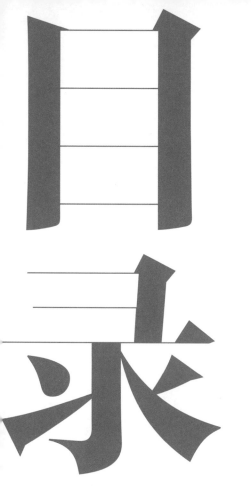

433   发现   历史
DISCOVERY HISTORY

531　**项目　品评**
PROJECT　EVALUTION

写在前面

INTRODUCTION

中国20世纪建筑遗产的构建与阐释

中国 20 世纪建筑遗产的构建与阐释

金磊

研究和掌握过去人类所创造的科技文化并汲取其精华是新时代高质量发展的当务之急。没有传承，何谈发展，新世纪瞩目并研究 20 世纪乃至更早时代的成就，是基本的使命。马克思、恩格斯在《德意志意识形态》一书中说，历史不过是相异时代的承续，每一时代都利用前头时代所传给它的那些材料、资本形式和生产力。因此一方面在完全变更过的情况下，继续进行传统的活动，另一方面用一种完全变更过的活动来改变旧有的情境[1]。中国 20 世纪建筑遗产系统的十年历程也许还很短暂，正是这传承中的创新之路，坚定了中国文物学会 20 世纪建筑遗产委员会以及百余位专家顾问坚守的正确遗产态度，更是构建了中国 20 世纪建筑遗产"大厦"所需要的灵魂思想。

早在 2013 年推出的《中国建筑文化遗产年度报告（2002—2012）》中，时任故宫博物院院长单霁翔就指出："2002—2012 年的十年，是中国文化遗产事业面临考验的十年，是中国文化遗产事业科学发展的十年，是中国文化遗产事业成果丰硕的十年，是中国文化遗产理念进步的十年。"而 2014—2024 年的十年，我们认为，通过中国文物学会与中国建筑学会的交叉跨界合作，是共同推进中国 20 世纪建筑遗产事业认知与实践的"十年"；是从"古物—文物—文化遗产"的理念大步走向 20 世纪遗产与城市高质量发展的"十年"；是与联合国教科文组织《世界遗产名录》接轨，开创中国建筑遗产新模式的"十年"；是在交织与共识中不断创新，寻求中国 20 世

纪建筑遗产学以及学科体系持续发展的"十年"；更是让 20 世纪建筑遗产从学界走向公众并服务于城市更新与文化城市建设的"十年"；也是中国文物学会 20 世纪建筑遗产委员会服务大中城市，与相关学会、机构合作谋求共赢发展的"十年"。总之，既有共建"中国 20 世纪建筑遗产"发展之路，又有国际视野与中国智慧的行动与成效，中国 20 世纪建筑遗产的作品、事件与人物的丰厚成果正在向世人呈现。

报告综合了十年历程的著述，将从作品、事件、人物的交叉叙述中感悟中国经典现代建筑的力量与智慧，同时也努力通过 20 世纪中国建筑师的风采与语汇，来展示中国性、经典性、世界性的深度与强度。

一、历经事件建筑学的认知

其一，始于天津的 20 世纪遗产研讨并非偶然。天津这个地名首次出现于明永乐初年，意为"天子渡河之地"。明初朱棣发兵经直沽"济渡沧州"南下夺取政权，后攻入南京即帝位，为纪念发兵的"龙兴之地"赐名"天津"。明朝迁都北京后称之为"天津卫"，并于 1404 年 12 月 23 日开始修筑天津城，从而天津成为中国唯一的具有确切建城日期的城市。天津市于 1986 年入选第二批国家历史名城。2024 年，天津迎来建城 620 周年。为什么 2011 年《中国 20 世纪建筑遗产大典（天津卷）》在天津启动，而且

2012年首届中国20世纪建筑遗产研讨会在天津大学举办，中国文物学会如此选择并非偶然，一是与天津历史风貌建筑的理论与实践的丰硕成果有关；二是与天津是中国最早与西方近代文明城市的"交集"有关，第二次鸦片战争后天津被迫开埠，辟为通商口岸，至20世纪初已划归"九国租界"，并兴建了大量异国建筑；三是中国近代百年看天津，南有上海滩，北有天津卫，天津作为北方开放的前沿和"洋务运动"之基地，许多影响20世纪中国进程的事件在此酝酿并爆发。位于九河下梢、山海之间的近代天津，是一座东西文化荟萃的中国历史文化名城。2021年，由天津市人民政府新闻办公室、天津市社会科学院历史研究所编的《天津指南》一书，对天津各区的主要历史建筑、20世纪遗产予以精准划分：百年繁华 国际和平——和平区；时代见证 津门故里——南开区；城市名片 文化中心——河西区；记忆乡愁 城市根脉——河东区；京都门户 百年风云——河北区；三河五岸 津卫摇篮——红桥区；湖光水色 津东丽象——东丽区；崇文尚武 活力之城——西青区等。尽管这是2021年的文化天津定位，但它足以证明全国建筑文博界专家于2011年、2012年先后莅临天津，瞩目这里的20世纪建筑遗产之举是多么具有前瞻性（图1）。

早在2010年9月，天津市人民政府就推出中英文版《天津历史风貌建筑》一书，它全面展示了天津百年建筑文化之特色资源。天津历史风貌建筑保护专家咨询委员会主任路红在《天津历史风貌建筑概况》中指出，2005年9月1日，《天津市历史风貌建筑保护条例》出台，天津市政府于2005—2009年共分五批确认了历史风貌建筑746幢，共114万平方米。它们分布在全市15个区县，其中全国文保单位12处，天津市文保单位81处。路红主任在梳理天津拥有近代中国130余项"第一"的基础上，还归纳了天津历史建筑的六个特点：①建筑年代相对集中；②各类建筑呈群区性；③近代建筑在设计与技术上与西方同步；④建筑风格纷呈且艺术多样；⑤建筑材料及建造技术特色突出；⑥天津为社会各界交流涌居天津提供了舞台。因此，天津的人文资源极其丰厚。

其二，2019年9月23日下午，中国建筑学会、首钢集团在首钢园区举办"纪念《北京宪章》与国际建协第20届世界建筑师大会20周年座谈会"。

《北京宪章》起草人、两院院士吴良镛教授回顾了《北京宪章》的诞生过程（图2、图3）。2019年第10期《建筑学报》发表吴先生题为《国际建协

图1. 天津历史风貌建筑综合本，天津志（组图）

图2. 国际建协《北京宪章》——建筑学的未来

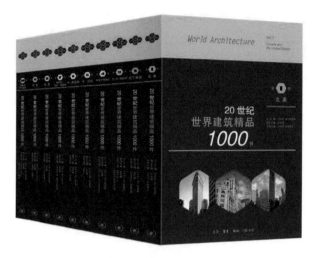

图 3. 20 世纪世界建筑精品 1000 件（十卷本）

〈北京宪章〉问世 20 年之际》的随感。他说："1999 年 6 月，第 20 届世界建筑师大会正式召开，由国际建协主席萨拉主持，由我宣读《北京宪章（草案）》，获得与会代表一致通过，这也是国际建协迄今为止仅有的一份宪章。"对此，英国建筑评论家海伊特曾评价它是"引导未来发展的指路图"。对此，吴先生表示，赞美虽令人欣喜，但《北京宪章》的问题和方向是否依旧具有现实意义？这些现实问题中，有人居环境与城市现代化品质问题，更有 20 世纪建筑规律与经典项目有待总结等堪称"现代遗产"的问题。2024 年 1 月 8 日，"2029 北京世界建筑师大会、世界建筑之都创建系列学术活动 第 28 届世界建筑师大会中国馆成果展 清华大学建筑设计研究院站开幕式暨分享会"在清华大学建筑设计研究院召开。对于迎接 2029 年北京世界建筑师大会的起始站，国际建协副主席张利院长表示："建筑行业和学科基于时代特征再定义的期待；国际建筑师群体对我国建筑界给予厚望以及北京 2029 年世界建筑师大会，可能成为重要历史节点的三重背景。"据此，业界与社会关注 1999—2029 年这三十年，期待具有传承与创新精神的《新北京宪章》问世。

其三，开展"中国第一代建筑师的北京实践"项

目活动。经典是曾经的现代，而现代是未来的经典。只有认识到历史悠久的力量，才可迈出有鲜明踏痕的新步伐。本系列活动的主旨是用现代设计精神创造更丰富的未来经典。

2021 年闭幕的第 44 届世界遗产大会通过的《福州宣言》，充分认可世界遗产是全人类的文化瑰宝和自然珍宝，意识到人类作为世界遗产突出普遍价值守护者所面临的挑战与共同的责任，并肯定《世界遗产公约》的意义及其过去 50 年来的贡献。2021 年世界遗产大会对城市化建设有所启示。因受英国"利物浦水岸"建设计划影响，2012 年该项目已列入《濒危世界遗产名录》，而迄今缔约国一直未能有效阻止建设活动对该遗产突出普遍价值、真实性及完整性的破坏，导致该遗产严重受损而被除名。它促使我们认知并反思中国第一代建筑师的贡献与启示：要用广袤的历史与文化的敬畏观去展开建筑个案的精湛分析，更要用可持续的传承观去演绎那些先贤建筑师的作品与思想，用大历史观去回答它们何以体现不朽的经典。在为北京建筑作出贡献的建筑师中，虽然在北京 20 世纪建筑作品中已有一定数量的外国建筑师的项目，但中国建筑师、中国建筑事务所的贡献也不可小视，数以十计的第一代中国建筑师从西方留学归国后，不仅靠个人精湛的业务水准打破洋人的垄断，还组建了中国人自己的事务所，形成了中国建筑设计的"码头"，与外国事务所既合作又抗衡。北京城的大地上，出现了中国建筑师的创作身影，他们为北京早期的城市建设作出了卓越的贡献，筑就起诸多至今都令人仰慕的"建筑丰碑"。

为北京城市发展做出成就的第一代建筑师主要有：沈琪（1871—1930）、贝寿同（1875—1945 前后）、华南圭（1877—1961）、庄俊（1888—1990）、沈理源（1890—1951）、吕彦直（1894—1929）、关颂声（1892—1960）、朱彬（1896—1971）、杨锡镠（1899—1978）、梁思成（1901—1972）、杨廷宝（1901—1982）、王华彬（1907—1988）等，这些建筑先贤们作出的贡献确已成为当代应该传承并再发展的设计遗产。归纳北京第一代建

筑师的作品贡献，就会联想到清华大学建筑评论家、建筑历史教育家陈志华的话，他认为建筑师与文博专家要懂得"历史可读性原则"，要让建筑本身的历史即所经历的有意义的添加、缺失、改变、修缮都清晰地显示出来。他说："一座建筑物，一个城市，在它们的面貌上看不到历史，那么它们的活力也就衰弱了。"他还引用了英国文艺和建筑理论家拉斯金的批评语："翻新是最野蛮、最彻底的破坏。"中国文物学会 20 世纪建筑遗产委员会与中国建筑学会建筑文化委员会共同承担中国建筑学会的项目"中国第一代建筑师的北京实践"取得了以下三个方面的成果。

1. 学术考察

领略中国第一代建筑师的设计风采，走进他们筑就的历久弥新的经典建筑，在传承中懂得何为超越创新之根基。通过学术考察，拥有 20 世纪整体建筑的历史视野，是城市与建筑设计高质量发展的原动力。相信通过对具有典型意义的 20 世纪年谱中的中国第一代建筑师作品的考察，会增强参与者及相关人员的中国建筑文化的志气、骨气及自信底气。通过对经典项目的考察，知晓建筑不仅是材料和设计的产物，更是变化的时代精神的产物，是时代精髓与整个社会与文化艺术的产物，希望所考察的项目能成为丰富中国第一代建筑师北京实践"史"认知的纲要与经典之作。

2. 主题沙龙

2021 年 9 月 26 日"致敬百年经典——中国第一代建筑师的北京实践"沙龙在北京市建筑设计研究院举办，邵韦平与金磊共同主持。本沙龙系"致敬百年经典——中国第一代建筑师的北京实践"系列活动三大项目之一（图 4）。该活动通过对中国 20 世纪建筑体系、建筑社团及现代建筑教育开拓者的回望，探索传承中国传统建筑与开创中国新型建筑的关系，展示中国第一代建筑先驱在北京的奠基性成就，从而找到中国建筑师的文化本位与走向现代主义运动的中国建筑在北京的发展痕迹。通过本沙龙的举行，至少已经探寻到对中国现当代建筑发展的重要影响理

图 4. 致敬百年经典——中国第一代建筑师的北京实践

念，特别要引导建筑师、规划师、工程师们领悟到中国第一代建筑师开创北京实践的历史作用与当代意义。从该定位出发，中国第一代建筑师的北京实践从 20 世纪建筑史学上讲，应把握如下研讨方向与科学定位：这是一部北京近代建筑的思想史，是古都北京走向现代城市的改革发展史，是建筑科技进步的技术跨越史，是北京建筑师告别旧规章的建筑师创新史，是开创"中学为体、西学为用"丰富建筑多元类型的作品史，是 20 世纪遗产开启向建筑科学化过渡的科学与文化兼容的进步史。

3. 主题展览

2021 年 9 月 26 日，"致敬百年经典——中国第一代建筑师的北京实践 奠基·谱系·贡献·比较·启示"展在北京开幕。该展览在北京市建筑设计研究院展出一个月后，赴北京建筑大学展出，以下是笔者为主题展览所作的序词。

本展览从带领大家领略 20 世纪创生的中国第一代建筑师的风采开始，通过追寻他们筑就的历久弥新的项目经典与设计思想，研究对今人传承创新有价值的创意历程。展览基于对北京建筑与城市作出贡献的第一代中国建筑师的回望及屹立于北京大地作品的再赏析，传达对建筑与文博界有意义的"历史可读性原则"，感悟到何以传承建筑背后不寻常的"故事"。如果说创新体现在代际接力中，那么，相信观看本展览的同人必将从中国第一代建筑师的北京实践中感悟到他们不仅对古都北京的现代建筑有开创性贡献，

也塑造了认知中国现代建筑思想的接力模式，中国第一代建筑师真可谓中国 20 世纪优秀建筑的栋梁与奠基者。

第 44 届世界遗产大会通过的《福州宣言》，在充分认可自然与文化珍宝的基础上，强调了世界遗产对城市现代化发展的价值；8 月末 9 月初，先后发布的住房城乡建设部《关于在实施城市更新行动中防止大拆大建问题的通知》及中共中央办公厅、国务院办公厅的《关于在城乡建设中加强历史文化保护传承的意见》，都强调在城市更新行动中要敬畏并尊重 20 世纪遗产为现代中国立下汗马功劳建筑师的"功勋"作用，中国第一代建筑师及其"北京贡献"的确成为令人仰慕的建筑丰碑。

展览通过五个篇章即奠基、谱系、贡献、比较、启示，在片断资料文献汇集的基础上，也在更加深入的层面上作出"诠释"与分析。希望中国第一代建筑师为北京的实践命题，成为对 20 世纪产生影响的设计遗产。

（1）奠基：中国第一代建筑师在北京实践、承上启下、与中西交错及新老并存，文化的发生与发展决定着新建筑体系与框架的创立。

（2）谱系：用近 20 位为北京作出贡献的中国第一代建筑师（含少量工程师）的非凡成就（作品、著述）与精彩人生串起发端于 20 世纪初的北京建筑史。

（3）贡献：历史上伟大的建筑师都是独具创新精神和独特视野的人，本篇既有经典的第一代建筑师的重要项目展示，也有伴随着建筑思潮的中国建筑设计科技进步的重要"节点"归纳。

（4）比较：在同一时间年表上，比对中外建筑师在几乎同时代的北京作品与思想，恰可彰显中国第一代建筑师北京实践的特殊价值与珍宝般的创作特点。

（5）启示：正如梁思成所述"建筑，不只是建筑，我们换一句话说，可以是'文化记录'，是历史"。展览作为百年北京建筑经典的片断回望，本质上是反映与今天衔接的时代文化，其中至少可串起对 1999 年世界建筑师大会《北京宣言》等 20 世纪相关建筑宪章的认知。对当下的启示：不仅有滚滚向前的建筑科技进步与建筑思潮，更有从每位中国建筑师身上感悟到的素养（学识、功底及人生观）。

其四，与国内外遗产事件同步。2022 年是联合国教科文组织《世界遗产公约》诞生 50 周年，是中国首批世界遗产进入《世界遗产名录》的 35 周年，它们是泰山（自然、文化双遗产）、莫高窟、北京人遗址、长城、秦始皇陵及兵马俑、北京故宫。2022 年是国务院公布《关于保护我国历史文化名城的请示》40 周年，它标志着我国历史文化名城保护制度已走过 40 年。2022 年也是全国人民代表大会通过《中华人民共和国文物保护法》40 周年，其中第八条规定了历史文化名城的内容，第十条规定了"城乡建设规划要体现文物保护"的内容。2021 年中共中央办公厅和国务院办公厅出台《关于在城乡建设中加强历史文化保护传承的意见》，更将历史文化名城保护工作推向一个新的历史高度。伴随着从世界遗产到中国历史文化名城（含历史建筑）的进程，国内外针对 20 世纪遗产的认知也历经了至少 30 年。自 2004 年马国馨院士代表中国建筑学会建筑师分会向国际建协提交《中国 20 世纪建筑遗产清单》，至今已有 20 年，2008 年中国文化遗产保护无锡论坛召开，2008 年国家文物局发文《国家文物局关于加强 20 世纪遗产保护作的通知》等，这些国内外动态都足以说明，从联合国教科文组织的世界遗产大会，到我国相关部委及学术组织一直践行并推动着 20 世纪建筑遗产保护事业，中国文物学会已在 2011 年、2012 年两次在天津举办研讨活动，强调 20 世纪建筑遗产对城市现代文脉传承的特别价值，终于在 2014 年成立了中国文物学会 20 世纪建筑遗产委员会（以下简称"委员会"）。

其五，多届学术活动倡言的智库思考。此项工作从学术高度及社会普及角度系统地展开，在中国建筑学会加盟支持下，自 2016 年至今，不仅推介了八批 798 个项目，还向城市、建筑、文博界展示了可供参考的学术内容及著作，并相继发布了多篇针对城市更新、文化城市、遗产活化利用的建言与倡议书。

表 1　中国文物学会 20 世纪建筑遗产委员会主要活动倡言

序号	倡言名称	年份
1	《20 世纪建筑遗产保护·天津宣言》	2012
2	《中国 20 世纪建筑遗产保护与发展建议书》	2015
3	《中国重庆 816 共识 致敬中国三线建设的"符号"816 暨 20 世纪工业建筑遗产传承与发展研讨会宣言》	2016
4	《聚共识·续文脉·谋新篇 中国 20 世纪建筑遗产传承创新发展倡言》	2019
5	《中国建筑文化遗产传承创新·奉国寺倡议》	2020
6	《中国 20 世纪建筑遗产传承与发展·武汉倡议》	2022
7	《现当代建筑遗产传承与城市更新·成都倡议》	2023
8	《新中国 20 世纪建筑遗产活化利用·上海倡议》	2023
9	《中国安庆 20 世纪建筑遗产文化系列活动·安庆倡议》	2023

倡议要点解读见表 1。

1.《20 世纪建筑遗产保护·天津宣言》（2012 年）

该宣言共计"七条"：

（1）加大中国 20 世纪建筑文化遗产保护的工作力度；

（2）加强中国 20 世纪建筑文化遗产的保护技术研究；

（3）呼吁组建中国 20 世纪建筑遗产保护研究的专门机构，设立专项基金；

（4）加强中国 20 世纪建筑文化遗产的教育；

（5）加大对中国 20 世纪建筑遗产的传播力度；

（6）20 世纪建筑遗产保护和利用过程要依法办事；

（7）中国 20 世纪建筑遗产保护是全民族的事，文化品质就是国家的品质。

核心要点：呼吁建立中国 20 世纪建筑遗产研究与管理的学术专门机构。

2.《中国 20 世纪建筑遗产保护与发展建议书》（2015 年）

该建议共计"六条"：

（1）要率先在新型城镇化建设中普及公务员的 20 世纪建筑遗产知识；

（2）要积极学习 20 世纪建筑遗产国际组织及相关国家的先进经验；

（3）要加强对中国 20 世纪建筑师设计思想的研究；

（4）要广为提升中国 20 世纪建筑遗产名录认定与评选工作的社会认知度；

（5）要以城市设计之思开展 20 世纪建筑遗产保护与更新的实践；

（6）要加强中国 20 世纪建筑遗产基础性工作，尤其要推进《20 世纪建筑遗产保护条例》的编研立项。

核心要点：一是中国文物学会 20 世纪建筑遗产委员会成立，有效开展了工作；二是特别建议要在高校开设"20 世纪建筑遗产"课程，并为公务员编制《20 世纪建筑遗产知识读本》。

3.《中国重庆 816 共识 致敬中国三线建设的"符号"816 暨 20 世纪工业建筑遗产传承与发展研讨会宣言》（2016 年）

该宣言共计"六条"：

（1）816 地下核工程项目当属中国 20 世纪工业建筑遗产；

（2）816 地下核工程应进入全国重点文物保护单位预备名录；

（3）816 地下核工程是中国"三线建设"的典型个案地；

（4）816 地下核工程是将遗产变资源的深耕细作之世界级创意园区；

（5）816 地下核工程面临着巨大的影响力传播空间；

（6）816 地下核工程保护与"活态"使用需要顶层设计。

核心要点：2016 年 12 月初，《国家级工业旅游区（点）规范与评定》行业标准及《全国工业旅游发展纲要（2016—2025）（征求意见稿）》公布，它是给老工业基地转型破局带来的一道曙光。针对老工业基地、资源型城市、工业主导型城市，如何适用于 816 项目，如何研讨出一条适用于 20 世纪核工业遗产的发展路径，如何形成融文化创意、历史遗产、休闲娱乐、工业旅游等为一身的全新"产业链"，必须有多专家、多视野、国际化的研判。任何盲目开发的文旅建设都是对这段历史、地域、人文、事件的不负责任。在精耕之始就要做好顶层设计，它是未来 816 项目健康发展之根，不可仓促实施，不可粗放开发，更不可简单克隆。

4.《聚共识·续文脉·谋新篇 中国 20 世纪建筑遗产传承创新发展倡言》（2019 年）

该倡言共计"五条"：

（1）要通过新认知提升新征程；

（2）要加强国家层面的 20 世纪建筑遗产普查力度；

（3）完善建筑遗产登录保护制度是有效的保护举措；

（4）20 世纪建筑遗产要有创新保护制度；

（5）20 世纪建筑遗产的法制保障惠民利国。

核心要点：2019 年是新中国成立 70 周年，要真正步入世界遗产大国及强国，就要关注《世界遗产名录》中"20 世纪遗产热"的大趋势，这是利用 20 世纪遗产理论、实践与传播为城市更新与高质量发展谋福祉的遗产学大事。

5.《中国建筑文化遗产传承创新·奉国寺倡议》（2020 年）

该倡议共计"四条"：

（1）中国建筑的完整性要守正创新；

（2）中国建筑遗产保护不应满足名录公布的固有模式；

（3）中国建筑遗产需要用创意设计讲好城市故事；

（4）中国建筑遗产的"十四五"顶层设计要搭建普惠公众的文旅舞台。

在千年奉国寺大殿广场隆重举办的"守望千年奉国寺·辽代建筑遗产保护研讨暨第五批中国 20 世纪建筑遗产项目公布推介学术活动"，彰显出多重意义。参会的各界学者回顾了融汇古今文明的中国建筑之变迁，认为：如果说千年悠久的时空中，古代工匠营造出"浑厚华滋"昭垂天下的奉国寺大殿，书写了中国辽代木构建筑经典的"建筑说"，那么纵观百年中外建筑变局的中国 20 世纪建筑经典，则印证了现当代建筑师坚守华夏传统、以国际视野与设计方法将中国建筑融入世界的自信与自强。在"千年奉国寺"对话"百年建筑"里，不仅有建筑与文博人探索的身影，更有弦歌接续的建筑风景。其充分的理由可探寻到新技术尺度下整体建筑观的"新史记"。

核心要点：与会的各界同人，跨越时空，走进奉国寺与 20 世纪建筑遗产项目的"发现"中，读懂中国建筑文化的精髓。从建设"文化遗产强国"的目标出发，除了构建文旅 IP 体系，注入有"故事"的引爆点和催化剂，也要让旅游成为人们可感悟中华文明、增强自信心与幸福感的难忘体验。

6.《中国 20 世纪建筑遗产传承与发展·武汉倡议》（2022 年）

该倡议共计"五条"：

（1）20 世纪遗产是提升"城市更新"品质的珍贵记忆；

（2）20 世纪遗产要实施制度为先立法保护策略；

（3）20 世纪遗产要挖掘设计与营造者的贡献；

（4）20 世纪遗产要存储记忆，发扬工匠精神；

（5）20 世纪遗产要纳入中国建筑文化传播系列。

核心要点：在第四批中国 20 世纪建筑遗产地洪山宾馆的推介会，让与会者重温并感受中共中央 1958 年八届六中全会的精神，强调在新时代要广泛传播 20 世纪建筑遗产，让更多的城市认识到保护 20 世纪建筑遗产是增强城乡当代文化软实力，提升城市文脉的重要基础。

7.《现当代建筑遗产传承与城市更新·成都倡议》（2023年）

该倡议共计"五条"：

（1）要在业界及全社会进一步提升对20世纪建筑遗产国际视野及核心价值的广泛认知；

（2）各级政府及管理部门要加大对20世纪建筑遗产的政策支持力度；

（3）20世纪建筑遗产需依法保护，呼吁国家编制《城市建筑遗产保护法》；

（4）20世纪建筑遗产是"好建筑·好设计"的代表作品，要全方位为20世纪建筑遗产留存记忆；

（5）20世纪建筑遗产尤其要在全社会用多种方式普惠传播。

核心要点：倡议围绕推动成渝双城经济圈及做强20世纪建筑遗产项目传播方式提出了用多媒体、纪录片等形式，传播中国百年建筑精神的行动计划，并发布《中国20世纪建筑遗产蓝皮书》要点，旨在让全社会读好读懂中国建筑师与中国20世纪建筑文化的学术追求及故事。

8.《新中国20世纪建筑遗产活化利用·上海倡议》（2023年）

该倡议共计"四条"：

（1）新时代条件下应积极提升对城市建筑遗产观的认知；

（2）保护新中国成立以来的20世纪建筑遗产及现当代建筑，需要加强从遗产价值、空间创作乃至政策机制方面的体系建构；

（3）新中国20世纪建筑遗产类型丰富，它保留着新中国城市文化的记忆；

（4）用建筑记录并传承伟大时代是责任也是使命。

核心要点：围绕新中国20世纪建筑遗产项目活化利用，旨在从立法及政策研究的视角达成共识，并助力中国建筑学会编制《现当代建筑的价值及优秀更新案例团体标准》，从而为中国20世纪建筑遗产与当代建筑，找寻创造性转化与创新性发展的路径，

为量大面广的城市更新与既有建筑改造的规范化运营服务。

9.《中国安庆20世纪建筑遗产文化系列活动·安庆倡议》（2023年）

该倡议共计"五条"：

（1）要认知安庆20世纪建筑遗产的特质；

（2）要坚守"以人为本"的遗产保护策略；

（3）要用20世纪建筑遗产开拓文旅发展新业态、新格局；

（4）要出台政策依法保护安庆建筑遗产；

（5）要用多种方式向社会普及20世纪建筑遗产知识。

核心要点：从发现并提升安庆建筑遗产"特质"——20世纪建筑遗产出发，结合安庆城市实际，为安庆的城市建设与文旅发展找到践行中华民族现代文明之路，让安庆的20世纪建筑遗产在城市更新中成为如"前言后记"新华书店般的精彩示范。

二、20世纪建筑遗产的构建与阐释

对比世界文化遗产的标准与理念，关注20世纪建筑遗产的价值特征，并在实践中推动"活化"利用，也许是比单纯提出推介名录更为重要、更为基础的工作，这几乎成为委员会恪守的准则。

1.20世纪建筑遗产认定标准的国际性

20世纪遗产保护的理念要具有国际视野。日本建筑师矶崎新（1931—）是代表20世纪后期特征的国际著名建筑家（2019年获普利兹克奖）。有评论说他不仅是现代主义动摇后的20世纪60年代以来处于重要地位的有思想的建筑师，更是具有建筑史家视野与立场挑战"新陈代谢"的名家。学贯中西的矶崎新认为："一个建筑师如果不能关照传统与现代，他就不能成为合格者。"2014年10月，"久违的现代：冯纪忠、王大闳建筑文献展"在OCAT上海馆举办，这无疑是一个强大的20世纪建筑遗产与传播的启

示，令人联想到矶崎新曾对中、日、美三个现代建筑运动边缘国家的现代化与本土化历程进行比较研究，他对梁思成（1901—1972）、1979 年第一届普奖得主菲利普·约翰逊（1906—2005）及 1987 年获普奖的亚洲第一人丹下健三（1913—2005）的作品与理念进行分析。事实上，无论是 1979 年普利兹克建筑奖的创立，还是 1978 年联合国教科文组织《世界遗产名录》的诞生，太多的 20 世纪经典建筑已成为世界文化遗产，所以我们应瞩目国际视野的 20 世纪建筑遗产文献及其标准。

2023 年第 45 届世界遗产大会审议并确定新增 42 项遗产（含 33 项文化遗产和 9 项自然遗产，33 项文化遗产中有 7 项是 20 世纪的文化遗产。），至此全球世界遗产总数有 1199 项（含 933 项文化遗产、227 项自然遗产、39 项混合遗产）。据统计，在 933 项世界文化遗产中，20 世纪遗产至少有百余项。这足以显示出 20 世纪遗产的重要性。

（1）1901 年建成的印度桑地尼克坦（寂乡）寄宿学校兼艺术中心入选《世界遗产名录》，它不是 20 世纪初盛行的英国殖民主义建筑风格，而是汲取地域传统，成为泛亚洲现代主义的典范。

列入标准：（ⅳ）人类历史的典范；（ⅵ）与具有普遍意义的事件相关联。

（2）捷克扎特茨及萨兹啤酒花景区入选《世界遗产名录》，这里不仅有历史悠久的村庄及啤酒花处理建筑，还有扎特茨 19—20 世纪工业扩展区——"布拉格郊区"，其是整个遗产的重要组成部分。

列入标准：（ⅲ）文明或文化传统的见证；（ⅳ）人类历史的典范；（ⅴ）传统的人类居住地。

（3）立陶宛现代主义的考纳斯，曾当选"2022 年欧洲文化之都"，此次入选是 1919—1939 年的乐观主义建筑，它见证了第一、二次世界大战期间建造的公共建筑。

列入标准：（ⅳ）人类历史的典范。

（4）阿根廷的 ESMA 博物馆和纪念地——曾经的阿根廷海军 1976—1983 年军政府独裁统治拘留中心建筑，它属于冲突记忆遗产。

列入标准：（ⅵ）与具有普遍意义的事件相关联。

（5）卢旺达四处种族大屠杀纪念地：以纪念 1994 年 4—7 月卢旺达各地约 100 万少数族裔人被全副武装胡图族军人杀害。

列入标准：（ⅵ）与具有普遍意义的事件相关联。

（6）法国、比利时第一次世界大战（西线）墓地和纪念地。这是跨国系列遗产，包括比利时北部和法国东部之间的 139 个遗址，有规模各异的墓地及纪念碑。墓地包括军队墓地、战场墓地、医院墓地等多种类型。

列入标准：（ⅲ）文明或文化传统的见证；（ⅳ）人类历史的典范；（ⅵ）与具有普遍意义的事件相关联。

（7）葡萄牙吉马良斯历史中心与库罗斯区（扩展项目），保留 19 世纪至 20 世纪初的制革厂、工人住宅和城市空间，是葡萄牙百年的城市与社会发展建筑变迁的见证。

列入标准：（ⅲ）文明或文化传统的见证。

2. 合乎标准是"申遗"成功的关键

入选《世界遗产名录》的大师及其作品也并非一帆风顺。2009 年勒·柯布西耶系列作品首次以"勒·柯布西耶建筑与城市作品"（The Architectural and Urban Work of Le Corbusier）的名义由法国提交"申遗"，这次共申报了他曾经设计过的八种类型中的七种（当时未"申报"公共建筑）。这 22 处提名遗产作品分布在三大洲的六个国度。文件共从八个方面归纳了柯布西耶的成就：①作品改变了全世界建筑和城市的形态；②从理论和实践两方面都给予 20 世纪建筑与城镇规划全新且根本的回答；③作品跨越国境，使他在全球具有影响力；④他被 20 世纪史认为是四位现代建筑奠基人之一；⑤其作品以独特的方式为更多的人提供宜人的住宅；⑥设计反映了其对材料和新系统应用的推动作用；⑦他的著述与作品，带动了简单而纯粹的建筑原则的形式；⑧他是第一个将时间作为第四维度引入空间设计的建筑师。虽然柯布西耶的 22 个作品符合部分世界遗产标准，但其价值阐述却遭到咨询机构 ICOMOS 的否定，因被 ICOMOS 指责其真实性、完整性不足而未获通过。《关于 20 世纪建筑遗产保护办法的马德里文件（2011）》强调："由于缺乏欣赏和关心，这个世纪的建筑遗产比以往任何时期都处境甚危。其中一些已消失，另一些尚处在危险之中。20 世纪遗产是活的遗产，对它的理解、定义、阐释与管理对下一代至关重要。"作为历史的见证，一个遗产地的文化价值主要基于它原真的或重要的材料特征，所以判断一个 20 世纪遗产地的真实性与完整性就格外重要。

从城镇层面看，2018 年第 42 届世界遗产大会将意大利皮埃蒙特地区 20 世纪工业城市伊夫雷亚选入《世界遗产名录》。这里曾是"苹果"品牌的工业设计地，Olivetti 是世界上第一款台式电脑制造者。他在伦敦当代艺术学院（ICA）举办的展览上说："Olivetti 是一套跨界哲学体系，像包豪斯那样，影响已经渗透到方方面面。"MoMA 建筑与设计部高级策展人 Paola Antonelli 评价："这座城市如此美好，是人工伊甸园。"IBM 那句名言"好设计就是好生意"的灵感也来自 Olivetti 打字机，可见其工业城市的遗产价值不仅是创造生产力的工具，还塑造着 20 世纪遗产的新形态。

2016 年第 40 届世界遗产大会入选《世界遗产名录》的潘普利亚现代建筑群由巴西著名建筑师奥斯卡·尼迈耶设计，他作为拉丁美洲现代主义建筑的倡导者，有"建筑界的毕加索"之称，他曾在 1946—1949 年作为巴西建筑师的代表，与中国著名建筑师梁思成等国际大师共同参加纽约联合国总部设计小组。20 世纪 50 年代末，他为巴西新首都巴西利亚所作的设计，不仅载入城市规划史，成为设计教科书，并于 1987 年入选《世界遗产名录》，成为建成历史最短的世界文化遗产，他也为此获得 1988 年的普利兹克建筑奖。1942 年建成的潘普利亚现代建筑群位于巴西东南部的米纳斯吉拉斯州，它由人工湖、俱乐部、文化设施、教堂等组成，该规划合理宜人，单体建筑与自然环境相协调，被业界誉为尽善尽美的融合体。这也是建筑师尼迈耶辞世后获得的世界遗产

荣誉。

2015 年第 39 届世界遗产大会同样也有 20 世纪建筑作品入选，如建于德国的仓库区、旧商务办公区及智利大厦就是典型项目。仓库区和康托尔豪斯区是相邻的汉堡中心城区，最初 1885—1927 年在一组狭窄的海岛上建成。ICOMOS 认为它代表了当时欧洲最大的港口仓库区，是国际化贸易的标志。而与之毗邻的康托尔豪斯区完善于 20 世纪 20—40 年代，它拥有六栋办公楼，服务于港口的一切商务，属欧洲最早的办公建筑区。最引人注目的当属 1924 年建成的康托尔豪斯区的智利大厦，该大厦共 10 层，由 500 万块深色的奥尔登堡砖砌成，大厦外观仿照"船型"，无论用砖还是建筑形式都堪称 20 世纪初的代表作。

3.《中国 20 世纪建筑遗产认定标准》内容与要点

《中国 20 世纪建筑遗产认定标准（试行稿）》（以下简称《认定标准》）（2014 年 8 月试行，2021 年 8 月修订）是在联合国教科文组织《实施保护世界文化与自然遗产公约的操作指南（12-28-2007）》、国家文物局《关于加强 20 世纪建筑遗产保护工作的通知（2008）》、国际古迹遗址理事会 20 世纪遗产科学委员会《20 世纪建筑遗产保护办法马德里文件（2011）》《中华人民共和国文物保护法（2017）》等法规及文献基础上完成的。认定标准是由中国文物学会 20 世纪建筑遗产委员会（简称 CSCR-C20C）编制完成的，最终解释权归 CSCR-C20C 秘书处。标准申明，凡符合下列条件之一者即具备推介"中国 20 世纪建筑遗产"项目的资格。

（1）在近现代中国城市建设史上有重要地位，是重大历史事件的见证，是体现中国城市精神的代表性作品。

（2）能反映近现代中国历史且与重要事件相对应的建筑遗迹、红色经典、纪念建筑等，是城市空间历史性文化景观的记忆载体。同时，也要重视改革开放时期的历史见证作品，以体现建筑遗产的当代性。

（3）反映城市历史文脉，具有时代特征、地域文化综合价值的创新型设计作品，也包括"城市更新行动"中优秀的有机更新项目。

（4）对城市规划与景观设计诸方面产生过重大影响，是技术进步与设计精湛的代表作，具有建筑类型、建筑样式、建筑材料、建筑环境、建筑人文乃至施工工艺等方面的特色及研究价值的建筑物或构筑物。

（5）在中国产业发展史上有重要地位的作坊、商铺、厂房、港口及仓库等，尤其应关注新型工业遗产的类型。

（6）中国著名建筑师的代表性作品、国外著名建筑师在华的代表性作品，包括 20 世纪建筑设计思想与方法在中国的创作实践的杰作，或有异国建筑风格的优秀项目。

（7）体现"人民的建筑"设计理念的优秀住宅和居住区设计，完整的建筑群，尤其是新中国经典居住区的建筑作品。

（8）为体现 20 世纪建筑遗产概念的广泛性，认定项目不仅包括单体建筑，还包括公共空间规划、综合体及各类园区。20 世纪建筑遗产认定除了建筑外部与内部装饰外，还包括与建筑同时产生并共同支撑创作文化内涵的有时代特色的室内陈设、家具设计等。

（9）为鼓励建筑创作，凡获得国家级设计与科研优秀奖，并符合上述条款中至少一项的作品。

4. 《弗莱彻建筑史》第 20 卷的中国建筑自信

《弗莱彻建筑史》第 20 卷（2011 年 5 月第 1 版，知识产权出版社，原作于 1896 年问世），由丹·克鲁克香克及三位顾问、14 名撰稿人编撰，也是世纪版，增加了近 1/3 内容（图 5）。它第一次将 20 世纪的建筑作为一个整体，从历史角度对其予以评价。书中有许多关于建筑风格、工程结构的图示，更汇集了世界建筑各个时期的文献信息，可贵的是它创新地将建筑置于相应的社会文化和历史背景之中，描述了建筑发展的主要模式。新中国入选 20 世纪建筑遗产项目

的建筑有：友谊宾馆（1954 年）、亚非学生疗养院（1954 年）、地安门宿舍（1955 年）、重庆大会堂（1951—1953 年）、民族文化宫（1958—1959 年）、中国美术馆（1960—1962 年）、北京天文馆（1957 年）、建设部大楼（1955 年）、首都剧场（1955 年）、西安人民剧院（1954 年）、长春体育馆（1954 年）、广州体育馆（1957 年）、人民大会堂（1959 年）、中国革命和历史博物馆（1959 年）、毛主席纪念堂（1977 年）、华南土特产展览馆（1951 年）、北京和平宾馆（1952 年）、北京儿童医院（1952 年）、武汉同济医科大学附属医院（1952—1955 年）、上海文远楼（1953 年）、北京电报大楼（1958 年）、中国民航大楼（1960 年）、杭州机场大楼（1971 年）、乌鲁木齐机场候机楼（1973 年）、兰州火车站（1978 年）、北京工人体育馆（1961 年）、北京工人体育场（1959 年）、首都体育馆（1968 年）、南京五台山体育馆（1975 年）、上海体育馆（1983 年）、广州矿泉客舍（1964 年）、广州东方宾馆扩建（1973 年）、广州白云宾馆（1976 年）等。

《弗莱彻建筑史》第 20 卷还特别描述了 20 世纪 80 年代，在对外开放、对内改革政策下，中国建筑业的繁荣局面。北京建国饭店（1982 年，美国旧金山陈宣远事务所设计），是中美合作的第一个建筑项目，是中国第一座后现代主义意味建筑，尔后有长城饭店（1980—1984 年中美合作）、南京金陵饭店（1980—1983 年香港公和洋行设计）、贝聿铭设计的香山饭店（1982 年），也涌现了中国人设计的作品，如上海龙柏饭店（1982 年华东院张耀曾）、广州白天鹅宾馆（1980—1983 年，由佘峻南和莫伯治设计）。

中国建筑工业出版社推出的《建筑设计资料集》（第三版，八卷本）是自 1960 年开始编纂的建筑界"天书"，它在"资料全、方便查、查得到"的同时，汇集了 200 余家单位，3 000 余名专家的贡献，其中不乏契合时代需要的传承与发展。这是一套如《弗莱彻建筑史》般的中国建筑文献资料的设计遗产的集大成之作，是写就中国 20 世纪新中国建筑设计史的

图 5. 弗莱彻建筑史

图 6.《20 世纪建筑遗产导读》

重要参考读物。在第八卷（2017 年）中，不仅有历史建筑保护设计的内容，还有建筑改造设计的内容，更有令 20 世纪建筑遗产瞩目的体现文化传承与创新的地域性建筑以及防灾设计、绿色设计、城市设计、智能设计等内容，成为与 20 世纪建筑遗产相配合的重要设计参考书目。

5. 中国 20 世纪建筑遗产的学术贡献

中国的文化传统是一种存在样态。研究中国的 20 世纪遗产要有方法及视角，不仅要遵循中国地域性及文化传统，也要在汲取西方概念时结合中国特点仔细分辨，方能呈现中国 20 世纪建筑遗产的经典。学术评价没有放诸四海而皆准的统一标准，正如我们的研究对象要不拘一格、千姿百态，只要是严肃认真的创作，只要是从传承创新出发的设计，只要是以发现的精神扎实书写，就能获得值得肯定的作品，就能体现出建筑师的学术个性。20 世纪建筑遗产的学术旨在探求真理，为城市发展"立言"。最为重要

的城市生存策略源于建筑师、工程师的创造。如果说学术乃天下之公器，那么，中国 20 世纪建筑遗产耕耘的结果必然是为人民的，是在瞩目全球化发展态势时坚守遗产的准则。委员会历经十年学术之路，旨在为中国建筑文博界向世界建筑界、国际文博界开启一扇"中国窗"，呈现有治学精神和方法的 20 世纪建筑学术遗产。（图 6）

十年来，中国 20 世纪建筑遗产路，除推介"中国 20 世纪建筑遗产项目"外，还为诸多城市提供了共同研讨活化利用发展的途径。"文化城市"的理念不断深入，在业界与社会达成共识，更为重要的是畅想于十年前的《20 世纪建筑遗产导读》一书，历经五载、数十位专家的共同努力终获面世，正在发挥着中国 20 世纪建筑遗产教育乃至学术"指南"之作用。

2023 年 5 月 4 日，在北京召开了《20 世纪建筑遗产导读》（以下简称《导读》，五洲传播出版社，出版 360 千字，2023 年 4 月第一次印刷，定价 108 元）新书分享会。《导读》一书的编撰得到

中国文物学会、中国建筑学会的大力支持。正如时任中国文物学会会长单霁翔所言，《导读》一书是在全国业界与公众中，"让更多文物和文化遗产活起来"的大势下产生的。20 世纪建筑遗产的知识与价值传播，以其时代特征及国际影响力较传统建筑对于增强历史文化自觉有着更直接的意义。何为 20 世纪建筑遗产？那些曾经在我们身边的城市建筑与街区，何以成为具有历史文化记忆和科学技术价值的瑰宝？其背后蕴藏着怎样的故事？也许这些就会成为城市更新必须解答的问题。中国文物学会 20 世纪建筑遗产委员会作为《导读》一书的主编单位，旨在从理性上向行业内外讲好中国 20 世纪建筑遗产的"故事"。本人在主持新书分享会时指出，《导读》是国内第一本"20 世纪建筑与当代遗产传播的'指南范本'"，面对大量既有建筑的不被重视、无名分的现状，它在努力求索中国 20 世纪建筑的文化担当。如果人们熟悉的中华传统古建筑是本厚重的大书，《导读》则告诉中外建筑界：中国现当代建筑也是一部自立于世界文化之林的巨著，中国建筑之"木"离不开传统文化对现代化中国的滋养。

《导读》一书集中解答了两个问题：一是 20 世纪建筑遗产何以成为面向世界文化遗产的新类型，二是中国 20 世纪建筑遗产具有厚重的遗产价值与丰富的内容。它回答了如何在遗产认知中密切关注 20 世纪事件与人；如何坚持国际视野且借鉴世界遗产的先进经验；如何在 20 世纪遗产的历史文化长河乃至科技进步价值阶梯上不断提升。"汲古润今，与时偕行"，在 20 世纪城市与建筑的发展历程中，文化自信自强一直推动着中国式现代化的新实践。强烈的文化归属感可激起人们心底最深沉的思考与认同。步入中国第一个公共博物馆——南通博物苑，民族实业家张謇（1853—1926 年）开创诸多近代中国第一的壮举就呈现在眼前，它为南通文化城市建设植入"中国近代第一城"的基因。如《中国早期现代化的先驱——张謇》全国巡回展在浙江、上海、四川、新疆、江苏、江西等地展出，南通博物苑苑长杜嘉乐表示："我们秉承张謇先生的'设为庠序学校以教，多识鸟兽草木之名'的办苑宗旨，通过临展、社教、讲座、志愿服务、文创等方式，使游客量从年均 60 万人次增至 90 万人次。"据史料记载，张謇不仅是出色的实业家、教育家，还是一位建筑行家。自 1902 年至 1926 年，从南通到他的故乡海门长乐，张謇共创办从幼稚园、小学、中学到大学共 370 多所教育机构。研究张謇思想与活动的史料《张季子九录》中记录了他的建筑见解："所最注重者，则择地"；"便于交通，便于开拓者为宜"；"宜少辟门径，以便管理者观察"；"馆中贯通之地，宜间设广厅，以备人观者憩息"和"隙地则栽植花木，点缀竹石"。除秉承中国优秀传统建筑文化外，他还吸纳西洋建筑先进技术为中国建筑所用，彰显出 20 世纪初中国建筑之精彩。

《导读》特别详解了何为中国 20 世纪遗产国际性的中国标准，展示建筑文博乃至艺术设计界在百年城市历程中的时代特征，在表现 20 世纪经典建筑杰出建筑师、工程师的创作观的同时，反映 20 世纪建筑的新技术、新材料、新设备（电梯、玻璃、钢筋混凝土以及智能技术）的变迁，对现当代建筑发展的技术支撑，揭示出中国建筑文化自信自强的 20 世纪建筑思想史、建筑文化的价值。《导读》一书的重点内容有三项：一是面向中国同行与公众介绍《世界遗产名录》中的 20 世纪遗产项目；二是对比与世界同框的中国 20 世纪设计特色与背景，向国内外介绍中国建筑师与工程师的风采；三是不仅为中国增补遗产类型而努力，还在国际建筑遗产平台上赢得话语权。作为该书的主编，我相信，《导读》是让世界领略中国 20 世纪建筑遗产瑰宝的"窗口"，它开启了中国现当代建筑科技文化的魅力之旅，会让更多人有机会"阅读"最生动、最有说服力、最能代表城市发展年轮的"教科书"，还有助于强化城市集体记忆，并成为可读、可讲、可延伸的 20 世纪建筑遗产"启蒙书"。

《导读》还特别从城市文化的传承与创新的角度解读，在 2021 年修订的《中国 20 世纪建筑遗产认定标准》中有九个方面，特别强调要关注"反映城市历史文脉，具有时代特征、地域文化综合价值的创新型设计作品，要包括'城市更新行动'中优秀的有机更新项目等，也要重视改革开放时期的作品，以体现建筑遗产的当代性"。如果从新中国建设成就角度看，20世纪遗产的确对文化城市的塑形有推动作用。对于北京，梁思成早有论述，北京城必须是现代化的，同时北京原有的整体文化特征和多数个别的文物建筑，又必须加以保存，做到古今兼顾、新旧两利。仅从1949年后的背景建筑上看，"国庆十大工程"的整体（已入选中国20世纪建筑遗产项目）与20世纪50年代初"北京八大学院"也已成为推介项目。截至2023年2月16日公布的第七批中国20世纪建筑遗产项目，北京共有120余项，它们在城市总体规划（2016—2035年）上，助力减量发展，给古都带来新的活力。在20世纪的百年间，上海融中西方建筑城市事件，创造了包罗万象建筑哲匠的传统与现代、大量隽永的城市空间。在七批入选20世纪建筑遗产的50余个项目中，体现了丰富的历史凝聚及人文精神。在2022年9月，以"设计无界 相融共生"为主题的"2023世界设计之都大会"开幕，上海实现了用设计保护20世纪建筑，创造了一系列在中国现当代建筑史上有思辨的城市更新实例。

三、瞩目中国20世纪建筑遗产的未来

中国20世纪建筑遗产的研究，从建设中国式现代化及建设中华民族现代文明方面来讲，是在融汇创新中巩固建筑文博科技文化的主体性，其可持续原则不仅要关注20世纪世界建筑三大文献《雅典宪章》（1933年）、《马丘比丘宪章》（1977年）、《北京宪章》（1999年），其"融通中外，贯通古今"的理念不可改变，要坚持开放包容的心态和科学理性的精神，创造有城市内在肌理的中国20世纪与当代建筑遗产的新未来。

在瞩目《世界遗产名录》中熠熠闪光的20世纪遗产，都应给中国建筑师带来启示，这些深刻的、完美的作品都具有文化的、科学的、经济与社会乃至生态发展的理念支撑，不仅是建筑对人及自然的抚慰，

更是新时代对20世纪建筑遗产的新需求。因此，面对中国20世纪建筑遗产发展的"新十年"，要高站位、谋全局，要从建筑与文博的专业视角，要有国际视野的定位，要以科技进步支撑建筑遗产保护，要以创新服务为根本，创造有更多人文内涵与丰富生活的城市空间。从国家申报世界遗产预备名录的视角看，20世纪中国建筑巨匠及其作品迟早会纳入名录之中。

1. 关注中国20世纪建筑遗产的顶层设计

在2023年9月16日举行的"第八批中国20世纪建筑遗产项目推介暨现当代建筑遗产与城市更新研讨会"上，中国工程院院士孟建民受中国文物学会、中国建筑学会委托，介绍了中国20世纪建筑遗产项目蓝皮书的框架。"蓝皮书"即《中国20世纪建筑遗产年度报告（2014—2024）》，它既是未来中国20世纪建筑遗产的发展方向，也是对过去十年学术工作的归纳总结，无疑会成为重要的顶层设计。其要点如下：

（1）总结中国20世纪建筑遗产项目的风格特点、地域分布、建筑类型与创作时间规律；

（2）分析中国20世纪建筑遗产特有的事件学特征；

（3）归纳与20世纪建筑遗产项目相关的贡献建筑师、工程师的设计理念与事迹；

（4）比较中外同时期设计大师的创作水平与理念方法；

（5）以吕彦直、刘敦桢、童寯、梁思成、杨廷宝"五宗师"为代表的第一代中国20世纪建筑巨匠进入国家"申遗"名录的可行性与必要性；

（6）研讨国家《城市建筑遗产保护法》的编研思路及实施路径；

（7）国际视野下探索遗产"活化"利用的城市文化策略与应用"案例"；

（8）编研中国20世纪建筑遗产文化传播路径及规划方案，举办20世纪建筑遗产知识大讲堂等。

2. 关注新中国建筑遗产与改革开放遗产

2021 年 5 月 21 日，在中国建筑学会、中国文物学会支持下，中共深圳市委组织部、市委宣传部、深圳市规划和自然资源局、中国文物学会 20 世纪建筑遗产委员会等单位主办"深圳改革开放建筑遗产与文化城市建设研讨会"。其主旨是在中国共产党成立 100 周年之际，重温中共党史，学习"改革开放史"的精神，展示深圳改革开放以来文化城市创造的成就。其当代价值体现在两方面：

其一，以深圳国贸大厦为代表的地标体现了当代遗产观。研讨活动在开创 "中国速度"的深圳国贸大厦 42 层报告厅举办，通过设计、施工、管理三方的回顾，讲述了该项目自 1982 年 4 月破土动工，历时三年零八个月，创造了闻名中外的"三天一层楼"的深圳速度。深圳国贸大厦（高 160 米，建筑面积 10 万平方米，共 53 层）作为中国第一幢超高层建筑，已成为深圳改革开放的地标建筑和文化地标。据悉，1984 年，邓小平同志视察了建设中的深圳国贸大厦，8 年后的 1992 年，他在国贸大厦的旋转餐厅发表了意义深远的"南方谈话"。多年以来，深圳国贸大厦陆续接待了超过 400 多位中外元首和政要。专家们依托国贸大厦深厚的历史积淀及"国贸智慧"，抓住联合国教科文组织《世界遗产名录》中 20 世纪遗产的关键词，不仅研讨深圳现当代建筑遗产或建筑群纳入国家申报世界文化遗产预备名录，还分析了深圳市创建国家历史文化名城的路线图。

其二，深圳何以用经典建筑成为改革开放纪念碑。深圳 40 载获得了世界奇迹般的成功，是文化自强与自信的当代再造，更是筑就城市文化基因的当代标志。如果说党史学习让我们更坚定中国步入"文化强国"的愿景，那么当下就必须在真正落实建设"文化强市" "遗产强国"等目标上下功夫。联合国教科文组织《世界遗产名录》关注的当代建筑遗产（即 20 世纪建筑遗产）的"课程"缺失，中国应尽快补上。如果说"北上广"有大量百年以上建筑，那么，深圳的历史建筑正是代表改革开放创新文化的新作品和"教科书"。中国欲从建筑遗产类型上跟随世界遗产脚步，深圳最有条件走在前面，这包括在 20 世

纪遗产的政策与立法上先行先试。建筑对当代社会进步具有重要的价值，具有深远的文化影响力，其传承必将是城市精神与远逝的"乡愁"的记忆。

3. 关注中国 20 世纪"五代建筑师"的代际研究

2022 年 11 月 26 日，北京建筑大学举办"增强文化自信·传承北京文脉"主题论坛。笔者以"北京 20 世纪建筑遗产的成就与建筑师"为题作了演讲。表 2 是根据杨永生《中国四代建筑师》一书（图 7），对中国代际建筑师的研究所做的归纳。截止于 2000 年前后的建筑师们的研究成果中，不仅前三代建筑师的统计尚不完整，明显第四代建筑师的统计也有缺失。在第五代建筑师活跃的当下，梳理中国五代建筑师特点与"年表"大有可为。如果从 20 世纪北京建筑师的贡献向外拓展，从树立中国建筑师的自信自强的国际影响力出发，尤其应迫切研究中国第四代、第五代建筑师的现当代贡献。对中国五代建筑师的代际研究，从一定意义上是历史的必然，这不仅是丰富中国建筑史学的需要，也将为中青年建筑师的发展寻找方向。建筑师"年表"是建立对事物发展的整体性认知的工具，它不仅带有整体性，更显客观性，可用于认识评介中国建筑师未来走向。

图 7.《中国四代建筑师》书影

表2　20世纪中国代际建筑师

代际	定义	特点及成就	代表人物（有北京建筑作品）
第一代	清末至辛亥革命年间出生的建筑师，他们中的多数有留学背景且20世纪20年代或30年代初登建筑舞台，当时中国尚无建筑教育	在发扬固有文化的氛围下探索中国建筑现代化道路，设计过有传统风貌的中国现代建筑，他们做过前无古人的中国古代建筑文献诠释及理论，他们是有爱国精神的品学兼优的人士	朱启钤、华南圭、贝寿同、沈理源、关颂声、刘福泰、朱彬、杨锡镠、单士元、吕彦直、梁思成、杨廷宝、林徽因、等
第二代	20世纪10—20世纪出生且1949年前毕业的中国有了建筑教育	处于建筑创作的摇摆期且与世隔绝，投入设计的空间与时间太少，虽遇到迟来的"春天"，但沿着第一代建筑师开辟的路，有创作奇迹与经典作品，最典型的当数"国庆十大工程"	汪坦、张镈、张开济、华揽洪、林乐义、戴念慈、吴良镛、徐中、张玉泉、赵冬日、汪国瑜、严星华、龚德顺、白德懋、罗哲文、傅义通、刘开济、曾坚、周治良、宋融、等
第三代	20世纪30—40年代出生且是1949年后毕业的	由于早期时代背景，他们未能尽情发挥创作欲望，但改革开放后，他们的设计精品超越前人，他们是肩负历史责任的一代	关肇邺、傅嘉年、熊明、陈世民、李道增、布正伟、梅季魁、何玉如、李宗泽、王世仁、费麟、黄星元、刘力、马国馨、柴裴义、等

注：本表依据杨永生编《中国四代建筑师》（2002年1月版）编辑整理，相关代表人物并不完备。

2006年6月杨永生、王莉慧主编的《中国建筑史解码人》一书，对四代建筑学人的中国建筑史学研究做了归纳。该书分析道："相对于中国建筑史研究队伍而言，我国研究外国建筑史的学者人数太少。"显然，无论是《中国四代建筑师》还是《建筑史解码人》，都需要补充第四代、第五代建筑学人的任务，做实中国五代建筑师的"年表"。2022年先后，为中国建筑西北设计研究院及天津市建筑设计研究院的70年庆典编制的"作品集"等书，无论是在中建西北院赵元超大师领衔的"风雨七十载　漫漫探索路"综述文论中，还是在"中建西北院70年创作"座谈会纪实的多位建筑师感言中，都提及"中国建筑师代际"这个话题。

2022年，在北京建院总建筑师、20世纪50年代"八大总"之一的中国第二代建筑师张开济诞辰110周年之际，《建筑师张开济》一书出版。2022年12月20日，《文博中国》发表了我的文章《张开济：求索中国建筑现代化道路的人》，表达了张开济提出的实现建筑现代化的思想。张开济的建筑观遵循守望传承观的认知，通过对张开济的研读，旨在向中国20世纪百年建筑巨匠们致敬。此外，向北京建院20世纪50年代"八大总"及建筑行业先贤学习的意义与价值至少体现在以下方面。

其一，由系统梳理诸位大师的"所为"与"所思"，必然会想到20世纪更多的中国第一代、第二代乃至第三代及第四代建筑师"群体"现代化探索之路，重点在于找到他们的思想取向。

其二，研究中国建筑师文化是树立中华文化自信的重要工作之一。尽管以理论上讲，历史是无法还原的，但如果有资料性、档案性传记描述工作支撑，建筑大历史的科学性是可以保证的。需要用中国现代化的思想，采用历史真实性与文学生动性的方法，给社会业界呈现更具传统、更富创新、更有启迪意义的好故事。

其三，感悟建筑大师等先贤的建筑师精神。我们要学习建筑师心系国家、心系事业、心系人民的奉献精神。即要学习他们求真务实、明辨是非的创新精神；学习他们严谨求实、带头营造创作环境的学术精神；学习他们团结协作、追求卓越的集体主义精神等，也许这些都是研究并瞩目20世纪建筑人物贡献史的价值所在。

参考文献

[1] 马克思，恩格斯. 德意志意识形态 [M]. 北京：人民出版社，2018.

作品篇

PROJECTS

项目辑录

PROJECT CATALOG

第一批中国 20 世纪建筑遗产名录（98 项）

序号	项目名称	地点（省 + 市）	年代
1	人民大会堂	北京市	1959 年
2	民族文化宫	北京市	1959 年
3	人民英雄纪念碑	北京市	1958 年
4	中国美术馆	北京市	1958 年
5	中山陵	江苏省南京市	1929 年
6	重庆市人民大礼堂	重庆市	1954 年
7	北京火车站	北京市	1959 年
8	清华大学早期建筑	北京市	1916 年—20 世纪 30 年代
9	天津劝业场大楼	天津市	1928 年
10	上海外滩建筑群	上海市	20 世纪初—20 世纪 30 年代
11	中山纪念堂	广东省广州市	1931 年
12	北京展览馆	北京市	1953 年
13	中央大学旧址	江苏省南京市	1933 年
14	北京饭店	北京市	1919 年、1954 年、1974 年
15	国际饭店	上海市	1934 年
16	中国革命历史博物馆	北京市	1959 年
17	天津五大道近代建筑群	天津市	待考
18	集美学村	福建省厦门市	1913 年起
19	厦门大学早期建筑	福建省厦门市	1921 年起
20	北京协和医学院及附属医院	北京市	1925 年
21	武汉国民政府旧址	湖北省武汉市	1921 年
22	孙中山临时大总统府及南京国民政府建筑遗存	江苏省南京市	1930 年
23	清华大学图书馆	北京市	1919 年、1931 年、1991 年
24	北京友谊宾馆	北京市	1954 年
25	武汉大学早期建筑	湖北省武汉市	1936 年
26	鉴真纪念堂	江苏省扬州市	1963 年
27	武昌起义军政府旧址	湖北省武汉市	1910 年
28	香山饭店	北京市	1982 年
29	国立紫金山天文台旧址	江苏省南京市	1934 年
30	未名湖燕园建筑群	北京市	1926 年
31	汉口近代建筑	湖北省武汉市	20 世纪 20—30 年代
32	北京和平宾馆	北京市	1953 年
33	白天鹅宾馆	广东省广州市	1983 年
34	毛主席纪念堂	北京市	1977 年
35	徐家汇天主堂	上海市	1910 年
36	北京大学红楼	北京市	1918 年
37	长春第一汽车制造厂早期建筑	吉林省长春市	待考
38	北京电报大楼	北京市	1956 年
39	圣索菲亚教堂	黑龙江省哈尔滨市	1932 年
40	北京"四部一会"办公楼	北京市	1955 年
41	上海展览中心	上海市	1955 年
42	雨花台烈士陵园	江苏省南京市	1988 年
43	黄花岗七十二烈士墓园	广东省广州市	1921 年
44	阙里宾舍	山东省曲阜市	1983 年

序号	项目名称	地点（省＋市）	年代
45	钱塘江大桥	浙江省杭州市	1937 年
46	重庆人民解放纪念碑	重庆市	1947 年
47	西泠印社	浙江省杭州市	1904 年
48	金陵大学旧址	江苏省南京市	1937 年
49	松江方塔园	上海市	1981 年
50	钓鱼台国宾馆	北京市	1959 年
51	侵华日军南京大屠杀遇难同胞纪念馆（一期）	江苏省南京市	1985 年
52	首都剧场	北京市	1953 年
53	武汉长江大桥	湖北省武汉市	1957 年
54	北京天文馆及改建工程	北京市	1957 年
55	陕西历史博物馆	陕西省西安市	1991 年
56	国家奥林匹克体育中心	北京市	1990 年
57	北京市百货大楼	北京市	1955 年
58	北京工人体育场	北京市	1959 年
59	南岳忠烈祠	湖南省衡阳市	1943 年
60	延安革命旧址	陕西省延安市	20 世纪 30—40 年代
61	江汉关大楼	湖北省武汉市	1924 年
62	上海鲁迅纪念馆	上海市	1956 年
63	广州白云山庄	广东省广州市	1962 年
64	东方明珠上海广播电视塔	上海市	1995 年
65	天安门观礼台	北京市	1954 年
66	北洋大学堂旧址	天津市	1903 年
67	建设部办公楼	北京市	1954 年
68	天津大学主楼	天津市	1954 年
69	北京菊儿胡同新四合院	北京市	20 世纪 90 年代
70	北京儿童医院	北京市	1954 年
71	武夷山庄	福建省武夷山市	待考
72	中国共产党第一次全国代表大会会址	上海市	1921 年
73	西汉南越王墓博物馆	广东省广州市	待考

序号	项目名称	地点（省＋市）	年代
74	佘山天文台	上海市	1900 年
75	国民政府行政院旧址	江苏省南京市	1930 年
76	同济大学文远楼	上海市	1954 年
77	曹杨新村	上海市	1953 年
78	首都体育馆	北京市	1968 年
79	金茂大厦	上海市	1999 年
80	泮溪酒家	广东省广州市	待考
81	中国营造学社旧址	四川省宜宾市	待考
82	南京长江大桥桥头堡	江苏省南京市	1968 年
83	重庆黄山抗战旧址群	重庆市	待考
84	国民参政会旧址	重庆市	待考
85	清华大学 1~4 号宿舍楼	北京市	待考
86	西安人民大厦	陕西省西安市	1953 年
87	北京自然博物馆	北京市	1958 年
88	华新水泥厂旧址	湖北省黄石市	1907 年
89	中国国际展览中心 2~5 号馆	北京市	1985 年
90	西安人民剧院	陕西省西安市	1954 年
91	北京大学图书馆	北京市	1920 年、20 世纪 70、90 年代
92	同盟国中国战区统帅部参谋长官邸旧址	重庆市	待考
93	重庆抗战兵器工业旧址群	重庆市	待考
94	南泉抗战旧址群	重庆市	待考
95	马可·波罗广场建筑群	天津市	1908—1916 年
96	新疆人民会堂	新疆维吾尔自治区乌鲁木齐市	1985 年
97	南京西路建筑群	上海市	待考
98	成都锦江宾馆	四川省成都市	1961 年

第一批中国 20 世纪建筑遗产项目推介活动于 2016 年 9 月 29 日在故宫博物院宝蕴楼召开。

第一批中国 20 世纪建筑遗产图录（98 项）

人民大会堂
北京市 1959 年

民族文化宫
北京市 1959 年

人民英雄纪念碑
北京市 1958 年

中国美术馆
北京市 1958 年

中山陵
江苏省南京市 1929 年

重庆市人民大礼堂
重庆市 1954 年

北京火车站
北京市 1959 年

清华大学早期建筑
北京市 1916 年—20 世纪 30 年代

天津劝业场大楼
天津市 1928 年

上海外滩建筑群
上海市 20 世纪初—20 世纪 30 年代

中山纪念堂
广东省广州市 1931 年

北京展览馆
北京市 1953 年

中央大学旧址
江苏省南京市 1933 年

北京饭店
北京市 1919 年、1954 年、1974 年

国际饭店
上海市 1934 年

中国革命历史博物馆
北京市 1959 年

天津五大道近代建筑群
天津市 待考

集美学村
福建省厦门市 1913 年起

厦门大学早期建筑
福建省厦门市　1921 年起

北京协和医学院及附属医院
北京市　1925 年

武汉国民政府旧址
湖北省武汉市　1921 年

孙中山临时大总统府及南京国民政府建筑遗存
江苏省南京市　1930 年

清华大学图书馆
北京市　1919 年、1931 年、1991 年

北京友谊宾馆
北京市　1954 年

武汉大学早期建筑
湖北省武汉市　1936 年

鉴真纪念堂
江苏省扬州市　1963 年

武昌起义军政府旧址
湖北省武汉市　1910 年

香山饭店
北京市　1982 年

国立紫金山天文台旧址
江苏省南京市　1934 年

未名湖燕园建筑群
北京市　1926 年

汉口近代建筑
湖北省武汉市 20 世纪 20—30 年代

北京和平宾馆
北京市 1953 年

白天鹅宾馆
广东省广州市 1983 年

毛主席纪念堂
北京市 1977 年

徐家汇天主堂
上海市 1910 年

北京大学红楼
北京市 1918 年

长春第一汽车制造厂早期建筑
吉林省长春市 待考

北京电报大楼
北京市 1956 年

圣索菲亚教堂
黑龙江省哈尔滨市 1932 年

北京"四部一会"办公楼
北京市 1955 年

上海展览中心
上海市 1955 年

雨花台烈士陵园
江苏省南京市 1988 年

黄花岗七十二烈士墓园
广东省广州市 1921 年

阙里宾舍
山东省曲阜市 1983 年

钱塘江大桥
浙江省杭州市 1937 年

重庆人民解放纪念碑
重庆市 1947 年

西泠印社
浙江省杭州市 1904 年

金陵大学旧址
江苏省南京市 1937 年

松江方塔园
上海市 1981 年

钓鱼台国宾馆
北京市 1959 年

侵华日军南京大屠杀遇难同胞纪念馆(一期)
江苏省南京市 1985 年

首都剧场
北京市 1953 年

武汉长江大桥
湖北省武汉市 1957 年

北京天文馆及改建工程
北京市 1957 年

陕西历史博物馆
陕西省西安市 1991 年

国家奥林匹克体育中心
北京市 1990 年

北京市百货大楼
北京市 1955 年

北京工人体育场
北京市 1959 年

南岳忠烈祠
湖南省衡阳市 1943 年

延安革命旧址
陕西省延安市 20 世纪 30—40 年代

江汉关大楼
湖北省武汉市 1924 年

上海鲁迅纪念馆
上海市 1956 年

广州白云山庄
广东省广州市 1962 年

东方明珠上海广播电视塔
上海市 1995 年

天安门观礼台
北京市 1954 年

北洋大学堂旧址
天津市 1903 年

建设部办公楼
北京市 1954 年

天津大学主楼
天津市南开区 1954 年

北京菊儿胡同新四合院
北京市 20 世纪 90 年代

北京儿童医院
北京市 1954 年

武夷山庄
福建省武夷山市 待考

中国共产党第一次全国代表大会会址
上海市 1921 年

西汉南越王墓博物馆
广东省广州市 待考

佘山天文台
上海市 1900 年

国民政府行政院旧址
江苏省南京市 1930 年

同济大学文远楼
上海市 1954 年

曹杨新村
上海市 1953 年

首都体育馆
北京市 1968 年

金茂大厦
上海浦东新区 1999 年

泮溪酒家
广东省广州市 待考

中国营造学社旧址
四川省宜宾市 待考

南京长江大桥桥头堡
江苏省南京市 1968 年

重庆黄山抗战旧址群
重庆市 待考

国民参政会旧址
重庆市 待考

清华大学 1—4 号宿舍楼
北京市 待考

西安人民大厦
陕西省西安市 1953 年

北京自然博物馆
北京市 1958 年

华新水泥厂旧址
湖北省黄石市 1907 年

中国国际展览中心 2—5 号馆
北京市 1985 年

西安人民剧院
陕西省西安市 1954 年

北京大学图书馆

北京市 1920 年，20 世纪 70、90 年代

同盟国中国战区统帅部参谋长官邸旧址

重庆市 待考

重庆抗战兵器工业旧址群

重庆市 待考

南泉抗战旧址群

重庆市 待考

马可·波罗广场建筑群

天津市 1908—1916 年

新疆人民会堂

新疆维吾尔自治区乌鲁木齐市 1985 年

南京西路建筑群

上海市 待考

成都锦江宾馆

四川省成都市 1961 年

第二批中国 20 世纪建筑遗产名录（100项）

序号	项目名称	地点（省+市）	年代	序号	项目名称	地点（省+市）	年代
1	国立中央博物院（旧址）	江苏省南京市	1951 年	25	中央体育场旧址	江苏省南京市	1931 年
2	鼓浪屿近现代建筑群	福建省厦门市	19 世纪末—20 世纪中期	26	西安事变旧址	陕西省西安市	1936 年
3	开平碉楼	广东省江门市	20 世纪初	27	保定陆军军官学校	河北省保定市	1912 年
4	黄埔军校旧址	广东省广州市	20 世纪 30 年代	28	大邑刘氏庄园	四川省成都市	20 世纪 20 年代
5	中国人民革命军事博物馆	北京市	1959 年	29	湖南大学早期建筑群	湖南省长沙市	20 世纪 20 年代—50 年代
6	故宫博物院宝蕴楼	北京市	1915 年	30	北戴河近现代建筑群	河北省秦皇岛市	19 世纪末—20 世纪 40 年代
7	金陵女子大学旧址	江苏省南京市	1922-1934 年	31	国民党"一大"旧址（包括革命广场）	广东省广州市	20 世纪 10 年代
8	全国农业展览馆	北京市	1959 年	32	北京国会旧址	北京市	1913 年
9	北平图书馆旧址	北京市	1931 年	33	京张铁路，京张铁路南段至八达岭段	河北省张家口市、北京市	1909 年
10	青岛八大关近代建筑	山东省青岛市	20 世纪 30 年代	34	齐鲁大学近现代建筑群	山东省济南市	20 世纪 20 年代
11	云南陆军讲武堂旧址	云南省昆明市	1909—1928 年	35	东交民巷使馆建筑群	北京市	1912 年
12	民族饭店	北京市	1959 年	36	庐山会议旧址及庐山别墅建筑群	江西省九江市	20 世纪 30 年代中期
13	国立中央研究院旧址	江苏省南京市	20 世纪 30—40 年代	37	马迭尔宾馆	黑龙江省哈尔滨市	1913 年
14	国民大会堂旧址	江苏省南京市	1936 年	38	上海邮政总局	上海市	1925 年
15	三坊七巷和朱紫坊建筑群	福建省福州市	明清—20 世纪初	39	四行仓库抗战旧址	上海市	1935 年
16	中东铁路附属建筑群	内蒙古自治区满洲里、黑龙江省哈尔滨市、吉林省长春市、辽宁省沈阳市等	20 世纪 10 年代	40	望海楼教堂	天津市	1904 重建
				41	长春电影制片厂早期建筑	吉林省长春市	20 世纪 30 年代
17	广州沙面建筑群	广东省广州市	19 世纪末—20 世纪初	42	798 近现代建筑群	北京市	20 世纪 50 年代
18	马尾船政	福建省福州市	19 世纪中后期—20 世纪 30 年代	43	大庆油田工业建筑群	黑龙江省大庆市	1959 年
				44	国殇墓园	云南省保山市	1945 年
19	南京中山陵音乐台	江苏省南京市	1933 年	45	蒋氏故居	浙江省宁波市	20 世纪 20 年代末
20	重庆大学近代建筑群	重庆市	20 世纪 30 年代	46	天津利顺德饭店旧址	天津市	19 世纪末—20 世纪初
21	北京工人体育馆	北京市	1961 年	47	京师女子师范学堂	北京市	1909 年
22	梁启超故居和梁启超纪念馆（饮冰室）	天津市	1914 年、1924 年	48	南开学校旧址	天津市	1906 至 20 世纪 30 年代
23	石景山钢铁厂	北京市	1919 年	49	广州白云宾馆	广东省广州市	1976 年
24	中国银行南京分行旧址	江苏省南京市	1923 年、1933 年	50	旅顺火车站	辽宁省大连市	20 世纪初
				51	上海中山故居	上海市	20 世纪初

序号	项目名称	地点（省＋市）	年代
52	西柏坡中共中央旧址	河北省石家庄市	1970 年复建
53	百万庄住宅区	北京市	1955 年
54	马勒住宅	上海市	1936 年
55	盛宣怀住宅	上海市	1900 年
56	四川大学早期建筑群	四川省成都市	20 世纪 10 年代—50 年代
57	中央银行、农民银行暨美丰银行旧址	重庆市	待考
58	井冈山革命遗址	江西省吉安市	1867 年、20 世纪 30 年代
59	青岛火车站	山东省青岛市	1900 年、1994 年
60	伪满皇宫及日伪军政机构旧址	吉林省长春市	1938 年
61	中国共产党代表团办事处旧址（梅园新村）	江苏省南京市	待考
62	百乐门舞厅	上海市	1932 年
63	哈尔滨颐园街一号欧式建筑	黑龙江省哈尔滨市	1919 年
64	宣武门天主堂	北京市	1904 年
65	郑州二七罢工纪念塔和纪念堂	河南省郑州市	1971 年
66	北海近代建筑	广西壮族自治区北海市	19 世纪末—20 世纪初
67	首都国际机场航站楼群	北京市	1958 年、1980 年、1999 年
68	天津市解放北路近代建筑群	天津市	19 世纪末—20 世纪初
69	西安易俗社	陕西省西安市	1917 年（1964 年改建）
70	816 工程遗址	重庆市	1984 年
71	大雁塔风景区三唐工程	陕西省西安市	1988 年
72	茅台酒酿酒工业遗产群	贵州省遵义市	清朝、民国、新中国后
73	茂新面粉厂旧址	江苏省无锡市	1948 年重建
74	于田艾提卡清真寺	新疆维吾尔自治区于田县	民国
75	大连中山广场近代建筑群	辽宁省大连市	1908—1936 年
76	旅顺监狱旧址	辽宁省大连市	1907 年

序号	项目名称	地点（省＋市）	年代
77	唐山大地震纪念碑	河北省唐山市	1984 年
78	中苏友谊纪念塔	辽宁省大连市	1956 年
79	金陵兵工厂	江苏省南京市	20 世纪 30 年代中期
80	天津广东会馆	天津市	1907 年
81	南通大生纱厂	江苏省南通市	19 世纪末—20 世纪初
82	张学良旧居	辽宁省沈阳市	1914—1930 年
83	中华民国临时参议院旧址	江苏省南京市	1910 年
84	汉冶萍煤铁厂矿旧址	湖北省黄石市	1908 年
85	甲午海战馆	山东省威海市	1995 年
86	国润茶业祁门红茶旧厂房	安徽省池州市	20 世纪 50 年代初
87	本溪湖工业遗产群	辽宁省本溪市	1905 年
88	哈尔滨防洪纪念塔	黑龙江省哈尔滨市	1958 年
89	哈尔滨犹太人活动旧址群	黑龙江省哈尔滨市	20 世纪初—30 年代
90	武汉金城银行（现市少年儿童图书馆）	湖北省武汉市	1931 年
91	民国中央陆军军官学校（南京）	江苏省南京市	20 世纪 20—30 年代
92	沈阳中山广场建筑群	辽宁省沈阳市	1913 年起
93	抗日胜利芷江洽降旧址	湖南省怀化市	1946 年
94	山西大学堂旧址	山西省太原市	1904 年
95	北京大学地质学馆旧址	北京市	1935 年
96	杭州西湖国宾馆	浙江省杭州市	20 世纪 50 年代改建
97	杭州黄龙饭店	浙江省杭州市	1986 年
98	淮海战役烈士纪念塔	江苏省徐州市	1965 年
99	罗斯福图书馆暨中央图书馆旧址	重庆市	1941 年
100	第一拖拉机制造厂早期建筑	河南省洛阳市	1959 年

第二批中国 20 世纪建筑遗产项目推介活动于 2017 年 12 月 2 日在安徽省池州市举办。

第二批中国 20 世纪建筑遗产图录（100 项）

国立中央博物院（旧址）
江苏省南京市 1951 年

鼓浪屿近现代建筑群
福建省厦门市 19 世纪末—20 世纪中期

开平碉楼
广东省江门市 20 世纪初

黄埔军校旧址
广东省广州市 20 世纪 30 年代

中国人民革命军事博物馆
北京市 1959 年

故宫博物院宝蕴楼
北京市 1915 年

金陵女子大学旧址
江苏省南京市 1922—1934 年

全国农业展览馆
北京市 1959 年

北平图书馆旧址
北京市 1931 年

青岛八大关近代建筑
山东省青岛市 20 世纪 30 年代

云南陆军讲武堂旧址
云南省昆明市 1909—1928 年

民族饭店
北京市 1959 年

国立中央研究院旧址
江苏省南京市 20 世纪 30—40 年代

国民大会堂旧址
江苏省南京市 1936 年

三坊七巷和朱紫坊建筑群
福建省福州市 明清—20 世纪初

中东铁路附属建筑群
内蒙古自治区满洲里、黑龙江省哈尔滨市、
吉林省长春市、辽宁省沈阳市等 20 世纪 10
年代

广州沙面建筑群
广东省广州市 19 世纪末—20 世纪初

马尾船政
福建省福州市 19 世纪中后期—20 世纪 30 年代

南京中山陵音乐台
江苏省南京市 1933 年

重庆大学近代建筑群
重庆市 20 世纪 30 年代

北京工人体育馆
北京市 1961 年

梁启超故居和梁启超纪念馆（饮冰室）
天津市 1914 年、1924 年

石景山钢铁厂
北京市 1919 年

中国银行南京分行旧址
江苏省南京市 1923 年、1933 年

中央体育场旧址
江苏省南京市 1931 年

西安事变旧址
陕西省西安市 1936 年

保定陆军军官学校
河北省保定市 1912 年

大邑刘氏庄园
四川省成都市 20 世纪 20 年代

湖南大学早期建筑群
湖南省长沙市 20 世纪 20—50 年代

北戴河近现代建筑群
河北省秦皇岛市 19 世纪末—20 世纪 40 年代

国民党"一大"旧址（包括革命广场）
广东省广州市 20 世纪 10 年代

北京国会旧址
北京市 1913 年

京张铁路，京张铁路南段至八达岭段
河北省张家口市、北京市 1909 年

齐鲁大学近现代建筑群
山东省济南市 20 世纪 20 年代

东交民巷使馆建筑群
北京市 1912 年

庐山会议旧址及庐山别墅建筑群
江西省九江市 20 世纪 30 年代中期

马迭尔宾馆
黑龙江哈尔滨市 1913 年

上海邮政总局
上海市 1925 年

四行仓库抗战旧址
上海市 1935 年

望海楼教堂
天津市 1904 年重建

长春电影制片厂早期建筑
吉林省长春市 20 世纪 30 年代

798 近现代建筑群
北京市 20 世纪 50 年代

大庆油田工业建筑群

黑龙江省大庆市 1959 年

国殇墓园

云南省保山市 1945 年

蒋氏故居

浙江省宁波市 20 世纪 20 年代末

天津利顺德饭店旧址

天津市 19 世纪末 20 世纪初

京师女子师范学堂

北京市 1909 年

南开学校旧址

天津市 1906 年至 20 世纪 30 年代

广州白云宾馆

广东省广州市 1976 年

旅顺火车站

辽宁省大连市 20 世纪初

上海中山故居

上海市 20 世纪初

西柏坡中共中央旧址

河北省石家庄市 1970 年复原修建

百万庄住宅区

北京市 1955 年

马勒住宅

上海市 1936 年

盛宣怀住宅
上海市 1900 年

四川大学早期建筑群
四川省成都市 20 世纪 10—50 年代

中央银行、农民银行暨美丰银行旧址
重庆市 待考

井冈山革命遗址
江西省吉安市 1867 年、20 世纪 30 年代

青岛火车站
山东省青岛市 1900 年、1994 年

伪满皇宫及日伪军政机构旧址
吉林省长春市 1938 年

中国共产党代表团办事处旧址（梅园新村）
江苏省南京市 待考

百乐门舞厅
上海市 1932 年

哈尔滨颐园街一号欧式建筑
黑龙江省哈尔滨市 1919 年

宣武门天主堂
北京市 1904 年

郑州二七罢工纪念塔和纪念堂
河南省郑州市 1971 年

北海近代建筑
广西壮族自治区北海市 19 世纪末—20 世纪初

首都国际机场航站楼群
北京市 1958 年、1980 年、1999 年

天津市解放北路近代建筑群
天津市 19 世纪末—20 世纪初

西安易俗社
陕西省西安市 1917 年（1964 年改建）

816 工程遗址
重庆市 1984 年

大雁塔风景区三唐工程
陕西省西安市 1988 年

茅台酒酿酒工业遗产群
贵州省遵义市 清朝、民国、新中国成立后

茂新面粉厂旧址
江苏省无锡市 1948 年重建

于田艾提卡清真寺
新疆维吾尔自治区于田县 民国

大连中山广场近代建筑群
辽宁省大连市 1908—1936 年

旅顺监狱旧址
辽宁省大连市 1907 年

唐山大地震纪念碑
河北省唐山市 1984 年

中苏友谊纪念塔
辽宁省大连市 1956 年

金陵兵工厂

江苏省南京市 20 世纪 30 年代中期

天津广东会馆

天津市 1907 年

南通大生纱厂

江苏省南通市 19 世纪末—20 世纪初

张学良旧居

辽宁省沈阳市 1914—1930 年

中华民国临时参议院旧址

江苏省南京市 1910 年

汉冶萍煤铁厂矿旧址

湖北省黄石市 1908 年

甲午海战馆

山东省威海市 1995 年

国润茶业祁门红茶旧厂房

安徽省池州市 20 世纪 50 年代初

本溪湖工业遗产群

辽宁省本溪市 1905 年

哈尔滨防洪纪念塔

黑龙江省哈尔滨市 1958 年

哈尔滨犹太人活动旧址群

黑龙江省哈尔滨市 20 世纪初—30 年代

武汉金城银行（现市少年儿童图书馆）

湖北省武汉市 1931 年

民国中央陆军军官学校（南京）
江苏省南京市 20世纪20—30年代

沈阳中山广场建筑群
辽宁省沈阳市 1913年起

抗日胜利芷江洽降旧址
湖南省怀化市 1946年

山西大学堂旧址
山西省太原市 1904年

北京大学地质学馆旧址
北京市 1935年

杭州西湖国宾馆
浙江省杭州市 20世纪50年代改建

杭州黄龙饭店
浙江省杭州市 1986年

淮海战役烈士纪念塔
江苏省徐州市 1965年

罗斯福图书馆暨中央图书馆旧址
重庆市 1941年

第一拖拉机制造厂早期建筑
河南省洛阳市 1959年

第三批中国 20 世纪建筑遗产名录（100 项）

序号	项目名称	地点（省 + 市）	年代
1	杨浦区图书馆	上海市	1934—1935 年
2	北京体育馆	北京市	1955 年
3	北京长途电话大楼	北京市	1976 年
4	之江大学旧址	浙江省杭州市	民国
5	新疆人民剧场	新疆维吾尔自治区乌鲁木齐市	1956 年
6	秦皇岛港口近代建筑群	河北省秦皇岛市	清至民国
7	首都饭店旧址	江苏省南京市	1933 年
8	国家图书馆总馆南区	北京市	1987 年
9	天津西站主楼	天津市	1910 年
10	广州天河体育中心	广东省广州市	20 世纪 80 年代
11	人民剧场	北京市	1955 年
12	中国西部科学院旧址	重庆市	1935—1949 年
13	北京国际饭店	北京市	1987 年
14	原胶济铁路济南站近现代建筑群	山东省济南市	1904—1915 年
15	广东咨议局旧址	广东省广州市	清至民国
16	吉林大学教学楼旧址	吉林省吉林市	1929 年
17	北极阁气象台旧址	江苏省南京市	1928 年
18	北京友谊医院	北京市	1954 年
19	东北大学旧址	辽宁省沈阳市	20 世纪 30 年代
20	陶溪川陶瓷文化创意园老厂房	江西省景德镇市	20 世纪 50 年代至今
21	蒙自海关旧址	云南省蒙自市	清至民国
22	深圳蛇口希尔顿南海酒店（原深圳南海酒店）	广东省深圳市	1986 年
23	深圳国际贸易中心	广东省深圳市	1985 年
24	黄埔军校第二分校旧址	湖南省邵阳市	1938 年
25	中央医院旧址	江苏省南京市	1933 年
26	马鞍山钢铁公司	安徽省马鞍山市	1953 年
27	云南大学建筑群（东陆校区）	云南省昆明市	20 世纪 20 年代
28	黑龙江图书馆旧址	黑龙江省齐齐哈尔市	1930 年
29	浙江兴业银行旧址	浙江省杭州市	1923 年
30	友谊剧院	广东省广州市	1965 年
31	西开天主教堂	天津市	1916 年
32	湖南省立第一师范学校旧址	湖南省长沙市	民国
33	天津工商学院主楼旧址	天津市	1924 年
34	京汉铁路总工会旧址	湖北省武汉市	1923 年
35	重庆市清华中学校旧址	重庆市	1953 年
36	国立美术陈列馆旧址	江苏省南京市	1936—1937 年
37	华侨大厦（现华夏大酒店）	广东省广州市	1957 年以来
38	百老汇大厦（现上海大厦）	上海市	1934 年
39	国民政府中央广播电台旧址	江苏省南京市	1932 年
40	哈尔滨工业大学历史建筑群	黑龙江省哈尔滨市	1906—20 世纪 50 年代
41	遵义会议会址	贵州省遵义市	1935 年
42	容县近代建筑	广西壮族自治区玉林市	清至民国
43	北京大学女生宿舍	北京市	1936 年
44	哈尔滨文庙	黑龙江省哈尔滨市	1926—1929 年
45	中央广播大厦（现中央广播电视总局）	北京市	1958 年
46	炎黄艺术馆	北京市	1991 年
47	国民政府外交部旧址	重庆市	1938—1946 年
48	湘雅医院早期建筑群（含门诊大楼、小礼堂、外籍教师楼、办公楼）	湖南省长沙市	1915 年
49	华南工学院建筑群（原国立中山大学）	广东省广州市	1930—1958 年

序号	项目名称	地点（省＋市）	年代
50	潘天寿纪念馆	浙江省杭州市	1991 年
51	河南留学欧美预备学校旧址	河南省开封市	民国
52	地王大厦	广东省深圳市	1996 年
53	中山纪念中学旧址	广东省中山市	1936 年
54	辽宁总站旧址（原京奉铁路沈阳总站）	辽宁省沈阳市	1930 年
55	北京林业大学历史建筑群（原北京林学院）	北京市	1960 年
56	深圳少年儿童图书馆（原深圳图书馆）	广东省深圳市	1983 年
57	盐业银行旧址	天津市	1926 年
58	笕桥中央航校旧址	浙江省杭州市	民国
59	外语教学与研究出版社办公楼	北京市	1997 年
60	北京航空航天大学历史建筑群	北京市	1954 年
61	广州中苏友好大厦旧址	广东省广州市	1955 年
62	国泰电影院（原国泰大戏院）	上海市	1932 年
63	西安第三纺织厂建筑群	陕西省西安市	20 世纪 50 年代
64	上海体育场	上海市	1997 年
65	万字会旧址	山东省济南市、青岛市	民国
66	太原天主堂	山西省太原市	1905 年
67	国民政府立法院、司法院及蒙藏委员会旧址	重庆市	1937—1946 年
68	抗战胜利纪念堂	云南昆明市	民国
69	上海音乐厅（原南京大戏院）	上海市	1930 年
70	耀华玻璃厂旧址	河北省秦皇岛市	1922 年
71	北京外国语大学历史建筑群（原北京外国语学院）	北京市	1955 年
72	烟台山近代建筑群	山东省烟台市	清至民国
73	湖北省立图书馆旧址	湖北省武汉市	1936 年
74	保卫中国同盟总部旧址	重庆市	1936 年
75	爱群酒店	广东省广州市	1937 年
76	中国农业大学历史建筑群（原北京农学院）	北京市	1955 年

序号	项目名称	地点（省＋市）	年代
77	广东国际大厦	广东省广州市	1991 年
78	济南纬二路近现代建筑群	山东省济南市	1901—1932 年
79	张裕公司酒窖	山东省烟台市	1905 年
80	武汉钢铁公司历史建筑群	湖北省武汉市	20 世纪 50 年代
81	广州火车站	广东省广州市	1975 年
82	永安公司大楼	上海市	1918 年、1936 年
83	北京科技大学历史建筑群（原北京钢铁学院）	北京市	1954 年
84	天津体育馆	天津市	1994 年
85	深圳发展银行大厦（现平安银行大厦）	广东省深圳市	1996 年
86	河朔图书馆旧址	河南省新乡市	1935 年
87	关东厅博物馆旧址	辽宁省大连市	民国
88	通化葡萄酒厂地下贮酒窖	吉林省通化	1937—1983 年
89	南京大华大戏院旧址	江苏省南京市	1936 年
90	鞍山钢铁厂早期建筑	辽宁省省鞍山	1920—1977 年
91	渤海大楼	天津市	1936 年
92	华侨大学陈嘉庚纪念堂	福建省泉州市	1983 年
93	南昌钢铁厂旧址（现方大特钢工业旅游景区）	江西省南昌市	1958 年至今
94	中央民族大学历史建筑群（原中央民族学院）	北京市	1954 年
95	钢花影剧院	重庆市	1958 年
96	美琪大戏院	上海市	1941 年
97	五峰精制茶厂	湖北省宜昌市	1938 年
98	中国人民银行总行旧址	河北省石家庄市	1948 年
99	上海总会（现东风饭店）	上海市	1901—1910 年
100	北京理工大学历史建筑群（原北京工业学院）	北京市	1955 年

　　第三批中国 20 世纪建筑遗产项目推介活动于 2018 年 11 月 24 日在江苏省南京市东南大学举办。

第三批中国 20 世纪建筑遗产图录（100 项）

杨浦区图书馆
上海市 1934—1935 年

北京体育馆
北京市 1955 年

北京长途电话大楼
北京市 1976 年

之江大学旧址
浙江省杭州市 民国

新疆人民剧场
新疆维吾尔自治区乌鲁木齐市 1956 年

秦皇岛港口近代建筑群
河北省秦皇岛市 清至民国

首都饭店旧址
江苏省南京市 1933 年

国家图书馆总馆南区
北京市 1987 年

天津西站主楼
天津市 1910 年

广州天河体育中心
广东省广州市 20 世纪 80 年代

人民剧场
北京市 1955 年

中国西部科学院旧址
重庆市 1935—1949 年

北京国际饭店
北京市 1987 年

原胶济铁路济南站近现代建筑群
山东省济南市 1904—1915 年

广东咨议局旧址
广东省广州市 清至民国

吉林大学教学楼旧址
吉林省吉林市 1929 年

北极阁气象台旧址
江苏省南京市 1928 年

北京友谊医院
北京市 1954 年

东北大学旧址
辽宁省沈阳市 20 世纪 30 年代

陶溪川陶瓷文化创意园老厂房
江西省景德镇市 20 世纪 50 年代至今

蒙自海关旧址
云南省蒙自市 清至民国

深圳蛇口希尔顿南海酒店（原深圳南海酒店）
广东省深圳市 1986 年

深圳国际贸易中心
广东省深圳市 1985 年

黄埔军校第二分校旧址
湖南省邵阳市 1938 年

中央医院旧址
江苏省南京市 1933 年

马鞍山钢铁公司
安徽省马鞍山市 1953 年

云南大学建筑群（东陆校区）
云南省昆明市 20 世纪 20 年代

黑龙江图书馆旧址
黑龙江省齐齐哈尔市 1930 年

浙江兴业银行旧址
浙江省杭州市 1923 年

友谊剧院
广东省广州市 1965 年

西开天主教堂
天津市 1916 年

湖南省立第一师范学校旧址
湖南省长沙市 民国

天津工商学院主楼旧址
天津市 1924 年

京汉铁路总工会旧址
湖北省武汉市 1923 年

重庆市清华中学校旧址
重庆市 1953 年

国立美术陈列馆旧址
江苏省南京市 1936—1937 年

华侨大厦（现华夏大酒店）
广东省广州市 1957 年以来

百老汇大厦（现上海大厦）
上海市 1934 年

国民政府中央广播电台旧址
江苏省南京市 1932 年

哈尔滨工业大学历史建筑群
黑龙江省哈尔滨市 1906 年—20 世纪 50 年代

遵义会议会址
贵州省遵义市 1935 年

容县近代建筑
广西壮族自治区玉林市 清至民国

北京大学女生宿舍
北京市 1936 年

哈尔滨文庙
黑龙江省哈尔滨市 1926—1929 年

中央广播大厦（现中央广播电视总局）
北京市 1958 年

炎黄艺术馆
北京市 1991 年

国民政府外交部旧址
重庆市 1938—1946 年

湘雅医院早期建筑群（含门诊大楼、小
礼堂、外籍教师楼、办公楼）
湖南省长沙市 1915 年

华南工学院建筑群（原国立中山大学）
广东省广州市 1930—1958 年

潘天寿纪念馆
浙江省杭州市 1991 年

河南留学欧美预备学校旧址
河南省开封市 民国

地王大厦
广东省深圳市 1996 年

中山纪念中学旧址
广东省中山市 1936 年

辽宁总站旧址（原京奉铁路沈阳总站）
辽宁省沈阳市 1930 年

北京林业大学历史建筑群（原北京林学院）
北京市 1960 年

深圳少年儿童图书馆（原深圳图书馆）
广东省深圳市 1983 年

盐业银行旧址
天津市 1926 年

笕桥中央航校旧址
浙江省杭州市 民国

外语教学与研究出版社办公楼
北京市 1997 年

北京航空航天大学历史建筑群
北京市 1954 年

广州中苏友好大厦旧址
广东省广州市 1955 年

国泰电影院（原国泰大戏院）
上海市 1932 年

西安第三纺织厂建筑群
陕西省西安市 20 世纪 50 年代

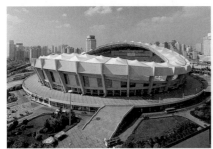

上海体育场
上海市 1997 年

万字会旧址
山东省济南市、青岛市 民国

太原天主堂
山西省太原市 1905 年

国民政府立法院、司法院及蒙藏委员会
旧址
重庆市　1937—1946 年

抗战胜利纪念堂
云南昆明市　民国

上海音乐厅（原南京大戏院）
上海市　1930 年

耀华玻璃厂旧址
河北省秦皇岛市　1922 年

北京外国语大学历史建筑群（原北京外
国语学院）
北京市　1955 年

烟台山近代建筑群
山东省烟台市　清至民国

湖北省立图书馆旧址
湖北省武汉市　1936 年

保卫中国同盟总部旧址
重庆市　1936 年

爱群酒店
广东省广州市　1937 年

中国农业大学历史建筑群（原北京农学
院）
北京市　1955 年

广东国际大厦
广东省广州市　1991 年

济南纬二路近现代建筑群
山东省济南市　1901—1932 年

张裕公司酒窖
山东省烟台市 1905 年

武汉钢铁公司历史建筑群
湖北省武汉市 20 世纪 50 年代

广州火车站
广东省广州市 1975 年

永安公司大楼
上海市 1918 年、1936 年

北京科技大学历史建筑群（原北京钢铁
学院）
北京市 1954 年

天津体育馆
天津市 1994 年

深圳发展银行大厦（现平安银行大厦）
广东省深圳市 1996 年

河朔图书馆旧址
河南省新乡市 1935 年

关东厅博物馆旧址
辽宁省大连市 民国

通化葡萄酒厂地下贮酒窖
吉林省通化 1937—1983 年

南京大华大戏院旧址
江苏省南京市 1936 年

鞍山钢铁厂早期建筑
辽宁省省鞍山 1920—1977 年

渤海大楼

天津市 1936 年

华侨大学陈嘉庚纪念堂

福建省泉州市 1983 年

南昌钢铁厂旧址（现方大特钢工业旅游景区）

江西省南昌市 1958 年至今

中央民族大学历史建筑群（原中央民族学院）

北京市 1954 年

钢花影剧院

重庆市 1958 年

美琪大戏院

上海市 1941 年

五峰精制茶厂

湖北省宜昌市 1938 年

中国人民银行总行旧址

河北省石家庄市 1948 年

上海总会（现东风饭店）

上海市 1901—1910 年

北京理工大学历史建筑群（原北京工业学院）

北京市 1955 年

第四批中国 20 世纪建筑遗产图录（98项）

序号	项目名称	地点（省+市）	年代
1	双溪别墅	广东省广州市	1963 年
2	原新华信托银行大楼（现新华大楼）	天津市	1934 年
3	莫干山别墅群	浙江省湖州市	清至民国
4	建国门外外交公寓	北京市	待考
5	中国儿童艺术剧院	北京市	1921 年（1992 年改扩建）
6	重庆市委会办公大楼（现重庆市文化遗产研究院）	重庆市	1950—1952 年
7	东吴大学旧址（现苏州大学校本部）	江苏省苏州市	晚清—民国 1900—1930 年
8	义县老火车站及铁路桥	辽宁省锦州市	20 世纪初
9	利华大楼	天津市	1939 年
10	前门饭店	北京市	1956 年
11	中共中央党校礼堂	北京市	1959 年
12	重庆市体育馆	重庆市	1955 年
13	扬子饭店旧址	江苏省南京市	1914 年
14	大光明电影院	上海市	1933 年
15	全国政协礼堂（旧楼）	北京市	1954—1956 年
16	哈尔滨秋林商行	黑龙江省哈尔滨市	1908 年
17	幸福村小区	北京市	1956 年
18	大新公司（现上海一百）	上海市	1934—1936 年
19	拉萨饭店	西藏自治区拉萨市	1985 年
20	池州东至周氏家族新建材（洋灰）建筑遗存	安徽省池州市	清末民初
21	中国矿业大学历史建筑群（原北京矿业学院）	北京市	1953 年
22	中国石油大学历史建筑群（原北京石油学院）	北京市	20 世纪 50 年代
23	矿泉别墅	广东省广州市	1976 年
24	顺德糖厂早期建筑	广东省佛山市	1934 年
25	武汉剧院	湖北省武汉市	1959 年
26	岳阳教会学校	湖南省岳阳市	1910 年
27	西安中日友好纪念性建筑：阿倍仲麻吕纪念碑、青龙寺空海纪念碑院	陕西省西安市	1978—1979 年
28	佛采尔计划之宁波海防工事	浙江省宁波市	明代至抗日战争初期
29	敦煌国际大酒店	甘肃省敦煌市	1996 年
30	哈尔滨工程大学历史建筑群（原中国人民解放军军事工程学院）	黑龙江省哈尔滨市	1953 年
31	大智门火车站旧址	湖北省武汉市	1903 年
32	上海银行公会大楼	上海市	1925 年
33	上海虹桥疗养院旧址	上海市	20 世纪 20—30 年代
34	张园	天津市	1916 年
35	芜湖老海关大楼	安徽省芜湖市	1919 年
36	中国地质大学历史建筑群（原北京地质学院）	北京市	20 世纪 50 年代
37	故宫博物院延禧宫建筑群	北京市	1909 年至今
38	云谷山庄	安徽省黄山市	1987 年
39	北京劳动保护展览馆	北京市	1958 年
40	广州花园宾馆	广东省广州市	1985 年
41	琼海关旧址	海南省海口市	1937 年
42	拉贝旧居	江苏省南京市	1934—1938 年
43	潞河中学	北京市	1901 年
44	天一总局旧址	福建省龙海市	1911—1921 年
45	厦门高崎国际机场	福建省厦门市	1983 年
46	洛阳西工兵营	河南省洛阳市	1914 年
47	八七会议会址	湖北省武汉市	1927 年
48	洪山宾馆	湖北省武汉市	1957 年

序号	项目名称	地点（省+市）	年代
49	国际联欢社（现南京饭店）	江苏省南京市	1936 年 1947 年重建
50	交通银行南京分行旧址	江苏省南京市	1933 年
51	和顺图书馆旧址	云南省保山市	民国
52	鸡街火车站	云南省个旧市	1918 年
53	南浔张氏旧宅建筑群	浙江省湖州市	1899—1906 年
54	安徽大学红楼及敬敷学院旧址	安徽省安庆市	1897 年，1935 年
55	北京福绥境大楼	北京市	1958 年
56	辅仁大学本部旧址	北京市	1930 年
57	台阶式花园住宅	北京市	1986 年
58	八路军重庆办事处旧址	重庆市	1938—1946 年
59	重庆南开中学近代建筑群	重庆市	1936 年
60	156 项工程西安工业建筑群（华山机械厂等）	陕西省西安市	20 世纪 50 年代—60 年代
61	西安报话大楼	陕西省西安市	1963 年
62	原开滦矿务局大楼	天津市	1919—1921 年
63	北京医学院历史建筑群（现北京大学医学部）	北京市	20 世纪 50 年代
64	兰州饭店	甘肃省兰州市	1956 年
65	广州大元帅府旧址	广东省广州市	民国
66	鸡公山近代建筑群	河南省信阳市	1903—1949 年
67	原英国乡谊俱乐部	天津市	1925 年
68	天津大光明影院	天津市	1929 年
69	原中央美术学院陈列馆	北京市	1953 年
70	邯郸钢铁总厂建筑群	河北省邯郸市	20 世纪 60 年代
71	洛阳涧西苏式建筑群	河南省洛阳市	1954 年
72	祁阳县重华学堂大礼堂（现祁阳二中重华楼）	湖南省永州市	1947—1948 年
73	八路军西安办事处旧址	陕西省西安市	1937—1946 年

序号	项目名称	地点（省+市）	年代
74	宏道书院	陕西省咸阳市	1900 年
75	陕西省建筑工程局办公大楼	陕西省西安市	1954 年
76	中国科学院办公楼	北京市	1956 年
77	中华全国总工会旧址	广东省广州市	1925—1927 年
78	粤海关旧址	广东省广州市	1916 年
79	坊子德日建筑群	山东省潍坊市	1898—1945 年
80	西安建筑科技大学历史建筑群	陕西省西安市	20 世纪 60 年代
81	上海浦东机场一期	上海市	1999 年
82	天津市人民体育馆	天津市	待考
83	上海华东医院	上海市	1951 年
84	扬子大楼	上海市	1918—1920 年
85	首都宾馆	北京市	1988 年
86	临夏东公馆与蝴蝶楼	甘肃省临夏回族自治州	1938—1947 年
87	华北烈士陵园	河北省石家庄市	1954 年
88	西安半坡博物馆	陕西省西安市	1956 年
89	谦祥益绸缎庄旧址	天津市	1917 年
90	石龙坝水电站	云南省昆明市	1912 年
91	中国政法大学历史建筑群（原北京政法学院）	北京市	20 世纪 50 年代
92	国际大厦	北京市	1985 年
93	石家庄火车站旧址	河北省石家庄市	1987 年
94	天津市北戴河工人疗养院	天津市	1951 年
95	常德会战阵亡将士纪念公墓	湖南省常德市	1946 年
96	西安钟鼓楼广场及地下工程	陕西省西安市	1995—1998 年
97	青木川魏氏庄园	陕西省汉中市	1927—1934 年
98	自贡恐龙博物馆	四川省自贡市	1986 年

第四批中国 20 世纪建筑遗产项目推介活动于 2019 年 9 月 19 日在北京市建筑设计研究院有限公司举办。

第四批中国 20 世纪建筑遗产图录（98 项）

双溪别墅
广东省广州市 1963 年

原新华信托银行大楼（现新华大楼）
天津市 1934 年

莫干山别墅群
浙江省湖州市 清至民国

建国门外外交公寓
北京市 待考

中国儿童艺术剧院
北京市 1921 年（1992 年改扩建）

重庆市委会办公大楼（现重庆市文化遗产研究院）
重庆市 1950—1952 年

东吴大学旧址（现苏州大学校本部）
江苏省苏州市 1900—1930 年

义县老火车站及铁路桥
辽宁省锦州市 20 世纪初

利华大楼
天津市 1939 年

前门饭店
北京市 待考

中共中央党校礼堂
北京市 1959 年

重庆市体育馆
重庆市 1955 年

扬子饭店旧址
江苏省南京市 1914 年

大光明电影院
上海市 1933 年

全国政协礼堂（旧楼）
北京市 1954—1956 年

哈尔滨秋林商行
黑龙江省哈尔滨市 1908 年

幸福村小区
北京市 1956 年

大新公司（现上海一百）
上海市 1934—1936 年

拉萨饭店
西藏自治区拉萨市　1985 年

池州东至周氏家族新建材（洋灰）建筑
遗存
安徽省池州市　清末民初

中国矿业大学历史建筑群（原北京矿业
学院）
北京市　1953 年

中国石油大学历史建筑群（原北京石油
学院）
北京市　20 世纪 50 年代

矿泉别墅
广东省广州市　1976 年

顺德糖厂早期建筑
广东省佛山市　1934 年

武汉剧院
湖北省武汉市　1959 年

岳阳教会学校
湖南省岳阳市　1910 年

西安中日友好纪念性建筑：阿倍仲麻吕
纪念碑、青龙寺空海纪念碑院
陕西省西安市　1978—1979 年

佛采尔计划之宁波海防工事
浙江省宁波市　明代至抗日战争初期

敦煌国际大酒店
甘肃省敦煌市　1996 年

哈尔滨工程大学历史建筑群（原中国人
民解放军军事工程学院）
黑龙江省哈尔滨市　1953 年

大智门火车站旧址
湖北省武汉市 1903 年

上海银行公会大楼
上海市 1925 年

上海虹桥疗养院旧址
上海市 20 世纪 20—30 年代

张园
天津市 1916 年

芜湖老海关大楼
安徽省芜湖市 1919 年

中国地质大学历史建筑群（原北京地质学院）
北京市 20 世纪 50 年代

故宫博物院延禧宫建筑群
北京市 1909 年至今

云谷山庄
安徽省黄山市 1987 年

北京劳动保护展览馆
北京市 1958 年

广州花园宾馆
广东省广州市 1985 年

琼海关旧址
海南省海口市 1937 年

拉贝旧居
江苏省南京市 1934—1938 年

潞河中学
北京市 1901 年

天一总局旧址
福建省龙海市 1911—1921 年

厦门高崎国际机场
福建省厦门市 1983 年

洛阳西工兵营
河南省洛阳市 1914 年

八七会议会址
湖北省武汉市 1927 年

洪山宾馆
湖北省武汉市 1957 年

国际联欢社（现南京饭店）
江苏省南京市 1936 年，1947 年重建

交通银行南京分行旧址
江苏省南京市 1933 年

和顺图书馆旧址
云南省保山市 民国

鸡街火车站
云南省个旧市 1918 年

南浔张氏旧宅建筑群
浙江省湖州市 1899—1906 年

安徽大学红楼及敬敷学院旧址
安徽省安庆市 1897 年，1935 年

北京福绥境大楼
北京市 1958 年

辅仁大学本部旧址
北京市 1930 年

台阶式花园住宅
北京市 1986 年

八路军重庆办事处旧址
重庆市 1938—1946 年

重庆南开中学近代建筑群
重庆市 1936 年

156 项工程西安工业建筑群（华山机械厂等）
陕西省西安市 20 世纪 50—60 年代

西安报话大楼
陕西省西安市 1963 年

原开滦矿务局大楼
天津市 1919—1921 年

北京医学院历史建筑群（现北京大学医学部）
北京市 20 世纪 50 年代

兰州饭店
甘肃省兰州市 1956 年

广州大元帅府旧址
广东省广州市 民国

鸡公山近代建筑群
河南省信阳市 1903—1949 年

原英国乡谊俱乐部
天津市 1925 年

天津大光明影院
天津市 1929 年

原中央美术学院陈列馆
北京市 1953 年

邯郸钢铁总厂建筑群
河北省邯郸市 20 世纪 60 年代

洛阳涧西苏式建筑群
河南省洛阳市 1954 年

祁阳县重华学堂大礼堂（现祁阳二中重
华楼）
湖南省永州市 1947—1948 年

八路军西安办事处旧址
陕西省西安市 1937—1946 年

宏道书院
陕西省咸阳市 1900 年

陕西省建筑工程局办公大楼
陕西省西安市 1954

中国科学院办公楼
北京市 1956 年

中华全国总工会旧址
广东省广州市 1925—1927 年

粤海关旧址
广东省广州市 1916 年

坊子德日建筑群
山东省潍坊市　1898—1945 年

西安建筑科技大学历史建筑群
陕西省西安市　20 世纪 60 年代

上海浦东机场一期
上海市　1999 年

天津市人民体育馆
天津市　待考

上海华东医院
上海市　1951 年

扬子大楼
上海市　1918—1920 年

首都宾馆
北京市　1988 年

临夏东公馆与蝴蝶楼
甘肃省临夏回族自治州　1938—1947 年

华北烈士陵园
河北省石家庄市　1954 年

西安半坡博物馆
陕西省西安市　1956 年

谦祥益绸缎庄旧址
天津市　1917 年

石龙坝水电站
云南省昆明市　1912 年

中国政法大学历史建筑群（原北京政法学院）
北京市 20世纪50年代

国际大厦
北京市 1985年

石家庄火车站旧址
河北省石家庄市 1987年

天津市北戴河工人疗养院
天津市 1951年

常德会战阵亡将士纪念公墓
湖南省常德市 1946年

西安钟鼓楼广场及地下工程
陕西省西安市 1995—1998年

青木川魏氏庄园
陕西省汉中市 1927—1934年

自贡恐龙博物馆
四川省自贡市 1986年

第五批中国 20 世纪建筑遗产名录（101 项）

序号	项目名称	地点（省+市）	年代
1	暨南大学历史建筑群	广东省广州市	1906 年
2	广西医科大学历史建筑群（原广西医学院）	广西省南宁市	1936 年
3	京华印书局	北京市	1905 年
4	南通博物苑	江苏省南通市	1905 年
5	重庆市劳动人民文化宫	重庆市	1952 年
6	安礼逊图书楼	福建省泉州市	1927 年
7	南开大学主楼	天津市	1959 年
8	通崇海泰总商会大楼	江苏省南通市	1920 年
9	西安第四军医大学历史建筑群	陕西省西安市	20 世纪 60 年代
10	梧州近代建筑群	广西省梧州市	清至民国
11	天津市第一工人文化宫（原回力球场）	天津市	1933 年
12	中原公司	天津市	1927 年
13	中南民族大学历史建筑	湖北省武汉市	20 世纪 50 年代
14	湖南图书馆	湖南省长沙市	1904 年
15	哈尔滨莫斯科商场旧址	黑龙江省哈尔滨市	1906 年
16	旅顺红十字医院旧址	辽宁省大连市	1900 年
17	桂园（诗城博物馆）	重庆市	待考
18	河北张家口市展览馆	河北省张家口市	20 世纪 60 年代
19	天津市耀华中学历史建筑群	天津市	20 世纪 20 年代
20	大连火车站	辽宁省大连市	20 世纪 30 年代
21	八一南昌起义纪念馆（原江西大旅社）	江西省南昌市	1927 年
22	东北烈士纪念馆（伪满洲国哈尔滨警察厅）	黑龙江省哈尔滨市	20 世纪 30 年代
23	北京新侨饭店（老楼）	北京市	1954 年
24	中山大学中山医学院历史建筑群	广东省广州市	1909—1950 年
25	哈尔滨工人文化宫	黑龙江省哈尔滨市	1957 年
26	内蒙古自治区博物馆	内蒙古自治区呼和浩特市	1957 年
27	清陆军部和海军部旧址	北京市	待考
28	先施公司附属建筑群旧址	广东省广州市	1913 年
29	商丘市人民第一医院	河南省商丘市	1912 年
30	包头钢铁公司建筑群	内蒙古自治区包头市	20 世纪 50 年代
31	中国人民银行吉林省分行（原伪满洲国中央银行）	吉林省长春市	1938 年
32	成都量具刃具厂	四川省成都市	20 世纪 50 年代
33	西安仪表厂	陕西省西安市	1954 年
34	中国钢铁工业协会办公楼（原冶金部办公楼）	北京市	1966 年
35	东北农业大学主楼（原东北农学院）	黑龙江省哈尔滨市	1953 年
36	无锡荣氏梅园	江苏省无锡市	1912 年
37	保定市方志馆（光园）	河北省保定市	民国
38	武汉农民运动讲习所旧址	湖北省武汉市	1927 年
39	曲阜师范学校旧址	山东省曲阜市	1905—1931 年
40	丰润中学校旧址	河北省唐山市	1925 年
41	国际礼拜堂	上海市	1924 年
42	龙山虞氏旧宅建筑群	浙江省慈溪市	1916—1929 年
43	青岛圣米埃尔教堂	山东省青岛市	1934 年
44	韶山火车站	湖南省湘潭市	1967 年
45	中国建筑东北设计研究院有限公司五十年代办公楼	辽宁省沈阳市	1954 年
46	全国供销合作总社办公楼	北京市	20 世纪 50 年代
47	黄鹤楼（复建）	湖北省武汉市	1985 年

序号	项目名称	地点（省＋市）	年代
48	利济医学堂旧址	浙江省温州市	20 世纪初
49	华东电力大楼	上海市	1988 年
50	武汉青山区红房子历史街区	湖北省武汉市	20 世纪 50 年代
51	洛阳博物馆（老馆）	河南省洛阳市	1958 年
52	乌鲁木齐人民电影院	新疆维吾尔自治区乌鲁木齐市	20 世纪 50 年代，90 年代改扩建
53	广汉三星堆博物馆	四川省广汉市	20 世纪 80 年代
54	航空烈士公墓	江苏省南京市	1932 年
55	雅安明德中学旧址	四川省雅安市	1922 年
56	圣雅各中学旧址	安徽省芜湖市	20 世纪 10 年代
57	辽宁工业展览馆楼	辽宁省沈阳市	1960 年
58	广州美术学院主楼	广东省广州市	1958 年
59	南京五台山体育馆	江苏省南京市	20 世纪 70 年代
60	中国出口商品交易会流花路展馆	广东省广州市	1974 年
61	原基泰大楼	天津市	1928 年
62	郑州第二砂轮厂	河南省郑州市	1964 年
63	安徽省博物馆陈列展览大楼	安徽省合肥市	1956 年
64	大理天主教堂	云南省大理市	1931 年
65	八一剧场	新疆维吾尔自治区乌鲁木齐市	20 世纪 50 年代
66	大箕玫瑰圣母教堂	山西省晋城市	1914 年
67	中华全国文艺界抗敌协会旧址	湖北省武汉市	1921 年
68	天香小筑（原苏州图书馆古籍部）	江苏省苏州市	1935 年
69	广西壮族自治区展览馆	广西南宁市	1957 年
70	太原工人文化宫	山西省太原市	1958 年
71	淮安周恩来纪念馆	江苏省淮安市	1989—1992 年
72	国民革命军遗族学校	江苏省南京市	1928—1929 年
73	天津友谊宾馆	天津市	1973 年
74	碧色寨车站	云南省红河哈尼族彝族自治州	1909 年
75	太原化肥厂	山西省太原市	1960 年
76	白沙沱长江铁路大桥	重庆市	1960 年
77	阎家大院	山西省忻州市	1913 年始建

序号	项目名称	地点（省＋市）	年代
78	清华大学 9003 精密仪器大楼	北京市	1966 年
79	浙江省体育馆旧址（现杭州市体育馆）	浙江省杭州市	1969 年
80	中国大酒店	广东省广州市	1984 年
81	中国科学院陕西天文台	陕西省西安市	1989—1993 年
82	汉口新四军军部旧址	湖北省武汉市	20 世纪 30 年代
83	天津大礼堂	天津市	1959 年
84	大名天主堂	河北省邯郸市	1921 年
85	西安邮政局大楼	陕西省西安市	1958 — 1960 年
86	八路军武汉办事处旧址	湖北省武汉市	1937 年
87	文昌符家宅	海南省文昌市	1917 年
88	岳州关	湖南省岳阳市	1901 年
89	中共北京市委党校教学楼	北京市	20 世纪 50 年代
90	合肥稻香楼宾馆	安徽省合肥市	1956 年
91	华夏艺术中心	广东省深圳市	1991 年
92	宁园及周边建筑	天津市	1986 年
93	锦州工人文化宫	辽宁省锦州市	1960 年
94	肇新窑业厂区	辽宁省沈阳市	1923 年
95	武汉中共中央机关旧址	湖北省武汉市	20 世纪初
96	昆明邮电大楼	云南省昆明市	1959 年
97	浦口火车站旧址及周边	江苏省南京市	1908 年
98	西藏博物馆	西藏自治区拉萨市	1999 年
99	怀远教会建筑旧址（现怀远一中内）	安徽省蚌埠市	1903 年
100	无锡县商会旧址	江苏省无锡市	1915 年
101	奉天驿建筑群	辽宁省沈阳市	1910 年

　　第五批中国 20 世纪建筑遗产项目推介活动于 2020 年 10 月 3 日在辽宁省锦州市义县奉国寺举办。

第五批中国 20 世纪建筑遗产图录（101 项）

暨南大学历史建筑群
广东省广州市 1906 年

广西医科大学历史建筑群（原广西医学院）
广西省南宁市 1936 年

京华印书局
北京市 1905 年

南通博物苑
江苏省南通市 1905 年

重庆工人文化宫
重庆市 1952 年

安礼逊图书楼
福建省泉州市 1927 年

南开大学主楼
天津市 1959 年

通崇海泰总商会大楼
江苏省南通市 1920 年

西安第四军医大学历史建筑群
陕西省西安市 20 世纪 60 年代

梧州近代建筑群
广西省梧州市 待考

天津市第一工人文化宫（原回力球场）
天津市 1933 年

中原公司
天津市 1927 年

中南民族大学历史建筑
湖北省武汉市 20 世纪 50 年代

湖南图书馆
湖南省长沙市 1904 年

哈尔滨莫斯科商场旧址
黑龙江省哈尔滨市 1906 年

旅顺红十字医院旧址
辽宁省大连市 1900 年

桂园（诗城博物馆）
重庆市 待考

河北张家口市展览馆
河北省张家口市 20 世纪 60 年代

天津市耀华中学历史建筑群
天津市 20 世纪 20 年代

大连火车站
辽宁省大连市 20 世纪 30 年代

八一南昌起义纪念馆（原江西大旅社）
江西省南昌市 1927 年

东北烈士纪念馆（伪满洲国哈尔滨警察厅）
黑龙江省哈尔滨市 20 世纪 30 年代

北京新侨饭店（老楼）
北京市 1954 年

中山大学中山医学院历史建筑群
广东省广州市 1909—1950 年

哈尔滨工人文化宫
黑龙江省哈尔滨市 1957 年

内蒙古自治区博物馆
内蒙古自治区呼和浩特市 1957 年

清陆军部和海军部旧址
北京市 待考

先施公司附属建筑群旧址
广东省广州市 1913 年

商丘市人民第一医院
河南省商丘市 1912 年

包头钢铁公司建筑群
内蒙古自治区包头市 20 世纪 50 年代

中国人民银行吉林省分行（原伪满洲国中央银行）
吉林省长春市 1938 年

成都量具刃具厂
四川省成都市 20 世纪 50 年代

西安仪表厂
陕西省西安市 1954 年

中国钢铁工业协会办公楼（原冶金部办公楼）
北京市 1966 年

东北农业大学主楼（原东北农学院）
黑龙江省哈尔滨市 1953 年

无锡荣氏梅园
江苏省无锡市 1912 年

保定市方志馆（光园）
河北省保定市 民国

武汉农民运动讲习所旧址
湖北省武汉市 1927 年

曲阜师范学校旧址
山东省曲阜市 1905—1931 年

丰润中学校旧址
河北省唐山市 1925 年

国际礼拜堂
上海市 1924 年

龙山虞氏旧宅建筑群
浙江省慈溪市 1916—1929 年

青岛圣米埃尔教堂
山东省青岛市　1934 年

韶山火车站
湖南省湘潭市　1967 年

中国建筑东北设计研究院有限公司五十年代办公楼
辽宁省沈阳市　1954 年

全国供销合作总社办公楼
北京市　20 世纪 50 年代

黄鹤楼（复建）
湖北省武汉市　1985 年

利济医学堂旧址
浙江省温州市　20 世纪初

华东电力大楼
上海市　1988 年

武汉青山区红房子历史街区
湖北省武汉市　20 世纪 50 年代

洛阳博物馆（老馆）
河南省洛阳市　1958 年

乌鲁木齐人民电影院
新疆维吾尔自治区乌鲁木齐市　20 世纪 50 年代、90 年代改扩建

广汉三星堆博物馆
四川省广汉市　20 世纪 80 年代

航空烈士公墓
江苏省南京市　1932 年

雅安明德中学旧址
四川省雅安市 1922 年

圣雅各中学旧址
安徽省芜湖市 20 世纪 10 年代

辽宁工业展览馆楼
辽宁省沈阳市 1960 年

广州美术学院主楼
广东省广州市 1958 年

南京五台山体育馆
江苏省南京市 20 世纪 70 年代

中国出口商品交易会流花路展馆
广东省广州市 1974 年

原基泰大楼
天津市 1928 年

郑州第二砂轮厂
河南省郑州市 1964 年

安徽省博物馆陈列展览大楼
安徽省合肥市 1956 年

大理天主教堂
云南省大理市 1931 年

八一剧场
新疆维吾尔自治区乌鲁木齐市 20 世纪 50 年代

大箕玫瑰圣母教堂
山西省晋城市 1914 年

中华全国文艺界抗敌协会旧址
湖北省武汉市 1921 年

天香小筑（原苏州图书馆古籍部）
江苏省苏州市 1935 年

广西壮族自治区展览馆
广西南宁市 1957 年

太原工人文化宫
山西省太原市 1958 年

淮安周恩来纪念馆
江苏省淮安市 1989—1992 年

国民革命军遗族学校
江苏省南京市 1928—1929 年

天津友谊宾馆
天津市 1973 年

碧色寨车站
云南省红河哈尼族彝族自治州 1909 年

太原化肥厂
山西省太原市 1960 年

白沙沱长江铁路大桥
重庆市 1960 年

阎家大院
山西省忻州市 1913 年始建

清华大学 9003 精密仪器大楼
北京市 1966 年

浙江省体育馆旧址（现杭州市体育馆）
浙江省杭州市 1969 年

中国大酒店
广东省广州市 1984 年

中国科学院陕西天文台
陕西省西安市 1989—1993 年

汉口新四军军部旧址
湖北省武汉市 20 世纪 30 年代

天津大礼堂
天津市 1959 年

大名天主堂
河北省邯郸市 1921 年

西安邮政局大楼
陕西省西安市 1958—1960 年

八路军武汉办事处旧址
湖北省武汉市 1937 年

文昌符家宅
海南省文昌市 1917 年

岳州关
湖南省岳阳市 1901 年

中共北京市委党校教学楼
北京市 20 世纪 50 年代

合肥稻香楼宾馆
安徽省合肥市 1956 年

华夏艺术中心
广东省深圳市 1991 年

宁园及周边建筑
天津市 1986 年

锦州工人文化宫
辽宁省锦州市 1960 年

肇新窑业厂区
辽宁省沈阳市 1923 年

武汉中共中央机关旧址
湖北省武汉市 20 世纪初

昆明邮电大楼
云南省昆明市 1959 年

浦口火车站旧址及周边
江苏省南京市 1908 年

西藏博物馆
西藏自治区拉萨市 1999 年

怀远教会建筑旧址（现怀远一中内）
安徽省蚌埠市 1903 年

无锡县商会旧址
江苏省无锡市 1915 年

奉天驿建筑群
辽宁省沈阳市 1910 年

第六批中国 20 世纪建筑遗产名录（100 项）

序号	项目名称	地点（省+市）	年代
1	西南联大旧址（云南师范大学、蒙自校区及龙泉镇住区）	云南省昆明市	1938 年
2	鸭绿江断桥（含中朝友谊桥）	辽宁省丹东市	20 世纪初中期
3	毛泽东同志旧居	湖北省武汉市	1967 年
4	重庆大田湾体育场建筑群（含跳伞塔）	重庆市	1956 年
5	詹天佑故居	湖北省武汉市	1912 年
6	中华苏维埃共和国临时中央政府大礼堂	江西省瑞金市	1934 年
7	双清别墅	北京市	1949 年
8	安源路矿工人俱乐部旧址	江西省萍乡市	1922 年
9	中国共产党第二次全国代表大会会址	上海市	1915 年
10	列宁公园	江西省上饶市	1932 年
11	抗美援朝纪念馆及改扩建工程	辽宁省丹东市	1958 年
12	榕湖饭店	广西壮族自治区桂林市	1953 年
13	武汉中山公园	湖北省武汉市	1910 年
14	罗布林卡建筑群	西藏自治区拉萨市	1922—1959 年
15	中国福利会少年宫	上海市	1953 年
16	红色中华通讯社旧址	江西省瑞金市	1924 年
17	北大营营房旧址	辽宁省沈阳市	1907 年
18	中国左翼作家联盟成立大会会址	上海市	1924 年
19	"九一八"历史博物馆（旧馆）	辽宁省沈阳市	1991 年
20	北京自来水厂近现代建筑群	北京市	1908 年
21	长沙火车站	湖南省长沙市	1977 年
22	中国民主促进会成立旧址	上海市	1945 年
23	东北民主联军前线指挥部旧址	黑龙江省哈尔滨市	1946 年
24	湘鄂西革命根据地旧址	湖北省洪湖市	1930—1932 年
25	哈尔滨电机厂	黑龙江省哈尔滨市	1951 年
26	成渝铁路	四川省成都市 重庆市	1952 年
27	人民日报社旧址	北京市	1980 年后
28	浙江兴业银行天津分行大楼	天津市	1922 年
29	中国共产党第三次全国代表大会会址	广东省广州市	1923 年
30	内蒙古自治政府成立大会会址	内蒙古自治区乌兰浩特市	1947 年
31	北京积水潭医院	北京市	1954 年
32	文化部办公楼	北京市	1957 年
33	上海科学会堂	上海市	1958 年
34	中国社会主义青年团中央机关旧址	上海市	1921 年
35	吉海铁路总站旧址	吉林省吉林市	1929 年
36	先施公司旧址	上海市	1917 年
37	中国共产党第五次全国代表大会会址	湖北省武汉市	1913 年
38	布里留法工艺学校旧址	河北省张家口市	1917—1919 年
39	汉口中华全国总工会旧址	湖北省武汉市	1926—1927 年
40	中共代表团驻地旧址	重庆市	20 世纪 40 年代
41	秦始皇兵马俑博物馆	陕西省西安市	1979 年
42	北京昆仑饭店	北京市	1986 年
43	国民政府财政部印刷局旧址	北京市	1908 年

序号	项目名称	地点（省＋市）	年代
44	蒲园	上海市	1942 年
45	黄河第一铁路桥旧址	河南省郑州市	1903 年
46	临江楼	福建省龙岩市	1929 年
47	杭州华侨饭店	浙江省杭州市	1959 年
48	北京市第二十五中学历史建筑群	北京市	1864 年
49	原中法大学	北京市	20 世纪 30 年代
50	江桥抗战纪念地	黑龙江省齐齐哈尔市	1931 年
51	中国华录电子有限公司	辽宁省大连市	1993 年
52	新民学会旧址	湖南省长沙市	1918 年
53	同盟国驻渝外交机构旧址群	重庆市	1938—1946 年
54	浙江图书馆孤山馆舍	浙江省杭州市	1903—1912 年
55	西安交通大学历史建筑群	陕西省西安市	20 世纪 50 年代
56	天津交通饭店	天津市	1928 年
57	兰心大戏院	上海市	1931 年
58	建国饭店	北京市	1982 年
59	《新华日报》营业部旧址	重庆市	1940—1946 年
60	锦堂学校旧址	浙江省宁波市	1909 年
61	西北大学历史建筑群	陕西省西安市	1902 年
62	中国医科大学附属第一医院内科门诊病房楼	辽宁省沈阳市	1928 年
63	天津市第二工人文化宫建筑群	天津市	1952 年
64	羊城宾馆（现东方宾馆）	广东省广州市	1961 年
65	广东省立中山图书馆	广东省广州市	1912 年
66	天津日报社旧址	天津市	1954 年
67	杭州新新饭店	浙江省杭州市	20 世纪 10 —30 年代
68	兰州黄河大桥	甘肃省兰州市	1909 年
69	湖南宾馆历史建筑	湖南省长沙市	1959 年
70	武汉防汛纪念碑	湖北省武汉市	1969 年
71	宁夏展览馆	宁夏回族自治区银川市	1987 年
72	北京国际俱乐部	北京市	1972 年

序号	项目名称	地点（省＋市）	年代
73	龙华烈士陵园	上海市	1995 年
74	汉口新泰大楼旧址	湖北省武汉市	1924 年
75	湘南学联旧址	湖南省衡阳市	1919 年
76	中南大学历史建筑群	湖南省长沙市	20 世纪 30 —50 年代
77	武汉理工大学余家头校区建筑群	湖北省武汉市	20 世纪 50 年代
78	四川展览馆历史建筑	四川省成都市	1969 年
79	昆明饭店历史建筑	云南省昆明市	1958 年
80	西北民族学院历史建筑群	甘肃省兰州市	20 世纪 50 年代
81	贵州省展览馆	贵州省贵阳市	1970 年
82	深圳大学历史建筑群	广东省深圳市	1984 年
83	太湖工人疗养院	江苏省无锡市	1952—1956 年
84	惠中饭店	天津市	1930 年
85	山西省立第三中学旧址	山西省大同市	1921 年
86	锦江小礼堂	上海市	20 世纪 50 年代
87	威海英式建筑	山东省威海市	1900—1901 年
88	北京方庄居住区	北京市	20 世纪 80 年代
89	滕王阁（复建）	江西省南昌市	1989 年
90	中日青交流中心	北京市	1990 年
91	文华大学礼拜堂	湖北省武汉市	1870 年
92	泉州糖厂建筑群	福建省泉州市	1950 年
93	南京农业大学历史建筑群	江苏省南京市	1954 年
94	青岛朝连岛灯塔	山东省青岛市	1903 年
95	北京长城饭店	北京市	1984 年
96	建水朱家花园	云南省红河哈尼族彝族自治州	清
97	瓦窑堡革命旧址	陕西省延安市	1935 年
98	杭州铁路新客站	浙江省杭州市	1999 年
99	内蒙古大学建筑群	内蒙古自治区呼和浩特市	1957 年
100	清心女子中学旧址	上海市	1921 年

第六批中国 20 世纪建筑遗产项目推介活动于 2022 年 8 月 26 日在湖北省武汉市洪山宾馆举办。

第六批中国 20 世纪建筑遗产图录（100 项）

西南联大旧址（云南师范大学、蒙自校
区及龙泉镇住区）
云南省昆明市 1938 年

鸭绿江断桥（含中朝友谊桥）
辽宁省丹东市 20 世纪初中期

毛泽东同志旧居
湖北省武汉市 1967 年

重庆大田湾体育场建筑群（含跳伞塔）
重庆市 1956 年

詹天佑故居
湖北省武汉市 1912 年

中华苏维埃共和国临时中央政府大礼堂
江西省瑞金市 1934 年

双清别墅
北京市　1949 年

安源路矿工人俱乐部旧址
江西省萍乡市　1922 年

中国共产党第二次全国代表大会会址
上海市　1915 年

列宁公园
江西省上饶市 1932 年

抗美援朝纪念馆及改扩建工程
辽宁省丹东市　1958 年

榕湖饭店
广西壮族自治区桂林市　1953 年

武汉中山公园
湖北省武汉市　1910 年

罗布林卡建筑群
西藏自治区拉萨市　1922—1959 年

中国福利会少年宫
上海市　1953 年

红色中华通讯社旧址
江西省瑞金市　1924 年

北大营营房旧址
辽宁省沈阳市　1907 年

中国左翼作家联盟成立大会会址
上海市　1924 年

"九一八"历史博物馆（旧馆）
辽宁省沈阳市 1991 年

北京自来水厂近现代建筑群
北京市 1908 年

长沙火车站
湖南省长沙市 1977 年

中国民主促进会成立旧址
上海市 1945 年

东北民主联军前线指挥部旧址
黑龙江省哈尔滨市 1946 年

湘鄂西革命根据地旧址
湖北省洪湖市 1930—1932 年

哈尔滨电机厂
黑龙江省哈尔滨市 1951 年

成渝铁路
四川省成都市 重庆市 1952 年

人民日报社旧址
北京市 1980 年后

浙江兴业银行天津分行大楼
天津市 1922 年

中国共产党第三次全国代表大会会址
广东省广州市 1923 年

内蒙古自治政府成立大会会址
内蒙古自治区乌兰浩特市 1947 年

北京积水潭医院
北京市 1954 年

文化部办公楼
北京市 1957 年

上海科学会堂
上海市 1958 年

中国社会主义青年团中央机关旧址
上海市 1921 年

吉海铁路总站旧址
吉林省吉林市 1929 年

先施公司旧址
上海市 1917 年

中国共产党第五次全国代表大会会址
湖北省武汉市 1913 年

布里留法工艺学校旧址
河北省张家口市 1917—1919 年

汉口中华全国总工会旧址
湖北省武汉市 1926—1927 年

中共代表团驻地旧址
重庆市 20 世纪 40 年代

秦始皇兵马俑博物馆
陕西省西安市 1979 年

北京昆仑饭店
北京市 1986 年

国民政府财政部印刷局旧址
北京市 1908 年

蒲园
上海市 1942 年

黄河第一铁路桥旧址
河南省郑州市 1903 年

临江楼
福建省龙岩市 1929 年

杭州华侨饭店
浙江省杭州市 1959 年

北京市第二十五中学历史建筑群
北京市 1864 年

原中法大学
北京市 20 世纪 30 年代

江桥抗战纪念地
黑龙江省齐齐哈尔市 1931 年

中国华录电子有限公司
辽宁省大连市 1993 年

新民学会旧址
湖南省长沙市 1918 年

同盟国驻渝外交机构旧址群
重庆市 1938—1946 年

浙江图书馆孤山馆舍
浙江省杭州市 1903—1912 年

西安交通大学历史建筑群
陕西省西安市 20 世纪 50 年代

天津交通饭店
天津市 1928 年

兰心大戏院
上海市 1931 年

建国饭店
北京市 1982 年

《新华日报》营业部旧址
重庆市 1940—1946 年

锦堂学校旧址
浙江省宁波市 1909 年

西北大学历史建筑群
陕西省西安市 1902 年

中国医科大学附属第一医院内科门诊病
房楼
辽宁省沈阳市 1928 年

天津市第二工人文化宫建筑群
天津市 1952 年

羊城宾馆（现东方宾馆）
广东省广州市 1961 年

广东省立中山图书馆
广东省广州市 1912 年

天津日报社旧址
天津市 1954 年

杭州新新饭店
浙江省杭州市 20 世纪 10—30 年代

兰州黄河大桥
甘肃省兰州市 1909 年

湖南宾馆历史建筑
湖南省长沙市 1959 年

武汉防汛纪念碑
湖北省武汉市 1969 年

宁夏展览馆
宁夏回族自治区银川市 1987 年

北京国际俱乐部
北京市 1972 年

龙华烈士陵园
上海市 1995 年

汉口新泰大楼旧址
湖北省武汉市 1924 年

湘南学联旧址
湖南省衡阳市 1919 年

中南大学历史建筑群 湖南省长沙市
20 世纪 30—50 年代

武汉理工大学余家头校区建筑群
湖北省武汉市 20 世纪 50 年代

四川展览馆历史建筑
四川省成都市 1969 年

昆明饭店历史建筑
云南省昆明市 1958 年

西北民族学院历史建筑群
甘肃省兰州市 20 世纪 50 年代

贵州省展览馆
贵州省贵阳市 1970 年

深圳大学历史建筑群
广东省深圳市 1984 年

太湖工人疗养院
江苏省无锡市 1952—1956 年

惠中饭店
天津市 1930 年

山西省立第三中学旧址
山西省大同市 1921 年

锦江小礼堂
上海市 20 世纪 50 年代

威海英式建筑
山东省威海市 1900—1901 年

北京方庄居住区
北京市 20 世纪 80 年代

滕王阁（复建）
江西省南昌市 1989 年

中日青年交流中心
北京市 1990 年

文华大学礼拜堂
湖北省武汉市 1870 年

泉州糖厂建筑群
福建省泉州市 1950 年

南京农业大学历史建筑群
江苏省南京市 1954 年

青岛朝连岛灯塔
山东省青岛市 1903 年

北京长城饭店
北京市 1984 年

建水朱家花园
云南省红河哈尼族彝族自治州 清

瓦窑堡革命旧址
陕西省延安市 1935 年

杭州铁路新客站
浙江省杭州市 1999 年

内蒙古大学建筑群
内蒙古自治区呼和浩特市 1957 年

清心女子中学旧址
上海市 1921 年

第七批中国 20 世纪建筑遗产名录（100 项）

序号	项目名称	地点（省＋市）	年代
1	梁思成先生设计墓园及纪念碑等（梁启超墓、林徽因墓、任弼时墓、王国维纪念碑等）	北京市	20 世纪 20 年代—50 年代
2	天津原法国公议局旧址	天津市	1931 年
3	四川美术学院历史建筑群	重庆市	20 世纪 50 年代
4	鄂豫皖苏区首府烈士陵园及博物馆	河南省信阳市	1957—1988 年
5	张謇故居（濠阳小筑）	江苏省南通市	1917 年
6	国家植物园北园展览温室（含历史建筑）	北京市	20 世纪 50—90 年代
7	苏州博物馆新馆	江苏省苏州市	2006 年
8	西安中山图书馆（亮宝楼）	陕西省西安市	1926 年
9	原圣约翰大学历史建筑（现华东政法大学部分建筑）	上海市	20 世纪 10 年代—1952 年
10	北京恩济里住宅小区	北京市	1994 年
11	新疆维吾尔自治区驻京办事处	北京市	1956 年
12	敦煌石窟文物保护研究陈列中心	甘肃省敦煌市	1994 年
13	兰州大学历史建筑	甘肃省兰州市	1909 年
14	上海交通大学早期建筑	上海市	19 世纪末—20 世纪 20 年代末
15	广州流花宾馆	广东省广州市	1972
16	北京同仁医院（老楼）	北京市	20 世纪 50 年代
17	成吉思汗陵	内蒙古自治区鄂尔多斯市	1955 年
18	北京中山公园	北京市	1914 年
19	北京大学百周年纪念讲堂	北京市	2000 年
20	岭南画派纪念馆（广州美术学院内）	广东省广州市	20 世纪 90 年代
21	周恩来邓颖超纪念馆	天津市	1997 年
22	北京电影制片厂近现代建筑群	北京市	20 世纪 50 年代
23	华中师范大学历史建筑	湖北省武汉市	20 世纪 50 年代
24	首都国际机场 T3 航站楼	北京市	2009 年
25	上海新新公司旧址	上海市	1926 年
26	上海古猗园（部分改扩建工程）	上海市	20 世纪 50 年代—20 世纪末
27	"卫星人民公社"旧址	河南省驻马店市	1958 年
28	重庆交通银行旧址	重庆市	1935 年
29	西安市委礼堂	陕西省西安市	1953 年
30	平津战役纪念馆	天津市	1997 年
31	上海博物馆（新馆）	上海市	1996 年
32	北京焦化厂历史建筑	北京市	1958 年
33	广东迎宾馆历史建筑	广东省广州市	1956 年
34	陕西师范大学历史建筑	陕西省西安市	1960 年
35	上海宾馆（深圳）	广东省深圳市	1984 年
36	海瑞纪念馆（海口）	海南省海口市	1984 年
37	广东茂名露天矿生态公园与"六百户"民居及建筑群	广东省茂名市	20 世纪 50 年代中后期
38	河南大学历史建筑	河南省开封市	1912—1936 年
39	北京鲁迅故居及鲁迅纪念馆	北京市	1924 年
40	武汉二七纪念馆	湖北省武汉市	1988 年
41	黄河三门峡大坝及黄河三门峡展览馆	河南省三门峡市	1957—1961 年，20 世纪 90 年代
42	中国美术学院南山校区	浙江省杭州市	2003 年
43	天津大学冯骥才文学艺术研究院	天津市	2001 年
44	哈尔滨量具刃具厂	黑龙江省哈尔滨市	1954 年
45	武汉原三北轮船公司办公楼	湖北省武汉市	20 世纪 20 年代

序号	项目名称	地点（省+市）	年代
46	中国医科大学老校区建筑群	辽宁省沈阳市	1921 年
47	广州华侨新村	广东省广州市	1954 年
48	云南艺术剧院	云南省昆明市	1956 年
49	三线火箭炮总装厂旧址	湖北省襄阳市	1970 年
50	上海市华业公寓	上海市	1928 年
51	天津团结里住宅	天津市	1956 年
52	江西龙南解放街（黄道生骑楼老街）	江西省赣州市	20 世纪 10 年代
53	陈独秀纪念园（纪念馆区及墓园区）	安徽省安庆市	20 世纪 90 年代
54	江湾体育场	上海市	1935 年
55	北京北潞春住宅小区	北京市	1999 年
56	中国人民银行总行办公楼	北京市	1990 年
57	华南土特产展览交流大会场馆（现广州文化公园）	广东省广州市	1951 年
58	丹江口水利枢纽一期工程	湖北省十堰市	1958 年
59	广州宾馆	广东省广州市	1968 年
60	西安钟楼饭店	陕西省西安市	1980 年
61	深圳赛格广场	广东省深圳市	1999 年
62	大清邮政津局大楼（现天津邮政博物馆）	天津市	1884 年
63	新疆大学历史建筑群	新疆维吾尔自治区乌鲁木齐市	1954 年
64	深圳站	广东省深圳市	1992 年
65	无锡太湖饭店	江苏省无锡市	1986 年
66	上海金城银行（现交通银行上海分行）	上海市	1927 年
67	广州市八和会馆（复建）	广东省广州市	20 世纪 40 年代
68	长春南湖宾馆历史建筑	吉林省长春市	1958 年
69	南方大厦	广东省广州市	1954 年
70	第二汽车制造厂	湖北省十堰市	20 世纪 70 年代
71	郑州大学历史建筑	河南省郑州市	20 世纪 50—60 年代
72	中国人民解放军第一军医大学（南方医科大学）	广东省广州市	1951 年
73	天津自然博物馆	天津市	1998 年

序号	项目名称	地点（省+市）	年代
74	字林西报大楼（现美国友邦保险公司）	上海市	1924 年
75	杭州屏风山疗养院	浙江省杭州市	1954 年
76	上海大剧院	上海市	1998 年
77	中国科学院图书馆	北京市	2002 年
78	保定稻香村总店	河北省保定市	20 世纪 20 年代
79	长江饭店	安徽省合肥市	1956 年
80	郑州友谊宾馆历史建筑	河南省郑州市	20 世纪 60 年代
81	中国现代文学馆（新馆）	北京市	1999 年
82	上海图书馆	上海市	1996 年
83	三门峡市博物馆	河南省三门峡市	1988 年
84	中国科技大学校园建筑	安徽省合肥市	20 世纪 60—70 年代
85	四川化工厂	四川省成都市	1956 年
86	重庆谈判旧址群	重庆市	1945 年
87	湛江国际海员俱乐部	广东省湛江市	20 世纪 50 年代
88	民族团结碑与光明广场	宁夏回族自治区银川市	20 世纪 80 年代
89	杭州饭店	浙江省杭州市	1956 年、1986 年
90	中国人民解放军海军诞生地纪念馆	江苏省泰州市	1999 年
91	天津体院北居住区	天津市	1988 年
92	天津水晶宫饭店	天津市	1987 年
93	武汉体育馆	湖北省武汉市	1956 年
94	五星街天主教堂	陕西省西安市	19 世纪末
95	重庆特园	重庆市	1931—1946 年
96	中山温泉宾馆	广东省中山市	1980 年
97	黑龙江省速滑馆	黑龙江省哈尔滨市	1995 年
98	徐州博物馆	江苏省徐州市	1959 年、1999 年
99	上海铁路新客站	上海市	1987 年
100	洪山礼堂	湖北省武汉市	1954 年

　　第七批中国 20 世纪建筑遗产项目推介活动于 2023 年 2 月 16 日在广东省茂名市举办。

第七批中国 20 世纪建筑遗产图录（100 项）

梁思成先生设计墓园及纪念碑（梁启超墓、林徽因墓、任弼时墓、王国维纪念碑等）
20 世纪 20—50 年代 北京

天津原法国公议局旧址
天津 1931 年

四川美术学院历史建筑群
重庆市 20 世纪 50 年代

鄂豫皖苏区首府烈士陵园及博物馆
河南省信阳市 1957—1988 年

张謇故居（濠阳小筑）
江苏省南通市 1917 年

国家植物园北园展览温室（含历史建筑）
北京市 20 世纪 50—90 年代

苏州博物馆新馆
江苏省苏州市 2006 年

西安中山图书馆（亮宝楼）
陕西省西安市 1926 年

原圣约翰大学历史建筑（现华东政法大
学部分建筑）
上海市 20 世纪 10 年代—1952 年

北京恩济里住宅小区
北京市 1994 年

新疆维吾尔自治区驻京办事处
北京市 1956 年

敦煌石窟文物保护研究陈列中心
甘肃省敦煌市 1994 年

兰州大学历史建筑
甘肃省兰州市 1909 年

上海交通大学早期建筑
上海市 19 世纪末—20 世纪 20 年代末

广州流花宾馆
广东省广州市 1972 年

北京同仁医院（老楼）
北京市 20 世纪 50 年代

成吉思汗陵
内蒙古自治区鄂尔多斯市 1955 年

北京中山公园
北京市 1914 年

北京大学百周年纪念讲堂
北京市 2000 年

岭南画派纪念馆（广州美术学院内）
广东省广州市 20 世纪初

周恩来邓颖超纪念馆
天津市 1997 年

北京电影制片厂近现代建筑群
北京市 20 世纪 50 年代

华中师范大学历史建筑
湖北省武汉市 20 世纪 50 年代

首都国际机场 T3 航站楼
北京市 2009 年

上海新新公司旧址
上海市 1926 年

上海古猗园（部分改扩建工程）
上海市 20 世纪 50 年代—20 世纪末

"卫星人民公社"旧址
河南省驻马店市 1958 年

重庆交通银行旧址
重庆市 1935 年

西安市委礼堂
陕西省西安市 1953 年

平津战役纪念馆
天津市 1997 年

上海博物馆（新馆）
上海市 1996 年

北京焦化厂历史建筑
北京市 1958 年

广东迎宾馆历史建筑
广东省广州市 1956 年

陕西师范大学历史建筑
陕西省西安市 1960 年

上海宾馆（深圳）
广东省深圳市 1984 年

海瑞纪念馆（海口）
海南省海口市 1984 年

广东茂名露天矿生态公园与"六百户"
民居及建筑群
广东省茂名市 20 世纪 50 年代中后期

河南大学历史建筑
河南省开封市 1912—1936 年

北京鲁迅故居及鲁迅纪念馆
北京市 1924 年

武汉二七纪念馆
湖北省武汉市 1988 年

黄河三门峡大坝及黄河三门峡展览馆
河南省三门峡市 1957—1961 年，20 世纪
90 年代

中国美术学院南山校区
浙江省杭州市 2003 年

天津大学冯骥才文学艺术研究院
天津市 2001 年

哈尔滨量具刃具厂
黑龙江省哈尔滨市 1954 年

武汉原三北轮船公司办公楼
湖北省武汉市 20 世纪 20 年代

中国医科大学老校区建筑群
辽宁省沈阳市 1921 年

广州华侨新村
广东省广州市 1954 年

云南艺术剧院
云南省昆明市 1956 年

三线火箭炮总装厂旧址
湖北省襄阳市 1970 年

上海市华业公寓
上海市 1928 年

天津团结里住宅
天津市 1956 年

江西龙南解放街（黄道生骑楼老街）
江西省赣州市 20 世纪 10 年代

陈独秀纪念园（纪念馆区及墓园区）
安徽省安庆市 20 世纪 90 年代

江湾体育场
上海市 1935 年

北京北潞春住宅小区
北京市 1999 年

中国人民银行总行办公楼
北京市 1990 年

华南土特产展览交流大会场馆（现广州
文化公园）
广东省广州市 1951 年

丹江口水利枢纽一期工程
湖北省十堰市 1958 年

广州宾馆
广东省广州市 1968 年

西安钟楼饭店
陕西省西安市 1980 年

深圳赛格广场
广东省深圳市 1999 年

大清邮政津局大楼（现天津邮政博物馆）
天津市 1884 年

新疆大学历史建筑群
新疆维吾尔自治区乌鲁木齐市 1954 年

深圳站
广东省深圳市 1992 年

无锡太湖饭店
江苏省无锡市 1986 年

上海金城银行（现交通银行上海分行）
上海市 1927 年

广州市八和会馆（复建）
广东省广州市 20 世纪 40 年代

长春南湖宾馆历史建筑
吉林省长春市 1958 年

南方大厦
广东省广州市 1954 年

第二汽车制造厂
湖北省十堰市 20 世纪 70 年代

郑州大学历史建筑
河南省郑州市 20 世纪 50—60 年代

中国人民解放军第一军医大学（南方医科大学）
广东省广州市 1951 年

天津自然博物馆
天津市 1998 年

字林西报大楼（现美国友邦保险公司）
上海市 1924 年

杭州屏风山疗养院
浙江省杭州市 1954 年

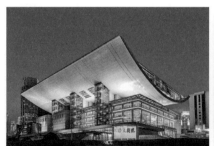

上海大剧院
上海市 1998 年

中国科学院图书馆
北京市 2002 年

保定稻香村总店
河北省保定市 20 世纪 20 年代

长江饭店
安徽省合肥市 1956 年

郑州友谊宾馆历史建筑
河南省郑州市 20 世纪 60 年代

中国现代文学馆（新馆）
北京市 1999 年

上海图书馆
上海市 1996 年

三门峡市博物馆
河南省三门峡市 1988 年

中国科技大学校园建筑
安徽省合肥市 20 世纪 60—70 年代

四川化工厂
四川省成都市 1956 年

重庆谈判旧址群
重庆市 1945 年

湛江国际海员俱乐部
广东省湛江市 20 世纪 50 年代

民族团结碑与光明广场
宁夏回族自治区银川市 20 世纪 80 年代

杭州饭店
浙江省杭州市 1956 年、1986 年

中国人民解放军海军诞生地纪念馆
江苏省泰州市 1999 年

天津体院北居住区
天津市 1988 年

天津水晶宫饭店
天津市 1987 年

武汉体育馆
湖北省武汉市 1956 年

五星街天主教堂
陕西省西安市 19 世纪末

重庆特园
重庆市 1931—1946 年

中山温泉宾馆
广东省中山市 1980 年

黑龙江省速滑馆
黑龙江省哈尔滨市 1995 年

徐州博物馆
江苏省徐州市 1959 年、1999 年

上海铁路新客站
上海市 1987 年

洪山礼堂
湖北省武汉市 1954 年

第八批中国 20 世纪建筑遗产名录（101 项）

序号	项目名称	地点（省+市）	年代
1	西交民巷近代银行建筑群	北京市	清至民国
2	哈尔滨友谊宫	黑龙江省哈尔滨市	1955 年
3	中国大戏院	天津市	1934 年
4	汉口华商总会旧址	湖北省武汉市	1922 年
5	石河子军垦旧址	新疆维吾尔自治区石河子市	1952 年
6	长富官饭店	北京市	1990 年
7	南京大校场机场旧址	江苏省南京市	20 世纪 30—90 年代
8	津浦铁路淮河大铁桥	安徽省蚌埠市	1911 年
9	广州湾法国公使署旧址和法军指挥部旧址	广东省湛江市	1903 年
10	江苏省扬州中学树人堂	江苏省扬州市	20 世纪 30 年代
11	个碧临屏铁路公司旧址	云南省红河哈尼族彝族自治州	1915 年
12	中国建筑西南设计研究院有限公司旧办公楼	四川省成都市	1957 年
13	黎明公司历史建筑	辽宁省沈阳市	1921 年
14	国民政府军事委员会政治部第三厅暨文化工作委员会旧址	重庆市	1938—1946 年
15	武汉里份建筑同兴里	湖北省武汉市	1932 年
16	汪氏小苑	江苏省扬州市	清末民国
17	重庆交通大学（南岸校区）历史建筑	重庆市	1953—1954 年
18	新疆乌鲁木齐红山邮政大楼	新疆维吾尔自治区乌鲁木齐市	1959 年
19	杭州幼儿师范学院历史建筑	浙江省杭州市	1953 年
20	西安新城黄楼	陕西省西安市	20 世纪 20 年代
21	江厦潮汐试验电站	浙江省温岭市	1979 年
22	太原兵工厂	山西省太原市	1927 年
23	云南省石屏第一中学	云南省红河哈尼族彝族自治州	1923
24	朱启钤旧居（东四八条 111 号及赵堂子胡同 3 号）	北京市	民国初年
25	南京艺术学院历史建筑	江苏省南京市	1912 年
26	起士林餐厅	天津市	1940 年
27	兰州自来水公司第一水厂	甘肃省兰州市	1955 年
28	大上海大戏院	上海市	1932—1933 年
29	北京发展大厦	北京市	1989 年
30	钱业会馆	浙江省宁波市	1926 年
31	恩泽医局旧址	浙江省临海市	1901—1951 年
32	江都水利枢纽	江苏省扬州市	20 世纪 50 年代至今
33	华中农业大学历史建筑	湖北省武汉市	20 世纪 50 年代
34	第一届西湖博览会工业馆旧址	浙江省杭州市	1928 年
35	福州美丰银行旧址	福建省福州市	1922 年
36	江淮大戏院主体建筑	安徽省合肥市	1956 年
37	苏州中山堂	江苏省苏州市	1933 年
38	石屏会馆	云南省昆明市	1921 年
39	察哈尔都统署旧址	河北省张家口市	1914—1928 年
40	国营江南无线电器材厂旧址	江苏省无锡市	1960 年
41	长沙中山亭	湖南省长沙市	1930 年
42	上海复旦大学邯郸路校区历史建筑建筑群	上海市	1922 年
43	三街两巷骑楼建筑群	广西壮族自治区南宁市	民国
44	深圳科学馆	广东省深圳市	1987 年
45	孔祥熙故居（孔家大院）	山西省晋中市	1925 年
46	福州大学（怡山校区）	福建省福州市	1958 年

序号	项目名称	地点（省+市）	年代
47	黑龙江大学	黑龙江省哈尔滨市	1959 年
48	梅园水厂工业遗址	江苏省无锡市	1954 年
49	中国国货银行旧址	江苏省南京市	1935 年
50	保定天主教堂	河北省保定市	1905 年扩建
51	黑龙江督军署旧址	黑龙江省齐齐哈尔市	1912 年
52	瑞金宾馆	江西省瑞金市	20 世纪 60 年代
53	江苏省苏州中学	江苏省苏州市	1904 年
54	遵义第一人民医院信息科办公楼	贵州省遵义市	1956 年
55	山东艺术学院红楼建筑	山东省济南市	1958 年
56	广西南宁育才学校总部旧址	广西壮族自治区南宁市	1951 年
57	湖南师范大学早期建筑	湖南省长沙市	20 世纪 50 年代
58	广州海珠桥	广东省广州市	1933 年建成，2013 年大修
59	安徽省委省政府原办公楼	安徽省合肥市	20 世纪 50 年代
60	长安大华纺织厂原址（现大华·1935）	陕西省西安市	20 世纪 30 年代
61	沈阳音乐学院教学楼	辽宁省沈阳市	20 世纪 50 年代
62	安徽医科大学历史建筑	安徽省合肥市	20 世纪 50 年代
63	光明戏院	河北省沧州市	1934 年
64	西安电子科技大学主教学楼	陕西省西安市	1958 年
65	八街坊	湖北省武汉市	1956 年
66	天津第一机床厂	天津市	1951 年
67	金陵饭店（一期）	江苏省南京市	1983 年
68	人民礼堂	广东省佛山市	1959 年
69	国货陈列馆旧址	湖南省长沙市	1933 年
70	山西铭贤学校旧址	山西省晋中市	1907 年
71	中兴煤矿旧址	山东省枣庄市	1896 年至今
72	陈氏宗祠	云南省红河哈尼族彝族自治州	1925 年
73	广西民族大学（相思湖校区）历史建筑	广西壮族自治区南宁市	1952 年
74	昆明理工大学（莲华校区）历史建筑	云南省昆明市	20 世纪 50 年代以来

序号	项目名称	地点（省+市）	年代
75	"二十四道拐"抗战公路	贵州省黔西南布依族苗族自治州	1936 年
76	西安高压开关厂历史建筑	陕西省西安市	20 世纪 50 年代
77	大栅栏商业建筑	北京市	清至民国
78	聂耳故居及聂耳墓	云南省玉溪市、昆明市	清末、1980 年
79	深圳博物馆	广东省深圳市	1988 年以来
80	小盘谷	江苏省扬州市	1904 重修
81	树德山庄	湖南省永州市	1927 年
82	建川博物馆聚落	四川省成都市	20 世纪 90 年代以来
83	西安汉阳陵博物馆	陕西省西安市	2000 年
84	招商局蛇口工业大厦	广东省深圳市	1983 年
85	漳州宾馆历史建筑	福建省漳州市	1956 年
86	天津站铁路交通枢纽	天津市	1988 年
87	广东省农业展览馆旧址	广东省广州市	1960 年
88	韶山灌区建筑遗存	湖南省湘潭市	1965 年
89	陶行知纪念馆	江苏省南京市	1951 年
90	郑州黄河饭店	河南省郑州市	1975 年
91	云南美术馆	云南省昆明市	1984 年
92	橘子洲大桥	湖南省长沙市	1972 年
93	中苏友好馆旧址	湖南省长沙市	20 世纪 50 年代
94	巴公房子	湖北省武汉市	1910 年
95	广东美术馆	广东省广州市	1997 年
96	星海音乐厅	广东省广州市	1998 年
97	中央美术学院美术馆	北京市	2007 年
98	全国妇联机关办公楼及改扩建工程	北京市	1993 年至今
99	中铁大桥局办公楼	湖北省武汉市	1955 年
100	湖南省粮食局办公楼	湖南省长沙市	20 世纪 50 年代
101	交通运输部办公楼	北京市	20 世纪 90 年代

　　第八批中国 20 世纪建筑遗产项目推介活动于 2023 年 9 月 16 日在四川省成都市四川大学举办。

第八批中国 20 世纪建筑遗产图录（101 项）

西交民巷近代银行建筑群
北京市 清至民国

哈尔滨友谊宫
黑龙江省哈尔滨市 1955 年

中国大戏院
天津市 1934 年

汉口华商总会旧址
湖北省武汉市 1922 年

石河子军垦旧址
新疆石河子市 1952 年

长富宫饭店
北京市 1990 年

南京大校场机场旧址
江苏省南京市 20 世纪 30—90 年代

津浦铁路淮河大铁桥
安徽省蚌埠市 1911 年

广州湾法国公使署旧址和法军指挥部旧址
广东省湛江市 1903 年

江苏省扬州中学树人堂
江苏省扬州市 20 世纪 30 年代

个碧临屏铁路公司旧址
云南红河哈尼族彝族自治州 1915 年

中国建筑西南设计研究院有限公司旧办公楼
四川省成都市 1957 年

黎明公司历史建筑
辽宁省沈阳市 1921 年

国民政府军事委员会政治部第三厅暨文化工作委员会旧址
重庆市 1938—1946 年

武汉里份建筑同兴里
湖北省武汉市 1932 年

汪氏小苑
江苏省扬州市 清末民国

重庆交通大学（南岸校区）历史建筑
重庆市 1953—1954 年

新疆乌鲁木齐红山邮政大楼
新疆乌鲁木齐市 1959 年

杭州幼儿师范学院历史建筑
浙江省杭州市 1953 年

西安新城黄楼
陕西省西安市 20 世纪 20 年代

江厦潮汐试验电站
浙江省温岭市 1979 年

太原兵工厂
山西省太原市 1927 年

云南省石屏第一中学
云南省红河哈尼族彝族自治州 1923 年

朱启钤旧居（东四八条 111 号及赵堂子胡同 3 号）
北京市 民国初年

南京艺术学院历史建筑
江苏省南京市 1912 年

起士林餐厅
天津市 1940 年

兰州自来水公司第一水厂
甘肃省兰州市 1955 年

大上海大戏院
上海市 1932—1933 年

北京发展大厦
北京市 1989 年

钱业会馆
浙江省宁波市 1926 年

恩泽医局旧址
浙江省临海市　1901—1951 年

江都水利枢纽
江苏省扬州市　20 世纪 50 年代至今

华中农业大学历史建筑
湖北省武汉市　20 世纪 50 年代

第一届西湖博览会工业馆旧址
浙江省杭州市　1928 年

福州美丰银行旧址
福建省福州市　1922 年

江淮大戏院主体建筑
安徽省合肥市　1956 年

苏州中山堂
江苏省苏州市　1933 年

石屏会馆
云南省昆明市　1921 年

察哈尔都统署旧址
河北省张家口市　1914—1928 年

国营江南无线电器材厂旧址
江苏省无锡市　1960 年

长沙中山亭
湖南省长沙市　1930 年

上海复旦大学邯郸路校区历史建筑建筑群
上海市　1922 年

三街两巷骑楼建筑群
广西壮族自治区南宁市 民国

深圳科学馆
广东省深圳市 1987 年

孔祥熙故居（孔家大院）
山西省晋中市 1925 年

福州大学（怡山校区）
福建省福州市 1958 年

黑龙江大学
黑龙江省哈尔滨市 1959 年

梅园水厂工业遗址
江苏省无锡市 1954 年

中国国货银行旧址
江苏省南京市 1935 年

保定天主教堂
河北省保定市 1905 年扩建

黑龙江督军署旧址
黑龙江省齐齐哈尔市 1912 年

瑞金宾馆
江西省瑞金市 20 世纪 60 年代

江苏省苏州中学
江苏省苏州市 1904 年

遵义第一人民医院信息科办公楼
贵州省遵义市 1956 年

山东艺术学院红楼建筑
山东省济南市　1958 年

广西南宁育才学校总部旧址
广西壮族自治区南宁市　1951 年

湖南师范大学早期建筑
湖南省长沙市　20 世纪 50 年代

广州海珠桥
广东省广州市　1933 年建成，2013 年大修

安徽省委省政府原办公楼
安徽省合肥市　20 世纪 50 年代

长安大华纺织厂原址（现大华·1935）
陕西省西安市　20 世纪 30 年代

沈阳音乐学院教学楼
辽宁省沈阳市　20 世纪 50 年代

安徽医科大学历史建筑
安徽省合肥市　20 世纪 50 年代

光明戏院
河北省沧州市　1934 年

西安电子科技大学主教学楼
陕西省西安市　1958 年

八街坊
湖北省武汉市　1956 年

天津第一机床厂
天津市　1951 年

金陵饭店（一期）
江苏省南京市 1983 年

人民礼堂
广东省佛山市 1959 年

国货陈列馆旧址
湖南省长沙市 1933 年

山西铭贤学校旧址
山西省晋中市 1907 年

中兴煤矿旧址
山东省枣庄市 1896 年至今

陈氏宗祠
云南省红河哈尼族彝族自治州 1925 年

广西民族大学（相思湖校区）历史建筑
广西壮族自治区南宁市 1952 年

昆明理工大学（莲华校区）历史建筑
云南省昆明市 20 世纪 50 年代以来

"二十四道拐"抗战公路
贵州省黔西南布依族苗族自治州 1936 年

西安高压开关厂历史建筑
陕西省西安市 20 世纪 50 年代

大栅栏商业建筑
北京市 清至民国

聂耳故居及聂耳墓
云南省玉溪市、昆明市 清末、1980 年

深圳博物馆
广东省深圳市 1988 年以来

小盘谷
江苏省扬州市 1904 年重修

树德山庄
湖南省永州市 1927 年

建川博物馆聚落
四川省成都市 20 世纪 90 年代以来

西安汉阳陵博物馆
陕西省西安市 2000 年

招商局蛇口工业大厦
广东省深圳市 1983 年

漳州宾馆历史建筑
福建省漳州市 1956 年

天津站铁路交通枢纽
天津市 1988 年

广东省农业展览馆旧址
广东省广州市 1960 年

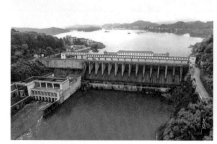

韶山灌区建筑遗存
湖南省湘潭市 1965 年

陶行知纪念馆
江苏省南京市 1951 年

郑州黄河饭店
河南省郑州市 1975 年

云南美术馆
云南省昆明市 1984 年

橘子洲大桥
湖南省长沙市 1972 年

中苏友好馆旧址
湖南省长沙市 20 世纪 50 年代

巴公房子
湖北省武汉市 1910 年

广东美术馆
广东省广州市 1997 年

星海音乐厅
广东省广州市 1998 年

中央美术学院美术馆
北京市 2007 年

全国妇联机关办公楼及改扩建工程
北京市 1993 年至今

中铁大桥局办公楼
湖北省武汉市 1955 年

湖南省粮食局办公楼
湖南省长沙市 20 世纪 50 年代

交通运输部办公楼
北京市 20 世纪 90 年代

第九批中国 20 世纪建筑遗产名录（102 项）

序号	项目名称	地点（省+市）	年代
1	旧上海特别市政府大楼	上海市	1933 年
2	沪江大学近代建筑群	上海市	1906—1948 年
3	静园	天津市	1921 年
4	五四宪法起草地旧址	浙江省杭州市	1953—1954 年
5	梁启超故居及梁启超纪念馆	广东省江门市	晚清、2001 年
6	哈尔滨北方大厦	黑龙江省哈尔滨市	1959 年
7	南通市图书馆	江苏省南通市	1914 年
8	戴蕴珊别墅	贵州省贵阳市	1925 年
9	宁波市人民大会堂	浙江省宁波市	1954 年
10	安徽劝业场旧址（现前言后记新华书店）	安徽省安庆市	1912 年
11	福建师范大学仓山校区历史建筑群	福建省福州市	1907 年
12	开远发电厂旧址	云南省红河哈尼族彝族自治州开远市	1956 年
13	广州市府合署大楼	广东省广州市	1934 年
14	呼和浩特清真大寺	内蒙古自治区呼和浩特市	清至民国
15	宁波商会旧址	浙江省宁波市	1928 年
16	凤凰山天文台近代建筑	云南省昆明市	1939 年
17	六星街	新疆维吾尔自治区伊犁哈萨克自治州伊宁市	1934—1936 年
18	嘉业堂藏书楼及小莲庄	浙江省湖州市	1924 年
19	广州友谊商店	广东省广州市	1959 年
20	中正图书馆旧址	浙江省宁波市	1925 年
21	青岛中山路近代建筑群	山东省青岛市	1897—1949 年
22	天津第三棉纺厂旧址	天津市	20 世纪 20 年代
23	江西省美术馆	江西省南昌市	1968 年
24	北京西苑饭店	北京市	1984 年
25	中国女排腾飞馆	福建省漳州市	1994 年
26	西南大学历史建筑群	重庆市	1906 年
27	江北天主教堂	浙江省宁波市	1872 年
28	绿房子	上海市	1938 年
29	广西人民会堂	广西壮族自治区南宁市	1996 年
30	昆明卢氏公馆	云南省昆明市	1933 年
31	八路军驻新疆办事处旧址	新疆维吾尔自治区乌鲁木齐市	1937—1942 年
32	大连沙河口净水厂旧址	辽宁省大连市	1917 年
33	第一个核武器研制基地旧址	青海省海北藏族自治州	1957—1995 年
34	温州天主教总堂	浙江省温州市	1890 年
35	野寨抗日阵亡将士公墓	安徽省安庆市	1942 年
36	刘冠雄旧居	天津市	1922 年
37	吉化化肥厂造粒塔	吉林省吉林市	20 世纪 50—60 年代
38	扶轮中学旧址	天津市	1919—1921 年
39	中国通商银行宁波支行大楼旧址	浙江省宁波市	1930 年
40	满铁大连医院旧址（现大连大学附属中山医院）	辽宁省大连市	1926 年
41	通益公纱厂旧址	浙江省杭州市	1897 年
42	新疆昆仑宾馆中楼	新疆维吾尔自治区乌鲁木齐市	1960 年
43	甘肃省博物馆	甘肃省兰州市	1939 年
44	云南水泥厂立窑	云南省昆明市	1940 年
45	寿宁县廊桥群	福建省宁德市	1937—1967 年
46	呼和浩特天主教堂	内蒙古自治区呼和浩特市	1924 年
47	上海市文联办公楼	上海市	20 世纪 20—30 年代
48	北京国际金融大厦	北京市	1998 年
49	沈阳市同泽女子中学旧址	辽宁省沈阳市	1928 年
50	黎平会议会址	贵州省黔东南苗族侗族自治州	1934 年

序号	项目名称	地点（省+市）	年代
51	王店粮仓群	浙江省嘉兴市	20世纪50年代
52	中国伊斯兰教经学院	北京市	1957年
53	中国银行温州支行旧址	浙江省温州市	1935年
54	台湾义勇队成立地	浙江省金华市	1939年
55	爱日庐	浙江省宁波市	1930年
56	孙科住宅	上海市	20世纪30年代
57	西北师范学院教学楼（现西北师范大学）	甘肃省兰州市	1912年
58	无锡县图书馆旧址	江苏省无锡市	1914年
59	上海联谊大厦	上海市	1985年
60	私立甬江女子中学旧址	浙江省宁波市	1844年
61	陕西省人民政府办公楼	陕西省西安市	1988年
62	敦睦中学旧址	江苏省无锡市	1938年
63	西北农林科技大学教学主楼	陕西省西安市	20世纪30年代
64	营口百年气象陈列馆	辽宁省营口市	1907年
65	浙江省温州中学	浙江省温州市	1902年
66	韬奋纪念馆	上海市	1958年
67	西安和平电影院	陕西省西安市	1955年
68	济南经四路基督教堂	山东省济南市	1926年
69	荆江分洪闸	湖北省荆州市	1953年
70	西山抗战遗址群	重庆市	1939—1941年
71	青岛里院早期建筑群	山东省青岛市	1897—1914年
72	大连棒棰岛国宾馆	辽宁省大连市	1961年
73	中山纪念图书馆旧址	广东省中山市	1933年
74	桐城中学	安徽省桐城市	1902年
75	深圳福田区政府办公大楼	广东省深圳市	1998年
76	固镇县县委县政府办公大院	安徽省蚌埠市	1965年
77	哈尔滨医科大学	黑龙江省哈尔滨市	1926年、1954年
78	北京前三门住宅	北京市	1978年
79	燕莎友谊商城	北京市	1992年
80	天津机场地区近现代建筑群	天津市	20世纪40年代至今

序号	项目名称	地点（省+市）	年代
81	辽宁大厦	辽宁省沈阳市	1959年
82	金威啤酒厂	广东省深圳市	1984年、2022年（改造）
83	天津古文化街（津门故里）	天津市	明代、1985年（重修）
84	贵阳达德学校旧址	贵州省贵阳市	1901—1950年
85	蒙古国驻呼和浩特总领事馆旧址	内蒙古自治区呼和浩特市	1955年
86	南通市劳动人民文化宫	江苏省南通市	1952年
87	秦皇岛西港	河北省秦皇岛市	1898年
88	北京大学校史馆	北京市	2001年
89	无锡一中八角红楼	江苏省无锡市	1954年
90	西山钟楼	重庆市	1931年
91	江西师范大学青山湖校区历史建筑群（中央南昌飞机制造厂旧址等）	江西省南昌市	1935年
92	三都近代建筑群	福建省宁德市	清至民国
93	天门河水电厂旧址	贵州省遵义市	1943年
94	贵州博物馆旧址（现贵州美术馆）	贵州省贵阳市	1958年
95	嘉兴文生修道院与天主堂	浙江省嘉兴市	1903年、1930年
96	南宁市人民公园（镇宁炮台、革命烈士纪念碑、毛主席接见广西各族人民纪念馆）	广西壮族自治区南宁市	1918—1978年
97	邕宁电报局旧址（现广西电信博物馆）	广西壮族自治区南宁市	1884年
98	蛇口大厦	广东省深圳市	20世纪90年代
99	天津市原市公安局办公大楼	天津市	1955年
100	刘氏梯号	浙江省湖州市	1905—1908年
101	青海省委旧址	青海省西宁市	1951年
102	上海交响音乐博物馆	上海市	20世纪20年代

第九批中国20世纪建筑遗产项目推介活动于2024年4月27日在天津市第二工人文化宫举办。

第九批中国 20 世纪建筑遗产图录（102 项）

旧上海特别市政府大楼
上海市 1933 年

沪江大学近代建筑群
上海市 1906—1948 年

静园
天津市 1921 年

五四宪法起草地旧址
浙江省杭州市 1953—1954 年

梁启超故居及梁启超纪念馆
广东省江门市 晚清、2001 年

哈尔滨北方大厦
黑龙江省哈尔滨市 1959 年

南通市图书馆
江苏省南通市 1914 年

戴蕴珊别墅
贵州省贵阳市 1925 年

宁波市人民大会堂
浙江省宁波市 1954 年

安徽劝业场旧址（现前言后记新华书店）
安徽省安庆市 1912 年

福建师范大学仓山校区历史建筑群
福建省福州市 1907 年

开远发电厂旧址
云南省红河哈尼族彝族自治州开远市 1956 年

广州市府合署大楼
广东省广州市 1934 年

呼和浩特清真大寺
内蒙古自治区呼和浩特市 清至民国

宁波商会旧址
浙江省宁波市 1928 年

凤凰山天文台近代建筑
云南省昆明市 1939 年

六星街
新疆维吾尔自治区伊犁哈萨克自治州
伊宁市 1934—1936 年

嘉业堂藏书楼及小莲庄
浙江省湖州市 1924 年

广州友谊商店
广东省广州市　1959 年

中正图书馆旧址
浙江省宁波市　1925 年

青岛中山路近代建筑群
山东省青岛市　1897—1949 年

天津第三棉纺厂旧址
天津市　20 世纪 20 年代

江西省美术馆
江西省南昌市　1968 年

北京西苑饭店
北京市　1984 年

中国女排腾飞馆
福建省漳州市　1994 年

西南大学历史建筑群
重庆市　1906 年

江北天主教堂
浙江省宁波市　1872 年

绿房子
上海市　1938 年

广西人民会堂
广西壮族自治区南宁市　1996 年

昆明卢氏公馆
云南省昆明市　1933 年

八路军驻新疆办事处旧址
新疆维吾尔自治区乌鲁木齐市　1937—1942 年

大连沙河口净水厂旧址
辽宁省大连市　1917 年

第一个核武器研制基地旧址
青海省海北藏族自治州　1957—1995 年

温州天主教总堂
浙江省温州市 1890 年

野寨抗日阵亡将士公墓
安徽安庆市　1942 年

刘冠雄旧居
1922 年　天津市

吉化化肥厂造粒塔
吉林省吉林市　20 世纪 50—60 年代

扶轮中学旧址
天津市　1919—1921 年

中国通商银行宁波支行大楼旧址
浙江省宁波市　1930 年

满铁大连医院旧址（现大连大学附属中
山医院）
辽宁省大连市　1926 年

通益公纱厂旧址
浙江省杭州市　1897 年

新疆昆仑宾馆中楼
新疆维吾尔自治区乌鲁木齐市 1960 年

甘肃省博物馆
甘肃省兰州市　1939 年

云南水泥厂立窑
云南省昆明市　1940 年

寿宁县廊桥群
福建省宁德市　1937—1967 年

呼和浩特市天主堂
内蒙古呼和浩特市　1924 年

上海市文联办公楼
上海市　20 世纪 20—30 年代

北京国际金融大厦
北京市　1998 年

沈阳市同泽女子中学旧址
辽宁省沈阳市　1928 年

黎平会议会址
贵州省黎平县　1934 年

王店粮仓群
浙江省嘉兴市　20 世纪 50 年代

中国伊斯兰教经学院
北京市　1957 年

中国银行温州支行旧址
浙江省温州市　1935 年

台湾义勇队成立地、
浙江省金华市　1939 年

爱日庐
浙江省宁波市　1930 年

孙科住宅
上海市　20 世纪 30 年代

西北师范学院教学楼（现西北师范大学）
甘肃省兰州市　1912 年

无锡县图书馆旧址
江苏省无锡市　1914 年

上海联谊大厦
上海市　1985 年

私立甬江女子中学旧址
浙江省宁波市　1844 年

陕西省人民政府办公楼
陕西省西安市　20 世纪 80 年代

敦睦中学旧址
江苏省无锡市　1938 年

西北农林科技大学教学主楼
陕西省西安市　20 世纪 30 年代

营口百年气象陈列馆
辽宁省营口市　1907 年

浙江省温州中学
浙江省温州市　1902 年

韬奋纪念馆
上海市　1958 年

西安和平电影院
陕西省西安市 1955 年

济南经四路基督教堂
山东省济南市 1926 年

荆江分洪闸
湖北省荆州市 1953 年

西山抗战遗址群
重庆市 1939—1941 年

青岛里院早期建筑群
山东省青岛市 1898—1949 年

大连棒棰岛国宾馆
辽宁省大连市 1961 年

中山纪念图书馆旧址
广东省中山市 1933 年

桐城中学
安徽省桐城市 1902 年

深圳福田区政府办公大楼
广东省深圳市 1998 年

固镇县县委县政府办公大院
安徽省蚌埠市 1965 年

哈尔滨医科大学
黑龙江省哈尔滨市 1926 年、1954 年

北京前三门住宅
北京市 1978 年

燕莎友谊商城
北京市　1992 年

天津机场地区近现代建筑群
天津市　20 世纪 40 年代至今

辽宁大厦
辽宁省沈阳市　1959 年

金威啤酒厂
广东省深圳市　1984 年、2022 年（改造）

天津古文化街（津门故里）
天津市　明代、1985 年（重修）

贵阳达德学校旧址
贵州省贵阳市　1901—1950 年

蒙古国驻呼和浩特总领事馆旧址
内蒙古自治区呼和浩特市　1955 年

南通市劳动人民文化宫
江苏省南通市　1952 年

秦皇岛西港
河北省秦皇岛市　1898 年

北京大学校史馆
北京市　2001 年

无锡一中八角红楼
江苏省无锡市　1954 年

西山钟楼
重庆市　1931 年

江西师范大学青山湖校区历史建筑群（中央南昌飞机制造厂旧址等）
江西省南昌市　1935 年

三都近代建筑群
福建省宁德市　清至民国

天门河水电厂旧址
贵州省遵义市　1943 年

贵州博物馆旧址（现贵州美术馆）
贵州省贵阳市　1958 年

嘉兴文生修道院与天主堂
浙江省嘉兴市　1903 年、1930 年

南宁市人民公园（镇宁炮台、革命烈士纪念碑、毛主席接见广西各族人民纪念馆）
广西省南宁市　1918—1978 年

邕宁电报局旧址（现广西电信博物馆）
广西省南宁市　1884 年

蛇口大厦
广东省深圳市　1994 年

天津市原市公安局办公大楼
天津市　1955 年

刘氏梯号
浙江省湖州市　1905—1908 年

青海省委旧址
青海省西宁市　1951 年

上海交响音乐博物馆
上海市　20 世纪 20 年代

前九批中国 20 世纪建筑遗产推介活动会序册

作品篇

PROJECTS

典型

CLASSIC

CASE

案例

故宫博物院武英殿区域陶瓷馆常设展改造

基本信息

建筑名称：故宫博物院武英殿区域陶瓷馆常设展改造

建筑区位：北京市东城区景山前街 4 号

建成时间：1403—1424 年（始建），1869 年（重建），1914 年（改建）

功能类型：办公（原）——展览、展示（现）

建筑设计：1914 年前明清历代工匠，1914 年改建（罗克格公司）

更新设计：中国中建设计研究院有限公司

武英殿原为故宫博物院书画馆，2018 年起改为故宫博物院陶瓷馆。2021 年 5 月，武英殿更换陈列布置，遴选约 1 000 件具有代表性的陶瓷藏品，从新石器时代磁山文化时期到民国时期，按时代发展顺序和使用功能分为 17 个主题予以展示，反映中国陶瓷约 8 000 年的历史和文化内涵。改造后，其为包容性更强的全龄友好型"博物院中院"陶瓷常设展，多方面良好地展示了中国古陶文化的魅力。

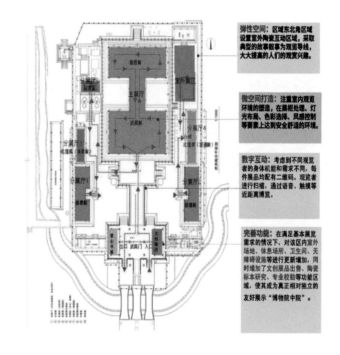

弹性空间：区域东北角区域设置室外陶瓷互动区域，采取典型的故事叙事为观览导线，大大提高的人们的观赏兴趣。

微空间打造：注重室内观览环境的塑造，在展柜处理、灯光布局、色彩选择、风感控制等要素上达到安全舒适的环境。

数字互动：考虑到不同观览者的身体机能和需求不同，每件展品均配有二维码，观览者进行扫描，通过语音、触摸等近距离观览。

完善功能：在满足基本展览需求的情况下，对该区内室外场地、休息场所、卫生间、无障碍设施等进行更新增加，同时增加了文创展品出售、陶瓷标本研究、专业检勘等功能区域，使其成为真正相对独立的友好展示"博物院中院"。

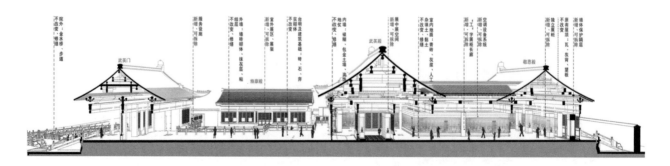

所获奖项

1. 2022—2023 年度建筑应用创新大奖（建筑设计应用创新类）

2. 2023 年北京市优秀工程勘察设计一等成果奖（城市更新设计类）

3. 第十九届全国博物馆十大陈列展览精品推介优胜奖

4. 2021 年度北京市博物馆优秀展览评选杰出贡献奖

5. 2022 年第四届香港当代设计奖铜奖

改造难点

保护更新过程中面临的几大困难问题。

（1）有限的古建筑空间与新增大量展品布局展示的矛盾。

（2）原有博览路线单一的矛盾。

（3）新功能需求与原有空间功能单一的矛盾。

（4）原有古建筑为文物，新增构建与原有构建对接的困难。

（5）新增设备的引入和文物原有墙体、基础等不可破坏的矛盾。

（6）原有建筑文物构件不能满足新功能设备需求的矛盾。

（7）功能改变后，新环境（声、光、电、温度、

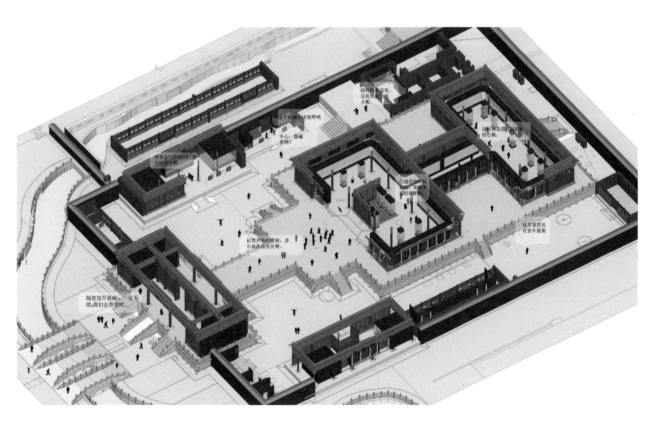

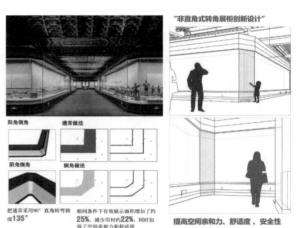

荷载）等对文物构件的影响。

（8）新增展示设备样式、色彩等对原有文物古建筑的影响矛盾。

（9）二次规划布局后观览舒适度与古建筑空间微环境保护的矛盾。

原则确定

原则 1：全龄友好型规划——全龄友好型文物古建筑展览区域的整体性规划。

原则 2："无接触链接"文物保护——首次大规模设置独立的隔离空间保护带，将文物建筑地面、墙体与新增展柜有机分离，实现原状展和现代展的间接链接。

原则 3：数字模型推演空间塑造——古建筑与文物展示空间一体化设计，多维度模拟推演塑造人性化古建筑展览空间。

原则 4："近身"舒适古建筑微环境营造——下出上回"短回路"空调送风模式，打造无风感空间，实现对古建筑场所环境的友好型微更新，低影响改造。

原则 5：绿色建造——绿色建材、样式统一，古建筑构件轻量模块装配化。

遗产性价值

历史价值

文化再传承：项目成功改建并顺利开展，将约

8 000 年前新石器时代磁山文化时期至民国时期中国陶瓷的发展历程完整地呈现给观众，展品几乎涵盖了中国陶瓷发展史上所有重要品种。

展品多，样式全：是在世界文化遗产内规模最大、集中展示陶瓷品种最多的常年展厅。

艺术价值

"低头看展品，抬头看古建"，本设计不在古建筑内部安装任何吊顶，也尽量减少空间隔断，将武英殿绚丽的龙纹天花、斗拱、横梁、望板、红柱等构件除去灰尘并修缮后完整地展现给观众，让观众感受这座建筑的宏大壮观。

温和的视觉环境：色彩的选择积极呼应故宫的整体色调，以墙红、瓦黄为主，并进行特殊处理以实现哑光质感。

科学价值

绿色低碳：是国内陶瓷展中规模最大的无接触连接，模块装配、绿色低碳、健康舒适的全龄友好的展馆。

人因交互多维度模拟推演塑造人性化古建筑展览空间：项目设计中采用人因交互的设计理念"整体设计统筹规划，建筑与展品共生，使其成为展示的一部分"。流线扩充，设置独具特色的"展中展"空间，样式以交泰殿为蓝本进行创作，大小高度适中，既满足容纳展柜和客流的需求，又在整个空间内不显得突兀。

社会情感价值

以观众为导向：通过对空间资源分配、微空间舒适度打造、完善观览流线路径、提高空间可达性、增强用户参与度，服务体系再升级等措施尽可能多地满足不同年龄段、不同身体机能的观览者。

故事性全新体验：故事叙述、情景模拟多维度展示，在内容方面，本次改陈依旧利用故宫博物院在古陶瓷收藏方面数量大、品种全、年代真实可靠的优势，以中国陶瓷发展史为纲，对内容做了较大充实和改进，由原先陶瓷馆的 11 个主题增加到 17 个主题，增加的 6 个主题旨在进一步彰显故宫博物院藏中国古陶瓷的特色。

再利用价值

环境价值

全龄友好观览场所：提高观览友好度，不因观览者年龄增长、身体机能或者认知能力下降而区别

最大化利用古建筑空间

原有古建空间单一

增加展线长度

重新规划博览路线

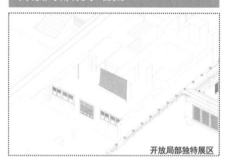

开放局部展示墙面

开放局部独特展区

扩充开放面积

增开东西配殿和室外展区

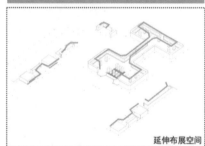

增加展线长度

延伸布展空间

新搭建展中展空间

展中展空间

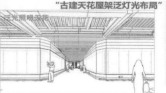

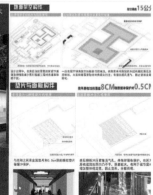

对待，提高整体观览的包容性、灵活性和可识别性。设置友好的观览空间、无障碍路线、无障碍设施、全龄性展柜设计等，在充分保护的前提下，提高了故宫博物院文物古建空间展览的友好性。

本体价值

空间改造创新性：非直角式转角展柜创新设计，改造团队力求创新，展柜转角无直角，全部采用 135° 倒角，最大化延长有效展线，便于观众参观，并保证观众安全。相同条件下有效展示面积增加了约 25%，减少用材约 22%，同时柔化边角界限，提高了对老年人、青少年儿童的友好性，加强了空间亲和力和舒适度。

近距离无风感观览：在有效保护古建筑达标的情况下，控制空调出风口的出风速度和角度。出风口下端设置在距离地面为 75~1 500 毫米的位置，远离人体膝盖和脚踝，出风百叶向下倾斜，提高观览的舒适度。

设施友好："可以捧在手里，会说话的数字化故宫博物院陶瓷馆"，手机扫一扫，展品的图片、文字介绍一目了然，同时视力障碍者可选择听语音介绍。

情景沉浸式展示：本次规划将武英殿的东西配殿也利用起来打造情景式展览场地。

经济价值

低碳高效：创新性的保护措施和绿色建造设计方法的应用，最大限度地节约资源。

文化创意输出：文创创意、关联产业相继发展，助力"故宫文创"。

北京航空航天大学三号教学楼改造

基本信息

建筑名称：北京航空航天大学三号教学楼

建筑区位：北京航空航天大学学院路校区内

建成时间：1954 年（开工）

功能类型：教学建筑

建筑设计：北京市城市规划管理局设计院（北京市建筑设计研究院有限公司前身）（杨锡镠主持设计）

更新设计：北京市建筑设计研究院有限公司（叶依谦、陈震宇主持设计）

北京航空航天大学是新中国成立之初北京著名"八大学院"之一。主教学区由老主楼、一至四号教学楼共同组成，整个建筑群建筑风格统一，具有鲜明的时代特色。三号教学楼始建于1954年，于2007年被列入《优秀近现代建筑保护名录（第一批）》，于2020年被列为北京市第二批历史建筑。

在将近70年的使用过程中，三号教学楼先后作为公共教学楼、院系教学楼使用。除20世纪80年代进行过抗震加固、建筑外立面及门窗局部改造、内部装修外，整体格局和风格均保留完整。

所获奖项

1.北京市优秀工程勘察设计成果评价（2023年，三等奖）

原则确定

总体原则："修旧如旧"原则

不改变原状的原则；在尊重历史的同时，创造建筑适应新时代使用要求的新历史。

原则1：保护性修复翻新的原则

尊重历史建筑的原始风貌和当前状态，避免采用简单复原建筑的手法。针对不同部位情况灵活采取传统工艺复原、现代工艺修复、新材料与新工艺相组合的技术路线，达到"建筑延寿"的目标。

原则2：整体安全性原则

在保证结构安全的前提下，提升消防安全、机电设备安全等整体建筑安全性。

原则3：功能完善性原则

在保证安全的基础上，全面响应使用功能需求，提升建筑的人性化、绿色化和智能化水平，实现功能完善的新时代教学建筑。

改造措施

外墙涂料采用与建筑原始颜色相似的浅灰色仿石建筑灰泥；外窗更换为暗红色仿木 Low-E 断桥铝合金窗；中央门厅区域的地面、回马廊、顶部藻井、主楼梯、木门窗采用传统工艺整体翻新复原；公共走廊区域保留原貌，仅对水磨石地面进行修复，将其局部更换为水磨石块材；对阶梯教室采用保护、修复与

装修相结合的方式，保留其原始痕迹和空间风貌特点。

结构加固采用内墙喷射混凝土板墙加固＋钢筋网水泥砂浆面层加固墙＋局部粘钢加固的综合性解决方案，既达到了建筑结构的加固改造要求，又实现了对外立面、走廊、大厅等重点保留区域的保护。机电系统整体更新，达到现行规范标准要求。

遗产性价值

艺术价值

设计美学：作为新中国成立初期的"民族形式"建筑的探索，建筑平面布局呈现对称的"工"字形，建筑立面采取典型的三段式造型，基座部分稳重结实，顶部的小披檐比例适宜，呈舒展状；建筑门廊和主体屋顶的斗拱造型、墙面的传统纹饰花窗、局部线脚均为建筑增加了传统造型细部，具有典型的时代特征。

藻井与纹饰：大厅二层顶部的藻井造型、纹饰为传统样式，具有装饰美感。

历史价值

作为始建于 1954 年的北京高校教学建筑，北航三号楼具有重要的历史价值。通过保护性设计和改造工程，其在延续历史建筑风貌的基础上实现"有机更新"，成为历史文化遗产的具体体现，不断与时俱进，发挥新的建筑使用功能。在保护的基础上，实现历史建筑的传承和更新发展，是北航三号楼对于历史价值的态度。

社会情感价值

三号楼对于北航师生来说，承载着深厚的社会

情感价值。改造工程的成功实施已经成为北航学院路校区的"改造标杆"，为整个教学区的建筑改造探索了技术路线和实施模式，对延续学校传统风貌、赓续学校的历史文化传统具有重要意义。

再利用价值

环境价值

与校区关系：建筑位于学院路教学区核心区主轴线一侧，作为教学区历史文化建筑群的重要节点建筑。

与周边环境：建筑改造成为主校区功能完善的重要节点，是整合教学区核心区车流、人流、景观空间的重要环境节点。

本体价值

改造策略的适宜性：延续建筑风格的整体修缮复原与保持历史风貌记忆的有机更新相结合的改造策略，达到保护与功能更新的有机平衡。

结构改造：结构加固改造采取多样方案组合系统，以适应建筑外立面与内空间保护、加固与使用功能更新、造价与实施可行性的有机平衡。

消防改造：在既有建筑需要大量保护的条件下，探索出一整套有效的消防设计策略，达到保护与安全性的有机平衡。

北京报业集团百子湾纸库

基本信息

建筑名称：北京报业集团百子湾纸库
建筑区位：北京市朝阳区西南百子湾广渠东路 9 号
建成时间：1978 年

功能类型：仓库（原）——文创办公（现）
建筑设计：北京建筑设计研究院（王鸿禧主持设计）
更新设计：北京建筑设计研究院李亦农工作室

　　北京报业集团百子湾纸库是 20 世纪 60—70 年代工业遗存，地处北京核心区与城市副中心中间地

带，是广渠路上重要的历史建筑，目前已经停用多年。北京报业集团百子湾纸库具有鲜明的时代特征和功能属性，其特殊的空间和延续的文脉决定了它是可以激发无限功能可能性的场所，将是首都文创产业复兴的催化剂。

仓库主体为 16 组混凝土排架组成的开敞空间，是典型的仓库功能形态。结合厂房的特点，在项目定位上，以创客空间为主，突出文化特色，形成与 CBD 区域的高档办公差异化的文创办公空间。

原则确定

总体原则：遵循工业遗产改造的适度设计、克制手法的设计原则。

可持续发展的原则：通过功能置换，植入新办公模块，创造灵活性、通用性功能空间，使旧仓库获得重生。

体现人文关怀：设置天窗，引入自然采光通风；进行局部办公加层，实现空间尺度的人性化转换。

延续历史记忆：通过价值评估，保留建筑红砖外墙和空间大跨结构的历史与文化特色。

挖掘地域性与场所精神：整合场地及建筑布局，借助绿化景观，使建筑最大化融入周边环境。

改造措施

本项目在保持原有厂房工业建筑基本框架不变的基础上，通过价值分析，着重保留了原有厂房的红砖墙面和室内高大的空间特色，侧重工业遗存的实用性，进行创新性开发利用。利用厂房建筑特点鲜明的山墙面作为建筑的主立面，通过表皮的重构，在主立面上运用花格砖肌理，结合现代简洁的玻璃幕墙体系，将工业建筑红砖的元素结合现代材料重塑一个全新的空间。

遗产性价值

历史价值

北京报业集团百子湾纸库是 20 世纪 60—70 年代工业遗存，具有鲜明的时代特征和功能属性，反映了当时一段时期的设计思想与审美倾向，逻辑、秩序、机械美学激发强烈的建筑情感，体现了工业建筑的美学价值。特殊的空间和延续的文脉决定了它是可以激发无限功能可能性的场所，将成为首都文创产业复兴的催化剂。

艺术价值

建筑风格：原有建筑红砖立面，砖墙是空间的维护，也是结构的补充，表面刻满了时间的痕迹，应尽可能地继续发挥它的价值。改造后的园区建筑保留了红砖的风格，延续了纸库的文脉。

建筑立面材质：立面上植入了玻璃及金属材料，将部分红砖墙替换为落地窗，形成室内良好的采光与通风环境，现代玻璃材质与传统红砖材质形成鲜明的对比。北侧墙面保留北侧附属建筑框架，植入深灰色金属板、铝板竖向百叶等新表皮，形成底层凹进、

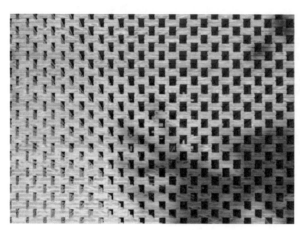

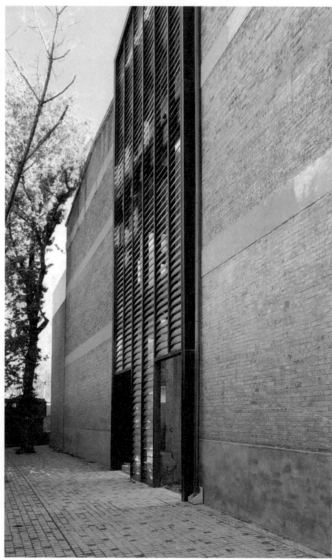

上层挑出的设备空间，与红砖墙形成对比，使建筑更加立体精致。

建筑结构：原建筑整体结构为预制混凝土排架柱和屋面梁，结构保留完整，具有较高的价值。改造时保留建筑主体原有结构，在主体旁边植入新的功能空间，结构则独立于原来的结构。

科学价值

北京报业集团纸库改造后将会成为工业建筑改造的标杆典范，带来区域改造的新风，为后续的工业建筑改造提供参考与模式。

社会情感价值

北京报业集团百子湾纸库是记载社会与生产间互相作用的客观载体，也是一个时期政治制度、经济水平、文化素质、社会发展水平的缩影。

再利用价值

环境价值

城市区位：项目基地位于朝阳区西南百子湾广渠东路 9 号，紧临东四环和广渠路。项目地处北京核心区和城市副中心中间地带，南侧为燕保百湾家园，东侧为观音堂城市森林公园，地理位置极为优越。项目基地距离地图 7 号线百子湾地铁站仅 1 千米，轨道交通便利。

本体价值

空间改造灵活性：建筑原有空间大，可利用性强。设计结合了新的创客空间单元化、灵活性以及共享等特点，同时利用厂房结构特点，将功能模块像抽屉一样推入结构排架体系当中，按结构本身的逻辑和尺度，自然形成功能空间与公共空间，在满足新的功能要求的同时也延续了仓库的文脉。建筑在东入口设置通高的入口大厅及主要的楼电梯，并结合大厅设置多功能厅，丰富大厅的使用功能，营造氛围。设置采光天窗，整合了主入口立面形象，形成通高的入口大厅和内庭院，将自然光引入室内，并沿着厂房中间设置东西通长采光中庭。项目利用配套用房的屋面空间结合厂房内部夹层，在配套用房与主厂房之间用连桥连接，形成内外联通的交流休憩空间。

科学技术手段：通过专项研究采用科学的技术手段，处理主立面表皮新的花格砖与老砖墙的融合以及原有工业建筑外墙的清洗修复。

北京国际俱乐部

基本信息

建筑名称：北京国际俱乐部（1973 年老楼入选第六批中国 20 世纪建筑遗产项目）

建筑区位：朝阳区建国门外大街 21 号

建成时间：2019 年

功能类型：网球场（原）——办公、网球场、酒店配套（现）

建筑设计：北京市建筑设计院（吴观张主持设计）

更新设计：香港华艺设计顾问（深圳）有限公司

项目获奖：第十九届深圳市优秀工程勘察设计奖（二等奖），中国建筑优秀勘察设计奖（优秀建筑环境与能源应用二等奖）

背景与历史

背景故事：从 1878 年的东交民巷，到 1911 年的台基厂 7 号，再到 1973 年的建国门外 21 号，长安街地标建筑之一——北京国际俱乐部，见证了北京城的变迁，更成为新中国对外开放的标志性窗口。

北京国际俱乐部网球馆是国内第一座对外运营的室内网球馆。1985 年，时任国务院副总理万里在此和来访的美国副总统老布什进行了一场网球交流赛，这场"中美网球双打对抗赛"后来被人评价为"网球外交"。百余年来，北京国际俱乐部被列为北京市近现代优秀建筑，同时被称为国际友人的"第二故乡"。

历史沿革：北京国际俱乐部因其独特的建筑风格而令人过目难忘。在北京市规划委 2007 年 12 月 19 日公布的《北京优秀近现代建筑保护名录（第一批）》中，北京国际俱乐部就名列其内。

在二十多年的经营发展中，原有建筑规模、功能

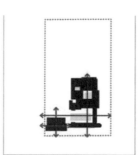

1972 年，国际俱乐部（一期）建成，方案由建筑大师马国馨设计，总体格局为庭院分布，各功能区通过连廊连接。

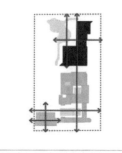

1990 年，国际俱乐部饭店建成，现改为瑞吉酒店。方案布局上延续了一期整体的庭院布局与空间体系。

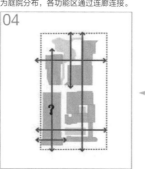

2013 年，四期办公项目开始进入设计阶段，关于方案如何和谐地融入基地环境这一问题，前三期具有中国传统格局的庭院将是重要的设计依据。

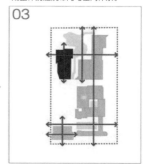

2001 年，公寓及康乐中心（三期）建成，由许李严联合部院共同设计，与饭店建筑围合布局，在整体上延续了庭院布局的大关系。

配比、基础设施已经不能满足现在的需求。在此背景下，拟在建筑组团基本格局不变的前提下，在网球馆及停车场位置改扩（新）建一栋综合楼作为外事服务用房，复建网球馆，提升其设施功能。在保持原有建筑风貌的同时，继承国际俱乐部建筑群的优秀基因，为全行业精英开拓高端工作领地，为飞速发展的首都更添活力。

专家讨论

崔愷院士指导国际俱乐部新建筑方案，最终确定改造原则。崔院士的建议如下。

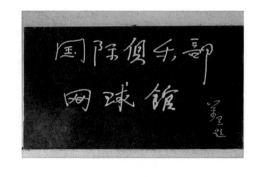

（1）项目地处长安街，设计过程中应重点考虑原有建筑的保护及新老建筑的衔接问题；新立面材质，色彩选择上尽量与原建筑匹配，注重立面细节在比例、尺度上的延续。

（2）利用此次更新的建设契机，重新梳理片区的交通组织，与城市规划建设对接，提升片区的道路品质。

（3）崔院士对建筑立面"拆旧复旧"的方式和方法提出了多种解决方案。

项目最终确定为现有竖向线条的塔楼立面方案，保证其在外形及风貌的协调融洽。

原则确定

原则 1：新旧建筑和谐共生，历史与现代高度融合。

原则 2：充分尊重原有历史现状，保证长安街沿街形象的延续性，适当结合新楼功能以及现代工艺。打造东长安街的地标性建筑。

原则 3：集约布局，释放景观公共空间。最大化降低对原有场地的影响，释放更多的绿地，改善空间景观环境。

原则 4：立面方案以先保护后利用为原则，保留原网球馆外观，将功能重塑，并提出传承、融合的设计理念

遗产性价值

历史价值

北京记忆：初建于 1971 年的长安街地标建筑之一——北京国际俱乐部，经历了数十载春秋，见证了北京城的变迁和中国对外建交的辉煌成就。在经历了 1995 年、1999 年、2013 年的几次主要改扩建后，形成了今天的格局。

时空纽带：新旧建筑和谐共生，历史与现代高度融合。

文化保护：在对待历史建筑的态度上，尊重历史，保留老建筑，保留传统文化。

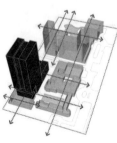

规划延续与提升
PLANNING CONTINUE AND PROMOTING

一期 STAGE 01
二期 STAGE 02
三期 STAGE 03
四期 STAGE 01

空间缝合与衔接
SPACE STITCHING AND COHESION

新建筑 NEW BUILDING
老建筑 OLD BUILDING
轴线联系 AXIS RELATION
绿地 GREEN
水域 WATER

功能补足与联系
FUNCTION MAKING UP AND CONTACTING

国际俱乐部 CLUB
酒店 HOTEL
公寓康乐 APARTMENT & LEISURE
宴会&网球场 BANQUENT AND TENNIS
办公 OFFICE
商业 COMMERCE

艺术价值

视觉特征：东长安街的地标性建筑。

立面风格独具中国特色：立面风格引入国花墨晕、窗格骨架、花窗剪纸等概念，形成了具有独特中国特色的多元表皮。建筑庄重典雅，为长安街历史风貌增添色彩。

整体格局：整体格局含蓄地表现出一种语言，即中国传统的庭院式格局，这种语言传达出来的信息是一种融合。

新旧融合：立面方案以先保护后利用为原则，保留原网球馆外观，将功能重塑，并提出传承、创新、融合的设计理念。立面设计以简洁明了的建筑形体，体现对原有建筑的尊重；以干净利落的竖向肌理，形成对原有建筑的呼应。北侧裙房立面延续原有网球馆的风格，同时在细节做法上加以区分，材料主要选用石材、玻璃等材料，在风格整体协调的基础上，体现新建建筑的时代性。

塔楼外立面设计：塔楼简洁明了的建筑形体，体现对原有建筑的尊重；干净利落的竖向肌理，形成对原有建筑的呼应。塔楼外立面以石材结合玻璃为主。

科学价值

前沿科技与老城气质的融合：项目结合新楼功能，运用现代工艺，实现"拆旧复旧"的目标，对历史建筑立面复旧设计的流程和设计方法，起到示范作用，承载的价值远超项目本身。

社会情感价值

时代精神的再塑造：本案对北京国际俱乐部地块进行通盘考虑。在规划上通过延续与提升，在功能上对其补足与联系，在空间上进行缝合与衔接，巧妙地与旧有建筑共生，最终将唤醒人们对北京国际俱乐部"文化、艺术、科技"等方面的精神回忆与时代诉求。

再利用价值

环境价值

城市区位：北京国际俱乐部位于北京市朝阳区建

国门外大街 21 号，是东长安街地标建筑，见证了北京城的变迁，更成为新中国对外开放的标志性窗口。

与街道的关系：项目位于北京长安街与东二环交汇处，紧临建国门地铁站，周边拥有多条公交线路，四通八达，无所不至。

街区历史底蕴深厚：基地东侧为日坛路，南侧为建国门外大街，西侧为秀水街，北侧为秀水北街，靠近天安门，属于长安街建筑群，承担了首都城市面貌展示作用，建成后已在 70 周年阅兵典礼上献礼亮相。

本体价值

空间改造灵活性：大厦每个标准层均为 2 000 平方米的无柱开放式设计，办公区净高 3 米，使用率近 80%。相邻楼层上下连接自由灵动，可由每个客户尽情发挥想象，打造独树一帜的时尚工作场地，营造不一样的创意空间。

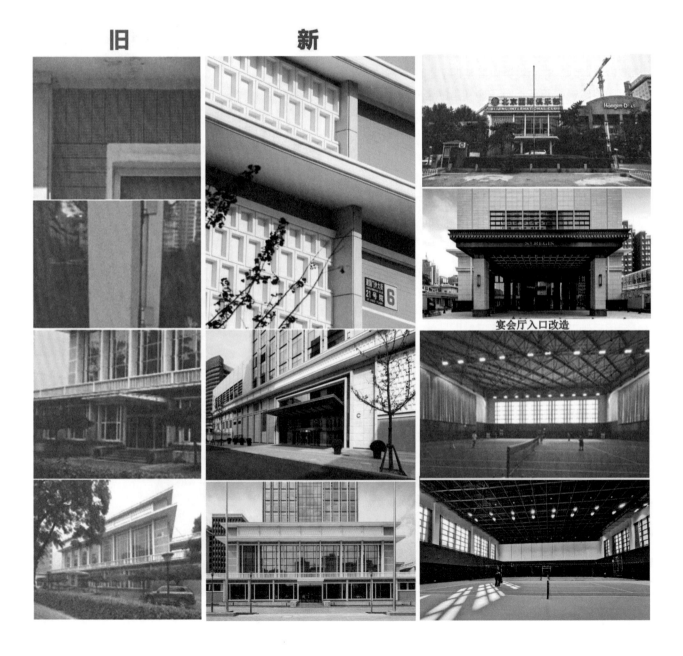

旧　　　新

宴会厅入口改造

技术改造绿色智能：采用冰蓄冷、VAV 变风量及四管制空调系统、通风系统。地下车库配备二氧化碳监测器，可自动开启通风系统。采用多级纵深防护体系，确保大楼安全。设置统一通信接入机房（实现网络全面覆盖，公共区域实现无线网络全覆盖），极大提高办公外网连接效率。设置雨水回收系统，最先进的空气过滤系统，能耗管理系统，智能照明控制系统，电动车充电桩，获 Leed"能源和环境设计先锋"金奖，绿色建筑 2 星标识。

经济价值

体量规模：项目拆除面积为 1 966 平方米，保留面积为 92 826 平方米，新建面积为 75 726 平方米；纵览国际俱乐部大厦全貌，整幢建筑在繁华时尚的京城内，保持着一份历史的厚重。玻璃幕墙间点缀石材，复古与现代相互彰显、高度融合。主塔楼高99.9 米，具有无与伦比的再利用价值。

功能集成：扩建后的北京国际俱乐部与原瑞吉酒店主体相连，完善了酒店配套（宴会厅），恢复了原网球场功能，除接待大量的政府来访团、承接诸多官方国际会议外，还为具有特殊外交功能的驻京使团、国际组织、半官方机构等提供办公服务。项目投入使用后，社会反响良好。

黄龙体育中心体育场

基本信息

建筑名称：黄龙体育中心体育场（中国 20 世纪建筑遗产关注项目）

建筑区位：杭州市西湖区

建成时间：1996—1998 年

功能类型：体育场

建筑设计：浙江省建筑设计研究院（许世文等主持设计）

更新设计：浙江省建筑设计研究院（裘云丹等主持设计）

　　黄龙体育中心总占地面积约为 62 公顷，体育场是其最重要的主体建筑，为迎接杭州亚运会，于 2019 年至 2022 年进行了改造，改造之后整体建筑造型优美，流线合理，观赛舒适，技术适宜，造价合理，为城市的文化和体育生活提供了丰富的选择。

所获奖项

1. 十一届国家优秀工程设计铜奖

2. 2002 年度浙江省建设工程"钱江杯"（优秀勘察设计）一等奖

3. 第三届全国空间结构优秀工程二等奖

4. 2002 年度浙江省建设工程"钱江杯"（优质工程）奖

5. "超长箱形预应力砼外环梁施工新技术"获 2000 年浙江省科技进步三等奖

6. "悬索挑蓬钢屋盖施工新技术"获 2001 年浙江省科技进步三等奖

7.《黄龙体育中心主体育场挑蓬斜拉网壳结构设计》论文获第九届空间结构会议优秀论文奖

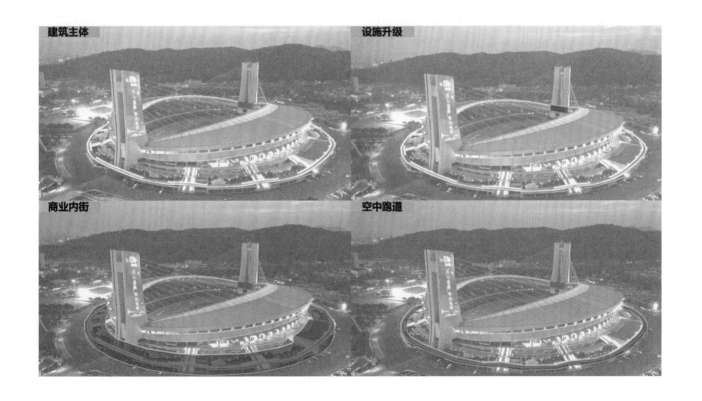

建筑主体　　设施升级　　商业内街　　空中跑道

原则确定

原则 1：保留主体结构和功能

在保留主体结构和主体功能基本不变的前提下进行有针对性的局部升级改造。

原则 2：设施升级

为南塔北塔增添两块空中高清大屏，实时呈现赛事或演出的现场画面，增加可直通休息平台的无障碍通道。

原则 3：增加商业业态

设置商业内街，提升体育馆建筑的使用频率。

原则 4：增加公共健身的空中跑道

在二层架设了空中跑道的黄龙体育中心，将更加突出"以人民为中心"的公共健身服务理念。

遗产性价值

历史价值

群众的记忆：黄龙体育中心体育场是浙江体育建筑的代表，也是广大杭州人民的体育记忆，代表着浙

江省体育事业的腾飞。早在 1959 年，周恩来总理视察浙江时作出"黄龙洞一带可以用来建设体育场馆"的重要指示。到了今天，经过改造升级后的黄龙体育中心体育场将以更加现代复合的功能服务大众。

艺术价值

造型变化丰富：以天鹅的形象作为体育场雨篷的设计灵感，富有创意和独特性。体育场雨篷进深最大处达 51 米，南北双塔高均为 85 米，斜拉索共 18 根，其中四根索最多可承受 500 吨，最小的四根索最多可承受 50 吨。这一独特而充满力度感的雨篷形象，不论是在场内还是在场外，都是黄龙体育中心鲜明的标志。建筑师通过对建筑外观和景观的处理，使得体育中心在城市中成为一道亮丽的风景线，与杭州这座著名的风景旅游城市相得益彰。

立面处理与周边环境和谐相称：在建筑立面处理上，考虑到建筑尺度与周围环境的协调，采用了绿化坡道和细化立面分格手法，使体育场在外观上与周围建筑和谐统一，但又不失独特性。

科学价值

促成优秀当代建筑的保护与更新思考：黄龙体育场的营造体现了建筑设计的经济、适用、美观的原则。为了满足杭州亚运会比赛场馆要求，经过提升与改造，首先保留了建筑的原始功能，在此基础上增加商业业态和扩展功能区，提倡服务全民健身，为其他同类体育场改造提供了很好的借鉴意义。

社会情感价值

　　城市亮点与城市精神：黄龙体育中心在总体布局上顺应周边环境，在技术上适材而作，经济美观，再通过一系列的改造升级，俨然成为杭州市的一项重要文化和娱乐地标。现代设计感和多功能性使其成为一个城市的亮点，吸引了来自世界各地的游客和体育爱好者，体现了杭州市的创新和发展精神，为城市的文化和体育生活提供了丰富的选择。

再利用价值

环境价值

　　城市区位：黄龙体育中心位于风景秀丽的西子湖畔，著名的黄龙洞风景区旁，自然景观丰富。

　　与街道关系：北临天目山路、南至曙光路、西起玉古路、东至黄龙路，交通十分便利。

　　顺应周围环境：在城市景观上，考虑到体育场较大的规模和体量，我们致力于避免大体量建筑对西湖景区景观周边的城市景观对其产生不利影响。特别是避免在西湖景区内看不到体育场南北两端分别设置的两座吊塔，通过三维景观分析，最终确认双塔高度为 85 米，这样双塔就不会突破保俶山轮廓线。

本体价值

　　空间改造灵活性：随着时代的变迁，为了更好地适应人们的使用需求，在亚运改造工程中，考虑到大型赛事之后场馆的日常使用，将原主体育场周围的绿化坡道改为充满活力的商业内街，在二层架设了空中跑道。除主体育场的改造外，结合基地内的其他场馆设置不同扩展功能区，打造了充满活力的商业街，在非赛时实现与城市资源共享。

经济价值

　　体育经济：将室内场馆和室外场地向市民不同程度地公益性开放，以推动杭州体育事业以及全民健身的发展，体现了顺势而变的理念。改造后的黄龙体育中心，将更加突出"以人民为中心"的公共健身服务理念，成为运动休闲综合体、文体培训大本营、竞赛表演集聚区、场馆运营新典范、体育消费新场景。

黄石华新水泥厂

基本信息

建筑名称：黄石华新水泥厂

建筑区位：湖北省黄石市黄石港区黄石大道 145 号

建成时间：1946 年

功能类型：工业建筑（原）——文化遗址公园（现）

建筑设计：

更新设计：北京建筑设计研究院李亦农工作室

湖北省黄石市华新水泥厂前身为 1907 年创建的大冶湖北水泥厂，旧址始建于 1946 年，是我国近代最早开办的三家水泥厂之一，被誉为"中国水泥工业的摇篮"。黄石华新水泥厂依托黄石市的矿藏资源和工业基础，并借助长江水运和武汉交通枢纽的优势，发展成为我国水泥工业发展史上最重要的水泥厂之一。2012 年，华新水泥厂旧址列入中国世界文化遗产预备名单；2013 年，被国务院公布为第七批全国

重点文物保护单位；2019 年 12 月，被认定为第三批国家工业遗产；2022 年 10 月 8 日，被列入第二批湖北省文化遗址公园行列。

本项目是以华新水泥厂文物保护为基础的城市更新研究，涉及厂区内 4 个单项工程。

工程一：充分考虑园区入口区域场地内的地貌特点，适当保留，结合高差营造开敞的广场展示面，将原场地改造成市民文化活动广场。工程二：将矿渣

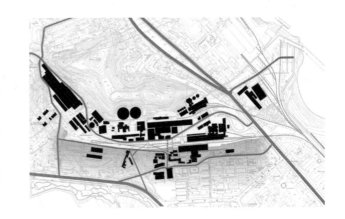

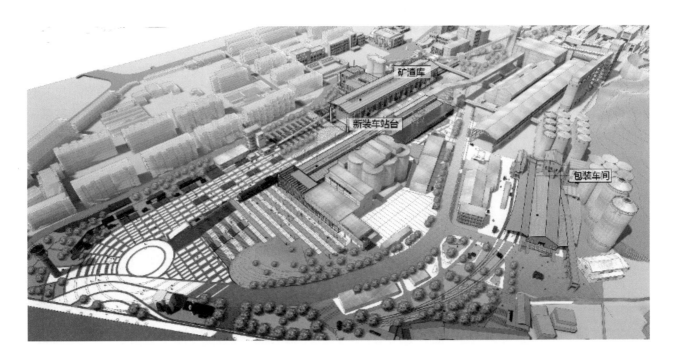

库改造成会展中心。工程三：将新装车站台适应性改造成工业特色美术馆。工程四：对旧包装车间及站台进行保护性展示利用，将其改造成工业特色美术馆。

原则确定

总体原则：遵循可逆、最小干预、可持续发展原则，充分挖掘和发现工业遗产与现代生活之间存在的潜在联系，运用适度的建筑手法对工业遗迹进行保护性展示与利用，创造出在表达对历史崇敬的同时服务于现代生活的空间。

原则 1：可持续发展——空间潜质的提炼挖掘

通过挖掘文物单体空间特质确定空间改造利用模式。

原则 2：历史记忆的延续——历史遗迹的符号化保留

在建筑改造的过程中，新建部分采用新材料、新技术和新的建筑构成手段，使新与旧之间拉开时间层次，令人感受到建筑内在的脉络。旧的建筑里发生着新时代的各种活动，新的内容在"旧"的衬托下更为有活力，使建筑生命在新旧交融中得以生生不息。具体手法：原有特殊结构的保留修复，原有遗存的符号化保留，工业文化的抽象隐喻。

原则 3：地域性与场所精神的挖掘——工业生产文化的展示

保留修复核心价值设备及完备的工艺流程，实现历史场景再现与多维空间交织。

原则 4：人文关怀的体现——场所秩序的转变

在旧工业建筑的转型过程中，建筑的服务对象由机器变成了人，场所秩序需要以人的尺度进行考量整合。

改造措施

从空间组织出发设计，在建筑与空间方面补充与整合现状，形成以入口广场为主的展览展示空间，将原场地改造提升为城市新空间。同时对建筑内部有特点的部分，如原有料斗混凝土结构、钢木结构进行保护、修复与重新利用，形成特色空间。

遗产性价值

历史价值

工业建筑的代表：华新水泥厂是国内现有城市中心保留最完整、历史最悠久的工业遗存建筑，是各个时期工业建筑的代表，具有重要的历史价值。

矿渣库改造后

矿渣库改造后室内

新装车站台改造后

新装车站台改造后室内

艺术价值

建筑结构：场地内现存建筑结构保留完整，工业特征明显，具有很高的艺术价值。针对矿渣库，修复原结构梁柱，柱之间用仿石棉瓦金属复芯板进行封堵，形成新旧材料融合

建筑立面：

（1）矿渣库：建筑山墙面端部留出一跨结构作为室外灰空间，玻璃幕墙向内凹进一跨作为建筑的新入口。

（2）新装车站台：去除后添加材质，恢复原始形象，以玻璃及水泥纤维板为主材进行全面的表皮再生，西侧墙依据原建筑轮廓形成玻璃幕墙维护。

科学价值

促成优秀工业遗产的保护与更新思考：华新水泥厂作为历史悠久的工业遗存建筑，其改造更新利用的原则和模式，为建筑师面对工业遗产的保护与更新提供新的思考与研究策略。

再利用价值

社会情感价值

华新水泥厂区是一座承载着百年历史的工业文化遗址，见证了中国水泥发展史。更新后的华新水泥厂将是全民科学普及教育和遗产保护宣传的重要基地，再现历史场景，激发人们对历史的共鸣和对文化传承的认同感，给城市提供能量，创造价值。

环境价值

华新水泥厂区旧址背靠牛头山，南面磁湖，西止牛尾巴山，东至长江码头。规划场地北临城市主干道黄石大道，南临城市支路五羊巷，交通便利。基地东北侧为城市的重要自然景观长江，自然景观资源丰富。

本体价值

本项目不是单纯的工业建筑改造，而是基于文物保护的展示利用工程。不是完全的功能置换，是在弘扬展示原建筑及生产痕迹的基础上进行的改造利用。这对工业遗产的改造设计提出很高的要求，既要充分发掘文物本体独特的历史文化价值，又要遵循可逆性、最小干预性原则，努力挖掘和发现工业遗产与新的生活方式之间存在的潜在联系，运用适度的建筑设计手法，创造出在表达对历史崇敬的同时服务于现代生活的空间。

旧包装车间改造后室外

旧包装车间改造前室外

旧包装车间改造后室内

旧包装车间改造前室内

石家庄解放纪念馆（石家庄火车站站房改造）

基本信息

建筑名称：石家庄解放纪念馆（石家庄火车站站房改造）

建筑区位：河北省石家庄市

建成时间：1987 年（原）、2023 年（现）

功能类型：交通（原）——纪念馆（现）

建筑设计：河北省建筑设计研究院（李拱辰主持设计）

更新设计：河北建筑设计研究院有限责任公司（郭卫兵主持设计）

石家庄火车站站房是改革开放后石家庄建设的一座特等站，见证了日新月异的城市发展变化，于2012 年停止使用。站房于 2022 年进行改造，改造后的功能为石家庄解放纪念馆，纪念馆的落成打造了河北省省会红色文化高地和爱国主义教育基地。

所获奖项

1. 1988 年获河北省优秀建筑设计一等奖

2. 1989 年获石家庄市十佳建筑

3. 2019 年 12 月入选第四批中国 20 世纪建筑遗产名录

4. 石家庄市第一批历史建筑名录

重要建设节点
Important construction nodes

1987
石家庄火车站站房竣工投入使用。

The Shijiazhuang Railway Station building has been completed and put into use.

2008
石家庄火车站站房第一次更新启动。

The first update of the Shijiazhuang Railway Station building has been launched.

2012
石家庄火车站站房停止运营。

The Shijiazhuang Railway Station building has ceased operations.

2023
在石家庄解放75周年之际，石家庄火车站站房功能改造为石家庄解放纪念馆。

On the occasion of the 75th anniversary of the liberation of Shijiazhuang, the station building of Shijiazhuang Railway Station was renovated into the Shijiazhuang Liberation Memorial Hall.

专家讨论

经过三次石家庄市委常委专题会与多次项目调度会汇报讨论，最终确定改造原则。

原则确定

原则1：本着"端庄、简朴、大方"的设计原则，在充分尊重历史建筑风貌的前提下体现新时代气息。

原则2：外立面提升充分尊重历史建筑风貌，采取轻介入改造策略，将经典与现代相结合。

原则3：增加红色文化标识，增强场馆的红色文化属性。

原则4：依据纪念馆功能流线需求，加建西侧门厅、内庭院休息厅和必要的隔墙。

原则5：西立面的龙环和凤环壁画具有强烈的历史认同感，建议保留。

遗产性价值

历史价值

城市记忆的标志：石家庄火车站见证了日新月异的城市发展变化，伴随着几代人的成长，火车站站房成为石家庄市地标建筑。

艺术价值

经典与现代相结合：外立面充分尊重历史建筑风貌，采取轻介入改造策略，将经典与现代相结合。增加玻璃门厅，满足纪念馆功能需求，赋予建筑时代性。

标志性钟楼赋予红色文化：钟

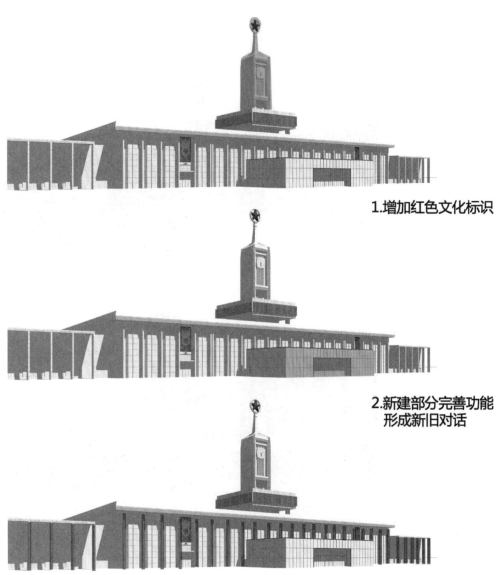

1.增加红色文化标识

2.新建部分完善功能
形成新旧对话

3.增加建筑的纪念性

楼高约 68 米，采用米白色铝板将四个角柱外包成竖向线条，并在顶部汇聚，形成向上升腾之势。顶部设置直径为 6 米的圆环和五角星，五角星与整体建筑比例相协调，满足建筑结构安全要求，加强红色文化标志性。

强化立面竖向肌理，增强纪念性：将西立面二层原有凸窗改为贯穿式落地幕墙，在原有壁柱外侧包裹石材，彰显建筑庄重的仪式感。两侧配楼加建柱廊，营造丰富的空间层次，与主楼构图相呼应协调，增强建筑的纪念性。

保留室内外壁画：保留室外的"龙环""凤环"壁画与室内大厅二层的壁画，保留时代艺术记忆。

科学价值

促成优秀现当代建筑的保护与更新思考：石家庄火车站站房体现了当时经济、适用、美观的建筑方针。以本次改造为契机，促使人们关注城市中老旧公共建筑的更新与活化，延续城市记忆。

社会情感价值

城市记忆与红色文化相匹配：石家庄是解放战争时期我军攻打大城市的首例胜果，具有重要的时代地位，红色文化丰富。石家庄火车站站房为改革开放后的石家庄的重要标志性建筑，承载着乡愁和城市记忆。将火车站站房功能改造为石家庄解放纪念馆，是城市记忆与红色文化相匹配，功能与形式统一的完美结合。

再利用价值

环境价值

城市区位：建筑位于石家庄市桥西区，处于中央商务区核心位置。地理位置优越。紧临地铁站，交通便捷。

与街道关系：处于中央商务区的核心位置，延续了中心区的城市界面。

与周边地区互利共赢：石家庄解放纪念馆全新的功能定位有利于同周边正太饭店、石家庄解放纪念碑、大石桥等红色文化建筑形成集群效应，为周边的湾里庙步行街、众多商业办公楼带来了更多的人流。

本体价值

空间改造灵活性：原火车站站房候车厅跨度较大、层高富余，为纪念馆改造展厅留有条件。原出站空间宽敞，有利于改造为展厅之间的休息厅，结合南北两个内部庭院形成互动空间。

结构改造灵活性：原钟楼顶部结构安全性较高，经过局部区域加固，便于顶部增加五角星红色文化标志。

立面改造灵活性：火车站站房立面具有竖向节奏、经典的建筑立面特征，改造为纪念馆，在原立面基础上强化竖向韵律，增强建筑的纪念性。

经济价值

周边带动：石家庄解放纪念馆的落成，增加了周边地区的人流量，带动和提升了本地区商业和文化价值。

社会效益：石家庄解放纪念馆定位清晰，受众明确，因此具备较大的社会效益（竣工后参观量很大、各大媒体争相报道）。

浙江省体育馆

基本信息

建筑名称：浙江省体育馆（现名杭州市体育馆，以下仍称为浙江省体育馆，第五批中国 20 世纪建筑遗产项目）

建筑区位：杭州市西湖区

建成时间：1969 年

功能类型：体育馆

建筑设计：浙江省建筑设计研究院（唐葆亨主持设计）

更新设计：浙江省建筑设计研究院（林峰主持设计）

　　浙江省体育馆是我省首个具有真正现代意义的体育建筑，其椭圆形建筑平面和马鞍形双曲屋面的结合在全国属于首创。

　　浙江省体育馆被选定为亚运会拳击赛事和亚残运会硬地滚球比赛两项赛事场馆。为了更好地适应亚运会的赛事要求，体育馆于 2018 年进行了全面的改造提升工程。

所获奖项

　　1. 获中国建筑学会建筑创作大奖

　　2. 庆祝新中国成立七十周年系列活动优秀勘察设计项目

　　3.1949—1989 年上海十佳建筑

原则确定

原则 1：修旧如旧

　　保留主体结构，恢复原有建筑的外观特色，特别是采用"水刷石"材质，恢复原有外立面特点。

原则 2：满足赛事兼顾赛后

　　设计以赛事要求为基础，同时考虑赛后多功能利用。改造后的体育馆不仅能够满足亚运会等大型体育赛事的需求，还能够在赛后服务于城市的多元文化活动，提高社会效益。

原则 3：节俭改造

　　设计注重经济效益，通过性能化设计思路，放宽某些构造要求，缩小加固范围，以节约成本和工期，这确保了改造过程的经济高效性。

改造措施

　　本工程按后续使用年限 30 年的 A 类建筑进行既有建筑结构安全性和抗震性能鉴定。根据鉴定结果和提升改造后建筑功能要求，对本工程进行了整体改造加固：地基采用锚杆静压桩加固；上部结构从结构体系、结构构件、梁柱节点等方面进行改造加固；屋面索网结构通过新增承重索加固。因原建筑按非抗震设计，本工程加固改造结构设计利用性能化设计思路——经综合抗震能力验算，提高结构构件抗震承载力，放宽某些构造要求，从而缩小加固范围，节约成

本，缩短工期，最大限度地减轻加固施工对原有结构的损伤。

遗产性价值

历史价值

　　半个多世纪以来，这个经典建筑始终在浙江乃至全国体育界扮演着重要的角色，成为教科书中的经典设计案例，荣获中国建筑学会建筑创作大奖。在庆祝新中国成立七十周年系列活动中，该项目被推举为优秀勘察设计项目。

创新价值

　　体育馆的设计在平面和屋盖结构上进行了创新，首次采用了椭圆形平面和马鞍形悬索屋盖结构，打破了当时国内已建体育馆主要采用矩形和圆形平面的传统。这种创新不仅使得体育馆在功能上更为合理，而且在外观上呈现出新颖的形式。

实用价值

　　视觉效果优化：通过将椭圆形比赛厅座位沿长轴方向布置，使得绝大多数观众都能享有较好的视线，优化了整体的视觉效果。设计考虑了观众席的布置、座位宽度和排距的合理设置，以及观众席最远视距和俯角的控制，保障了观众的观赛体验。

　　声学处理：体育馆采用了悬挂集中式组合扬声器，具有良好的声学效果。混响时间在 2 秒左右，声压级在 80 分贝左右。这对于举办体育赛事以及文

艺演出等活动来说是至关重要的，保证了良好的听觉体验。

空间利用：设计中充分考虑了空间的合理利用，包括椭圆形平面看台下部空间的灵活设计，设置了内廊、接待室、储藏室、门厅和错层的休息厅等功能空间。这使得观众席下部空间不仅满足了功能需要，而且获得了错层室内空间的艺术效果。

经济价值

通过采用沙桩基础，减小了下部结构柱基础的断面，大大节约了投资。同时，马鞍形悬索屋盖结构的轻量化设计也有助于降低建筑自重，减轻基础负荷。

再利用价值

环境价值

城市区位：体育馆位于杭州市中心，交通便利，观众能够轻松抵达。周围环境有商业、餐饮、住宿等配套设施，可以为观众提供更好的服务和体验，使体育馆成为一个综合性的活动中心。

本体价值

　　适度改造：在保留原有主体结构的基础上，通过综合抗震能力评定的方法，进行了结构加固设计。这种做法在尊重历史结构的同时，确保建筑在未来 30 年内的安全性。特别值得注意的是对马鞍形悬索屋盖的改造，采用金属十字索夹的创新方式，不仅减轻了屋面重量，还提高了整体的防水性能。

　　消防设计：针对文保建筑的消防难题，多次论证，以确保体育馆在满足现行消防规范的同时保持其原有结构特点。这是在消防安全和文保建筑特性之间取得平衡。

社会价值

　　社区文化活动场所：浙江省体育馆改造后，新建的地下立体车库对市民开放，满足了周边居民的停车需求。此外，多功能场馆的存在也为社区提供了举办文化、体育和社交活动的场所，促进了社区文化生活的繁荣。

　　无障碍设计：针对现代无障碍标准的要求，通过增加室外无障碍电梯、设置无障碍人行坡道等措施，使体育馆更好地适应不同人群的需求，尤其是作为亚残运会竞赛场馆，这一方面的改造是对社会包容性的有益贡献。

浙江展览馆

基本信息

建筑名称：浙江展览馆

建筑区位：浙江省杭州市武林广场 17 号（中国 20 世纪建筑遗产关注项目）

建成时间：1969 年

功能类型：会展建筑

建筑设计：浙江省建筑设计研究院（唐葆亨主持设计）

更新设计：浙江省建筑设计研究院（陈志青、沈米钢主持设计）

浙江展览馆（省文化会堂）建于 1969 年，初名"毛泽东思想胜利万岁展览馆"。浙江展览馆是杭州市乃至浙江省历史性标志建筑之一。长期以来一直是浙江省及杭州市开展政治、文化活动的重要场所，是浙江省最有影响力的展览馆。

1998 年，进行了第一次改造，展厅、酒店、招待所，经营面积扩大了。1999 年，新扩建的广场绿地达 6 000 平方米，是武林广场绿地的主要组成部分。第三次场馆的修缮改造工程于 2011 年启动，完善了配套设施和功能建设，打造了一幢高标准的，尊重原建筑风格的，体现历史和品位的建筑。

建馆 50 多年来，始终坚持把社会效益放在首位，努力实现两个效益并举，举办了 2 000 多场次的政治、文化、艺术、经济和科技类展览，开展了丰富多彩的公益性广场活动，为促进我省两个文明建设做出了显

著贡献。

原则确定

总体原则："修旧如旧"原则

"修旧如旧"原则即不改变原状的原则。对于新建筑，要使之与老建筑协调共存并且相互呼应，同时，在尊

重历史的同时，创造新历史。

原则1：历史文化遗产保护优先原则

　　本次修缮改造工程本着从积极保护历史建筑的设计角度出发，用现代的修复技术和工艺，使历史建筑在现代社会生活中再次焕发活力。

原则2：有效保护原则

　　保留和维护当时的建筑风格，保护好历史文化遗产，尊重原创设计，同时适应时代需要，恢复并完善建筑的功能，提高建设的现代化水平，这是设计的重点。

原则3：功能需求和结构要求相结合原则

　　具有保留历史建筑并满足现代展览功能要求的双重效果，对杭州市以及浙江省的社会、文化、经济等方面均发挥了积极作用。方案力求在满足功能需求下，符合结构要求。

改造措施

　　柱廊柱基改为原色系的耐久石材；外墙涂料改为同色耐久高级外墙涂料；锈蚀外门窗按原线条划分更换为彩色断热型铝合金窗，使用隔音降噪的双层中空玻璃；内部装饰涂料整体翻新；屋顶线脚部分的琉璃面砖更新为同色的琉璃面砖；天井改建后屋面采用与原有建筑相似的材质与样式，减小对原建筑的影响；新建建筑在材料、材质、结构等方面采用新技术、新材料、新工艺，体现"可识别性"；恢复建筑正面入口处上方九幅展示重大历史时刻的镶嵌壁画。

遗产性价值

艺术价值

　　造型艺术与美学设计：展览馆采用苏联式建筑风格，中轴对称，体量宏大，整体布局呈现出汉字"中"

字形，具有独特的美学设计。这种建筑形式通过对称和线条的处理，使展览馆显得庄重而典雅。

壁画与雕塑：展览馆内的壁画和雕塑作品，尤其是原有的展示重大历史时刻的镶嵌壁画，以及室内的大型红五星顶饰等，都是具有艺术价值的元素。这些艺术品通过图像和雕塑语言，反映了当时的历史背景和政治文化，为建筑增添了文化内涵。

历史价值

作为建于 1969 年的历史性标志建筑，浙江展览馆具有重要的历史价值。通过保护性设计和修缮工程，浙江展览馆能够延续其历史建筑的原貌，使其成为历史文化遗产的具体体现。展览馆见证了过去几十年的社会变迁，对于保存和传承历史文脉具有重要作用。

社会情感价值

展览馆对于当地居民和游客来说，承载着深厚的社会情感价值。修缮工程的成功实施将使展览馆成为地区文化的象征，激发人们对历史的共鸣和对文化传承的认同感。展览馆不仅仅是一座建筑，更是社会共同记忆的一部分。

再利用价值

环境价值

展览馆南向杭州最繁华的延安路终端，各类高档次百货、文化、酒店、餐饮及交通设施集中，人气很旺；北向千年古运河、新整修的公园和地下大型停车库，景色优美，交通便利，客流量大，影响面广，

是举办展览和各类活动的理想场所。

本体价值

多样化技术手段：通过采用多样化的技术手段，从结构复合到不同的加固方法，充分体现了设计对建筑结构和地基问题的全面考虑，为展览馆的整体加固提供了科学合理的技术支持。

综合解决方案：技术设计综合解决了复杂周边环境和建筑结构问题，使得加固设计不仅仅是单一的技术手段，而是一系列相互补充的综合解决方案，提高了展览馆的整体技术水平。

适应性和灵活性：技术设计考虑了周边环境的复杂性和不同部位的特殊情况，展现了适应性和灵活性。这种综合性的技术设计使得展览馆在不同条件下都能够维持结构的稳定性和安全性。

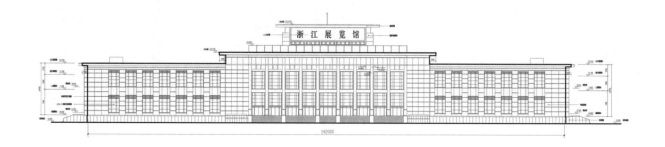

新疆人民剧场

基本信息

建筑名称：新疆人民剧场（建筑设计项目名称：新疆
人民剧院）

建筑区位：乌鲁木齐市南门（天山区建中路 2 号）

建成时间：1956 年

功能类型：歌舞剧演出、政治会议、舞会以及电影放
映（原）——各类演出、电影放映、文化艺术活动、
新疆文艺历史展陈、配套商业（现）

建筑设计：新疆军区工程处设计科（刘禾田、周曾祚
主持设计）

更新设计：新疆建筑设计研究院股份有限公司

　　新疆人民剧场设计于 1954—1955 年，建筑恢宏
典雅、雕饰精美绮丽，曾被誉为"中国最美剧场"，
是目前新疆风貌原真性保存最完整的"中国 20 世纪
建筑遗产"。为谋求自身发展，内部历经多次改造。
2019 年春，修缮、更新工程启动。2021 年初，新疆
人民剧场再现往日风采，焕活了新生。如今，新疆人

民剧场已成为深受社会各界、广大市民喜爱的文化、艺术和精神家园。

荣获称号

1. 2013 年第七批全国重点文物保护单位
2. 2018 年第三批中国 20 世纪建筑遗产
3. 2021 年 "中国 20 世纪红色建筑经典"
4. 乌鲁木齐市 "城市十景"

原则确定

原则 1：尊重原设计，尽最大努力恢复原设计建筑风貌，内部格局不做大的调整。

原则 2：延续新疆人民剧场最初的精神和文化内涵，适应时代可持续发展的需求。

原则 3：对已被改变且无法找到原始资料的部位进行贴合原有建筑风貌和气韵的再创造，补充必要的细节。

原则 4：对室内光环境、供暖系统、给排水管线、照明、消防、节能、安防等方面的建筑性能进行全面提升。

遗产性价值

历史价值

跨越 67 年的自治区首府文化地标，促进了各国、各地间的文化交流。新疆独具魅力的民族艺术从这里走向世界，新疆人民剧场沉淀着乌鲁木齐这座城市的历史记忆，承载着各族人民群众的文化生活，见证新中国的新疆走向繁荣。自建成至 20 世纪 80 年代初，新疆人民剧场曾作为自治区历届党代会、人代会及政

协会议的主会场，接待过许多党和国家领导人，见证了新疆文化艺术事业的繁荣和发展。

艺术价值

凝聚了建筑师、艺术家、民间艺人等的集体智慧。无论是整体风貌、建筑元素，还是装饰细节、雕塑艺术等，在满足使用功能的前提下，建筑均充分体现了鲜明的地域特色和多元文化的融合。

多元融合，兼收并蓄。遵循古典建筑讲求尺度比例的美学原则，大胆创新，以适应现代建筑的使用需求，同时充分结合本土的文化元素，使建筑呈现出鲜明的根植于中华大地上的新疆地域特征。

建筑装饰方面汲取传统工艺的精粹。外立面恢宏典雅，装饰繁简有致、浓淡相宜。室内装饰结合新疆传统建筑中墙面石膏雕饰满饰的特点，变而不乱，繁而不杂，艳而不俗。

雕塑艺术与建筑艺术完美结合。室外《弹唱》《舞蹈》两座人物雕塑突出了歌舞剧院的功能主题，与建筑立面融为一体。室内浮雕《收葡萄》《哈萨克牧羊女》《维吾尔族舞蹈》刻画细腻、栩栩如生。

科学价值

选材方面从实际出发，体现了"低才高用"原则。在 1953 年国家倡导"反铺张浪费之风"的背景下，剧场建筑外墙、柱采用了传统水刷石饰面，辅以精致的线脚与石膏雕饰，浑厚中不失细腻。

攻坚克难，自主创新。在当时物质条件、技术力量和建造经验均十分匮乏的情况下，无论是设计还是施工均体现了当时的最高水平。

拥有出色的演出效果。大观众厅的声学设计严格依照歌舞剧院的标准进行。

社会情感价值

几代新疆人心中的"最美艺术殿堂"记录着先驱者们的韶华和足迹，深受各族人民的喜爱。

再利用价值

环境价值

城市区位：新疆人民剧场位于乌鲁木齐市老城区核心区，清代迪化城南门——肇阜门所在地，历史悠久。地理位置优越，紧临地铁站，交通便捷。

与街道关系：处于解放路和人民路交叉口东南角，向南通达二道桥民族特色片区。

与周边资源相互裨益。毗邻南门新华书店、新疆人民出版社，周边有中国人民银行、中国银行、工商银行、农业银行等楼宇，南距新疆国际大巴扎和民族风情街约 1.2 千米。

本体价值

空间利用灵活性——城市客厅：新疆人民剧场拥有大、中、小各类规模的厅、室以及公共空间，可适应各类演出、电影放映、文化活动、会议等多种功能；利用各层公共空间作为剧场历史博物馆、新疆文艺历史展陈等，成为人们交往、交流的城市客厅。

"活的博物馆"：这座天山脚下的艺术殿堂建筑本身就是承载地域历史文化以及见证城市发展的"活的博物馆"，恢宏典雅的柱廊、绮丽的雕饰、精美的塑像……镌刻着时光的印记，有一种令人流连忘返的永恒之美。

经济价值

文旅价值：修缮、更新后的新疆人民剧场，已成为重要的文化打卡地，充分发挥了"以文塑旅、以旅彰文"的城市文化地标作用。

市场潜力：特殊的城市区位以及深厚的历史文化底蕴，特色演出、历史展陈、百姓文化活动、丝路文艺大讲堂、百年古法冰激凌店……为历史文化价值注入时代活力，激活地区商业价值。

天津五大道街区城市更新

设计单位： 天津市建筑设计研究院有限公司
建成时间： 2024 年
建筑面积： 18.9 万平方米

天津作为国家历史文化名城，中心城区保存有十四片历史保护街区，五大道是其中最具代表性的街区之一。2022 年初，项目团队正式接到制定五大道历史文化街区保护利用方案的任务，团队坚持把保护放在第一位，从研究五大道的房屋产权、人口特征、区内交通、产业税收、房屋质量等基础数据出发，用数据还原出五大道街区真实的空间利用和承载能力情况，协助政府相关主管部门完成五大道街区整体定位研究。在此基础上，项目团队在"保护中发展，发展中保护"理念的指导下，梳理编制了五大道片区能够落地实施的概念规划方案，并完成起步区"一路两园九里十二院"的规划方案。方案将洛阳道与湖南路打造为慢行休闲文旅路，有效串联五大道公园和

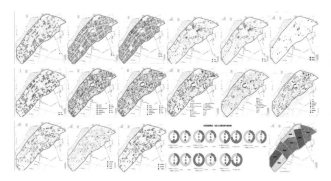

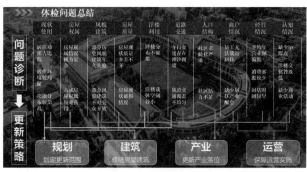

民园广场；两园指区域内目前和远期两个人流集散点——民园和五大道公园；同时通过疏通街巷空间堵点，打造出符合传统五大道里巷空间的"九里十二院"，共同构成本项目的规划格局。

通过先期启动实施，项目以民园广场、五大道公园为核心，以湖南路和洛阳道街区为载体，打造一个步行友好的城市历史文化会客厅。城市的历史文化是现代化发展的根基，我们应科学地将历史文化街区保护好、发展好，赋予其现代化的社会功能，在突出历史特色的同时，引入新的业态、修补城市肌理、改善人居环境、留存城市记忆，让城市文脉充分融入市民生活，在时代的发展中实现长期的、渐进的、可持续的保护与更新。

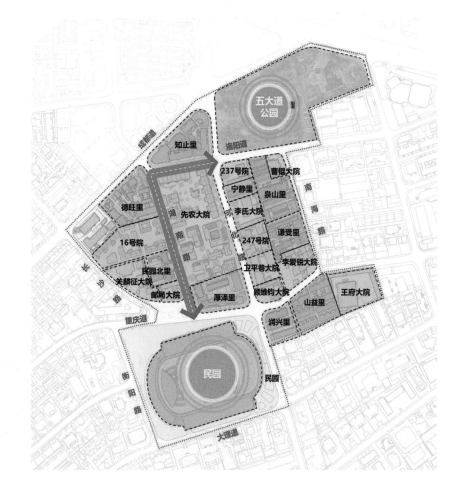

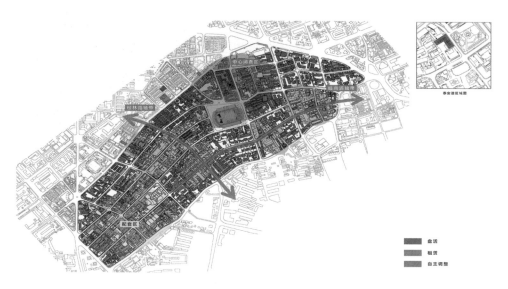

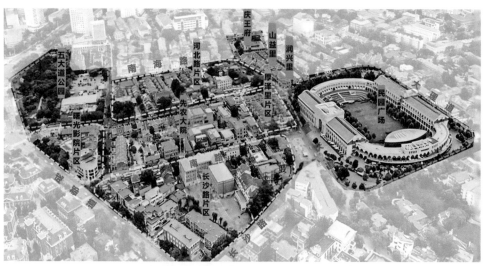

天津道奇棒球场改造

设计单位： 天津市建筑设计研究院有限公司
建成时间： 2021 年
建筑面积： 2 300 平方米

天津道奇棒球场曾经是天津雄狮队的主场，坐落于天津市河西区天津体育学院，1986 年兴建完工，因洛杉矶道奇队协助兴建而得名，是新中国第一个国际标准棒球场。1991 年其曾经举办过第十六届亚洲棒球锦标赛，曾见证天津雄狮队多次夺冠的辉煌历史，是天津棒球运动的重要地标。项目改造后前期临时作为鲁能体北公馆展示中心使用，后期永久作为天

津市河西区体北小学行政楼使用。设计通过新旧元素的对话，以"加冕雄狮"为设计愿景，为道奇棒球场看台"轻轻地戴上一顶王冠"以致敬历史。独特的建筑造型体现轻盈与未来之感。新颖的设计手法既延续了冠军文脉，又打造了标志性的建筑形象，同时形成了极具张力的视觉和空间体验。道奇棒球场无疑将"蜕变"成一处让市民了解天津棒球文化的体验圣地。项目本着尊重历史、呈现历史的原则，最大限度保留既有建筑，只在破损较为严重的墙体部位采用修补措施还原它的原始面貌。绝大部分建筑构件经保护后自然保留了历史的痕迹，新介入的"王冠"与"修旧如故"的老建筑形成了鲜明的对比。新与旧、历史与未来在这里不期而遇，共同奏响一曲和谐乐章。

天津广东会馆修缮工程

设计单位： 天津大学建筑设计规划研究总院有限公司
建成时间： 1907 年
建筑面积： 2 404 平方米

天津广东会馆位于天津市南开区南门内大街，建成于光绪三十三年（1907 年），现占地面积为 4 400 平方米，建筑面积为 2 404.5 平方米。建筑群融合南方的与北方的两种建筑手法，是天津现存规模最大的清代会馆建筑，是我国传统会馆走向衰落的最后一个亮点。1962 年广东会馆被公布为天津市文物保护单位，1985 辟为天津戏剧博物馆，2001 年 6 月被公布为全国重点文物保护单位。

修缮设计理念如下。

（1）针对文物类型的多样性和复杂性，设计专题、专项进行勘察与设计，邀请专家对方案进行指导，确保设计成果的针对性、可行性。

（2）恢复传统工艺、做法，尽可能保留和使用原有建筑材料，延续文物的历史文脉。

（3）利用三维激光扫描技术获取高精度三维尺寸信息，建立三维模型，直观呈现复杂空间，为勘察设计及施工提供精确的数据支撑。

（4）利用 GR-IV 便携式地质雷达对院落地下介质进行检测，选择较为典型的测线雷达信号图像进行分析，来判定基础条件的现状。

（5）不拘泥于"现场勘察—方案设计"的传统模式，以更为审慎的态度加入结构验算与分析、声学测试与分析、文化原生地考察等科学方法。

天津市第一机床总厂城市更新

设计单位:	天津大学建筑设计规划研究总院有限公司
建成时间:	1963 年
占地面积:	11 500 平方米

天津市第一机床厂位于天津"设计之都"核心区,具有 71 年发展历史,是新中国机械制造类工厂典型代表、中国机床行业"十八罗汉"中仅存的 3 个完整保留老厂区工业遗存之一,是中国第一个自主研制弧齿锥齿轮加工机床的厂家,创造了多个"中国第一",工业文化积淀深厚。其中苏联专家楼与苏联专家楼会议室位于天津市第一机床总厂厂区入口和展示区重要位置。建筑于 1957 年 10 月完成设计,1958—1963 年间建成,始建名称为疗养所与疗养食堂,后更名为苏联专家楼与苏联专家楼会议室。建筑为传统歇山顶和悬山顶形制,内部为木桁架结构形式。屋面上挂红色水泥瓦,采用中西合璧的建筑手法。其在柱式及建筑立面等装饰部位的运用上进行了简化处理,实现了传统与现代的融合,是研究当时建筑设计风格的重要例证,是天津地区同时期建设的为数不多的建筑实物。设计后其分别作为厂区咖啡馆和"一机床"厂史馆,内部以齿轮等历史原物为设计元素,整体活化利用,重构城市记忆场所,唤醒城市工业记忆。

杭州城站 & 杭州西站

设计单位： 杭州城站：杭州市建筑设计研究院有限公司、中铁第四勘察设计院集团有限公司、浙江省建筑设计院有限公司、筑境设计

建成时间： 杭州西站：中铁第四勘察设计院集团有限公司、筑境设计
杭州城站：1999 年
杭州西站：2022 年

建筑面积： 杭州城站：110 000 平方米
杭州西站：总建筑面积 513 420 平方米
站房建筑面积约 100 000 平方米

杭州城站与杭州西站是我国铁路客站发展历程中的两座代表性客站，均由程泰宁院士主创设计。30 余年来，筑境设计一直持续深耕于铁路客站实践与"站城融合"理论研究，参与了 30 余项铁路客站设计项目以及多项学术课题。杭州城站的重建设计开始于 1990 年，通过立体交通组织实现了站房、站场、广场的三位一体，还前瞻性地预留了与地铁站的接口，并在城市设计中提出了在整个站区构建高架人行通道系统的设想。杭州西站的实践是在筑境设计对"站城融合"有了更深入的理解后，在最初探索的基础上做出的进一步创新。杭州西站枢纽于 2022 年开

通运营。作为基于中国国情的站城融合理念的最新设计实践，杭州西站通过多维一体的交通组织、充分理性的综合开发引领了中国"站城融合发展"的新探索。

六工汇

设计单位：	筑境设计
建成时间：	2022 年
建筑面积：	223 753 平方米

位于北京首钢园区的六工汇，因在 2022 年冬奥会转播镜头中频繁出镜而享誉海内外。它是集成现代创意办公、复合式商业、多功能活动中心的新型城市综合体。

六工汇遗存保护利用设计采用了"一遗一策"的总体方案，适配遗存单体自身特性及其在街区中的空间位置，以差异化的"量体裁衣"的思路，力争使每座遗存都能找到最恰当的更新策略，从而达成"保护"与"更新"之间的微妙平衡。

后奥运时代，六工汇购物中心作为集商业、办公、休闲于一体的综合性遗存再利用项目，成了京西极具活力的城市商务和休闲目的地，标志着首钢更新的发展从"体育＋"全面进入"城市＋"的崭新阶段。

北京首都剧场

设计单位： 建筑工程部北京工业建筑设计院
建成时间： 1955 年
建筑面积： 10 700 平方米

首都剧场位于北京王府井大街，由建筑师林乐义主持设计。剧场占地 0.75 公顷，建筑面积 1.15 万平方米，是中国第一座以演出话剧为主的专业剧场，同时可用于大型歌舞和放映电影。观众厅 1 302 座（其中楼座 402 座），舞台深 20 米，设有直径为 16 米的转台，是当时中国首先也是唯一在剧场使用的、自行设计和施工的先进设备。剧场有宽敞的休息大厅，观众厅有良好的视觉效果，前后台功能齐全、使用方便，得到国内外演出剧组的好评。其是一座有代表性的剧院。

建筑形式和室内外装饰摒弃了之前建筑界盛行的生搬硬套古代传统形式的做法，而是利用有代表性的传统符号，如垂花门、影壁、雀替、额枋、藻井以及沥粉彩画等进行再创造。其立面构图似乎取意于典型的西洋古典建筑，但全部采用中国传统建筑的细部，顺畅地将西洋古典风格建筑转译为中国版本，也摆脱了大屋顶的束缚，使剧院既具有时代感又不失传统精神。

北京电报大楼

设计单位：	建筑工程部北京工业建筑设计院
建成时间：	1958 年
建筑面积：	21 200 平方米

北京电报大楼是新中国成立后第一幢我国自行设计和施工的中央通信枢纽工程，也是首都西长安街上第一座大型公共建筑，由林乐义建筑师主持设计。

电报大楼的主楼建筑面积为 2 万平方米，主体 7 层，中央钟塔部分为 12 层，至钟塔塔顶总高度为 73.37 米。建筑体量和立面处理十分简洁，室内外均无纹样装饰。建筑中部略微凸出，处理成高大的空廊，可突出下部入口，呼应上部钟楼。钟楼的结束部分和入口的立灯遥相呼应。设计经济、实用，而不粗糙，墙面分隔凹线的尺度恰到好处。

钟塔上装有直径为 5 米的四面标准钟，钟面由紫铜皮制成，指针由紫铜皮银边，嵌乳白色玻璃，

内装白炽灯照明，大钟通过设在 2 楼的标准母钟控制。大钟由扩音器报时报刻或播放音乐。音响半径达 2 千米。北京电报大楼的造型挺拔、形象明快，具有明显的现代主义风格，但却不是单调乏味的方盒子，可称其为既批判"复古主义"，又努力开拓中国现代建筑风格的优秀建筑。

陕西省延安市宝塔山景区保护提升

设计单位： 清华大学建筑设计研究院有限公司
建成时间： 2019 年
建筑面积： 40 000 平方米

本项目以缝合山水、修复生态作为设计的出发点，保留并修复场地内有价值的建筑遗存，让原有场地的记忆贯穿于整个设计中；针对滑塌的边坡、山体栈道、两侧岩石和窑洞滑塌等安全隐患进行加固处理，做好地质灾害治理、排洪及水土保持，以应对未来可能发生的灾害；在此基础上进行系统性的生态修复，重建原本受暴雨侵袭而支离破碎的山体生态，极大地改善并提升了景区的环境品质及安全性。

本项目梳理宝塔、山、河、城市界面与人的关系。采用地景化的处理，将建筑作为山水缝合的媒介，完整地镶嵌于山水之间，而非仅仅是一座孤立的建筑。建筑主体消隐，与自然环境融为一体，屋顶空间成为景区环境的一部分，起伏连续的屋顶空间提供了大面积的绿化空间和广场，作为游客驻足、游览、交流、活动的重要场所，同时也提供了最具仪式感的参观路线，强化了游客的体验感。

清华大学图书馆一二三期

设计单位： 清华大学建筑设计研究院有限公司
建成时间： 1919 年（一期）
1931 年（二期）
1991 年（三期）

清华大学图书馆建筑群在近百年时间跨度中，前后经历四次设计建造，形成了各期建筑单体各具时代特色、建筑群体高度和谐统一的整体，成为清华大学学术传承的物质承载与象征。从 1919 年的美国建筑师亨利·墨菲开始，经 1931 年我国第一代建筑大师杨廷宝扩建，到 1991 年关肇邺院士主持的第三期扩建工程完成，当时的清华大学图书馆已经成为我国文脉主义建筑设计的经典之作。关肇邺先生在三期设计

一期 1919年 亨利·墨菲 (Henry Murphy)
二期 1931年 杨廷宝
三期 1991年 关肇邺

上采用了与一、二期类似的两层坡屋顶建筑体量，围在高大体量外面，使人在校园中感知到的是低矮的建筑；设计东西向的内庭院，将三期高大的主入口设计在庭院内，而非直接对外。庭院的开口朝向大礼堂，形成相互对位的主次关系，相得益彰。清华校园历百年经营鼎革以有今日恢宏之人文气象，跻身全球最美校园之列，实非幸至，而是数代清华人殚精竭虑、孜孜营建的心血积累。

林克明旧居修缮及活化利用

设计单位： 广东省建筑设计研究院有限公司
　　　　　　 华南理工大学建筑学院
建成时间： 2023 年
建筑面积： 378 平方米

　　林克明旧居位于广州市越秀北路 394 号，是我国第一代建筑师林克明先生于 1935 年设计建造的私人花园式住宅，现为广州市历史建筑和越秀区区登记文物保护单位。旧居由主楼和防空洞组成。主楼为坡地建筑形态，采用砌体结构，地上两层，地下一层。建筑为现代主义风格，四面开窗，底层钢柱架空，并通过圆弧大阳台、船舷式金属水平栏杆、转角窗、弗兰芒式砌法红色砖墙等营造了浓郁的现代住宅形象。

何陋轩保护修缮工程

实施单位： 上海建筑装饰（集团）有限公司
建成时间： 1987 年
建筑面积： 259 平方米

何陋轩位于上海市松江区中山东路 235 号方塔园内东南角，由同济大学著名设计师冯纪忠先生设计，是中国现代园林的经典作品。该建筑为上海市市级文物保护单位"上海方塔园"中的一处重要建筑，建筑结构为竹制歇山茅草顶，四面落水，双坡屋顶为弧线形曲面。2021 年 6 月，由上海方塔园申请，经上海市文物局批准立项，同济大学建筑设计研究院（集团）有限公司负责对其修缮设计，上海建筑装饰（集团）有限公司负责施工，对何陋轩进行了全面的保护修缮工作。2023 年 10 月，何陋轩保护修缮项目荣获上海市建筑学会第十届建筑创作奖优秀奖；同年 11 月，项目入选第四届上海市建筑遗产保护利用示范项目。作为中国现代建筑的一个坐标点，方塔园何陋轩不仅是冯纪忠先生个人的丰碑，更是全社会的宝藏。

孙科住宅保护修缮工程

实施单位: 上海建筑装饰(集团)有限公司
建成时间: 1931 年
建筑面积: 1 272.74 平方米

孙科住宅位于上海市番禺路 60 号,为著名建筑师邬达克的设计作品,其于 1989 年被公布为上海市文物保护单位,同时也是上海市第一批优秀历史建筑,保护类别为一类,即建筑的立面、结构体系、空间格局和内部装饰不得改变。本项目由华东建筑设计研究院有限公司负责修缮设计,上海建筑装饰(集团)有限公司负责施工,对主楼、附楼及门卫室进行保护修缮,在保护建筑重点保护部位的基础上,修缮建筑结构,消除结构安全隐患,通过历史考证和价值评估

恢复建筑历史风貌和装饰特色，并结合当代功能需求增加必要的设备设施，提升建筑使用功能和条件，同时也对建筑的周边环境进行整治，在保护特色景观装饰及有价值的树木的基础上，对其他环境元素进行整合，力求恢复历史风貌，延续文脉。

中建西南院办公楼

设计单位：　　　中国建筑西南设计研究院有限公司
建成时间：　　　　　　　　　　　1957 年 /2021 年
建筑面积：　　　7 091 平方米 /78 335 平方米

中建西南院（中国建筑西南设计研究院的简称）第一办公区位于成都城北金华街，是成都市第一座新型的办公楼。建筑风格鲜明，既非当时流行的仿苏式风格，也非传统风格，而是在体现新时代建筑理念的基础上，融入了传统符号和元素，遵循了新中国成立初期的建筑理念，对当时全国乃至国外的建筑产生了极大的影响，在新中国建筑史上占据一席之地。其于2015 年入选《成都市第三批历史建筑保护名录》，入选第八批中国 20 世纪建筑遗产名录。2016 年随着城市更新的进程，将医疗功能注入第一办公区，成功实践了老办公楼的更新利用。

中建滨湖设计总部作为中建西南院的新办公区，延续了第一办公区的建筑理念，在设计上传承了其平衡人工与自然的思想，综合运用被动式策略、主动式技术与可再生能源，结合工业化技术与新材料研发，实现了形式空间、建筑技术与能耗性能的良好匹配；在人性化环境的营造中延续文脉，以随季节变化的绿植界面呼应爬藤满墙的回忆；以模块错落组合的平台重绎往昔院落式的活动场景，在 2021 年建成后成为西南地区首个近零能耗建筑项目。

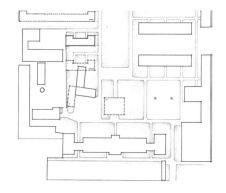

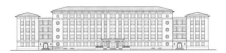

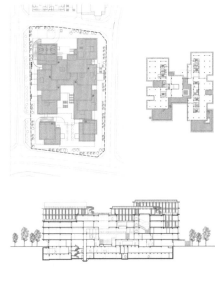

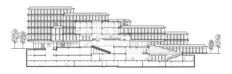

三星堆博物馆建筑群

设计单位：　中国建筑西南设计研究院有限公司
建成时间：　老馆 1997 年 / 新馆 2023 年
建筑面积：　老馆 6 500 平方米 /
　　　　　　　新馆 54 400 平方米

　　20 世纪 80 年代，四川省广汉市鸭子河畔出土了大量夏商时期的文物，惊艳了世界。三星堆博物馆老馆于 1997 年建成，总建筑面积约 6 500 平方米，由中建西南院郑国英团队设计。博物馆主体建筑设计独具匠心，设计团队采用"建筑从土地里生长出来的"理念，设计采用一组自由的螺旋曲线扶摇而上，简洁大气地生成了博物馆的主体形态，自由而神秘。建筑外形具有与地貌、史迹及文物造型艺术相结合的神韵，将原始和现代融为一体。

　　2019 年 11 月，三星堆遗址的勘探发掘重新启动，新发现的 6 个器物坑中出土众多国宝级文物，再次震惊世人。新馆在 2023 年建成开馆，总建筑面积为 54 400 平方米，由中建西南院刘艺团队设计。新馆的建筑形象被构想为一片隆起的地景——3 个连绵起伏的堆体是对遗址文脉的回应。建筑造型克制且谦逊，维持老馆在园区中轴线的制高点地位。建筑外墙的几何曲面源自老馆，是对老馆经典的螺旋外墙的延伸和传承，屋顶采用斜坡覆土，朝着北侧河岸方向缓缓下降，融入园区环境。新老博物馆一脉相承、相得益彰，以和谐统一的姿态俯身于鸭子河畔，与三星堆古文明共驻历史长河。

天津利顺德大饭店修缮改造

设计单位：　　　　　　　　　　　天津大学建筑学院
建成时间：　　　　　　　　　　　　　　2010 年
建筑面积：　　　　　　　　　　23 087 平方米

　　利顺德大饭店始建于 1863 年，是天津仅存的几座早期殖民建筑之一，其原址建筑是中国最早被确立为国家重点文物保护单位的旅馆类建筑，其建筑形态、施工技术和材料均为天津早期租界建筑的典型代表，具有极高的历史文化价值、建筑价值和技术价值。在利顺德大饭店建成至今的一百多年时间里，原址建筑几经战争和自然灾害的损毁以及岁月的侵蚀，空间环境破败不堪，建筑结构岌岌可危。

　　本工程主要对原址建筑进行历史考证及修缮，对扩建建筑、新老建筑间的中庭进行改造，对地下博物馆进行加建。目标是将原址建筑外观复原至最具历史价值时期（1886—1924 年）的状态。工程依据原址建筑最具历史价值和艺术价值的原貌，对建筑历史信息严重缺失的部分进行修复，对保存较好的部分予以保留；同时延续区域的历史文脉，利用原址建筑的立面元素进行扩建建筑的立面重构，使新老建筑的立面风格相互呼应。项目实现了以原尺度、原材料、原工艺对原址建筑进行最大限度的还原，并以新材料、新理念、新技术对建筑进行恰当合理的修缮。

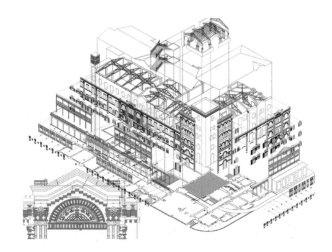

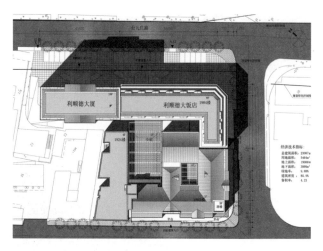

北京友谊宾馆

设计单位： 中国中建设计研究院有限公司
建成时间： 1954 年

北京友谊宾馆是亚洲最大的五星级园林式酒店，建筑具有典型的新民族主义设计风格，造型飞檐流脊、雕梁画栋。友谊宾馆作为中华人民共和国成立后最早兴建的外事宾馆，是国家举行外事活动的重要场所，曾一度有几千位外国专家在这里生活和工作。老一代国家领导人都曾在这里会见过外宾，曾短期作为柬埔寨王国临时政府的驻所。

友谊宾馆扩建后在形体、用材、色彩和细部构造上与原有友谊宾馆友谊宫保持一致。设计沿用友谊宾馆青砖绿瓦、飞檐斗拱的特色，并沿用了原有极具时代特征的塔楼造型，抽象了拱券等建筑元素，保持了与两侧配楼建筑群协调一致的风貌。院落改造保护了原有建筑檐口、窗体形态、构造和墙体外饰，通过局部景墙和小品增强建筑空间的历史记忆。室内改造保留了原有拱顶形态、藻井、原有饰物和彩色玻璃色调。

城厢天府文化古城

设计单位： 四川省建筑设计研究院有限公司
建成时间： 2023 年
更新面积： 173.42 万平方米

　　城厢天府文化古城位于成都市青白江区，拥有 1 600 年建制史、1 400 年县制史，龟背制县治格局状同成都，为现存古县城之孤本；保留有明、清、民国、新中国三线建设时期等的历史风貌建筑。城厢天府文化古城作为《成都市"十四五"旅游名城建设规划》中创建 10~15 家全国文化旅游重点镇之一，历史悠久跨越千年，各时期人文资源丰富且保存完好，

是成都天府文化的代表。

　　项目以"传承城厢特色文化，展现千年古城文明"为目标，将"民国元金堂县治城街道图"作为古城修复蓝本，秉承"保护、修复、激活"的更新策略对城厢古城进行全域更新，重塑四街三十二巷；以传承历史文化、继城厢古城之"魂"，延续街巷肌理，续城厢古城之"脉"，重塑城市记忆，以承城厢古城之"形"为更新手法，重塑城厢历史盛景；探索以历史遗存为基础、保护和更新结合的古城开发模式。

　　项目包含街巷、建筑、景观、市政、照明、后期运营等一体化提升设计。

文殊坊文创区

设计单位： 四川省建筑设计研究院有限公司
建成时间： 2021 年
建筑面积： 43 550 平方米

文殊坊历史街区位于成都市青羊区草市街，与千年古刹文殊院相邻，既是成都市三大历史文化保护区之一，也是"两江环抱、三城相重"、天府锦城"八街九坊十景"的重要组成部分。

项目依托文化本底，聚焦文化脉络、空间场景和业态运营，重塑历史街区的活力。文殊坊一体化设计

总用地面积约为 5.4 万平方米，总建筑面积为 10.8
万平方米，项目涵盖了 15 条原有街巷的综合提升，
新建了妙圆剧场、文庙、文笔塔及多个主题院落。
项目特色如下。

（1）依托坊院街巷、院庙堂馆以及禅林北园等
空间特色，打造 "院坊" "城坊" 和 "民坊" 三个主
题，以保护先行为原则，实现新旧街区的活力再生。

（2）对既有街巷肌理与开敞空间进行梳理，
打通街巷脉络，联通城市关系，延续肌理特征。

（3）巧妙利用建筑的屋顶、廊道和平台，
将形体空间与商业运营有机结合，打造一条全
长 800 米的沉浸式屋顶游廊系统，贯穿城市到
区域、地面到屋顶、游逛到体验等多个层面。

（4）对院落型建筑空间进行创新，采用立
体分层方式对空间和产权进行合理划分，呈现
了地下有天井、一层有院落、二层有空中庭院、
三层有平台、屋顶有风景的多层次立体空间。

中国华录电子有限公司

设计单位： 中国电子工程设计院股份有限公司
建成时间： 1993 年
建筑面积： 95 000 平方米

中国华录电子有限公司工程由日本引进松下公司的工艺生产线，是 1990 年国务院直接批准的国家重点工程项目，是我国第一座录像机机芯、整机生产厂房，由中国电子工程设计院承担建筑、结构、水、电、气整体设计，1990 年开始设计，1993 年竣工，成为我国东北地区首个先进的国际水平声像器件生产线及配套工程的工业建筑。项目选址在大连市七贤岭丘陵地区，用地面积 20 公顷，总体设计依山就势，主厂房、科研培训用房、动力配套用房、生产管理用房等建筑联体组合，紧凑布设在高差 28 米的逐渐升起的丘陵地区，以连廊和引桥相连，构建了大型洁净生产空间，不仅满足了电子工业先进生产的环境要求，同时结合地形展现了现代工业的新面貌。

本工程获 1996 年国家优秀设计金奖、1996 年中国建筑学会建筑创作奖。

中建东北院老办公楼修缮

设计单位： 中国建筑东北设计研究院有限公司
建成时间： 1954 年
修缮时间： 2017—2022 年
建筑面积： 6 229 平方米

中国建筑东北设计研究院有限公司老办公楼建成于 1954 年，曾荣获"中国建筑学会建筑创作大奖"，而后又相继入选沈阳市二类历史建筑、市级文物保护单位、中国 20 世纪建筑遗产。历经 60 余年，办公楼出现结构松动、砂浆脱落、局部开裂等现象。

2017 年 10 月，正式开启老办公楼保护修缮工程。设计团队本着"敬畏历史、最小干预""节能环保、绿色生态""安全可靠、技术先进""经济适用、优质建造"的设计理念，对其开展保护修缮，同时满足当代办公使用需求，实现历史风貌活化存续。

本项目实行建筑师负责制，为规划策划、报批报建、设计及设计管理、招标管理、采购管理、施工管理、造价控制及成本核算、竣工验收、评先创优等工作提供全过程管理服务。此外，团队针对此类项目自主研发高性能配套砂浆、高强钢丝网复合砂浆面层加固法及相应设备装置，其中 3 项技术已获国家专利，编制《高强钢丝布聚合砂浆加固技术规程》现已纳入辽宁省地方标准。

深圳国贸大厦

设计单位： 中南建筑设计院股份有限公司
建成时间： 1985 年
建筑面积： 100 000 平方米

深圳国际贸易中心于 1980 年设计，1985 年建成，建筑共计 53 层（含地下室 3 层），地上高度为 160 米。它开创了我国高层建筑的新篇章，对我国建筑事业发展产生了重大影响。该建筑为钢筋混凝土框筒结构，施工中创造了"三天一层楼"的深圳速度，成为我国自行设计、施工、具有国际水平的标志性建筑，该项目获国家科技进步三等奖和国家银质奖。我国领导人曾两次登顶，发表肯定我国改革开放以及深圳特区建设的重要讲话，更彰显了该建筑的重大标志性意义。

深圳国际贸易中心总建筑面积 10 万平方米，主体塔楼为方形，立面为高耸的凸形窗，顶层为旋转餐厅，造型简洁大方，裙楼为水平舒展的通长窗体，北端用圆弧形伞盖衬托。主楼的白色竖向线条与裙楼的大片茶色玻璃幕墙形成强烈对比，形态在变化中寻求统一，格调清新明快，内部设有通高的大型中庭，布置跌落瀑布及音乐喷泉，水的动态与广阔的内部空间形成相互辉映、景色宜人的动态空间。

抗美援朝纪念馆改扩建工程

设计单位： 中南建筑设计院股份有限公司
建成时间： 2019 年
建筑面积： 29 983 平方米

抗美援朝纪念馆是全国唯一全面反映中国人民抗美援朝战争和抗美援朝运动历史的专题纪念馆，由纪念馆、纪念塔、全景画馆与国防教育园四部分构成。建筑位于鸭绿江畔英华山上，山地地形狭小，竖向设计难度较大。改扩建工程以原真性保留"地下指挥所旧址"、保护性修缮"纪念塔及其地下附属空间"与整合性改造"全景画馆"为改造策略，利用山体地势高差合理分解建筑体量，向纪念广场下方发展，控制纪念广场以上建筑的形态、体量、尺度，使建筑与山体充分融合，巧借山势，共同构成气势非凡的大地

雕塑式、标志性纪念馆形象。本项目通过纪念馆与室外广场、地形的有机融合综合设计，有机整合新与旧、建筑与环境的关系，重新构建馆、塔、广场、山体之间的秩序与层次，营造独特的场所感。设计以高度浓缩的战争纪念主题性，与英华山多层次、立体、丰富的游览体验性，营造兼具纪念性、场所性、体验性、丰富性的战争纪念馆和纪念公园，彰显"英雄的赞歌，和平的基石"主题。

延安鲁艺保护改造

设计单位：　　　　　　　　中国建筑西北设计研究院有限公司
建成时间：　　　　　　　　　　　　　　　　　2012—2023 年

延安文艺纪念馆位于园区南北轴线的北端终点，既离开南边保护区，又与南边鲁艺旧址及东西山窑洞风貌相呼应，也是升华鲁艺旧址文化内核的高潮所在。同时，在视点高度上，延安文艺纪念馆高度低于教堂的高度，从南到北形成了一条文艺的星光之路，整个核心保护区形成了 200 米长的南北向文化轴线。延安文艺纪念馆位于整个中轴线的北端偏西，背靠黄土山川，　面向鲁艺核心保护区文化中轴线。建筑呈环抱形式，中心广场呈 3/4 圆，其 1/4 口部开到东南方向，与中轴线相呼应。

建筑风格选用了红色建筑及窑洞建筑的元素，并与教堂相呼应的元素相组合。建筑色彩采用浅米色，与整体建筑环境色彩相呼应。一组组扶壁墙和窑洞组成圆形序列的建筑立面空间，既与地域文脉建筑及历史建筑相呼应，又反映了文艺建筑风格的韵律感和艺术感。

西安人民大厦及改扩建

设计单位： 中国建筑西北设计研究院有限公司
建成时间： 1953 年（2005 年改造）

西安人民大厦是陕西省第一家专门从事涉外旅游接待的三星级饭店，位于陕西省政府东侧。自1951 年以来，其共进行过三期建设与一次大的改造，一期工程包括主楼与西侧的礼堂、东侧的餐厅、文娱建筑。主楼与餐厅于 1955 年建成，礼堂于 1958 年建成。其是当时陕西省层数最多、规模最大、设备最现代化的旅馆。三期工程包括前东、西楼，是中国建筑历史设计研究院有限公司和香港建筑师合作设计的两栋"S"形大楼。

餐饮会议中心是人民大厦保护性改扩建项目之一。设计重点保留了原有中餐厅交际厅部分，在保证既有建筑安全性的基础上，使布局更完整，功能更合理，并满足餐饮、会议的多功能要求。设计保持人民大厦原有整体建筑风貌，延续其建筑风格。新建筑风格充分结合周围环境，采用的竖向长窗与庭院内老建筑的竖线条保持一致的比例，石材墙面为竖向密缝与横向开缝，开缝划分方式与原有建筑一致，立面石材的选样也与原有建筑相似，外墙装饰浮雕与大厦整体装饰呼应。新老结合部分用玻璃体衔接处理，室内外空间相互渗透，增强空间的通透性。改建后的建筑群成为西安老城区承继与创新相结合的典范。

天津棉 3 创意街区

实施单位： 天津住宅建设发展集团有限公司
建成时间： 2015 年
建筑面积 224 000 平方米

棉 3 创意街区地处天津市海河发展带重要节点，2015 年由天津住宅集团通过保护性提升改造，总投资额 36 亿元。其占地面积为 10 600 平方米，北倚富民公园，东至国泰道，周边环绕天湾、新八大里等多个城市级商圈，毗邻海河风景区。街区改造，遵循 "先保护利用" 的原则，充分利用老厂房原有的空间格局，采用人民体育公园、第二工人文化宫等城市历史人文新与旧、古朴与现代、传承与创新相结合的改造手法，构建了一个既延续工业遗产历史肌理、又体现时尚街区活力的创意产业集群。2021 年，棉 3 创意街区被正式认定为国家级工业遗产。凭借专业的空间改造和多年的精心运营，棉 3 创意街区内已汇聚了众多创新领域的优质公司，街区活跃流量每年达 150 万人次。棉 3 始终关注企业未来愿景与创新方向，促进街区各类企业优势互补，共同赢取未来。

天津民园广场

实施单位： 天津住宅建设发展集团有限公司
建成时间： 2014 年
建筑面积 71 236 平方米

天津民园广场位于和平区重庆道 83 号，是五大道文化旅游区标志性景点，其前身民园体育场始建于1920 年，由英国奥运冠军李爱锐参与设计和主持建造，曾是远东地区最先进的综合性体育场和中国第一个灯光足球场。1949 年后，民园体育场成为天津足球队的主场，见证了天津足球的奋斗历程，承载着天津球迷的欢乐时光，成为天津市民心中的记忆坐标。2012 年，秉承"名称不变、形态不变、功能更加丰富"的理念，民园体育场迎来了升级改造。改造后，民园广场保留了 400 米跑道和近 1 万平方米的中央绿地，总建筑面积 7 万多平方米，将高贵典雅的柱式、矩绳尺的石松线条与花式复杂的清水砖墙三者巧妙融合，古典欧式建筑风格与现代施工工艺相得益彰，融入了五大道整体建筑风貌，荣获鲁班奖等多项重要奖项。如今，民园广场已成为集文化交流、休闲娱乐、餐饮购物于一体的中西合璧"城市会客厅"，以一种更加现代化的姿态向世人展示津城的文化与风采。

原浙江兴业银行保护与利用

设计单位： 天大建学科技开发有限公司
建成时间： 1921 年
建筑面积 875 平方米

原浙江兴业银行大楼位于天津市和平区和平路237 号，是天津市文物保护单位。2018 年 12 月，设计团队对其进行了内檐装修设计及设备提升改造设计。设计过程严格遵循不改变文物原状和"可逆性"原则，在保护文物价值的基础上，注重吸收国内外的先进经验，突出对文物建筑的合理利用，创造了文物建筑变"网红"的现象级案例。修缮后的原浙江兴业银行大楼成为星巴克臻选旗舰店，精心修复保留下来

的银行柜台也改为咖啡吧台合理利用。设计巧妙地利用大理石铺地上的后期修补部位进行打孔，既保护了原始大理石铺地不被破坏，又解决了咖啡吧台的上下水需求。内檐装饰灯具采用铜质"箍"固定于原始立柱之上，避免钻孔对文物造成破坏。现今，大楼已经变成了一座游客可以坐在文物里喝咖啡的"网红"打卡地。

张园保护提升项目

设计单位： 天大建学科技开发有限公司

建成时间： 1921 年

建筑面积 875 平方米

项目位于天津市和平区鞍山道 59 号，为全国重点文物保护单位，原址为清末湖北提督张彪的私人府邸，1935 年侵华日军拆除原有张园后重建，改为日本驻屯军司令官官邸，新中国成立后作为天津市军事管制委员会和中共天津市委第一任办公楼。设计团队搜集整理了大量的历史资料，针对建筑外檐、内侧护墙板、地面、楼梯、吊顶、灯具等文物建筑价值承载性强的构件按历史依据进行复原的同时更新了现代技术和设备，提升了建筑的节能效率，为后期建筑作为天津市军事管制委员会和中共天津市委旧址纪念馆的使用奠定了基础，让建筑重新焕发了青春。修缮后的张园成功入选天津市第一届文物保护利用优秀案例和天津市首批红色旅游景区。

静园加固修缮工程

设计单位： 天津市房屋鉴定建筑设计院有限公司
始建时间： 1921 年
建成时间： 2007 年
建筑面积 2 063 平方米

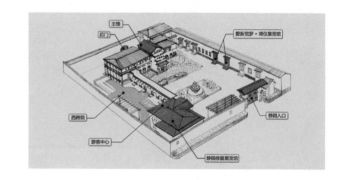

项目位于天津市和平区鞍山道 70 号，为天津市特殊保护级别的历史风貌建筑、天津市文物保护单位，所处原日租界是天津九国租界之一。1921 年曾任北洋政府驻日公使的陆宗舆斥巨资修建此园，取名"乾园"。1929 年 7 月至 1931 年 11 月，寓居天津的末代皇帝溥仪携带皇后婉容、淑妃文绣迁居于此，改"乾园"为"静园"，意在静观其变，以求复辟。2007 年，静园修复完工，作为国家 AAA 级旅游景区正式对游客开放。宅院分为前院、后院和西跨院，四周有高墙相围，园内主楼是折中主义风格砖木结构楼房，融西班牙式和日式风格于一体，草木葱郁、静谧宜人，是天津租界时期庭院式私人宅邸的典型代表。建筑修复采取"不改变文物原状"和"安全适用"的原则、建筑单体和整体环境统一的原则、保护修缮过程要坚持"原形式、原材料、原工艺"的原则、安全性原则。

修缮前

修缮后

修缮前

修缮后

修缮前

修缮后

夹板加固木结构

碳纤维加固木结构

理念篇

CONCEPTS

感悟

REFLECTION

PROSE

随笔

传承的视角与立足点

布正伟

中国 20 世纪建筑遗产的传承，是一个分量很厚重的话题，我从建筑创作的视角，探讨这一历史使命担当的可行路径：以"建筑文化内涵系统与外显系统"的整合概念与其内在关联作为立足点，学习并洞察中国 20 世纪建筑遗产所蕴含的进取思想、精巧技艺与运筹智谋等，以促使我们在自省自励中继往开来，续写中国 21 世纪建筑的新篇章。

一般来说，我们都是从物质文化和精神文化这两个方面来谈论建筑文化的，这是一种很简洁又很开阔的理论诠释路径，但由此去挖掘建筑内涵与建筑外显的多维建构时，便会受到"平视狭窄展开"方式的局限，难以揭示诸多关系的交织和来龙去脉。20 世纪 90 年代中期，我曾从"人类整合文化学"的视角，去讲述"自在生成的文化论"。由于建筑文化与人类整合文化学同构，因而建筑文化内涵——即建筑文化具有的属性总和，是分布于三个不同层面的构成系统之中的：

（1）基层层面的物质文化属性——为人所需求的物质空间环境和实现这一目的所必须具有的经济技术条件；

（2）中层层面的艺术文化属性——作用于空间环境创造中的艺术意图、艺术个性、艺术风格乃至艺术表现手法；

（3）上层层面的精神文化属性——空间环境创造中来自政治、哲学、伦理、宗教等方面的生活理想与精神向往。

以上建筑文化三个层面不同属性的总和，便是我们常说的建筑文化内涵。显而易见，尽管"建筑艺术文化"属性最具直观性，又最富引诱力，但处于中层层面的建筑艺术文化属性既不能"一手遮天"，也不可"一足挡道"：它不仅要跟随上面"建筑精神文化"属性的指导，还要受到下面"建筑物质文化"属性的制约。无论哪个时代、哪个社会都是如此，这正是我们忽视的建筑文化"基因结构"的显著特征所在。

对建筑文化的多维认知有一个公共盲区。通俗地讲，通常给建筑精神文化和建筑物质文化"挖坑""捅娄子"的，正是处于中层层面的建筑艺术文化部分。比如，丑陋的标志性、庸俗的象征性、强词夺理的建筑个性等各种表现，看起来是建筑艺术上的事儿，但直戳到底，却是建筑精神文化水准的低劣性。又比如，出于自我炫耀，把与安全性、适用性、绿色性逆向而行的建筑表现张力做过了头，这就如同把建筑物质文化的宝贵品格，当成建筑艺术文化观念坠入美丽陷阱的"陪葬品"了。由此可见，要想客观公正地掌控好建筑文化三大系统的协调整合，以达到无偏废的相对完好的统一，关键就在于从理论认知到设计素养，都绝对需要一种职业品性——在建筑艺术文化层面不出"幺蛾子"，不去瞎折腾。

在阅读《中国 20 世纪建筑遗产（第一卷）》的过程中，我感触最深的是，建筑创作中"收放自如"的本事，不仅是"创造建筑整体美"的艺术手段，同时，也是"实现建筑整体美创造"的运筹智谋——通过"收敛""割爱"而获得强化后的建筑艺术文化内涵的"精炼展示"，是创作中主动式节省工程"可观投入"的关键点，这也正是顺理成章、为完善建筑物质文化与精神文化双向内涵表达的前提，尤其是最容易被建筑艺术文化浮夸风损害的"合用功能"与"人文关怀"，将由此得到有效补偿和提升。说到这里，我脑海中最先出现的实证案例，便是新中国成立初期经济一穷二白时，于1953年建成的国内首座宾馆——北京和平宾馆（图1）。该中等设计标准的社会旅馆，不仅要面对"基地小，投资少"的困境，而且主体施工到四层时，政府管理部门决定要兼顾届时召开的"亚洲及太平洋区域和平会议"的部分使用要求，无形之中又增加了提升该宾馆文化品质的压力。杨廷宝先生胸怀全局，手操"收放自如"法宝迎难解困。为了节约用地、减少工时、降低投资，设计采用了一字排开的平面空间布局；选用十分规整的承重结构系统；设置三种标准的客房以适应社会需求；让不带卫生间的客房共用洗、厕设施；摒弃大屋顶和窗间墙花饰做法；以素洁的现代板楼亮相；特意保留了原有环境的两棵大树、一口井及部分平房。这些"收手至简，合理节省财力、物力、人力"的运作手段，为实现"放手精作，提升建筑整体文化品位"储备了实施条件。如：为了增强客房楼南侧庭院的人文环境氛围，精心布置设计了内部呈别致八边形的宴会厅；为了让用地紧张的交通组织流畅起来，维护庭院环境少受车辆干扰，在客房楼东侧底层开辟了机动车通道口；为了传承清末那家花园遗留建筑的文化风采，还在庭院东南整修了一套供外宾使用的老四合院建筑，让国际友人留下了"中国味儿十足"的记忆。杨庭宝先生就是这样把"基地小、资金少、任务超前"的这一盘棋，下得如此之活、之妙，怎能不称之为中国现代建筑史上"排难解困、收放自如、中外齐赞"的经典之作呢？

建筑文化外显系统，是建筑文化内涵系统在"物化"过程中，将反映出来的建筑表现特征进行归纳和提炼的写照。具体来讲，不论是什么建筑，与其文化内涵系统关联的一系列建筑表现（Architectural expression，也称建筑表情），都可以融入以下相互依存的可感知系统之中。

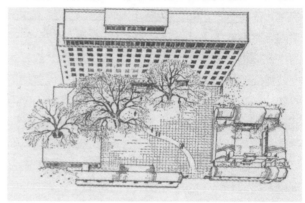

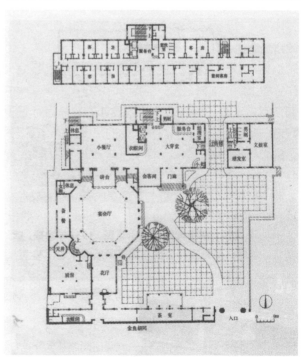

图1. 北京和平宾馆，1953年建成，杨廷宝经典作品（组图）

（1）建筑的艺术气氛——是与功能性质相适应的艺术氛围或艺术意味的展现，可以感受到这个建筑是什么类型、做什么用的。

（2）建筑的文化气质——由地理、气候、人文、历史等自然与社会因素生成的建筑特质，带有与"建筑血脉"相关联的意味。

（3）建筑的时代气息——来自体现时代特色的各种新样式产生的一种审美感受，能显示出该建筑是什么历史时期设计和建造的。

上述建筑文化外显系统的实际表达，始终都会受到主创建筑师的审美心理文化结构的影响。需要注意的是，在建筑文化外显系统的设计表达中，最不应该采用赶时髦的"易操作"方式，而必须扎根复杂多变的生存环境，下实在功夫在"建筑文化气质"的表达上。孤立追求"建筑艺术气氛"或"建筑时代气息"的做法，必然会失去与"建筑血脉"的联系，而显得"苍白无力""徒有其表"，这也正是"新千篇一律"循环往复的一大根源。在阅读《中国 20 世纪建筑遗产（第一卷）》时，我有一种切肤之痛——当下不是缺少"建筑式样"的翻新炒作，而是缺少生活体验中对"建筑文化气质"的精研细磨，缺少以"建筑文化气质"为魂，去寻求建筑"艺术气氛"和"时代气息"的适当表达。

1981 年初步建成的冯纪忠先生的平生鼎力大作——上海松江方塔园，是我脑海中出现的第二个的实证案例（图 2）。方塔园规划设计的总体目标是要打造一座具有宋代文人园林精神的现代园林，在冯先生的心目中，这个总体目标便是与该场所独具的"简致、古朴、秀丽、幽远"的建筑文化气质密切相连的。为此，冯先生冒着被"批判"的风险，决心打破园林设计的流行套路——不堆假山，不做水泥路，不搞人工修剪的植物以及繁俗景点，十分注意免除树木、花卉的视觉干扰。方塔园的原有建筑（包括明代砖雕照壁等移植部件）和新造建筑（包括方塔园大门、何陋轩茶亭），都以灵活自由布局的新姿态入场。他的"大合大开"设计意图，还给方塔园的建筑文化气质增添了"浪漫优雅"的快乐——用花岗岩修筑的一条 100 米长、3 米高、5 米宽的堑道，让人在它两侧高

图 2. 上海松江方塔园，1981 年初步建成，冯纪忠经典作品（组图）

处的繁枝茂叶下惬意行走，到终点时突然见到天妃宫和方塔，怎能不惊喜。在这座北宋建造、唐代楼阁式砖木结构的方塔修复与设计中，冯先生不仅维护并完善了它玲珑秀美的形态与风韵，而且更以现代设计意识，在它的东、南两侧建造了非围合的开放式转角实墙，以借此起到引导游人观赏方塔走向的作用，这也带有与方塔邻近的水池照壁相呼应的味道。从建

筑文化三个外显特征系统来看，方塔园不仅凸显了以建筑文化气质为魂贯通全局的旨意，同时又再好不过地彰显了全园的艺术气氛、文化气质、时代气息的深度契合——这正是冯纪忠先生在中国造园史上留下的那聪颖而灿烂的一笔！

学习《中国 20 世纪建筑遗产（第一卷）》，还让我想到了"人不可貌相，建筑也同样不可貌相"的道理。这有两层意思：包含空间与形体的"建筑相貌"，不能以"杀鸡取卵"的方式去苛求建筑个性，以此损坏"建筑文化内涵系统及其外显系统"的整合度与完好性；也不能把建筑摄影中的"特写镜头"简单认定是"建筑相貌"艺术美的表现。事实上，起到"一叶障目"、掩饰"建筑流行病"作用的"特写镜头"不在少数。本质性宜人的"建筑相貌"还是要以身临其境的真切感受为实。这里讲的第三个实证案例，就是我在中年时曾用心体验过的、1985 年建成的侵华日军南京大屠杀遇难同胞纪念馆（一期工程）。其从外观上看确实淡定无奇，然而独出心裁的是，齐康先生将侵华日军集体屠杀遇难同胞的遗址成功地打造成了一个隐喻"生与死"的遗址广场（图 3）：在满铺鹅卵石的空旷场地上，出场的只有下沉式遗骨陈列室身影、寻觅遇难亲人的母亲塑像、突显凄凉景象的枯断树干……像这样"于无声处听惊雷"的场所感创造，竟是如此直击人的心灵，而对建筑精神文化层面"要和平，不要战争""前事不忘，后事之师"的庄严表达，又是那样令万众共鸣、肃然起敬！

已出版的《中国 20 世纪建筑遗产名录》第一卷（2016 年）、第二卷（2021 年）和《中国 20 世纪建筑遗产大典》北京卷（2018 年）这三部文献，都摆放在我随时可翻开慢读的地方。为了做到孔子在《论语》中所说的"温故而知新"，一是需要自己有重点地把建筑遗产读实读精；二是需要自己用建筑遗产中的诸多"闪光点"照亮对新时期建筑向往的"心气儿"。显然，这两方面的努力，都离不开自己将建筑文化内涵系统与其外显系统亲密地交织在一起，像起化学反应那样，演绎成为体察建筑的敏感能力和建筑审美的直觉本能。

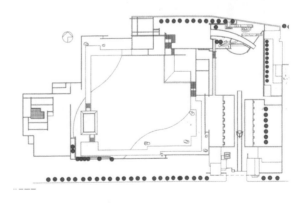

图 3. 侵华日军南京大屠杀遇难同胞纪念馆遗址广场，1985 年建成，齐康经典作品（组图）

新中国早期重庆建设项目记忆

陈荣华

重庆市人民大礼堂、劳动人民文化宫、大田湾体育场馆是中华人民共和国成立初期的三位重要领导人刘伯承、邓小平、贺龙同志主持修建的，至今已有七十多年的历史。他们在领导全体军民"建设人民的生产的新重庆"的生产建设中，强调物质文明与精神文明一起抓。这三个项目分别对应了政治、文化、体育三个方面，成为以大区文化为主，兼具民国、陪都和抗战文化的，基于史地维度的文化单元。把它们作为一个整体项目来研究和保护是十分必要的。本项目被重庆市政府列为年度"2 号工程"，足以显示其重要性（图 1）。

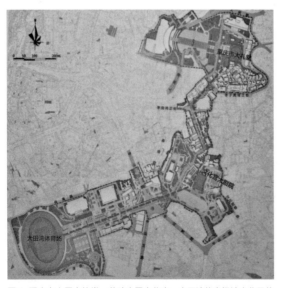

图 1. 重庆市人民大礼堂、劳动人民文化宫、大田湾体育场馆文化风貌保护总图

以往人们对大礼堂、大田湾体育场馆比较熟知，但文化宫却较少引起学界的关注。事实上，文化宫是新中国成立初期作为西南大区首府重庆市劳动人民的第一个具有城市公共服务功能的建筑物。其主体建筑纯净抽象的建筑风格与装饰艺术相结合，在当时的重庆独树一帜，生动而形象地展现了那个时期的文化风采。整个园区建筑形式多样并存，显示了兼容并包的格局，从艺术风格上值得引起更多的讨论。本文旨在探索这三个项目的风格取向，探讨价值诉求与美学呈现之间的关系，从而归纳出值得我们学习和借鉴的普遍规律与历史经验。

一、价值诉求与美学呈现

1. 重庆市人民大礼堂

1949 年 11 月 30 日，重庆解放。随即中共中央决定设立西南军政委员会，管辖川、滇、黔、康和重庆四省一市。鉴于当时整个西南大区一级党政群机关经常苦于没有能够容纳较多人的集会场所，而且用于招待外宾和过往干部的住房也比较紧缺"，于是西南军政委员会决定拨款 200 亿元（等同于 1955 年 3 月流通的新人民币 200 万元左右），利用马鞍山和蒲草田的 40 亩荒地，加上新征的 50 余亩土地，建设一座能够容纳 4 000 多人的大会堂，并附设一个招待所，以满足当时的客观需要。

众所周知，重庆市人民大礼堂（初名西南军政委员会大会堂）是著名建筑师张家德的代表作品。张家德在新中国成立前就已成名。国民党军队制造的"1949年9月2日大火灾"烧毁了他的全部家当。解放军找到了这位一贫如洗的工程师，安排他担任新组建的国营西南建筑公司设计部的组长，所以张家德对中国共产党及人民政府充满了感激之情。面对新政权形象表达的重大课题，经过深思熟虑，他采用了全新的、集北京皇家建筑之大成的组合方式，建构出这座可供西南地区人民"共商国事"的人民大礼堂。张家德用天坛祈年殿的圆形三重檐攒尖宝顶作为中心礼堂的顶部形式，将形似北京天安门的面阔九间的两重檐歇山屋顶的"步云楼"置于入口大厅的上方；而突出于前水平舒展的南北翼楼如同巨人张开双臂，迎接前来开会、观演的人们，足见张家德建筑作品恢宏的气势与风格。

难能可贵的是，早在70年前，张家德就将建筑与地景作为一个整体来进行规划和设计，将山地建筑的优势发挥到极致。

仔细解读人民大礼堂的建筑形式，我们不难发现，在体量组合、功能布局、空间调度、动线安排和结构技术方面，张家德更多地借鉴了西方建筑的设计经验；但在文化内涵的表达上则完全采用中国传统建筑语言，既有鲜明的民族风格，又有强烈的时代特征，从而创造出巍峨壮丽、气势恢宏的人民大礼堂，用民族建筑形式谱写出一曲新中国文化的赞歌。它的文化内涵高度契合了作为当时文化主体的广大军民的群体心态，表达了革命英雄主义与革命浪漫主义的完美结合，因此受到三位国家重要领导人的一致肯定和高度赞扬。时任军政委员会主席刘伯承同志对这位未曾晤面的工程师给予赞扬，称赞张家德构思出来的大会堂具有庄严、宏伟、磅礴、可以雄踞百年的气势，这正是当时人民所需要的大会堂。也正是基于这些领导人的鼎力支持，张家德的方案才能脱颖而出并最终得以实现。

如今我们置身于张家德设定的由远及近的参观进程中，一种神圣感油然而生。"人民至上"的思想得以完美呈现，让我们不由得佩服张家德对建筑时空艺术的把握与创造（图2）。

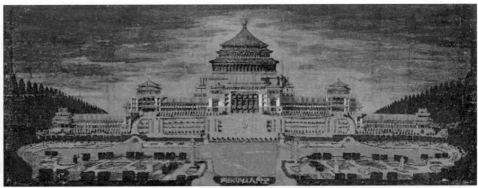

图2. 张家德肖像（左上）、张家德手绘大礼堂投标方案立面效果图（右上）、大礼堂建成初期全景及入口（左下）、牌楼匾额贺龙手书"西南行政委员会大礼堂"（右下）

2. 劳动人民文化宫

劳动人民文化宫是三大项目中最早动工的一个。1950 年，在西南军政委员会的一次会议上，时任中共中央西南局第一书记、西南军政委员会副主席的邓小平同志亲自提议修建劳动人民文化宫。重庆作为西南大区的首府，又是一座工业城市，具有庞大的产业工人队伍和各业劳动民众，应该建设一个规模相当、设施齐全的文化宫来满足人民文化生活的需要。

相关资料显示，公营重庆建筑工程公司在取得前川东师范学校旧址用地后，随即由公司设计部（后改为重庆市建设局设计处，即重庆市设计院前身）进行了精心的规划，主要建筑师为龚达鳞、庄人青等。为了贯彻"增加生产、厉行节约、反对浪费"的方针，园区内大量砖木结构且质量较好的建筑得以保留，略加修缮被赋予新的功能；对一些妨碍总体规划以及毁损严重的其他建筑则予以拆除。另外新建了大门、大礼堂（即今大剧院）、图书馆、陈列室、红星亭、游泳池、露天舞台、大众茶社、餐厅、冷饮店、照相馆、小卖部、儿童乐园、观光动物笼舍等，改建并完善了区内的道路系统、溜冰场、篮球场等原有设施；增建了各种花圃长廊、亭台水榭和花木绿植。文化宫成为新中国成立初期重庆规模最大、设施最全、园景最美的城市公共空间，也是重庆市民展示美好生活的秀场（图 3）。

劳动人民文化宫的建筑风格可谓多姿多彩，可大体归纳为以下几种。

图 3.1952 年文化宫建成初期导览图，"未开放"区尚在继续建设中

（1）现代风格

如大门、大礼堂、红星亭等，整体风格大气、简洁明快而又不失庄重典雅。它们在纯净抽象的砖混结构形体上，施以米黄色斩假石，再结合装饰艺术，反复采用五星、红旗、镰刀、铁锤、齿轮、麦穗、钢笔、圆规、和平鸽、橄榄枝等组成精美的图案，以"粉塑"和浮雕的形式，设置于建筑内外的墙、柱和天棚之上，生动形象地展现了以工农联盟为基础，民族资产阶级、小资产阶级、知识分子，在中国共产党的领导下，共同建设美好家园、开创美好生活的辉煌愿景与坚强信念。在大门额枋的正面是邓小平同志亲自题写的"重庆市劳动人民文化宫"宫名，背面则是建筑师龚达鳞手书的"全世界无产者联合起来"的标语，展现了"无产阶级只有解放全人类，最后才能解放自己"的博大胸怀（图 4）。

（2）欧洲文艺复兴式

欧洲文艺复兴式设计风格主要体现在园林小品上，如红星亭旁边的十字花形喷泉水池以及为遮挡土墙而设置的带花圃廊架的雕台等。建筑师用纯熟的设计手法呈现出欧洲古典园林建筑的形象与韵味，使市民足不出渝便能欣赏到西方艺术，有利于市民开阔眼界和心胸（图 5）。

（3）普罗大众式

新建的展览室、游艺室、小会堂等，均为砖混结构小青瓦坡屋顶低层小楼，与普通民房无明显区别，朴素、实用，它们与改作图书室的"中统楼"（注 2）一起，为劳动人民提高自身素质、更好地履行公民责任与义务提供了历史文化、科技知识等精神食粮。

值得注意的是，位于本区建筑群中心位置，且与红星亭、喷泉池、交谊室同在一条轴线上的第一游艺室，其立面处理十分特别，在一个四坡屋面的二层小楼上，外加一个造型独特的浅色墙体，其色彩、开窗形式与"中统楼"相互协调，其北立面与同一轴线上三个小品在风格上更加和谐。这种不拘体例但彼此呼应的灵活处理手法，反映了建筑师的整体设计意识与高妙设计手法（图 6）。

图4. 文化宫大门（上）；文化宫大礼堂（下左）；大礼堂栏板装饰（下中）；庄人青手绘红星亭"粉塑"图案设计图（下右）

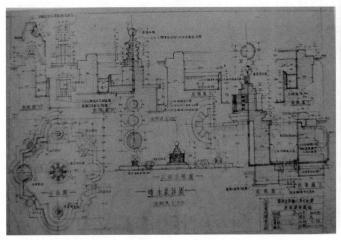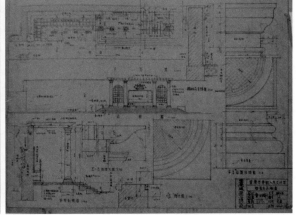

图5. 庄人青手绘十字花形喷泉水池（左）、雕塑台花圃廊架设计图纸（右）

（4）民族传统式

保留下来作为青少年活动中心的一座前川东师范学校教学楼就是"中国固有之形式"。在砖混结构的屋身上，采用了传统飞檐翘角的歇山式大屋顶。而儿

童乐园中的凉亭更是四角攒尖屋顶的典型案例（图7）。

（5）山城特色园林景观

劳动人民文化宫占地面积大，地形地貌复杂丰

图6.图书室（"中统楼"）（左），第一游艺室（右）

图7.保留作为青少年活动室的原川东师范学校教学楼（左）新建儿童乐园凉亭（右）

富、除了众多建筑之外，还有大量的室外活动场所。设计师通过"在地性""自然主义"的景观设计将所有元素整合在一起，使之成为一个有机和谐的整体，特别是在结合地形高差创造特定的景观方面取得了很高的成就。如在礼堂入口平台前结合地形设置了半下沉式广场，用高达两米的梯道将两者连接起来，使大礼堂的建筑体量显得更加高大雄伟。又如依托崖壁修建的露天舞台以及利用坡地形成的球场、泳池的看台等，无不显示出建筑师对自然环境的顺应、尊重与巧妙利用（图8）。

这里我们不得不指出，文化宫后来的管理者在商品经济大潮的冲击下，把许多原来的室外活动场地都改建成地下、半地下收费场所，而红星亭景区的历史建筑更是被商家改建成所谓"欧陆式"风格，一些富有时代特色的园林景观亦消失殆尽、杳无踪迹，完全改变了文化宫作为城市公共空间的功能属性。文化宫的管理者，理应是建筑文化遗产的守护者，但是他们忘记初心、失职失责，造成了不可弥补的损失。

3. 大田湾体育场馆

1950年3月，时任西南区司令员、西南军政委员会副主席的贺龙同志从成都迁往重庆办公。他在视察重庆后表示，重庆有220万人口，没有一个像样的集会场所怎么行？于是重庆市政府发动机关干部

图8.文化宫大礼堂前下沉式广场（左上）、游泳池（右上）、溜冰场（左下）、灯光球场（右下）

和市民参加义务劳动，硬是把抗战时期跳伞塔旁的小山推平，将弃土填入大田湾的沟壑之中，开辟出大约8万平方米的群众集会广场。1952年的五四青年节，在邓小平同志和贺龙同志的亲切关怀下，这里成功举办了西南大区第一届人民体育运动会。邓小平同志专门为其题字"把体育运动普及到广大群众中去"。新中国成立之初，毛泽东同志为中华全国体育总会成立题词"发展体育运动，增强人民体质"。运动会后，重庆市成立了体育运动委员会。由贺龙同志亲自主持，在此修建室内外体育比赛场馆和体委办公楼。大田湾体育场馆成为当时东亚地区规模最大、最先进、新中国首座具有现代意义的综合体育场馆，在重庆乃至全国体育发展史上有着重要地位。

这几座建筑的设计人也是重庆市设计院的前辈建筑师。他们分别是尹淮（重庆市设计院元老，曾任重庆市建委副主任、总工程师，后任重庆市设计院院长、总建筑师）和徐尚志（重庆市设计院前身公营重庆建筑公司设计部负责人，后调中国建筑西南设计研究院有限公司任总建筑师，全国勘察设计大师）。

体育场是可以容纳约40 000名观众的室外球类、田径运动的比赛设施。当时中国还没有自己的技术标准，尹淮参考了苏联相关的设计规范，在满足体育工艺的空间形体上，采用中国传统建筑的一些形式符号，如拱门、窗格、柱廊、望柱、栏杆、合角博古脊吻（即取其形而不施琉璃瓦）等作为装饰。但在实际建造过程中，看台高处的主席台及其两侧的柱廊有所简化，色彩也变成浅色，使其更显时代气息。同是重庆市设计院元老、造型艺术专业出身的白丁，设计和制作了体育场馆院内的人物群雕以及运动场门楼浮雕和看台边沿望柱、栏杆的花饰和兽头，为其

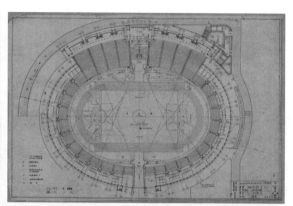

图 9. 尹淮肖像（左上）、体育场平面图（右上）、效果图（中上）、模型（中下）、实景照片（下）

图10. 徐尚志肖像（左上）、体育馆（右上）、体委办公楼实景照片（左下、右下）

增强了艺术效果（图9）。

　　徐尚志设计的体育馆可容纳约3 000名观众，主要用作室内球类、摔跤、拳击等比赛场所，是一个中部设有弧形屋面的长方形体。其立面处理主要作竖向划分，虚实相间，比例匀称，尺度适中，具有很强的韵律感和节奏感。建筑的檐口、雨篷、窗间墙处设有琉璃饰件；正面两处入口采用了中国传统拱形门洞形式，再套上三层高的冲天牌楼，在二楼处以雀替状的挑梁承托阳台，上置望柱栏杆。这种前所未有的建筑形式组合，既有古风，又具新意，表现出设计师的大师风范（图10）。

　　同时期，徐尚志还设计了体委办公楼，与体育馆隔街相对。其平面也呈"工"字形，为当时流行的公共建筑范式。其特殊之处是其在建筑风格上属于中国20世纪50年代中期所谓"社会主义内容、民族

形式"的典型风格，主要特征是高低错落、主从有序的琉璃瓦歇山式大屋顶。整个建筑呈现出中轴对称的三段式经典构图；主墙以宽窄相间的壁柱分隔门窗，比例优雅，韵律感强，屋顶下的墙身略收进，突出梁枋和柱头上面斗拱状装饰物；主楼重檐之间的窗户更为宽大，分格以横向为主，使其显得更加轻盈富丽；中部入口体部向前突出，正面两根壁柱与两侧较宽的实墙划分出三道门窗，虚实对比，比例相宜；入口上方挑出雨篷上置望柱栏杆，不设门廊，干净利落。体委办公楼总体给人的印象是沉稳厚重、端庄典雅，体现出建筑师驾驭这类建筑的出色设计能力。

　　总体而言，大田湾体育场馆体现了新中国成立后中国人民决心甩掉"东亚病夫"的帽子，欲以健全的体魄、平等的姿态自立于世界民族之林的文化身份与坚强意志。

一路繁花相伴——建筑遗产保护工作与我

路红

20 年前，我有幸参加了《天津市历史风貌建筑保护条例》立法的全过程，并受天津市人民政府委托和天津市国土资源和房屋管理局的信任，担任了天津市历史风貌建筑保护专家咨询委员会主任，从事历史风貌建筑的保护工作。2011 年，我又开始参与中国文物学会、中国建筑学会组织的中国 20 世纪建筑遗产保护工作，亲历了天津历史风貌建筑和我国 20 世纪建筑遗产保护的风风雨雨，见证了保护事业的丰硕成果。人生路上犹如繁花相伴，留下了无数美好而难忘的回忆。

难忘普通百姓、基层单位和企业申报心中建筑遗产时的热情，难忘保护事业中各级领导的殷切期望和鼎力支持，难忘对历史风貌建筑、20 世纪建筑遗产如数家珍的专家学者，难忘精心修缮建筑遗产的工匠师傅，难忘志愿者们不计报酬的守护，难忘国内外游客对建筑遗产的热情讨论，难忘管理工作人员在现场巡查保护的身影；难忘数十年来人们对保护事业的薪火相传。在时光的隧道里，这一张张熟悉的面孔和温暖的场景，支持我们走过了不平凡的岁月，今后我们也将支持保护工作坚定地走下去。

难忘在建筑遗产的保护和学习过程中，对过去时光的回溯和拥抱。上海石库门中国共产党"一大会址"，见证了 20 世纪影响中国和世界的开天辟地的大事；天津南开中学，培育出共和国两位总理；北洋大学（天津大学），开启了中国近代教育史的篇章；天津饮冰室的灯光，映出了一代思想巨匠梁启超的身影，回荡着"少年强则国强"的声音！天津市和平区解放北路，在 20 世纪初被誉为"东方华尔街"，最盛时有近百家银行、洋行在此经营，每天在这里流动着当时全中国 1/3 的资金；北京迎接中华人民共和国成立十周年的十大经典建筑，见证了社会主义建设时期壮美的创业精神。在时光的隧道里，这些历史风貌建筑、20 世纪建筑遗产为我们打开了一扇扇奇妙的大门，让我们看到了不同时代的建筑宝藏和人文历史、奋斗精神，看到了它们的前世今生和对今天的启迪。

难忘在时光的隧道里，《天津市历史风貌建筑保护条例》用法定形式为 877 幢天津历史风貌建筑打造了一张保护网；难忘在中国文物学会、中国建筑学会的指导下，20 世纪建筑遗产保护委员会推介公布了八批 798 个"中国 20 世纪建筑遗产项目"。数年来，这些建筑遗产带着厚重的历史融进当今的生活，使承续了历史的建筑遗产通过我们的保护再传承下去，与未来进行诗意的对话和拥抱。

习近平总书记在党的二十大报告中指出，中国式现代化是物质文明和精神文明相协调的现代化。这为我们在新时代做好建筑遗产保护工作指明了方向。中国式现代化内涵丰富，文化遗产的保护是其中不可或缺的部分。每一座城市都有其自身独特的发展史，每幢建筑都有其独特的建造环境。因此，尊重城市以往的发展印记，保护其在发展过程中形成的历史文化遗产，传承其独特的价值，责任重大，意义非凡。

图 1. 原开滦矿务局大楼

图 2. 原天津工商学院

40 多年前，我还在天津大学学习时，读到了一本书——《工作着是美丽的》，这是著名作家陈学昭于 1979 年出版的长篇小说。书中的很多情节我都忘记了，但书中主人公"只要生活着，工作着，总是美丽的"的信念，一直是我工作中坚守的信念。现在我已经光荣退休，但对建筑遗产的保护仍是我执着耕耘的美丽事业，我将继续尽自己的绵薄之力，积极参与建筑遗产的保护工作，使更多的建筑遗产繁花常开，并更加生动鲜活地进入当今人们的生活，惠及当今社会和后人。

图 3. 原天津印字馆

重估价值
——对"中国 20 世纪建筑遗产"评选工作的回忆和思考

张兵

新中国成立 75 周年之际，回顾"中国 20 世纪建筑遗产"评选工作，有很多感触。这样一项有意义的工作能持之以恒地进行，在中国文化遗产保护事业发展的道路上无疑留下了印迹。当下人们讨论建筑保护，乐于接受从拆改留到留改拆的转变，而且还会讨论到距离现在多少年的建筑应该受到保护，这些带有一定专业性问题能成为公众话题，多多少少是和 21 世纪初的 20 世纪遗产保护理念的启蒙不无关系。

社会所取得的点滴进步，来之不易，一要假以时日，二要有一干积极的行动派实干家。回想 2005 年 12 月国务院成立文化遗产保护领导小组，并且发布了《关于加强文化遗产保护的通知》，2006 年就有了第一个文化遗产日，同时举办了首届中国文化遗产无锡论坛，主题是工业遗产保护，接下来 2007 年和 2008 年的主题分别是乡土建筑和 20 世纪遗产，后来还有文化线路、大运河、传统村落等主题。在这个过程中，我国文化遗产保护的步伐逐步开始赶上了国际步伐，特别是针对不同的遗产类型开展的保护实践日益丰富。在我国进入史无前例的快速城镇化阶段时，也开启了对文化遗产"重估价值"的重要历史阶段，专业领域文化遗产保护的视野得到拓宽，保护的使命感也得到前所未有的提升，文化遗产科学保护和合理利用的社会基础逐步奠定起来。

2015 年 4 月 30 日在雍和宫附近的柏林寺内召开了首届中国 20 世纪建筑遗产项目初评会，初评会的专家组有 8 位，分别是单霁翔院长、马国馨院士、

中元国际的费麟老总、时任天津房管局的路红局长、国际古迹遗址理事会郭旃副主席、北京建筑院的张宇大师和任中国城市规划设计研究院总规划师的我。首届中国 20 世纪建筑遗产项目初评会由中国文物学会黄元秘书长、北京建筑院金磊老总主持宣布初评规则，全程有公证员公证监督，苗淼等工作人员把会议组织得井井有条。柏林寺内独特的环境感受和初评会印象结合在一起，虽然是十年前的事了，但记忆犹新。不久前，已经退休的天津市规划和自然资源局的原副局长路红翻出那时的一张旧照片发给我，又让我回忆起初评会的场景。柏林寺虽地处闹市，历史悠久，但有趣的是，北京四九城里生于斯、长于斯的建筑专家也不曾听说过。正是在这块风水宝地上，诞生了首届中国 20 世纪建筑遗产的名录。

初评结果出来后，组织的第一次发布会是在 2016 年 9 月的一个晴朗的上午，湛蓝的天穹下，故宫博物院宝蕴楼（1911 年建）围合的院子里，高朋满座，吴良镛先生、谢辰生先生等建筑界、文物界的老前辈们到场见证这个历史性的活动。还记得初秋的阳光格外强烈，以至于大家担心起坐在户外的老先生们的身体。单霁翔院长为这场活动花费了颇多心血，将宝蕴楼作为首届"中国 20 世纪建筑遗产"发布之地，别有一番意义。宝蕴楼建造在一个历史性转折年代，在封建王朝即将崩溃的时刻，宝蕴楼的建筑形式记载了身居紫禁城的清王朝权贵们的文化心态，西洋建筑的元素作为中式建筑的点缀，也算是外来文明冲击

下中国建筑回应的一种方式，宝蕴楼本身无疑是中国 20 世纪建筑遗产的一类代表。发布活动结束后的午餐地点安排在刚刚开业不久的冰窖餐厅。这里曾是紫禁城里贮藏皇室夏季用冰的冰窖，长期闲置不用，单霁翔院长决定将它整理修缮出来，并引进餐饮公司来经营。所有餐厅设备的安装坚持对冰窖本体真实性的保护，增加的地板、天花和灯架都是现代的、可读的，现代和传统的结合处理得十分得体，两种韵味相得益彰。各地参会代表有不少选择在屋顶露台用餐，畅聊文化遗产保护工作，享受着北京秋日的美好。

记忆里，"天是那么高，那么蓝，那么亮"，处处感觉到中国 20 世纪建筑遗产保护事业可谓水到渠成。现在想起来，首届评选活动是为我们中国人重新认识 20 世纪建筑价值而迈出的第一步。在 2014 年 9 月《中国 20 世纪建筑遗产认定标准（试行稿）》中提到："无论是历史研究评估还是通过评估认定建筑群的历史价值、艺术价值、科学价值等，都不限定建筑的建成年代，而要充分关注它们是否对社会及城市曾产生或正在产生深远影响，如"开中国之先河"等。此外还要特别研究、评估那些有潜在价值的建筑，如是否具备未来可能获得提升或拓展的价值。"在这份认定标准的陈述中，提出 20 世纪建筑的影响力不仅在过去，也在未来。显然，人们已经突破了文化遗产保护就是保护古迹古物的认识局限。

往深里想，这份拟定的标准留下了改革开放后我国文化遗产领域同国际文化遗产领域交流互鉴的印迹。"世界的文化与遗产多样性对中国 20 世纪建筑遗产的认定是一项丰富的精神源泉，具有重要的指导与借鉴作用。中国 20 世纪建筑遗产项目不同于传统文物建筑，其可持续利用是对文化遗产中'活'态的尊重及最本质的传承，保护并兼顾发展与利用是中国 20 世纪建筑遗产的主要特点。"其实，这种特点大致是世界范围内 20 世纪建筑遗产所具有的共性。

真正需要重估的价值是中国 20 世纪遗产见证了中国翻天覆地的历史进程，从一个侧面记载了全人类文明演进中最为波澜壮阔的时代。如果说 20 世纪遗产概念在欧美的提出，主要是围绕优秀的现代建筑与城市的保护，反映了人们开始客观、理性地评价和认识现代运动的价值，其话语体现了作为西方工业革命成果的现代主义思想文化脉络在 21 世纪的延续，那么中国 20 世纪建筑遗产则记载了 20 世纪中华民族百折不挠，与封建统治和帝国主义侵略和威胁进行顽强抗争，尤其以 1949 年中华人民共和国成立为里程碑，一个独立自主的民族国家诞生和壮大的过程。在极端困苦环境下中国人民坚忍不拔、勇于实践、对人类文明做出贡献是重估其文化遗产价值的基点。而且在中国 20 世纪建筑遗产中，应更加自觉地珍视和保护好新中国文化财富，使 1949 年之后所创造的有价值的文化遗产，无论是有形的还是无形的，都能得到有效的保护和传承。到今天为止，已经开展的九批中国 20 世纪建筑遗产不断地挖掘这些文化财富，使重估的历史文化价值更加系统和丰富。

祝愿灿烂多彩的"中国 20 世纪建筑遗产"源源不断地呈现在世人面前，也感谢所有为这个事业发展做出努力的人们！

从南京两片历史街区保护谈起

郭玲

最近几年，南京的文旅业特别火。人们来南京，不光是看"六朝古都"的粉黛、"文学之都"的繁盛，也是来感受民国时期的遗风。

20 世纪的文化遗存大多体现在城市风貌和个体建筑上，这恰好与我有幸参与的 20 世纪建筑遗产推介与评选工作相吻合。在 20 世纪建筑遗产委员会的引领下，从 2016 年第一批到 2024 年第八批共 900 个项目中南京市有多个项目入选。

民国期间的南京曾经大兴土木。1921 年孙中山先生就任中华民国临时大总统，1927 年蒋介石建立政权，请来美国人亨利·墨菲和古力治，任林逸民为处长，由吕彦直做助手，为南京制定了《首都规划》。在《首都规划》正式执行的 1929 年至 1949 年（其中八年被迫迁都重庆），短短的 20 年间留下代表性建筑 200 余处。南京博物院院长龚良先生曾说，翻开《首都规划》，你会感慨近百年前，南京在规划管理、城市设计等诸多方面借鉴欧美模式，开创了中国近代城市建设实践，其中既有对中华传统的继承，又有对西方文明的渴求。这也就解释了"民国特色"的由来，理解了"一个时代的创造会成为下一个时代的遗产"的内涵。

民国建筑是游客在南京打卡民国风情的必到之处。不必说那些沉稳庄重的公共建筑，单是几处老街区的巷道和民宅，也会令人感受到 20 世纪建筑遗产的气韵。颐和路和小西湖便名列其中。

一、一条颐和路，半部民国史

颐和路片区建于 20 世纪 30 年代，当年是遵照《首都规划》建设的一个高档公馆社区，由圆盘交通枢纽和多条放射性街巷组合而成，多是二三层的花园洋房（图 1）。

这里既有达官政要的宅院，也有外国使节的公馆。例如阎锡山公馆，中式大屋顶架在二层西式小

图 1. 老巷新景

图 2. 颐和路街道

图 3. 环岛上的先锋书店

楼上，将北方大宅与西方洋楼嫁接为一体。薛岳公馆是抗日名将薛岳的住宅，这位从广东走出的将军，把家宅修成了骑楼式，素粉墙，翠草坪，流露出其对岭南故土的眷恋。陈诚和蒋纬国住在同一条巷子，院对院，门对门，黄色围墙，柳丝如茵。这里还有于右任、顾祝同、周至柔、胡琏、汤恩伯、陈布雷、汪精卫、程沧波、马鸿逵等 200 余处公馆（多处门前都有标牌）。单是这些名字，就足以让人联想其中的故事。听说当年有多个片区建有这样的公馆，约 1 700 余栋，现在颐和路片区正式开放的新功能区，是保护修缮完成的第十二片区。

漫步颐和路（图 2），不经意间会看到院门旁的标牌，提示这里曾是当年的外国使馆，例如美国、苏联、英国、埃及、加拿大、墨西哥等使馆。马歇尔也曾居住于此，可偏偏他的公馆不是洋楼，而是采用了歇山顶、琉璃瓦的一座正宗的中式仿古建筑。仔细端详，这些使馆建筑，即使大都是西洋风格，也可分辨出美式和欧式的不同。

只要在颐和路片区走走，那一栋接一栋形态各异、粉墙素雅的小楼，在街道两侧粗壮的梧桐树和挺拔的广玉兰的簇拥下，都会清楚地告诉你，当年的建筑师和宅院的主人们，如何追寻新意的审美，如何避开桎梏的雷同，将西洋风派和民族传统古今兼容、中西合璧。难怪美国作家爱泼斯坦在他的见闻中，把当年的南京比喻成"一座带有普鲁士色彩的地方"，一座"艺术化的城市"。

我们注意到，该街区的保护工作延续了当年建筑的整体格局、空间尺度和风貌特征，实施原址、原物、原状保护，最大限度地留存下历史信息。这里老房和老树的标牌，注明了保护性特点及其意义。区内道路不得扩宽，建筑不得拆除，车辆须绕道而行。经评估修缮后，有少量建筑作为高档饭店，特色餐厅、婚纱影楼、先锋书店（图 3）、个性化展览馆、社区教育基地等被活化利用。一位长者见我看得仔细，主动上前搭话，告诉我她就住在附近，那边的十一片区也刚完成保护利用工程，其间的咖啡店和科普馆都很

图 4. 临街镂空花墙

图 5. 公共休闲区

不错。现在游客越来越多，邻里们都很支持。

2014 年，颐和路片区荣获联合国教科文组织亚太地区文化遗产保护奖。项目负责人表示："颐和路十二片区的修缮和保护，开创了南京近现代建筑保护修缮和活化利用的典范。"

二、秦淮小西湖，城南故事多

小西湖街区位于南京城南的秦淮区，是市井烟火之地，被列入 2015 年启动"微更新项目"。小西湖街区是南京 8 个传统民居历史风貌区之一，这里产权复杂，管网老化，人均居住面积仅 10 平方米。历经多年变迁的老城区，靠"一刀切""休克式"的大拆大建显然是不可行的。在项目实施前的调研中，为了让老居民无论留下还是迁走都能舒心，工作组的全体人员深入街巷，走家串户，建立起一个多方联动、共商共享的街区规划师制度。

2021 年初，小西湖正式开街，有一半原住民喜迁新房，游客也纷至沓来。人们惊喜地看到原来破旧的院落，变为镂空花墙、吊篮藤蔓点缀的自家休闲空间（图 4）；杂乱的市政管线，变为"迷你"的管廊和 10 余处绿地广场。人们看到阳光照进了原本昏暗的室内，巧思的通风天井，宽敞的厨房和卫生间，甚至连原先的枇杷树和柿子树都原地保留时，大家惊

喜万分，争先恐后地与项目负责人探讨在自家的门前和院落，再种上哪些花木、摆上哪个盆景，只为给小西湖多添些风采。这体现了群众发自内心的愉悦。

一位 60 多岁的房主见我隔着花墙向内张望，客气地问："你是外地游客吧，喜欢就进来看看。"我欣然接受，道谢后，坐在树下的铁艺椅子上，边赞赏边与房主聊了起来。她说："这是自家的后院，原来只是堆放杂物。后来专家们告诉我，后院临街，是个好位置，那棵石榴树也很漂亮。就给我开了后门，做了花墙，铺好石砖地面，摆上水池养鱼。专家们还教我在树下摆上这种铁艺桌椅，说是增添新意。现在每天都有好多年轻人来拍摄我家的院子。"看得出她是那么的自豪。

那些因居民自愿迁走而腾空的老房子，经过精心设计，变为现代时尚的咖啡厅、图书室、创意工坊、饭店民宿等新面孔。我们随意走进一家咖啡馆，窗明几净，香气扑鼻。店主热情地说："这里白天人还不多，晚上可热闹了，大家都称赞这里是'螺蛳壳里做道场'，真的很有意思。"是啊，这种因地制宜的"微创手术"，既有对历史遗产的保护，又有现代建筑的植入，使过去的老城"难题"转化成了繁花锦簇的宜居街区（图 5）。

2022 年 11 月，小西湖获得联合国教科文组织亚太地区文化遗产保护奖，评奖专家说："为社会在

技术创新方面，提供了可推广、可复制的经验。"

颐和路和小西湖，带我们走进了 20 世纪初的民国，看到了"一个时代的创造会成为下一个时代的遗产"，也看到了老建筑的新未来。这两个看似不大的案例，在破解老居住街区保护更新方面，却给我们带来不少的思考。

1. 得益于政府长期的有效主导

2001 年，南京市实施了"保老城，建新城""双控双提升"等城市发展战略。2008 年，南京市提出了"新城反哺老城，提升老城品质"的若干要求。2022 年公布了第四批历史建筑保护名录及空间分布图，共涵盖 299 处历史建筑。政府拨出专款，组织队伍，坚持"以人为本""与古为新"的原则，由保护单体建筑到注重街区居住环境的转化，实现了历史街区整体保护和建筑活化利用的可持续性。

2. 得益于专业部门的规划指导

南京市成立了历史名城保护委员会和专家委员会。要求文保事项和项目方案，均需专家委员会论证，报市名城委审议。至今编制了五版"历史古城保护规划"，细化了"谨重推进，渐进更新，降低开发强度"的方针。在保障功能的基础上，力求最大限度还原"民国风貌"，促进文旅发展，以此获取长期持久的社会效益。

3. 得益于公众的理解与支持

南京市在全国首创了历史告知书制度，加强历史建筑公告、宣传和管理。民众理解了，自然解除了后顾之忧，并自觉加入保护的行列。对此，马国馨院士曾介绍过国外成功的先例。今天，我们也十分高兴地看到了制度适用于本土的实践。

老城与新城发展不可避免地会有矛盾，历史文化资源的保护与展现也同样是艰巨的任务。这里我要特别向实施这些项目的规划师、建筑师和相关部门的专家、师生们致敬！是他们完成了"一户一测"的调研；落实了"应保即保，以用助保"的做法；实现了"保护"+"织补"与"留、改、拆、加"相结合的尝试；是他们结合当代城市发展和空间需求，实践了有限开放院落，加强空间串联，引入现代功能和公共空间的创新。正是他们的付出，使老街区"活"了起来，成为新的城市地标。

最后，我想到单霁翔院长在《20 世纪建筑遗产导读》推荐语中的一句话："20 世纪遗产不仅是遗产的新类型，更要成为城乡建设乃至全社会共同的事业。"让我们一起为之努力吧。

创意工坊

气韵传承

冯蕾

建筑横亘岁月长河，而我们有幸与之同行数载，在砖瓦砾粉中细细品味它所蕴含的故事和风景，羁绊涟漪，体会韵承。

建筑看似矗立在一隅，沉默无声，实则依托着历史人文絮絮低语，不论是建筑本身，还是其所在的风貌空间，都无时无刻不在反映着真实社会的气息与脉搏。当我们有幸去阅读它、了解它、修缮它的时候，只有抱着一颗敬畏之心，选择适合的修复方案，才能让每一栋建筑保持独特的、鲜活的气韵魅力。

冯纪忠先生曾提到："建筑师最珍贵的品质应该是要说真话。"于是诞生了那座"竹构草顶，弧墙方砖，幽林池沼，浑然天成"的草堂——何陋轩。

这座用十年时间规划设计的草堂是冯纪忠先生最重要的作品之一，也是中国现代园林及现代建筑的经典代表，作为一个具有划时代意义的作品，位于上海市松江区方塔园的这座何陋轩被誉为中国现代建筑的坐标点——中国现当代建筑走向世界的起点。而正是这个划时代的坐标点为后人留下了"与古为新、时空转换"的意境（图 1）。

这座用竹子和茅草搭建的小亭子，被普利兹克建筑奖得主王澍教授称作"全中国没有第二个能超得过的伟大建筑"。我们上海建筑装饰（集团）有限公司有幸于 2021 年 12 月至 2022 年 9 月期间对其进行了全面的修复工作。

据当时主持项目的工匠大师介绍，这座草堂最大的修缮要点就是草顶与竹构的相辅相成，其看似简

图 1. 何陋轩整体

单，却是整个项目的技术难点，这也决定了我们的修复过程并不是简单的以旧换新，必须首先了解建筑师的设计理念和所要表达的意图，再以可视的效果将其展现在世人眼前。

比如在修复草顶时，由于草顶过薄，我们深入研究了冯先生的设计初衷，采用传统工艺铺设 30 厘米厚的黄茅草，再结合原始蓝图恢复草顶正脊弧线，并对草顶周边檐沟和连接件的材质进行改进，通过外挂连接件的方式固定竹色铝质檐沟。除了功能性的用途外，竹色铝质檐沟恰到好处地将草顶与竹构的

图 2. 何陋轩茅草顶

图 3. 何陋轩竹构

上下空间衔接到位。之后，在修复下方竹构节点时，完整记录各节点，并维持原有的榫卯加绑扎的节点构造方式，对依旧完好的竹构件进行二次利用，从上往下渐次拆解，尽可能保存典型的竹构节点式样（图 2、图 3）。

为长远计，我们还为何陋轩建立了完整的电子档案资料，在永续建筑气韵的同时，也为以后的修缮保存提供了准确的数据支撑。在项目正式动工前，我们安排了专业团队细致地开展现状图像记录、三维扫描、测绘等勘察工作，保存了历史真实样貌，同时强化现场配合，对保护修缮施工过程进行全程影像记录。

修复完成后的何陋轩依然散发着历史岁月的气息，却也携带着不同的改变，使茶客们在光线的移动中感受着沁人心脾的气韵，从茶香中品尝出"与古为新、时空转换、点、棚、弧、意、宋、势"的韵味。

可见，建筑遗产不仅是冰冷的水泥砂浆，也饱含着跨越时代的气韵魅力，而对其进行修复的过程则不仅限于建筑材料的更替，更是一种精神和意志的传承，使人感受和品味到建筑深厚历史文化内在美的本质，这才是真正意义上的修复。只有结果没有过程的修复，与既有过程又有结果的修复，完全是两种不同的意境体会。

2023 年第 52 位普利兹克建筑奖获奖者奇普菲尔德（David Alan Chipperfield）是一位来自英国的城市建筑师、城市规划师和活动家，他第一次在中国展开实践是于 2003 年主持杭州的良渚博物院的设计工作。他在采访中坦言，建筑总是追求一种永恒性，但与 30 年前的构想相比，他目前更关注修复与保护，不论是建筑古迹还是普通建筑的更新，翻新旧建筑以适应现代，都应同时尊重它们的历史、文化并保护自然环境。

2005 年，奇普菲尔德先生在上海设立了办公室，与此同时还带来了他的作品——西岸美术馆、徐家汇书院、浦东新区城市规划和公共艺术中心、洛克·外滩源改造以及原上海工部局大楼改造。彼方有光，与有荣焉，我司有幸承接了奇普菲尔德先生在上海的两项修缮工程。工程之一就是位于外滩源的"合理生长的百年建筑"——美丰大楼（图 4、图 5）。

2006 年，洛克·外滩源邀奇普菲尔德建筑事务所担纲美丰大楼的修缮设计。美丰大楼是黄浦区的文物保护点，该建筑的下半部分保留了原有的维多利亚风格清水砖墙建筑立面，上半部分则是向上延伸 11 层的一幢 14 层办公建筑。我司于 2018 年承接了美丰大楼的外墙修缮工程，根据设计要求对大楼的外立面清水墙等进行了细致的修复。这是一幢合理生长的百年建筑，刻下了新旧叠加的历史留痕，为解决建筑外观的效果融洽问题，并获得最佳的外观效果，我们的工匠师傅反复制作了 20 多次外立面清水砖样板，从材料选择、砖面处理到元宝缝与平缝的择优权衡，

图 4. 美丰大楼修缮后 1　　　　　　　　　　图 5. 美丰大楼修缮后 2　　　　　　　　　　图 6. 外立面清水墙示意图

经过多轮专家咨询会讨论，最后选定了陶土砖外立面装饰系统，并匹配 3 号砖面与 4 号砖缝作为外立面清水墙的最终效果（图 6）。

这种新旧结合的叠加，尊重了原有城市和空间的比例关系，为城市更新注入了创新活力，也得到了上海滩众多知名专家的肯定与赞许。我们的工匠师傅在修缮过程中将自己多年的手艺与经验发挥得淋漓尽致，不断在施工上研磨细节，颇具匠心。施工与设计只有通过不断磨合而达成默契，作品才算

真正完成（图 7~9）。

作品之二则是位于黄浦区 160 街坊的原上海工部局大楼（图 10）。

就在我司承接美丰大楼外立面修缮工程的前两年，这位英国建筑师奇普菲尔德还赢得了一场国际竞争——改建上海的旧市政厅——原"上海工部局大楼"（黄浦区 160 街坊保护性综合改造项目）。重建工作包括完成当年未建设完成的最后一块区域。由于第一次世界大战造成的物资短缺，1922 年工程停

图 7. 美丰大楼外立面细部 1

图 8. 美丰大楼外立面细部 2

图 9. 美丰大楼外立面细部 3

图 10. 原工部局大楼项目效果图

止时，"上海工部局大楼"的建设只完成了三分之二。在经过多阶段的国际竞争之后，奇普菲尔德先生终于赢得了这个项目的改建修缮设计。

2019 年 9 月，我司有幸承接了黄浦区 160 街坊保护性综合改造项目（原工部局大楼）的修缮施工（上海市文物保护单位 / 上海市第一批优秀历史建筑）。这个跨世纪的项目在开工前的准备阶段就展开了如火如荼的匠心追求。我司为此专门召集了数位经验丰富的老工匠，成立文物技术展示小组，总结出项目修缮涉及的 16 项施工工艺，明确分工，同步推进工艺展板、工艺流程、工艺材料及小样等各方面工作，并开放了一间 160 地块项目文物修缮陈列室，详细介绍各项工艺的流程规范、工具材料等，并制作了样品用于展示（图 11）。

该文物修缮陈列室位于建筑物二层的陈毅办公室，在这些复杂烦琐的工艺中，木饰面的清水漆施涂工艺的展示效果尤为耀眼，令人瞩目。在前期勘察中发现，重点保护区域的木饰面破损严重，经技术研讨，我们首先将木饰面进行编号并重新返厂修复，将原有饰面板的新增止口同步在背面新增的基层板上。工匠师傅在施涂清水漆前，先把木制品及线条上的污垢清除干净，将其表面的缝隙、毛刺、掀岔和脂囊修整后，使用泥子填补并用砂纸磨光，最后按设计要求对木饰面表面进行两道脱漆，通过打磨外露木材肌理，再施涂两底三面的清漆。为了恰如其分地表现出木饰面的修旧如故，必须合理把握这种清漆施涂的节奏，

薄涂却不乏稳重，其效果可以清晰地保留住木饰面原来的纹路，宛若表面形成纵向绒条的棉织物，仿佛伸手触摸便能感受到灯芯绒般的丝绒感，体现了施工技术与文化艺术的完美融合，展现出精益求精的细节处理效果（图 12、图 13）。

细节与整体总是见微知著的，从跨世纪的整体视角来看，160 地块内值得保护存留的建筑，按建筑风格主要可以划分为：维多利亚风格（1900—1910年）、古典主义风格（1920 年），后现代主义风格（1990 年）以及其他建筑风格。各类风格的建筑，较为连贯地展现了上海从 19 世纪末到 20 世纪 20年代之间建筑风格的演变，具有明显的历史发展的痕迹，展现了公共租界工部局发展兴衰历史，不同

图 11.160 项目文物修缮陈列室

建筑进行超越时间的情感交流和对话，那是一种心灵感受并融入历史文化和自然的寻根过程。一栋历经风雨的老建筑，无论是被完整保存，还是破旧残缺，它那深厚的历史文化积淀、沉穆朴拙的艺术风貌，都会给我们传递那个时代非凡的创造力和生活遗迹，因而令人心灵怦动，而建筑气韵所表现出的美感特征，往往是那种自然、古朴的真实。

建筑，应当跟随时代、反映时代，守正不守旧，尊古不复古。在这个存量时代，我们传承好这个城市特有的气质，讲述这个城市的人文故事，活化利用好现当代建筑，让遗产可增值，还要让未来的设计师看到建筑审美更多的可能性。百岁建筑回望历史，所有的故事片段在交错，所有的价值根须在交叠。只是在最后期盼有尊严地走向未来，拥抱新生活，融入新社会，希望熙熙攘攘的人们能走进它，欣赏它的瓜果成熟，烟火腾空。

图 12. 陈毅市长办公室木饰面修缮工艺效果 1

图 13. 陈毅市长办公室木饰面修缮工艺效果 2

风格的建筑共同构成了本项目整体建筑环境的历史文脉和风貌特色。正如奇普菲尔德先生所言，人类文明的下一个阶段将由我们在发展和保护中来定义。不是把所有东西都放进博物馆，而是通过发展和保护更好地理解我们与自然界的关系。建筑师不能只关注新建筑，还需要更多地考虑它对周边环境和社区生活的影响与贡献。这也同样表达出修缮工匠们的心声。

经典不在于风格，而在于对建筑行为和技术责任的忠诚。呈现一套合理可行的设计方案是建筑师的责任，而将这套方案落地实施就是工匠的忠诚。任何一栋建筑都是具有灵性的，修复建筑的过程是工匠与

关于城市传承创新的探讨

胡越

随着 40 年来国家经济的快速发展，我国的城市建设已经从以增量为主的发展模式转变为以存量更新为主的发展模式。可以说持续的城市更新将是未来中国城市发展的一种常态。那种大拆、大改、大建的方式已经难以为继。

那么城市更新，更新的是什么呢？我以为这是一个发现问题和解决问题的过程。当然我们必须看到，存量更新面临的问题比过去新建或者大拆、大改所面临的问题更加复杂。首先存量更新意味着这个时候的城市格局、建筑的形态已经基本成型，不能进行大的修改，社会以及人们的生活方式也相对固化。另外，建筑质量良莠不齐，建设的时间跨度比较大，所以面临的问题也比较多。从另一个方面看，由于是对建成区进行更新，我们更容易发现城市所面临的各种问题，而这些问题往往在设计规划阶段较难发现。城市更新除了对城市中自然老化的设施进行更新外，我以为更重要的是对城市规划和建筑设计中的缺陷进行补救。

本文并不试图以宏大的叙事方式，全面、系统地论述当代城市的问题，而是通过我在实践中的亲身感受，在方法论的维度上考察当代城市中存在的一些设计缺陷，并分析其形成的原因。

一、问题形成原因

1. 大量建造的普通建筑的品质问题

大量建造的普通建筑是城市的本底，它在人们的日常生活中扮演着非常重要的角色。但在当代城市中，大量建造的普通建筑普遍存在着品质低下、杂乱无章、不和谐、非人的尺度、消极的公共空间等问题。这种状态不是中国特有的，而是在世界范围内普遍存在的。如果有人对我描述的这种现象提出疑问的话，那么我们不妨做一个纵向的比较。就是把世界各地、各个民族在传统时期形成的村落、城镇，与现代主义的城市做一个比较，我们不难发现，传统建筑与环境和人之间的关系是非常和谐的，其本身也是优美的，并呈现出如下特点：尺度宜人、总体风格统一且富于变化，空间丰富、重要建筑突出。而现代主义建筑多呈现出下列两种情况：一种是野蛮的、丑陋的、杂乱无章的、与环境冲突的状态；另一种则是千篇一律的、机械的、缺乏人性化的、缺少变化的状态。注意，我这里谈的是大量建造的普通建筑，而不是代表性的重要建筑。这种状态往往被以英雄主义史观写就的现代建筑史所忽略，但它的确是现代主义建筑最普遍的一种存在方式。

2. 传统核心的消失

大部分城市都是在漫长的历史发展中逐渐成长起来的，因此在一般的城市发展当中，它的核心区会有一个历史文化中心，这个核心既是城市的中心，也是传统城市结构的重要组成部分，同时也是人们文化记忆的重要载体。令人遗憾的是在我们国家快速的城市化进程中，这种传统的城市核心已经基本消失了。传统核心的消失，使城市发展失去了历史的参照，失去了文化的传承，在失去特色的同时也丧失了发展的根基。

3. 被忽视的公共空间

城市公共空间是城市中最重要的空间之一，也是人们主要的活动场所，是衡量城市建设水平的重要因素。但是以现代主义为原则的城市规划和城市设计，基本上采用以实现各种功能要素为主的设计方法，这种方法更多的是重视城市基础设施的建设，而忽略了以人的活动为主的城市公共空间。城市公共空间主要包括：城市广场、街道、开放庭园和开放景观空间。大部分城市的公共空间是街道，但是街道作为城市公共空间存在的问题也是最大的。这一部分的空间基本上是按照城市基础设施设计的。街道作为城市公共空间重要的组成要素，在设计过程中是严重缺失的。比如空间感、宜人的尺度、街墙、积极的立面、平面布局上的美学考虑以及以人为本的景观设计等。另外，在城市公共空间的设计中，条块分割得比较厉害，比如城市中心广场，重要轴线街道被过度设计，而普通街道却无人问津，缺乏系统性、整体性的设计。

4. 对行人不友善的交通

在人类城市的发展过程当中，交通出行方式的变化，对城市尺度和形态的影响是非常大的。以机动车为主要服务对象的现代主义城市的规划，剥夺了行人的路权，超人的道路尺度，使城市变成不适合行走。其迅速扩张的城市尺度也让一个城市从过去传统的、亲切宜人的尺度，转变成超人的尺度。它对城市和人们日常生活的影响是巨大的，其消极作用也是巨大的。

5. 看的景观

近年来，在我们的城市中出现了大量以优美画面为主的景观空间，它的作用主要就是从视觉上获得一种美的感受。但是它同时挤占了城市核心区大量宝贵的土地，由于人们无法进入这些空间，所以没有营造出可以使用的宜人的空间环境，使公共空间并没有得到应有的环境改善。

6. 低活力街区和消极空间

由大面积的院落围墙、消极的建筑立面以及城市基础设施，如铁路、立交桥、电力设施周边等构成的城市界面，形成了许多城市的低活力街区和消极空间，不仅降低了城市的活力和空间品质，同时也成了滋生犯罪的场所。

二、产生上述问题的技术原因分析——从设计方法开始

出现上述城市问题的原因固然很多，本文着重从设计方法的角度来分析形成这些问题的技术原因。

1. 定制设计的困境

经过现代建筑运动和对其进行的数次修正，在建筑设计领域已经形成了关于设计的许多共识和行为准则：每个建筑都需要创新，应该根据每个建筑的具体情况进行设计，拒绝对旧建筑及类型的简单模仿和抄袭。这些已经成为现代建筑设计的信条，并且成为被普遍接受的价值观。然而，事实上这样的设计方法在某个建筑师那里可能是正确的，但就整个建筑师群体来看却存在着制度上的重大缺陷。其缺陷主要来自两个方面：①对个性化设计的全面追求，给创作上的失败提供了更多的机会；②建筑师群体的个性化设计与合格的个性化设计之间存在着天然的障碍，且不可逾越。然而现代建筑运动到来之前，建筑设计的基本方法是在历史原型的基础上进行微小的调整，这种设计方式从根本上克服了上述两种先天缺陷，同时采用同一原型设计的放之四海皆准的建筑，并不像现代主义运动所批判的那样与个性环境格格不入。正如迈克尔·布劳恩（Michael Browne）指出的那样，希腊和罗马神庙都不因地点变化而改变其基本的建筑形式。"看起来，我们应当根据地点而改变的观念（当前是一个普遍接受的规范）似乎无关紧要。然而，就此而言，

在那个时代或现在，没有人会认为罗马神庙因其普遍的相似性而缺乏视觉上的吸引力。"[1]

亚历山大在他的《形式合成笔记》中将"世界上我们能够控制的并决定其形式的部分称为'形式'，把形式必须与要求相适应的那部分称为'文脉'"[2]。他指出，传统建筑中的"形式"与"文脉"之所以有良好的适应关系，是由于形式和文脉之间经过了长期的自我调整。而设计所面临的问题长期保持基本不变，因此人们只需要按照祖上传下来的方法建造就可以了。但当建筑设计职业化后，"文脉"与"形式"之间不能直接产生互动，而是要经过建筑师的转译。在这个过程中建筑师的主观意愿对这个转译产生了不利的影响，因此使得"形式"和"文脉"不能很好地适应。在这里我并不完全同意亚历山大的论断，建筑设计的职业化正是应对设计问题日益复杂化的措施，在建筑设计职业化以后相当长的一段时间内，建筑所面临的问题仍然保持在一个缓慢变化的阶段，而这时的建筑设计方式基本以勃罗德彼特提出的"象形性设计"和"法则性设计"为主。这种设计方式一直是现代主义建筑之前古今中外各种文明广泛采用的一种设计模式。所谓"象形性设计"就是一种对建筑形式的传承，而法则性设计则是指设计时主要遵循一些样式、秩序、规律、法则进行设计。

欧洲从古希腊即开始有柱式及建筑的各种法式。维特鲁威的《建筑十书》中的内容可以清晰地反映出那个时代的建筑特征。下面让我们看一下《建筑十书》的有关内容。

《建筑十书》的主要内容是按照建筑类型分章节介绍建筑设计和建造，下面我以神庙为例对其内容进行一个简单的介绍。

这个章节主要分为三部分内容，第一部分为柱式的设计，第二部分为平面设计，第三部分为朝向，这部分相当于总图设计。上述三部分内容与现代流行的建筑专著非常不同，主要讲的是建筑要怎么做，如比例尺度的要求以及怎样施工和建造，而不是如何处理功能、环境问题。书中的内容主要关注形式，我们知道在当代是不可能按照一本书的描述绘制出

一个建筑的三维造型的，而通过《建筑十书》就可以绘出一个神庙的三维造型，这从一个方面说明古代的设计方式与现代设计方式之间的差异。

另外书中的语言也是肯定的、规范性的语句，如"神庙的长度要布置成宽是长的一半。正殿本身要布置成包括设置双扇门的墙壁在内比宽长出四分之一"[3]。

中国古典建筑的设计与建造体系更是上述设计方式的最佳例证。中国古典建筑的设计与建造体系经历数代的完善，在这方面达到了登峰造极的程度。根据有关学者的研究发现，中国古代建筑不论是群体布局，还是单体建筑设计都遵循着模数制的设计手法，自宋朝以来单体建筑就以"材分和斗口"为模数进行设计。建筑形式基本沿用了"象形性"和"法则性"的设计手法。

研究人员在对清代"样式雷"的文献资料进行整理和研究后发现，清朝皇家建筑设计事务所——样式房的设计效率很高，设计制图周期很短，在设计像故宫太和殿这样的大型建筑时设计图纸也非常少，这主要是由于"清代官式建筑的工程做法日臻程式化、定型化，建筑规制以'格遵祖制''永垂法守'而每有成宪，利用旧有图档或实测既有建筑参照办理，设计事务大大便捷也是情理中事"[4]。

上述的设计模式在工业革命以后仍然顽强地生存了一段时间，巴黎美术学院就是一个典型的例子。但随着现代主义运动的来临，这种按照前人样式、法式进行设计的方式被彻底打破了，随之而来的是全面的自由和个性解放。在设计方法中"象形性"和"法则性"的设计模式被推翻，法则性设计方式只保留在工程层面上，建筑造型设计不再有法式和样式的限制，建筑设计进入了一个新的时代。

我们知道，在服装行业有成衣设计和定制设计两大类型。成衣设计是由设计师设计出一种样式，这种样式一旦确定后，可以进行尺码和面料及颜色的变化，但设计的主体不能改变，并进行大量复制；而定制设计则要根据每个人的具体情况进行设计和制作，每个作品都是唯一的。那么，如果将这样的设计类型与建筑进行类比则可以认为，现代建筑设

计采用了类似服装设计中高级定制的方式。

我认为这种设计方法存在较大的问题，它是造成大量建造的普通现代建筑与古代的普通建筑在设计水平上存在巨大差异的主要原因。

亚历山大曾指出，古代建筑的"形式"和"文脉"相适应的重要原因之一是形式和文脉的适应是经过长时间的历史发展和几代匠师的不断努力得来的。因此，由这些长期的历史积淀发展而来的法式、规则，是人类社会的精华，设计师在设计时按照这个范式去设计，自然不会出现大的问题。

然而工业革命以后，设计问题变得庞大，变化速度快，这样的范式已不能适应设计中问题的迅速变化。于是建筑师放弃了古老的法式，同时放弃了总结新的法式，而是试图让每个设计师独立面对如此复杂多变的设计问题。实践证明这一设计方式是不可行的，建筑师根本无力单独面对这些问题。在现代设计主义运动中有许多学者已经发现了这个问题，并提出了许多解决方式，虽然它们并不成功。

下面再让我们回到服装设计上。我们知道成衣设计是大量的，而定制是极少数的，高级定制设计是精英设计，而成衣设计原则上也是精英设计，然后通过大量复制以保证大量产品在设计上的高水平。这个制度首先承认了人的弱点，同时充分体现了"人尽其才、物尽其用"的准则。然而现代建筑设计却正好相反。大量的建筑师在从事定制设计时，由于设计师在设计能力上的差异从而使建筑的残次品率极高。

从上面的分析可以看出，现代建筑设计方法的确出现了问题，在现代主义建筑兴起的运动中，它没有确定好工作方法。现代建筑设计的方法只适用于建筑大师的精英设计，而不适用于大多数普通的建筑师，需要进行全面的改革。

2. 现代城市规划的方法缺陷

建筑设计的发展经历了一个漫长的过程，我认为在整个建筑设计的进化和发展过程中，建筑设计流程的演变大致经历了三个阶段。第一个是工艺演化阶段，第二个是职业全能建筑师阶段，第三个是职业建筑师和职业工程师的阶段。那么我们现在处于建筑设计方法演变的第三个阶段。这个阶段是从文艺复兴之后逐渐发展起来的。

所谓工艺演化阶段是人类第一个设计实践阶段，它主要的特征就是使用者、设计者和建造者是同一个人或同一群人。这个时候建筑的设计与使用和建造紧密联系，设计与环境、功能、材料、工法完美地结合成一个整体。随着社会生产力的发展，人类从食品的采集者变成了食品的生产者，社会也进入了更加复杂的阶段，因此就出现了社会分工，出现了职业的全能建筑师。

职业全能建筑师的出现，把建筑的使用者和建造者与设计师分开了，设计师成为一个独立的职业。但是在那个时候设计师本身还没有进行专业分工，建筑师是全能的建筑师，他的工作涵盖了建筑设计、结构设计、施工方案设计、城市规划、市政工程、岩土工程等所有内容。

文艺复兴以后，随着现代科学技术的发展，在建筑设计中一些可以被形式化的、可以进行理性计算和分析的、可以量化的工作从建筑师的工作中分离出去，变成了职业工程师所做的工作。比如我们的结构专业、电气专业、暖通专业、给排水专业等，都是在这个时代从建筑师的工作中逐渐分离出来的。它们的表现特征就是精细的专业分工。

即使在这种精细的专业分工中，建筑作为一个最传统的专业，它的主专业地位没有改变。我们都知道建筑设计的流程，主要是先由建筑师在整体上做一个方案，他要考虑到建筑与用地的关系、人的功能需求、人的情感和美学上的需求等。建筑师做完方案以后，会有专业的工程师介入，把那些可以定量分析和设计的内容予以实现。最后几个专业在紧密的配合下形成最终的设计成果，也就是我们现在的施工图。

那么早期的城市规划脱胎于建筑设计，他们所采用的设计流程，基本上就是我刚才说的建筑设计的传统设计流程，这时为人服务，满足人的精神需求和美学需求仍然在设计中起主导作用。

随着工业革命的到来，人类跨入了快速发展的轨道，人口膨胀使城市的规模变得越来越大，功能越来越复杂。为了解决大城市的问题，出现了很多为城市服务的基础设施，继而产生了相关的设计专业，比如交通、市政、经济、地理、人口、防灾等专业。这些专业与我们传统的建筑师所从事的那些软性设计不同，而更像建筑设计中的专业工程师。随着城市的不断发展，基于现代科学技术之上的专业，其工作成果明晰、高效，因此越来越被人们所倚重。而以人文关怀为基准的传统的建筑师的工作，其效果不易评判，在城市规划中慢慢地失去了主导权和话语权，被放在了一个比较次要的位置上。城市也慢慢变成了一个功能至上、缺乏人文关怀的城市。城市是为人服务的，既为人的物质需求服务，也为人的精神需求服务，采用基于机器设计的城市规划流程，显然存在着巨大的隐患。

3. 与开发模式相关的设计方法的缺陷

随着现代主义建筑的出现和发展，传统的小地块、小业主、多建筑师设计、密集街区的开发模式，让位于大地块、大开发商、单个建筑师设计、松散的、离散的街区的模式。

我们注意到在传统的开发模式下，在统一的建筑范式下，小地块开发导致在一个大的区域内，按照统一范式设计的不同建筑师，根据不同业主的不同要求，在各不相同的小地块中设计出统一中又变化丰富的片区。而在没有统一范式的当代，大地块开发和单一建筑师设计必然导致单调乏味的片区和整个城市风貌的混乱。

4. 城市设计的缺失

从 20 世纪 50 年代兴起的城市设计，就其设计的内容来看是非常宽泛的。但是我以为它的一个重要的作用，是在对功能主义的现代城市规划的反思的基础上，补充了城市规划在人文和美学领域的缺失。它的主要工作内容基本上是在中观层面上。当然，随着城市设计在中国城市中的普及和不断实践，我们也发现目前城市设计的工作范围在逐渐扩大，许多大城市都做了整体的城市设计。城市设计在这

种大区域的设计实践中也出现了一些问题。起初，城市设计在中国的实践主要集中在一些新的开发区和新城的规划设计上。随着我们国家城市从增量发展向存量更新转变后，城市设计也大量涉足了城市更新。其设计方法也与过去以增量为主的设计方法存在比较大的差异。城市设计在城市更新中也面临着新的问题，它们的作用也受到了质疑。

那么从流程控制的角度上看，目前的城市设计是在城市规划和控制性详细规划之后、建筑设计之前进行的，起到承上启下的作用。它试图在城市规划和建筑个体设计、景观设计之间起到一个连接作用。在这种情况下，我觉得有些问题是无法解决的。第一，无法从根本上解决当代城市规划的问题。因为在规划的初期，城市设计没有介入，所以只能在城市大的结构框架已经基本固定的基础上，对设计中缺失的人文关怀和美学诉求进行一些补救。它作为一个中间过程对城市规划的控制力度相对较弱。同时由于现在城市设计是一个新生事物，对个体建筑设计以及景观设计的控制力度也比较弱。大部分都停留在纸面上，并没有形成充分有效的法律文件。

城市设计是一个非常重要的工作，我认为它应该起到恢复建筑学在城市规划中的主体专业地位的作用。城市设计应该在城市整个规划过程中，就是从城市规划一直到个体建筑的设计中发挥作用。城市设计应该是在规划初始阶段作为主体专业强力介入的一个全过程的控制，并贯穿规划和个体建筑设计的全过程。

另外一个更值得重视的现象是传统城市设计内容的淡化。随着城市问题日趋复杂，社会普遍注重科学技术，导致从学术界到城市管理层普遍忽视城市设计的传统价值，提倡利用科学手段进行城市设计。然而我认为科学的设计方法固然重要，但它只适用于解决可以形式化、工程化的那部分问题，而那些无法形式化的、软性的问题，只能用传统的方法解决。因此我以为目前片面地强调科学方法导致城市设计的核心问题被弃置，城市设计出现了大量与城市规划重叠的工作。同时在

城市设计中还出现了许多打着科学旗号的伪科学方法，应该引起学界关注。

5. 地块规划建设指标控制城市公共空间设计

作为职业建筑师的我们都有这样的经历，在做建筑单体设计的时候，都会拿到上位规划对地块内建筑的一些控制指标，比如用地性质、占地面积、容积率、控高、密度，绿地率，机动车出入口的位置和个数、用地的红线和建筑退线等。除了遵守这些上位规划对于地块建筑的控制指标之外，建筑师一般还要遵守一些建筑的设计规范，比如说住宅的日照要求和防火规范等。

那么这些规范实际上就控制了我们建筑单体设计的大概的布局和形式。除了这些规范和规划指标之外，我们并没有从规划中得到关于城市公共空间设计的要求。但是城市公共空间是由各个单体建筑共同塑造形成的，而不是脱离地块中的建筑独立存在的。实际上建筑师在执行完这些规划条件和规范条文要求之后，还会关注功能、美学方面的问题。但在这样的设计过程中，建筑师很少关注建筑外轮廓对形成城市公共空间的作用。城市公共空间其实不是主动设计的结果，而是被动生成的。有意识的单体设计导致下意识的城市公共空间设计，是目前城市公共空间设计严重缺失的主要原因。

6. 现代交通工具对城市的负面影响

工业革命带来了交通工具的巨大变革，这个变革完全改变了人们传统的出行方式，缩短了世界的距离，增进了人与人之间的交往和沟通。同时也使城市尺度急剧增大。受交通规范和车辆尺寸的影响，传统的城市道路无法满足机动车的要求，新道路系统的出现对城市的布局产生了巨大的影响。而且从某些角度看是对传统城市一种毁灭性的影响。

首先它严重破坏了城市在宏观和微观上的尺度，城市尺度急剧扩张，导致职住不平衡和交通堵塞。交通设施，比如铁路、高速公路、高架公路、机场等严重割裂了城市空间，过宽的道路和复杂的交叉路口造成步行的困难，由于现代交通的需求，原来

传统的蜿蜒曲折的小尺度街巷消失了。街道失去了美感、空间围和感和宜人的尺度。过快的交通工具也导致了人们在城市中面临许多安全隐患。广场、街心公园受机动车道路的干扰，可达性变差。

7. 城市绿化的政策

经过几十年的快速发展，我国城市中街区的绿化水平比以前有了巨大的改善。城市中的绿化主要分成两种类型，一种是建设地块中的绿化，另一种是城市公共空间的绿化。那么在街区层面，主要是地块中的绿化和道路绿化这两种类型。街区中的地块绿化，受上位规划指标控制，通过绿地率来实现。公共空间的绿化，特别是道路绿化在一般情况下主要是以行道树为主，沿街还有一些集中的绿化带，基本上是以看为主的绿化，它们只起美化作用。城市绿化除了美化作用之外还可以为人提供舒适的环境，以及增加绿化覆盖率这些功能。我认为在目前中国城市街区层面上的绿化，过多地强调了增加绿化覆盖率的功能，那么由于这种要求导致大量的绿化只能看不能进入，绿化功能单一，没有为城市形成活力街区提供一个适宜的优美环境。

同时，地块中的绿化由于受传统用地观念的束缚，比如封闭的管理系统和大院儿文化等，虽然我们目前提倡开放式街区，但实际用地内部基本上是相对封闭的，其绿化对城市公共空间质量的改善起的作用也是微小的。

三、结语

从设计方法论的层面对当代城市中存在的问题进行分析和研究后，我们发现设计方法中一些系统性问题导致现代主义城市中出现了诸多问题。在城市发展的历史中，古人曾采用给大量建造的普通建筑制定设计和建造法则，并通过建筑师在城市规划中的主体地位予以贯彻，从而解决问题。另外在法则性设计方法的加持下，小地块开发，不同的业主和设计师共同参与，也保障了统一中的多样性。显然这种方法在当代城市建设和更新中已不适用。

我认为在城市建设和更新中首先要解决城市中

出现的重大问题，行之有效的方法是对当前的城市设计方法进行改革，并通过行政手段强化城市设计对城市规划和个体建筑设计的控制。

参考文献：

［1］布劳恩.建筑的思考：设计的过程和预期洞察力［M］.蔡凯臻，徐伟，译.北京：中国建筑工业出版社，2007.

［2］ALEXANDER C.Notes on the Synthesis of Form[M]. Cambridge:Harvard University Press，1964，1

［3］ 维特鲁威.建筑十书［M］.高履泰，译.第一版.北京：知识产权出版社，2001.

［4］ 何蓓洁，王其亨.清代样式雷世家及其建筑图档研究史[M].北京：中国建筑工业出版社，2017.

十年推介回顾与思考

张松

一、推介与传播

诞生于 21 世纪之初的"中国文化遗产保护无锡论坛"，曾经是我国历史保护观念从"文物保护"扩展到"文化遗产保护传承"的重要学术交流平台，在国家文物局的指导和支持下，全面推动了工业遗产、乡土建成遗产、20 世纪遗产、文化线路、文化景观、运河遗产等新类型遗产的保护管理和文物资源的活化利用。

2008 年 4 月，受国际文化遗产保护思潮的影响，中国古迹遗址保护协会在无锡召开了以"20 世纪遗产保护"为主题的第三届中国文化遗产保护无锡论坛，会上讨论通过了《20 世纪遗产保护无锡建议》，自此国内 20 世纪建筑遗产保护得以全面开展。

2014 年 4 月，新成立了中国文物学会 20 世纪建筑遗产委员会，5 月启动了中国 20 世纪建筑遗产项目推介活动，经过委员会 97 位专家的推介，历经严密的初评、终评流程，于 2015 年 8 月产生了"首批中国 20 世纪建筑遗产项目"。2016 年 9 月 29 日，在故宫博物院内的宝蕴楼前举行了"致敬百年建筑经典：首届中国 20 世纪建筑遗产项目发布暨中国 20 世纪建筑思想学术研讨会"，首批中国 20 世纪建筑遗产 98 个项目正式对外发布。两院院士吴良镛，中国文物学会会长单霁翔，中国建筑学会理事长修龙，中国工程院院士马国馨、张锦秋、孟建民等建筑界、文博界、出版传媒界的专家学者、入选单位代表、高等院校师生等 200 余人出席了会议（图 1）。

图 1. 首届中国 20 世纪建筑遗产名录发布会现场

2023 年 9 月，"第八批中国 20 世纪建筑遗产项目推介会暨现当代建筑遗产与城市更新研讨会"在四川大学望江校区召开，公布了 101 个建筑遗产项目。10 年中的八批合计 798 个中国 20 世纪建筑遗产项目，基本反映了中国 20 世纪建筑和城市发展的主要线索。八批建筑遗产项目的评选、推介和传播，对丰富中国文化遗产类型，发现近现代建筑的遗产价值，在城市现代进程中留住乡愁，促进地方文化传统传承发展等方面具有重要的现实意义。

本人有幸参加了第一批至第八批中国 20 世纪建筑遗产项目初评和终评的推介工作，参加了多数批次的项目发布推介会及相关学术活动，参与了《中国 20 世纪建筑遗产名录》（第一卷、第二卷）、《20 世纪建筑遗产导读》等相关书籍的编撰。在这 10 年的历程中，对各地 20 世纪建筑遗产保护利用状况有了更全面的了解，对中央全面加强历史文化遗产保护传承新要求有了更深刻的认识和理解。

二、认知与反思

众所周知，20 世纪是一个快速变化的时期，对我们的生产、生活、文化、科技等众多方面的观念都提出了挑战。一方面，经济、社会和科技的发展体现在建筑、环境、结构、空间、住区和景观中，反映了 20 世纪的复杂性；另一方面，看似坚固、原本认为可以世代矗立的建筑物突然间就不复存在了，这既让人感到恐惧又令人觉得不可思议。

正如 2011 年《关于 20 世纪建筑遗产保护方法的马德里文件》所指出的："由于缺乏欣赏和保护，20 世纪的建筑遗产面临着前所未有的风险。一些已经消失了，更多的仍处在危险之中。它们是活的遗产（living heritage），为子孙后代着想，对它们的理解、定义，诠释好、管理好它们至关重要。"

为此，需要对 20 世纪形成的历史肌理（historic fabric）进行充分的研究、记录和分析，以指导任何变化或干预。20 世纪建筑遗产的完整性不应受到冷漠无情的干预措施的影响。

古代文物建筑是我国悠久历史、灿烂文化的记录和见证，它们的存在不仅可以让现代人看到千百年前的历史文化和创造力，还为历史研究保留了大量真实信息。20 世纪建造形成的各类新建筑和城市空间同样精彩纷呈，20 世纪遗产反映了时代进步和文化追求，反映了国家的历史、文化和生活环境肌理的基本特征，是市民日常生活中艺术表达的重要手段，并构成了未来的遗产。

三、观念与法制

《20 世纪遗产保护无锡建议》指出："人类社会步入新的千年，20 世纪遗产保护日渐提到重要议程。20 世纪遗产是文化遗产的重要组成部分，反映了百年变迁和多元文化，具有丰富的内涵和强烈的感召力。"

时至今日，对于 20 世纪遗产保护的认识依然存在观念上的误区。"厚古薄今"是过去很长一段时间内，文化遗产保护在观念上的自囿。由于认定标准的局限性，被社会上某一或多种主流文化珍视的古老建筑通常会被保留和保护下来，这也意味着其他建筑就可以被随意拆除或废弃。

在人类历史进程中，20 世纪全球建筑环境的贡献已引发广泛的思考，我们需要真正理解"20 世纪遗产"这一新类型遗产的实质和内涵，全面鉴别和科学评估 20 世纪建筑、城市、生产技术以及生活景观的社会价值和文化意义，理解塑造建成环境的各种力量、趋势和现象。

长期以来，新建筑的诞生往往伴随着对过去时代建筑的否定和藐视。今天，一座建筑或一组建筑群的拆除与重建变得再普通不过。在这样过于注重短期效益的社会环境中，拥有数十年、近百年寿命的 20 世纪建筑遗产能够留存至今可以说实属不易。

然而，现实不容乐观。20 世纪遗产尤其是功能还延续着的"活的遗产"或生活遗产在保护身份认定时往往会被轻视和忽略，导致大量 20 世纪建造的厂房、住宅、学校、医院、桥梁等各类建、构筑物等毁于推土机下。

法律保障的缺失、保护技术的欠缺、不合理的改造利用等原因，导致大量具有社会和环境价值的 20 世纪遗产正在加速消亡，抢救保护工作日趋紧迫。

四、行动与意识

欧洲是城市建筑遗产保护利用的成功地区。1972 年 11 月，UNESCO 通过了《世界遗产公约》。1973 年 3 月，欧洲委员会核准的《欧洲共同体环境行动纲领》中开始高度关注与城市和区域发展密切相关的环境问题，包括对社区建筑遗产和自然遗产保护管理相关问题的思考。1974 年 5 月欧洲议会通过了《关于保护欧洲文化遗产的决议》，标志着欧洲大规模的建筑遗产保护修复运动的全面展开。

1975 年"欧洲建筑遗产年"是欧洲委员会发起的一项倡议。通过为期三年的保护运动，表明建筑遗产是决定生活质量的重要因素与全民共识，全面加强和改善了建筑遗产保护的制度机制。保护运动中有两个重要事项，一是在参与国进行了大量破败建筑和地段修复与修整试点项目；二是提高公众意识，普遍提升了人们对保存和修复建筑遗产的意愿，这是公共行政部门实施保护政策的必要条件。

在欧洲，建筑和自然遗产通常被认为是生活质量的决定性因素，保护运动的这两项举措对于保护和改善社区的生活环境非常重要。文化维度和物质环境处理的质量应纳入社区规划政策，并为提升城市凝聚力发挥积极作用。

城镇的共同特征必须得到全面的维护管理，包括历史连续性、公共空间品质、社会混合度与城市多样性的丰富度等方面。需要关注高质量的建筑环境，改善社区环境质量以及市民与城乡环境之间的关系，关注身边的环境遗产，在长期的规划设计实践中，为形成社会凝聚力、创造就业机会，促进文化旅游业和区域经济发展等方面作出积极贡献（图 2）。

五、协调与模仿

进入新千年以来，阮仪三先生就曾多次呼吁抵制全国各地普遍出现的"欧陆风"和"仿古风"，这是一股由沿海大都市传向内陆中小城镇，由新区开发建设波及旧区改造更新，无处不在的"模仿"风潮。

回顾历史，早在 1933 年国际现代建筑协会（CIAM）制定的《雅典宪章》中已有这样的观念，"优

图 2. 同济大学大礼堂（1962 年）今天依然是校园文化空间

秀建筑，无论是单体建筑还是建筑群，都应该受到保护，免于拆除"。而且，"以美学之借口，在历史地区再使用历史风格（re-use of past styles）建造新建筑，会带来灾难性后果。这一习惯做法以任何形式延续或引入都是不能容忍的"。

1972 年 6 月，国际古迹遗址理事会（ICOMOS）在布达佩斯举行第三届大会，会议充分讨论了当代建筑与历史环境的协调问题，并通过了《关于将当代建筑引入古老建筑群研讨会的决议》（下文简称《决议》）。

《决议》认为在目前的文明发展状况下，技术和经济问题不适当地转移了人们对人类和社会价值的注意力。城镇的日益迅速发展，迫切需要为日常生活环境、历史纪念物和建筑群的保存提供系统性保障，具有历史意义的建筑群构成了人类环境的基本组成部分。

建筑必然是其时代的表现，它的发展是连续的，它的过去、现在和未来的表现必须作为一个整体来对待，必须不断保持其和谐。应当谨慎使用现代技术和材料，只有在考虑适当的体量、尺度、节奏和外观的情况下，不影响后者的结构和美学品质，将自身融入古老环境。而且，必须以文化遗产和历史环境的真实性为基本标准，避免任何影响其艺术和历史价值的仿制品。

《20 世纪建筑遗产保护办法的马德里文件（2011）》对 20 世纪建筑遗产保护也有明确的要求，规定"重要的建筑元素必须修缮或修复，而不是重建。稳固、加固和保护重要的元素比替换它们更可取"；"重建完全消失的遗产地段或其重要建筑元素不是保护行动，不建议这样做。除非有历史文献资料支持，并且恢复重建有助于对遗产地区完整性的理解，有限的重建才可以进行"。

六、更新与创造

在各地开展的城市更新行动中，成功的城市更新多以建筑遗产保护利用为前提，注重延续城市文脉，活化利用各类历史遗存，同时兼顾环境提升和功能转

型。城市有机更新成为新时期城市精细化治理的重要实践方向。

工业建筑遗产的保护与活化利用是当下城市更新行动中的热点。上海的"一江一河"工业锈带向生活秀带的转型实践就是其中的成功案例之一。工业城镇在文化遗产保护机制建设中，需要高度重视 20 世纪工业遗产，需要进一步开展实践，探索在城市国土空间规划的存量管理、城市更新进程中工业遗产景观特征维护改善等问题（图 3）。

在以存量发展为主要形式的新时代，需要加强对 20 世纪建筑遗产，特别是现当代建筑遗产（1949年之后）的保护管理，需要弥补相关保护法规制度建设中的缺失和漏洞。

城市更新中的建筑保护利用必须严格遵守真实性和完整性原则。借由改善民生和技术缺陷等理由，对既有老旧建筑甚至是已有保护身份的历史建筑进行拆除重建，显然是不符合保护法规的相关规定的违法行为，是建设性破坏工程。

保护不同阶段历史进程中所形成的文化丰富性和多样性，通过现在将过去与未来联系起来，整合形成建成环境和自然环境的良好关系，是规划师、建筑师的职责和历史使命。任何历史遗存和建筑遗产都具有独立于其最初功能和意义的内在价值，使其能够适应不断变化的文化、社会、经济和政治环境，同时得以充分保留建筑结构和历史特征（图 4）。

提高对建筑和城市设计的认识和宣传，使地方政府和广大市民更加了解建筑、城市、景观的文化意义和价值，并接受更好的培训和宣传教育，包括对现当代建筑在内的建筑遗产进行创造性管理的概念，以实现全面保护文化资源和建筑遗产的目标。

七、传承与发展

2021 年 9 月，中共中央办公厅、国务院办公厅印发了《关于在城乡建设中加强历史文化保护传承的意见》，要求建立分类科学、保护有力、管理有效的城乡历史文化保护传承体系。通过完善制度、机制、政策，着力解决城乡建设中历史文化遗产屡遭破坏、

图 3. 上海杨浦滨江工业遗产景观带

图 4. 极具上海城市特征的里弄街区

拆除等突出问题。

2023 年 12 月 19 日，在北京召开的"文化遗产保护传承座谈会"强调，要按照保护第一、传承优先的理念，坚定文化自信，秉持开放包容，坚持守正创新，正确处理保护与利用、保护与发展、保护与开发等文化遗产保护传承中的重大关系，始终

把保护放在第一位，在保护中发展、在发展中保护。确保各时期重要城乡历史文化遗产得到系统性保护，为建设社会主义文化强国提供有力保障。

20 世纪建筑遗产保护管理需要筑牢法治保障，坚持价值导向、实现应保尽保的要求。以历史文化价值为导向，按照真实性、完整性的保护要求，适应活态遗产特点，全面保护好城市与乡村、生产与生活、物质与非物质历史文化遗产。

近年来，中国 20 世纪建筑遗产项目推介活动已经注意到中小城市、西部地区等地域平衡问题，如为促进地方城市文化遗产保护工作，项目发布推介会安排在安徽省池州市、广东省茂名市等地举办，对促进"文化池州""滨海绿城"茂名的建设和发展发挥了积极作用（图 5、图 6）。

建筑是一项知识、文化、艺术和专业活动。因此，建筑服务也是一项兼具文化功能和经济效益的专业服务。在今后的评选和推介活动中，还需要注意地理

图 5. 池州市国润祁红老茶厂

图 6. 茂名市 20 世纪 80 年代城市住宅建筑群

图 7. 云南省剑川县的美丽人居环境

和区域分布上的平衡，注意各类建筑或城乡建成环境（住宅、工业、公共设施、工程景观）的多样性，加强对不同历史时期，如 1949 年前后，社会主义建设、改革开放等时期各种因素的调查和评估。

尽可能将建成 30~50 年的建、构筑物选入中国 20 世纪建筑遗产项目名单。从国家层面看，也应当加强对 1949 年之后与相关重大历史事件、经济建设相关的建筑遗产的保护，注重建成环境遗产的整体性、建筑审美特征的多元化。

高质量发展和高水平保护是相辅相成、相得益彰的。高水平保护是高质量发展和高品质生活的重要支撑，文化赋能、绿色低碳的高质量城市发展只有依靠高水平保护才能实现。

壮丽的自然风光、丰富的文化遗产和多样的人居环境是建设美丽中国的基础。必须坚持"人民城市人民建、人民城市为人民"的基本理念，坚定不移地走可持续发展之路，推进以绿色低碳、环境友好、安全健康、宜居智慧为导向的美丽城市建设（图 7）。

一座车站一座城
——石家庄火车站站房改建

郭卫兵

石家庄，一座被人们称为火车拉来的城市。在我的记忆中，有很长一段时间对火车站的印象是模糊的，甚至有些魔幻，只记得大概在 20 世纪 80 年代初期坐火车出门，需要穿过曲折杂乱的街巷才能到达作为石家庄门户的火车站，几栋低矮的平房沿站台排开，红陶瓦顶，墙面涂着刺眼的黄色涂料，人们在路边搭起的席棚中排队候车。

1986 年，改革开放后的石家庄迎来了发展机遇，政府开始规划一座崭新的火车站，由河北省建筑设计院承担站房的设计工作，建筑师李拱辰先生任工程负责人，负责站房的方案设计和施工图设计。至今，我们从设计院保留的档案文件中，仍可看到李总当时绘制的方案效果图和施工图。

石家庄火车站的建设始于改革开放初期，在这个时期，从社会层面来看，城市经济有了较大的发展，具备建设一座较高标准的大型公共建筑的实力，满足石家庄作为全国铁路枢纽城市的功能要求。设计初期，铁路部门和石家庄市高度重视此项工程，借助铁路交通行业的优势，河北省建筑设计院的工程技术人员到全国各地火车站进行了充分调研。从建筑设计层面，改革开放极大地唤起了建筑师的创作热情，尽管当时各方面条件仍不理想，但建筑师在各种限制条件下的创作，更体现了建筑的本质特征。合理的功能组织、经典的比例尺度、质朴的地域性特征、粗材细做的设计思想和积极的探索，这一切造就了这座时代的建筑丰碑。

图 1. 改建前建筑外观

建筑师李拱辰先生，1959 年毕业于天津大学建筑系，具有深厚的建筑设计功底，是老一辈建筑师中的佼佼者，其在设计石家庄火车站时正值年富力强之时，良好的教育背景和时光的磨砺塑造了他良好的沟通能力和设计能力。面对这样一次难得的机遇，他投入了巨大的热情和精力。

1987 年，石家庄火车站落成，一座功能完善、形象鲜明的大型交通建筑矗立在城市中心，作为石家庄的交通门户，也成为石家庄这座城市的标志性建筑（图 1）。

石家庄火车站建筑形象端庄大气，水平伸展的建筑体量采用竖向片柱和八角形凸窗形成韵律。微微上扬的入口雨棚出挑深远，稳重而轻盈。建筑正中

图 2. 改建后建筑外观

的钟楼采用支柱脱开水平主体，显得更加灵动，比例尺度及细部设计堪称经典。值得关注的是，建筑设计与艺术品设计的结合，不仅代表那个年代建筑设计手法的倾向，同时也表现了建筑的地域文化特征，艺术名家的作品，也为当下留下了宝贵的艺术财富。

图 3. 保留的室外壁画

如在建筑主体的正立面两侧设有两片马赛克壁画，以河北出土文物中的龙凤辅首为题材，突出了"门户"之意；在进站广厅和候车厅内均设有尺度较大的壁面，这些艺术品同这座建筑一起，构成了人们对石家庄火车站的美好印象。站房的平面布局十分合理，三个候车厅之间设有庭院，满足采光通风需求的同时也可作为庭院候车使用，体现了"适用、经济、美观"的建设方针。

石家庄进入高铁时代后，一座现代化的新高铁车站于 2012 年 12 月 21 日投入使用，旧的石家庄火车站没有了往日熙来攘往的人流，但它带给这座城市的记忆永不磨灭。在尊重历史文脉的当下，反而更加受人关注，期待着有一天它会焕发新生。

2019 年，石家庄火车站站房荣获由中国文物学会、中国建筑学会、中国文物学会 20 世纪建筑遗产委员会颁发的"第四批中国 20 世纪建筑遗产"称号。这一荣誉确定了它的历史地位和文化价值，为之后的活化利用产生了积极的影响。

2022 年石家庄市决定将石家庄火车站站房改建

图 4. 保留的室内壁画

图 5. 原设计者李拱辰先生参观

成石家庄解放纪念馆。石家庄市是全国最早解放的城市，石家庄火车站同样托起了这座城市的希望，所以从政治层面、社会层面到建筑层面，这一举措是十分正确的（图 2）。

设计之初，我们首先确立了它作为"20 世纪建筑遗产"的历史地位和文化价值，得到了各界广泛的认同，为改建方案的顺利推动提供了重要支撑。改建方案以保留城市记忆为前提，以轻介入的方式突出了石家庄作为开国第一城的政治形象，在保持建筑原有风貌基础上，通过材质提升、强化纪念性、新旧对话等方式，在满足新的功能的同时，也适当增强了建筑的现代性。如在建筑入口处增设前厅空间，这一空间采用玻璃立方体的形式，减少了扩建空间与主体建筑的冲突，实现了新与旧乃至空间的对话。在改建过程中，设计保留了建筑外墙及进站广厅处的壁画（图 3、图 4），保持了原有建筑空间格局。这些改扩建手法，介于许多的"两者之间"，我们突出选择了尊重历史和城市，同时也适度塑造面向未来的建筑改造观。

2023 年，石家庄解放纪念馆建成并开放，获得了社会各界的广泛认可，成为石家庄的红色文化地标，以建筑的方式体现了其对一座城市的深远影响。这也是一次关于"20 世纪建筑遗产"如何保护、利用的成功实践。面对已经评选出的八百余项 20 世纪建筑遗产，我们衷心祝愿：旧建筑，新未来。

文明互鉴下的澳门文化遗产

刘临安

2024 年 12 月 20 日将迎来澳门回归祖国的 25 周年纪念日，暨中国政府恢复在澳门行使主权的第 25 个年头。

时光回溯到 15 世纪，欧洲伊比利亚半岛的葡萄牙人和西班牙人开启了大航海时代的序幕，开始漂洋跨海对外进行殖民开拓。1498 年，葡萄牙人达伽马（Vasco da Gama）率领的船队绕过了非洲的好望角进入印度洋，开辟了到达亚洲东方的航线。大约过了 15 年，另一位葡萄牙人欧华利（Jorge Alvares）沿着达伽马开辟的航路，经过马六甲海峡到达了中国的珠江口，在那里树立起一块石碑——发现碑。

1553 年（明嘉靖三十二年），葡萄牙人的船队以晾晒被海水打湿的货物为理由，请求在澳门上岸居留，并且许诺每年向明朝的香山县衙缴纳 500 两租银，以求获准在澳门"僦居"，也就是租地居住的权利。从此开始了葡萄牙与中国 290 余年的贸易往来。鸦片战争以后，清朝国力的日渐衰落，极大地刺激了西方殖民者的贪婪和野心。1845 年，葡萄牙女王玛丽亚二世单方面宣布澳门是自由港，外国商船可以在港口停泊并进行贸易活动。第 79 任葡澳总督亚马喇（Ferreira do Amaral，又译为亚马勒、亚马留）是一位狂热的殖民主义者。他无视中国在澳门的主权，开始在澳门强征土地，肆意拆屋，向中国商家和居民征收税金。1849 年 3 月，他公然带兵捣毁清政府海关的关部行台，撤除税馆和税口，驱逐县丞，

破坏衙署，拒缴租银，拆毁《澳夷善后事宜条议》石碑，擅自将关闸向大陆方向迁移。同年 8 月，这位激起民愤的总督被澳门义士沈志亮等人袭杀，落得身首异处的下场。直到 1887 年，清政府与葡萄牙政府在北京签订《中葡和好通商条约》，其中明列"葡国永驻管理澳门"。至此，澳门彻底沦为葡萄牙的殖民地，清政府无奈终结了在澳门的主权。直到 1999 年 12 月 20 日，中国政府恢复对澳门行使主权，澳门终于回到祖国的怀抱。

历史上澳门由澳门岛、氹仔岛、路环岛三个岛屿构成，陆地面积不到 10 平方千米。澳门回归以后，经过大规模的填海工程，沧海变桑田，澳门特区的陆地面积增加到 33 平方千米。城市面貌发生了令人瞩目的改观，澳门岛与氹仔岛用三座大桥相连接，氹仔岛与路环岛合为一体，一大批流光溢彩的建筑在路氹填海区拔地而起，装点了璀璨的现代化城市面貌。港珠澳跨海大桥更像是一道巨型的卧波长虹，将内地与香港、澳门连接起来。

2005 年 7 月 15 日，在南非德班市举行的第 29 届世界遗产委员会会议上，澳门历史城区被联合国教科文组织和世界遗产委员会公布为世界文化遗产，成为我国第 54 个世界文化遗产项目，也是我国特别行政区中第一个成功入选世界文化遗产的项目。

澳门历史城区位于澳门岛，保护区面积 16.17 公顷，缓冲区 106.79 公顷。历史城区包括 22 栋建筑遗产及公共空间，分为东西两个区。西区面积大，

分别以妈阁庙前地、亚婆井前地、议事亭前地、大三巴前地、白鸽巢前地为枢纽，分布着妈阁庙（图1）、港务局大楼、郑家大屋、老楞佐教堂、岗顶剧院、何东图书馆、大三巴牌坊、东方基金会会址等中西方建筑遗产。东区面积较小，以东望洋炮台为核心，集中有炮台、灯塔、雪地小教堂。历史城区的建筑遗产及公共空间的历史跨度从15世纪至20世纪末，真实完整地记录着澳门社会文化的发展历程。

1839年（清道光十九年），为了禁绝鸦片对于国家的毒害，钦差大臣林则徐和两广总督邓廷桢奉旨巡阅澳门。据有关文献记载，9月3日早晨，林则徐一行官员从香山关前寨通过关闸进入澳门，在莲峰庙（图2）会见中国县丞和葡萄牙理事官。然后穿过筷子基，路经花王庙步入内港街道，沿途视察关部行台、税馆、码头及沿途民生情况，在大三巴炮台接受澳葡政府的欢迎仪式，再经过龙须庙和小三巴，到达妈祖阁稍事歇息。回程经过小三巴后转西行，通过麻风庙和医院路，穿过大三巴，经过花王庙回到莲峰庙。这条巡阅路线基本涵盖了今天的澳门历史城区。因此，本文依循当年林则徐的巡阅线路逐次展开澳门历史

城区的建筑遗产及公共空间的叙事。

首先是澳门岛的北部。历史上，这里与内地隔海相望，仅有一条沙堤连通两地。这一带是中国人聚集的地方，有沙梨头、望厦村等传统村庄，还有莲峰庙、普济禅院（图3）等中国寺庙，作为明清政府驻澳门的最高行政机构——县丞衙署也在这里。今天，昔日的沙堤已被拓宽成关闸马路，沙堤两旁的浅滩已被居住社区所替代，只有莲峰庙和普济禅院未曾变迁，默默地坚守着历史的真实。170余年前，钦差大臣林则徐在莲峰庙前的庭院中央设置台案，召集葡澳官员"宣布恩威、申明禁令"。1989年爱国侨团捐资在庭院东侧树立了一尊林则徐塑像，1997年澳门特区政府在此修建了林则徐纪念馆，一举重振了中华国威。与此相反的是，1844年7月3日，清政府特使耆英和美国政府代表顾盛（Caleb Cushing）在普济禅院的东院签署了中美第一个不平等条约《望厦条约》，也称《中美五口通商章程》。今天，小院虽然还保留着当年的样貌，社会却发生了翻天覆地的变化。物是人非，令人唏嘘。莲峰庙和普济禅院两座相隔不远的中国古代寺庙，记载着中国近代史上一荣

图1. 妈阁庙

图2. 莲峰庙

图3. 普济禅院东院

图4. 东方基金会会址

图 5. 基督教公墓

图 6. 大三巴牌坊

图 7. 哪吒庙

图 8. 中央炮台

一辱两个案例。知史明志，当令国人警醒不忘。

　　沿着望厦山公园西侧的罅些喇提督大马路南下，可以到达白鸽巢公园，这里集中分布的建筑遗产有东方基金会会址（图 4）、基督教公墓（图 5）以及花王堂（圣安多尼教堂）。东方基金会会址原是葡萄牙贵族、澳门保险业创始人俾利喇（Manuel Pereira）的私邸，建于 1770 年左右，为一幢二层的白色洋楼和西式庭院，后来转租给英国东印度公司，作为该公司驻澳门大班的住所。基督教公墓位于东方基金会会址旁侧，建于 1821 年，总体布局分为前后两个部分。前部为一个矩形院落，建有马礼逊小教堂。后部地势较低处为墓园，现有 10 余座墓冢和 180 余座墓碑，是澳门第一座基督教传道场所。埋葬其中的有瑞典历史学家龙思泰（Andrew Ljungstedt，1759—1835），他在 1832 年撰写了第一部关于澳门历史的著作《早期澳门史》；英国水彩画家钱纳利（George Chinnery，1774—1852），创作了不少描绘澳门风土题材的历史画作。花王堂创建于 1588 年，是澳门三大古教堂之一。另外两座分别是建于 1568 年的望德圣母教堂和建于

1846 年的圣老楞佐教堂。花王堂历经多次火焚和重建，现在的建筑重修于 1875 年。教堂外观为新古典主义样式，简素朴实，内部圣坛为巴洛克风格，绮丽灵巧。昔日，当地人多见洋人在教堂举行婚礼，花团锦簇，欢乐高奏，遂称之为花王堂。

　　接着是澳门岛的中部，北起高园街，南到市政署前地。历史上这一带是葡萄牙人居住的地方，修筑了一道界墙作为分隔，迄今在哪吒庙（图 7）旁边还留存一段界墙遗址，展示着往日的残貌。今天，这里成为澳门历史城区的核心地段，也是澳门旅游打卡的网红街区。遗产遗址举目相望，稗史逸闻俯拾皆是，商家店招琳琅满目。最令人瞩目的当数大三巴牌坊，其实，它是圣保禄教堂的前壁。圣保禄教堂附属于圣保禄学院，原名为天主之母教堂，建于 1602 年，建筑平面是典型的拉丁十字。教堂建成以后命运多舛，三度遭受火灾，在 1835 年的大火中整个教堂被付之一炬，只有前壁幸免于难。其面阔三间，共 23 米，高度为 25.5 米，均匀排列着壁柱和像龛，上面的人物雕像和宗教图案糅合了东西方文化和艺术特色。由于前壁的样式很像中国传统牌坊，因此，澳门人称其

图9. 卢家大屋内景

图10. 三街会馆

图11. 议事亭前地和市政署大楼

图12. 岗顶剧院

为大三巴牌坊（图6）。大三巴牌坊东南的一大片建筑遗址就是圣保禄学院，其前身是创办于1549年的圣保禄公学，1590年更名为圣保禄学院，是澳门历史上第一所西式大学。今天，在圣保禄学院遗址的空地上竖立了一尊身着中国古装的耶稣会教士的青铜雕像，昭示着中西方文化交流的历史钩沉。

与圣保禄学院遗址相毗邻的是大炮台。大炮台地处澳门岛的中央地带，射程可以覆盖整个澳门岛，所以又被称为中央炮台，是澳门现存8座炮台中规模最大的。大炮台的平面为矩形，面积2 000余平方米，采用欧洲当时流行的星形布局，转角部位有突出的棱堡，垛口处架设葡制铁炮。大炮台的附属建筑有官邸、营房、火药库和蓄水池。20世纪90年代后期，大炮台被改造成澳门博物馆，在顶部平台上仍旧架设着十几门铁炮（图8）。在大三巴牌坊西南有一条名叫关前正街的食摊街，170多年前清政府澳门海关的关部行台就坐落于此，迄今已经片迹无存，仅留下一个令人难以忘却的街名。

议事亭前地是一个梯形的公共空间，南阔北窄，正中坐落着市政署，市政署前地的道路向北延伸到板

樟堂（圣母玫瑰教堂）前地（图11），由此形成了一条中轴线，两侧矗立着仁慈堂、邮政总局、利斯大厦等西洋风格建筑，使这个公共空间产生了一种庄重感。历史上，议事亭曾是中葡官员定期会晤、商议事务的地方，2019年经过改造后改称市政署。议事亭前地喷水池的位置原来是矗立着葡军美士基打雕像的小花园，在1966年的"12·3事件"中，雕像被满腔怒火的澳门同胞推倒，20世纪90年代被改建成喷水池，地面全部铺敷成黑白相间的波浪形图案。

这个区域的建筑大部分是在18—19世纪建造起来的，只有三座中国传统建筑，一座是大三巴旁边的哪吒庙，门额上高悬"保民是赖"的牌匾表明这座小庙的作用。另一座是草堆街的三街会馆（图10），因地处营地大街、关前街、草堆街而得名，曾经在很长一段时间是华商聚会议事的场所，里面祭奉着忠义武财神关帝。还有一座就是大堂巷的卢家大屋（图9），三进围合式院落住宅，采用岭南建筑风格。虽然这三座中国传统建筑的体量卑小、风格简朴，但其历史文化的积淀与大三巴牌坊、市政署、仁慈堂难分伯仲，都被列为世界文化遗产，成为中西文明互

鉴的生动实例。

最后进入澳门岛的南部。从新马路（亚美打利庇卢大马路）市政署北翼的苏雅利医士街和东方斜巷可以到达岗顶前地。这是一个静谧的公共空间，充满中西方文化交融的气氛，周围坐落着何东图书馆、圣若瑟修院圣、龙须庙（圣奥斯丁教堂）和岗顶剧院（图 12）。何东图书馆是一座带有西洋庭院的三层楼房，建于 1894 年，原为澳门总督官也夫人的房产，1918 年被香港富绅何东爵士购得。何东爵士逝世后将这座私邸赠予澳门特区政府，现用作公共图书馆（图 13）。岗顶剧院建成于 1860 年，外立面是新古典主义风格，是中国最早的一座西式剧院，至今内部还保留着一百多年前的样式。市政署的东南侧不远处有一条南北向的街道，叫作"龙嵩正街"，葡语称为"中央街"。这是澳门岛最早的一条南北向大街，两旁的店铺和民房鳞次栉比。在正街南端坐落着一座黄色外墙的教堂——风顺堂（圣老楞佐教堂）（图 14）。历史上这里地势高敞，可以眺望到南湾的海面。每当有船队回来，教堂就会响起钟声，召唤居民出来迎候远归的亲人。

从这里继续南行进入高楼街。不远处的亚婆井前地是一个带有传奇色彩的地方。历史上这里有一口公共水井，向居民免费提供生活淡水，今天还保留一个永不干涸的大水盆。前地西侧的龙头左巷坐落着郑家大屋（图 15），它是我国近代思想家、实业家郑观应（1842—1921）的故居，主体是两座岭南风格的传统建筑，占地 4 000 余平方米。大屋在晚间上演古装情景剧，堪称文化遗产活化利用的一个特色项目。高楼街的中段是港务局大楼（图 16），是一座带有印度风格大回廊的建筑，建于 1874 年，最初作为印度果阿警察的营房，被称为摩尔兵营。

从高楼街进入妈阁斜巷，它的另一个名字叫"万里长城"。原来这里有一段 17 世纪葡澳当局修建的城墙沿坡而上，澳门同胞就为其取了这样一个名字。沿着斜巷走到底就是妈阁庙前地，妈阁庙就坐落在这里。妈阁庙也叫妈祖阁、天后宫，一说建于 1448 年，一说建于 1605 年，背山面海，是澳门文化遗产中建造年代最早的建筑。据说葡萄牙人最初在这里登陆，问当地人这是哪里。当地人随手指着妈阁庙说：妈阁，妈阁。葡萄牙人就把这里记作"MACAU"，从此以

图 13. 何东图书馆

图 14. 风顺堂

图 15. 郑家大屋

图 16. 港务局大楼

后就成为澳门正式的外文名称。

澳门是中西方建筑文化的荟萃之地，舶来与本土、宗教与民俗的建筑文化包容共处，和谐发展，相得益彰。若是深入探究的话，还可以发现三个特点。第一，遗产分布密度高。澳门除了世界遗产项目外，还有 130 余项历史场所、纪念物、建筑被评定为文化不动产（相当于国内的文物保护单位）。两类文化遗产项目加起来有 150 余项。若以此数除以澳门的面积，平均每平方千米的文化遗产超过 5 项，堪称我国城市中文化遗产项目分布密度最高的城市。第二，文化遗产类型丰富，澳门的文化遗产类型繁多，教堂、庙宇、公署、楼宇、民居、炮台、码头、前地、街市，甚至还有坟场。世界遗产委员会把文化遗产分为 14 个类型，澳门文化遗产就包括其中 12 个类型，基本上反映了澳门从 16 世纪至 20 世纪末的社会文化和建设成就。第三，澳门文化遗产的历史叙事连贯。由于澳门文化遗产在数量和类型上的优势，再加上 2017 年被世界记忆遗产委员会登录为世界记忆文化遗产的《清代澳门官方档案 1693—1886》，这就使得澳门文化遗产在历史叙事上具有连贯而明确的特点。凡是曾经发生过的历史事件和人物，要么有文献记载，要么有建筑实证，相互佐证，对于社会公众就会自然而然地产生一种无可辩驳的信服力。

从锦城艺术宫到四川大剧院

郑勇

2023 年是颇为忙碌的一年，项目推进很不稳定，可以说这一年我都是在期待、失落中交替度过的。

恰逢年末，收到中国文物学会 20 世纪建筑遗产委员会的邀请，让我写一篇有关过去十年自己经历过的有关中国建筑遗产保护与城市更新项目的文章，这让我倍感荣幸。我从事建筑设计已经 30 年有余，见证了中国城镇化建设的发展历程。从最早的大拆大建，到现在开始逐渐重视城市文脉的保留与再现，无论是城市的管理者还是使用者，对于城市建设的理念都在不断更新，而建筑师作为城市形象塑造的重要角色，有责任对此进行更深入的思考。

我从事建筑设计这个行业，与家庭影响密不可分。我的父母都是 20 世纪 60 年代大学毕业后便来到成都中国建筑西南建筑设计研究院工作，我从小在设计院的环境中耳濡目染，自己也慢慢喜欢上了建筑设计，以至于选专业、考大学，我都追随着父母的足迹，成为建筑师，扎根在了成都这片土地。

还记得 20 世纪 80 年代初，改革开放刚刚起步，虽然当时的社会经济并不发达，但人民群众对于文化生活的期待却非常热切。恰逢成都准备在市中心建设一个新的城市剧场，设计任务便落到了我父亲的头上，这让他老人家非常兴奋，在设计中投入了极高的热情。我清楚地记得，那段时间他每天都会和我分享项目的设计进度，还专门给我讲解著名美术家江碧波老师专为项目建设绘制的壁画稿是如何的精彩。虽然至今已过去近 40 年，但这些画面却一直留在了我的记忆之中。

经过几年的设计与建设，这个剧场于 1987 年落成，命名为四川省锦城艺术宫（图 1），位置就在成都市中心的天府广场东侧。父亲在设计中融入了四川常见的吊脚楼元素，江碧波老师的《华夏蹈迹》金丝壁画也出现

图 1. 四川大剧院与锦城艺术宫的对望 1

图2. 四川大剧院与锦城艺术宫的对望2（组图）

在立面最显眼的位置。在那个百废待兴的年代，这样一幢建筑的出现极大地鼓舞了人们建设家园的热情，沉淀多年的四川地域文化也在建筑上得到了传承与表达，自然而然成为成都新的文化地标建筑。当年，这是国内最好的剧场之一，其优质的演出效果及设备配置得到了观众与专业演出团体的普遍认可。后来，这个剧场还作为编制《剧场建筑设计规范》的参考范例，是我父亲设计生涯中的得意之作。

锦城艺术宫的经营自负盈亏，完全通过"自我造血"实现了持续、健康的运营，这在全国范围来说都不多见。但30多年以后，建筑的设施设备逐渐老化，其功能也无法满足新时代剧目的演出需求。于是在2009年，经政府部门主导，管理方通过土地置换等方式筹集了资金，准备在距离现有锦城艺术宫北侧不到100米的位置建

设一个新的剧场，并重新命名为四川大剧院（图2-3）。

由于历史原因，天府广场四周的建筑风格和色彩较为混杂，还没有形成清晰的空间秩序，空间特色也不够鲜明。为了再造城市空间秩序，我们在设计中没有采用"独特"的造型去吸引眼球和彰显个性，而是考虑与先期建成的四川省科技馆和四川省图书馆的整体协调关系，建立统一完整的城市景观。大剧院与图书馆的屋顶高度保持一致，控制在38米，突出了科技馆和毛主席像的城市中心地位。

新项目用地面积仅为11 200平方米，作为大剧院的建设用地来说是极其狭小的（图4~图7）。与此同时，为了保障剧场"自收自支"的运营体制，管理方还希望在这幢建筑内融入更多的经营空间，以提高剧院的运营能力。如何将这些多元复合的需求融入紧张的用地中，

图3. 四川大剧院与锦城艺术宫的对望3

图4. 四川大剧院夜景鸟瞰图

图 5. 四川大剧院西广场透视图

图 6. 四川大剧院室内金丝壁画透视图

图 7. 四川大剧院立面细节

图 8. 大剧场观众厅透视图

图 9. 小剧场观众厅透视图

打造一个多功能、充满活力的剧场文化综合体，成了一个极大的挑战。

我们的设计团队经过了激烈的讨论，最终决定采

用一种集约化的设计手法：利用架空和竖向叠加的手法将功能板块进行组合。项目用地狭小且紧临城市道路，为解决人员集散问题并营造从闹市到剧院之间的隔离过

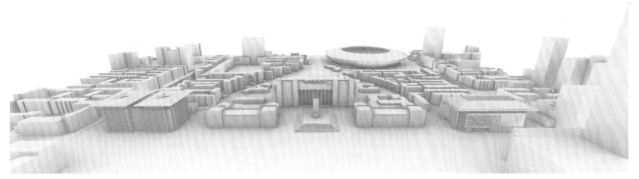

图 10. 四川大剧院城市空间尺度

渡空间，设计将底层 1 000 平方米的面积架空，形成 7 米净高的市民开放空间，为市民提供具有文化服务功能的"城市会客厅"。同时，将沿城市主干道一侧，将最好的沿街面安置经营用房，提升其后续的商业价值。在此基础之上，1 600 座的大剧场被设置在了二层，450 人的小剧场则继续向上叠加，设置在大剧场观众厅上方。这种形式在国内尚属首例，我们通过一系列研究与创新，成功克服了大、小剧场重叠带来的结构和声学上的技术难题（图 8、图 9）。

四川大剧院是锦城艺术宫的延续，对于我也有着特殊的意义。四川大剧院坐落于具有千年历史的城市中心，虽然这里早已经历了沧海桑田的巨变，但我依然希望将四川的传统建筑文化在这个建筑中进行演绎，将"蜀风汉韵"的神韵注入新的建筑之中。四川大剧院从传统建筑文化中汲取养分，提炼出缓坡屋顶、深挑檐等建筑元素，坡屋顶也在限高的前提下解决了对地块周边住宅的日照影响。建筑立面还以印篆体书写"四川大剧院"构成核心元素，以彰显剧院建筑特有的文化内涵。

江碧波老师为锦城艺术宫创作的金丝壁画也在新建筑中得到了"重生"，出现在观众观演流线最重要的节点上。我希望每位经过这里的观众，都能感受到新老建筑之间的呼应与对话，也希望新建筑内的这些源于老建筑的宝贵设计元素，为我们的城市变迁留下珍贵的记忆。

特殊的地理位置、特殊的历史文脉延续，成就了独一无二的四川大剧院。从方案设计开始到项目建成历经十年之久。在有限的用地里，我们利用空间关系的叠加，营造了舒适宜人的观演场所，同时兼顾了城市形象与商业诉求，项目建成后所呈现的艺术效果也达到了预期目标（图 10）。面对即将到来的下一个十年，我们也将继续满怀热情，以一种更加敬畏的态度面对传统文化，为城市建设贡献更多力量，做好城市建设与历史文脉的守护者与传承者。

人物相和，历史留声

薄宏涛

一、原点，见人见物

关注 20 世纪建筑遗产是关注我们身边正在走过的历史和正在书写着的历史，是关注我们相对漠视的那一部分历史。20 世纪建筑遗产不仅是物质的存在，也承载了人和事的记忆，深刻反映了时代的变迁。在增量的宏大叙事和存量的人间词话之间，这些建筑遗产构成了更新语境中的场景及记忆，同时也附着了人们的生存印记，让情感得以在场地中延续。

2009 年，艺术家宋冬在纽约现代美术馆呈现了一件大型中国当代艺术品，名为《物尽其用》。组成展品中的一万多件生活物品来自宋冬的母亲赵湘源，"这些物品不是标本，而是活过的生命。岁月给我们留下了这许多痕迹，但岁月也带去了许多东西。她千方百计地留下这些东西，为的是要延续它们的生命"。她用收藏的这些东西——以及它们所承载的家庭记忆——给自己造了一个"茧"，在里面找到继续生活的理由 [1]。

这些旧物，是一部人间故事，是她的故事、丈夫的故事，也是一个家庭的故事，更是一个时代的故事。正因为这些"曾经"已经逝去、成为过往，而成为历史；也正因为它们刚刚逝去，余温犹存，很容易唤起人们的情感共鸣。

我想，这就是 20 世纪建筑遗产对于我们的价值。

二、起点，十年弹指

对于更新的情感种子，应该始于 20 世纪 90 年代末，那是我第一次到田子坊访问尔冬强工作室时埋下的。芜杂的陋巷，窗下的阳光和五色斑斓的照片，是尔冬强老师镜头中讲述的上海城市烟火的故事，这算是我最早接触的城市影像史，也是我第一次感受到老照片带来的穿越时空的力量。经历 12 年一纪轮回之后，差不多从 2012 年起，我开始系统地关注城市更新——这个在彼时远不如今日火热甚至还有些冷清的课题。2012 年 9 月，我陪同程泰宁老师参加西班牙建筑学会组织的中西建筑师交流活动，其间参访了赫尔佐格与德·梅隆在马德里的凯撒广场文化中心（由老电力站改扩建）、理查德·罗杰斯设计的巴塞罗那 Las Arenas 商业中心（由有百年历史的斗牛场改造而成）。既有建筑更新后展现出来的文脉赓续、新旧共存的状态，使我大受震撼；同年，我作为"程泰宁建筑作品展开幕仪式暨论坛"的策展人，建议选择北京西城区佟麟阁路 85 号中华圣公会教堂旧址作为展场。在一座百年历史建筑中，简述一位中国建筑师半个世纪的创作坚守，是再合适不过的了。所以，2012 年，算是我正式全面关注城市更新的起点吧。

图 1. 第一次踏勘首钢南区
（资料来源：薄宏涛）

图 2. 攀爬高炉
（资料来源：薄宏涛）

三、实践，十年跨度

2012 年的上海市北冷库、2013 年的杭州机电厂、2014 年的南京长江路，记录了我们在城市更新领域的蓄力摸索。2015 年秋天，我跟随程泰宁院士参与首钢南区项目，第一次踏上首钢的土地（图 1），则是其后八年城市更新工作的起点。我们从零星参与北区工业遗存更新入手，进而面对挑战参与完成了北区两湖片区的城市设计，再到全面展开北区大面积的更新设计。我和团队以对土地的敬畏为起点，以极大的热忱和创作激情持续深耕北京首钢园区更新，在八年的时间跨度上为首钢园区的凤凰涅槃、华丽转

身作出了重要贡献。我本人作为两湖片区更新项目的责任总建筑师和大部分项目的主创，全程伴随式亲历了这场伟大的更新历程，几乎贯穿了我过往十年的难忘时光（图 2）。

2017 年 12 月，石景山钢铁厂入选第二批中国 20 世纪建筑遗产名录。2018 年 1 月，入选第一批中国工业遗产保护名录。这为 2019 年首钢百年华诞谱写了序曲，更为首钢园——这座北京城市复兴地标的打造勾勒出了清晰的文化根脉。

首钢北区更新以西十冬奥广场为更新引爆起点，三高炉博物馆及全球首发中心为文化传播锚点，国家体育总局冬季训练中心作为竞技训练锚点，首钢滑雪

图 3. 首钢园区复兴图卷（资料来源：张锦影像工作室）

图 4. 更新后的首钢三高炉和六工汇
（资料来源：张锦影像工作室，组图）

大跳台作为奥运核心竞技传播锚点，六工汇、金安桥科幻广场、制氧厂南片区、香格里拉酒店、一高炉 So Real 科幻乐园等作为全面展开的更新织补项目，自北而南，建构一条从北侧阜石路（原西十货运支线）经石景山、秀池、群明湖直至长安街西延段的更新场景走廊，展示了百年首钢原有制铁区域由工业性向城市性转化的全景图卷（图 3）。

更新后的首钢园区（图 4），坐拥京西得天独厚的山水资源和冬奥资源，以"国家奥林匹克公园"的定位成为北京城极具热度的城市微度假目的地；三高炉、一高炉和服贸会会场等一系列充满工业风貌特色的展陈空间成为众多品牌发布和文化事件的首选地；诸多产业组群以强烈的差异化场景把这里打造成为追求企业个性和绿色可持续工作环境的新兴科创产业聚集地；退二进"城"、全面敞开怀抱融入城市的首钢，已经成了北京市最具代表性的重要都市活力聚集地及策源地。当然，这里也依旧是无数首钢人魂牵梦萦的精神家园。这座北京城市复兴的崭新地标也正以自己独有的方式，在世界城市更新领域的经典案例群库中提供了充满东方智慧的中国样本，讲述了一组延续百年和不断书写的中国故事。

在张艺谋导演 2022 年北京冬奥会开幕式 24 节气倒计时短片中，三高炉博物馆及水下展厅入镜；在冬奥会滑雪大跳台的竞技转播画面中，首钢北区在世界范围出圈。西十冬奥广场、三高炉博物馆、六工汇连续受邀参展第 17、18 届威尼斯国际建筑双年展中国国家馆展览，西十冬奥广场、六工汇入选 2023 年伦敦英国皇家建筑师学会举办的"Building Contemporary China（建筑当代中国）"展，通过在几次盛会上的亮相发声，首钢园区更新在中西方公共关注和可以产生共鸣的城市更新话题上，展示了从工业性向城市性的转身，共同追忆了曾经的火红年代，讲述了新首钢凤凰涅槃的故事，寄望了美好的明天，建构了非常重要的文化桥梁。

四、更新，伴行历史

1765 年瓦特改良蒸汽机的出现，极大推进了人类文明的进程。人们在享受工业革命对生产力和生活水平的巨大提升作用的同时，却在相当长的时间内并未对这些工业文明建立正确的价值认知。大部分工业设施在技术落后或面对产业结构调整的局面时，被拆除往往就变成了其终极宿命。而后，世界范围内遗产价值观的转变，让我们得以用整体、完整的历史观看待人类发展历史中有价值的部分。20 世纪建筑遗产推进的意义就在于此：正视每一段曾经发生在我们身边、却已逝去或正在悄悄离开我们的那些熟悉的场景，正视每一段历史的价值。

当我们审视手边工业遗存更新项目的时候，就是在阅读一部中国近代工业的历史图卷。

湖北十堰汽车博物馆、会议中心、会展中心三合一更新项目（图 5）场地中的 41、43 厂是二汽东风

图5. 湖北十堰汽车博物馆、会议中心、会展中心三合一更新项目（筑境与东风设计院合作设计）厂房改造前
（资料来源：筑境设计）

图6. 重庆悦来庄稼化肥厂更新项目（筑境与MAD、非常建筑、重庆市设计院集群设计）改造前鸟瞰
（资料来源：筑境设计）

图7. 广州钢铁厂工业博览公园项目（筑境与中国院本土中心、广东省院、广州市院、XAA、SWA 集群设计）改造前鸟瞰
（资料来源：筑境设计）

图8. 天津第一机床总厂更新项目（筑境与天津大学建筑设计研究院合作设计）场地改造前
（资料来源：筑境设计）

在十堰建厂的起点——1969 年筹备，1971 年建成投产，属于"一五"时期苏联援建的 156 项工程之一[2]。项目中的总装车间至今还留存着二汽的第一条生产线。

重庆悦来庄稼化肥厂（原重庆江北化肥厂）更新项目中，江北化肥厂是 1958 年苏联援建的焦炭厂，1969 年建厂投产（图6）。

广州钢铁厂工业博览公园项目（图7）中，广钢是岭南地区最大的钢铁企业，1957 年始建，1958 年建成投产，位列全国钢铁企业"十八罗汉"之一①。

天津第一机床总厂（原天津市公私合营示范机器厂）（图8）更新项目中，一机床于 1951 年建厂，

是全国机床企业"十八罗汉"之一[3]。

中国服贸会首钢园区永久会址会博中心（图9），是结合首钢四高炉更新的改扩建项目，首钢始建于 1919 年（原石景山钢铁厂），位列新中国成立后钢铁企业"五帝"之一②，其中四高炉于 1989 年建成投产。

云南昆明滇越米轨麻园站区更新项目（图10）中，1910 年建成的滇越铁路是中国西南地区的第一条铁路，曾被《英国日报》称为与苏伊士运河、巴拿马运河相媲美的世界第三大工程[4]。

这些项目建设时间纵跨 80 年，涵盖了中国工业从百废待兴到搭建初步框架再到全面提升的阶段，它

① 1957 年 8 月 4 日，冶金工业部在《第一个五年计划基本总结与第二个五年计划建设安排（草案）》中，提出了钢铁工业建设"三大、五中、十八小"的战略部署。该部署中，北京石景山钢铁厂属于五个中型钢铁厂之一，广州钢铁厂属于地方十八个钢铁厂之一。
② 同①。

图 9. 中国服贸会首钢园区永久会址会博中心项目（筑境与首钢国际工程公司合作设计）改造前的四高炉
（资料来源：筑境设计）

们背后既散点呈现了中国近代工业发展的时间脉络，又蕴藏了无数种打开的可能性，等待我们去挖掘那段历史，简述那些故事。

鉴于城市更新项目普遍具有长期性、复杂性和不确定性的特点，上面提及的项目在设计推进中都面对了大量困难和挑战。但无论设计周期是漫长抑或短

图 10. 云南昆明滇越米轨麻园站区更新项目改造前
（资料来源：筑境设计）

促，建筑师都成了这些 20 世纪建筑遗产的伴行者，一路同行的身影也成了遗产活化故事中的一分子。正是建筑师的敬畏与珍视，才有了遗产场所精神的延续，才有了对曾经的人与事的传承，才能书写出遗产在今天不断发生的人与事。

五、思考，前路漫漫

为什么有这么多目光关注更新领域呢？我想，这就是时代脉搏和历史的召唤吧。曾经伴随高速增长呈现的浮华幻象已经褪去，建筑市场进入了一种回归理性基础的新常态。

从增量向存量的突然转向，这让绝大部分政府主管部门和业主方都表现出了较大的不适应，存量发展思维转型与 KPI 导向的年度考核，这组天然的矛盾让多数更新项目的设计人员不能真正沉下心来制定长效目标并直面项目的长期性，让大量短期目标不断

摇摆，导致项目举步维艰。

相当数量的更新本体作为沉默资产都有它沉默的原因，有些产权权属复杂，难以平衡多方利益；有些区位偏远、体量较大，难以在短期内明晰产业定位；有些虽地处闹市，但交通配置不足，想解决问题需大范围综合统筹而不可得，林林总总不胜枚举。想有效解决问题，必须真正认清更新作为城市肌体生长自适应调节的客观发展规律，要对城市问题有整体认知，不能"头疼医头、脚疼医脚"。更新是渐进徐行而非一蹴而就的，没有试错和摸索的过程，便很难找到真正"为王"的内容，进而提供项目自我调节所具备的持续造血和迭代能力的新系统，完成其在第二生命周期内的有序发展。

此外，目前的城市更新项目存在遗产文物泛化的危险。在过去30年的高速城市化进程中，不少优秀遗存已经湮灭，目前的留存物存在明显的良莠不齐的现象。有些遗存明明价值不高，却被给予了远超其自身实际价值的定位和身份，加以大力度保护并禁止再利用，这就是因为缺乏对历史遗存价值的准确判断，这是矫枉过正的过度遗产化。这样文物泛化倾向的所谓"保护"，过犹不及，并不利于一些价值一般但可通过更新改造二次利用激发价值的遗存更新，让大量原本可以进入更新领域的企业和资本望而却步，迟滞了更新应有的进程。

六、展望，世纪遗产

中国有足够大的腹地和足够多的遗存等待新生，过去30年间完成的大量建设也都陆续到了需要更新的阶段。我们既可以有深圳大冲村政企联合高举高打的拆除新建式更新，也可以有景德镇陶溪川企业牵头产业回归激发城市的激发迭代式更新，还可以有南京小西湖政企社群共建共享的协作式更新，更有大量未来的更新模式等待我们通过共同努力去发掘去创造。这就需要我们对遗产摸清家底，心中有数。

结合20世纪建筑遗产的工作路径，我认为当下的首要工作依然是需要专家学者们勠力同心，优先做好工业遗存的价值认定工作。工业考古的文化性维度和社会使用的经济性维度是遗存价值的两极，前者肯定工业遗存所具备的非生产型人文及社会学价值，是其再利用的基本出发点，但文物式静态保护的模式在我国略显水土不服；后者可充分发挥遗存的再利用价值，但目前还是缺乏社会普遍认知。因此，遗存更新的价值点就存在于这两个维度的平衡之中，既不以纯文物视角滞障遗存的有效再利用，又要在再利用的过程中充分尊重遗存的历史和人文维度的信息留存，以重新挖掘遗存经济使用价值的方式去保护遗存。

让更多的20世纪建筑遗产有尊严地存在于我们的生活中，见人见物，又有血有肉地存续下去，延续这些共有文明的精神火花，这是我们建筑学人的责任和使命。

参考文献：

[1] 纽约美术馆展出71岁中国老太的一堆"垃圾"，看哭了多少人？[EB/OL]. (2022-09-17)[2024-01-16]. https://www.sohu.com/a/585736535-121124723.

[2] 田运科. 承继：北京汽车装配厂的停建与二汽项目的确定：从"156项重点工程"到"三线建设"时期的二汽选址（二）[J]. 湖北工业职业技术学院学报,2022,35(5):21-28.

[3] 曾江. 中国机床行业的"十八罗汉厂"[J]. 金属加工（冷加工）,2009(5):3-4.

[4] 中国科协创新战略研究院，中国城市规划学会，滇越铁路[J]. 中国国情国力,2019(1):2.

百年木仓红茶香

殷天霁

　　国润祁红老茶厂于 2017 年被评为中国 20 世纪建筑遗产，很多人说，这个老厂本身就是一个"活的祁红博物馆"（图 1、图 2）。国润老茶厂位于长江南岸九华山下池州市区的老池口，是 1950 年新中国最早建立的祁门红茶生产厂家，当时的名称是中国茶叶公司皖南分公司贵池茶厂。新中国成立之初，安徽的祁红只有中茶贵池茶厂和中茶祁门茶厂两个大厂生产。祁门红茶是 1875 年由余干臣在至德县的尧渡街茶号创制成功，贵池茶厂建立时下辖了祁红产区里贵池、至德、石台三个县的四个手工制茶分厂，其中就有至德尧渡街分厂。贵池茶厂 2003 年改名为安徽国润茶业有限公司，所以称其为国润祁红老茶厂。从 1951 年开始，这个老厂已经持续生产祁门红茶 74 年了。

　　1986 年，我从安徽农学院茶业系毕业分配到贵池茶厂工作。当时，我是有可能留在合肥的安徽省茶叶公司的，但是当年的省茶叶公司红茶部和绿茶部已经各招进了一名茶学专业的大学生，省公司的孟庆鹏老总说你先去贵池茶厂吧，那是省公司的直属红茶拼配厂。到了贵池茶厂，我被分配到制茶车间（图 3、图 4），在这里我闻到了熟悉的祁红茶香，心情愉快又平静。1985年春天，我在祁门茶厂实习，厂区里就飘满了这熟悉的、若浓若淡的甜润茶香。因为跟省公司早有接触，我了解到那时我们的顶级祁红出口到欧洲的价格是 58 美元，而且还有外汇奖励，而当时我作为一个刚参加工作的大学生，每月工资只有 46 元人民币。当然，这些内容是保密的，即使很多年之后，我都深深地为祁红的价值所

图 1. 国润祁红老茶厂厂区鸟瞰

图 2. 国润祁红老茶厂厂区

图3.新中国成立初期的祁红制茶车间

图4.仍在使用的祁红老车间

震撼。

祁红被誉为世界三大高香茶之首，这是中国唯一的世界级名茶。祁红的历史虽不是很长，但祁红的出现，就如同一匹黑马挽回了19世纪以来中国茶叶的出口颓势，重新树立起中国名茶在全球范围内的美誉。1979年邓小平到安徽时，曾经感慨祁红的知名度，这可能源于他早年留学法国时的所见所闻。由于战争的影响，1949年之前祁红产业已经跌入谷底，所以新中国成立后迅速恢复祁红生产是经济发展的必然。祁红的国际影响也自然决定了建设贵池茶厂这样的祁红大茶厂的重要性。安徽的祁红当年主要通过上海茶叶进出口公司出口，直到改革开放后，1984年安徽省才拿到了红茶自营出口权。因为贵池茶厂的红茶品质优良以及有程家玉等一批经验丰富的技师，因此确定贵池茶厂成为安徽省唯一的红茶出口拼配厂。我参加工作的时候正是自营出口开始的时候，自营车间经常需要连夜加班生产，企业效益蒸蒸日上。1987年，厂里给每人发了一辆凤凰牌或永久牌自行车，此事曾轰动一时。

包豪斯风格的制茶车间，其建筑设计非常独到，曾得到马国馨、费麟等大师的赞赏。车间里的制茶设备都是木质的，而且模具都是由贵池茶厂自行设计、制造出来的。当年公私合营合肥电机厂的电动机至今仍在平稳地运行着，这样的木质制茶生产线在全国茶行业都是绝无仅有的。那时，车间大约每年6月开工，一直生产到12月。车间里有句话叫作"上不清、下不接"，意思

就是上一道工序交出来的必须是合格产品，要符合这一批茶的生产计划或者整体要求。各班组长都是经验丰富的制茶师，每天都要碰头，把在制的茶叶拿出来进行短暂的评估交流，指出需要调整的意见，毫不含糊。印象很深的是有一年12月的时候，天气很冷，片末组的任务没有完成，我们被抽调过去支援，一袋碎末茶有100多斤，真不轻松。贵池茶厂的碎末茶曾直接供给过立顿公司、美国西北公司、汤普森公司等等。还有手工拣茶场里，楼上楼下足有上千名女工，每到下班的时候，上千名女工把池口路堵得水泄不通，反而成了池州城里一道独特的风景。拣茶场的茶师都具有极高权威性。那时候，拣工证是要在劳动局备案的，很紧俏，我的指标就给了邻居食堂的刘师傅，他是参加过抗美援朝的。还有1988年，唐克忠厂长派我去安庆师范学院搞联合开发祁红碳酸饮料，产品在安庆食品厂的可乐车间灌装成功。尽管之后不知何故未付诸实施，但此事表明这个老茶厂还是具有科学创新精神的。那真是贵池茶厂的辉煌年代。

我在1990年调到了池州地区供销社茶叶管理科，担任全市的茶叶行业管理工作。1999年又被派回到贵池茶厂，2000年任贵池茶厂的厂长。这时的企业状况跟我离开的时候已经截然不同了，祁红乃至整个中国红茶行业早已从巅峰滑到了谷底，企业处于艰难时期。之所以决定从机关重返茶厂，是因为我作为一个学茶叶出身的人，深信祁红作为世界三大高香茶，必定有再放异彩的那一天。我觉得自己对这里肩负着一份责任，满怀

一份情感。记得当我回到厂里，走进制茶车间，站在曾经熟悉的机器旁，产生了一种奇怪的、近乎被凝固的感觉。那一年，恰逢欧盟大幅提高中国茶的进口标准，我在北京参加活动时遇到了当时的勐海茶厂厂长助理董国艳，她也是为滇红而去的，我们都在为中国红茶的未来发展而奔走。贵池茶厂开始坚定不移地转向了润思祁红的内销。其间我走访过全国很多大型国有茶厂，去过湖南、湖北、江西等地，更不要说安徽了，看到一个个老厂逐渐走向衰落，尤其是祁门茶厂和东至茶厂两个祁红老厂的消失，使我有种唇亡齿寒的感觉，也更感觉到国润老茶厂能保留下来实属不易。好在从贵池茶厂到国润公司，我们每年都一直保持着正常的出口、内销的生产经营。2008 年有传言城市建设要动老茶厂这一地块，恰好又有上海的房地产开发商找上门来，我提出保留老毛茶库（老木仓）（图 5）、老制茶车间等条件。2009 年，润思祁红入选上海世博会中国世博十大名茶，在那个资讯传播尚不发达的时候，如何使更多的人知道这件大事、好事呢？因为和时任安徽省副省长的赵树丛有过几次接触，他是一位开明热情、有洞见、敢担当的领导，我忐忑地把这个喜讯用传统书信的方式报告给了赵副省长，不久，安徽省农业产业化指导委员会为此专门发来了贺电。这在当年对农业关注不够的池州市是一个重要事件，池州市委、市政府对老茶厂、对润思祁红给予了高度重视。

2017 年 4 月的外交部安徽推介会，国润公司荣幸地担任了安徽四大名茶，即祁门红茶、太平猴魁、黄山毛峰、六安瓜片的现场推介工作。时任外交部部长的王毅在品尝了润思祁红后赞誉其为镶着金边的女王。我在现场倍感荣耀，这是祁门红茶，也是池州茶叶企业为安徽省争光了。有一次，雍成瀚市长陪同北京的嘉宾前来老茶厂考察，其中有中国文物学会建筑遗产学会的金磊老师，专家们大呼意外，这是一个隐藏的宝贵文化遗产啊！此后，金磊老师又多次组织专家前来考察，一致强力推介国润祁红老车房入选中国二十世纪建筑遗产。那一次，故宫博物院的单霁翔院长亲临池州给我们授牌，并在池州举办了一场近千人的中国文化讲座，这在池州历史上也是一场空前的盛会（图 6）。

单霁翔院长对这个池州祁红老茶厂青睐有加。2018 年，他亲自主持在故宫的宝蕴楼举办了国润老茶厂工业遗产创意产业园建设研讨会。2019 年春节故宫首次举办中华老字号故宫过大年活动，我们润思祁红被安徽省推介在故宫参加了这个过大年活动，单院长几次莅临展位。2019 年由中国文物学会建筑遗产分会编写的《悠远的祁红——文化池州的"茶"故事》（图 7）又是在故宫的建福宫举行了首发仪式，单霁翔院长全程参与并做主旨发言，他跟我开玩笑说，我俩的名字里都有个"霁"字。单院长非常注重对中国传统文化的保护，那年他还准备把老茶厂的润思祁红在故宫里开一个茶空间，让更多的游客了解中国的祁红。遗憾的是不久后他就光荣退休了。正是得益于单霁翔院长对我们这个中国

图 5. 国内历史最久的祁红茶老木仓

图 6. 专家参观正在使用的厂房

图 7.《悠远的祁红——文化池州的"茶"故事》（中英文版本）

二十世纪建筑遗产的重视和厚爱，让更多的人关注到了国润祁红老茶厂的历史文化价值，关注到了润思祁红。也是在这一年，贵池老茶厂被工信部评为国家工业遗产。到目前为止，国润祁红老茶厂是中国茶行业唯一的既是中国二十世纪建筑遗产又是国家工业遗产的双遗产企业。而此遗产非彼遗产，就像单霁翔院长对老茶厂的评介是：最宝贵的是这个老厂还在生产，是活着的文物。

2023 年 2 月，单霁翔院长受池州市政府之邀再次来到池州，自然也来到了国润祁红老厂。他称老木仓为"国宝"，在老制茶车间里自己动手"打雨"做茶，品茶论道，不亦乐乎。巧的是，3 月份英国驻华大使吴若兰女士到池州参访国润祁红老厂，她对老木仓里氤氲的茶香惊叹不已，既品尝了我们调饮的新式祁红茶饮，又按中国方式泡饮了润思祁红，愉悦之情溢于言表。临走时，我们将润思皇家礼茶送给她，并告知这是外交部推介会上的名茶，她幽默地说，是不是我喝了这个茶，中英关系就越来越好了。这座祁红老茶厂，成了中西文化交流的媒介。确实，这里的"国宝"老木仓，是 1950 年到 1952 年由上海的恒达营造厂和泰润木号两家民营营造企业专门从上海到池州来建的毛茶库，它散发的魅力越来越大，设计精巧，质量考究，具有环保的理念，特别适合祁红的后熟储存，在这里你能瞬间找到被单霁翔院长誉为"玫瑰香和木香"的典型祁红香。六年前《三联生活周刊》茶专栏作家刘姝滢曾经有一篇文章叫《祁红的纯真博物馆》，写的就是这座老茶厂、这个老木仓。

制茶业是中国的传统产业，中国茶有着深厚的历史文化，而祁红尤为特殊。有位深谙中国茶，了解老茶厂的人士评说，祁红有两个故乡，制作故乡在安徽，文化故乡在欧洲。国润老茶厂被评为中国 20 世纪建筑遗产，不仅是对中国制茶业的回望，也是对中国的世界高香茶文化的回望，同时也让其所在的老池口片区获得了关注。老池口，就是长江和秋浦河的交叉口，是水陆交通要道，从唐朝的池州府起，很多历史名人就驻留于此，并留下了诗词佳作，曾被称为"小南京"。这里集聚保存了 20 世纪 50 年代、60 年代的历史建筑群，是那个年代生活物资生产、储存的集散要地，这在长江沿岸城市里已十分罕见了。2021 年以来，池州市委、市政府主要领导给予了前所未有的重视，老池口历史文化街区即将得到保护性利用和提升，必将成为国内唯一、品位一流的城市名片。在这里，中国 20 世纪建筑遗产国润祁红老茶厂将散发独特的魅力：来百年木仓、寻千味红茶、走万里茶路。

时光中的精神家园——寻根新疆 20 世纪遗产

范欣

作为众多文化遗产中的重要成员，建筑遗产不仅是人类文明的物质载体和解读历史的密码，更是人类的精神家园和开启未来的钥匙。今天，正确地认知和对待建筑遗产需要具备审视历史的眼光、海纳百川的胸怀以及谦恭敬畏之心，这是历史之问、当今之问、未来之问。

20世纪的中国，结束了两千多年的封建帝制建立共和，改革开放后的日新月异举世瞩目。"一万年太久，只争朝夕"，正所谓不"破"不"立"。我理解："破"，是破"冰"、破解狭隘观念束缚下的困局，不是"破坏"，更不是全盘否定；"立"，是敢于创新、勇立时代潮头，是站在历史巨人肩膀上的寻解与前行。秉承中华传统和坚持中国特色，以及对优秀文化的兼收并蓄，正是中华文明的根脉可以五千年来延绵不绝的历史原动力。

波澜壮阔的20世纪，尤其是新中国成立至20世纪末期间，独具一格的新疆地域建筑与其所处的历史时代共脉动，融汇入奔腾不息的历史洪流。

一、独特的多元一体文化

与世界其他多民族国家相对松散的民族关系不同，中国的众多民族通过强大的向心力凝聚在一起，形成了具有共同体意识的多元统一体——中华民族。中华民族多元一体的特质在多民族聚居的新疆体现得尤为突出。

地处古丝路要塞的新疆，呼吸着多方文化的气息，尤其是自汉代以来深受中原先进文化的影响，在本土原生文化的基础上，不断吸收、杂糅、过滤、沉淀，孕育出多元一体的多彩文化。新疆传统文化与中华传统文化之间是子与母、个性与共性的关系。这种不可分割的血脉联系以及具有包容性的文化特性对建筑所产生的深远影响，遍布天山南北的广大城乡，涉及公共建筑、民居等诸多类型，在新疆20世纪建筑遗产中不乏生动的实例（图1~图3），反映了新疆人民崇尚、认同以及乐于主动吸纳优秀文化的包容、开放心态。

人类文明的进步，始终伴随着交往、交流与交融。通过文明互鉴搭起的桥梁，正是当今世界构建人类命运共同体不可或缺的重要基石和纽带。

图 1. 新疆人民剧场序厅天棚：新疆传统建筑密小梁与中原传统建筑雀替的结合（资料来源：《奏响瑰丽丝路的乐章——走进新疆人民剧场》）

图 2. 新疆人民剧场中庭柱头莲花雕饰
（资料来源：《奏响瑰丽丝路的乐章——走进新疆人民剧场》）

图 3. 库车阿布都哈里克维吾尔族传统民居檐口的中原传统纹样
（资料来源：范欣 摄）

二、建筑遗产背后的人与事

建筑因人而有了生命，进而萌生了故事，在历史长河中沉淀、传承，渐成根脉。在这些故事中，有感天动地的大事件，也不乏润物细无声的平凡事迹。无数的小事件，是历史大事件的时代底色。回望20世纪新中国的发展历程，历史的重要节点成就了不朽的建筑，也记录着开创者们的韶华和足迹。

在目前已公布的八批"中国20世纪建筑遗产名录"中，新疆先后入选的8个项目，是新中国成立后新疆建设成就的缩影，其中最具代表性的有新疆人民会堂、新疆人民剧场、乌鲁木齐人民电影院、新疆八一剧场以及中国人民解放军第二十二兵团机关办公楼旧址。在岁月的洗礼中，它们有的为适应时代新需要，进行了改造、扩建；有的被赋予了新的功能；有的则"穿衣戴帽，故音难辨"。其中建于1956年的新疆人民剧场是风貌原真性保存最好的

图 4. 新疆人民剧场
（资料来源：《奏响瑰丽丝路的乐章——走进新疆人民剧场》）

建筑之一（图4）。67年来，这座"中国最美剧场"为谋求自身的生存和发展，虽历经了多次内部改造，但建筑的整体外观、室内主要功能空间以及建筑色彩、石膏雕饰、艺术浮雕等均被完好地保存下来。室内被改造的部分，大都具备恢复的可能性。不难想象，没有几代剧场人及其设计者刘禾田、金祖怡等前辈建筑师的悉心守护，就没有今天的新疆人民剧场。

作为1985年新疆维吾尔自治区成立30周年的献礼工程之一，新疆人民会堂与20多年前建成的新疆昆仑宾馆隔路对望，一经建成即备受瞩目。这座经典的建筑集地域建筑创作思想之大成，凝聚了孙国城、王小东、韩希琛等前辈建筑师以及袁金西、张振东、张克信等前辈工程师的集体智慧，从设计理念、工程技术、建筑材料、专业设备以及施工建造等方面均代表着当时新疆建筑领域的最高成就，反映了20世纪80年代的新疆在地域建筑文化传承背景下的时代风貌（图5、图6）。2016年9月，在其入

选第一批"中国20世纪建筑遗产名录"之时，这座建筑刚刚经历了改造（图7）。转眼8年过去了，往事如烟，这座城市里的许多人已经记不起新疆人民会堂最初的容颜。

二、时光之"故"

层叠的岁月在建筑上映照出的故人、故事，是记忆之根、生命之脉。建筑遗产中的"故"，勾勒出山河岁月、历史变迁，升腾起一个时代的文化精神，成为人们心灵栖息的精神故园。

"2002的第一场雪，比以往时候来得更晚一些，停靠在八楼的二路汽车，带走了最后一片飘落的黄叶……"歌手刀郎唱出了乌鲁木齐人对"八楼"的记忆。尚未列入"中国20世纪建筑遗产名录"的新疆昆仑宾馆建成于1959年，由曾在天津基泰事务所和北京市建筑设计院工作过的青年建筑师孟昭礼主持设计。它是乌鲁木齐市当时最高的建筑物，也是新疆第一座高层建筑，建筑风貌原真性保存完整。宾馆主楼建成后，新疆维吾尔自治区的领导决定以万山之祖"昆仑"为其命名，又因楼高8层，被人们亲切地称为"八楼"。1985年由王小东院士设计的北配楼建成；2009年由孙国城大师主持设计，范欣、吴嵩等建筑师进行方案设计的南配楼建成。南北配楼一左一右烘托出8层主楼的主体地位，通过和谐的建筑语言与主楼构成完整的宾馆建筑群。60多年来，新疆昆仑宾馆始终与时代同行，

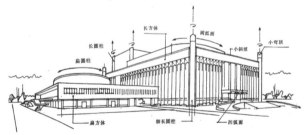

图5. 新疆人民会堂体形设计示意图（来源：《建筑学报》1986年第4期）

图6. 中国20世纪建筑遗产——新疆人民会堂（改造前）
（资料来源：新疆建筑设计研究院股份有限公司）

图7. 改造后的新疆人民会堂
（资料来源：范欣 摄）

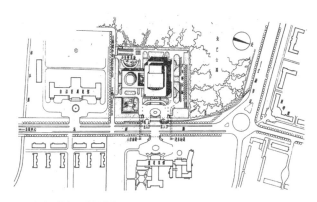

图8. 改造后的新疆人民会堂
（资料来源：范欣 提供）

图9. 改造后的新疆人民会堂
（资料来源：范欣 摄）

至今仍作为自治区重要会议及重大政治活动的中心。

位于新疆昆仑宾馆西南侧、紧临新疆人民会堂南侧的新疆展览馆（图8），作为献礼新疆维吾尔自治区成立10周年的五大建筑之一，是当时跨度最大的公共建筑。建筑师孟昭礼、孙国城借鉴了当时北京十大建筑和苏式建筑的特点，并将新疆传统建筑元素应用于柱式及细部装饰中（图9）。2015年，这座建成于1965年、跨越了半个世纪的经典建筑被拆除。其基址上新建建筑的正立面仿照新疆展览馆外观进行设计，然而，失去的时光记忆却无法重现了。

三、寻根与向新

活化利用是建筑遗产的重要价值之一，可以看作是对建筑遗产可持续的、更好的保护。被赋予时

代角色的建筑遗产不再是尘封一隅的陈列品，它们承载着百姓的情感，延续着城市的根脉，带着历史印记与时代一起迈向未来。

"屯垦兴则边疆稳"，在新疆维吾尔自治区的建设史上，兵团人为新疆的经济发展、民族团结、社会稳定、巩固边防立下了不朽功勋。1950年，王震将军率领中国人民解放军第二十二兵团拉开了新中国新疆屯垦戍边的序幕，在戈壁荒滩上建起"共和国军垦第一城"石河子。1952年，战士们用亲手烧制的砖和瓦建成了石河子首座建筑物"军垦第一楼"——中国人民解放军第二十二兵团机关办公楼。2004年，这里成为中国唯一以研究及展陈新中国屯垦戍边革命历史为主题的博物馆，1 400多件（套）文物实物中有29件为国家一级革命文物，镇馆之宝——一件296块补丁的军大衣见证了军垦战士艰苦奋斗、筚路蓝缕的光辉岁月。新疆生产建设

图10. 第八批"中国20世纪建筑遗产"石河子"军垦第一楼"——中国人民解放军第二十二兵团机关办公楼旧址
（资料来源：冯娟 摄）

图11. 乌鲁木齐人民电影院原貌
（资料来源：金祖怡 提供）

图 12.1991 年改扩建后的乌鲁木齐人民电影院
（资料来源：《天山脚下的明珠：乌鲁木齐城市建设巡礼》）

兵团这支不拿军饷、不穿军装、永不换防的队伍，在天山南北的广袤大地上垦荒田、兴工业，创造了"沙漠变绿洲、荒原变家园"的奇迹，书写下光照干秋的丰功伟绩。

位于乌鲁木齐市老城区民主路繁华商圈的人民电影院，建成于1955年（图11）。其前身"迪化影院"于1950年更名为"人民电影院"，成为乌鲁木齐市第一座国营电影院。1954年原址重建时，建筑师刘禾田初次尝试在设计中运用地方民族建筑风格。1991年为适应时代发展，影院进行了改扩建，在原建筑基础上增加了两层，并向两侧外扩，扩建

部分的外立面体现了20世纪90年代初期的建筑风格（图12）。2005年对建筑外立面及室内部分进行了整饰和改造，将正立面外廊纳入室内空间，对1991年加建部分的外立面做简洁处理，以衬托原建筑的风貌特色，并与之形成和谐的整体（图13）。

第三批"中国20世纪建筑遗产"中的新疆人民剧场所处片区，是清代迪化城的南门——肇阜门所在地，因此被人们习惯地称为"南门"，向南可通达二道桥民族特色片区和新疆国际大巴扎，与周边资源相互裨益。这座建筑本身就是承载地域历史文化以及见证城市发展的"活的博物馆"，恢宏典雅的柱廊、绮丽的石膏雕饰、精美的塑像和浮雕……有一种令人流连忘返的恒久之美。2019年4月，新疆人民剧场文物修缮、活化利用工程启动。修缮的基本原则首先是延续新疆人民剧场最初的精神和文化内涵，还要适应时代可持续发展的需求。修缮方案尊重原设计，尽最大可能恢复原设计建筑风貌，内部格局不做大的调整；对于已被改变且无法找到原始资料的部位，进行贴合原有风貌和气韵的再创造，补充必要的细节；对室内光环境、供暖系统、给排水管线、照明、消防、节能、安防等方面的建

图 13. 乌鲁木齐人民电影院现状
（资料来源：范欣 摄）

图 14. 修缮后的主入口中庭
（资料来源：《奏响瑰丽丝路的乐章——走进新疆人民剧场》）

筑性能进行全面提升。2021年2月，剧场再现往日风采，焕活了新生（图14）。特殊的城市区位、深厚的历史文化底蕴以及空间组织的丰富性和灵活性，为其构建"城市客厅"提供了先天条件。修缮、更新后的新疆人民剧场，充分发挥了"以文塑旅、以旅彰文"的城市文化地标作用，特色演出、历史展陈、百姓文化活动、丝路文艺大讲堂、百年古法冰激凌店（图15）……为历史文化价值注入时代活力，激活商业价值，从过去单纯的演出、观影等场所，成为如今人们交往、交流的会客厅以及深受广大市民、游客和各界人士喜爱的文化艺术殿堂和精神家园。

四、结语

在"新"与"故"的时光交错中，当我们沉迷于片刻的满足与欢娱，以物质堆砌来弥补精神的匮乏，不觉间却与灵魂的故乡渐行渐远。在纷繁世事的诱惑下，我们能否保持清醒，以敬畏之心辨析历史文化遗产的魅力之源和珍贵之处？人类是否能够重新拥有炽烈、朴拙、鲜活、有趣的灵魂与跨越千年也不褪色的欢歌？

知来路，识归途。建筑遗产与人类命运和文明进程息息相关，我们可以从中探寻人类历史和文化的变迁，感知人们曾经的精神世界，或者一个时代和一个民族之精神。在浩瀚的历史星空下，珍视昨天，书写好今天，做好历史长河中的一滴水，将悉心耕耘的精神家园交付给后人，这是历史赋予我们的使命，也是现今时代向我们提出的宏大命题。

参考文献

[1]《中国传统建筑解析与传承　新疆卷》编委会.中国传统建筑解析与传承　新疆卷[M].北京：中国建筑工业出版社,2020.
[2]金祖怡，范欣.奏响瑰丽丝路的乐章　走进新疆民剧场[M].天津：天津大学出版社，2022.
[3]新疆建筑勘察设计院会堂设计组.新疆人民会堂[J].建筑学报.1986（4）.
[4]乌鲁木齐城市建设画册编辑委员会.天山脚下的明珠：乌鲁木齐城市建设巡礼[M].1997.

图15.古兰丹姆百年古法冰激淋新疆人民剧场店
（资料来源：李执民　摄）

建筑的"新"与"旧"

薛明

2014年春天的一个风和日丽的上午，我有幸前往故宫参加了中国文物学会20世纪建筑遗产委员会成立大会。当时我已经是一名从业26年的建筑师，长期从事以"创造"新建筑为主的工作实践，之所以开始关注老建筑，是因为随着对城市的认识不断加深，越来越体会到建筑遗产的重要性。我国经历了四十多年的高速发展，城市面貌日新月异，但千城一面的现象却很严重。长期以来，社会上普遍比较关注的是新建筑建造的速度、规模和新地标的出现，对建筑遗产的关注则比较淡漠，对近代建筑遗产的价值就更缺乏了解。城市体量在快速增长，而历史的厚度却在变薄。在这种情况下，20世纪建筑遗产委员会的成立，可谓恰逢其时，建筑遗产保护势在必行！

10年间，委员会已评选出八批20世纪建筑遗产名录，并不遗余力地通过发布、出版、研讨等多种渠道和方式开展20世纪建筑遗产的宣传和研究，取得了实实在在的成绩。但对于20世纪建筑遗产这项事业来说，还只是个开始，今后面临的挑战将更为艰巨。因为当下的城市建设模式已经从增量转变为存量，城市更新已成为今后城市建设的主题。

一、"更新"与"遗产"

关于"城市更新"，学术界对其表述方式存有异议。因为"更新"一词，在中文里有"以新代旧"的意思。这很容易误解城市更新的合理内涵。香港和台湾地区使用"城市保育"一词，表达了"保护""生长""再利用"的含义。但目前这种表达尚未被国内学界广泛采用。

在此我仍然沿用"城市更新"一词来讨论其内涵。实际上，"城市更新"从城市诞生起就已经存在。人类从穴居发展到聚落，再到村镇和城市，乃至城市群，都是"更新"的结果。我们之所以今天才强调"更新"，是因为城市几乎已扩张到极限，同时也不断老化。对"改造"的需求大于"新建"，从"增量"转为"存量"。我国还有一个特殊的情况，就是由于建设的速度过快，留下较多失误，因此对"更新"的需求更为突出。

然而，人类的发展离不开文化的传承。人类文明的成就，是过去所有文化积累的结果。而积累的连续性则具有非常重要的意义。能够在人类文明中具有突出成就的民族，其深厚的文化积淀至关重要。因此，城市更新绝不能简单地理解为"以新代旧"，必须充分珍视每个年代建筑遗产的价值，才能处理好历史与未来的关系。

与古代的建筑遗产不同，20世纪以后的建筑，呈现出更加复杂的状态。因为在这个时期，科学技术、政治制度、社会结构、生活方式、生产方式等都发生了巨大的变化。建筑的规模、尺度、类型、建造方式、审美取向都在不断更新和改变。特别是两次世界大战以及战后的快速重建，对建筑的理论和形态产生了革命性的影响，快速的建造和拆除均成为可能。因此，建筑的永恒性开始淡化，人们对这个时期建筑遗产的重视程度也大为降低。特别是那些低成本的建筑，其普通甚至简陋的外表，更容易被忽视。在城市更新过程中，它们要么被整体拆除，要么被彻底改造，与之相关的实体历史信息也就此丧失。这种情况在我国近几十年的快速发展期尤为突出。我们很多城市都在二、三十年内就"焕然一新"，历史的遗迹快速消失。以至于我们来到这些城市，觉得似曾相识，又毫无特色，很难体会到这座城市的历史底蕴。这时候才发现，那些"敝帚自珍"的城市，把平常做成不平常，反而有了特色，有了灵魂。绵延不断的历史构成了城市真实、丰富、生动的画面，使城市充满了血肉和情感，拥有鲜活的生命。我们由此受到抚慰和触动。而使我们感到意味深长的，并不一定是那些时尚的建筑造型和光鲜的建筑材料，而是那些富有年代感的，有丰富层次和质感的，多种年代交织叠合的，有人物、有故事的街道、墙角、檐口、台阶、门廊、门牌号、老树等能够勾起记忆的持续不变的元素和场景。

二、"改造"与"手术"

在目前的城市更新中，"改造"建筑的惯性思维仍然存在于人们的潜意识当中。面对城市更新中那些"不起眼"的旧建筑，业主希望对旧建筑"脱胎换骨"；而建筑师则充满了"创新"的激情，热衷于用全新的设计去给旧建筑"洗心革面"。旧建筑的遗产价值，常常就这样习惯性地被忽略了。我本人就经历过这样的"改造"项目，经过了一番"波折"，才促使我们把"改造"变成了"手术"。

2016年，我们承接了东安门82号院综合维修改造项目。该院落由一座"L"形主楼和一座"一"字形附楼围合而成，原来是国家外贸部的办公楼。"改造"后的建筑将继续作为国家若干部委的办公场所。

项目位于老城区的东安门大街，西面距东华门

约500米，东面距王府井大街约300米，西侧紧临东黄城根遗址公园，北侧与王府世纪相对，东侧则是著名的中国儿童艺术剧院和南京大饭店。街区环境是一种多年代建筑混合叠加的场景。

东安门82号院是20世纪80年代在20世纪50年代的原建筑基础上进行过加固改造的建筑。我们后来才得知，80年代的这次改造，并没有延续原建筑的外立面设计，而是对原设计进行了大幅度简化，不仅取消了原设计的线脚，也将原设计中多层次的暖灰色水刷石改为单色的冷灰色调的涂料。墙面也以简略的通缝分格取代了原设计中疏密有间、凹凸有致的细部设计（图1、图2）。而当时我们并不了

图 1.2016 年沿街立面现状照片

图 2.2016 年内院现状照片

解这一情况，也没有拿到项目在20世纪50年代的相关资料。踏勘时看到现场比较简陋的立面，就想当然地认为原始状态可能更差。于是就以提高建筑及街区品质为目标，设计了全新的立面，以体现时代感，并呼应故宫和皇城根遗址的文化要素，给街区带来全新面貌和感受（图3、图4）。不料方案送到北京市规划和自然资源委员会以后我们才得知，我们对原始设计的判断有误。北京市规划和自然资源委员会的负责同志让我们回去再仔细了解和研究该建筑的原始设计，并以充分尊重原始设计的思路重新提交方案。

于是，我们反过头来寻找该建筑的原始资料。几经周折，我们终于找到了原主楼的一张照片。从照片上我们发现，原建筑虽然建设标准不高，但在设计上还是比较精心地推敲了建筑的比例和细部，也比较注重色彩的变化（图5），是20世纪50年代比较典型的政府办公楼的做法，具有一定的品位。

图 5. 寻找到的原始立面照片

图 3. 初始方案沿街立面效果图

图 4. 初始方案内院效果图

更重要的是，它的原始面貌是这个街区形成时的重要历史片段和集体记忆的载体，是这个街区乃至整个城市不可或缺的文化积淀。简单地抹去显然是一种武断和不负责任的做法。

因此，我们改变了设计策略，由"改头换面"变成了"外科手术"。我们参考原始建筑的照片，按照原设计恢复了立面。但如何以实施"外科手术"的方式进行"复原"，在技术层面还是需要做一些取舍的，要权衡原真性、实用性、可靠性、经济性等方面之间的关系，并作出合理的判断。例如，原建筑选取水刷石作为建筑材料，如果完全以复原的方式修复，在成本、质量等方面均难以控制，因为水刷石的做法已经基本上被淘汰了，其美观性和耐久性是难以达到当代的品质要求的。通过若干种材料的比选，我们选择了GRC板作为建筑材料，其表面肌理能够在一定程度上模仿水刷石的质感，但在墙体的热工性能、墙面的平整度、线脚的精确度、墙面的耐久性等方面则是水刷石不可比拟的。虽然不能百分之百地还原，却超越了原真的品质。在结构方面，尽管在20世纪80年代已经进行过局部加固，但整体结构已经达不到现行规范的安全要求，从经济的角度出发，我们没有进行二次加固，而是对主体结构进行了替换，这样做不仅更经济、更安全，同时也更适应于现代的办公空间需求。总之，在现实条件下，通过新技术和新材料的介入，这座老建筑不仅恢复了历史面貌，还提高了品质，再次焕发了青春，在历史的长河中继续发挥其历史基因的传承作用，并继续为城市的发展提供活力（图6、图7）。

三、反思与探讨

虽然我们比较圆满地完成了东安门82号的改造设计任务，但对这个项目的思考却没有就此止步。其实，在按照复原的思路修改设计的时候，心中对创新的执着并不是那么容易释怀的。除了创作的情结，也有对理论的纠结。因为我一直坚守一个理念，就是每个时代的建筑，不应该简单地重复过去，而是应该真实地反映当代的文明成果。如果我们面对的是文物建筑，那么应该以最忠实于原始建筑的态度来保护和修复。但面对一些并不算文物，而且无论从设计上还是建设品质上都比较普通的建筑，究竟采取一种什么改造方式更好呢？例如：适当地保留一些原建筑的痕迹，再加入一些当代的设计是否更好呢？这正是我们今后在面对20世纪建筑遗产时会遇到的主要问题。我想，答案并不是唯一的。应该根据项目的地段位置、街区肌理、功能用途、艺术价值、历史事件、人物关系、造价经济、运营持续等因素综合考虑。

项目竣工的若干年后，我偶然经过这个办公楼，当时疫情还没结束，人们上街还戴着口罩。但在街角，熙熙攘攘的人群和建筑叠加在一起的画面让我忽然感受到这个地段所具有的一种历史厚度（图8）。我想，假如这个项目按照我们当时的创新理念来实施的话，眼前的画面又会是一种什么样的感觉呢？我想人们肯定会忘记或者根本不知道这个地块曾经的面貌以及这里曾经发生过的事情。人们可能会感到这是个新区，年轻却又有些陌生，很难找到原有的那份底蕴和厚重。

这个项目不是文物建筑，但确实是一座老建筑，具有独特的历史意义。我们没有把它像文物那样原封不动地保护起来，也没有像大建设时期那样

图6. 复原更新后沿街立面实景照片

图7. 复原更新后内院实景照片

图8. 复原更新后沿街实景照片

简单粗暴地对其进行大拆大改。而是采用了一种折中的办法，不动声色地对它进行了修复和更新，不仅恢复和延续了完整的历史记忆，也以一种新时期的"润物细无声"的方式和精神融入其中，使人们在经过和使用这座建筑时，既能感受到当年建筑的气息和底蕴，又能体会到当代技术的先进、舒适、便利，提升文化的自信与进步。

世界在不断地变化，城市也在不断地新陈代谢。让所有的一切都原封不动、维持原状是不可能的，即使是文物，其物质构成，也会随着时间不断发生变化，严格地讲，终有毁灭的那一天，我们无非是用各种手段去尽可能地延长文物的原始状态，保存文物的原始信息。与此同时，也需要活化利用文物，在传承历史信息的同时，也为当下的生活发挥实用价值，所谓物尽其用。

虽然简单粗暴地大拆大建的时代已经基本结束。但并不意味着这种惯性立即就能停止。特别是对待既有建筑的改造更新时，对一些看似不太起眼的建筑，往往容易忽视其历史价值，从而轻易地改变其形态，这样就会丢弃了珍贵的历史信息，割裂城市的生长历程，削弱城市的历史厚度，对于城市的文化积淀造成不可挽回的损失，需要我们提高警惕。

另一方面，我们也需要进一步探讨和研究，在旧建筑的既有形态已经不能满足当代的使用需求时，我们如何以更加适当的方式对其进行更新，例如材料和结构的替换、性能的提升、空间的调整等，这些多多少少都会改变建筑的原真性，却又以一种替代的方式延续了一定的原始信息，同时也是对待遗产建筑的一种客观和辩证的态度。

传承的意义
——"中国 20 世纪建筑遗产"西安交大主楼群背后的故事

李子萍

1984 年我大学毕业，被分配到中国建筑西北设计研究院（以下简称，西北院）三所工作。我发现这个单位与陕西的整体风格大不相同。办公室里的同事除了讲普通话就是讲上海话，说陕西方言的反而不多，配合工作时哇啦哇啦的吴侬软语，把结构工程师称为"钢筋鬼"。老同志们要么皮鞋锃亮，要么皮鞋总是不擦。衣着考究的女士十指不沾阳春水的，十有八九嫁了个"上海丈夫"。职工理发店和食堂都是南方师傅，伙食精致美味，餐餐冷热菜卤味西点齐全，配早餐的豆腐乳竟然可以买半块，沿着对角线切开，体现了做事的精细程度。工作时间长了我才慢慢了解，西北院的独特气质形成于建院早期的干部职工们，其中有海归学者董大酉、洪青、孙国栋等；有新中国成立初期由东南沿海西迁来的技术人员张伯伦、陆中一、杨家闻等；尤其值得一提的是由上海华东院分二批调入西北院的 147 位员工，为了陪着交通大学西迁，告别繁华的大上海，来到西安，加入建筑工程部西北工业建筑设计院（西北院前身），成为骨干力量。

西安交通大学（以下简称"交大"）兴庆校区坐落于西安市东南郊咸宁西路以南，于 1955 年开始兴建，可容纳 12 000 名学生的建设规模，校区用地十分方正，南北长为 1 538.64 米，东西宽为 1 084.432 米，约 2 500 亩。建设用地与中国的古老文明颇有渊源，北面是唐兴庆宫遗址，西面是大唐东市遗址。校园用地的历史文化遗存恐怕是其他校园

无法比拟的。

也许正因为如此，交大校园规划设计时，因循了中国古典宫廷建筑的设计手法，总平面基本呈中轴对称格局，布局严谨，形成明显的南北中轴线（图1）。西安交通大学兴庆校区主入口位于北面，北校门正对兴庆公园（唐兴庆宫遗址），最初由建

图 1. 华东院支援西北院人员名单

图 2. 郑荣贤（左）、何昆年（中）、洪青（右）

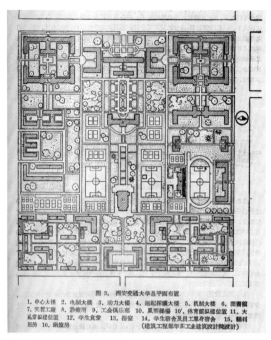

图3. 建筑学报 1956 年第五期

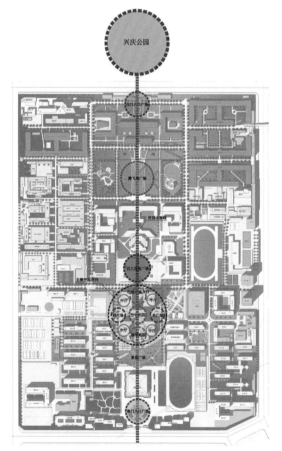

图4. 兴庆公园的规划设计

筑工程部华东工业设计院进行方案设计，随着147名华东院员工调入西北院后，即由建筑工程部西北工业设计院设计，西北院四代多位总建筑师带领团队为西安交通大学竭诚服务70年，奠定了这所名校的校园格调。

由西北院第一代总建筑师董大酉主持完成了1950年、1952年两次西安都市发展计划及《1953年至1972年西安市城市总体规划》，西安第一轮城市规划的城市人口只有几十万，将南郊规划为文教高校区。"三线城市"建设和苏联援建，让西安迅速从落后的农业社会进入工业时代。党中央、国务院从国家战略布局和西部工业发展需要出发，做出了交通大学内迁西安的决定。西北院规划团队提出交大选址的初步方案，我认为正是此时在城市规划层面确定了交大1.5公里的校园中轴线（图2），沿着中轴线校园建设由北向南延伸。

建于1955—1958年的一期建筑群由华冠球、郑贤荣带领团队设计，以三四层为主，合院式的布局，整体以近现代折中主义风格为主，建筑均为水刷石灰墙加红瓦坡屋顶，立面线条朴素洗练，简洁质朴。1956年夏天，6 000多名交大师生员工由上海西迁至西安，顺利开学，由此拉开了西迁的帷幕，深刻地改变了中国西部高等教育格局，这一中国高教史上史无前例的奇迹是由交大与西北院以及来自各地的8个施工单位共同创造的。交大主楼群包括中心一楼、理科楼、东一楼、东三楼、东五楼、逸夫科学馆、中心三楼、北东二楼、南东二楼、南西二楼及其外延10米内的区域，于2007年列入西安市第三批文物保护单位；2014年被陕西省政府确定为第六批文物保护单位（图3）；2019年入选第四批"中国20世纪建筑遗产"。

1956年交大迁校的同时，由西北院第二代总建筑师洪青主持完成了兴庆公园的规划设计（图4），沿用当年兴庆宫的池、堂、楼、亭方位和名称而设计，兴庆湖基本在原龙湖遗址重新建设，现沉香亭是在唐代沉香亭原址仿建的（图5~图7）。1979年西北院第三代总建筑师张锦秋在兴庆公园里设计了阿培仲麻吕纪念碑（图8）。从1958年开园至2006

图 5. 沉香亭（来自网络）

图 6. 兴庆公园鸟瞰图
（资料来源：王东 摄）

图 7. 沉香亭

图 8. 阿倍仲麻吕纪念碑

图 9. 老图书馆

图 10. 钱学森图书馆

年免费开放，48年来交大师生凭校徽和学生证一直可免费游览兴庆公园。1957年8月31日，兴庆宫遗址被列为陕西省重点文物保护单位。

1960年洪青总建筑师带领王人豪等设计人员完成了交大老图书馆建设，入选中国建筑年鉴，是具有中国传统神韵的现代建筑风格（图9）。1960年图书馆南馆落成，由西北院第三代总建筑师葛守信带领团队设计，是国内为数不多的后现代主义风格

图 11. 思源活动中心

图 12. 教学主楼

建筑（图 10）。图书馆南馆与老图书馆联为整体，1995 年命名为钱学森图书馆。2021 年西安交通大学钱学森图书馆被列入西安市历史建筑保护名录。

1999 年位于交大南校门广场的思源活动中心（图 11）建成，由西北院第二代总建筑师何昆年主持，带领西北院退休员工设计，是现代建筑风格的体育馆，接待过交大校友江泽民总书记。

2006 年 4 月西安交通大学教学主楼（图 12）竣工，由西北院第四代总建筑师李子萍带领团队设计。站在新教学主楼顶部的空中花园和观光厅可南眺终南山，北望兴庆湖（图 13），成为与城市交融的新节点。

令人遗憾的是西安交大的许多师生至今仍认为是苏联专家设计了他们的校园，仍有不少研究者人云亦云，认为建于 1955—1958 年的一期建筑群是"苏式风格"。

其实当年苏联专家主要负责指导的是苏联援建的"156 项"工业项目的规划与设计，并未插手西安市城市总体规划的其他民用项目设计。评价西安交通大学兴庆校区的校园空间风格，不应只局限在校园围墙之内。交大校园北面是兴庆宫遗址，经考古勘探，确认遗址宫城占地东西 1 075 米，南北 1 250 米，面积相当于近两个故宫大小，其东西宽度几乎与交大校园用地东西 1 084.432 米宽度相符。校园中轴线北面与公园南门、龙池等主要空间一脉相承，这并不是巧合，而是为迎接上海交通大学西迁而兴

图 13. 新教学楼主楼顶部观光厅

图 14. 山水之间的校园

图 16. 西安建筑科技大学主楼

图 15. 东二楼

图 17. 南开大学主楼

图 18. 交大创新港主楼

建了该公园，同时又与文物遗址保护相结合，是具有远见的城市规划理念。校园中轴线北面有龙池湖面，南面当时是一片农田，可远眺终南山。在山水之间设置举足轻重的交大校园，这恰恰是中国特有的传统规划理念（图14）。兴庆公园与交大校园在城市设计层面是密不可分的。

交通大学兴庆校区被选为"中国20世纪建筑遗产"的主楼建筑群风格（图15），也并非"苏式风格"，而是极为简化的折中主义风格，无论造型色彩及用料均偏现代主义建筑风格。不能只因为做了四坡红瓦屋顶，就说是"苏式风格"，对比同期建设的西安建筑科技大学主楼（图16），以及1962年建成的南开大学主楼（图17），就更能一目了然，反倒是2019年竣工的交大创新港主楼像"苏式风格"（图18）。

更加令人遗憾的是西安交大的广大师生并未意

图 19. 乘车证

图 20. 教学楼主楼

识到中建西北院陪伴服务70年的深情，在交大西迁博物馆内，连1956年西迁的乘车证（图19）都保存完好，却对陪着交通大学西迁，为此改写了个人及家庭几代人命运的西北院设计人员的事迹展示不多，政府及媒体在大力弘扬"胸怀大局、无私奉献、弘扬传统、艰苦创业——西迁精神"的各种纪念宣传活动中，也忽略了此事。

　　在西安交大兴庆校园这条1.5公里的轴线上，从1956年竣工的第一栋"红屋顶"，到2006年俯瞰整个校园的教学主楼竣工，跨越半个多世纪，用不同时期的建筑刻下了鲜明的时代烙印。它记录了交大西迁的足迹，浓缩了无数建设者的青春年华（图20）。50年前校园规划的原始意图，虽历经半个世纪政治、经济、文化的沧桑巨变，竟一以贯之地得以实施。当年西安交大在长安植下的梧桐和樱花，如今已成为西安市的网红景点。交通大学西迁带动了大量知识分子、学生和工人，从华东和南方来到西安，极大地推动了西部的发展。一代又一代的西北院工程师们恪守并传承着专业精神，为西安这座历史文化名城塑造了现代城市之魂。

我与 20 世纪建筑遗产

刘伯英

2014 年，中国文物学会 20 世纪建筑遗产委员会与工业遗产委员会，在中国文物学会会长单霁翔和秘书长黄元的大力倡导和支持下相继成立。前者的成立时间是 4 月 29 日，后者的成立时间是 5 月 29 日，可以说 20 世纪建筑遗产委员会比工业遗产委员会年长 1 个月。当年让人印象深刻的是，93 岁高龄的谢辰生老先生参加了这两个委员会的成立大会，对这两个新成立的学术组织给予了最大支持，对两种新型遗产给予了极大关注。

我主要是从事工业遗产研究的，绝大多数工业遗产，特别是狭义的工业遗产都属于 20 世纪建筑遗产的范畴，所以我对 20 世纪建筑遗产并不陌生。从 20 世纪建筑遗产委员会成立至今，我参加了历次 20 世纪建筑遗产项目的提名工作，多次参加 20 世纪建筑遗产委员会组织的学术活动，与 20 世纪建筑遗产委员会结下了不解之缘，建立了深厚友谊，从金磊老师和工作人员身上感受到高涨的热情和无穷的干劲。他们在短短的 10 年间，公布了八批 20 世纪建筑遗产，向业界和社会推介了 798 个项目，让 20 世纪建筑遗产这个崭新的概念广为人知，其价值和意义深入人心，逐渐形成了全社会的共识。

20 世纪建筑遗产涉及十多种门类，时间跨度百余年。这些建筑遗产项目紧随《世界遗产名录》的指导方向，丰富了中国建筑遗产保护的新类型。20 世纪建筑遗产项目的推介活动经历了中华人民共和国成立 70 周年，中国共产党成立 100 周年这两个重大历史节点。这些推介项目充分展现了在中国共产党的领导下，中华民族从站起来、富起来到强起来的伟大飞跃；绘就了一幅波澜壮阔、跌宕起伏的历史画卷；谱写了一曲踔厉奋发、迈向中国式现代化的、气壮山河的交响乐章。

20 世纪建筑遗产与传统的文物不尽相同，它们与我们是如此亲近，甚至我们就在其中学习、工作和生活。清华大学的早期建筑是我学习和工作的场所，我的宿舍在 2 号楼，在清华学堂上课，在图书馆自习，这些建筑都入选了 20 世纪建筑遗产名录。从我 18 岁进入清华大学起，就一直生活在 20 世纪建筑遗产当中。北京火车站、人民大会堂、人民英雄纪念碑、天安门观礼台、民族文化宫、北京饭店、电报大楼、中国美术馆、首都剧场，这些天安门沿线的首都标志性建筑都入选了 20 世纪建筑遗产，彰显了北京作为大国首都的国际形象。

20 世纪建筑遗产包括教堂、学校、办公、医院、商店、宾馆、体育场馆、住宅、剧场、车站、美术馆、博物馆、民居、工厂等建筑类型，内容之丰富，覆盖了我们生活的方方面面。下面我以参与过的两个工业遗产项目为例，说明我对 20 世纪建筑遗产的认识。

一、湖北黄石华新水泥厂旧址

1907 年，清政府因为修筑粤汉铁路需要大量的水泥，在时任湖广总督张之洞的主张下进行招商，清华实业公司总经理程祖福应招，筹集股本 42 万两白银，购得香港一家外籍水泥厂拍卖的一套美国产水泥生产设备。1909 年 5 月 1 日工厂建成投产，年产水泥 6 万吨，命名为大冶湖北水泥厂，是中国近代最早开办的三家水泥厂之一。其产品"宝塔牌"水泥曾先后荣获南洋劝业会金奖、银奖及美国巴拿马赛会一等奖。1914 年 4 月华丰兴业社获得对湖北水泥厂的经营权，并把湖北水泥厂改名为"华记湖北水泥厂"。1937 年抗战全面爆发，1938 年华记湖北水泥厂奉命迁往湖南辰溪，1940 年改称"华中水泥厂"。1943 年 5 月，昆明水泥厂和华中水泥厂召开股东大会，成立了华新水泥股份有限公司，总部设在昆明，1945 年 10 月迁往汉口。抗战胜利后，1946 年华新水泥股份有限公司选址黄石枫叶山再建大冶水泥厂。新中国成立后，1950 年 4 月，华新水泥股份有限公司总部由武汉迁至黄石，与大冶水泥厂合并，更名为华新水泥厂，工厂规模达到远东地区第一。

华新水泥厂旧址包括 7.39 万平方米原厂设施与 84 处文物单元，现有遗存设备 332 台套，非标件 535 件。华新水泥厂旧址 1 号和 2 号窑是 1946 年全套从美国进口的湿法水泥窑生产线，3 号窑由华新水泥厂自己设计施工，1975 年建成，又称"华新窑"。因为装包机、高耙机、低耙机及生产线、运输线等设施保存完好，华新水泥厂成为中国现存生产时间最长、保存最完整的水泥工业遗存，为我国的经济建设作出了巨大贡献，被誉为中国水泥工业的摇篮，成为中国水泥工业的支柱型大型企业。

华新水泥厂旧址填补了我国近代水泥工业遗产保护的空白，也为研究我国水泥工业的发展，特别是为湿法水泥生产工艺研究提供了翔实的实物资料。2012 年，华新水泥厂旧址作为"黄石矿冶工业遗产"的核心组成部分，被列入《中国世界文化遗产预备名单》，成为我国首次和唯一被列入《中国世界文化遗产预备名单》的工业遗产。2013 年华新水泥厂旧址被列入第七批全国重点文物保护单位，遗产价值突出。

（1）华新水泥厂旧址引进的设备和厂区的选址布局，代表了 20 世纪中叶湿法水泥制造工艺和水泥厂规划建设的世界先进水平，为世界水泥发展史中有关湿法水泥制造工艺发展的研究提供了重要实证，具有典范价值。华新水泥厂湿法水泥制造工艺的应用经过近 60 年的发展，浓缩了中国水泥工业发展中湿法水泥制造工艺应用的典型阶段，在生产

图 1.1#2# 湿法水泥窑

图 2. 铁路专用线

能力和水泥质量方面处于国内领先的地位，为国家建设和行业发展作出了突出贡献，具有重要意义。

（2）华新水泥厂旧址拥有完整的厂区环境、工艺布局、生产线设施与设备、标语构筑物等遗存，代表了一个时代水泥工业的先进理念与技术，在材料科学、机械工程学、工业建筑学、工业考古学等领域，蕴含着丰富的科学价值。

（3）华新水泥厂的厂区选址、工艺布局、工业建筑、设备设施等经历了近 60 年的营造与发展，向人们展示了 20 世纪中国水泥生产的工艺流程、技术装备和风貌特征，湿法水泥回转窑、水泥储库等标志性建筑，体现了水泥工业特有的工业景观和工业美学价值。

（4）华新水泥厂旧址作为我国重要近现代工业遗产，其厂房建筑、生产设备以及档案资料的保护与展示，将在全民科普教育方面发挥重要作用。华新水泥厂在黄石市经济、文化、民生和建设等领域发挥过重要促进作用，见证了黄石社会经济的发展，支撑了城市的历史脉络，是市民心中重要的城市记忆。华新水泥厂旧址特有的文化景观、生产工具、生活用品以及相关历史档案，承载着当代工人无私的奉献精神，对青少年形成良好人生观、价值观具有重要的社会教育意义。

根据《华新水泥厂旧址保护总体规划》和《黄石市特色空间规划及华新水泥厂旧址片区修建性详细规划》的规定，华新水泥厂旧址将加强保护和利用工作，通过设立工业展示馆、文化节与创意文化产业综合展示利用等方式，统筹城市复合功能，塑造城市活力中心，探索独特的城市中心区工业遗存再生模式，将其打造成具有水泥工业文化内涵的城市工业遗产展示利用典范及文化产业中心，建设成为中国水泥遗址博物馆和中国工业遗产保护利用示范区。

我参加了第七批全国重点文物的评选工作，华新水泥厂旧址名列其中；参加了《华新水泥厂旧址保护总体规划》和《黄石市特色空间规划及华新水泥厂旧址片区修建性详细规划》的专家评审工作，多次带领国际古迹遗址理事会和国际工业遗产保护委员会的专家进行实地参观考察，参加了黄石矿冶工业遗产申遗的论证工作，对华新水泥厂旧址的未来发展充满希望（图1～图4）。

二、太原化肥厂

1950 年在京召开的新中国第一次化工会议，

图3. 火车广场

图4. 料仓

图 5. 大型设施　　　　　　　　　图 6. 铜洗车间　　　　　　　　　图 7. 造粒塔　　　　　　　　　图 8. 大型设施

决定在太原建设一个综合性的大型化工基地。同年，中央人民政府重工业部化工局立即开始了太原化工区的选址、勘探工作，最终选定太原市郊西南自罗城到义井一带作为建设基地。1958 年 4 月，作为"一五"期间苏联援建的 156 个项目之一的太原氮肥厂（太原化肥厂旧名）开工。同年，硫酸车间和氯碱系统送电投产；之后盐酸、液氯、苯酚、六六六等生产线也相继投产，形成了完整产品链。1960 年第一套合成氨正式开车投产，1962 年 3 套合成氨生产线，以及甲醇、硝酸、硝酸铵、尿素

生产线相继投产，至此太原化工厂宣布全部投产。1963 年 12 月，太原化工厂正式通过国家验收。太原化工厂还有自己的职工幼儿园、中小学、技校、大学、科研所，有通勤车、食堂、澡堂、图书馆、医院、体育场、俱乐部、公园、大商店、菜市场，教科文卫设施齐全，犹如一座小城市。

1986 年，太原化工厂全面推行厂长负责制，开展了全新的技术改造。1997 年，太原化学工业集团公司建立现代企业制度，整体改制为大型国有独资有限公司；1998 年，太原化学工业（集团）有限公司正式挂牌；2000 年 11 月 9 日，经山西省人民政府批准成立的太化股份有限公司（太化股份）正式在上交所挂牌上市。2011 年，这个曾经风光无限，承载了一个时代记忆的老牌化工企业，因高污染、高能耗、高负担、低效益被关停。

太原化肥厂是新中国化学工业的领头企业和人才摇篮，曾经为我国化工行业和农业的发展作出了巨大贡献。厂内保留了苏联风格的建筑，如铜洗和水洗车间，地标性建筑是 106 米高的不锈钢硝酸尾气排气筒和 80 米高的化肥造粒塔。停产后太原市政府及太化集团决定对其部分具有代表性的厂房、设施进行永久保留，以此为中心建设太化工业遗址公园。

图 9. 压缩机房

图 10. 规划设计图 1

图 11. 规划设计图 2

2015—2017年，我与北京华清安地建筑设计公司的同事们，共同承担了太化厂区的资源调查、价值评估和规划设计工作，为建设太化工业遗址公园贡献了绵薄之力。壮阔的厂区、巍峨的厂房、斑驳的机器、散落的档案、破败的场景，不仅让人感受到当年热火朝天的工作景象，也能体味到工厂停产后工人生活的辛酸（图5~图11）。

三、总结

随着中国文化发展战略的不断深入，人们对文化遗产的关注和认识与日俱增。对于 20 世纪建筑遗产来说，保护与利用同样重要。科学保护是保护遗产的根本，让建筑遗产"延年益寿"；创新利用是保障，让建筑遗产保持活力，实现"再生"，重新融入社会生活。遗产保护和文化传承是每个人的责任，绝不仅仅是某个部门或某些专家的工作。文化遗产与老百姓的日常生活最为贴近，遗产保护就像吃饭、睡觉一样，成为我们日常生活中的必须和重要组成部分，成为我们的生活方式和生活习惯。20 世纪建筑遗产用丰富的保护利用案例，见证了光荣的过去，在当今和未来会继续在社会发展中发挥作用，使其中承载的文化一代又一代传承下去。

简帙之间的城市记忆

宋雪峰

2017 年 10 月，组织安排我到天津大学出版社担任党总支书记兼总编辑。在新的岗位上，我第一次出差，就是随我社建筑类图书编辑团队"韩振平工作室"的 2 位同志——退休返聘的老策划编辑韩振平与青年策划编辑郭颖，参加在安徽池州举办的"第二批中国 20 世纪建筑遗产项目发布暨池州生态文明研究院成立仪式"。从此，20 世纪建筑遗产的概念就开始在我的心中扎下了根。

12 月初，在池州，我首次和金磊总编见面，可以说是一见如故，也延续了我们双方更深入的合作。在这里，我结识了国内建筑界、文物界的多位专家学者，有平易近人的中国工程院院士、北京市建筑设计研究院有限公司顾问总建筑师、中国文物学会 20 世纪建筑遗产委员会会长马国馨，有老当益壮的中元国际公司资深总建筑师、中国文物学会 20 世纪建筑遗产委员会顾问委员费麟，还有温文尔雅的中国建筑学会理事长修龙。当然，最让我兴奋的是与时任故宫博物院院长单霁翔先生的近距离接触。他是一位睿智可亲的长者，我以前只是在天津大学的"北洋大讲堂"上远距离聆听过单院长的报告。这次，他带给与会者的是题为《坚定文化自信，做中国传统文化的忠实守望者》的报告。单院长以故宫博物院的创新发展为主线，通过大量的数据、图片和实例，生动地展示了故宫博物院独特的文化价值和文化魅力，详细介绍了故宫文物建筑修缮、展览空间改造、文化创意传播等方面的措施与成效，深刻阐述了故宫博物院保护传承中

华优秀传统文化的经验做法，内涵丰富、精彩纷呈，听后让人心潮澎湃，使我对建筑遗产保护的理解也更深刻了。

在金总的安排下，我随专家学者参观考察了位于池州境内的一处工业老厂房——安徽国润茶业祁门红茶老厂房。该厂房是"第二批中国 20 世纪建筑遗产项目"仅有的 16 个工业遗产之一，位于池州市池口路，建于 1951 年。国润茶业有限公司董事长殷天霁热情地接待了我们，带着我们参观了厂区、制茶车间和存放茶叶的库房等。走进厂区，一座极富时代感、朴实的建筑映入眼帘，空气中弥漫着温润浓郁的茶香。在制茶车间，几位工人正在"筛茶"和"打袋"，气氛温馨和谐。混凝土立柱和木结构屋架，配上仍在运行的老设备，让人瞬间穿越时空，仿佛回到新中国成立之初的火红年代。建于 1952 年，可以容纳近 6 000 担（1 担 = 50 千克）茶叶的库房，是用原木六面包裹而成的，库房内茶香四溢，沁人心脾。这种原生态材料的选择和结构设计，有利于建筑的防潮和红茶的后熟存放。我们还在游客接待中心品尝了当年采摘的祁门红茶新茶，确实色香味俱佳，不愧为世界三大高香茶（另两种是印度的大吉岭茶和斯里兰卡乌伐的季节茶）之一。正如单霁翔院长惊叹："国润祁红老茶厂就像一个活态博物馆。"当同时代的许多工业遗迹已经荡然无存，令人扼腕叹息时，祁红老茶厂的老建筑、老设备不仅保存完好，还能正常使用，更是难能可贵。正如厂长殷天霁所说，这里"不仅是

遗产到产品全过程呈现的亦文化、亦旅游、亦传承、亦创新的编撰思路是写好祁门红茶故事，发掘文化池州内涵的好做法。"我也在讲话中向大家宣布，该书将由世界知名的艺术出版集团——英国独角兽出版集团在海外出版发行，中国祁红走向了世界！

以出版的形式记录中国20世纪建筑遗产的几度春秋(图1)，这是天大出版人的责任和使命。2018年，《中国20世纪建筑遗产名录（第一卷）》正式出版，该书以图文并茂、部分中英文对照的形式充分展示了我国首批20世纪建筑遗产，共98项作品，还对最具代表性的40位中外建筑师、结构工程师进行了介绍。该书展现的是中国建筑界、中国文博界协同推进的20世纪建筑遗产"基础性工程"的全记录，使中国20世纪建筑遗产项目迈向《世界遗产名录》殿堂又进了一步。诸多院士、勘察设计大师们为首批20世纪建筑遗产的98个项目提供了翔实、客观的点评文字，使读者能从中读到一般"教科书"中难见的评介，对于引领普通读者关注与欣赏建筑遗产意义非常。可以说，20世纪建筑遗产从一个侧面记录了现代中国社会、科技、经济的发展。追溯20世纪中国建筑百年发展脉络，对于丰富中国建筑文化的理论体系具有重要价值，更对在新型城镇化建设中"留住乡愁"、在国民中普及建筑文化审美具有现实意义。该书曾获2018年第十二届天津市优秀图书奖，更于2019年获"中华优秀出版物奖"提名奖。该系列图书的第二卷已于2021年正式出版，第三卷也将于2024年面世。

《悠远的祁红——文化池州的"茶"故事》是金磊团队和天大出版社合作出版的"中国20世纪建筑遗产项目·文化系列"图书的第1本。2022年6月，在新冠疫情防控形势最严峻的背景下，该系列图书的第2本《世界的当代建筑经典——深圳国贸大厦建设印记》付梓出版。深圳国贸大厦作为改革开放先行区——深圳快速建设发展的缩影、"深圳速度"的标志，于2018年入选"第三批中国20世纪建筑遗产项目"。作为一个1982年10月动工、1985年12月竣工的"新"建筑，深圳国贸大厦能成为20世纪建筑遗产，不仅在于"三天一层楼"的新纪录，标志

图1. 中国20世纪建筑遗产项目·文化系列图书

建筑在说话，还有茶香在说话"。

2018年4月3日的北京，春意盎然。紫禁城内，"感悟润思祁红·体验文化池州——《悠远的祁红——文化池州的"茶"故事》首发式"学术活动在建福宫花园拉开帷幕。这本书凝聚着金磊团队和天津大学出版社的心血，不仅记载了祁红老厂房的建筑特色，还发掘出国润祁红守护者们自力更生、艰苦创业的精神。单霁翔院长评价："这部书从物质文化与非物质文化的双重性出发，将祁门红茶的前世今生一一进行了梳理，既有其影响世界的文化脉络，也有曾伴随西南联大等中国英才所写就的历史，我认为这种从工业

图 2.《高等教育珍贵遗存：走进安庆师范大学敬敷书院旧址·红楼》

着我国超高层建筑工艺及速度已达到世界先进水平，而且在于邓小平同志分别于 1984 年和 1992 年两次视察深圳都莅临国贸大厦，尤其是 1992 年，邓小平同志在国贸大厦旋转餐厅发表的"南方谈话"，极大地解放了国人的思想，掀起了中国改革开放新一轮高潮。因此，国贸大厦在中国改革开放史和中国建筑发展史上都留下了自己的名字，成为改革开放伟大实践的见证者。

2018 年 11 月 24 日，"第三批中国 20 世纪建筑遗产项目"在东南大学公布，新疆人民剧场名列其中。2019 年 12 月 3 日，"第四批中国 20 世纪建筑遗产项目"在北京公布，湖南岳阳教会学校（湖滨大学）、安徽安庆国立安徽大学红楼及敬敷学院旧址名列其中。

2022 年 5 月，《奏响瑰丽丝路的乐章——走进新疆人民剧场》与读者见面。2022 年 10 月，《洞庭湖畔的建筑传奇——岳阳湖滨大学的前世今生》出版发行；2023 年 11 月，《高等教育珍贵遗存：走进安庆师范大学敬敷书院旧址·红楼》（图 2）在安

庆举行了首发式。

作为天大建筑类图书的特色项目——中国 20 世纪建筑遗产系列丛书的主要支持者，我不仅亲身参加了这些推介活动，也见证了这些图书的问世，部分图书中还有我留下的审校痕迹。

可以说，我在出版社的工作经历中，始终与中国 20 世纪建筑遗产相伴而行。这条路上，有可敬的长者韩振平、金磊的指点，有充满活力的中青年编辑的帮助，更有单霁翔先生、修龙理事长、马国馨院士等的教诲和嘱托，还有一大批建筑规划设计领域翘楚才俊给我的支持。行走在这条道路上，我更深刻地理解了，为什么说 20 世纪建筑遗产是中国建筑文化遗产的重要组成部分，如何有计划地向公众进行建筑文化遗产相关知识的启蒙；我更深刻地认识到，为什么说 20 世纪建筑遗产是一个丰富的宝库，如何去发掘、去记录、去出版；我更深刻地明白了，为什么说 20 世纪建筑遗产是中国社会巨变的见证和载体，如何用更好的传播渠道来展现百年中国建筑智慧的结晶。

2024 年，"第九批中国 20 世纪建筑遗产推介项目名录"发布会在天津召开，天大出版社作为协办单位参与其中。这是我们的荣誉，是我们的责任，更是我们的使命。"地上本没有路，走的人多了，也便成了路。"鲁迅先生的这句名言，不正是众多致力于 20 世纪建筑遗产保护、传承、更新与活化利用的前辈和后来者披荆斩棘、砥砺前行的真实写照吗？我有幸成为此行的同路人，沿着前辈们的足迹，沿途拍下朵朵鲜花的美丽影像，记录下它们婀娜多姿的形态，在简帙之间留下属于每一个人的城市记忆，这也许是我参与其中的价值吧。

20 世纪建筑遗产调研随感

殷力欣

有两个值得铭记的日子：一是 2014 年 4 月 29 日，中国文物学会 20 世纪建筑遗产委员会在这一天召开成立大会；二是 2016 年 9 月 29 日，"首批中国 20 世纪建筑遗产名录"在这一天公布，共 98 个项目入选。

此后，2016 年 9 月至 2023 年 9 月，这八年中共有八个批次、共计 798 个项目入选"中国 20 世纪建筑遗产名录"。

本人有幸厕身于20世纪建筑遗产委员会委员行列，参加了历次建筑遗产项目的推介活动（图1）。总的感受是，在历次专项考察的行程中，以及在与其他专家、委员的交流中，我对"中国20世纪建筑遗产"的认识有了一些循序渐进的积累和提高，略记几则随感如下。

首先，中国 20 世纪建筑遗产委员会的工作方式和人员组成很有特色。这八年中，八个批次所公布的入选名录项目，不是采取用公众投票的方式决定的，而是采取委员会专家各自提名形成候选名单，最终以计票的方式决定入选项目。而这个专家团队又是由各有建树、各有专长的业界专家组成的，设计、规划、建筑理论、建筑历史、文化遗产保护，乃至历史学、社会学等方面的专家济济一堂、各抒己见，形成一个在认知层面上相互启示、取长补短、百家争鸣，而又在大方向上和衷共济的局面，使得委员会所决定推介的建筑遗产项目既是当下公众所普遍认知的，同时又带有建筑文化的启蒙性质，甚至具有某种事关未来发

图 1. 作者殷力欣在中山陵祭堂考察时的留影（2009 年 4 月 16 日刘锦标摄）

展的前瞻性。

回想这些年的工作，我大致记得在前五次推介活动中我所推介的那些项目。

首批推介的项目有：南京中山陵、广州中山纪念堂、南岳忠烈祠、黄花岗七十二烈士墓园、钱塘江大桥、孙中山临时大总统府旧址、武汉国民政府旧址、武昌起义军政府旧址、同盟国中国战区参谋长官邸旧址、重庆抗战兵器工业遗址群、重庆人民大礼堂。

第二批推介的项目有：上海四行仓库旧址、抗日胜利芷江洽降旧址、云南陆军讲武堂旧址、金陵兵工厂旧址、旅顺监狱旧址、故宫博物院宝蕴楼。

第三批推介的项目有：黄埔军校第二分校旧址（湖南）、昆明胜利堂、京奉铁路沈阳总站、原吉林大学教学楼旧址（吉林市）、旧北大女生宿舍、天津

渤海大楼。

第四批推介的项目有：常德保卫战第 74 军公墓及纪念坊、佛采尔计划之宁波海防工事、祁阳县重华学堂大礼堂（现祁阳二中重华楼）、重庆市委会办公大楼（现重庆市文化遗产研究院）、坊子德日铁路建筑群、石龙坝水电站。

第五批推介的项目有：航空烈士公墓（南京紫金山）、天津宁园及周边建筑、包头钢铁公司建筑群、成都量具刃具厂、西安仪表厂、郑州第二砂轮厂。

回望我参与提名的这些项目，略带惊讶地发现，我在首次活动中推介的项目，绝大部分都是中国近现代史上涉及战争的非常时期的建筑项目（总共 35 项，提名中有 20 项是直接与社会动荡时期的重大历史事件相关的项目，而首批推介的 11 项中，仅有 1 项是和平年代的作品）。之后，虽然每批推介中都有一些类似的项目，但建设项目与社会文化项目逐渐增多（特别是第五批，建设项目占了多数）。不考虑我所参与推介的这些项目，通览这八个批次的名录，也能发现经济建设项目与社会文化事业项目逐渐增多。

表面上看，这一渐变过程或许说明之前所重点推介的社会动荡时期的建筑项目已经足够多了，所以会自然而然地转向关注正常状态下的社会生产与社会文化。但就我个人而言，受研究方向及个人性情所限，似乎与生俱来就会重点关注那些非常时期的非常之举：我会为南岳忠烈祠（图2）落泪、会为上海四行仓库的八百壮士落泪、会为茅以升先生自毁其亲手设计的钱塘江大桥（图3）而落泪，今后也仍会继续寻觅那些凝结着英烈们热血的建筑遗存。不过，这些年与职业方向、研究方向均和我不同的专家委员们的接触、交流，也确实弥补了我自身的局限，特别是与马国馨院士等参加过1949年之后重大建筑项目的设计者们的接触，令我感到建设者们与战士们具有同样的文化意义。

上文提到，中国文物学会 20 世纪建筑遗产委员会成立于 2014 年 4 月，而"首批中国 20 世纪建筑遗产名录"的公布是在 2016 年 9 月。可以想见，约两年半的时间里，创建此委员会的主要倡议者，如单霁翔会长、金磊副会长等，经过了怎样的深思熟虑。

图 2. 南岳忠烈祠祭堂及甬道鸟瞰（殷力欣摄于 2010 年 7 月）

图 3. 钱塘江大桥明信片——茅以升为抗战自毁大桥的壮举

这里，作为亲历者之一，我想补充一点与此相关的事。

大概在 2008 年夏天，时任《建筑创作》主编的金磊先生接到了中国建筑工业出版社资深编审杨永生先生的一封信。这封信是转呈吕彦直合作伙伴黄檀甫之后代黄建德先生的来信，询问能否在 2009 年编写一部关于南京中山陵、广州中山纪念堂的设计者吕彦直先生（1894—1929 年）的书，他愿意为此无偿贡献一批家藏文献资料的使用许可。这个偶然的事件，直接激发了我们这个小小的建筑文化考察组的工作热情。在之后短短不到一年的时间，我们完成了一部大八开本专著《中山纪念建筑》的编写和出版面世，并于 2009 年 6 月在南京举办了社会影响力巨大的首发暨学术研讨活动。之后，《抗战纪念建筑》《辛亥革命纪念建筑》也相继问世。

大约在 2006 年 5 月前后，时任《建筑创作》主编的金磊先生与时任中国文化遗产研究院图书馆馆长的刘志雄先生（已故，1950—2008 年）共同发起成立了一个民间性质的学术调研组织——中国建筑文化考察组。这个考察组联合天津大学、南京大学等相关高校或研究机构的研究者们开展了一系列建筑考察活动，在两年左右的时间里，撰写完成了《田野新考察报告》1 至 2 卷，参与整理出版陈明达遗著《蓟县独乐寺》，组织实地测绘并编辑出版专著《义县奉国寺》，这些考察活动可谓高效而不失研究深度。应该说，2006 年 5 月至 2008 年 5 月的两年时间里，考察组还是以考察古代建筑为主的，尽管已经涉及一些近现代带有"西风东渐"印记的建筑项目，如保定莲池书院内的直隶图书馆等。2008 年 5 月之后开始筹备编著《中山纪念建筑》，可能算是一个向 20 世纪建筑遗产保护与研究领域拓展的天赐良机。很幸运，由于单霁翔、金磊等人的高瞻远瞩，我们抓住了这一契机。

金磊先生在 2008 年夏天首先把杨永生先生转交给他的黄建德来信再转交给我作初步考虑，这封信对我个人是一次启蒙，我似乎由此顿悟到以往仅涉猎了很有限的知识领域。

20 世纪 70 年代初，我曾随父母拜谒中山陵。但直到此时，我才想到一个历史年代上的巧合：

1929 年 6 月 1 日，刚刚竣工的中山陵举行了孙中山先生遗体奉安大典，而同在 1929 年，朱启钤先生正式创立了旨在探究中国传统建筑奥义的中国营造学社。这两件事在时间上的重合，似乎揭示了晚清以来建筑界的一个思想交织——无论潜心学习西方的先进技术，还是追寻被遗忘的中国建筑技艺与思想精髓，最终都着眼于新时期中国固有文化精神的复苏与发展，设计者吕彦直如此，研究者朱启钤、梁思成、刘敦桢们也是如此。

多年来我一直从事对建筑历史学家陈明达先生（1914—1997 念）的著作的整理研究工作。过去，我虽然也知道陈先生除中国古代建筑历史与理论研究外，也从事过城市规划和建筑设计工作，但还是把主要精力用于陈明达文论部分的校雠疏证，对其建筑设计方面的工作多少有些忽略。也就是在接触了 20 世纪中国建筑杰作中山陵之后，特别是 2014 年中国文物学会 20 世纪建筑遗产委员会成立前后，我数次踏访陈明达设计的重庆市委会办公大楼、中共西南局办公大楼和湖南省祁阳县原重华学堂大礼堂（图 4），并收集到一些相关的历史文献，由此再度回忆起陈明达在 20 世纪 50 年代初以建筑设计参与新中国建设的往事，领悟到当时张家德设计"非壮丽无以重人民当家作主之威"的重庆市人民大礼堂，陈明达接受"巧妇能为无米之炊"的挑战去设计尽量节俭而不失建筑美感的重庆市两座党政机关办公楼（图 5），二者合一可称之为那个时代的建筑理想。由此，我也理解了陈明达先生在晚年曾谈起他对建筑的民族形式问题的认识："……在我看来，归根到底是一句话：民族形式就是要等你去创造！民族形式不是固有不变、等你发现的东西，而是一个创作问题，要你在我们传统文化的基础上，根据我们这个民族的现实去创造。不能简单理解古代形式，一说民族形式就想到'大屋顶'，就想到一个固定的已有的形式。这在哲学上说不通。我觉得，创作不是一个高不可攀的难题，只要你立足现实生活，脑子里有创造意识，同时，对我们的文化传统、生活习惯、中国建筑设计观念熟知和理解，你就可以去创造。"

陈先生的这段话，让我理解了为什么一生探寻传

图 4. 陈明达设计并监理施工的重华学堂大礼堂（殷力欣摄于 2013 年 4 月）

图 5. 陈明达设计重庆市委会办公楼鸟瞰（重庆文化遗产研究院提供）

统建筑精髓的梁思成先生的设计作品北京大学女生宿舍、吉林大学图书馆与教学楼（吉林市）等都舍弃了传统的大屋顶，而陈明达的三个设计作品也是如此。目前，除了位于重庆市委大院内的原中共西南局办公大楼外，上述梁思成、陈明达的设计作品均已入选《20 世纪建筑遗产名录》（第 1、3、4 批）。

回顾这些年的 20 世纪建筑遗产调研工作，尽管我个人侧重于与传统建筑理念、技艺相关的课题，但毋庸讳言，从 1901 年至 2000 年这百年的建筑历程中，学习借鉴西方的建筑技术与建筑理念的作品范围更广、更引人注目，如上海外滩建筑群、天津解放北路建筑群等；而自 20 世纪 80 年代之后的改革开放时代起，学习借鉴西方现代主义、后现代主义建筑又是一个引领时代风气的潮流，与此同时，对中国建筑传统的溯源与传承，也是争议不断的话题。

那么，中国传统建筑理念与技艺在 20 世纪、21 世纪的中国究竟还有多大的生存乃至发展空间呢？有两件事引起了我的注意。

一是有关 20 世纪建筑遗产中园林部分的几个实例。无论是 20 世纪初所建的天津宁园，1949 年之后莫伯治先生设计的泮溪酒家、北园酒家、南园酒家，还是杨廷宝先生参与的上海古猗园改扩建工程，似乎凡涉及园林问题，中国传统的审美趣味以及叠山理水等具体的造园技艺等都更能赢得国人的普遍认可，都可以在设计建造过程中更为纯粹地沿袭传统（图 6）。笔者曾与金磊先生等造访了一处兴建于 21 世纪的园林——位于上海嘉定的丰德园。这座园林在 2013 年设计动工之际，延聘的苏州香山帮工匠是国家级非物质文化遗产传统技艺传承人，实现了一项纯正传统技艺在当下延续的壮举。在笔者看来，此工程的意义，似乎展现了传统建筑（包括园林）理念与技艺在当下已然有着相当充裕的生存空间。

二是有关传统廊桥技艺传承的一桩小事。2023 年 2 月，十卷本的《陈明达全集》终于出版面世。作为这部巨著的主要整理者，我自然会收到老朋友们的祝贺和询问，令我意外的是一位素昧平生的名叫李振的年轻人也主动与我联系。这位年轻人表示为了认真学习领悟传统建筑，准备自费购买一套《陈明达全集》。这是一位国家级非物质文化遗产之传统廊桥建造技艺传承人，获得了建筑结构专业硕士研究生学历之后，在福建省宁德市寿宁县的建设部门任职。他年纪不大，任职时间也不算长，却严格按照传统技艺建造了一座新的廊桥。他邀请我在

2023年12月份实地踏勘寿宁县境内的几座廊桥（图7、图8），其中有明清遗构，也有20世纪60年代的作品。这个廊桥建造技艺自明清传承至今，一脉相承，令我身临其境地体会到了中国建筑传统在当下有着相当充裕的生存空间，尤其感受到那里的人们对中国传统建筑怀有怎样的依恋之情。

可能上述 20、21 世纪传统园林、廊桥的建造实例尚不足以说明其未来会有多大的发展前景，但人们对固有文化的依恋情节是确确实实存在着的。谨此，我个人还是会在建筑遗产保护与研究方面继续关注中国 20 世纪传统建筑遗存的调研，期待有更多的发现。

图 7.20 世纪 60 年代建造之寿宁县杨溪头桥（殷力欣摄）

图 6. 杨廷宝参与之上海古猗园扩建部分（殷力欣摄）

图 8.1950 年建造之寿宁县杨梅洲桥（李振摄）

从文学到建筑，从建筑到艺术
——我的遗产保护十年心路

舒莺

刚刚过去的 2023 年对很多人而言，可能都是嬗变前的蓄势待发，而变化的过程或许早已悄然发生，正如这些年来一直关注的 20 世纪建筑文化遗产保护工作一般。

2013 年 1 月 13 日，我刚刚结束和团队在缅甸参加的滇缅抗战中国远征军仁安羌大捷纪念碑建成活动，那是我第一次参与真正属于自己的建筑设计活动。尽管由于种种条件限制，我们选择了当地传统的佛塔设计形式。对于当地人而言，只是在这片土地上增加了一座佛塔，但对于我们而言，这是海外为数不多的抗战纪念碑（图 1）。所以几年后，这座纪念碑就被国务院批准，成为第三批国家级抗战纪念设施、遗址之一。一座原本应该在 20 世纪建成的建筑，却成为 21 世纪落成的历史遗产，其中的故事也不啻为一段传奇。历史赋予建筑

图 1. 缅甸仁安羌大捷纪念碑

以内涵，也让建筑遗产具有了意想不到的价值。而这一切，源自我之前创作的一部抗战题材小说。因为一部小说而最终带来一座纪念建筑的落成，这是我始料未及的。

也正是在这十年中，我在自己都没有意识到的状态中，从文学创作走向了建筑文化遗产保护研究。与当时建筑设计全行业将热情投入地产和楼堂馆所的火热情况有别，一本《建筑面前人人平等》开启了我的视野，借助设计院的平台，我开始了对历史建筑的探访和关注。彼时，出于天马行空的爱好，我选择了与建筑文化相关的工作，主要是对 City Walk（城市漫步）的记录与书写，并在两年前刚刚出版了自己的建筑文化散文集《远去的记忆——不可错过的重庆老建筑 31 处》（图 2）。而后，20 世纪建筑遗产委员会秘书长金磊先生组织的《抗战纪念建筑》重庆部分的写作，启发我选择了新的写作题材。非常有意思的是，这个工作将我从重庆开埠时期建筑的关注自然转移到抗战时期的陪都建筑考察中，并从零开始专业探索。也正是在与金磊先生团队的持续合作中，我的工作逐渐深入，进而把《重庆建筑地域特色研究》的编写工作提上了日程。

而今回想起来，其实每一本有关建筑文化的书籍出版，都是悄然转型的推动，只是当时并没有明确意识到而已。在《重庆建筑地域特色研究》启动之前，我在重庆市设计院李秉奇院长的支持下成立了建筑文化工作室，第一项工作是《图绘城市》的编写。这是一本因为图档电子化的需要而将老图整理、归纳的书籍。在对尘灰满布、呛人口鼻的老图纸进行翻阅和扫描的过程中，

民国时期、西南大区时代的众多建筑图纸被翻拣出来，精美的绘图和原始的老建筑历史旧影令我一次次惊叹：原来它们和今天的建筑相比，并不完全一样！作为重庆解放后地方第一大设计院，重庆市设计院理所当然地承担起绝大部分的设计工作，所以大约八九成的老建筑都能在重庆市设计院的故纸堆里找到原始图纸。于是这一次老图整理工作，成为我走进重庆 1949 年后历史建筑世界的契机。付诸文字的书写又是一次学习和专业回顾。自此，我对这座城市有了更加深刻的认知。

《大礼堂甲子纪》是一本老建筑师引领我专业学习的书。作为对工作室的支持，李秉奇院长为我找来了陈荣华老总，给予我极大的专业支持。实际上，个人情绪化的文字书写和记录已经让我感到不能满足，更需要有技术含量的评价与认知。也正是在陈总大师级的引领下，在写这本书的过程中，我不仅深入了解到西南大区的建筑特色及历史风貌，更为重要的是，我第一次接触到了"建筑遗产保护"这个细分的专业方向，第一次关注到《雅典宪章》《威尼斯宪章》，懂得了原真性保护的基本原则。

经过了这些前前后后的学习、整理和全盘回顾，及至撰写《重庆建筑地域特色研究》时，我已经对重庆各个时期建筑情况有了比较系统的认知。这本专著在北京市建筑设计院同人的共同加持下完成，我也对重庆这座城市的前世今生算是有了比较透彻的了解。也正是在此

基础上，我完成了关于城市历史空间形成与演变的博士论文研究，可以用更高的维度来审视我所生活的城市历史建筑文化遗产保护的来龙去脉。

三年入行，五年懂行。在这些著作相继完成后，我在前辈们的带领和支持下，摸索着正式走上了建筑文化遗产保护专业化的道路。审视自己这几年来的收获与遗憾，或许我好像离自己一向自洽的文艺化书写越来越远，令我潜意识里有些惋惜。

就在我的工作方向不断变化的过程中，这些年来建筑行业以地产为抓手的发展方式似乎也在不知不觉间开始转变，中央城市工作会议的召开与"城市更新"的明确提出，都在昭示建筑行业的转型已经悄然而至。也许我的工作内容本身就是这种潮流推动的结果，只是往往置身其中不一定真正意识到或说得清。

我一直认为自己在 2017 年选择离开建筑设计企业去到艺术类高校任教是个非常难得的机遇，即便当时我甚至不知道"公共艺术"这个奇怪的新方向意味着什么。直到三年疫情终结了地产开发作为城市发展拉动模式，建筑行业结构性调整面临新挑战，艺术介入城市成为新的城市营建方式带给人们全新的认知，从传统雕塑、城市家具、涂鸦、装置到更为新颖的光艺术、元宇宙在启发我，建筑遗产、历史文化和艺术表现的融合已经具有无限的可能。

如果说过去建筑文化遗产保护带给我更多的思考是

图 2. 部分建筑文化著作书影（组图）

图 3. 歌乐山红岩文化沉浸式景观步道改造设计局部

技术性的修复、修缮，让人文学科的视角思考除了抒发思古幽情之外，对于建筑本体几乎无计可施。除了文献整理之外，讲故事、评论和探讨，我能从事的工作是如此苍白。最近五年，我将大量精力投入对巴蜀濒危乡土碉楼民居建筑的保护工作中，系统整理了现存的巴蜀碉楼民居现状，积极地将其和国内其他同类型建筑保护利用进行比较，形成了一些思路，积极向政府部门建言献策，可惜书生之力终究微薄，眼见研究成果持续呈现，却无一可付诸实施。传统工艺失传已经是最大缺憾，加

上建筑遗产保护常见的产权归属不明、财力有限、后期运维的考量和资金支持缺乏等问题，我的研究最终成为一纸空文，在现实中无法保护任何一座碉楼民居建筑。除了在专家论坛上宣讲，博得同行之间些许的关怀，更多的是要么看到这些建筑最终垮塌，要么被改造得面目全非。

虽然对专业深感无力，但在 2023 年这个公共艺术兴盛之年，我重新看到了希望。当我所在的四川美术学院黄桷坪校区连续两年用照明艺术点燃老旧小区甚至建

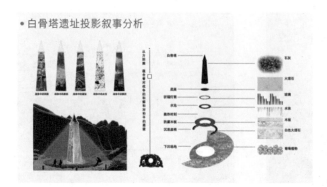

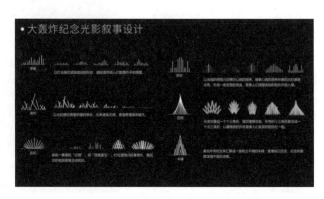

图 4. 重庆大轰炸平民殉难纪念碑（白骨塔）光影叙事设计方案（组图）

图 5. 大轰炸纪念日互动参与点亮纪念碑城市公共艺术活动数字化设计

筑废墟的时候，光艺术用低廉的成本亮化历史街区，既不损伤建筑本体又带来极大的流量经济。同时将走出人们记忆的城市老街区重新以新的姿态回归大众视野，人们可以感受得到公共艺术的无限可能和强大能量（图2~图4）。

也正是在艺术的特殊叙事手法和呈现方式中，我埋藏已久的文艺心开始重新萌发，被放置多年的关于建筑物理介质之外的人文故事和文化气质可以用艺术手法来表达。当我和学生们开始尝试用互动装置在红岩景区再现《红岩》小说情节，将梅花、小萝卜头甚至绣红旗的故事转化成文创产品，用大尺度的空间光影艺术设计重塑大轰炸平民殉难纪念碑的过程中，文学与艺术开始在融合中找到契合的道路。而过去的 20 世纪建筑遗产保护依附于建筑的强绑定状态在我的专业视域内开始松动，"艺术 + 文学 + 建筑"的新场景塑造使未来的探索利用，而非简单的保护有了无限可能。

2023 年已经成为过去，十年的 20 世纪遗产保护学习成长和探索之路也将成为历史。过去多年，我有幸在重庆市设计院的平台之上见证了建筑发展过程中历史文化街区保护、老建筑修缮的繁复过程，也在持续变化之中慢慢走向了建筑最初的摇篮——艺术，在新艺术的领域中发现了历史文化赋能建筑遗产的多种可能。时间的长河奔流向前，建筑的存在和使用与生命的延续本就一直处于不断变化之中，建筑遗产也需要在从未止息的时代演进中找到属于自己的角色，既不是被生硬地供奉和闲置，也不是被强行涂脂抹粉，而是应该合理善用。过去建筑技术对于文化遗产是保护，而今艺术对于文化遗产则是最温柔的活化与利用。

建筑文化遗产是人类智慧的结晶，20 世纪建筑遗产更是承载着飞速发展的百年时光中最为亲近可感的记忆。在触手有余温的百年建筑之上，我想，用艺术来焕发建筑精神的新方式或许不至于让我再像五年前那般有心而无力。

南方之南，透过建筑之美探寻城市的时代印记

陈日飙

一、前言

当我们在谈论 20 世纪的建筑时，我们在谈论什么？这些正在老去的房子对我们来说又意味着什么？

我想也许我们从这些建筑上看到了时代的"变迁"，看到了波澜壮阔的 20 世纪。作为城市发展的见证，这些 20 世纪的建筑遗产承载着一座城市的历史、文化与精神。我们谈论和品鉴它们，能更好地理解城市的内涵和个性，也正是因为它们的存在，每座城市会变得不可复制且更加有灵性。一栋栋 20 世纪的建筑，就是一段段鲜活的 20 世纪城市历史和一个个精神图腾，我们保护和利用好这些建筑，就是把城市的过去保存下来并延展到未来。

深圳这座南方滨海城市是全世界最年轻的、成长得最快的超大城市，世界上还没有哪一座城市能像深圳这样，在短短几十年中发生如此多的巨变。人们能感知深圳经济的飞速发展、深圳人口的迅速膨胀，大多是从 GDP 和人口数据的变化而获得的感受，但一个城市最直接的展示方式还是鳞次栉比的高楼大厦与日新月异的城市建设。就像 1982 年开始建设的深圳国贸大厦，以"三天一层楼"的"深圳速度"，向全国展现了深圳人敢为人先、敢闯敢干的勇气，向世界展现了中国改革开放的坚定信心和崭新气象。所以深圳的建筑就是这座先锋城市崛起的见证者和表达者，20 世纪的建筑应伴城市而兴，随时代而行。

回望 20 世纪 80 年代初，深圳特区刚成立不久，城市建设处于起步阶段。那时深圳有经验的建筑师多由全国各地设计院调动而来，他们做设计受早期现代主义建筑的影响，更多从功能需求出发，在造价成本经济合理的基础上，对建筑功能和结构形式进行了真实的表达。20 世纪 80 年代后半期，深圳经济发展提速，1985 年底，国贸大厦竣工投入使用，城市对高层和超高层建筑的需求逐渐加大，大项目开始涌现。在那个激情燃烧建设特区的浪潮中，1986 年陈世民大师受中房集团的委派，经住房城乡建设部和对外经济贸易部批准，香港华艺设计公司在香港注册成立了，同年香港华艺的深圳公司（以下简称"华艺"）注册成立，并拿到了甲级建筑设计资质，这家港资小设计院成了深圳设计行业大家庭中的一名新成员。在创业之初，华艺的项目不多，业务重心还一度放在了香港。但 1992 年邓小平南行讲话提出"发展才是硬道理"后，中国坚定了改革开放不动摇的信心，进一步加快了吸引外资和经济建设的步伐，使深圳的城市建设迈入了新阶段。从那时起，许多境外设计机构及国际知名建筑师，也开始关注并参与到深圳的大量新建筑的设计之中，使深圳的建筑品味更趋国际化。这一时期，不仅中华大地迎来了国家经济和社会发展在规模上的巨大变革，建筑设计行业也迎来了前所未有的思想解放和空前的创作机会。那时年轻的华艺公司有一群敢想敢拼的年轻设计师，他们在陈世民大师的带领下稳扎稳打，先后创作了一批有影响力的建筑

作品，开疆拓土，奠定了我们在业界的地位。下面就回望由华艺完成的 3 个入选了"中国 20 世纪建筑遗产项目"的建筑作品，聊聊当时的设计故事。

二、深圳发展银行大厦
（2018 年入选"第三批中国 20 世纪建筑遗产项目"名录）

这是华艺第一个与境外公司合作并中标建成的项目。1995 年深圳有 4 个大型公共建筑的投标，非常幸运，华艺公司中标了其中 3 个项目，深圳发展银行大厦便是其中之一。深圳发展银行是新中国第一家公开发行股票的股份制商业银行（深交所股票代码：000001），其总部大厦的方案设计是由华艺设计与 Peddle Thorp 建筑事务所（澳大利亚柏涛事务所）共同承担的，此外华艺还负责结构、机电及工程概算专业的工作。在投标之初，华艺团队与外方团队"背靠背"各自进行方案构思，经过共同讨论，最终陈世民大师将双方方案进行了巧妙融合，使得这座兼具中外特色的建筑完美呈现。项目于 1995 年开工建设，于 1997 年竣工并正式启用（图 1）。

作为中国经济市场化改革的代表性机构，深圳发展银行的总部大厦需要有一个能契合时代精神的创新形象，业主提出"不吝啬成本，希望打造一座类似香港汇丰银行建筑特色的总部大厦"的设计要求，还强调大厦的建筑风格要体现发展银行是股份制银行而非国家银行的性质。在项目初期，陈世民大师带领华艺团队多次和银行领导及项目负责人进行沟通，积极回应业主们对项目的要求与期待。设计团队对现有建筑及周边城市关系进行分析，决定打破常规办公楼的规整形式，采用简洁的三角形体量与巨型构架，形成阶梯状层层递减向上的造型，有节节上升的"发展"之势，体现不断开拓发展的精神。这样的形式一方面能使之与深南大道的其他建筑物区别开来，另一方面延续了现有金融中心及农业银行的建筑文脉。同时，为了表达科技性，除用统一柱网组合内部空间外，还用了一组倾斜向上的外表为不锈钢的巨型构架，体现建筑物强劲的力度和力学均衡与和谐，配上富有韵律的幕墙和花岗石饰面，以高科技的新颖外观体现了发展银行大厦面对新世纪即将到来的积极姿态。这栋别致的香槟色玻璃幕墙大厦，高高地矗立在深南大道东路南侧，与工商银行、中国人民银行、农业银行等大厦遥相呼应。当 1996 年深圳地王大厦竣工后，深圳发展银行大厦阶梯状的形态产生了强烈的指向东

图 1. 深圳发展银行大厦

面高空的张力，与东向 500 米开外的地王大厦直冲云霄的姿态遥相呼应。所以深圳发展银行大厦以"高技术"特征表达银行的金融属性，体现了超越地域的深圳"当代性"，毫无悬念地成为深南大道上最具特色的地标性建筑之一。

2018 年，深圳发展银行大厦被列入"第三批中国 20 世纪建筑遗产项目"名录。如今看这幢已经在深圳福田中心区伫立了近 30 年的大楼，即便其周边不断生长出高层建筑群体，但其仍然显得独特和前卫，不禁让人回想起 20 世纪末那个激情燃烧、大干快上的年代。

三、深圳赛格广场
（2023 年入选"第七批中国 20 世纪建筑遗产项目"名录）

赛格广场大厦共 72 层，高度为 292 米，含屋顶桅杆的总高度为 355.8 米，建成时是当时深圳第三高楼，也是世界最高的钢管混凝土结构建筑，1995 年开始设计，1996 年开工建设，2000 年竣工建成。

赛格广场（图 2）修建于 20 世纪 90 年代后期，当时华强北已然成为中国电子产品交易最为火爆的市场，成就了无数著名的企业家和公司。赛格广场正是在当时强烈的市场需求下设计建设的，建成投入使用后，很快就成了当时驱动深圳市场经济发展的重要场所。赛格广场是国内第一座由中国本土建筑师和工程师设计完成的 300 米级的超高层建筑，在结构体系和智能化等新技术领域均有所突破。它的建成带动了华强北电子市场的繁荣，为华强北赢得了"中国电子第一街"的美誉，2023 年，深圳赛格广场被列入"第七批中国 20 世纪建筑遗产项目"名录。

在 1995 年本项目的国际招投标中，华艺的方案在 6 个备选方案中脱颖而出，成功中标，华艺获得从方案到初设和施工图的全过程设计权。设计构思依照当时特定的用地环境，组织了包括地铁在内的立体交通网络，在二层设置了对城市公共开放的广场空间，以体现大厦的现代性与开放性。主塔楼采用八角形平面与四组核心交通筒体，造型简洁，内部空间

分隔灵活，紧凑高效，践行了陈世民大师提出的"不挖空心思去塑造未曾有过的建筑形象，不耗资炫耀材料和技术设备"的主张。带金色横线的幕墙加上首层高耸的柱廊、动感的观光电梯及简练的塔顶，塑造了一种现代简洁的建筑风格。由于本项目的设计总体布局合理、空间组合高效、结构选型先进，荣获了国家科学技术进步二等奖（2001 年）等多项殊荣。

2021 年 5 月 18 日，赛格广场出现有感振动，我们在第一时间成立工作组开展专项调研，调出了所有相关图纸和计算书，并主动协同政府组织的院士、大师、专家组和相关专业权威机构进行安全论证与振动原因分析。最终，经过专家组的技术调查与设备运行的反复测试，证实了赛格广场在设计荷载范围内和正常使用情况下主体结构是安全的，同时分析出"桅

图 2. 深圳赛格广场

杆风致涡激共振"所引发的大厦振动问题，并通过拆除屋顶桅杆，彻底解决了问题，大楼也恢复了正常使用。

如今，深圳的高楼大厦鳞次栉比，已经成为全球城市中拥有 200 米以上超高层建筑最多的城市，而且每年都不断有新的摩天大楼落成。那些跨越世纪的高楼代表着一个时代的独特气质，以及深圳人敢为人先、不断超越自我、刷新高度的开拓精神。

四、罗湖火车站
（2023 年入选第七批中国"20 世纪建筑遗产项目"名录）

深圳罗湖火车站是华艺参与设计的第一个大型交通枢纽项目，也是无数早期"建圳人"坐火车来到深圳的第一站。可能很多朋友不知道，这座火车站已有百年历史，它的前身是由清政府修建的于 1911 年 10 月通车的九广铁路（华段）同期建成的小火车站，位于如今的东门老街，当时叫深圳墟。罗湖火车站虽小，但也是我国内地南大门的重要口岸。在改革开放之前，香港和内地之间的进出口物资转运，尤其是内地运往香港的各种生活必需品都是经罗湖火车站进出的。但当时罗湖火车站设施落后残旧，候车室面积仅有 100 多平方米，运力方面也只有两条正线和 4 条到发线，这显然不能和深圳特区的发展相适应。于是 1989 年 11 月，深圳新火车站正式动工进行大规模改扩建。新火车站占地 2.8 万平方米，总建筑面积 9.6 万平方米，耗资 2.2 亿元。设计为东西向站楼，

图 3. 罗湖火车站 1

图 4. 罗湖火车站 2

图 3. 罗湖火车站 3

东主楼楼高 53 米，长 210 米，中央为跨线候车室。设有 4 个站台，8 条股道。

当时经过投标选定的是机械部深圳设计院的方案，到了做施工图的阶段，市政府和建设主管部门希望方案能进一步再优化，于是聘请政府规委会顾问专家陈世民大师在原方案的基础上提出新想法与建议。业主方希望"这幢大型重点建筑能够搞得更好、更现代化"。因此，陈世民大师带领华艺设计团队大胆创新、寻求突破，对原有如"北京站"式的中国火车站建筑固有形式进行了优化，新方案的交通更简捷流畅、候车区更舒适安静、导视系统也更鲜明易辨、服务设施更高效便捷，这些优化设计得到了业主的支持。

另外，在最重要的火车站主楼设计上，针对面宽220 米，而进深仅有 30 米的平面，方案采用现代航空港广泛使用的带型分散交通组合方式，优化了平面效能。设四组垂直交通和五个对外出入口，南北两组垂直交通分别导向上层的酒店和港澳旅客、团体候车区，中央两组垂直交通则导入上层的写字楼及餐厅。四组垂直交通枢纽与中央空间在水平方向相互串联起来，使车站各功能既合理划分，又彼此关联。经过多个合作单位的共同努力，这座由蓝绿色玻璃幕墙和淡灰色面砖组成的格调清新、气质现代的新火车站于1991 年 10 月 12 日，与深圳机场同一天建成启用。

这里还有个小花絮，在新火车站即将落成之前，市领导请邓小平同志亲自为其手书站名，邓小平同志欣然应允，但他给新火车站题名只写了"深圳"两个字，而不是常规的"深圳站"三个字，据说是因为他希望深圳不仅仅是一个站点，而应该是一个永远向前的城市。的确，深圳的发展代表的是整个国家改革开放的步伐，代表的是中国面向世界的信心和勇气。

新的罗湖火车站设计突破了传统火车站的布局模式，兼有现代化交通建筑讲求效率与效益的特征，因此在 1993 年中国建筑优秀工程设计评委会上，该项目获得唯一全票通过的一等奖，并幸运地于建成22 年后的 2023 年被选入"第七批中国 20 世纪建筑遗产项目"名录（图 3~ 图 5）。

五、结语

华艺和深圳许多资深设计院一样，多年扎根在南方之南的深圳，在鹏城潜心耕耘，服务辐射珠三角甚至全国，通过一个个好作品，深度参与和见证了深圳改革开放四十余年的高速城市建设发展。我们回望过去的作品，是为了更好地前行，更从容地面对当下建筑行业发展的新挑战。

或许 20 世纪的建筑不像古代建筑那样历史悠远绵长，但是作为烙下了时代印记的城市建筑遗产，它们也承载着与我们息息相关的城市记忆，诠释着百年间或长或短、波澜壮阔的历史，同时也引领着城市一步一步地走向未来。许多建筑成了时代的经典，不同年代的建筑塑造了城市独特的魅力和性格。我们不仅要保护这些建筑，更应将它们融入现代生活中，以新方式赋予这些建筑以当代意义，持续不断地激发城市文化活力与独特魅力。我想，这也许就是我们保护和弘扬 20 世纪建筑遗产的意义所在。

安庆南水关"陈延年、陈乔年烈士故居旧址"保护与恢复

汪军

20 世纪 90 年代，我在安庆市政协文史资料委员会的工作期间，就常听一些老人叹息南水关陈独秀故居被拆，对此印象深刻。20 世纪 80 年代初，因建设安庆市自来水厂，陈独秀故居遭到拆毁，这是安庆文物保护的一大憾事。陈独秀故居位于老南水关 22 号，由其嗣父陈衍庶于光绪末年购置，总建筑面积 3 300 平方米，大小房间共 106 间，为典型的对称布局，中路 5 开间 6 进，后 2 进为重檐 2 层楼房，是陈衍庶新建的洋房，市民称其为"陈家大洋房子"，名气很大；东路 5 开间 6 进，西路 3 开间 4 进。每进前都有天井，两侧前后有厢房、厨房等配套空间，最后有门房、花园。在 20 世纪 80 年代的《安庆市志》史料中，南水关 22 号、吕八街 29 号，都是作为典型的安庆民居来介绍，体现了清代安庆城市民居的建筑特色。

2015 年，安庆市自来水厂在皖河入江口西南侧建新水厂，南水关老水厂的位置有可能需要腾退，我觉得这是一个机会。10 月 20 日，在时任市政协副主席鲁德的支持下，以市政协"社情民意"向市委、市政府反映，在这篇题为《关于在大南门自来水一厂原址修缮恢复陈独秀故居的建议》的文章中，以北京市东城区北池子大街箭杆胡同 20 号陈独秀故居腾退修缮的经验为参考，建议"以自来水厂搬迁为契机，加快陈独秀故居腾退修缮步伐。借鉴北京市的做法，我市也应在科学考证和调研的基础上，尽快修缮恢复陈独秀故居"。2016 年 1 月，在市政协十四届四次会议上，我又提交了《关于在大南门自来水一厂恢复陈独秀故居》的提案，市文广旅局也予以了积极答复。

一、发现"陈延年、陈乔年烈士故居旧址"文保碑

几年过去了，皖河口新水厂工程已基本完工，南水关老水厂也开始搬迁，但是陈独秀故居的修缮恢复工作并没有任何进展。如果错过这个窗口期，老水厂搬迁完毕后，一旦地块对外挂牌出让，工作难度将会更大。2019 年 8 月 25 日下午，我结合老照片、老地图，从清真寺到自来水厂，冒着酷暑，沿南门城墙遗址进行田野考察，走访老居民。在自来水厂内篮球场西侧，我发现了一块"陈延年、陈乔年烈士故居旧址"的文保碑，为市级重点文物保护单位，由安庆市人民政府于 1990 年 5 月 2 日公布。原来，安庆文史先辈们在 30 年前，已经将拆毁后的陈独秀故居旧址列为文物保护单位，并以"陈延年、陈乔年烈士故居旧址"的名义予以保护。当时我激动不已，坐在篮球场旁边的长椅上，烈日下，秋风里，眼睛湿润，心潮澎湃。又想起了往日做文史编辑结识的那些如今已经故去的老人们：金杏村、詹守桢、蒋元卿、吴云、张俨魁、胡寄樵。此刻，他们的荣光全都凝聚在这块石碑里。

时不我待，我感觉身负着那么多安庆文史前辈的期待，一刻也不敢松懈。8 月 28 日，我来到合肥

图 1. 复建后的南水关陈延年、陈乔年烈士故居 1

的安徽大学老校区，与安大陈独秀研究中心陆发春主任商量召开"陈延年、陈乔年烈士故居旧址"恢复与保护座谈会，联络相关专家学者参加会议。第二天下午，会议在安徽大学的陈独秀研究中心召开，由安庆市皖江文化研究会举办，参加会议的除我和陆发春教授外，还有省内著名文史学者翁飞、李传玺、汪谦干、陈劲松、鲍蕾，以及出版人、媒体人朱移山、张扬、吴慧珺、黄勇等。在座谈会上，大家纷纷发言，认为南水关陈家大洋房子是近现代安徽重要的记忆场，也是一个鲜活的中国近代史教育基地，浓缩了从清末到大革命时期风起云涌的历史。安庆市自来水厂搬迁后，在原址完整地恢复陈家大洋房子，还原历史风貌，并与临近的陈延年、陈乔年读书处连成一片。恢复后的遗址将成为国家历史文化名城安庆的文化坐标及红色旅游景点，能更好地弘扬爱国主义精神（图 1）。

二、市政府划定故居旧址保护范围

会议结束后我回到了安庆。9 月 2 日，皖江文化研究会将报告提交给市政府，要求依据《文物保护法》，尽快划定"陈延年、陈乔年烈士故居旧址"的保护范围。市领导对报告予以批示，要求市自规局与市文物局对接，准确查明文物的具体保护范围。

时隔 30 年，现状变化较大，一般只知道南水关有一处"陈延年、陈乔年读书处"文保单位，并十分清楚旁边还有一处"陈延年、陈乔年烈士故居旧址"的文保单位。两局工作人员认真负责，相互配合，终于查明"陈延年、陈乔年烈士故居旧址"是安庆市人民政府文件宜政〔1990〕10 号第二批市级重点文物保护单位予以公布的，文物保护范围是以自来水公司球场西北部为圆心，半径 50 米圆周以内。同年 11 月，市自然资源规划委员会会议审议并原则同意划定"陈延年、陈乔年烈士故居旧址"的保护范围。经过多年的努力，陈独秀故居旧址的保护及恢复工作终于取得了第一阶段的成果（图 2~5）。

一年以后，电视剧《觉醒年代》在央视播出，陈延年、陈乔年走进了"90 后""00 后"年轻人的心中，他们的牺牲精神感染了无数的观众。一批又一批大学生通过微博和我联系，来安庆南水关拜谒陈延年、陈乔年故居旧址，感受延乔兄弟度过童年和少年时光的江畔故园。东北农业大学的 8 名同学来安庆寻访陈延年、陈乔年烈士遗迹，还专门采访了我，来之前就向我列举了采访提纲，主要有以下几条：请问您看了《觉醒年代》吗？如果看了，您认为里面塑造的陈延年烈士的形象与历史上真实的人物有什么出入吗？在《觉醒年代》播出前后，您与您的同事对陈延年烈士的研究状况或者说关注程度有没有发生改变，如果有的话，具体体现在哪些方面？《觉醒年代》的编剧龙平平在上海白玉兰奖颁奖典礼上说，有的年轻人因为陈延年找到了自己人生的追求，您认为陈延年烈士的事迹和精神对于新时代青年有何意义？在《兄弟碧血映红旗》里面有一篇筱林写的陈延年映象记，但是里面的许多描写都与其他讲述者有很大的出入，您认为这篇文章的真实性可靠吗？我们非常想知道，作为一名文化工作者，您对陈延年的了解和看法，随着研究的深入有何变化，在生活中，他有没有给您带来什么改变？从这些提问中，可以看出当代大学生对延乔兄弟的了解非常深入，他们把延乔兄弟当作励志的榜样，对他们充满了敬仰和爱护。我认真回复了他们的提问，与他们在高温下徒步，从独秀园到南水关。

在烈士牺牲多年以后，在已经被遗忘的南水关故居旧址，年轻的大学生们为烈士送上了第一束鲜花。

三、《觉醒年代》热播，催生故居恢复

2021 年清明节，安庆市皖江文化研究会给中共安庆市委提交了报告，期盼在南水关原址恢复陈延年、陈乔年烈士故居。电视剧《觉醒年代》的热播形成一轮又一轮热潮，陈延年、陈乔年烈士献身革命的事迹打动了无数观众。"为烈士留一块地！"

他们强烈要求恢复烈士故居，展示烈士短暂而美好的人生，激励后人延续他们的事业。报告得到了市领导的积极回应，不久市委主要领导又亲自批示给市委党史办、市住建局、市自规局、市文旅局，要求各部门拿出方案，倾听网民呼声，推动陈延年、陈乔年故居的修缮恢复工作早日实施。6 月 16 日，陈延年、陈乔年故居复建方案座谈会在迎江区文旅局召开，故居恢复工作开始进入实质性阶段，陈延年、陈乔年烈士的侄女陈长璞老师以及安庆文史专家、学者参加了会议，大家建言献策，会议气氛热烈。

图 2. 复建后的南水关陈延年、陈乔年烈士故居 2

图 3. 复建后的南水关陈延年、陈乔年烈士故居 3

图 4. 复建后的南水关陈延年、陈乔年烈士故居 4

图 5. 复建后的南水关陈延年、陈乔年烈士故居 5

　　陈延年、陈乔年烈士故居恢复的过程，也是安庆市众多网民和文史人共同参与的过程。在皖江文化群里，他们踊跃提供老照片、老地图，网友"寂静的都市"还提供了一张 1931 年长江流域发大水时安庆城区航拍图，南水关陈独秀故居三路建筑非常清晰，这些基础史料为复建工作提供了充分的文献依据。同时，复建工作也激发了安庆市民的自豪感和荣誉感，城市文脉、城市精神被激活、更新，"延乔文化"从南水关走向校园，走向社会。由我出品并作词、余杨作曲并演唱的歌曲《南水关》受到广大听众的欢迎，音乐 MV《南水关》在第五届社会主义核心价值观主题微电影征集评比活动中获得二等奖。我创作了电影剧本《陈延年：启航霞光》，剧本研讨会于 7 月 1 日在安徽艺术学院举行，党委书记周明洁、院长樊嘉禄出席会议并讲话，唐跃、周志友、侯卫东、秦佳凤、张泰然等专家学者，对剧本修改提出了意见，大家一致认为陈延年、陈乔年兄弟是安徽宝贵的红色文化遗产，值得深挖，激励后人。在时代的潮流中勇于创新，以恢复延乔故居为契机，弘扬"延乔文化"，将革命文化、红色资源与本土文化相融合，激励广大学生和市民延续先辈的奉献精神。革命文物资源的激活，其影响已远远地超出了文物之外。

十载过往 皆为序章

苗淼

2024年系新中国成立75周年，这无疑是值得举国欢庆的重要时刻。十年前的2014年4月29日，在故宫博物院建福宫花园，来自全国文博界、城市界、建筑界、传播界的近百位专家齐聚一堂。在热烈的掌声中，中国文物学会20世纪建筑遗产委员会（以下简称委员会）正式成立，由时任故宫博物院院长单霁翔、中国工程院院士马国馨担任会长，金磊总编辑担任副会长、秘书长。该会的成立标志着"20世纪建筑遗产保护工作从此有了专家工作团队"（图1、图2）。那一刻，刚30岁出头的我，虽然被专家们热情洋溢的发言所感染，但又未完全意识到在此后的十年间，自己的职业道路将与"20世纪建筑遗产的推介、保护、传播"事业紧密联系在一起。

经过两年的扎实筹备，从2016年至今，在中国文物学会、中国建筑学会联合指导下，中国文物学会20世纪建筑遗产委员会共计推介了八批共798个"中国20世纪建筑遗产"项目。在委员会成立十周年到来之际，金磊秘书长发起了《中国20世纪建筑遗产年度报告（2004—2014）》图书出版项目，向百余位作者发出了约稿函，特别注明"旨在倾听20世纪建筑文博各界专家乃至来自公众的心声"。作为委员会秘书处的一员，我有幸深度参与了历届推介活动的组织工作，希望通过回顾这十年间给我留下深刻印象的三个方面，折射出委员会不平凡的十年历程。

一、模式探索——公布活动的意义不止于推介

从故宫博物院的宝蕴楼到四川大学的望江校区，798项20世纪建筑经典在八年间走进业界与公众视野。推介公布的学术活动，也作为20世纪建筑遗产委

图1.中国文物学会20世纪建筑遗产委员会成立大会参会人员合影

图2.与会来宾合影

员会年度最为"盛大"的品牌事件，历来受到学会领导及秘书处的高度重视，每次活动成功举办的背后，都蕴藏着不同的意义，成果颇丰。这里重点回顾第二届公布活动，不仅因为它盛大的规模，更在于它在此后七年间持续为我带来的感悟。

2017年12月2日，"第二批中国20世纪建筑遗产"项目于安徽省池州市发布。这是自推介活动开展以来，委员会首次与地方政府合作举办，是合作模式的全新尝试。活动之所以能取得成功，主要取决于三点共识：其一，金磊秘书长在2017年8月陪同中国建筑学会理事长修龙赴池州考察，发现了国润祁红老茶厂，从文化基因出发，挖掘其20世纪工业建筑遗产内涵，所做的扎实工作得到了当地政府的高度认同与信任；其二，委员会所坚持的20世纪建筑遗产保护与利用的"活化"理念，顺应了国家对于中华民族传统文化自信自强的要求；其三，池州市政府对于以20世纪建筑遗产为"引爆点"，促进当地文旅事业发展的决心。

在此后的七年间，委员会与池州市人民政府的合作愈发深入与落地。2018年3月15日，"文化池州——工业遗产创意设计项目专家研讨会"在宝蕴楼召开（图3），专家们以"建设国润祁红科技文化创意小镇"为主题，对文化池州的创意设计展开深入剖析与研讨。2019年4月3日举行了"感悟润思祁红·体验文化池州——《悠远的祁红——文化池州的'茶'故事》"首发式（图4）。首发式使池州成为中国第一个以"文化建设者"的身份，在故宫隆重发声的地级市。2019年7月31日，委员会向池州人民政府提交了《文化池州——创意建设五年行动计划报告（2019—2023年）》，提出池州建设"世界三大高香茶国际博览园"构想。2022年11月22日，委员会将《北京市东城区焕发会馆活力项目申请报告》之《北京池州石埭会馆"保护性修缮活化利用"项目申请报告》，正式提交给池州市人民政府。该份报告获得了北京市东城区相关部门的认可，于2023年正式宣布池州市获得石埭会馆运营权。2023年5月25日，受池州市人民政府委托，由委员会组织专家团队编研的《"首届中国池州世界三大高香茶暨茶文化产业国际博览会"（暂定名）项目价值与路径策划报告》正式

图3.2018年3月15日研讨会现场

图4."感悟润思祁红·体验文化池州——《悠远的祁红——文化池州的"茶"故事》首发式"嘉宾合影（2019年4月3日）

图5.祁红茶厂考察

结题。

可贵的是，委员会通过与池州市长达七年的深度合作，探寻"研究+创意+出版+活动"的可复制、可拓展的全链条模式，为池州做活20世纪建筑遗产文旅事业持续提供智库支持，堪称以20世纪建筑遗产保护与活化利用理念，融合"文化城市建设"的典型案

例。以此为开端，2023年委员会开启与安徽省安庆市的合作。"中国安庆20世纪建筑遗产文化系列活动"吸引了全国近百家媒体的目光。该事件入选"2023安庆市年度十大新闻"。《高等教育珍贵遗存：走进安庆师范大学敬敷书院旧址·红楼》《历史与现代的安庆：中国近现代建筑遗产》书籍相继成功出版。"2024年中国·安庆建筑文化遗产节"活动也在策划筹备中。

二、"重走"行动——传承百年建筑先师精神

"重走"不仅可追寻到不该忘记的历史人物事件，更可发现对传承建筑文化有现实意义的"明珠"般的创新点。2014年2月26日正值中国古建研究开山人朱启钤（1872—1964年）辞世50周年，我们组成的建筑文化考察组重走了中国营造学社当年在北京创建之路，如朱启钤故居及在朱启钤倡言下已建成100周年的中山公园，让考察组成员感受到了"大道行思、取则行远"的意涵。2016年6月19日，举行了"敬畏自然守护遗产大家眼中的西溪南——重走刘敦桢古建之路徽州行暨第三届建筑师与文学艺术家交流会"，这是一次真情与史实交融、建筑与文学互渗的记忆与启蒙之旅。2018年4月21日，举办了"重走洪青之路婺源行"活动，追溯洪青成长之路，深入中国传统建筑文化典型代表的婺源，亲身领略中国建筑文化的魅力，提升建筑师认识经典和文化自信的意识。2022年系梁思成先生1932年研究发现蓟州独乐寺90周年，委员会以敬畏之心、以田野新考察的方式重走梁思成之路，发现独乐寺90周年"事件"，也是对2022年的一次"补课"。

三、"人和事"的挖掘——20世纪建筑遗产背后的感动

2021年9月，作为2021年北京国际设计周"北京城市建筑双年展"的重要板块，在中国建筑学会、中国文物学会学术指导下举办了"致敬百年经典——中国第一代建筑师的北京实践"系列学术活动。9月

16日先期组织专家对欧美同学会（贝寿同作品）、原真光电影院（中国儿童艺术剧院）（沈理源作品）、北京体育馆（杨锡镠作品）等项目展开了学术考察。9月26日，研讨沙龙及"致敬百年经典——中国第一代建筑师的北京实践（奠基·谱系·贡献·比较·接力）"展览在北京市建筑设计研究院有限公司同时举行。该展览还于10月21日在北京建筑大学报告厅前厅展出，同时推出线上观展平台。会议在回望中国第一代建筑师北京实践的同时，研讨并梳理了20世纪中外可比对的技术创新史、作品类型史、理念发展史等，汲取对当代设计有借鉴意义的启示与文化思考。2022年是爱国老人、中国建筑学研究的开创与组织者朱启钤诞辰150周年。2月26日正值朱启钤辞世58周年。2月25日举办了"朱启钤与北京城市建设——北京中轴线建筑文化传播研究与历史贡献者回望学术沙龙"。与会专家认为，北京"双奥之城"最为宝贵的是"活态"与人文标记，要实现中央一再提及的传统文化创造性转化与创新性发展，不仅要"见物"，更要"见人""见生活"。2022年7月18日，举办了"20世纪与当代遗产：事件+建筑+人"建筑师茶座。从历史与文化的视角看，20世纪是个理念快速迭代的时代，是一个更需要在反省中记录的时代。1999年UIA大会《北京宣言》中宣称：20世纪人类虽以其独特方式丰富了建筑的进程，但不少地区的"建设性破坏"始料未及。20世纪与当代城市建筑有着丰富的各类大事件，它围绕国内外城市与建筑活动及重要人物展开。所以用"20世纪与当代遗产：事件+建筑+人"做主题沙龙活动富有积极意义。

2023年12月28日，由20世纪建筑遗产委员会及《中国建筑文化遗产》《建筑评论》编辑部负责展陈统筹的北京市建筑设计研究院"院史馆"正式开馆，马国馨院士在开馆仪式的致辞中表示"正是个人史、机构史汇成了宏大的国家史"，20世纪建筑遗产委员会用十年时间写就了"序章"。在委员会每年推出的《建筑师工作志》的"大事记"中，一个个掷地有声的事件，一幅幅生动鲜活的定格瞬间，都是时光授予委员会的年度"勋章"。十年过往，艰苦卓绝，尤为怀念；未来十年，再寻突破，也必将成为精彩序章。

向史而新 行者路远
——城市体育的年代记忆

杨宇

2023年9月5日，在凉爽的秋夜中，以"同享市运精彩 共创长春未来"为主题的长春市第一届运动会开幕式在长春奥林匹克体育公园体育场举行。本次赛会规模最大、跨度最长、范围最广、参赛队伍最多、水平最高，共有运动员、教练员超过19 800人次，分别参加了7个组别72个竞赛项目的比赛。

这是长春市有史以来举办的第一次全市综合性体育赛事。作为拥有近千万人口的省会城市，长春市体育场馆设施丰富，项目齐备。人均体育场地面积2.6平方米以上，每千人拥有社会体育指导2.8名。在冬季项目和夏季项目方面，速度滑冰、短道速滑、射击射箭、重竞技、游泳、足球、篮球、排球等项目全面覆盖。至今已累计培养输送奥运冠军、世界冠军、全国冠军596人。从周洋[①]到齐广璞[②]，从王皓[③]到汤慕涵[④]，长春不仅培养了"冬夏双料"冠军，也是全国唯一的"冰雪双奥冠军"城市。

在骄人的成绩背后，是这些已成为长春地标建筑的众多的体育场馆忠实记录了长春这座国家历史文化名城的悠久历史。

一、一段殖民的过往——长春南岭体育场

南岭体育场，始建于1933年9月，当时被称为"国立新京综合运动场"，由日本建筑师中山克己设计。从1942年出版的《新京市街地图》中，可以看到当时体育场的范围，东至南岭大街，西临动植物园，北至平泉路，南至自由大路，占地面积63.4万平方米（图1、图2）。在1933年到1945年的13年间，在这里先后修建了田径场、足球场、网球场、棒球场和自行车赛场。

体育场占地面积87 500平方米，设计8条400米长的标准跑道，9条100米的直道。道宽1.25米，弯道半径36.5米。场内有足球场，长105米，宽70米。跑到基础结构由块石、碎石和沙石构成，在表层铺设了富士山的火山岩，透水性能良好，保证了在雨后短时间内比赛可迅速进行。四周是土坡看台，田径场南面正中为水泥主席台，可容纳60人。

---

① 2010温哥华2014索契两届冬奥会短道速滑女子冠军
② 2022北京冬奥会自由式滑雪男子空中技巧冠军
③ 2008北京奥运会乒乓球男子团体冠军
④ 2020东京奥运会女子4x200米自由泳接力冠军

1942年，伪满洲国"建国10周年庆典"、东亚运动大会等大型活动都在这里举行（图3）。1944年，田径场再次整修，将土坡看台扩建为水泥看台，可容纳4万观众。国民党统治时期，田径场一度成为炮兵阵地。

南岭体育场历经多次改造后在1994年竣工，现总占地面积60 000平方米，建筑面积42 912平方米，场地面积为12 000平方米，场内拥有观众座席

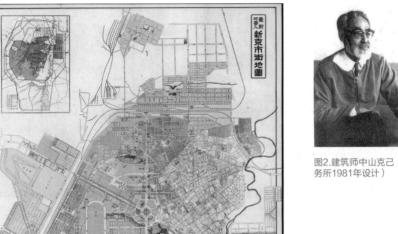

图2.建筑师中山克己（左）；奈良市陆上竞技场（右，中山克己建筑设计事务所1981年设计）

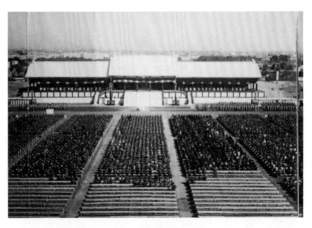

图1.南岭体育场规划图（1939）
（资料来源《1895—1945年长春城市规划史图集》）

图3."伪满洲国10周年庆典大会"与"陆上竞技场"
（资料来源《1895-1945年长春城市规划史图集》）

图4.长春市体育中心由南岭体育场和五环体育馆、吉林省速滑馆等附属建筑组成（2019年）

42 000个。场内由国际标准400米跑道和足球场组成，附带建有室内80米跑道练习馆、室外足球练习场和新建的体育场环廊乒乓球活动室，当年用火山岩铺设的跑道，如今已改为符合国际标准的塑胶跑道。就在当时足球场和自行车赛场的位置上，分别建成了现代化的冰上基地和五环体育馆。现统称为长春市体育中心（图4）。

二、一位大师与他的作品——长春市体育馆

1956年10月4日，长春市体育馆破土动工。这座体育馆的主要设计者，是中国建筑大师葛如亮先生。他不但曾参与人民大会堂和中国人民革命军事博物馆的方案设计，更是中国体育建筑领域的重要开创者——国家体育中心与体育馆、上海黄浦体育馆都是他的设计作品。

但在这座体育馆动工之时，他的身上还没有如此璀璨的光环。当时，30岁的葛如亮刚刚从建筑大

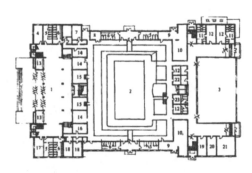

图 26　长春体育馆一层平面

1-正厅；2-球场；3-健身房；4-观众吸烟室；5-女厕；6-男厕；7-低压配电室；8-高压配电室；9-回风室；10-通风机房；11-带室；12-运动员休息室；13-服务室；14-仓库；15-存衣室；16-冲片暗室；17-记者室；18-场地管理组；19-主席团休息室；20-休息室；21-文艺室；22-裁判员室；23-医疗室

图5.长春市体育馆透视图（上）和平面图（下）
（资料来源：《葛如亮建筑艺术》）

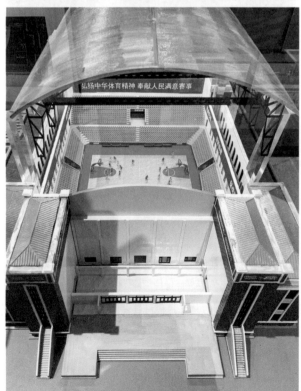

图6.1959年的长春市体育馆内景（组图）
（资料来源：《吉林画报》）

师梁思成的手上接过毕业证，以全优的成绩从清华大学毕业——长春的这座体育馆，正是他早期设计的作品之一（图5）。

在这座场馆的背后，蕴藏着对一个问题的深入思考：当时的中国基础设施极其薄弱，有大批体育场馆需要修建，这些场馆应该建在哪、怎么建？因此，对于葛如亮先生而言，长春市体育馆的规划以及设计带有很浓的实验色彩。在场馆的设计过程中，他不仅仅在设计一座独立的场馆，更是在为上面的问题寻求一个"通解"。

例如，体育馆应该规划在城市的什么位置。葛如亮先生认为，长春市体育馆的区位，正是他心目中理想的选址——靠近城市中心与交通干线，以充分利用市区的交通设施与餐饮资源。长春体育馆面临该市主干线斯大林大街（今人民大街），三面为公园，距离市中心人民广场400米，靠近而不正处于市中心，集散方便但不影响城市交通，其位置的选择是比较恰当的。

在参与人民大会堂的设计工作过程中，葛如亮深刻认识到，观众在大型公共场馆中的视角和关注点并不相同。在体育馆设计中，他开始着重关注观众视角的分析，并逐渐摸索出不同规模的体育馆中，观众在观看球类、田径等不同比赛时的视觉观感，并由此绘制了观众视觉质量分区图，之后被建筑界誉为"葛如亮视觉质量分区图"。长春体育馆在国内首次运用综合视觉质量分区图的观点设计，成为我国早期体育建筑设计发展的一个重要节点，也为后来体育场馆综合视觉质量设计奠定了基础。按照这一理念规划了比赛场馆的座位，在有限的空间内最大限度地争取全厅都能获得良好的视觉效果（图6）。1988年，该建筑被作为"世界建馆的成功之作"，首次被写入世界《建筑史》，葛如亮教授也作为中国当代著名建筑师被载入新近修订、在英国出版的世界《建筑史册》。

在长春市体育馆的规划中，全馆划分出了三个较大的独立区域：门厅、比赛场馆以及练习场馆。众多健身场馆、练习场馆集中在场馆的后半段，比起建造独立的练习馆，更加经济适用。场馆内外规划了40余个车位，可供停放20辆小汽车、20辆大汽车以及4辆内部车辆。此外还设计了可停放400辆自行车的非机动车停车区域。

三、一座城市的记忆

1957年11月，长春市体育馆全面落成，交付使用。场馆为四层钢筋混凝土框架结构，建筑面积1.4万平方米；比赛场馆跨度42米、纵深60米、高26米，共有座席3 800个。建有面积为500平方米的训练馆，可进行以篮球为主的多种项目的训练比赛。入口处的主体建筑为对称式布局；主入口处正门和突出两翼装饰五角星图案浮雕与建筑纹样，时代特点鲜明（图7）。

历时一年半建成的长春市体育馆，使用辽宁鞍钢的钢材，长春水泥厂（现亚泰水泥厂）的水泥，从仓库可以看到原始的钢筋混凝土的梁，在梁上清晰可见当时用木板支盒子的木纹。自场馆落成之日，一代代长春人的记忆，就与其紧密相融。

这里举办过许多赛事。20世纪60年代，这里曾举办过全国乒乓球锦标赛，见证过荣国团、徐寅生、庄则栋等乒坛名宿的精彩表现；60年前，这里还曾作为当时中国篮球甲级队联赛的举办场地，见证过最早的中国男篮顶级赛事。

图7.长春市体育场馆建成初期（组图）

图8.1981年，长春市100中学女篮载誉归来。
（资料来源：《长春市志·体育志》）

这里见证过许多汗水。这座场馆以及馆办的业余体校，堪称长春篮球、乒乓球、羽毛球、武术、体操等诸多运动的摇篮，一代代的长春青年，曾在这里挥洒汗水。值得一提的是，馆办业余体校的女子篮球队，曾代表中国出战，并获得世界中学生女子篮球锦标赛冠军（图8）。

这里见证了很多。20世纪60年代，这座场馆曾是"上山下乡知识青年欢送会"的举办场地。一批批青年在欢送大会结束后，奔向全国广大边疆地区。

这里响起过许多旋律。除了体育赛事，这里还曾作为文化演出的场所。在20世纪70年代，这里曾是样板戏的汇报演出场地，响起过"我家的表叔数不清"，也响起过"阿庆嫂真是不寻常"。

这里纪念过许多青春。作为几十年之间长春设施最好的综合场馆，许多学校曾把这里作为举办校庆及大型活动的场地。1986年，吉林大学在这里举行了庆祝建校四十周年大会，时任名誉校长的唐敖庆先生对吉大学子的勉励，余音犹在（图9）。

四、一座神奇的主场

当然，和更多长春人乃至吉林人的记忆密不可分的，是吉林男篮在这座场馆里缔造的一场场激动人心的比赛。

诞生于1956年的吉林男篮，几乎与这座体育馆同龄。而在此后的几十年中，除了曾在两个赛季把主场暂时设在东北师范大学体育馆外，长春市体育馆一直都是这支队伍的主场。20世纪80年代，这支球队迎来了第一段巅峰时代：短短几年间，接连获

图9.长春市体育场馆（2019年）

得1983年第五届全运会第五名、1987年第六届全运会第三名，并在1984年举办的全国男篮锦标赛上一举夺冠。

这里更见证过吉林篮球的许多经典瞬间。

"虎王"孙军曾在这里创造70分的最高得分纪录，"全能战士"罗德·格里格尔曾在这里向吉林球迷挥手告别。长春市体育馆是当时CBA赛场名噪一时的"魔鬼主场"——2001—2002赛季常规赛，吉林队在主场仅输一场，客队想要在这里带走一场胜利，简直难如登天。昔日王者的八一队、拥有姚明的上海队、连续夺冠的广东队，都曾在这里栽过跟头。

在各地纷纷建起万人球馆之时，这座规模、空间都已显得有些局促的球场，却能让球迷和球员的距离更近、让场内的气氛更加热烈。最近的座位距离赛场只有几米，球迷甚至可以伸长手臂，和进球后的球员击掌；哪怕在稍远的座位上，也能看到球员眉间或兴奋或失落的神情，看到每一次运球、每一次急停、每一次突破；能听到教练场边或镇定或焦急的呼喊，听到篮球的击地、鞋底的摩擦、肢体的碰撞。孙军、王博、姜宇星、大卫·范德普尔、罗德·格里格尔、多米尼克·琼斯，在这座体育馆中，一代代球员、一个个名字，成为专属于吉林球迷的珍贵记忆。

"饮水思源，吉林球迷与吉林东北虎男篮不会忘记长春市体育馆对吉林篮球事业作出的贡献。长春市体育馆见证了吉林篮球的历史，是吉林男篮一切荣耀时刻的载体，这里是吉林男篮永远的家，是吉林篮球'图腾'般的存在。"——东北虎男篮官方在更换主场的公告。

如同葛如亮先生当初预想的那样，他设计的长春市体育馆记录了吉林省体育成长发展的悠久历史，也陪伴众多球迷度过了无数难忘而激情的时刻，也许这个公告，恰恰说明了它存在的价值，也是对葛如亮先生作品最好的纪念。

参与编写人员

郭帅、孙旭、孙妍 摄影：杨显国 制图：杨铭

备注

2006年8月，在长春市体育馆西侧投资建成了占地3 100平方米的健身会馆。设有跆拳道、有氧健身操、瑜伽、乒乓、器械训练等多种健身项目。现已成为长春市体育场馆中较大的多功能，综合性的体育馆。

2014年8月28日，长春体育馆被定为吉林省文物保护单位。

2023年9月2日，长春市体育馆被地方体育授予"2017—2023年度全国群众体育先进单位"称号。

参考文献

[1]梁斌."横观纵览"：世界杯足球场看台的视线设计[J]. 建筑师 The Architect，2022.

[2]马国馨.笃行不怠：中国当代体育建筑70年设计回顾[J]. 建筑学报，2023（11）：1-4.

[3]中国文物学会20世纪建筑遗产委员会.20世纪建筑遗产导读[M].北京：五洲传播出版社.2023.

[4]金磊.建筑师的家园[M].北京：生活·读书·新知三联书店.2022.

[5]杨宇.20世纪建筑遗产在吉林：认知与研究[M].哈尔滨：黑龙江人民出版社.2023.

以出版的名义传承城市文脉

韩振平

自2014年4月29日中国文物学会20世纪建筑遗产委员会成立至今已经10年了。天津大学出版社跟随由中国文物学会会长单霁翔、中国建筑学会理事长修龙、中国工程院院士马国馨任会长，金磊先生任副会长的20世纪建筑遗产委员会，积极配合委员会开展各项活动，自觉地投入这一伟大的事业中。

习近平总书记说："历史文化是城市的灵魂，要像爱惜自己的生命一样保护好城市历史文化遗产。"习近平总书记还强调："让文物活起来，坚定全体人民振兴中华、实现中国梦的信心和决心。"正是这一系列重要指示，使我们不断提高认识，投身保护工作之中。20世纪是一个充满重大变革、跌宕起伏的时代，无论是清末、民国时期还是新中国成立以后，人们所创造的建筑遗产都准确地反映了那个时代的特征，反映了国家和民族的复兴之路，反映了社会的进步和曲折，反映了建筑技术、材料及工艺的推陈出新。随着时间的不断流逝，我们身边的建筑成了时代的重要历史见证，其历史价值和文化价值为人们所认识。尤其是随着城市化的持续推进，城市范围不断扩大，人口不断增长，城市发展和保护之间的矛盾也日渐突出。因此，20世纪建筑遗产的认定和保护已成为一个极为紧迫的严肃课题。由于城市建设的需要，许多20世纪建造的有文化价值和历史价值的建筑被拆除，我国一些著名的建筑大师的作品被拆除。中国20世纪建筑遗产保护现状与当代世界潮流存在巨大的差距，我们要迎头赶上。马国馨院士领导的中国建筑学会建筑师分会向国际建协等学术机构提交了一份20世纪中国建筑遗产的清单，以期存在损毁危险或需要立即予以保护的建筑得到重视，这些建筑蕴含着大量20世纪的珍贵信息。2008年4月，在无锡召开的中国文化遗产保护无锡论坛通过了《20世纪建筑遗产保护无锡建议》。国家文物局发布了《关于加强20世纪建筑遗产保护的通知》，2012年7月，中国文物学会、天津大学等单位在天津举办了首届中国20世纪建筑遗产保护与利用座谈会，通过了《中国20世纪建筑遗产保护的天津共识》。2014年4月29日，在长期以来为保护中国文化遗产而积极呼吁的各位专家和各位建筑大师的见证下，中国文物学会20世纪建筑遗产委员会正式成立了。这是一项为20世纪中国建筑设计思想"留痕"的工作，是建设人文城市之举，旨在保护中国城市文脉。

20世纪建筑遗产委员会成立之后，在没有政府资助的情况下，在副会长、秘书长金磊的带领下开展了一系列学术工作。天津大学出版社支持20世纪建筑遗产委员会出国考察，学习先进的保护理念。20世纪建筑遗产委员会结合中国的实践开展开拓性的工作，特别是陈雳教授联系了国际20世纪建筑遗产委员会，在澳大利亚拜会了前世界20世纪建筑遗产委员会主席，与他们交流了保护经验，也介绍了中国的保护成果（图1）。此外，考察团还学习了澳大利亚保护的实践，参观了悉尼歌剧院。该歌

图1.考察组与南澳大学艺术、建筑与设计学院会晤并赠送图书

剧院建成后就一直在被保护，不断地被更新改造，增加先进的无障碍设计，电梯设计巧妙，方便残疾人使用。维修保护人员长期坚持对建筑进行检查，发现损坏便及时用原材料修复，这是一种先进的理念。专家还带领考察人员参观各类建筑的保护，提升建筑品质，使老建筑活化利用，永葆刚建成时的风采。这些都是我们应该学习的。考察组还带回了世界20世纪建筑遗产评选的标准，为中国的评选提供了依据。

20世纪是人类文明进步最快的时代。世界现代主义设计大师、著名的建筑家勒·柯布西耶分别在7个国家建设的17个项目都入选了世界文化遗产名录。这是对以柯布西耶为代表的20世纪"旗手"般的建筑大师作品与思想的尊重与奖赏。像大师那样去创作，每个建筑师的创作都有机会成为令人仰慕的文化遗产。对中国来说，在20世纪的一百年间，我国完成了从传统农业文明到现代工业文明的历史性跨越，面对如此波澜壮阔的时代，建筑文化遗产在百年中呈现得最为理性、直观和广博。发掘和确认这项工作是功在当代、利在千秋的伟大事业。经过20世纪建筑遗产委员会和专家们的艰苦努力，2016年在故宫召开了第一批中国20世纪建筑遗产公布大会，经过多方面论证，确认了专家们提出的98个项目，由天津大学出版社出版了《中国20世纪建筑文化遗产名录》(第一卷)，这套丛书是由中国文物学会和中国建筑学会主编的，第一卷由中国文物学会20世纪建筑遗产委员会编著。这是一项

开创性的工作，由专家们倾心精选的项目开启了保护之举，这一著作得到了社会的认可并获得中华优秀出版物提名奖。经过艰苦卓绝的努力，到目前已评选了八批共计798项20世纪建筑遗产，相关丛书已经出版了两卷，第三卷正在编辑中，这一工作已载入史册。为了深度宣传每项建筑，20世纪建筑遗产委员会又开启了"中国20世纪建筑——文化系列丛书"，第一本是《悠远的祁红——文化池州的"茶"故事》，书中介绍了茶厂完整地保护了这一工业建筑遗产，现仍在使用，存放茶叶的库房散发着醉人的茶香。单院长高度重视这一图书的出版，在故宫博物院召开了新书发布会。我们还联系了英国的独角兽出版社出版英文版图书，全球发行，让世界了解中国20世纪建筑遗产的保护成果和茶文化。目前已出版了六本这样的单行本，这些图书的出版在20世纪建筑遗产所在的城市都产生了很好的反响。《走进安庆师范大学敬敷书院旧址·红楼》一书的出版推进了安庆师范大学优秀建筑遗产的"活化利用"，对展示建筑遗产的文化内涵，推进中华文化的赓续传承，提高文化自觉、自信和自强，也必将发挥积极作用。

中国20世纪建筑遗产委员会还策划出版了《中国建筑文化遗产》系列丛书，现已出版了31辑。这是一套宣传中国建筑文化遗产的学术文献，深入挖掘和展示了各种类型的中国建筑文化遗产。每辑都推出了中国文物学会会长单霁翔关于文化遗产保护的文章，向人们传递最新的保护理念和实践，引领潮流。学界名流也发表各种著述，受到大家的欢迎。每辑都报道了20世纪建筑遗产保护的动态和组织的各种活动。丛书中金磊主编还撰文《20世纪建筑遗产评估标准相关问题的研究》，提出了适合中国20世纪建筑遗产评估标准的思路原则及内容，为评选工作提供了理论及实际支持或参考。每辑还报道各批次20世纪建筑遗产的推介会的盛况和当地城市活化利用20世纪建筑的情况，通过丛书的出版让各界人士了解了20世纪建筑遗产，认识到保护20世纪建筑遗产的重要性。

中国20世纪建筑遗产委员会还创造性地策划了

20世纪城市建筑遗产系列丛书。我们及时出版了《中国20世纪建筑遗产大典（北京卷）》。在研究编写本书的过程中，我们还挖掘了北京20世纪建筑遗产的建筑史、遗产史，还有北京城市建筑创作的人文史。20世纪建筑遗产作为城市的载体已成为城市化时代的纪念碑，它不仅体现了城市特色，更成为城市不可复制的文化"名片"。这种研究成果对城市发展意义重大。天津市对20世纪建筑遗产保护作出了突出的贡献，在大拆大建时刻，在专家的呼吁下，成立了天津市历史风貌保护专家咨询委员会和天津市保护风貌建筑办公室，汇集政府、专家、公众等多方力量，开展立法工作，卓有成效地进行了全面的保护，守住了天津文脉。我们全面记录出版了《天津历史风貌建筑》四卷本以及《天津历史风貌建筑》精选本，并作为天津达沃斯论坛的礼品书，受到各国领导人的赞赏，宣传了天津的特色。路红局长还联合旅游局出版了"一楼一世界系列丛书"，让更多的人了解和认识了天津多姿多彩的历史风貌建筑，促进了社会各界对历史风貌建筑的保护，让这份珍贵的文化资源在天津迈向新的发展时期中，大放异彩，发挥其应有的价值。天津大学出版社还出版了《静园大修实录》《庆王府大修实录》，这些修缮都是按照当时的材料和工艺进行的，这给20世纪建筑遗产的保护提供了范例，起到了积极的推动作用。天津市政府也计划出版《中国20世纪建筑遗产大典（天津卷）》。我相信，如果有更多的城市都按这种思路做，20世纪建筑遗产的保护工作必将有更大的发展，要让20世纪建筑遗产在当今社会"活"起来，使其价值惠及当今社会，惠及广大百姓。

　　天津大学出版社和中国20世纪建筑遗产委员会合作，双方共同努力推进了中国20世纪建筑遗产的保护工作，并取得了一定的成果。这项工作是正确的，我们将继续与中国20世纪建筑遗产委员会合作，努力策划出更多的出版物，推进城市更新，活化建筑遗产，为建设美丽中国而努力。

图2.天津大学出版社出版的中国20世纪建筑遗产相关图书（组图）

文字乾坤 图书真情
——建筑百家系列的启示

李沉

回想这10年来，有许多对自己的工作有过帮助的人和事，杨永生先生主编的“建筑百家系列”图书给我的影响和帮助有着无可替代的作用。

杨永生先生（还是称呼他为杨总好），生前是中国建筑工业出版社副总编辑，离休干部，2012年因病不幸去世。“建筑百家系列”图书的出版是杨总离休后完成的一项工作。他说：“年纪大了，离休在家，整日赋闲，虚度年华，身心慌慌。没有领导交任务，就自己找些力所能及的事儿来做。”可能杨总当初也不会想到，他这“自找”的工作会起到意想不到的作用。

“建筑百家系列”图书包括：《建筑百家言》《建筑百家言续编——青年建筑师的声音》《建筑百家回忆录》《建筑百家回忆录续编》《建筑百家评论集》《建筑百家书信集》《建筑百家杂识录》《1955—1957建筑百家争鸣史料》《建筑百家轶事》《建筑百家谈古论今——地域编》《建筑百家谈古论今——图书编》共十一本。系列图书的第一本《建筑百家言》于1998年出版，最后一本《建筑百家谈古论今——图书编》于2008年出版，策划、组稿时间不止10年。后两本由杨总和王莉慧共同编辑，其他九本是杨总出任主编或编辑。

仅从书名来看，“建筑百家系列”所包含的内容非常丰富，每一本书中所涉及的建筑、事件、历史、人物，其前因后果、周围环境、政治氛围，甚至鲜为人知的时间、地点、立场、观点、看法，书中所讲的事、所说的人，谈论的建筑等内容几乎都发生在20世纪。书中所述内容对于了解中国20世纪建筑的发展、建设以及建筑背后的故事，特别是对中国建筑师的成长、进步、发展、思考、历程、徘徊、挫折、奋斗等有着非常重要的作用。书中的一些内容不但在今天是

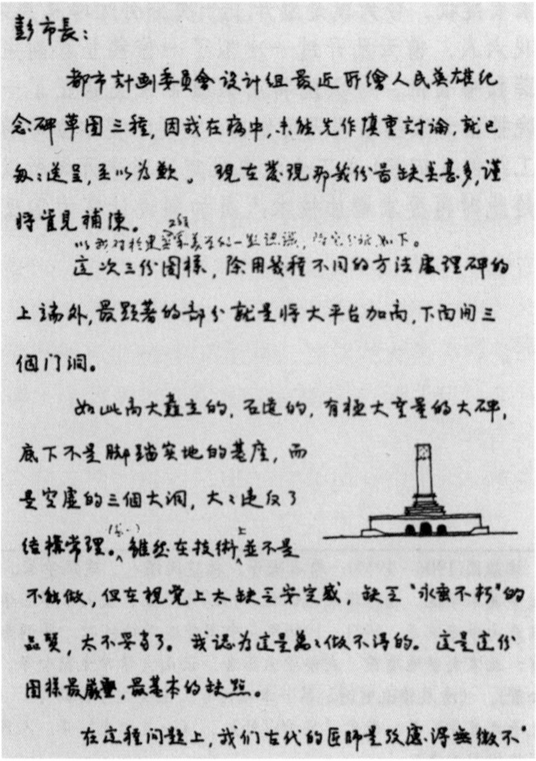
彭市長：

都市计划委员会设计组最近所绘人民英雄纪念碑草图三種，因我在病中，未能先作慎重討論，就已匆匆送呈，至以为歉。現在發現那几份图缺点甚多，谨將管見補陳。

以我对于建筑艺术的一些认识，将它分析如下。

这次三份图樣，除用幾種不同的方法處理碑的上端外，最顯著的部分就是將大平台加高，下面開三個门洞。

如此高大矗立的，石造的，有極大重量的大碑，底下不是脚踏实地的基座，而是空虚的三個大洞，大大违反了结構常理。虽然在技術上并不是不能做，但在視覺上太缺乏安定感，缺乏“永垂不朽”的品質，太不妥當了。我認为这是萬萬做不得的。这是这份图樣最嚴重，最基本的缺点。

在这種问题上，我们古代的匠師是敏感、谨慎不

图1.梁思成致彭真的信（首页）

鲜为人知的，即便是在当年知之者也甚少，此书堪称
"20世纪建筑百家小词典"。

《建筑百家书信集》中梁思成在致彭真的信
（1951年8月29日）（图1）中，阐述了他对建设人
民英雄纪念碑的看法及观点，同时表明了自己的建
议。

彭市长：都市计划委员会设计组最近所绘人民
英雄纪念碑草图三种，因我在病中，未能先作慎重讨
论，就已匆匆送呈，至以为歉。现在发现那几份图缺
点甚多，谨将管见补陈。

……

这次三份图样，除用几种不同的方法处理碑的上
端外，最显著的部分就是将大平台加高，下面开三个
门洞。

如此高大矗立的、石造的、有极大重量的大碑，
底下不是根基扎实的基座，而是空虚的三个大洞，大
大违反了结构常理（图2）。虽然在技术上不是不能
做，但是在视觉上太缺乏安定感，缺乏"永垂不朽"
的品质，太不妥当了。我认为这是万万做不得的。这
是这份图样最严重，最基本的缺点。

……

（1）天安门是广场上最主要的建筑物，但是人
民英雄纪念碑却是一座新的、同等重要的建筑；它们
两个都是中华人民共和国第一重要的象征性建筑物。
因此，两者绝不宜用任何类似的形体，否则，既像是
重复，又没有相互衬托的作用。现在的碑台像是天安
门的小模型，天安门是在雄厚的、横亘的台上矗立着
的，本身是玲珑的木构殿楼。然而英雄碑是石造的，
就必须用另一种完全不同的形体：矗立峋峙，雄朴坚
实，根基稳固地立在地上（图3）。

若把它浮在有门洞的基台上，实在显得不稳定，
不自然。也可说是很古怪的筑法。

……

总之：人民英雄纪念碑是不宜放在高台上的，而
高台之下尤不宜开洞。

……

没有看到这封信之前，相信许多人（包括我本
人）也不知道人民英雄纪念碑的建设还曾经有过这样

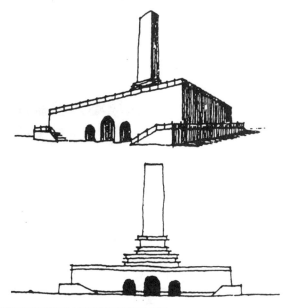

图2.梁先生批判的人民英雄纪念碑设计方案

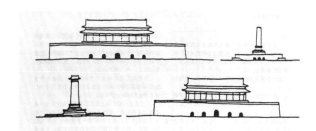

图3.莫伯治作品：广州白天鹅宾馆

的方案，更不会知道，一位德高望重的大专家在写给
北京市的最高行政长官的信中，直言不讳，表陈观
点，真令人佩服！

《建筑百家回忆录》（图4、图5）中，孔庆普撰
写的《北京牌楼及其修缮拆除经过》一文，除了对20
世纪50年代北京城内的牌楼逐一介绍外，还将修缮与
拆除的时间一一列出，包括张友渔、吴晗两位副市长
的重视，梁思成先生的不舍。

……

新中国建立后，北京牌楼的修缮与拆除，同时开
始于1950年9月。

是年9月初，在天安门道路展宽工程中，由道

路工程事务所施工，拆除了东公安街和司法部街牌楼……

1951年1月上旬，建设局和北京文整会拟定出城楼和牌楼修缮工程实施方案。

是年4月中旬，由养护所综合技术工程队（简称技工队），对东、西长安街牌楼进行全面维修，完全按照古代建筑修缮工程技术作业程序进行操作。

……

1952年5月，开始酝酿拆牌楼的事……

1953年7月4日，建设局奉市政府指示，牵头组织关于东交民巷和帝王庙牌楼拆除问题座谈会……

同年12月20日，吴晗副市长主持召开首都古建筑处理问题座谈会……

1954年1月8日，由养公所技工队开始拆卸景德坊。1月10日，梁思成教授来到现场，观赏评论庙内建筑物。1月20日拆卸完毕。

……

图4.邹德侬、杨永生、彭一刚三位先生

图5.杨永生主编的"建筑百家系列"丛书封面

顾孟潮著有《建筑百家评论集》，其中他在《长安街建筑咏叹调》一文中，对天安门广场的简介，用不太多的文字让读者在不长的时间内对这座世界最大的广场有一个大致的了解。

……天安门广场及广场上新建筑的尺度之大是史无前例的。后来认识才逐渐统一为，广场既要满足群众游行集会的需要，也要显示出开朗、雄伟的体形。建筑的尺度不但要满足使用上的要求，也要使广场及广场上建筑物互相衬托，取得均衡的比例。例如：在建筑的高度上，天安门高33.7米，正阳门高40米，这就决定了广场新建筑物低于40米为宜：最高处40米，人民英雄纪念碑和国旗杆都低于40米。

……

"建筑百家系列"丛书中，除了从不同角度介绍建筑之外，还有许多文章是宣传、介绍建筑师以及建筑师的学术观点、设计作品、建筑理念、学术历程等，还有许多文章描写了建筑师日常生活中的点点滴滴的小故事、小细节，且非常翔实、细致，使人们在阅读之后更增加了对建筑师的敬重之意（图6）。

《建筑百家回忆录》中杨永生在其所著的《苍凉的回忆——记刘致平》一文中写道：

……

在刚到河南修武干校的那年冬天，每到大礼拜（两周休息一天，故称大礼拜），他都步行几十里去县里亲睹过去只在文献上看过的文物建筑。据说，有一次警卫还因为他穿一身破棉衣，把他当作坏人盘问了一阵子。有一次，在街上碰见与老刘同一个连队的一位青年同志，又是买烧鸡，又是买酒，他说这钱是刘致平给的。在地里干活，发现一方古代石碑，刘老只能看见正面，背面的字看不见。他求"五七战友"帮忙把碑翻过来，大家说，十几个人使把劲，倒是可以翻过来，但你要请客，刘老答应了。这些人把石碑硬是给翻了个身，刘老当即付了10元钱。

《建筑百家回忆录（续编）》中钟训正在其所著的《忆徐中先生》中写道：

……

1950年秋，徐先生受聘去了北方交通大学唐山铁道学院（即天津大学建筑学院的前身），我们痛惜走了一位好老师。1951年暑假中我系两个年级上北京实习，有机会参与七校建筑系大联欢，七校包括清华大学、北京大学、南京大学、唐山铁道学院、圣约翰大学、之江大学等，除了清华大学、北京大学，其他院校在京实习的学生都去了，聚会地点就在老北京大学。老师之中，徐先生和一位圣约翰大学的老师参与了活动。徐先生的讲话很有启发性，他以"西红柿烧牛肉"作比喻，我想徐先生一定钟爱此菜，并有烹调的"祖传秘方"，作此比喻主要是说明用最普通的原料可以烧出最美味的菜肴，建筑设计也是同此道理。

……

《建筑百家谈古论今——图书编》中方拥在其所著的《断金碎玉——童寯文集(1—4)》中写道：

……

在我国近现代建筑师中，很少有人像童师那样学贯古今中外、素养精深雅致。依陈植先生的看法，"老陈是中国建筑界在理论、创作、著述、绘画方面唯一的杰出全才"。他青少年时期适逢战乱，但那些年头，也许真是养育自由知识分子的理想时代。此时初等教育的教科书仍旧是四书五经，这给童师打下了深厚的古文功底。在以后的岁月里，他始终把阅读古籍视为愉悦的消遣之一。他对中国古典诗词也颇有研究，倾心于其中淡泊隽永的意境。他早年师从曾任教育部次长大桐城派吴闿生学习经史文辞。在清华学校的最后一年，他常听王国维、梁启超的学术讲座。与此同时，他对西方文化的认识也开始得很早。他在奉天一中就读时，常去基督教青年会听取有关西方文化的演讲。中学毕业后，进入天津新书院专修英语。

……

《建筑百家轶事》中杨永生在其所著的《赵深"自首"》中写道：

……

抗日战争期间，赵深在昆明设计了一座电影院，采用剪刀式屋架。由于剪刀式屋架中部的钢筋拉索妨碍了放映机的投放光束，电影院把拉索拆掉了。有一天放电影时电影院突然倒塌，伤亡近千人。这是一次惨重的工程事故。当赵深得知这一消息后，立即主动去警察局"自首"。

后经调查，这场事故与赵深无关，是经营者造成的，但赵深作为一名建筑师深感痛心并主动去警察局"投案"，这就是建筑师的社会责任、高尚的职业道德在重大关头的具体表现。这才是真正意义上的言传身教。

杨永生还在《莫伯治从小处着手》中写道：

我国当代岭南建筑主将、建筑大师、中国工程院院士莫伯治先生，做建筑设计，无论是大工程还是小工程，手法的运用都十分成熟自如，都是一丝不苟的。诚然，像他与佘俊南先生合作设计的广州白天鹅宾馆（图7）那样宏大的工程，没有做小工程经验的积累，也是难以成功的。

20世纪70年代后期，莫伯治没有假日，平时奔波于广州市内的工地，星期六下班后立即去广州附近的小县城，指导正在施工的小工程，星期日也泡在工地

图6."建筑百家系列"丛书收录的龚德顺作品：建设部办公楼

图7.莫伯治作品：广州白天鹅宾馆

上，直到晚上才回广州。那时，我曾有幸跟随他去过一次小县城的旅游宾馆工地。他对我说，别小看这些工程，可以从中积累经验，好处是没有行政干扰，任建筑师发挥。他还说，再就是甲方对我无限信任，也不横加干预。我观察，他对每一块砖石、每一条花间小径石子的铺设都十分精心，蹲在地上与工人一起商量做法。20多年过去了，莫总这种精益求精的建筑师风范，始终令我难以忘怀。我一直认为，假如他没有那些小工程的实践经验的积淀，就不会有近20年为数众多的精品之作。

"建筑百家系列"丛书中还有不少中青年建筑专家、学者的文章，这些文章说观点、谈理念、讲事实、论缘由，如：钱锋的《从包豪斯到圣约翰大学建筑系——现代建筑教育在中国发展史系列研究之一》、丁沃沃的《对"中国固有形式"建筑意义的思考》、常青的《建筑遗产的生存策略》、董卫的《从柏林的变迁看意识形态对城市空间的影响》、韩林飞的《关于现代建筑起源与中国现代建筑发展的几点思考》、柳肃的《木造建筑——真正的生态建筑》、方拥的《论中国第一代建筑师的成就与局限》等，这些文章都相当精彩！

"建筑百家系列"丛书中精彩的文字段落还有许多，限于篇幅，不再一一摘录。除了上述"摘录"之外，还有一些堪称经典之文，如：朱启钤的《中国营造学社开会演词》、范文照的《中国建筑之魅力》、林徽因的《中国古代建筑的特征》、陆谦受与吴景奇的《我们的主张》、童寯的《造园》、龙庆忠的《中国建筑与中华民族》、陈志华的《五十年后论是非》等。

有一个想法不知是否可行：在中国20世纪建筑遗产的书、宣传册、PPT、展览、短片中，以一种观者（读者）可以接受的方式，去介绍（宣传）这些经典文章，因为我们的主题就是"致敬百年建筑经典"（图8）。

图8.颐和园雪景

20 世纪建筑遗产的特性

胡燕

20世纪是距离我们很近的时代，记忆是鲜活的，人物是亲切的，建筑是生动的，所以，20世纪的建筑遗产就在我们身边。

20世纪建筑遗产为我们呈现出丰富多彩的时代印迹：有体现我国民族工业崛起与兴衰的工业遗产，有标志中国革命胜利的红色遗产，有记录人民生活的居住建筑，也有纪念重大事件的公共建筑，还有20世纪建筑师们留下来的多种多样的建筑作品。20世纪的城市风貌、特色建筑、重要事件、各种人物，生动地记录了历史，展现了时代特色。

2023年6月2日，习近平总书记在北京出席文化传承发展座谈会并发表重要讲话。他指出：在新的历史起点上继续推动文化繁荣、建设文化强国、建设中华民族现代文明，要坚定文化自信，坚持走自己的路。

20世纪建筑遗产是源远流长的中国历史的一个片段，20世纪的建筑师们创造了新的风格和新的历史。20世纪建筑遗产见证了中华文明的连续性，具有中西文化交流融合的互鉴性。20世纪的建筑遗产容纳了各个民族的文化，具有兼收并蓄的包容性。

一、20世纪建筑遗产见证了中华文明的连续性

从见证民族工业发展的首钢等工业遗产，到与世界接轨的上海外滩建筑群，到展现新时代的新中国十大建筑，再到体现国际大都市的首都国际机场T3航站楼，20世纪建筑遗产像一位位讲述历史的智者，将历史的沧桑镌刻在祖国的大地上，诉说着中华文明的故事。中国传统建筑具有自己独特的体系和风格，20世纪是我国建筑发展的关键时期，既延续了传统建筑理念与风貌，又结合了国际上现代主义建筑风格。20世纪建筑遗产是理解古代中国建筑，理解现代中国建筑，理解未来中国建筑的重要篇章。

首钢走过了100多年的岁月，它是民族工业发展的见证。在一战的炮火纷飞中，世界对于钢铁的需求日渐旺盛。当时的民国政府也想趁此机会大力发展民族工业。1919年3月29日，民国政府采用官商合办的形式，成立龙烟铁矿股份有限公司，召开首届股东大会和董事大会，决定在石景山山脚下建设石景山炼铁厂。民国初年，石景山炼铁厂在美国的帮助下完成了80%的建设，但由于资金缺乏，未能投入生产。1938年，日本人占领炼铁厂，并改名为石景山制铁所，炼出了第一炉铁水。1945年，国民党接手，并更名为石景山钢铁厂，产量不高。1948年底，共产党接手，工人们和技术人员凭借顽强的意志和科学精神，攻克技术难题，从此开启了首钢的辉煌时代，成为国内钢铁企业的标杆（图1、图2）。首钢的发展，就是民族工业发展振兴的过程。一座座矗立的厂房、设备诉说着20世纪工业发展的故事，也见证了工业文明的发展。一部首钢的发展史就是一部20世纪建筑遗产的发展史，见证了中华文明的连续发展历史。

为庆祝新中国成立十周年而修建的首都十大建

图1.首钢3号高炉

图2.从地下车库看3号高炉

筑是20世纪建筑遗产的重要代表。1958年，为了庆祝中华人民共和国成立十周年，决定在首都北京规划建设人民大会堂、中国历史博物馆与中国革命博物馆（现在的中国国家博物馆）、中国人民革命军事博物馆、民族文化宫、民族饭店、钓鱼台国宾馆、华侨大厦、北京火车站、全国农业展览馆和北京工人体育场。令人惋惜的是，华侨大厦和北京工人体育场已被拆除，现又重建。人民大会堂是20世纪建筑史上的一个奇迹。人民大会堂坐西朝东，位于天安门广场西侧，西长安街南侧。南北长336米，东西宽206米，高46.5米，占地面积15万平方米，建筑面积17.18万平方米。1945年延安杨家岭中共七大会议上，毛泽东主席许下了宏大的心愿："将来革命胜利了，一定要建一座能够容纳一万人开会的大礼堂，使党的领导人能够和群众一起共商国家大事。"1958年8月，中共中央决定修建人民大会堂。各个设计院、高校纷纷提出设计方案，进而，又用50天的时间完成了设计图纸。人民大会堂于1958年10月动工，1959年9月建成，在不到一年的时间里建设完成了一座17万平方米的大型会议建筑，面积比故宫建筑群还要大。这座宏大的建筑是新中国政治的地标，记录着人民参与国家管理的过程。来自全国各地的人民共同建设完成了人民大会堂，参与建设的有设计师、工程师、工人、农民、解放军、机关干部、学生等各界人士。这正是人民的力量，人民的建筑。

二、20世纪建筑遗产具有中西交流融合的互鉴性

20世纪涌现出梁思成、刘敦桢、杨廷宝、童寯等众多第一代中国建筑师，他们远赴重洋，学习西方建筑知识，学成归国，报效祖国。他们既向传统建筑学习，又将中西方建筑有效结合，设计出兼容并蓄的中国现代建筑。杨廷宝先生设计的北京和平宾馆成为现代主义建筑的经典之作，其创新性的设计也体现了20世纪建筑的时代性。20世纪的建筑师们具有守正不守旧、尊古不复古的进取精神，他们具有不惧新挑战、勇于接受新事物的无畏品格。

在宾夕法尼亚大学学习期间，梁思成看到欧洲各国已经系统地整理研究了建筑史，而中国尚未有人研究，因而感慨道："我在学习西方建筑史的过程中，逐步认识到建筑是民族文化的结晶，也是民族文化的象征。我国有着灿烂的民族文化，怎么能没有建筑史？"[①]梁思成致力于中国建筑史的研究。从1931年开始，梁思成加入营造学社，在朱启钤先

---

① 林洙.建筑师梁思成[M]. 天津：天津科学技术出版社，1996，23.

生的指导下，完成了北京故宫部分建筑的测绘；发现了我国最早的唐代建筑——五台山南禅寺和佛光寺；测绘了北京、河北、山西、四川、云南等多地古建筑，留下了丰富的古建测绘图纸，构建了中国建筑史的基本框架。梁思成编写的《中国建筑史》不仅填补了中国古建筑史的空白，而且开创了中国建筑的未来之路！梁思成还用英文写作，向世界介绍了中国的建筑文明，在中西建筑文化的交流交融中起到了重要的作用。

20世纪是一个中西文明交流互鉴的过程。除了将中国建筑文化向世界宣传介绍，中国建筑师们还将留学所学知识应用于中国实践，如早期的华盖事务所、基泰事务所等完成的建筑设计。20世纪的中国建筑师走出去、引进来，将中西文化交流融合，推动文明互鉴，实现了与世界的接轨。

20世纪还有外国建筑师在中国完成了很多设计实践。如美国建筑师亨利·墨菲（Henry Killam Murphy，1877—1954），他完成的燕京大学、金陵女子大学等项目，均采用中国传统建筑形式，显示了想要与中国传统文化相融合的思想。这也体现了20世纪中国建筑文化交流融合的互鉴性。燕京大学的校址现在是北京大学主校园——燕园（图3）。1921—1926年，亨利·墨菲为燕京大学进行了总体规划和建筑设计，建筑群全部采用了中国传统建筑的式样。

图3.燕京大学校园图

燕京大学沿东西轴线展开，坐落着西校门、华表、歇山顶的行政楼——贝公楼，院落南北两侧是两座教学楼，中轴线一直延伸到未名湖。

上海外滩建筑群形成于20世纪初至20世纪30年代，是体现与世界接轨的近代建筑群，代表着当时世界建筑设计和施工技术的一流水平，有"万国建筑博览会"的美称。上海外滩建筑群记录了自清道光二十三年（1843年）开埠以来的发展历史，浓缩了20世纪中国与世界的文化交往，体现了政治、经济、文化的变迁，是上海历史文化的金名片，也是20世纪建筑遗产的见证。

三、20世纪建筑遗产体现中华文明兼收并蓄的包容性

我国是一个多民族、多宗教并存的国家。20世纪国内各地建立了很多教堂，建筑风格呈现出中西合璧的特征，任何风格都能和中国传统建筑风格联系起来，无论内部功能如何变化，体现了中华文明的包容性。20世纪形态各异的教堂建筑呈现出各民族交流交融的特点，体现了中华文化对世界文明兼收并蓄的开放胸怀。

即使在20世纪上半叶战火纷飞的年代，梁思成等建筑师们也坚持保护中国传统建筑，更是不畏艰险调研南北方建筑，为后人留下了宝贵的古建筑资料，奠定了中国建筑史的基础。从北京的四合院到云南的一颗印，从江南水乡民居到福建土楼，不同民族的民居形式各异，但都有统一的符号——大屋顶。所以，20世纪建筑设计，既有符合当地特色的地域性民族传统风格，又有大屋顶将形形色色的建筑统一起来，形成中华民族特有的建筑语言，并传承下来。

四、保护并传承20世纪建筑遗产

20世纪建筑遗产是一个系统性工程，不仅是列入名录，更多的是要做好保护与传承。习近平总书记在2022年5月在十九届中共中央政治局第三十九次集体学习时强调："要让更多文物和文化遗产活

起来，营造传承中华文明的浓厚社会氛围。要积极推进文物保护利用和文化遗产保护传承，挖掘文物和文化遗产的多重价值，传播更多承载中华文化、中国精神的价值符号和文化产品。"要传承，就要做好20世纪建筑遗产的活化利用工作，让它们活起来，"火"起来！北京西城区在活化利用方面做了较好的探索。如新市区泰安里、京报馆等建筑就进行了很好的活化利用，在保护的前提下，将20世纪的建筑作为博物馆、文化艺术中心等公共空间，让建筑遗产延续历史文脉，让公众在历史建筑中怀念往昔，体验民俗手工制作、非遗技艺等，让建筑遗产为周边社区居民提供公共文化服务，提高城市生活品质。

铁路遗产是城市发展的缩影，承载了城市的记忆。形态各异的火车站是城市的标志，也是城市的门面。一般来说，来到一座城市，首先见到的就是火车站，透过火车站可以看出城市的性格。无限延伸的铁轨是人们童年的记忆，冒着蒸汽的火车头是人们怀旧的画面，满载旅客的绿皮车是青春的见证。铁路，是时代的记忆。虽然在日新月异的变革中，原来的铁路已经完成了使命，但仍然可以赋予其新的功能，如博物馆、展览厅、餐厅、剧场等等，让它保留在城市中，成为历史的一部分。

20世纪建筑遗产具有创新的技术。蜿蜒在城市与群山中的铁路最开始是外国人带来的技术。后来涌现出了詹天佑等有民族气节的本土工程师们，他们秉承"师夷长技以制夷"的策略，既学习先进技术，又研究新技术的应用，将现代化技术应用于20世纪的城市建设中。现在，京张铁路已经被改为北京市郊铁路S2线，每到春天，这里就变成了打卡地，慕名而来的游客们可以乘坐列车欣赏美丽的花海，可以看到雄伟的长城，还可以体验詹天佑修建的弯道多、隧道多、坡度大的百年铁路。人们在放松休闲之余，也了解了当年的设计师詹天佑的事迹，崇敬之情油然而生。从大众熟知的詹天佑设计的"人"字形铁轨，到深受青少年喜爱的北京铁路博物馆，这些都是宝贵的铁路遗产，是触手可及的身边的遗产，处处透露出亲切感。

铁路遗产的活化利用非常多见，有保留铁轨作为公园场地的，人们可以手拉手在铁轨上漫步；有将火车站改为美术馆的，如法国巴黎奥赛美术馆，曾经的火车站变成了收藏19世纪中到20世纪初艺术作品的宝库；还有将车站和车厢改为适合年轻人旅行暂住的青年旅社的，让旅行者拥有与众不同的住宿体验。20世纪建筑遗产可以作为大中小学生的课后实践基地，让他们了解建筑遗产背后的人物、故事，传播优秀传统文化，弘扬正能量。

20世纪建筑遗产还要注重文化传播。马国馨院士提出：要将建筑遗产图像化、文学化。用照片、数字化技术将建筑遗产进行展示，能更为生动地讲解建筑，能更好地传播建筑文化。将建筑遗产融入文学，则能更好地讲解建筑故事。最著名的是法国作家雨果的小说《巴黎圣母院》，作者将故事放置于著名建筑中，并在作品中详细地描写了巴黎圣母院的建筑风格，小说中的人物也都在这座建筑中活动。这样，建筑遗产成为小说中一部分，被广泛传播。

让20世纪建筑遗产成为每一座城市的精美名片，让它们成为时代的见证，让它们在新时代中重新被利用，焕发生机，成为充满人间烟火气息的新空间。希望通过专家及公众的努力，为社会与大众奉献一幅幅精美的20世纪城市风情画卷，将美好的记忆、生动的故事流传下去，保护并传承好20世纪建筑遗产，赓续中华文明辉煌！

从工厂到文化遗产
—— 一门个人人文学科的修行

玄峰

打记事起，每当新朋老友间寒暄介绍，我总是会被贴上一个明确的标签——"老纸厂的"。这有点像是考古学田野调查中的探方：一铲子下去就被归了类，有了属性。

一、双城记与纸厂的

潍坊是一个有着千年文化传统的手工艺历史名城，其风筝、剪纸、年画与铁匠铺闻名遐迩。潍坊原称昌潍地区老潍县，有趣的是潍县的"潍"字所指的潍河其实离市区很远，潍县人根本接触不到。真正让潍县人沿河而居的母亲河其实是源自鲁南沂山山脉白狼山，以水波清凉、湍急著称的白浪河。河水自南向北流，将潍县分为东关、潍城两个城区，两城各有城墙，中间以东风大桥相连。所以潍县是一个典型的"双城记"。

1952年，胶东龙丰纸厂迁到东关南门外健康东街与民生东街之间的白浪河边。同年同样来自胶东的大华机器厂也迁到此地做了纸厂东邻。从此，两座工厂像孪生兄弟一样开始了成长历程。1953年，大华机器厂改名"潍坊柴油机厂"（简称"潍柴"）；1955年龙丰纸厂改名"潍坊造纸厂"（简称"纸厂"）。1954年，两工厂同时在厂北、民生东街北侧建设家属院，从此"纸厂的"跟"潍柴的"就成了两厂职工的代称（图1、图2）。

二、造物魔法与百宝园——火热的20世纪80年代

作为"纸厂的"双职工子弟，20世纪80年代

图1.20世纪70年代潍坊造纸厂

图2.20世纪60年代潍坊柴油机厂

是一个早早放学后等待父母下班而在工厂里四处游荡的年代。厂区里最吸引人的去处当然是厂区后半部的堆料场与"百宝园"——纸厂的原材料回收大院。堆料场里有十几个由稻秆秫秸、麻绩苇子等堆成的大草垛。百宝园里堆着来自各个印刷厂、出版社以及废品收购站的五颜六色的小人书、海报、报纸、裁纸边以及棉衣棉裤、玩偶等。显然，这是我们搜奇猎艳的绝佳去处与源源不断的乐趣来源。

20世纪80年代中期，厂里引进了瑞典、日本的几条生产线。原本单一的大白纸变成了样式繁多的色卡纸、玻璃纸、卫生纸、涂布纸等不同制品。在探险之旅中，眼看着纸浆碎粕从一头流进去，随着巨大卷筒与轴承的转动，从另一头居然就出现了色彩丰富、纹理质地不同的精美纸品，我心里就充满了赞叹。中学时代学物理化学获得的逻辑思维能力在激发破解造物魔法兴趣的同时也有了活学活用的试验场。那时，说一句"我是纸厂的"充满了自豪的气势。

三、黑水河与氯氨的味道——紧张的20世纪90年代

上大学后，对于工厂的视野从厂里转到了厂外。印象中那是一个紧张焦灼的年代。厂子从不到千人一下子扩充到四五千人；生产线日夜不停；班次也从长白班变成了三班倒。记得厂子大门口两侧白墙上的大字标语从"自力更生艰苦奋斗"变成了"多快好省加速实现四个现代化"——标语排版本身都变得十分拥挤。

但印象最深的反而不是工厂本身，而是工厂围墙外面的白浪河。暑期回家，我按照惯例到河边走走时大吃一惊：不知何时原本透彻清亮的白浪河已经变成了污浊不堪、不停泛着彩虹般油花的黑水河。因家属院就在白浪河边的厂子对面，每天晚饭后的固定时刻，河沿沿岸数千米范围内都能闻到刺鼻的氯氨味道。相应地，傍晚时分到河边散步的、钓鱼的、遛鸟的人不见了。"造物魔法"工厂显露出了工业文明的另一面：五色斑斓的工业纸品后面流着一条本名"白浪"的黑水河。魔法光环散尽后，"彼物"的制造结果是社会与生态方面的双重背离。此时，这句"你是纸厂的"便成了一个很不友好的标签。

四、词与物的转身——失落的21世纪头十年

千禧年后，因读博深造，我与纸厂的直接接触更少了。但是建筑历史与理论专业方向的学习使自己更加敏感于对国家发展战略与纸厂关系的探讨。"十五"规划（2001—2005年）是国家经济发展史上一个关键的转折点，提出了完善市场经济体制与保护环境的具体实施性战略思想。2002年，纸厂与潍柴同时实现了民营股份制改革。2005年，两厂又同步落实了潍坊市"退城进园（市郊工业园区）计划"。至此，原本"火光炸天"的老厂区彻底安静了下来。2006年年中，纸厂设备迁入新园区，纸厂职工进行了大面积分流改造，老职工纷纷退休下岗，新职工入职10千米以外的新厂子。至此，"纸厂的"一词分成了"老纸厂的"与"新纸厂的"两个词。尽管"新纸厂的"仍有很大部分是"老纸厂的"的家属，但是词与物的内涵与外延已经有了本质的不同：历史彻底转身了。

2007年春节，我习惯性地来到老厂。老厂里面已经空无一人。在原本熟悉不过的已经或搬迁或拍卖后清空的厂房、巷道、百宝园、各个班组之间游来荡去。厂房还在，巨大的管道钢架还在，烟囱、桩基、堆场还在，但是作为主体的设备不在了，让人心里空落落的。当时我完全理解了海德格尔所说的"无家可归是安居的真正困境"。里面的"居"根本不是住居，而是在具体语境下作为工厂"存在"的主体设备的居。但无论如何，海德格尔还留了一扇窗：建筑还在，而在心理意向当中，"建筑本身就是安居"。

五、落地与回归——20世纪现代建筑遗产的十年

2010年开始的"十二五""十三五""十四五"规划核心战略是：工业转型升级、扶植新兴产业、发展生活性服务产业及促进人与自然的和谐。2011年，新纸厂与中国科学院合作开发绿色纤维项目。历经10年发展，现在的绿色纤维项目——主要是可食用肠衣、食品包装、医用纤维等——已经逐渐取代传统大白纸成为主体产品。相应的设备也完成了绿色转变。而老纸厂则一分为三进行了房产开发：成了某"花园小区"和两幢怪异臃肿的某"金融中心"。2017年，因办理一些手续，需要在老厂居

委会盖章时，我无意中问了一句"怎么这么大的中心除了底层外全部空置"，赫然被告知这里竟是在原老厂门口行政办公楼和广播操场地新建的。震惊之余，我意识到：老纸厂就这样一点点痕迹都没有了。

万分庆幸的是，一墙之隔的老潍柴或者因为重工工艺复杂、仓储区的铁路线难以改线等原因，迟迟没有清迁（图3）。大量老旧设备厂房等得以完整地保留下来。前段现场调研时，我惊奇地发现老式炼钢炉、转炉、装配车间、试车车间、巨型龙门架、管道钢框网架，甚至那个火热年代的标语仍在时，心里除了震撼还是震撼！那个年代的集体记忆似乎一瞬间又回来了。在样机车间，几位老工人对着几台古董柴油机调校一番后，一扳启动杆，老古董居然再次吐烟喷火地转了起来。是时，现场几位白发苍苍的老工程师眼圈一下子就红了，嘴里喃喃道："美啊，太美了啊，真的太美了啊！"我这个"老纸厂的"一瞬间百感交集。事实上，得益于这些历史场景和生产设备、技艺的完整保存，潍柴正在积极申报现代建筑遗产和非物质文化遗产，而老纸厂则根本无从说起了。

回顾老工厂四十年的发展历程，个人对于工厂的认识历经了四个阶段。20世纪80年代西方生产线的引入在制造产品及提高生产率的同时，确实带来了文明与进步，"彼物"及其相应的技术在当时代表了先进性。进入20世纪90年代产业扩容后，

图3.潍柴现状

传统工业文明所内含的生态缺陷日益明显，严重的环境污染使得"彼物"产业及其代表的族群造成了社会及生态的双重背反而被孤立。千禧年市场改制后，旧有产能和老职工人群的更新换代使人们形成了巨大的心理落差，形成震荡与失落的十年。最近的十几年，基于老工业但是历经升级换代并融入生活性、服务性、生态性的内容后，新兴产业已经与传统工业有了质的不同。代表西方工业文明的"彼物"在历经40年后终于落地为"此物"，成为潍坊市现有城市文化的一部分。

"老纸厂"与"老潍柴"的对比，给我带来的感触尤其深刻，即建筑重要、空间重要、场所重要，保存至关重要。"老纸厂"因实物不存而产生老无所依的感觉；"老潍柴"则因实物、空间、技能仍在而能随时复原并认证过去的生活，以及更加重要的那一段物质文化的存在。当几位老工程师们发出美的感叹时，审美的对象显然不是那几台噪声震天、油星四溅的古董柴油机，而是那段激情燃烧的岁月。显然，历经40年积淀，一门实实在在的原属自然科学生产实践的技能学科不知不觉中已经转化为一门关于情感、信仰、伦理与审美的人文学科了。借助于实物的存续，"老潍柴"实现了人文生境的落地与回归。

六、后记

个人认为，时空是一个完整的、不可分割的整体。单纯时间的阐述（比如历史），如果缺乏实物的印证终究会落入虚无。而单纯空间的展现如果缺少时间与事件的积淀则贫乏而毫无意义。只有将空间实物与时间序列链接起来相互印证，才能使得作为主体的我们可以向外寻得场所的意义与价值；向内可以找到内心世界（包含对过去的理想、对现实的印证、对未来的寄托），最终实现个人世界的圆满与富足。

这也许正是2014年以来，由单霁翔会长、马国馨院士、金磊总编所发起、组织的中国20世纪建筑文化遗产项目的目的、意义与价值所在。

20 世纪建筑遗产价值再探

马交国

一、20世纪建筑遗产体现可贵的民族精神

2019年8月20日，习近平总书记在甘肃嘉峪关关城考察时强调，当今世界，人们提起中国，就会想起万里长城；提起中华文明，也会想起万里长城；长城、长江、黄河都是中华民族的重要象征，是中华民族精神的重要标志。我们一定要重视历史文化保护传承，保护好中华民族精神生生不息的根脉。保护民族精神生生不息的根脉，包括新中国成立以来中国建筑遗产的保护和传承。作为展示中国式现代化的重要载体之一，20世纪建筑遗产承载了近百年来中华民族生生不息、砥砺奋进的根脉。人民大会堂、民族文化宫、人民英雄纪念碑、中国革命历史博物馆、钓鱼台国宾馆、天安门观礼台等作为新中国建筑遗产的代表，被选为首批20世纪建筑遗产，体现了20世纪遗产委员会对民族精神的铭记和坚守。此后，中国人民革命军事博物馆、全国农业展览馆、新疆人民剧场、首都国际机场T3航站楼等一大批反映新中国成立以来建筑发展成就的标志性建筑选入其中，记载着不同时期建筑师、工程师的热血丹心和砥砺奋进，成为新中国繁荣发展的历史见证。这些建筑遗产反映了新中国成立以来文化繁荣和文明发展的非凡成就，反映了凝聚历史文化遗产保护传承事业的价值引领。

位于济南的南郊宾馆，是山东省优秀历史建筑。建筑设计由著名建筑师张开济主持，庭院规划由著名园林规划专家程世抚完成，工程于1959年开工，1962年7月竣工，先后接待过刘少奇、邓小平、江泽民、习近平等党和国家领导人以及柬埔寨国家元首西哈努克亲王等政要，有"山东的国宾馆"之称。张开济曾在日记中记录了1960年春节期间在济南与山东省有关领导和建筑师等一起设计南郊宾馆的过程。走进这座宾馆，我们就会被其建筑设计、景观规划、室内装饰、建筑细部所吸引。宾馆建设时期正值我国三年严重困难时期，然而正是在这样的经济条件下，广大建设者充分发挥聪明才智，创作出一座体现中国特色、民族品格、地域文化的优秀建筑作品。据参与该宾馆施工的现年90岁的周以时先生介绍，南郊宾馆环境优美、建筑美观大气，内设精致，功能齐全，是一部佳作。据《建筑师张开济》的作者程力真介绍，南郊宾馆俱乐部的栏杆造型酷似齐国刀币，用简洁的建筑语言和建筑材料体现了齐鲁风韵。

以建筑的名义庆祝新中国成立75周年，对建筑人而言是重温那段激情燃烧的岁月，用可贵的民族精神和坚定的文化自信来教育人们，推动新时代文化遗产保护与传承事业的高质量发展。

二、20世纪建筑遗产记录新中国建筑师的初心

建筑是历史的见证。如果说记载新中国历史的精神地标是建筑遗产，那么我们不应忘却的是为此

付出心血和汗水的建筑师们，他们是不同时期城市建设的先锋和标兵，是城市建设中"最可爱的人"。20世纪90年代初，原建设部副部长叶如棠曾指出："新中国揭开了中国建筑历史的新篇章。几代中国建筑师的地位日渐提高，在空前广阔的建筑舞台上，充分施展其才能，中国建筑的成就日益为世界所瞩目……"时势造英雄。新中国成立的第一个10年，中国建筑师富有民族自尊心，以战斗的豪情拥抱时代，创作了令世界瞩目的建筑精品，代表人物有梁思成、刘敦桢、林徽因、杨廷宝、莫伯治、张镈、张开济等。改革开放后的20年，中国建筑师积极融入国际潮流，激情焕发地投入建筑创作，在中华大地上镌刻下吴良镛、齐康、彭一刚、张锦秋、马国馨等建筑师的名字，并在1999年的《北京宣言》展现中国智慧、发出中国声音。21世纪初的20年间，奥运会、世博会、冬奥会等大型赛事场馆的建设锻炼了大批中国建筑师，他们正以自信的脚步、昂扬的姿态走向世界。包括崔愷、孟建民、庄惟敏、吴志强、李兴钢等在内的新一代中国建筑师用他们的建筑作品讲述了中国式现代化的建筑篇章。

诗人艾青曾经说过："为什么我的眼中常含泪水，因为我对这土地爱得深沉。"20世纪建筑遗产中的新中国建筑遗产是新中国建筑师的智慧结晶，浸润着他们对祖国的满腔热忱和初心。新中国建筑遗产正是建筑史学与爱国主义的语境纽带。当我们凝望矗立在祖国大地上的20世纪建筑遗产时，我们就会联想起新中国建筑师和建设者们的爱国之心和无私奉献。他们中既有受人尊敬的著名建筑师，也有默默无闻的普通建筑师。

中国第一代建筑师、建筑大家伍子昂（1908—1986），其特点是融建筑创作、建筑教育、人才培养于一身，甘当人梯，默默奉献。毕业于哥伦比亚大学的他，早在新中国成立前就在上海、青岛创作了大量建筑作品。新中国成立后，他担任山东省城建局设计院总工程师，参与了济南英雄山烈士陵园、山东师范学院礼堂等建筑的设计，还受命创立了山东建筑大学建筑系，培养了一大批建筑设计人才。然而在谈及自己的创作实践时，他总是谦逊有加，淡然视之。建树颇丰的著名建筑师方运承（1916—2005），1938年毕业于中央大学建筑工程系。新中国成立后他担任山东省城建局的副总工程师，主持设计了青岛纺织工人疗养院、济南珍珠泉北部招待大楼等一大批建筑作品，并参与了1956年《济南城市建设初步规划》等重要规划的编制。他处事低调，平易近人，始终以一个普通技术人员的身份出现在群众中间，研究方案，绘制图纸，深受大家的爱戴。热爱祖国、情系人民、艰苦奋斗、甘于奉献，这是一代代建筑师共同的优秀品质，值得我们永远铭记和学习。

三、20世纪建筑遗产引领建筑活化利用新风尚

建筑是凝固的音乐。20世纪建筑遗产在表达时代声音、传递正能量的同时，还引领着建筑活化利用的风尚。2013年以来，中国文物学会和建筑学会积极致力于20世纪建筑遗产保护传承，"汲古润今，与时偕行"，以坚定的文化自信推动中国式现代化的建筑活化实践。在已经公布的八批、共798项"中国20世纪建筑遗产项目"中有一系列活化利用案例，充分引领了建筑遗产活化的利用风向。

近年来，山东多项建筑遗产项目经活化利用，被改造成供市民群众休闲娱乐的公共空间。例如，国家级文物保护单位、原胶济铁路济南站经改造活化后，变身为胶济铁路博物馆，面向市民开放，成为"铁路迷"和研学旅游者的打卡地。1918年竣工的原山东邮务管理局邮务长住宅，经活化改造后，成为山东邮电博物馆，展示着山东邮政和电信的历史。原山东电报局旧址改造为华夏书信博物馆，一封封书信承载着历史和记忆，给人无限启迪。在青岛，原青岛啤酒厂百年老厂房经活化利用，改造为青岛啤酒博物馆，浓缩了中国啤酒工业及青岛啤酒的发展史，集文化历史、工业旅游、购物餐饮于一体，2020年被评定为第四批国家一级博物馆。始建于1934年的上海纱厂旧址经活化利用，改造为青岛纺织博物馆，是一处极具文化底蕴的近现代纺织主

题生态展馆，被确立为全国科普教育基地。在20世纪建筑遗产委员会积极引领下，一座座工业遗产、建筑遗产经活化利用，涅槃重生，成为特色博物馆和市民旅游打卡的休闲空间。我们的城市因此更有温度、更接地气、更有品位。

四、20世纪建筑遗产承载新时代最美"乡愁"

2013年12月，习近平总书记在中央城市工作会议中强调，让居民望得见山、看得见水、记得住乡愁。这句话为我们的城市建设和建筑遗产保护传承指明了方向。在已公布的八批20世纪建筑遗产中，有齐鲁大学近现代建筑群、天津五大道建筑群、福州三坊七巷和朱紫坊建筑群、开平碉楼等众多建筑遗产，几乎涵盖了全国各地人民心中的最美"乡愁"，体现了20世纪建筑遗产对"记得住乡愁"的深刻理解。

近年来，随着党中央对文化软实力和文化遗产保护传承的重视，建筑和文物界纷纷响应，在城市规划设计成果中注重"显山露水，留住城市记忆，记住最美乡愁"。2003年，在吴良镛院士的亲自主持下，济南市开展了泉城特色风貌带和泉城特色标志区规划，结合济南的大明湖、千佛山、明府城、四大泉群、河湖水系等禀赋，吴良镛院士亲自指导的"山、泉、湖、河、城"有机融合的城市风貌得以延续发展，山水之城的特色日益鲜明。此后，济南完成了大明湖扩建工程、护城河和小清河通航工程、华山历史文化公园、佛慧山景区等一系列历史文化名城保护工程，开展了"显山露水"的规划研究，人们可以在泉池水系、古城街巷、郊野名山上赏泉、品城，登山、游览，尽情享受山水之城带来的美感。泉城名片更加亮丽，城市特色更加鲜明，人民群众的幸福感显著提升。

在济南市规划展览馆，市民群众和青少年可以通过触摸屏、沙盘模型、展板屏幕等现代科技手段，近距离、多角度了解济南的历史，了解城市的起源、发展和变迁，了解每一座建筑遗产的历史和故事，深刻感受新中国成立75年来城乡面貌发生的巨大变化。在很多城市，规划展览馆已经成为城市规划和建筑文博、公众参与、研学旅游的基地。

然而，在看到20世纪建筑遗产名录在承载新中国非凡成就的同时，我们还应注意到，由于建筑遗产保护的体制机制不够健全，一些地区的部分建筑遗产面临消失的危险；一些建筑遗产由于被不合理地活化利用而遭到建设性破坏；大量凝聚着平凡人的默默奉献和集体智慧的建筑遗存被忽略。尤其值得我们关注和弘扬的是那些在新中国成立初期的基层建筑师和工程师，他们淡泊名利、默默耕耘的精神同样值得歌颂和推崇，在今后的建筑遗产评选中值得我们去发现挖掘。

建筑是文化的容器，文化是城市的名片。国家的文化软实力应当从包括20世纪建筑遗产在内的各类文化遗产来体现和承载；需要一代代文物和建筑人接续推动，并付出艰辛的努力；需要各级党委政府和社会各界认识到文化遗产保护传承的重要性，保护好中华民族生生不息的根脉。让我们携起手来，以迎接新中国成立75周年为契机，推进20世纪建筑遗产的传播，挖掘新中国建筑人物，树立新时代建筑活化新风尚，讲好新中国建筑遗产故事，留住时代最美乡愁，让文化遗产保护传承的理念广泛传播，发扬光大。让我们一起努力，让20世纪建筑遗产成为讲述新中国建筑历史故事的物质载体和市民亲近历史、研学旅游的平台基地，让建筑师和建设者的可贵精神和初心使命成为我们增强文化软实力、建设社会主义文化强国的强大力量。

西湖孤山的纪念性建筑记忆遗产
——以浙江忠烈祠和浙军凯旋纪念碑为例

陈筱　叶红艳

孤山是杭州西湖最大的岛屿，面积约20公顷，现有胜景30余处，多为20世纪所建。孤山周匝环绕湖水，东与白堤相连，北以西泠桥与北山街相接，山顶海拔约38米，是饱览西湖风光的最佳地点，山下绿地盈盈，近年还向公众开放了四块大草坪，允许市民在此露营、野餐。根据大数据分析，杭州白堤、孤山、北山街正是今日环西湖景区日间游客聚集中心之所[①]。这般游人如织的盛况，早在20世纪的和平年代应已成西湖的日常。

发明于19世纪中叶的摄影技术，至20世纪20、30年代逐渐普及中国民间，杭州的二我轩、活佛、佛国、英华、月溪等多家照相馆在清末至民国时期拍摄、制作了大量西湖摄影明信片，还有中外来杭游客也留下了数量可观的西湖老照片[②]。在这些图像资料中，相当一部分正是以白堤、孤山、北山街为拍摄中心，百年前的西湖风情如在眼前。仔细翻阅老照片、老地图，不难发现，西湖孤山的建筑与环境在20世纪的一百年间发生了巨大变化。20世纪初的孤山南麓，道路狭窄，路边排列着一幢又一幢祠庙，白墙灰瓦，彼此高墙相连，构成沿湖封闭的道路界面，孤山北麓更有历代名人坟冢散布，气氛肃然。

殷力欣先生在《有关杭州西湖的几处近现代建筑遗迹》[③]一文中，择陈明达藏8帧杭州旧照考察了清末民初的杭州西湖建筑景观，对其中3处近现代纪念建筑尤其重视：秋瑾墓、浙军凯旋纪念碑和浙江忠烈祠。殷文感叹于这三处孤山建筑的消亡，在文中写道："相比'浙军攻克金陵阵亡诸将士墓'的变迁史，这三处民国时期重要的纪念建筑，至今或地点、面貌全然改观，或下落待考，这不能不说是十分遗憾的。真希望如今已列为世界遗产的西湖，有朝一日能将其复原，以使后人欲凭吊而得凭吊之所。"对秋瑾墓、祠变迁，前人考证较多，不再赘述。关于浙江忠烈祠、浙军凯旋纪念碑的变迁，通过历史照片、地图、文献并结合现场踏勘的情况来看，忠烈祠原址位于今浙江博物馆（孤山馆区），浙军凯旋纪念碑应坐落于中山公园中轴略偏东位置，时人称公园"最见精神"处之一。两处建筑本体虽已消亡，但在孤山20世纪的变迁过程中却极具代表性，其均兴建于辛亥革命胜利以后，分别选址于两代西湖行宫的核心地段，南京国民政府成立、杭州确立以旅游业作为重点发展方向后，有意弱化

① 石坚韧,金淑敏,满俞玮,等.醉西湖与最杭州——世界文化遗产杭州西湖滨水夜景数字化解析[J/OL].工业建筑（2023-09-15）[2024-04-22]. https://doi.org/10.13204/j.gyjzG22081810.
② 有关西湖老照片的出版物较多，参见：阙维民.杭州城池暨西湖历史图说[M].杭州：浙江人民出版社,2000；李虹,赵大川,韩一飞.西湖老照片[M].杭州：杭州出版社,2005；林之.西湖老照片[M].杭州：浙江摄影出版社,2020.
③ 殷力欣.有关杭州西湖的几处近现代建筑遗迹[J].中国建筑文化遗产,2011:132-141.

其纪念性，至20世纪60年代以后终被遗忘和废毁。将上述浅见细述如下，以求证于方家。

一、浙江忠烈祠的兴建与消亡

关于浙江忠烈祠的旧址，20世纪20年代以来有关杭州西湖、孤山的地图多有描绘，并无太大争议（图1）。陈明达藏照反映了从湖面远眺浙江忠烈祠的景象，祠西紧贴文澜阁，忠烈祠的西式门楼与文澜阁的中式大门基本齐平，两者外通设一道铁制栏杆，忠烈祠东邻三忠祠、正气先觉遗爱祠和照胆台。明清时期，孤山不仅建有古寺、皇家行宫，还是杭州城郊举行官府所认可并控制的、以载入祀典的正祀为主的祭祀区，孤山南麓分布着相当多祭祀先贤名臣的公祠，虽被太平天国毁坏不少，光绪年间以后又陆续修复，《光绪民国杭州府志》还将30余座收录志书。将祭祀浙军烈士的公祠设于孤山，可视作对明清杭州城市功能区布局的延续。

《民国新纂杭州府志》记载："辛亥革命后，（笔者按：圣因）寺改祀浙军攻克江宁阵亡将士，称南京阵亡将士祠，继更名为浙军昭忠，再改名为浙军忠烈祠。祠前置纪念碑、石柱，柱中层嵌有铜牌记述战绩。国殇社附设祠内。"《西湖老照片》一书还载有20世纪30年代浙江忠烈祠春秋祭堂近照一张，作为建筑群的主体建筑，祭堂主体高二层，前设外廊，立面以西式柱头和拱券为饰，从建筑形式上彰显时代风气的革新[④]（图2）。

自1913至1925年的13年间，当局均在浙江忠烈祠举行公祭活动，1926年中断，1927年通过公决，确定由新成立的杭州市政府主祭[⑤]。民国十八年

（1929年），忠烈祠被征用为西湖博览会农业馆之一[⑥]。从此时的老照片可见，纪念碑仍矗立在原地，

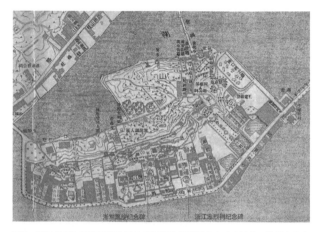

图1. 浙江忠烈祠及浙军凯旋纪念碑旧址位置推测示意（改绘自：杭州市住房保障与房产管理局.90 年前的杭州[M]. 杭州：浙江古籍出版社,2018.）

图2. 浙江忠烈祠建筑旧影（图片取自：李虹,赵大川,韩一飞.西湖老照片[M].杭州；杭州出版社,2005.原附说明："昭忠祠春秋祭堂，后为浙江博物馆馆舍（20 世纪 30 年代）"）

④ 关于忠烈祠建筑群的布局和奉祀情况，历年《杭州市民政志》有所记载。1993 年《杭州市民政志》记述："民国 2 年，将圣因祠改建为浙江忠烈祠，祠址在外西湖 20 号。有正中平厅 5 间，东首楼房 1 所，西首罗汉堂 3 间，奉祀北伐、抗战时期抗敌殉难忠烈官民牌位。杭州市籍阵亡将士供入祠者有：北伐期间阵亡将士 6 名，抗战期间阵亡将士 215 名，共计 221 名，其中将官 1 人，校官 5 人，尉官 39 人。杭州在1949年后，忠烈祠为浙江省博物馆使用，罗汉堂等已改建为展厅。"据 2013 年《杭州市民政志》记载："民国二年（1913），将杭州外西湖 20 之圣因寺改建为浙江忠烈祠。奉祀北伐、抗战时期抗敌殉难忠烈官兵牌位。杭州市籍阵亡将士入忠烈祠供奉的有北伐期间阵亡将士 6 名，抗战期间阵亡将士 215 名。其中将官 1 人，校官 5 人，尉官 39 人。"。参见：杭州市民政局.杭州市民政志[M].杭州市民政局,1993；杭州市民政局,杭州市地名委员会.杭州市地名志 下[M].杭州：杭州出版社,2013.
⑤ 据《浙江民政会刊 会议录》载：二十六、西湖忠烈祠应否日循旧追祭案（委员兼民政厅长朱家骅提议）据西湖忠烈祠管理员王昌义呈称，窃忠烈祠自成立以来于国庆纪念之日均举行祭祀，向由杭县公署承办，仅十六年因事未经举行。本年国庆纪念伊始，应否赓续举行祭祀，合请批示，遵行等情。查西湖忠烈祠由圣因寺故址改建为辛亥革命浙省阵亡将士之祠，初名昭忠祠，照全国统一办法改称为忠烈祠。向于十月十日国庆日由地方行政长官追祭，兹据前情应否循旧举行，相应提案敬请公决。（按：句逗为笔者所加）第一百六十四次会议（民国十七年十月五日）（议决）令杭州市政府致祭

但题有"浙江忠烈祠"的门楼消失不见，取而代之的是一幢三重檐攒尖顶的圆亭，应为西湖博览会农业农村部的展出场所。1929年12月4日，浙江省政府发"教"字第5008号文，规定："即以西湖博览会原设之工业馆口字厅、博物馆水产部及忠烈祠各处拨充该馆馆址。"⑦

抗日战争胜利后，当局曾相当短暂地恢复了对忠烈祠的公祭。《申报》1948年3月29日第5页刊载题为"浙江忠烈祠修竣 今举行春季公祭"的报道一则，写道："浙江忠烈祠，初建于民国二年，久失修葺。顷经市府修葺一新，并由蒋主席亲题'浙江省忠烈祠'匾额一方，正赶制中。省府定廿九日举行春季公祭，由沈主席主祭。"匆匆赶制匾额的行动距1949年5月3日的杭州解放只有不到14个月的时间。

在1964年出版的《杭州西湖地图》⑧上，高大的浙江忠烈祠纪念碑仍矗立在浙江博物馆前方，尔今该地已成空地一片。沈弘先生曾搜集费佩德拍摄的浙江忠烈祠及纪念碑近照一张，他满是遗憾地写道："如今上网搜索，几乎找不到任何有关浙江忠烈祠这段历史的介绍。"⑨

二、浙军凯旋纪念碑旧址辨析

1912年5月，浙江军政府为攻克满清江南大营、促使清帝逊位的苏浙沪联军浙江军士召开欢迎大会，在孤山公园树立浙军凯旋纪念碑。《西湖新志》卷八对今中山公园记述道："园据孤山正中，俗称外行宫，盖高宗南巡至浙，曾建行宫于此。兵燹后仅重建文澜阁，余尽荒芜。今就其隙处改筑公园，为都人士游息之所……中有浙军凯旋纪念碑，撰文者为汤寿潜。"从目前掌握的资料来看，《浙

军凯旋纪念碑铭》应为时年30岁的马一浮代撰，碑文见载于《马一浮全集》。

当武汉首义，江宁未附，浙与苏、镇、沪诸军约从会攻，始收其地，建临时政府，其后乃有嬉和之议。方是时，缘江诸镇新复，汉阳复陷。金陵庞塞东南，安危所繁，不举则乱犹未拨。故共和之业，基于武昌，成于江宁，卒乃定于统一。数月之间，易号改溯，伊古以来未有也。而论者以为江宁之役，盖浙军劳犹多云。时寿潜承乏于浙，以今第五军长朱君瑞率师与诸军会。朱军果立功名，显荣于时。中华民国元年五月，悉所部八千人还。今浙江都督蒋君尊簋，命参谋副长夏君超，度地为坛，大集诸将，饮至献捷，劳军行赏。有司群僚，者老诸生，商贾百工，各以其属斋牛酒致颂，来观礼者至万人。歌讲骏奔，闻个溢巷，号日欢迎凯旋，斯不亦盛战。因伐石刻辞，将耀来叶，而以文请。寿潜既退在里间，谨述邦人之意，为铭曰：昭洪捷分奠南疆，一两域分除秽荒。矫多士分不吴不扬，思御侮分在四方。树隆碉分示弟忘⑩。

除了殷文所示的浙军凯旋纪念碑的近景照片，我们还搜集到了同时期的另一些摄影作品。如杭州二我轩照相馆的《西湖风景》附注文字"公园凯旋碑"的照片，显示了方尖的凯旋碑立于花坛平台的中央，碑的两侧各有一屋，远处的房屋采用单檐歇山顶，即殷文所示凯旋碑侧的建筑，近处台基上还有一玲珑剔透的草亭。1915年上海商务印书馆出版的《中国名胜第四种——西湖》收录的名为"公园（Public Garden）"的照片，则从更高角度拍摄了纪念碑及其前方的环境，并附简短说明："辛亥后，就文澜阁西侧前清行宫改建公园，为湖上游人汇集处。"⑪

关于纪念碑的具体尺寸，可见时人记载：园中

⑥ 王水福, 赵大川. 图说首届西湖博览会[M]. 杭州：西泠印社, 2003.
⑦ 浙江省博物馆历史沿革:https://www.zhejiangmuseum.com/Survey/History.
⑧ 杭州西湖地图[M].上海：上海人民美术出版社，1964.
⑨ 沈弘,休厄尔·罗伊.天城记忆:美国传教士费佩德清末民初拍摄的杭州西湖老照片[M].济南：山东人民出版社,2010.
⑩ 马一浮.马一浮全集: 第2册上文集[M].杭州：浙江古籍出版社,2013.
⑪ 黄炎培,吕颐寿.中国名胜第四种——西湖[M].上海：上海商务印书馆,1914.

植丈余六角之立碑，径约一尺，上有篆文。浙军凯旋纪念碑[12]。该碑占地极小，在我们目前搜寻的老地图中暂未找到附有明确文字注记的位置标识。幸运的是，因纪念碑坐落于中山公园台地的中轴略偏东位置，选址特殊，现今仍可找到不同时代的有心人的记述。1915年，杨贤江在为《学生杂志》所作的一篇小说中曾赞扬浙军凯旋纪念碑及图书馆为孤山公园"最见精神"之处，他写道：

> 二人捷足向孤山进行，道经浙军攻克金陵阵亡诸将士墓。子安曰："爱国血战！"我生曰："民国之英雄也！"二人徘徊墓前，感慨啼喏，久不忍去，乃相与祝曰："西湖之光，烈士之英，黄土之幸，侠骨之灵，哥侨小子永庇其萌。"追念先烈，鞠躬致敬……公园范围虽足壮观，据我所最注意者，堆浙军凯旋纪念碑及图书馆二处为最见精神。此外，亦不过楼台亭阁，画栏雕梁而已[13]。

1964年《杭州游览手册》介绍如下：

> 中山公园园内两旁是由鸡爪槭组成的林荫道，每当深秋，霜林红叶，蔚为壮观。通过林荫道向前，迎面石壁上刻有"孤山"两个丹红大字。由此拾级登山，在平台花坛中矗立着纪念辛亥革命浙江军队克复南京的"浙军凯旋纪念碑"。平台北面有"西湖天下景"亭阁，还有曲桥水池，临池有选石假山，布置得高低参差、疏密有致，形成一座精美的小花园[14]。

2003年出版的《西湖寻迹》一书写道：

> "孤山"大字所在的高台上，曾经建有清帝御碑亭。民国初年，这里改建为北伐军攻克金陵（今江苏南京）"浙军凯旋纪念碑"，如今还留有一座由此纪念碑东侧的亭子改建而成的万菊亭。"万菊"亭，得名于20世纪20年代曾在这里举办的一次规模空前的菊花展览[15]。

依据上述文字，参照多张老照片，再结合实地的踏勘，初步推断如下。

目前孤山公园中部万菊亭应是老照片所示纪念碑东侧的单檐歇山顶建筑旧址，万菊亭西一荒废高台应是老照片所示纪念碑西侧的草亭旧址，纪念碑故地已栽桂花数株，树间现有为保护21世纪初发掘的清行宫遗址[16]所设玻璃展架。纪念碑虽无存，草亭台基的部分台阶形制仍与老照片相仿，纪念碑前的东西向步道也基本保留下来，铺设为大众瞻仰古迹遗址的栈道（图3）。

三、小结：20世纪建筑遗产的研究材料、方法与意义

作为辛亥革命的纪念物，浙江忠烈祠、浙军凯旋纪念碑在选址上延续了明清以来将孤山作为杭州城郊祭祀区的传统，其兴建于两代西湖行宫旧址的核心地段，接受国家纪念日的公祭，可以看出它们从场地空间的开阔感到建筑造型的现代性，两处新

图3-1. 浙军凯旋纪念碑今昔环境对比、浙军凯旋纪念碑近景老照片
（图片取自：殷力欣.有关杭州西湖的几处近现代 建筑遗迹[J].中国建筑文化遗产,2011:132.）

⑫ 李景文,马小泉.民国教育史料丛刊 498 各国教育事业[M].郑州：大象出版社.2015.
⑬ 杨贤江.杨贤江全集 第1卷[M].开封：河南教育出版社，1995.
⑭ 杭州市园林管理局编写组.杭州游览手册[M].杭州：浙江人民出版社,1964.
⑮ 洪尚之,任鲸.西湖寻迹[M].杭州：浙江摄影出版社,2003.
⑯ 王征宇.清西湖行宫遗址调查报告[J].西湖学丛论(第三辑),2012(12):38-50.

图3-2. 浙军凯旋纪念碑今昔环境对比：浙军凯旋纪念碑旧址现状
（摄于2024年1月，近处桂花树及清代玉兰馆遗址 展架附近为推测浙军凯旋纪念碑旧址所在，远处为现今的万菊亭）

图3-3. 浙军凯旋纪念碑今昔环境对比：浙军凯旋纪念碑远景老照片
（图片取自：杭州二我轩照相馆1911年出版的《西湖风景》风景影集，于宣统二年（1910年）参加农工商部主办的南洋第一次劝业会展览）

图3-4. 浙军凯旋纪念碑今昔环境对比：浙军凯旋纪念碑旧址现状
（摄于2024年1月，近处可见老照片所示"草亭"台基，远处树影下设有清代玉兰馆遗址展架及参观栈道）

建景观均异于周边祭祀先贤名臣的传统公祠，反映了力求革新的社会心态。随着时局趋于稳定，以交通业、旅行社和旅馆业为三大支柱的杭城旅游业蓬勃发展，杭州破"城"而出，西湖湖滨地区成为新的商业和娱乐中心，北伐战争结束后西湖博览会的成功举办更将人们对新生活、新型城市空间的向往推向高潮。地处孤山路沿线的浙江忠烈祠也卷入了这一阶段的现代化转型，英烈事迹的纪念意义被弱化，服务城市居民休憩游玩的功能被摆在首位。在半个世纪左右的时间里，浙江忠烈祠和浙军凯旋纪念碑的境况悬殊，这正是中国20世纪社会激荡的真实写照。

在人类社会变化加速的同时，记录历史的手段、复原历史的资料也越来越丰富，20世纪史料形式的拓展，使本体消亡的浙江忠烈祠和浙军凯旋纪念碑得以留下丰富的记忆遗产，通过科学方式测绘的地图，利用新兴摄影技术获取的照片和影像，报刊媒体和不同社会阶层留下的笔记和口述资料，都应作为研究和缅怀20世纪建筑遗产及其所反映的社会进程的重要内容。正是通过不同资料的交织，使得我们尽可能准确地在地图上重新确定如浙军凯旋纪念碑这具占地极小的纪念碑的位置，发现它特别选址于乾隆西湖行宫暨民国中山公园高台之上，得以更加真切地接近奋发图强、舍身忘我的辛亥革命精神。

四、后记

本研究曾得到殷力欣、赖德霖、岳晓峰等先生的慷慨相助，特此致以谢忱。

"护身符"与"紧箍咒"
——工业建筑遗产保护与利用之我见

孟璠磊

　　遗产保护与再利用，长期以来都是建筑学领域研究的经典议题。无论是世界文化遗产，还是全国或省市级重点文物保护单位，抑或是各部门出台的优秀近现代历史保护建筑，关于建筑遗产的讨论从未停止。工业遗产被视为新型建筑遗产类型，也是近年来各类遗产名录中的常客。截至2023年底，五批国家工业遗产名录共计197项，三批中国工业遗产保护名录共计349项，八批全国重点文物保护单位中工业遗产共有140余项。值得我们思考的是，被列入相关名录的建筑遗产虽然获得了永久保存的护身符，但并不意味着其遗产价值得到了真正意义上的传播和延续。广受批判的"福尔马林式"保护策略将工业遗产束之高阁，造成了"保护就是不能动"的思维定式，使"护身符"成了遗产的"紧箍咒"。以下对话清晰地反映了地方决策者在工业建筑保护等问题上的基本态度，A为企业决策者，B为笔者所在团队。

　　A：我们不太关心历史价值部分的研究，只关注一个问题，你对我们企业的这些东西（工业建筑遗存）有个什么结论？

　　B：就个体来说，有三座厂房相对突出，建议设为保留建筑，这三座大跨度厂房是咱们厂区建成年代最早的一批车间，而且结构质量完好，简单改造即可再次投入使用，建议予以保留，具体的操作方式可以结合上位规划来考虑。除此之外，还有一部分设施设备和构筑物被列入"一般性工业资源"。我们建议如果在不影响未来开发建设的前提下，可以保留下来，受影响的地方尝试通过容积率补偿的办法来实现。

　　A：设备的话我们不反对留一点，但是建筑方面你们看能不能调整一下，把他们"降一级"，列为一般性工业资源。这样，以后我们也就好拆了。其实从我们企业的角度来说，是希望厂区最好能够拆平，象征性地留那么几个设备就够了，这块地是要为以后的新建和开发服务的。

　　B：这三座房子的保留并非当作纪念物或者摆设，而是可以"局部利用"起来的。从遗产价值来看，这三座厂房是咱们企业"核心生产线"的重要组成部分，从建筑风貌、结构质量等方面来看都有着不错的开发潜力，如果"降级"的话是没有依据的。

　　A：直说吧，我觉得这些厂房都拆掉算了，它们占据了我们地块开发的核心地段，厂房自己不值钱，要说值钱的话，一些设备还能有些价值……

　　上述对话具有一定的典型性和代表性，它真实地反映出工业遗产在城市建设中的尴尬境地，完全脱离实际来谈建筑遗产保护，在城市更新的工作实践中是很困难的。正如早年间城市化的快速建设过程一样，城市更新中资本流向仍然具有明显的投机和盲目性，近年来，工业建筑遗产保护在全国范围内掀起热潮正是有力佐证。回看我国工业遗产保护与利用的实践工作不难看出，目前存在两个方面的极端，一是过度保护，二是过度商业化。前者推行

"福尔马林式"的保护，使遗产保护工作面临极大的运营困难，后者则以商业运作为支撑，过度追求土地和空间价值的最大化，在城市更新过程中显得尤为突出，甚至有学者认为，城市更新的价值就是所有地段价值的最大化。事实上，城市更新的价值并非地段价值开发的最大化，而在于寻求开发地段价值的最优解。最优解要求遗产保护与开发利用，应在具体环境、文化形态、历史文脉、经济价值等一系列因素中寻求平衡，而非单纯对经济价值的追逐。

与一般性建筑遗产保护利用所不同的是，工业遗产占地规模大、牵涉利益多，其保护与利用是一项复杂的系统工程，因此，我们不能用传统文物保护的思路来处理工业遗产所面临的问题。这不仅需要从建筑设计层面寻找出口，更应从顶端的制度建设上寻求突破。

（1）允许产权适度切割、灵活管理和运营工业遗产的保护与开发。当前我国大部分城市的工业用地禁止产权分割，这是由于一旦放开分割权，则工业遗产或工业遗址地极容易出现难以管控的"过度房地产化"现象。但通过大量的项目调研可以发现，即便不允许产权转让和分割，工业遗产的保护与开发本质上仍然是地产行为，房地产现象并不能通过禁止产权分割的方式来阻挡。与之相反的是，可以尝试允许产权适度切割的方式，促成工业用地及工业遗产以更加有效率的方式进行经营。例如，工业遗址地产权可以采用有条件的切割出让给民营机构，由其负责遗址地内相关工业遗产保护与利用工作。赋予民营机构较高的自主权，使其积极参与到国有资产保护的具体行动中，并允许遗产保护工作适度盈利。政府管理部门可以通过招标的方式，选择合适的民营机构开展工业遗产的保护工作，一方面降低了国有在遗产保护中的经济成本，同时又可以将遗产保护工作开展得更加积极和富有效率。

（2）设立第三方监管机构，负责政府与遗产产权人在土地收益上的平衡问题。工业遗产保护与利用，使工业用地的土地性质悄然发生改变，利用闲置工业遗产改造成民用项目已成为当前北京乃至全国范围内的普遍做法。但由于土地性质没有变更，政府管理部门无法从工业遗址地的转型开发过程中获得土地的增值收益，也客观造成了政府相关管理部门的积极性不高。因此，工业遗址地的保护与开发，一方面要赋予产权人较大的自主权，另一方面政府管理部门也有权在工业遗产利用中获得一定比例的收益，并通过设立第三方监管结构，监督土地租金、产值创收等方面的收益，使政府和产权人均能享有遗产保护与利用带来的土地增值收益。

（3）鼓励多种形式的工业遗产保护与开发，建立、健全容错机制。当前以北京为代表的大型城市已普遍存在"产业园遍地"的情况。工业遗产的开发与利用并没有全方位、多角度地激活，诸如以博物馆、展览馆为建设目标的文化引导策略，以住宅、保障房为建设目标的生活引导策略，以景观公园、开放广场为建设目标的休闲引导策略等形式尚未形成规模。此外，国有企业或工业遗产的产权人应该肩负起社会担当和历史使命，在工业遗产保护与开发利用的道路上积极探索，关注社会效益的反馈，对引领创造性行为的领导者给予保护，允许其在一定范围内进行"试错"，避免"以经济成败论英雄"。

随着城市更新的不断深入，我们相信，工业遗产保护与利用工作亦将迎来"2.0时代"，其目标、形式、规模和具体策略都将推陈出新，为我国高质量城市更新工作提供遗产保护领域的范本。让我们期待，"护身符"将不再是工业遗产的"紧箍咒"，而是充满生机的城市名片。

我与铁路建筑遗产研究

李海霞

　　拿到这个题目，勾起了我许多求学时期的回忆。2008年我进入清华大学攻读博士学位，师从张复合教授（中国近代建筑史研究领域的权威），他引导我开始慢慢走进近代中国这段崎岖又转折、中西文化激烈碰撞的时空语境，从个案（建筑单体）到区域（历史街区），以及城市视角的调查、观察，最终走向综合的历史研究。十年后回望，我一直在工业遗产（铁路遗产）方向做一些思考、记录整理以及粗浅的研究。我的博士论文是以胶济铁路为例（基于地缘情节选取家乡的案例），对中国铁路建筑遗产的保护与现状进行分析和研究。当时，有关铁路遗产主题的论文非常少，获取的资源也相对有限。此外，铁路部门一直实行军事化管理，查找档案、测绘图纸及调研都面临着很多困难，也影响了论文的研究深度。但从论文选题开始，我对铁路建筑遗产，这一20世纪非常重要的交通遗产类型，坚定了研究兴趣和学术理想，花费了很大的时间和精力，走访调研了国内现存同时期修建的几条外资铁路线路（中东铁路、滇越铁路），并进行了比较研究与论文撰写。

　　从1876年中国的第一条营业性铁路——吴淞铁路通车算起，中国铁路迄今已有140多年的历史。作为一种历史文化遗存的近代中国铁路，尤其是被废弃不用的老旧铁路，它的文化价值与历史意义是无与伦比的。铁路建筑遗产是在一定的历史时期由于铁路运输在需要沿线建设或由铁路筹建方建造的建筑物、构筑物及其他景观设施。它是一种新型的文化遗产形态，属于20世纪文化遗产的一部分。铁路建筑遗产，具有独特的产业属性、历史文化属性和资源价值属性，在中国工业遗产类型中独具一格，具有重要的研究和保护价值。

　　工作以后入驻云南期间，我曾先后多次考察调研云南境内的跨国铁路线路遗产——滇越铁路，并参与了昆明米轨保护与规划设计方案的配合工作。滇越铁路南起越南的海防港，北抵云南昆明，由法国承建，1903年开工，1910年全线通车，时至今日，已有110多年的历史，为云南历史上建设时间最早、建设难度最大、在中国和世界铁路建设史上最具影响的铁路建设工程之一。"云南十八怪，火车没有汽车快，不通国内通国外"，指的就是滇越铁路。当年修建的铁路轨距为1米，俗称"米轨"，是中国现存最长的一条轨距为1米的窄轨铁路；全线建筑费用1.654亿法郎，比我国轨距为1.435米的准轨铁路建筑费用高约1倍。滇越铁路曾是法国"环北部湾"战略布局中的重要一环。作为中国第一条国际窄轨联运铁路，滇越铁路是云南（中国西南）沟通海外、开户近代化进程的重要历史见证。滇越铁路沿线近代建筑遗产在中国近代史上具有唯一性和不可替代性，具有重要的历史意义，其各个时期留下的建筑遗存具有重要的史料价值。滇越铁路沿线近代建筑遗产整体形成于20世纪初期，在时间、空间上都有跨度性。时间跨度展示了20世纪初到新中国成立前夕的重要历史进程，地跨近400公里的空间范围内展示出多种类型、具有地方特色的铁路社区建筑形态。

出于对学术的热爱，我对滇越及碧石铁路沿线的遗产进行了长时间的持续关注，亲眼见证了沿线站房设施的各种境况和凋零状态，很多站点已陷入存废两难的尴尬境地。在云南这块红土地上，米轨是孤独的。米轨，是一份记忆、一份感恩、一份传承以及一份尊重，理应存续下去。我经过多次考察发现，滇越铁路及其沿线的资源优势并没有最大化地发挥出来，滇越铁路在资源保护开发、铁路文化品牌塑造以及宣传手段等方面仍处在探索阶段。在实践工作中，我也慢慢体会到学校理论知识学习与实际项目相脱节的矛盾，以及设计方案理想化与项目落地实施之间所面临的重重现实阻力。

2014年云南省政府及中国铁路总公司形成的《关于加快推进云南铁路建设的会谈纪要》提出开行"滇越铁路文化旅游列车"项目。随着2015年5月建水至团山旅游观光列车的开通，2018年开远至大塔城市交通轨道列车的开通，以滇越铁路为代表的窄轨铁路遗产在某些方面得到了保护和开发。曾经辉煌一时的建水站、碧色寨站等，又成了人们的旅游景点和婚纱摄影者的天堂，窄轨铁路正在以一种高科技与传奇般的方式得以延续（图1）。如今，有关滇越铁路申报世界文化遗产和保护开发利用的呼声越来越强烈。目前，上海复星集团已与中国铁路昆明局有限公司达成协议，将注资开发运营，进一步盘活铁路闲置资产，提高现有米轨铁路使用效率，转化为文化旅游线路，并辐射联动沿线旅游资源。未来在昆明，人们可以在百年滇越法式风情街上漫步，可以参观昆明铁道博物馆，可以乘坐由昆明北站发车的滇越铁路米轨小火车。滇越铁路具有悲壮的历史，也是中国保留下来最早、最完整的古老铁道线。

至于铁路遗产真实的未来走向，可谓喜忧参半。也许对它真正的保护是运行而不是停运。我们不能仅仅局限于对铁路相关的设施、构筑物、车站建筑本身的保护，如果将与铁路相关的运输、文化、旅游等多种产业联动互促，在全域旅游背景下进一步整合、挖掘现有和潜在的旅游资源，多渠道融资、多元化开发，适度引入民间资本走向产业融合、产业化开发的道路，并与对铁路沿途的聚落民俗文化、自然和人文景观的保护结合起来，策划文化体育活动，最大程度地对公众开放、展示，其结果也许会是令人欣慰的。这样的转型不仅能最大程度地发挥铁路遗产的价值，还能在生态旅游视角上保护铁路沿线周边的环境，做到文化线路遗产的整体保护及可持续发展。以滇越铁路这一国际线性文化遗产廊道打造为目标，举办集生态游览、体育康养、文化体验、徒步自驾、边境旅游于一体的"滇越铁路开通110周年纪念系列文旅活动"，积极推动旅游+铁路、旅游+文化+体育等"旅游+"和"+旅游"发展模式，通过省—州（市）—县（市）区三级联动，推动文物保护与旅游融合发展，把滇越铁路打造成为全域文旅融合发展的示范项目，助推形成云南全域文旅融合发展的新格局。

目前国内铁路遗产保护理念落后，运营机制僵化，使得很多珍贵的遗迹遭到破坏甚至濒临消亡。如何善待这笔丰富的铁路建筑遗产，使其能够在新时代重新找到自己的定位，是一个需要深入探讨的紧迫课题。展望未来，我们期望铁路遗产能早日走上世界文化遗产保护的轨道和舞台，得到与其价值匹配的遗产身份认定，让更多的人可以享用、爱护并传承这条线路遗产。

图1.电影的取景地——碧色寨火车站

虚实互嵌视角下的现当代建筑遗产保护与利用

孙昊德

中国20世纪建筑遗产对于"20世纪"这一时间维度的聚焦，将"现当代建筑"纳入遗产视角，呼吁并推进其保护与利用。众多优秀的现当代建筑案例作为当前城市生活的基底与锚点，深度参与城市集体记忆的塑造，但同时又缺乏一定的保护机制。尤其在城市更新背景下，改造升级势在必行，如何适度地调和特定历史记忆的延续与当代风貌的创新塑造，成为新的挑战。从电视剧《繁花》引起的对于现实场景和虚拟想象的互动出发，探讨当前信息媒介时代如何探寻新的现当代建筑遗产保护与更新利用范式。

一、作为生活记忆的现当代建筑遗产

2016年开始的"中国20世纪建筑遗产"名录，至今已发布八批名单，收录了不同地域的798项建筑案例，以更为开放而多元的视角，拓展了"历史建筑"和"建筑遗产"的概念，并对标国际范式，从学术研究、城市管理和大众参与等维度，推动了跨越百年的建筑遗产保护与再利用。尤其名录对于"20世纪"这一时间维度的聚焦，将1949年之后建成的"现当代建筑"纳入遗产视角，呼吁并推进其保护与利用。

以遍布近现代建筑遗产的上海为例，第一批名录便已经关注到上海展览馆、方塔园、上海鲁迅纪念馆、同济大学文远楼、曹杨新村等一系列新中国成立初期的建筑典范，也包含了金茂大厦、东方明珠电视塔，包括之后批次名录收录的万人体育馆、上海图书馆新馆、虹桥机场等改革开放后建成的重要建筑。这些相对大型且复杂的工程实践，一方面拓展了建筑遗产物质层面的风格、类型以及技术策略，另一方面，也拓展了城市日常生活与记忆的积累。这一视角突破了社会历史的近现代划分，对于中国城市和建筑的现代化历程提供了更具有连续性的历史书写。

"遗产价值多样性的再认识，从内向的专业领域走向与经济、社会发展的整合，更为开放、多样的文化意义与身份认同。"[①]建筑遗产所代表的人的活动、习惯等抽象的文化属性与内容要素反映出人们对于空间形态和特征的一种认知反馈。于是，现当代建筑作为一种生活和记忆，其背后的历史故事、人文精神需要被挖掘，将建筑遗产的多元价值投入到当代城市生活之中。尤其在改革开放之后，本土建筑设计实践在全面现代化发展之中得到飞速成长，在现代化、市场化和国际化的背景下，形成了对于本土地域性的探索路径，以及对于国际化技

---

① 曹嘉明.保护现当代优秀建筑是城市更新的当务之急[J].建筑实践,2023(5):14-21.

术进步的吸收和发展，试图回应和呈现中国当代的文化价值，一定程度上更是塑造了当代城市风貌的一种锚点。

二、城市更新中现当代建筑保护与更新之辩

在目前城市更新和城市建设背景下，现当代建筑往往尚未纳入法定的历史建筑保护体系，其风貌的更新与保护成了更多元且复杂的议题。相较历史保护建筑或被"博物式"地封存，或转为资本化运作等，原居民往往难以继续在当地生活，而现当代建筑始终作为大多数民众的生活场所，众多优秀的现当代建筑成了一种集体记忆的核心载体。同时，现当代建筑的改造更新不囿于单一的历史原真性，也不必完全延续以往风貌，成为一种具体的表现程度问题，对其理解、研究、保护进而更新的路径建设愈发重要。

近10年内，上海开展了众多现当代城市街区与建筑的更新改造，例如入选第一批"上海市优秀现当代建筑（1949—2000年）"名单的华东电力大楼和上海影城等，引起了学界和公众的广泛关注。华东电力大楼原本计划将立面全面改造，以适应高端酒店的功能，这一消息引起了学界的论证和发声，促使其改造策略从全面改造转为保留绝大部分风貌特征，最大限度地保持了固有的记忆载体，为酒店功能提供了更强的识别性，带来了更好的社会和经济回报[②]。而上海影城改造似乎带来了更多争议和思考。

20世纪90年代初建成的上海影城作为中国大陆与香港设计机构的合作典范，为上海电影文化发展奠定了坚实基础。设计之初，其吸收并呼应了新华路与番禺路交接地段周边，现为"新华路历史文化风貌区"核心地段的建筑风貌特征，伴随了30余年周边居民和观影者的城市记忆积淀（图1）。而在近期改造完成的影城中，可以看到具有曲线未来感风格的影城伫立在风貌区中心（图2）。改造后的影院消除了影院入口广场的高差，形成更开放的广场，同时搭配一层的开放界面以及直通高层的旋转阶梯，形成公共空间向外的延伸，这一点值得充分肯定。当然，针对其风貌的剧变，上海建筑学会专门就此议题主办学术研讨会，提到新的曲线造型缺乏对原建筑识别特征的汲取，反而影响了周边风貌并割裂历史记忆[③]。

新的影城设计代表了一种典型的当代风格的片段化提取趋向——旨在特定时代的一种暂时的风格

图1.上海影城原貌（资料来源网络）

图2.改造后的上海影城（资料来源网络）

② 曹嘉明.保护现当代优秀建筑是城市更新的当务之急[J].建筑实践,2023(5):14-21.
③ 吴真平.从上海影城改造看现当代优秀建筑改造的"法"与"理"[N].建筑时报,2022-10-24(A8).

倾向。正如后现代对于现代风格的批判，转为将历史形象拼贴到当代的城市品格和精神塑造，而当下信息媒介和科学技术快速发展，对于风格和形象似乎投入到了另一嬗变的体系之中，尤其AI等人工智能图像技术，对于风格的生产往往成为复制、剪切和拼贴。

在信息媒介时代，社交媒体的仪式性阅读与大众的日常性阅读成为平行又交叉的两条认知路径，从各类点评和社交网络中可以看到前者的书写和再现，已经在"覆写"后者所代表的城市记忆。

在这一视角下，具有历史延续性的再创造似乎更为可贵，一是对于街区整体风格可延续的发展，二是回应人文视角下当地居民的日常生活，而非单纯追求消费主义下"网红效应"带来的奇观阅读。网络受众较为年轻，也无从了解影城原本的样貌肌理，而在当下开展的大众化书写，一定程度上似乎成为一种催化剂，强化记忆的延续，抑或加强历史记忆的断裂和识别特色碎片化。

随着城市更新进程的发展，近现代建筑作为城市日常生活的重要载体和样本，同时也成为多重媒体阅读的对象，其更新路径的灵活性往往也成为导致泛化的因素，不可回避地虚拟网络建构，一方面影响了现实的更新路径，另一方面也带来了一种比较、参考与机会。

三、从《繁花》到黄河路：虚实相嵌的建筑阅读

2023年底，由中国香港著名导演王家卫指导的电视剧《繁花》上映，该剧改编自金宇澄的同名小说，描绘了上海20世纪90年代的城市传奇。在王家卫的电影美学体系下，极具特色、风格多元的上海城市风貌以实景和布景结合的方式艺术化呈现，例如朝阳中的和平饭店实景，利用布景还原了90年代黄河路的繁盛景象，以及别具一格的进贤路街道里弄等等。而这些现实中存在的城市空间成了现象级的阅读对象，

其中，连接南京西路国际饭店与苏州河的黄河路，在20世纪90年代以各类餐饮为特色，但也难以避免当下的逐步衰落。然而电视剧中在位于松江车墩影视基地（上海影视乐园）对这条街的布景复现，是基于上海广播电视台等提供的大量历史影像纪实，布景得以恰当还原街道和建筑的尺度、模仿的形态、霓虹照片的呈现，成为基于现实的严肃想象，黄河路成为各种镜头语言下光怪陆离的空间蒙太奇。

随着电视剧的播放，现今黄河路已万人空巷，市民和游客纷纷打卡电视剧中"至真园"的原型"苔圣园"（图3、图4），从故事投射到现实世界，这些真实的"地点"成为可循的目的地，而观者们也会惊喜地发现自己似乎真的置身在小说和电视剧之中，现实为虚拟场景提供了沉浸式的体验（图

图3.现实中已成为打卡地的黄河路苔圣园（资料来源网络）

图4.影视基地中搭建的至真园（资料来源网络）

图5.繁花影视剧中的黄河路场景（资料来源网络）

5）。

当下建筑的空间与形象普遍文本化，对其再创造成为公众参与的主要路径。泛化的"横店"早已出现，为各类影视剧的拍摄提供了一种悬置于地点的时代"印象"，成为普遍符号形象和拼贴的结果。而高品质且考究的《繁花》拍摄模式，为大众的参与提供了一种新的范式，公众对于建筑形象的重读与再创造进一步强化了建筑记忆。

四、虚实互嵌的现当代建筑遗产保护与利用

随着众多学者不断深化的研究，我国对于历史建筑的保护与再利用逐步朝向日常化的方向，避免重复《威尼斯宪章》中纪念性保护的路径，并逐步拓展到更为多元的"遗产"领域。例如"城市建成

遗产"的提出首先扩展了作为承载特定文化和历史意义的物质遗存的范畴④，"城市生活遗产"概念也重视城市整体环境所塑造的集体记忆、人文特征等⑤。

对于城市记忆的书写，视觉媒介成了极为重要的历史性的证明，从而建立针对现当代历史建筑历史演化的路径，同时基于当代需求，形成符合时代发展的城市更新路径。从武康大厦引起的城市效应来看，虚实互嵌的交互模式已成为普遍现实。作为一种文化符号和认同载体的武康大厦，早已超过历史保护建筑的范畴，公众通过自拍、打卡等一系列参与方式，形成了当代自觉的虚实互动模式。一方面武康大厦的地点、形态成为极具识别性的物质形象的载体；另一方面，其对于上海特色、上海风格、上海故事的象征，成为大众阅读参与的内容建构，"我拍故我在"成为新的一种"具身化媒介实

④　张松.城市建成遗产概念的生成及其启示[J].建筑遗产,2017,(3):1-14.
⑤　张松.城市生活遗产保护传承机制建设的理念及路径——上海历史风貌保护实践的经验与挑战[J].城市规划学刊,2021,(6):100-108.
⑥　孙玮.我拍故我在 我们打卡故城市在——短视频：赛博城市的大众影像实践[J].国际新闻界,2020,42(6):6-22.

践"⑥。于是，承载城市普遍日常生活的现当代建筑，同样实现了一种具身参与的虚实建构，从《繁花》中就可以看到物质形态作为媒介的实践趋向，使其成为一种当代赛博身份的赋予以及认同载体。

可以看到，真实的"至真园"和想象的"至真园"并不一致，始建于1993年的"苔圣园"受到后现代拼贴风格影响，汲取了南京西路古典建筑风格的片段，其本身便可以看作一种"虚拟""布景"式的建筑，促进"奇观"的消费。当然在电视剧的布景中充分考虑到了对于转角建筑对称形制以及拼贴风格的延续，作为"原型"还原了历史既存建筑。我们尚不能论断这种在近期超越武康路热度的现当代建筑能否成为学术探讨中的遗产，但这一现象不失为未来的遗产保护提供了一种思考的新解。

试想，如果电视剧中颇具20世纪90年代特征的"至真园"，在现实中所在地的"苔圣园"已经经过了面目全非的风格化改造，大家对于实地探访的热情势必消减，也会对于这一历史文本显得困惑。对于"地点"的再现，成为一种场所的延续，地点成为链接记忆以及形式的一种"介质"（Agent），而风格成为其具体效用的催化剂，正向的，或者负向的。人们试图寻找呼应影视剧（文学想象）中的场景，现实的黄河路恰巧是符合一种想象的样貌，试想1993年开业至今的"苔圣园"也已出走，街角建筑转为玻璃幕墙，割裂于文学想象和城市记忆，自然人们也无法去寻找"地点"，也无法获得一种与历史链接的愉悦和乐趣。

于是，基于当下思考未来20世纪建筑遗产的发展，对于优秀现当代建筑的关注显得愈发重要，作为生活载体的建筑遗产，其多元的更新路径值得更为精细化地探讨。需要充分利用多学科交叉的开放视角，以梳理和挖掘建筑物质空间背后的生活印迹，调和仪式性和日常性的阅读体验。例如利用历时性的图像、影像资料，从而追溯和虚拟还原历史演化中以建筑为锚点的街道、街区的拓展，将虚拟现实投入实际日常生活使用的评估与比较，为城市更新提供更为精细化且符合地域文化特征的"特色"风貌塑造的路径。

最终，在逐步成为日常的"虚实互嵌"体验模式下，建筑形象将无法回避地成为一种大众阅读的文本，而"地点"则可以成为一种基于健全史观下历时性演化的记忆锚点。面对城市更新进程中的现当代建筑遗产，需要挖掘和抽取，并延续其风格和视觉形式的"原型"，而非异化其形式语汇，从而得以激发对于城市记忆自觉、多元而公共的参与，从而建构"场所"，带来当代的创新和价值提升。

唯将热爱投入
——探索遗产活化利用的更多可能

李喆

一、用遗产研究通向文化传播，用对话寻找到学术之于大众的路径

2023年8月对金磊主编的专访，开启了我对20世纪遗产的关注。彼时，国内第一本20世纪建筑的"指南范本"——《20世纪建筑遗产导读》出版，由此，启发了我对20世纪建筑遗产新概念的理解。而金主编在书中的旁征博引，阐述了中国文物学会20世纪建筑委员会一直坚持探索"20世纪建筑遗产"这一新方向所走过的道路，给我留下了深刻印象。

什么是20世纪建筑遗产，我们为什么要关注、保护20世纪遗产，我们生活的城市何以成为具有历史文化记忆和科学技术价值的遗产瑰宝。20世纪遗产背后蕴藏着怎样的人和事，它的价值到底在哪里。从此之后，带着这些问题，我几次参与中国文物学会20世纪建筑遗产委员会的学术活动，尤其在参与报道第八批中国20世纪建筑遗产项目推介以及中国安庆20世纪建筑遗产文化系列活动的过程中，这些问题的答案被依次解开，同时，更切身感受到学会整个团队的专业与诚恳。这个年轻的团队一直在20世纪遗产领域做实事，越来越多的人正在以同样的情怀和热爱，推动着我们国家20世纪建筑遗产的保护与传承工作愈发"活"起来了。

自2016年起，委员会按"世界遗产框架"推介了首批中国20世纪建筑遗产项目名录。截至2023年，委员会已向社会已推介了八批共计798项"中国20世纪建筑遗产"项目。

实际上，早在2008年国家文物局就发文要大力推进20世纪遗产保护工作。保护20世纪建筑遗产不是一个重复性的工作，而是要把过去没人关注的内容管理起来。有了专家团队，20世纪遗产被赋予了一个很重要的身份，其人文价值正在被不断地挖掘出来。

近十年来，共有一百多位院士、全国工程勘察设计大师、各设计院的总建筑师、总工程师、建筑院校的专家学者以及各省市文博专家，努力探索中国的20世纪遗产的保护问题，依据九条具体推介标准，由专家团队通过投票、公证等环节，最终产生"中国20世纪建筑遗产"名录。然后通过展示、宣讲等多种方式，搭建面向公众传播的桥梁。如今已经收到来自社会各层面的诸多反馈。

毋庸置疑，20世纪建筑遗产是世界文化遗产的新类型，而中国20世纪建筑遗产有着丰富的遗产价值与内容，体现着传统文化对现代化中国的滋养，是一部能够自立于世界文化之林的巨著。文化传承靠什么？我认为核心就是每一个置身其中的人。但凡涉及重要的项目推介，必定会见到一个熟悉的、亲力亲为的身影——我不止一次在活动中听到过单霁翔院长的演讲。他的演讲充满了敏锐的洞察力，他总是面带微笑，给人留下了和善、友好、敬业的深刻印象。

我发现，他的演讲深受大家的喜爱，特别是年轻人。其背后是厚厚的文化支撑。每场演讲都紧扣主题，语言生动，深入浅出，堪称艺术享受。不仅加深了观众对建筑遗产文化的理解，更重要的是由此带来的整体、辩证、探讨式的启发，让人真正理解了20世纪遗产保护遗产的形成脉络和厚重文化。

在我看来，用遗产研究展开文化传播，用对话

探寻学术与大众沟通的途径，是学会此举的独到之处，令人更深切地感受到20世纪建筑遗产自身的特点和魅力。中国文物学会20世纪遗产建筑委员会所推出的一项项推介展示，其社会价值和现实意义正在徐徐展开。

二、新时代与新视野，为中国20世纪遗产保护赓续当代文脉

提到中国的建筑，绕不过去的是"建筑五宗师"——吕彦直、刘敦桢、童寯、梁思成、杨廷宝。梁思成不必多言，其毕生致力于中国古代建筑的研究和保护。作为中国第一代杰出建筑师之一的童寯是被公认的中国近代造园理论和西方现代建筑研究的开拓者。吕彦直1925年获南京中山陵设计竞赛首奖，1927年他设计的广州中山纪念堂及纪念碑再度夺魁，成为用现代钢筋混凝土结构建造民族形式建筑的第一人。刘敦桢曾在中国营造学社任文献部主任，并与法式部主任梁思成密切合作，用西方现代研究之法，改变了过去国内史学界研究中国古建筑仅靠在案头考证文献的片面做法。尤其是他在晚年于1937年完成的《江南园林志》和《东南园墅》，都是划时代的造园著作。杨廷宝设计的京秦铁路辽宁总站（现在的沈阳北车站），是中国人自己设计的第一座国内最大火车站。他还设计了清华大学的生物馆、气象台及图书馆扩建工程。从1927年到1982年，杨廷宝设计的作品多达132项。他们都是中国20世纪开创建筑教育与设计研究的先贤，是20世纪经典建筑作品的设计者，也是用现代方法研究传承中国建筑思想的教育家。他们的设计理念弥足珍贵，值得今天的人敬仰并铭记。第二批名录专门出了北京卷，作为在北京生活和工作的我自然有一种亲切感。值得强调的是，很多新中国成立后的建筑虽广为人知，但很少有人知道，它们本身就是应该被保护的20世纪建筑遗产。比如著名的"国庆十大工程"，都是重要的20世纪建筑遗产。这些建筑对全国具有非常大的影响力，是新中国建筑的风向标，人民大会堂、北京百货大楼等建筑模式引发全国各地甚至国外的模仿借鉴。

大约在1931年，梁思成给东北大学第一届毕业生致函："非得社会对于建筑和建筑师有了认识，建筑的保护和发展才有了可能。" 被西方世界誉为"20世纪最伟大的历史学家"的汤因比教授在考察了世界上26个社会文明后预言，中国文明将为未来世界转型和21世纪人类社会提供文化宝藏和思想资源。这也启示我们，在用与世界对话的眼光讲述中国20世纪建筑历史与贡献时，中国建筑师的作用与业绩值得彰显和传播。

在中国城市化的快速发展进程中，20世纪建筑遗产与城市发展是相互关联的。梁思成早就指出"北京城是一个具有计划性的整体"。比如20世纪50年代的"北京八大学院"因其经典性与多元建筑特质，入选"中国20世纪建筑遗产"。

据悉，有近1/10的20世纪建筑遗产入选了《世界遗产名录》，成为专有词条。此外，引领建筑潮流的"20世纪世界建筑精品1000件"丛书，套装共计十卷，每卷100个项目，我国的入选项目就有40多项。在这样的国际视野下，中国关注20世纪遗产项目与建筑师的"申遗"，就是要提出中国方案，在世界面前彰显中华民族的现代文明。中国要跻身世界遗产强国，遗产的类型一定要全面，不能有缺项。

新时代遗产保护亦要遵循高质量发展的原则，推动保护20世纪建筑遗产，就是要保护、推介1900—1999年历史截面中有价值的建筑，包括在活化利用方面有特色的建筑。令人欣喜的是，它的价值正在被大家认可。比如，安徽的国润茶业祁门红茶旧厂房，其建筑整体呈苏式风格，多采用新技术、新材料，体现当时中国茶产业的先进水平，堪称新中国成立初期工业建筑的佳作，被推介为第二批中国20世纪建筑遗产项目。

引人深思的是在2022年的一次学术调研考察中，大众认识了安庆。经过多方合力推动，这个鲜为人知的小城在2023年底绽放出新的风采，全国各地来自建筑规划、遗产文博、高校等领域的百余名家齐聚安庆，开展主题交流、学术沙龙等系列活动，对安

庆20世纪建筑遗产进行系统化挖掘与整理，为安庆乃至全省、全国的遗产保护赓续当代文脉。

三、20世纪建筑所定格的一刻，令时间有了重量

让公众了解并认识20世纪遗产，每个从事文化工作的人都责无旁贷。当我得知朱启钤宅邸被推介为第八批遗产项目时，实在有些惊喜。因为在做北京文化线路寻访时，我曾经带队探访过这座深宅大院，当时的场景至今历历在目（图1）。

朱启钤的宅邸位于东四八条111号院。朱启钤是营造社的创始人，被称为"乱世能臣、实干大家"的他在实业、学术、建筑等方面的影响力非他人能及，不仅梁思成夫妇，包括当代的文物大家王世襄以及国民党当时的很多高官都是他的弟子。

我至今还记得，朱府的整个四合院保存得非常完整。进入随墙门后，迎面的是一字影壁，往东走十几米才是朱府正门。一扇如意门开在院子的东南角，门楣刻有梅、兰、竹、菊等纹饰。门内有一座靠山影壁，西有倒座房3间。一进院的北面有过厅5间，东西厢房各2间。朱启钤先生从1953年搬入此院，直到1964年辞世之前一直在此居住（图2）。

朱启钤的曾孙朱延琦倚杖立于庭院之中，神态清朗。老人细说往事时，院子里安静极了，鸽群在空中盘旋，哨声阵阵，使人仿佛身处另一个时空。

鲜为人知的是章士钊一家曾住在111号二进院的北房。新中国成立后，章士钊回到北平，参加中国人民政治协商会议第一届全体会议，全家从上海迁到北京，受朱启钤邀请住到其女儿朱湄筠家（东四八条111号）。不久后，朱启钤全家也迁到此宅，朱、章两家人口众多，居住环境比较拥挤。1959年，国家领导人到东四八条探望朱启钤和章士钊，了解到情况后，便亲自为章士钊解决了住房问题。朱宅的堂屋里满墙的字画、老照片浓缩着时代的风云际会。

单霁翔院长多次在阐述中轴线保护发展的研究中强调：不仅要保护自然要素，还要保护文化要素；不仅要保护古代的，更要保护现代的20世纪与当代遗产要素。保护中轴线不能忘记侯仁之先生关注中轴线起点的研究，而中轴线故宫博物院的"洋楼"宝蕴楼（1915年建成，已入选中国20世纪建筑遗产）是由时任内务总长的朱启钤主持、由美术家金城设计的，凸显了西式建筑风格，使故宫"蕴藏珍宝"成为现实。

单霁翔院长也一直认为，活化利用是最好的保护，只有珍惜它、尊重它，才能使其得到发展，这种能惠及更多人学习、教育的发展，才是良性循环的。一个城市的文化底蕴越丰厚，这个城市就越有魅力，这个城市的市民就越有自豪感。古人留下的每一栋历史建筑和20世纪遗产建筑都应该保护，同时保护好我们的现代文明。这样一个街区的年轮、一个城市的年轮就清晰了，各个历史时期不断发展、叠加，我们就能讲出很多故事来，这样的故事才深刻。

图1.朱启钤曾孙朱延琦（左）与李喆（右）

图2.朱府庭院

书中走出的院士

董晨曦

与马国馨院士相识已十年，可以说马总是我职业生涯里重要的领路人，更是让我受益良多的恩师。我来金磊主编团队后第一本编辑的书就是马总主编的《清华建五纪事——毕业50周年1965—2015纪念》，正是这份沉甸甸的责任，开启了我探矿般的编辑生涯。

从清华毕业后受到运动的影响，马总直到1968年才回到院里正式做设计，后期亲力亲为主持的都是堪称国之重器的大型工程，可是在抗日战争纪念雕塑园竣工后，马总就没有再亲自做工程了，这对于院士来说，设计生涯算得上"十分短暂"。其实与马总同龄的院士大师，多数不甘于退居幕后，但马总只是勉为其难地同意了成立工作室的方案，便在当打之年投身到了方案评审和社会活动的浪潮之中。他总说要把机会留给年轻人，也从不将指导的方案归到自己名下，他坚持认为，必须把控设计全流程的项目才能算作自己的作品。退休后至今这二十多年间，他把心中的熊熊烈火化作文字，笔耕不辍，写下万卷长书，纪念前辈丰功，镌刻同窗贡献，唯独对自己，只总结了一本《南礼士路的回忆——我的设计生涯》算作是作品集（图1），马总洒脱的精神令人感怀。

"无用之用，方为大用" 是马总信奉的学习哲学。由于工作中时时拜读马总文章，竟让我这个建筑"门外汉"也产生了管中窥豹之感，习得了一些细碎的知识。而随着马总一本接一本地出书，我有幸接触到了各式各样的选题，又被马总"技能拉满"的丰富人生所折服。马国馨院士不仅是著名建筑师、建筑学家，还是著作等身的作家，情感细腻的画家，笔体独特且独创拼音、英文与中文三位一体的书法家、足迹遍布全球的摄影师，严肃与"打油"并举的七步诗人，刀锋犀利的篆刻艺术家、清华军乐队出身的萨克斯演奏家，清华艺友合唱团非著名歌唱家……以上所列身份不足以涵盖其万一，马总也从未将这些列入自我介绍之中，但都能从他的文章中略知一二（图2~图4）。

现代建筑大师格罗皮乌斯谈到："现代建筑要求建筑师有广泛的知识，博采众长，而不是狭隘的

图1.马院士和作者探讨《南礼士路的回忆——我的设计生涯》清样的修改意见（2023年4月）

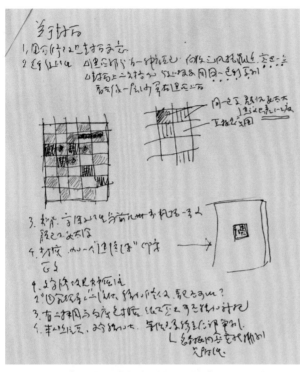

图2.马院士对于《南礼士路的回忆——我的设计生涯》封面的设计指示

图4.马院士为《建筑师的家园》亲自刻制的钤印

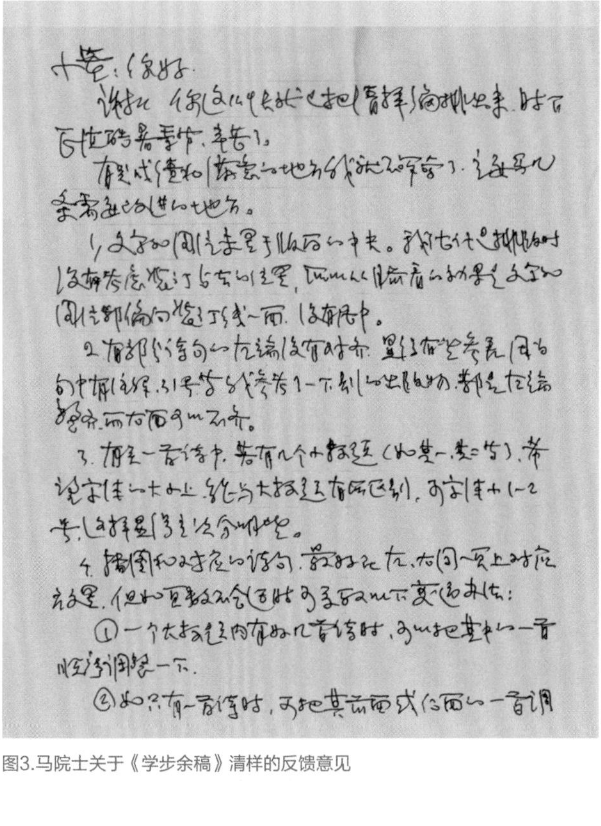

专门家。" 他要造就"把艺术家、工匠、业务家的品质集中于一身的人"。很显然,马总一贯以这样的标准来要求自己,实现了终身学习的目标。马总的文章博古通今、深入浅出,无疑是建筑领域不可多得的振聋发聩之音,其涉猎之广博、研究之精深,令人不禁感慨马总真乃奇人也。而且建筑科学从来不是拘泥于小圈子里的学术探讨,建筑根植的土壤是文化,文化又是思维方式、价值观念、大众审美的结合,可以说公众的建筑文化水平反过来影响了设计的决策,所以对普罗大众进行建筑审美教育,对于推动建筑文化的发展有着积极的作用。因而马总的文章在一众建筑师的方案陈述中显得愈加珍贵。他介绍项目方案,从不是冷冰冰的讲解平立剖,再放两版精美跨页大彩照效果图。他的文章有立项背景、文化勘探、方案的比较推敲,也有跟工人师傅共同研究施工工艺的心得体会,可以说是将翔实的工程日记写成了纪实体小说,让普通读者也能参与到建筑设计的全流程当中。尽管马总一再自谦这些文章是"流水账",但其内容字字珠玑、耐人寻味,值得细细品读(图5~图7)。

比如马总在清华分校设计学生宿舍楼时,曾面

图3.马院士关于《学步余稿》清样的反馈意见

临一场"采用水厕还是旱厕"的争论："我们也看过当地设计单位出的一些旱厕图纸，不但平房做旱厕，四五层的楼房也做旱厕，楼上的厕位都做成斜坡状，粪尿从楼上一直滑到1层的粪池。"如果不是看文字，这么震撼人心的场景简直无法想象，但这段荒谬的历史却是真实存在的。就像人们面对自家丑事多会选择掩盖和遗忘一样，掩埋多了，历史的原真性便消失了，好像一切都是顺理成章发展成现在这样的，人会缺乏思考的过程。设计与生活紧密相关，从来不是 "有没有劳动人民感情"的是非问题，也不能说照抄先进经验就万事大吉了。建筑发展到今日并非一蹴而就，必定伴随着看似不合理的正确与看似正确的不合理，都需要经历本土化过程，需要一步步纠正和调整。马总不仅记录了历史，还启示建筑师勤于思考并作出改变，这是方法论与世界观的统一，是难能可贵的谆谆教诲。

又如，写到贝聿铭先生设计的香山饭店选用的是最朴素的砖，却因为砖头的运输折损问题导致造价比玻璃幕墙还贵，马总如实诉苦："当时我想吃腻了鸡鸭鱼肉当然愿意吃点清淡的，可是天天吃清淡的，就想找点荤腥了。" 这份率真令人忍俊不禁，以至于后来一提起贝老我们就想到马总的 "萝卜白菜"论。面对建筑大师，马总没有迷信权威，坚持从实际情况出发，探索不同时期建筑设计的真正需求，设计适应当时、当地的建筑，为建筑留有生长空间，而不会为了实现艺术追求便因循守旧或过分超前，这在马总设计的首都机场T2航站楼便有体现——T2航站楼尺度适宜，旅客可以很顺畅地走向登机口，动线设计合理而适度。反观现在的许多机场设计追求大而无当的宏伟，迟到的人不是推着大箱子一路狂奔，就是被过多商业干扰而迷失在岔路，建筑服务于人的理念并没有贯彻下去。

马总本人很活跃，会上一发言，欢声笑语就会源源不断地喷涌而出。我想这大概是马总在"四清"时打下的基础。当时组织要求他写工作简报，大队干部嫌不够生动，马总也"很不服气"，研究一番发现他们爱看老工人们富有生活气息的歇后语，马总回忆："我便准备了一个小本子，随身携

图5.马院士将新出版的《建院人剪影》送给张钦楠老局长（2019年9月）

图6.马院士自己绘制的封面设计草图（部分）

带，遇到工人师傅说的一些歇后语或俏皮话就记下来。" 马总好学又认真的性格赢得了大伙的认可，也打开了人际交往的密钥。据说马总在大学时期还很羞涩，在人前讲话还会紧张地涨红了脸，没想到毕业后再见面，"小马"已成社会活动家，跟变了个人一样。马总对设计标准要求严苛，待人却是出了名的好脾气。马总63岁的时候考了驾照，有一次洪铁城先生请马总吃饭，结果发错了地址，把人引去了香山。马总进屋发现没人，打电话一问，对方才发现闹了乌龙，赶紧发了新的地址。马总二话不说快马扬鞭，又以八百里加急的速度赶回市里。当时我想，就是相熟的人也难免会抱怨两句，甚至干脆就不去了，可马总非但没生气，进门还致歉说让大家久等了，真是在小事上见修养。

青年时期的磨砺让马总练就了好身体，也让马总超额完成了清华大学"为祖国健康工作五十年"的号召。1973年，马总负责为西哈努克亲王设计十五号宾馆，工程还没收尾就被调配到平房公社，任知青带队干部。马总回忆："记得当时修水利挖水渠时专用的铁锹由于不断磨砺，已变得像菜刀一样锋利。我参加劳动时所穿的破旧衣服，连农民见到了都感叹：我们贫下中农都没你这么破的衣裳！"这些内容现在读来真是辛酸中透着无奈。后来，经历了前三门工地上与工人"三结合"，经历了毛主席纪念堂的设计，繁重的任务造就了业务的快手，也塑造出未来大师的雏形。

此后，无论是在被称作"大叔"的年纪去日本丹下健三工作室研修，还是在临近半百之年攻读博士学位，马总的每一步积累都向着建筑理想扎实迈进。如果说梁思成、杨廷宝等第一代建筑师是中国近代建筑的开创者和奠基人，那么以马国馨为首的第三代建筑师在承袭之下，具有更强烈的开拓性，也更能代表中国20世纪建筑的风格。尽管当年的创作大环境存在诸多限制，比如造价极低，材料质量不理想，建筑师的创作个性也因某些要求有所折损，尽管如此，他们的作品顺利完成了本土化，从"折中主义""半中半洋"里迈出了自己的步伐，创造出许多"第一"。就如马总在文章《半世寻觅求一得》中谈到："没有文化自觉，就谈不上不同文化的多元共生。主动自觉地维护一种文化的历史和传统，使之得以延续并发扬光大，这是文化自觉的第一个层次；从传统和创造的结合中去看待未来，不是照搬西方经验，而是走自己的路，这是第二个层次；在全球化的现实中了解需共同遵守的行为秩序和文化准则，由此反观自己，找到民族文化的自我，从而了解中国文化存在的意义以及可能为世界的未来发展做出的贡献，这是第三个层次。"显然，在马总的设计生涯中，他一直追寻着民族文化的自我。他总是强调建筑师要做一个社会学家，要关心真实的人，才能作出优秀的设计。

看过山东口述大会"泉城泽被的少年往事——马国馨院士济南回忆"的访谈视频，在马总谈到那

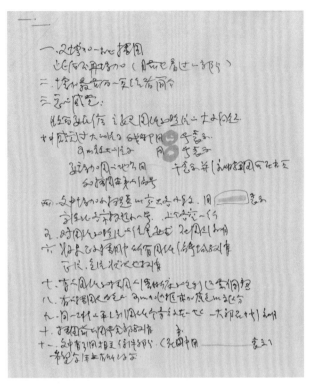

图7.马院士对书中的图片大小、摆放位置等进行细致调整

个"回不去"的故乡时，他落泪了，"想起家乡就有点难受"。那是我第一次见马总如此袒露真情。他心里的故乡已经被现代建筑改头换面，但一代代建筑师的成长必定会造成这种阵痛。2023年的最后一天，我站在济南街头，望着趵突泉络绎不绝的游客，心中默默祝福着这个被泉城厚泽、学无止境的少年，继续他所热爱的事业。

铭记绘就历史的建筑学人

金磊

近30年来，瞩目中国建筑界的人和事，我感到，如果有一番智者般的沉思且吻合于时代之征候，就会发现那些伟大建筑作品背后的事件与建筑师的才华和气度。特别是近十年来倾力于20世纪建筑遗产研究与传播，我发现在百年中国、百年遗产的传奇中，有诸多竭诚为国的前辈建筑学人孜孜以求，但行业中真正写事、写情、写神的人文建筑作品还太少（图1）。

2023年12月23日在同济大学建筑学院召开了聚焦建筑学与城乡规划学学科前沿的中国科学院学部第154次科学与技术前沿论坛，同时举办了第二届中国建筑学会建筑评论学术委员会换届。我在"中国当代城市建筑评论的理论与历史"圆桌论坛

的发言中，回溯了有新中国20世纪建筑师史学的"里程碑"之称的杨永生编审（1931—2012），介绍了2013年版《建筑编辑家杨永生》的出版价值。诚如我在当年撰文中说"时光不扰天赋，过往皆有温度"，中国建筑遗产与20世纪经典大家，会不断丰富并拼接成一幅耐人寻味的建筑学人组图。杨永生编审的《中国四代建筑师》持续留下中国建筑师代际研究的话题（图2）。

在那天的圆桌论坛上，我拿出2018年《建筑评论》编辑部为清华大学建筑学院教授、原《世界建筑》主编曾昭奋（1935—2020）编辑出版的《建

图1.作者主持的"中国文物学会20世纪建筑遗产委员会成立会议"记者答疑活动（左起：单霁翔 谢辰生 陈志华 马国馨）（2014年4月29日 故宫博物院敬胜斋）

图2.《建筑编辑家杨永生》

筑论谈》一书。曾昭奋是最早辨识改革开放后中国建筑新风格的建筑师，并将其概括为北京的"京派"、上海的"海派"、广州的"广派"（岭南派）的评论家，华南理工大学建筑学院在为其撰写的悼文中写道："他最早撰文指出华南理工大学建筑系的历史可回溯到1932年。"2016年承蒙曾教授信任，由《建筑评论》编辑部为他编辑了评论与随笔集《建筑论谈》，曾教授还委托我为该书撰写编者的话（图3）。

《建筑论谈》遵照曾老师之意，从他的300余篇文章中，挑选出88篇，按五个部分编排，依次是评论、杂谈、青年建筑师、读书·写书·编书、《世界建筑》·世界建筑；时间从20世纪70年代末一直到21世纪初。其中既有他的工作感受，也有他对建筑事业的前瞻分析；既有对某个项目的评述，更有冷眼看世界的敏锐；有责任、有担当、有情怀、有亲情，体现了他胆略与无私的精神。《建筑论谈》是一本让人感受中外建筑五十年历史之作，能让人感受到一位建筑学人孜孜以求的奋斗经历（图4）。

我很认同所谓 "人生向上书为榜"的观点，并在多次与曾教授交流中感受到他对建筑评论的投入，他是那种有思想境界、用扎实语言讲出建筑评论"真话"的人。我在《建筑论谈》中表达了四个主题。

（1）他的文章是有胆识的真评论，他的《建筑形式的袭旧与创新——读神似之议随想》一文写于1979年，正值改革开放初期，可见曾老师的胆识及不凡的批评精神。感触最深的是那篇"新中国成立初期的可喜收获"，作者以民族文化宫、中国美术馆项目为例，评论这些老古董有"崭新的面貌"后，尖锐地提出对大屋顶的死灰复燃的担心。在这篇文章中，他列举了摆脱传统形式束缚的设计，如夏昌世（1903—1996）教授于1955年设计的广州中山医学院第一附属医院大楼，质朴、明朗、富于南国情调；华揽洪（1912—2012）总建筑师于1954年设计的北京儿童医院，用灰砖和水泥砂浆

图3.《建筑论谈》

图4."三刊"编辑部将付梓的《建筑论谈》一书送至作者曾昭奋教授手中（2018年2月）

本色为基调，讲求协调环境，也体现儿童医院之特色；张开济（1912—2006）总建筑师1954年设计的北京天文馆，"天"字当头，没有搬用祈年殿的三重檐圆形攒尖蓝色琉璃瓦顶，而是大胆地采用光秃秃的穹隆大厅；孙筱祥教授于1953年设计的杭

州花港公园是"西湖十景"之一，在园内特别引入欧洲风景园中自然式"大草坪"，给人一种佳树丛郁、芳草如茵的感受；北京长安街上的电报大楼，1956年由林乐义总建筑师设计，他不以任何项目为参照，忠实于功能要求选择材料，没有设计成简单的方盒子，而是运用了有别于传统模式的造型、比例、线条与色彩，从而成为新中国建筑中最出色的作品之一。

（2）他的文章充满对历史的敬畏。他相继为读者介绍了原《世界建筑》杂志社社长汪坦教授；有"两家杂志、一位功臣"这称的陶德坚教授；读《周卜颐文集》文稿并编校后记等。据我所知，曾老师不仅甘为他人作嫁衣，还以强烈的责任感先后为城市、建筑、园林的十多位国内设计大家编辑、整理文稿。由他编辑、整理、作序、作跋的著作就更多了，如：夏昌世《园林述要》的后记、《佘峻南选集》的后记、《郭怡昌作品集》的后记、《周卜颐文集》的后记、《岭南建筑艺术之光——解读莫伯治》的后记、《莫伯治文集》（第二版）的后记、《岭南庭园》的后记等。在《建筑论谈》的后记中，他还用相当的篇幅展示了他为导师们编书的特有情怀，读后令人感动。

（3）他在1999年以创新的视角推出十位设计大师，他们是：张镈（1911—1999）、莫伯治（1914—2003）、齐康（1931—）、马国馨（1942—）、张锦秋（1936—）、陈世民（1935—2015）、邢同和（1939—）、程泰宁（1935—）、布正伟（1939—）、刘力（1941—）。曾老师不仅瞩目中国第一代设计大师，更关注并举荐第二代、第三代优秀建筑师。在1999年第20届世界建筑师大会刚刚召开后，他便撰文《十大师印象记》。他充满激情地表示：在过去的几十年中，我们走过热情和激情的年代，也走过知识和知识分子历经浩劫的年代，但仍然涌现了许多设计大师。对大师的选取，他赞同吴焕加教授在《20世纪西方建筑史》中大胆采用的那种"三突出"的方法，即突出建筑师、突出建筑师作品、突出建筑师作品的艺术成就。

（4）他的文章始终关注青年建筑师及学子们的创意设计。1998年6月曾老师又结合对1981—1985年《建筑师》编辑委员会组织的三次全国大学生建筑设计竞赛中的28位获一等奖（或优秀奖）的青年学子的跟踪调查，写出了《青年建筑师的盛大节日》一文。他写道："我曾把他们主动参加建筑设计竞赛这件事，称作'青年人盛大的节日'，不管他们获奖与否……20岁左右的青年人，没有负担，锋芒初试，对他们来说，只有成功，没有失败，只有收获，没有撂荒。怪不得彭一刚、白佐民、刘宝仲三位教授在评述这三次竞赛时，都满怀热情与喜悦，所谓'新苗茁壮，人才辈出''各种各样的风格应有尽有，真可谓荟萃百花于一园！'"（彭一刚，1981年）

回眸《建筑论谈》的内容及编撰，在呈现建筑智者的同时，也难忘他"孤独"的真义；既感怀其文稿的遗产文献价值，他与他的更多著述坦然无畏，也敬佩他服务社会的语言字字珠玑，贡献着一代有良知建筑学人的胸怀与胆识。

在2023年12月23日同济大学会议上，还赠予每位嘉宾2023年5月出版的《中国科学：技术科学》专辑。编者按中梳理了2001年当选中国科学院院士的郑时龄的一系列贡献：在历史风貌区保护与历史建筑保护与修缮的研究及审查中，他是上海公认的首席专家；他在1992年为建筑本科高年级与硕士生开设"建筑评论"课，并于2001年出版中国第一部《建筑批评学》教科书；《上海近代建筑风格》1999年版、2019年版陆续问世；2005年他组织全国研究者，历时七载合作翻译了世界建筑通史鸿篇巨作《弗莱彻建筑史》（第20版）；他从2000年开始参加2010年上海世博会申办和筹办工作，成为上海世博会事务协调局聘任的四位总策划师之一，出版了多部世博会规划设计研究专著。常青院士称郑时龄为"同济学派"缜思畅想、博采众长、兼收并蓄和学术民主的卓越倡导者与践行者。

图5.《上海近代建筑风格（新版）》封面

图6.2023年12月23日郑时龄院士与作者在上海

我想说，他也是遗产文献丰富的建筑大家。（图5）

在郑时龄院士笔下，建筑风格涉及经济、材料、技术、习俗、宗教以及审美等多种要素，既是品格，也是艺术特色，全面体现了民族和时代的文化特征。从一定意义上讲，一座城市乃至一个国家的建筑风格是社会文化模式的体现，更是由社会集体在文化整合中价值取向所决定的。他认为，将1843年至1949年间的建筑称为"近代建筑"，在有一百多年历程的上海近代建筑中，其对建筑风格的划分不是如世界建筑史上对拜占庭风格、哥特风格、文艺复兴风格、巴洛克风格等建筑风格

的定义那样简单，而应该是对总体建筑风格的表述，郑院士将它比作"集各种风格之大成的建筑风格"。于是，他将上海近代建筑按年代划分为四个时期，即：近代早期（1843—1900）、近代中期（1900—1920）、近代盛期（1920—1937）、近代晚期（1937—1949）。仅从20世纪建筑遗产的阶段看（忽略近代早期建筑），郑院士详尽归纳了不同时期建筑风格与代表建筑师，这种划分十分罕见且引人注目。1925年，上海总体地价已媲美英国伦敦，也有大量中国建筑师事务所涌现，但仍是外国建筑师的"一统天下"的局面；近代盛期建筑，迎来上海建设的"黄金时代"，有大量"摩登建筑"出现。此时，无论建筑界还是文化艺术界都欣欣向荣，形成一支足以与外国建筑师抗衡的第一代中国建筑师队伍，这不仅出现了1928年《上海特别市暂行建筑规则》等章程，还有不断壮大的建筑师事务所与学术团体。1927年冬，由范文照、张光圻、吕彦直、庄俊、巫振英等发起成立的"上海市建筑师学会"，1928年更名为"中国建筑师学会"，系中国建筑师最早成立的学术团体。上海近代建筑逐渐形成了四大风格：以庄俊设计的金城银行为代表的西方新古典建筑风格；以董大酉设计的原上海特别市政府大楼的现代高层与中国固有传统形式结合风格；以邬达克设计的真光大楼和国际饭店为代表的现代建筑的表现主义风格；以公和洋行设计的沙逊大厦为代表的装饰艺术派风格等。《上海近代建筑风格（新版）》不仅有对近20个类别建筑的逐一举例分析，更可贵的是有对上海历史建筑保护从理论到实践的近200年的演化史实研究，是建构于城市大视角上的可持续性发展分析。

中国20世纪建筑遗产项目可贵的不仅是作品及"活"在当下的城市，更有事件与人的经典故事，仅以新中国成立至今的历史看，对其价值的阐释与保护就是极有深度的大学问，有机构史、有建筑史，无论是"史家"与"史学"都需要亲历者，都需要做历史性考察记录与分析。近20年，尤其是近十年跟随单霁翔会长、马国馨院士做中国20世纪建筑遗产项目推介与研究推广，不断发现做"真实"

研究乃至活化利用的必要。感慨中国20世纪建筑遗产的多方面价值乃至在社会越来越大的影响力，不仅仅是20世纪委员会拥有与国际接轨的理论和方法，还有研究者、推动者们自身的价值观和研究动力。我感慨，推介与研究20世纪遗产的动力出于真诚、自信、崇尚中华民族现代文明的自觉认知，这是最终目的。由此，在阅读马国馨院士的新作《南礼士路的回忆——我的设计生涯》（天津大学出版社，2023年9月）后，更理解了他何以要以设计生涯为题，花费多年时光，写下这部比一般作品集更具难度的书。这本书超越了固有的编撰理念，是对

图7.《南礼士路的回忆——我的设计生涯》

图8.作者与马国馨院士

职业者精进之魂的充分展示。他用作品与文字告诉业界，如何在建筑大地上行走，如何认识并体味建筑世界（图6、图7）。

我于2023年10月正式阅读此书，在南礼士路耀眼的地标背景下，相信每位读者都对其中的故事内容有所感悟。早在三年前，我就向马国馨院士表述，他的这部新作又将为行业作品集的出版开创一个写事、写情、写神的新范式。在这本仅介绍十余个项目的"设计故事集"中，会使建筑师及读者们感知到他对建筑的挚爱。2023年，我几乎整整一年都在参与北京建院"院史馆"的文字统筹与策展工作，再次让我及团队感到南礼士路"地标"的非凡，在这部73.7万字，近500页的鸿篇巨作中，有马国馨院士创作的艰辛、生活的磨砺、成果的慰藉乃至一个个项目中的收获。可贵的是马国馨院士的每个项目写作，都出现了无数平凡的合作者的身影，因为他一再强调，建筑之河，服务社会必定要流经所有"土地"，流经与你共同营造家园的每个人。在这篇感悟中，我只选择一个项目谈些读书体会，也许真实是前提，也许它们尚不为人知，因为它们是来自历史深处的遗产所贡献的。

"两次申报奥运会"是该书的重要章节，其中新版的《建筑设计资料集》（以下称《资料集》）中有关体育建筑部分与奥运会密不可分。马国馨院士从1964年由戴念慈、林乐义、龚德顺负责主编的《建筑设计资料集》第一版第1册入手，讲到《建筑设计资料集》7分册（第二版），2017年《建筑设计资料集》第三版问世（共八个分册）。他回顾了自1988年投入，到1994年9月完成交稿的这本《资料集》，北京市建筑设计院一室和情报所许多人参与其中，而北京市建筑设计院在体育建筑这个专项上的开创乃至奠基性贡献也已载入其中。回望中国申办奥运会的目光，马国馨院士讲一定要追溯到1990年亚运会。1990年7月3日，国家领导人在视察即将投入使用的国家奥体中心时说过"亚运场馆设施建设得这么好，我们一定要申办奥运会。"

申办2000年奥运会，在马国馨院士文章中有重点回顾：

图9.《剑锋犹未折：建筑师王兵》

1991年2月28日，国务院同意向国际奥委会申请在北京承办2000年奥运会；

1992年5月23日，国际奥委会发布《奥运会申办城市手册》；

1993年1月11日，我国正式向国际奥委会递交了申办报告；

1993年9月24日，在国际奥委会101次全体会议上，悉尼获2000年奥运会主办权，北京以两票落选。

对于2000年申奥，北京市建筑设计院承担了申办报告中有关场馆规划部分的任务，以保证申办报告在1992年底准时推出。院内具体参加体育设施规划的有马国馨、单可民、王兵、陈晓民、程大鹏等，奥运村部分由建筑师宋融和住宅所合作完成。最后的申办报告共3册457页，有"基本内容""奥林匹克内容""技术内容"三个部分，"奥林匹克内容"有奥运会设施及奥运村占316页。马国馨院士特别就2000年申奥提出分析建言：①结合城市总体规划和奥运会的比赛要求，集中与分散相结合，确定比赛场馆；②满足各国际单项体育联合会的严格要求和履行批准手续；③场馆设施要有助于提高城市的环境质量；④奥运会的宗旨既要满足2000比赛要求，又要在奥运会后得以充分利用。

对于2008年申奥，北京自1999年3月就对举办

奥运会的主会场进行了踏勘和多方案论证，2000年3月国际规划概念设计竞赛更开启了奥运会筹办和规划建设的序章。在国内外6家设计单位的方案中，北京市建筑设计院两个方案（1个独立设计，1个与境外RTKL国际有限公司合作）获二等奖（一等奖项空缺）。在马院士、柴裴义的指导下，再现了当年各项目主要设计者：总体规划（王兵、陈晓民、刘康宏、李大鹏），体育中心（马泷、郝亚兰、刘小欧、王晓朗、高阳），展览中心（丁晓沙、杨有威、周藤、余华），世贸大厦（姜维、李阳、宗澍坤），运动员村（崔克家、王敬、李亦农），国奥中心B区（柯蕾、孙勃）等。在书中，马院士坦言，他专门在《建筑学报》上发文《奉献给北京奥运会的创新理念》，他从原始创新的独特性、奥运会盛典的戏剧性、赛后利用的经济性、城市景观的丰富性、成熟技术的可操作性、内涵丰富的可拓展性六个方面，介绍了"浮空"开启方案的优点及特色，为这个真正的原创性方案未获实施感到惋惜。他还引用了2003年3月在汇报会上，设计者王兵（1963—2011）在介绍他的"水波·浮空"方案时的一句话"这不仅仅是一个方案构想，而是中国建筑界的一声呐喊"，诚如马院士所言，这呐喊并未引起有关方面的关注，确是一件憾事（图8）。

本文中对20世纪建筑遗产的几位建筑大师和评论家的回忆，不仅要告诉读者当下建筑创作需要传承与创新，而且更需要有专业品格及严谨的执业态度，它会提醒并告诫人们，如果要打开通往21世纪中期的建筑之道，坚持创新当然是必要的，但抚慰心灵且寄托相思的城市情缘也是必要的。建筑可以记录历史，若从人文的角度看，它有思想史、社会史，还可以有建筑文学史；若从技术的角度看，它的科技进步伴随时代发展突飞猛进，20世纪至今的工业化与城市化为建筑时代的发展创造了太多可能。在建设中华民族现代文明的精神下，对诸多"古都"的保护只强化其固有之意象是欠妥的，而20世纪建筑遗产恰恰坚持以"用"促"保"的原则，在创造中飞扬精神，尽管有点特别，但也正是国际社会研究与认同20世纪遗产的价值所在。

理念篇

CONCEPTS

发现
历史

DISCOVERY
HISTORY

回眸一瞥
——中国 20 世纪建筑遗产的范型及其脉络

常青

本文以历时性叙事为主，穿插共时性分析，回望了 20 世纪的中国建筑遗产的范型及产生历程。由于现代性观念和工业化起步均滞后于西方，始于西方文化移入初期的需要，盛自中国上层精英对民族国家身份的认同和对传统文化象征的尊崇，中式新古典遂在 20 世纪的建筑遗产中占有首要地位。中式新古典包括复古的"宫殿式"和"中国固有式"，折中的"民族形式"和"革命现代式"（简易的新古典）等等。而在上海等近代开埠城市的租界地段，西方新古典主义时期的各种建筑流派及其舶来品，也成了中国 20 世纪建筑遗产的组成部分。这些中式和西式的现代建筑遗产彼此对话、互涵、博弈。至 20 世纪中叶，以北京天安门广场的现代建筑遗产为代表，西方新古典主义建筑的影响在新中国建筑遗产范式中更加清晰可辨。相比之下，早期西方现代主义建筑范式对中国近代建筑的影响很弱。直到 20 世纪 70 年代末改革开放，西方后工业时代的各种建筑思潮蜂拥而至，中国 20 世纪的建筑遗产也以当代普适性和地域性的范式呈现出来。其中，多样化的"新中式"（现代古典）仍占有较大的比重。

1. 近代建筑遗产的来由

中国 20 世纪的建筑遗产主要指清末、民国和新中国成立以来，具历史纪念性和艺术鉴赏性的代表性建筑。一般说来，遗产是法律概念，表示可以法定继承的财物、纪念物和精神传承的对象等。今天说的建筑遗产，是文化遗产不可移动的部分——历史建成物（Historic Built Artifact）及其场所环境。世界上的文化遗产热兴起于 1972 年联合国教科文组织（UNESCO）颁布《保护人类文化和自然遗产公约》之后，距今已逾 50 载。实际上，中国建于 20 世纪上半叶的这类建筑大多具有受法律保护的身份，而产生于 20 世纪后半叶的，除国家和地方的重要建筑代表作外，被认定为保护对象的还比较少。文章将这两部分可被列入遗产话语的代表性建筑，权且广义地称为"建筑遗产"，至于其是否已具有法律保护身份暂且不论。

鸦片战争后，以五口通商城市为始，农耕文明的中国渐次植入了西方近代工业文明的要素，西方近代的建筑类型，如市政设施与工业建筑，以及教堂、学校、商行、娱乐等公共建筑纷纷移入。但直到 20 世纪 80 年代，中国的大部分城乡空间依然保持着清末民初以来的大致格局和规模，城市化程度低下，城市分布和规模少而小，乡村包围着城市，城墙之外几乎就是田野和村庄。中外学者的研究结果显示，民国时期的城镇化水平不过 10% 左右[1]，新中国成立后，直到改革开放前，城镇化水平也只达到 17% 左右。因此，除了一些初步工业化的城市建筑，大多数城乡建筑基本保留着由古代变迁而来的，城乡一体的传统样态，尽管社会层面的城乡二元结构已然存在。

19 世纪末明清皇家建筑的"宫殿式""中国固有式"或"民族形式",作为国家历史身份的象征,成为官方建筑和市政公共建筑风格取向的主流,与其说是"文化复古"理念的诉求,毋宁说是"政治传承"话语的呈现,似乎中国的现代性只有以中国的方式才能跟跄前行。

2. 近代建筑遗产:古典的"伪形"(1949 年前)

从 19 世纪末到 20 世纪初,欧美传教士和学者、建筑师一直在探寻西方文明进入中国的文化适应方式(Acculturation),以及能为中国人接受的建筑形式。他们在北京明清宫殿群中找到了这种形式的范式,一种可以作为中国新建筑外壳的古典"伪形"(Pseudomorph)。这种古典的"伪形",实即西方学院派(Ecole Des Beaux-Art)新古典风格的中式翻版,由西方建筑师设计的上海圣约翰大学怀施堂(1895 年)为最早一例。当时的校长卜舫济(Francis Lister Hawks Pott)亲自为该楼的建筑风格定调,要求保留中国传统大屋顶的曲线美[2]。罗马教廷派驻中国的教主刚恒毅(Celso Benigno Luigi Cardinal Costantini)则赞扬北京辅仁大学建筑所采用的中国古典形式,认为其象征了中国文化的复兴,同时符合时代的需求(图 1)[3]。

民国时期由外国建筑师设计的著名建筑,如加拿大建筑师何士(Harry Hussey)和美国建筑师安娜(C.W. Anner)设计的北平协和医院,是中国新古典建筑早期的经典案例(图 2)。美国建筑师墨菲(Henry Killam.Murphy)对中国新古典建筑的影响更为深远。1916 年的清华大学校园规划、1921 年的燕京大学校园规划等均出自墨菲之手。此外,他还在 1930 年设计了北平图书馆(图 3),1931 年设计了南京国民革命军阵亡将士陵园等民国时期中国新古典建筑代表作。1930 年初,丹麦建筑师姆勒(又译艾术华,Johannes Prip-Moller)在香港新界沙田境内的道风山设计了中国传统式样的基督教堂建筑群,其功力稍逊于前述几位美国建筑师。

不仅如此,西方建筑师当时在中国还设计了大

图 2. 北平协和医院,1921 年
(资料来源:中国文物学会、中国建筑学会、中国文物学会 20 世纪建筑遗产委员会编《中国 20 世纪建筑遗产名录(第 1 卷)》,天津大学出版社 2016 年版,第 173 页)

图 1. 上海圣约翰大学怀施堂(西方外廊式加中式大屋顶)1895 年
(资料来源:陈从周编《上海近代建筑史稿》,上海三联书店 1988 年版,第 107 页)

图 3. 北平图书馆,1931 年
(资料来源:北京市建筑设计研究院有限公司、中国文物学会 20 世纪建筑遗产委员会编《中国 20 世纪建筑遗产大典(北京卷)》,天津大学出版社 2019 年版,第 165 页)

量的欧美新古典主义、浪漫主义以及装饰艺术风格的建筑（Art Deco）。特别是后者，作为一种对历史题材和造型进行图案化和几何化提炼的装饰风尚，既能适应发达工商城市的摩登生活场景，也能满足现代审美时尚的口味变化。以上海为例，由英资建筑设计机构公和洋行（Palmer & Turner Architects and Surveyors）设计的上海外滩汇丰银行（新古典，1923 年）、沙逊大厦（Art Deco，1929 年），德和洋行（Lester, Johnson & Morris）设计的先施公司（新古典，1915 年）。由匈牙利籍斯洛伐克建筑师邬达克（L. E. Hudec）设计的慕尔堂（新哥特复兴，1930 年）、真光大楼（从新哥特复兴向装饰艺术风格过渡，1930 年）和国际饭店（Art Deco，1934 年）等（图 4~ 图 8）[4]。这一时期的建筑遗产已包含当时国际一流的建造技术，比如全现浇钢筋（骨）混凝土结构、钢结构，组合式桩筏基础（composite piles）、钢管灌注桩基础（Frankie Steel pipe cast-in-place pile），高层建筑中已经采用奥的斯电梯，建筑照明设备中引入了当时最时尚的灯具之一 ——"拉利克玻璃"（Lalique

图 4. 香港新界沙田道风山基督教堂建筑群，1930 年
（资料来源：李颖春提供）

图 5. 上海外滩汇丰银行大楼，1923 年
（资料来源：汤众摄影）

图 8. 上海外滩建筑风景线，19 世纪 40 年代至 20 世纪 40 年代
（资料来源：汤众摄影，常青研究室绘制）

opalescent glass）[5]。

与此同时，庚款留学归国的中国建筑师吕彦直、庄俊、范文照、赵深、杨廷宝、童寯、陈植、董大酉等设计的中国新古典和新折中建筑，如南京中山陵、南京博物院，广州中山纪念堂，上海市政府、博物馆、图书馆等中国新古典建筑，在手法上已经将西方建筑师的探索进一步内化为中国建筑师自己的在地体验和创意（图9）。同时，中国建筑师也在尝试装饰艺

（a）

（b）

图 6. 上海沙逊大厦（今和平饭店北楼），1929 年
（资料来源：汤众摄影）
（a）临外滩一侧；（b）朝向外滩入口的通廊

图 7. 上海国际饭店，1934 年
（资料来源：中国文物学会、中国建筑学会、中国文物学会 20 世纪建筑遗产委员会编《中国 20 世纪建筑遗产名录（第 1 卷）》，天津大学出版社 2016 年版，第 142 页）

中国外汇交易中心（华俄道胜银行·1901—1905 年）
招商银行（台湾银行·1924—1927 年）
友邦保险大楼（字林西报大楼·1921—1924 年）
春江大楼（麦加利银行·1922—1923 年）
和平饭店南楼（汇中饭店·1906—1908 年）
和平饭店北楼（沙逊大厦·1926—1929 年）
中国银行上海分行（中国银行·1936—1937 年）
中国工商银行外滩支行（横滨正金银行·1923—1924 年）
中国农业银行外滩支行（扬子水火保险公司·1918—1920 年）
外贸大楼（怡和洋行·1920—1922 年）
格林邮船大楼（上海文化广播影视集团·1920—1922 年）
光大银行上海分行（东方汇理银行·1910—1911 年）
外滩 33 号内（英国总领事馆·1872—1873 年）
外滩 33 号内（英国总领事官邸·1882 年）
外白渡桥·1907 年
上海大厦 北苏州路 20 号（百老汇大厦·1934 年）

九江路（二马路）
南京路（大马路）
滇池路（仁记路）
北京东路（领事馆路）
半岛酒店（新建）
南苏州路

术风格的中国化，如刘既漂在西湖博览会建筑装饰中所做的中国"Art Deco"探索[6]，李锦沛在上海基督教女青年会大楼中采用的中国宫廷图案，以及陆谦受在上海中国银行大楼中使用的中国传统花卉母题等。此外，由日本建筑师石井达郎设计，1936 年落成的伪满洲国"国务院"旧址（现吉林大学白求恩基础医学院楼），顶部以当时国际盛行的"摩索拉斯陵"（Mausolus Tomb）方锥顶为原型，冠以中国古典重檐攒尖蓝琉璃瓦顶，是 Art Deco 风格中国化的代表建筑之一（图 10）。

3. 现代建筑遗产：形式跟从政治（1949 年后）

1949 年新中国成立，中国现代建筑在推进建筑工业化的同时，主要受到苏联斯大林时代"民族形式，社会主义内容"的文化政策影响，基本隔绝了与西方现代主义建筑文化的联系。在 20 世纪 50 年代初的建筑学界，梁思成以古代抬梁式木构建筑与现代钢筋混凝土框架建筑在结构上"文法"相通为依据，提出了建筑创作应古为今用的"复古主义"纲领。随后，杨廷宝、张镈、张开济等著名建筑师先后设计了北京三里河"四部一委"办公楼、友谊宾馆，以及重庆人民大礼堂、武汉东湖宾馆、西安人民大厦等"民族形式"的建筑样板，把古典构图和元素与现代的功能、结构和材料相融合，成为这一时期民族形式的代表作（图 11）。然而，这些新古典建筑好景不长，因其刻意追求古典的章法和形貌，在投资和建造方面有浪费之嫌，而国家上层对大屋顶建筑也有负面看法，加之受到斯大林逝世后苏联政治风向变化的影响，遂在 1955 年由官方发起的"批梁"风潮中戛然而止。

在此之后，官方倡导"百花齐放、推陈出新"，建筑设计遂倾向于古今折中和中外混融，甚至不避讳直接采用新古典的西洋传统形式。如 1959 年为新中国成立十周年献礼而设计的北京"十大工程"，就充分印证了这一价值取向。如对这些标志性建筑的形式定位，西式新古典两例（人民大会堂和历史博物馆），中式新古典四例（民族饭店、农业展览馆、北京火车站、民族文化宫），"现代折中"三例（军

图 9. 旧上海市政府大厦，1933 年
（资料来源：https://zh.wikipedia.org/wiki/%E5%A4%A7%E4%B8%8A%E6%B5%B7%E8%AE%A1%E5%88%92）

图 10. 伪满洲国"国务院"旧址（今吉林大学长春白求恩基础楼），1936 年
（资料来源：张俊峰著《东北建筑文化》，社会科学文献出版社 2018 年版，第 299 页）

图 11. 北京人民大会堂，1959 年
（资料来源：刘磊摄影）

事博物馆、华侨大厦、工人体育馆），而纯粹的"宫殿式"仅一例（钓鱼台国宾馆）。此外，陆续建成的中国美术馆（中式新古典，1962 年）、首都体育馆（现代折中，1968 年）、北京饭店东楼（现代折中，

1974 年）等大型公共建筑，与十大建筑一道，对古都新的城市格局、空间节点和景观天际线变化均有举足轻重的影响。这些标志性建筑也基本上反映了中国现代建筑技术在当时所能达到的最高水平，如 35 米 ×35 米的双曲扁壳结构的北京火车站中央大厅，直径为 94 米轮辐式悬索结构的工人体育馆，以及大礼堂钢结构屋顶跨度为 60 米、桁架高达 7 米的人民大会堂等（图 12~ 图 15 ）。

由于新中国强调"民主集中"的中央集权国家体制和"全国一盘棋"协作机制，国家层面的大型建筑在建造规模、质量和速度上都是惊世骇俗的。如北京的天安门广场，面积达 44 公顷，堪称政治性广场的世界之最。这一超大规模决定了其周边建筑物亦需超大尺度的纪念性体量，以达到空间的均衡布局。如人民大会堂总建筑面积逾 17 公顷，比故宫全部建筑面积之和还要多出逾 2 公顷，中央最高处 46.5 米，而东立面三段式构图中直径为 2 米的 12 根廊柱竟高

图 12. 北京民族文化宫，1959 年
（资料来源：刘磊摄影）

图 13. 北京军事博物馆，1959 年
（资料来源：刘磊摄影）

图 14. 北京毛主席纪念堂，1977 年
（资料来源：刘磊摄影）

（a）

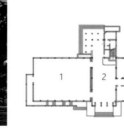

1. 报告厅
2. 门厅
3. 教室
4. 绘图室

（b）

图 15. 同济大学义远楼
（资料来源：（a）为汤众摄影；（b）为钱锋据同济大学建筑设计研究院所藏蓝图标尺寸绘制）

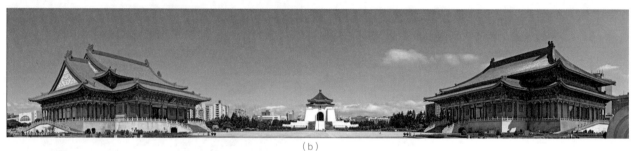

图16.北京天安门广场与台北两厅院比较
（资料来源：16a为http://k.sina.com.cn/article_6775659473_193dc5bd100100lz1p.html?from=travel；16b为Ma Jien-Kuo摄影，https://zh.wikipedia.org/wiki/%E4%B8%AD%E6%AD%A3%E7%B4%80%E5%BF%B5%E5%A0%82#/media/File:CKS_Panorama.jpg）

达 25 米。三座建筑的细部，如西式的柱头、檐额、绿色卵箭纹之上为中式金黄色琉璃砖贴面出檐，是呼应故宫建筑群黄金色琉璃瓦顶的主要元素。这一形式抉择对全国的城市建筑都起到了极大的引导作用，在当时也曾引起了建筑界人士的质疑[3]。1977 年在天安门南侧中华门基址上建成的毛主席纪念堂，采用了与广场西侧人民大会堂和东侧历史博物馆相类似的西式新古典风格。这三座建筑的建造时间相隔 18 年，与北侧的天安门及整个故宫界面一起，形成了一幅耐人寻味的跨时空、跨文化恢宏图景（图 16）。值得一提的是，这三座建筑均是在一年内完成设计和施工并投入使用的，这在中外现代建筑史上都堪称空前的奇迹。

综上，可将新中国建筑的前 30 年看作以政治意识形态为思想导向、以建筑工业化为物质基础、以历史风格的折中再现为形式特征的中国新古典兴盛期。以此为主流的建筑风格取向，主要体现在政府性和公共性的建筑物上。在北京十大建筑的影响下，全国各地纷纷建造了许多缩小尺度规模，平顶薄挑檐、大柱廊和大台阶的简易三段式新古典建筑（笔者称之为"革命现代式"），可以说是北京十大建筑次等的翻版或简版。

那么，新中国建筑有没有受到西方现代主义建筑的直接影响呢？答案是否定的，这首先是由建筑形态之于意识形态的敏感性所决定的。但也有个别例外，比如创办于 1946 年的上海圣约翰大学建筑系，是当

③　深谙学院派设计原理的同济大学谭垣教授曾针对人民大会堂设计提出过"巨大不是伟大"的观点，认为过度放大常规建筑尺度不合建筑学的构图原理。至于"十大建筑"的风格取向，梁思成先生则一直力主应"新而中"（梁思成：《在住宅建筑标准及建筑艺术座谈会上关于建筑艺术部分的发言》，载《建筑学报》1959 年 6 期）。
④　2014 年由中国文物学会 20 世纪建筑遗产委员会（Chinese Society of Cultural Relics, Committee on Twentieth-Century Architectural Heritage，简称 CSCR-C20C）编制完成《中国 20 世纪建筑遗产认定标准（试行稿）》，将 20 世纪建筑遗产分成两个时段：中国近代建筑遗产（1840 － 1949 年）和中国现当代建筑遗产（1949 年后）。2016 － 2018 年间分三批公布了中国 20 世纪建筑遗产名录 298 处。尽管这一名录尚未取得正式的法律地位，但是实际上其近代部分大多早已进入各级文物保护单位或历史建筑保护名单，现代部分也有不少已经或正在获得保护的法律身份。本文的例举对之多有涉猎。

图17.台北孙中山纪念馆，1972年
（资料来源：https://museums.moc.gov.tw/MusData/
Detail?museumsld=01cb6413-a591-4613-802b-5e3d898250cd）

（a）　　　　　　　　　　（b）

图18.台湾东海大学路思义堂，1963年
（资料来源：常青摄影）
（a）外观；（b）室内

图19.北京香山饭店，1982年
（资料来源：中国文物学会、中国建筑学会、中国文物学会20世纪建筑遗产
委员会编《中国20世纪建筑遗产名录（第一卷）》，天津大学出版社2016年
版，第216页）

图20.上海松江方塔园何陋轩，1982年
（资料来源：萧默编《中国80年代建筑艺术：1980—1989》，经济管理出
版社1990年版，第132页）

时中国大学建筑教育中唯一系统引入包豪斯教育理念和教学方法的建筑院系，1952年该系并入同济大学。从1954年落成的建筑系馆"文远楼"中，可以看到中国版的包豪斯校舍映像：简洁明快的形体轮廓与通达便捷的功能分区和交通流线，只在外墙局部点缀了少许的中国装饰元素——花格窗。如今，这个时期的一些代表性建筑，正在逐渐进入中国20世纪的建筑遗产名录④（图17）。

　　从台湾海峡两岸的华夏传统文化共同体看，1949年国民党政权退守台湾后，直到20世纪70—80年代，依然在官方主导的建筑中坚守着"中国固有式"形貌。比如古今形式冲突叠合的国父纪念馆（1961年），作为南京中山陵和广州中山纪念堂混合体的中正纪念堂（1980年），以及北京故宫建筑翻版的"两厅院"（戏剧厅和音乐厅，1987年），都是不折不扣的"宫殿式"。相比之下，东海大学路思义教堂（Luce Memorial Chapel，1963年），却以双曲的屋坡面、简练的玻璃天窗及入口处理，成就了一座既关联历史又超越传统的中国现代主义建筑经典⑤（图18、图19）。

⑤　设计者为贝聿铭和陈其宽。

4. 走向多元化：当代建筑遗产（1978 年后）

自 20 世纪 70 年代末改革开放"新时期"起，中国建筑界开始重新审视西方主导的国际建筑潮流，逐渐走向了建筑形态探索和审美价值取向的多元化。尤其是华裔美国建筑师贝聿铭，他以深厚的中国文化修养和专业功力，将中国古典园林建筑的布局和韵味与现代建筑的几何形体巧妙融合，设计了北京香山饭店，对中国建筑界有很大影响（图 20）。在此背景下，20 世纪 80 年代涌现出一批高质量的中国现代建筑作品[8]。这些新建筑的设计者多以对地方传统的传承、转化和创新为己任，一心追求现代的、中国的和地方的设计倾向。

在传统建筑的精神传承和转化创新方面，20 世纪 80 年代冯纪忠领衔设计的上海松江方塔园比较典型，设计以园中北宋兴圣教寺方塔、明朝城隍庙砖雕影壁和易地搬迁的清代天后宫大殿为古迹元素，将中国园林的"萧散"与西方风景园的"天然"相契合，加之以钢结构平面桁架承以直面瓦顶的园门，以竹材模拟钢结构空间桁架承托本地大曲率草坡顶的"何陋轩"，实际上把传统的文人雅趣和美学智慧与现代主义的理念及构法融为一体，迈入了"与古为新"的人文境界（图 21）[9]。与此同时，颇具激情和活力的各地建筑创作，如新古风的曲阜孔庙阙里宾舍、陕西省历史博物馆，新中式的北京国家图书馆、杭州黄龙饭店，新乡土的福建武夷山庄，类型转化的北京菊儿胡同改造、清华大学图书馆扩建，中国装饰风（Deco）的南京梅园周恩来纪念馆、甲午战争纪念馆、广州南越王汉墓博物馆，以及变形重构的上海华东电管局大楼等，这些具有代表性的建筑创作，无一例外地与传统保持了或多或少的关联，并在此基础上以不同方式表达现代创意（图 22~ 图 26）[10]。

图21.陕西省历史博物馆，1991年
（资料来源：齐尧摄影）

图22.北京国家图书馆，1987年
（资料来源：萧默编《中国80年代建筑艺术》，经济管理出版社1990年版，第88页）

图23.福建武夷山庄，1983年
（资料来源：萧默编《中国80年代建筑艺术》，经济管理出版社1990年版，第13页）

图24.广州南越王汉墓博物馆，1988年
（资料来源：Zhang Zhugang摄影，https://zh.wikipedia.org/wiki/%E8%A5%BF%E6%B1%89%E5%8D%97%E8%B6%8A%E7%8E%8B%E5%8D%9A%E7%89%A9%E9%A6%86#/media/File:Guangzhou_Xihan_Nanyuewang_Bowuguan_2012.11.16_15-16-06.jpg）

此外，20 世纪 80 年代以来外国建筑师也在中国尝试了"全球在地"的建筑取向，如由 SOM 设计的高 420.5 米的上海金茂大厦，在审美价值上是个几乎没有争议的佳例，不但结构、材料和造型精炼，新摩登风格（Neo-Art Deco）的分段水平划分，以及上部酒店 33 层高的锥状穹隆，还隐喻了楼阁式和密檐式两类中国古塔的形式（图 27）[11]。

此外仍需一提的是，20 世纪中国的工业建筑遗产也呈现了各自独特的形体和空间形式，从清末和民国的发端，到新中国成立后苏联与东欧援建的 156 项大型工业基地和自力更生的奋斗业绩，给后世留下了永难磨灭的历史记忆载体。其中进入 21 世纪的工业建筑遗产活化与再生案例，如北京首钢前身石景山钢铁厂、北京电子工业基地的"798 艺术区"，上海江南造船厂在世博园的再生、杨树浦滨江工业"锈带"的再生等，都给人以震撼的"全球在地"印象（图 28）。

（a） （b）

图25.南京东路上的华东电管局大楼，1988年
（a）远望（资料来源：李忠龙摄影）；（b）近观（资料来源：常青摄影）

图26.金茂大厦
（资料来源：汤众摄影）

图27.首钢前身石景山钢铁厂三号炉再生效果
（资料来源：常青摄影）

图28.整饬后的上海杨树浦高桩码头钢栈桥
（资料来源：章明提供）

尾声

回眸中国近现代建筑遗产的形式演进历程，从 20 世纪初直到 20 世纪 80 年代前，大部分案例都是以新古典和折中的形式为主线。改革开放后，情况发生了变化，西方从新古典主义、新艺术运动、装饰艺术风格，到现代主义和后现代主义的建筑思潮流变转换过程，被以中国的认知和表达方式做了在地的演绎，反映了新一代建筑师执着于留存历史记忆、将本土传统向现代转化的创作情感和探索精神。

星移斗转，回望 20 世纪的建筑遗产，与 19 世纪末又大不相同。中国建筑界愈发认识到，现代性和传统观在中西同时期建筑遗产中由大变小的时差和错位。如果说西方的现代主义建筑在本质上是批判性转化传统的超越民族国家界限的以及"世界主义"的，借助虚拟现实技术，钟情于百般的奇异和万千的变化，那么中国的近现代建筑在外来强势文化面前，则经历了从借重传统的抗拒，唯恐落伍的盲从，到以国际现代普适性（generic）为基础的在地探索。可以想见的是，只要国家认同和文化差异存在，建筑形式就不会完全脱离文化多样性及其观念形态的制约，即使在虚拟现实及智能化时代也难以超然物外。

对此，法国著名学者弗朗索瓦丝·萧伊是这样看的，她说："由于网络逻辑的侵蚀，建筑物正日益蜕变成各自独立的技术实体，被插入、嫁接或连通到基础设施系统中，与以往总是赋予'建筑学'作品以独特性的文脉纽带完全脱节。建筑师自身作为建筑与环境协调人的角色正在丧失，巧夺天工的灵性一去不返。在凡事仰仗虚拟技术的潮流下，工程师取代建筑师来完成这些技术实体的三维生成任务。至于建筑师，则转向了意象炮制者，市场或传媒中介人的二维性工作。其最佳状态是寓于画图或造型的操作，从而远离建筑的实践和实用目的，在当代造型艺术嘲讽性和挑衅性的智识主义美学中被刻画得淋漓尽致。"（常青摘译）[12]。萧伊的眼光是犀利的，但也未免有些悲观。展望未来，既然遗产价值观并非永恒不变的客观真理，就很难对我们这个时代造物的未来遗产价值作出确定性的预判。

参考文献

[1] 高路 . 民国以来 20 世纪前半叶中国城市化水平研究回顾 [J]. 江汉大学学报（社科版），2014，31（6）：26-31，132.

[2] 卜舫济 . 圣约翰大学五十年史略：1879—1929[M]. 台北：圣约翰大学同学会，1972：3.

[3] 辅仁大学的建校目的（刚恒毅枢机主教的演说词）[A]. 台北：辅仁大学出版社，1979：12.

[4] 常青 . 旧改中的上海建筑及其都市历史语境 [J]. 建筑学报，2009(10)：23-28.

[5] 常青 . 摩登上海的象征：沙逊大厦建筑实录与研究 [M]. 上海：上海锦绣文章出版社，2011.

[6] 刘既漂 . 西湖博览会与美术建筑 [J]. 东方杂志，1929，26(10)：87-90.

[7] 北京市规划管理局设计院人民大会堂设计组 . 人民大会堂 [J]. 建筑学报，1959(增刊)：23-37.

[8] 萧默 . 中国八十年代建筑艺术 [M]. 北京：经济管理出版社，1990.

[9] 冯纪忠 . 方塔园规划 [J]. 建筑学报，1981(7)：40-45，29.

[10] 常青 . 全球化进程中的中国建筑文化发展战略研究 [M]// 中国建筑学会 . 2016—2017 建筑学学科发展报告 . 北京：中国科学技术出版社，2018：82-84.

[11] 同 [4]。

[12] Françoise Choay, The Invention of the Historic Monument[M].Cambridge University Press，2001. translated by Lauren M. O'Connell.

（法文 L'allegorie Du Patrimoine 是"遗产的寓言"，而寓言与英文 invention 近义，invention 这个词除了发明、创造，还有编造、虚构的意思，用于文化是合适的，故该书英文版书名可理解为"历史纪念物的虚构"或"历史纪念物的发明"）

天津市第二工人文化宫和它的建筑师

刘景樑

回望 1952 年，天津市建筑设计研究院的前身天津建筑设计公司完成的第一项在国内颇具影响力的公共建筑——天津市第二工人文化宫，简称"二宫"，现已成为第六批中国 20 世纪建筑遗产项目。

二宫是天津这座国家历史文化名城极具时代特色的优秀现代建筑。作为一组蕴含多方价值的红色历史园林化建筑群，它见证了天津在新中国成立初期快速成长为北方重要工业化城市的进程，体现了当年的艺术审美和时代风貌，反映了当时的建筑设计和建造技术水平，承载着几代天津人美好的记忆和城市情怀。

1954 年二宫建成并投入使用，它是集文化、教育、体育、休闲和娱乐等多功能于一体的综合性文化公园，承担着文化宫和公园双重公益性一站式服务的职能。

二宫大剧场是公园的一座主体建筑。观众厅内有观众席 1 610 个，是中华人民共和国成立后天津建成的第一座以演出戏剧、歌舞以及放映电影为主的综合性影剧院。舞台后部延伸至室外，建筑师别出心裁地设计了公园露天舞台，完成了日间场内外演出活动可同时进行的空间创新，并提供了可供观众夜间观看电影的室外平台。建筑总体造型大气、朴实、庄重，

二宫鸟瞰

二宫大剧场

二宫图书馆

风格古朴典雅、简洁明快，在中国传统建筑特色中，也隐约透出 20 世纪 50 年代的苏式建筑风彩，彰显中西合璧的包容性。

由于该建筑是以"工人"命名的文化宫，所以建筑在很多细节设计上都以"工"字造型为母题。主入口左右两侧楼梯间外檐的实墙面上，设有独具特色的纵向连续"工"字整合的条形窗；主入口的大门处，也有"工"字形的画龙点睛般的设计装饰。"工人"二字从形态到细节反复呈现，使人们能直观地感受到建筑的典雅壮观。据当年的媒体报道：从空中俯瞰，设计更是独具匠心，大剧场呈"工"字形平面，图书馆呈"人"字形平面，两座建筑"工"与"人"的组合，独具特色的设计创意非常精妙，让后人叹为观止。这体现出此建筑是为公众打造的文化娱乐场域，彰显出建筑师在设计时对使用者饱含深情的文化寓意。

下面，我向大家介绍一下主持该项目设计的建筑师虞福京先生（1923—2007）。虞先生 1945 年毕业于法国天主教会学校——天津工商大学建筑系。后来他加入了当时著名的天津基泰工程司工作，且成事务所的主创建筑师。1952 年，他加入了天津建筑设计公司，以二宫的设计打响了职业生涯第一炮。

虞福京先生作为中国第二代建筑师，是有这一代建筑师的时代特征和历史地位，他们的特点可以用"承上启下"来概括。承上，指的是在实践、教育等方面继承，第一代建筑师创作的宝贵遗产，既有对西方古典主义建筑以及初期的现代主义建筑思想的学习，又有对中国传统建筑研究的继承。启下，指的是他们一方面参与新中国建设，另一方面开始对现代建筑作出本土化探索。虞福京先生的作品可以体现天津地域建筑的发展历程和建筑风格，体现天津在新中国国成立初期的建筑特征和水准。

在新时代的今天，二宫面临着绿色低碳、智慧人文的技术提升，也仍是当年设计者对城市文化的回望。虞福京先生的设计作品类型丰富，工业厂房、医疗建筑、银行建筑、办公大楼、电影院等遍布天津。其中，于 1954 年设计的天津市人民体育馆，是新中国首批兴建的体育场馆，建成后其曾被列为亚洲规模第二大体育馆，此馆也已列入中国 20 世纪建筑遗产第四批名录。由于能力突出，成就斐然，1955 年 3 月，虞福京先生调任建设工程局任局长，后成为天津市副市长及中国建筑学会副理事长。

我们要回顾历史，不忘先辈，感悟他们为天津建院的技术发展奠基，为天津城市面貌更新作出的贡献。我们不仅需要向先辈致敬，更要努力继承和发扬先辈一生积极弘扬中国传统建筑文化的创业精神，为今天中国建筑事业的发展而不懈努力。

建筑之光
——林克明旧居修缮及活化利用小记

陈雄

一、缘起

2020 年底，广州市住房和城乡建设局（以下简称住建局）邀请我及我所在的单位——广东省建筑设计研究院有限公司（以下简称"省建院"）来承担广州市历史建筑林克明旧居的修缮及活化利用工作。彼时《广州市促进历史建筑合理利用实施办法》已经出台半年有余，住建局计划拿出几处公有产权的历史建筑，以协议出租的方式租赁给国内外知名设计机构，以此探索历史建筑保护和利用的新路径。基于社会责任等多重考虑，我们在进行了认真评估后，接受了住建局的邀请，并在其指导和支持下开始了随后的策划及实施工作。

这是一份特别的工作——首先，作为建筑师，我们对历史建筑的保护利用天然就具有一份职业责任感；同时，旧居的主人林克明是我的研究生导师，修缮他的旧居，也寄托了一份我对他的缅怀之情。

二、林克明及旧居

林克明（1900—1999），中国著名建筑学家和建筑教育学家，岭南近现代建筑发展历史上最具开创意义和影响力的建筑师之一，也是广州近现代城市建设的杰出管理者之一。他于 1920 年赴法勤工俭学，先后就读于里昂中法大学及里昂建筑工程学院，师从"工业建筑"的倡导者托尼·加尼尔（Tony Garnier）。1926 年，他毕业回国后立即投入专业实践。在其后的创作过程中，作为建筑教育学家，他于 1932 年创办勷勤大学建筑工程学系，这是华南理工大学建筑系的前身，至今已有九十余年历史，所以我们也尊称他为华南建筑教育的开拓者。作为中国第一代著名建筑师，林克明一生设计作品众多，风格多样，具有很高的艺术价值和技术水平。林克明是岭南现代中式风格的旗手，设计了将西方古典构图与中国传统建筑样式相结合的广州中山图书馆、广州市府合署、国立中山大学石牌新校二期工程、广东科学馆等建筑。林克明也是岭南现代主义思潮的早期倡导者和引入者，是岭南现代主义运动的开创者和重要实践者，他设计了广州平民宫、勷勤大学校舍、越秀北路自宅、广州火车站、广州宾馆等现代建筑作品。

林克明旧居外景（图源：项目团队）

虽然毕业于巴黎美术学院派的重要营垒（里昂建筑工程学院），但师从托尼·加尼尔的教育背景使林克明无形中也受到了欧洲现代主义的影响。他的教学和实践理念都强调要从实际出发，注重实践，注重技术，全面发展。他在熟练掌握和运用中国固有式建筑设计手法的同时，又极力宣传现代主义。1933年，他发表了《什么是摩登建筑》，把现代主义介绍到岭南地区来，同时，他还在市政建筑的设计中进行了试验性的探索。例如在大南路平民宫的设计中，林克明通过建筑材料对建筑形式的形象表达，在严格控制建筑成本的同时，开创了现代主义建筑风格在广州的实践。其后，他设计的黄花岗七十二烈士墓门楼、勷勤大学校舍以及位于越秀北路的自宅，都是其摩登（现代主义）建筑理念的延续及重要实例。这栋自宅，也就是我们现在修缮和活化利用的对象——林克明旧居。

这栋两层半高的旧居临近越秀公园及中山纪念堂，位于越秀北路和东濠涌之间的坡地上，这里也是广州明清城墙基址。1935年，林克明用赢得广州市政府合署竞图的奖金买下建设用地，为自己和家人设计、建造了这栋花园住宅。旧居由主楼和防空洞组成，主楼为坡地建筑形态，采用砌体结构，地上两层，地下一层。建筑形式为现代主义风格，具有四面开窗、底层钢柱架空等形式，并通过圆弧大阳台、船舷式水平金属栏杆、转角窗、弗兰芒式砌法的红色砖墙等营造出浓郁的现代主义住宅形象。室内设大型旋转楼梯联系各层，二层露台采用可达屋顶的钢制旋转楼梯。为解决场地高差问题，建筑通过砌筑挡土墙获得了较大的建设场地。首层为开放功能，是日常会客和聚餐的空间。首层南侧为车库和入口门厅，客厅与餐厅同在一个大空间中；北侧包含两处卧室和书房。二层是更为私密的卧室和起居空间。地下一层为辅助用房，包括两处工人房与厨房，面向东濠涌一侧开窗。防空洞独立于建筑主体之外，与主体建筑间通过室内暗道及室外台阶联系。

面对复杂的地形条件，林克明充分考虑到周边环境，巧妙地利用场地高差，分别在首层、二层、地下一层等不同高度设置了观景平台。这个住宅的建筑风格与同时期广府地区常见的竹筒屋、西关大屋等传统民居有着显著差异，与现代主义运动的旗手——法国建筑师柯布西耶所提倡的"新建筑五点"中的自由平面、自由立面、底层架空、横向长窗、屋顶花园的概念相吻合，是典型的现代主义设计手法。这是广州近代花园住宅发展的经典案例，也是现代主义在中国传播的有力实证。

林克明及家人于1935—1938年、1945—1949年期间在此居住。1949年新中国成立后，林克明将自宅赠予政府。1950年后，林克明旧居被转为政府所有，长期作为福利住宅进行使用。公有的性质让林克明旧居躲过了被拆除的命运，并在2014年先后挂牌为广州市历史建筑和越秀区登记文物保护单位。近年来，由于缺乏维护，林克明旧居的加建、改建现象十分严重，旧居内外部均有不同程度的破损。

三、修缮过程及实践

由于旧居同时具有"登记文物建筑"的身份，所以我们与文物建筑修缮设计经验丰富的华南理工大学建筑学院彭长歆教授带领的设计团队合作。针对旧居本身的特质，我们建立了真实、全面地保存并传递建筑的文化价值，修缮自然力和人为造成的损坏的指导思想，确立以保存建筑的"真实性"为基本原则。修缮设计和施工基本遵循"勘察—设计—施工"的流

林克明旧居正立面（图源：项目团队）

程，并根据施工中发现的问题及时调整设计，大大增加了设计与施工在此期间的交流频率及调整次数。

整个修缮过程是层层递进的探寻、复原、修正的过程，有的发现则验证了林克明的"从实际出发"的设计原则。整个建筑采用了三种以上类型的砖作为建筑材料：弗兰芒式砌法的清水红砖（少量）、机制空心砖（少量）以及大量采用的烧结普通砖。除了采用弗兰芒式砌法的清水红砖墙，其他部位的选材可能是林克明出于经济方面的考虑，所以基于因地制宜的原则选用了普通砖。有的则体现了建筑师的妙想——旧居屋面并非常见的现浇或者预制钢筋混凝土屋面，而是采用了现浇单向密肋楼盖，肋间设置空心红砖隔热的形式，兼顾了围护与隔热。这种做法在广州并不多见，曾被用于林克明设计的石榴岗勷勤大学校园建筑，是屋面结构的创新做法。

外墙色彩及肌理的处理也值得一提。此处我们借助了科技的力量对外墙取样进行分析，进一步证实了我们对饰面材料及构造的推断。色彩的确认则与施工中的发现紧密相关。在高压水枪冲洗、剥离了表层的米黄色、中间层的灰绿色之后，建筑呈现出斑驳的灰色。经过多次讨论分析后，我们采用保留及修复洗石米的肌理，并整体喷涂灰色外墙漆的做法。修缮效果较为理想：一是整体喷涂虽然减轻了建筑的年代感，但建筑的整体面貌得到提升；二是色彩虽然与修缮前色彩差别较大，但林克明的小儿子在看到修缮后的旧居时，认为立面色彩与他幼时记忆中的色彩相符，证实了色彩选择的正确性。

四、活化利用思考

如何在保护的前提下，探索展现历史风貌和彰显利用价值的实施路径，让衰落的历史建筑重新融入现代生活，为历史场所置入新的社会功能，便是我们在接受林克明旧居修缮及活化利用这项工作后进行的探索。

策划之初，通过对旧居历史、艺术、科学和社会文化等多方面的价值分析，我们初步确立了"价值发掘、发挥遗产魅力"的目标，通过融合建筑物承载的

首层展厅室内 1（图源：项目团队）

首层展厅室内 2（图源：项目团队）

价值与周边环境以及目标功能，将原有的具有私密属性的居住功能转变为外向开放的展览功能，承担城市微型博物馆和华南建筑科普教育基地的功能，使建筑产生与公共人群和社会环境的交流互动，以点带线，提升社区活力，从而进一步提升旧居的价值。

由于首层空间相对开敞，我们选定首层作为主要的展陈空间，结合负一层、地下防空洞一起对外开放，并为此结合故居建筑的展示、"建筑之光——林克明旧居陈列展"和纪录片《建筑之光》规划了观展流线。陈列展以建筑大师林克明的生平及建筑作品为主线，结合中法大学、华南建筑教育和广州城市建设主题，分为"人物""求学""教育""实践"四个篇章，以模型、展板和多媒体等多种方式进行多维度展示。

建筑遗产的活化利用如果仅限于固定展陈功能，

一层楼梯间修缮前后对比（图源：项目团队）

州市首个国有历史建筑免租金从事公益类事业的项目。我们在修缮与活化利用之间寻求平衡，还原了旧居 1935 年设计建造时的布局和风貌，真实、全面地保存并传递了旧居的文化价值。活化后的旧居从原有居住属性的私密空间转换为展览属性的开放空间，美化了越秀北路的城市界面。观展和活动的人流激活了城市空间。林克明旧居陈列馆作为宣传岭南建筑、展示近代广州城建的重要窗口，进一步丰富了东濠涌博物馆至越秀山、中山纪念堂的线性遗产分布带，一步步发挥出新的价值。

目前，林克明旧居陈列馆已逐步面向公众开放，并收到许多正向反馈。我们在欣喜地看到老屋"重获新生"的同时，也期待日后能与政府和社会各界继续共同深入探索历史建筑的活化利用方法，促进更多合理政策的落地，使更多的历史建筑能焕发出新的生机和魅力。

我们认为还稍显不足，如果可以植入临展、小型论坛等更多功能，我们可以开展更多活动，如建筑科普、建筑沙龙等，这有利于体现旧居价值，让更多市民走进旧居，了解我们的城市、历史、人物。旧居原只具有居住功能，空间较为有限，因而难以承载如临展、小型论坛等更多功能。为此，我们在负一层面向东濠涌的室外平台上设计了一个简洁轻盈的玻璃材质的多功能厅，以期在不影响旧居本体建筑的同时能增加建筑的使用空间，促进旧居的活化利用。可惜由于历史原因，室外平台所在地块的权属尚不明晰，新增的多功能厅暂时无法实现，留下了一点遗憾。

五、意义及期望

林克明旧居修缮及活化利用项目是广州市住建局开展的首个历史建筑活化利用试点项目，也是广

20世纪50年代大型园林式国宾馆遗珍
——济南南郊宾馆

程力真

济南南郊宾馆设计建造于1958—1960年间，是"二五计划"时期的重要建筑作品，由我国第二代建筑师、钓鱼台国宾馆的主持人张开济[1]和著名园林专家程世抚[2]合作完成。它是新中国第一批政务接待场所[3]，是一座大型园林式国宾馆。改革开放后，南郊宾馆依然是山东省政府的礼宾场所，不对市场开放，长期笼罩着一层神秘的面纱。笔者在对建筑师张开济的研究中，关注到这个鲜为人知的、钓鱼台国宾馆的同期作品，认为它是20世纪50年代末梁思成先生"中而新"理论影响下的一个实践案例。较为宽松的创作环境使它比钓鱼台国宾馆更为完整地展示了"园林式"的创作理念。2023年9月，笔者有机会踏访了济南南郊宾馆，惊喜地发现馆内的格局保存完好，核心建筑"俱乐部"的室内装修仍为原作，整座建筑群质朴统一的风貌依然诉说着60余年前的现实与理想，是一座不可多得的新中国建筑遗珍。

一、优越的地理位置

济南是泰山北麓的历史名城，北临黄河，旧城位于山前平原，"巧居广川之上，大山之下，两利兼得"[4]。城市纵轴经过泰山北麓、城南千佛山西侧，旧城中心直指黄河，将城市与山水贯连为一体，成为济南著名的山水骨架。济南南郊宾馆便坐落在这条纵轴穿过的千佛山与英雄山之间的谷地——山水骨架重要的节点上。它的自然环境以及与城市的关系都是非常优越和独特的（图1、图2）。

自然环境为建设大型园林式国宾馆提供了良好的先天条件。1958年筹建初期，宾馆占地77.33公顷，场地开阔平坦而略有地形变化，"群山环抱，树木蓊郁"[5]。宾馆东侧的千佛山和西侧的英雄山既是绝佳的景色又是围合的屏障，拓展景深，并将视线引向无垠的远方，是传统园林经典的"借景"手法（图3）。雪松是宾馆的标志性树种，有1 000余棵，其余树木如龙柏、银杏、白蜡、桂柳等种类繁多，不一而足。园内经过专业认证的古树名木有44棵，树龄一二百年的老树随处可见，烘托出历史感，也给宾馆带来郁郁苍苍、蔚然深秀的园林意境。20世纪年代初，引大明湖水[6]建七星湖之后，建筑与园林的格局更为清晰，核心建筑"俱乐部"临波而立，山水相映，景观效果

① 张开济，（1912—2006），中国第二代建筑师，祖籍杭州，生于上海，1935年毕业于国立中央大学建筑系。北京市建筑设计研究院有限公司创办初期著名的八大总之一，新中国建筑师的代表人物。重要作品有：北京三里河办公大楼、钓鱼台国宾馆、中国革命历史博物馆、北京天文馆等。
② 程世抚，（1907—1988），中国园林专家、城市规划专家，四川省（今属重庆市）云阳县人，生于黑龙江省，毕业于金陵大学、美国康奈尔大学，曾任上海市工务局园场管理处处长，编制上海市、南京市绿地系统规划。1949年后负责上海市公园绿地建设和城市规划工作，完成天津、长沙等城市地区绿地系统规划和风景区的总体规划。1954年调任北京，参与无锡、杭州、温州市的城市规划，完成了洛阳涧西工业区规划，苏州、韶山、庐山、九江以及大连市棒锤岛的环境规划等。信息来自百度百科。
④ 吴越 . 济南山城一体空间体系架构及人文传承研究 [D]. 济南: 山东建筑大学,2019.
⑤ 引自济南南郊宾馆自编《六十年回眸——济南南郊宾馆建馆60周年纪念》中《大师手笔》一文。
⑥ 引自济南南郊宾馆自编《六十年回眸——济南南郊宾馆建馆60周年纪念》中《七星湖》一文。

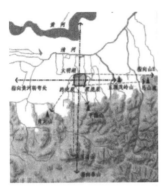

图1.济南的山水格局
（资料来源：吴越.济南山城一体空间体系架构及人文传承研究[D].济南：山东建筑大学,2019. 图4.16）

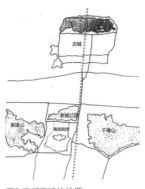

图2.南郊宾馆的位置
（资料来源：作者自制，底图来自高德地图）

图3.南郊宾馆七星湖区"借景"千佛山

更为突出。

二、布局中的仪式感与景观性

宾馆分三部分，从沿马鞍山路的北段依次向南分布（图4）。北侧临街是入口广场和客房楼。客房楼呈"工"字形，可以承接上千人住宿，每层设有会议室。穿过楼南外庭院，可达宾馆的核心建筑——俱乐部。俱乐部建筑面积为 2.3 万平方米，设有 645 座的大礼堂、大小会议室、椭圆形多功能厅、游泳馆等，可以满足各种政务接待所需。再向南是以七星湖为核心的贵宾楼别墅区，占地约 38 万平方米，目前尚未对外开放。7 栋可承接高规格接待任务的别墅掩映在湖

南的绿树丛中，正中是 7# 别墅，两侧各 3 栋小楼，用两种标准平面间隔组织，沿着园林，道路呈"八"字形排布，与俱乐部共同构成"八一"字形。

宾馆布局兼顾政务接待的仪式感和园林景观的自然美。大门、前广场、客房楼的布局形式对称均衡。"工"字形客房楼围合的遒劲大雪松配以可远眺的山景，令人在较为严肃的政务接待气氛中感受到郊野的自然气息。中轴延伸到客房与俱乐部之间，形成贯穿外庭园的大阶梯。阶梯由平台与台阶交替组织，随地势逐步抬升。漫步其上，眼前郁郁葱葱。回首客房楼渐行渐远退入树丛之中，深远宁静，隆重庄严（图5）。阶梯尽端并未对接下一环节"主体—俱乐部"的入口，而是不着痕迹地进入楼前广场。走向俱乐部入口的过程中，建筑群中轴线已随视线自然偏移。俱乐部的中轴隔着七星湖与 7# 别墅遥遥相对。别墅群由庭园道路衔接，流畅婉转，轴线格局似有若无，"八一"形布局顺着园林道路微微偏移，北部功能区形成的仪式感完全消解在园林的自然形态中。

三、二元融合的设计手法

研究早期的照片，笔者认为这座建筑群体现了以"比例"为核心的古典美学和以"功能"为核心的现代思想的双重特征[7]。身临其境，这种二元性的体验更为深刻。古典和现代，似乎是一组对立的概念，然而许多过渡时期建筑作品所体现的，恰是古典和现代的"二元融合"——新旧设计手法互补合作甚至相互转化。

"对称均衡、样式比例、等级分明"是古典布扎体系最为常见的手法。"不对称、结构暴露、材料对比、转角连续窗"是强调功能优先的现代设计手法。南郊宾馆建筑群两者兼有，在形体组织中大量采用"不对称"手法，但是其中又融合了"对称"，因而建筑群自然不僵硬，与景观和谐融洽，同时又等级分明。

俱乐部西段为入口门厅、椭圆形餐厅和大礼堂组成的核心区，东段是以游泳池为核心的健身中心，

⑦ 程力真.建筑师张开济 [M].北京：中国建筑工业出版社,2022.

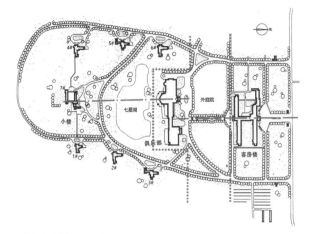

图4.南郊宾馆的总平面分析图
（资料来源：作者自制。地图来自：北京市建筑设计院编.建筑实录
[G].1985:112.）

图5.外庭院中轴线上通向俱乐部的"大阶梯"

分量不等的两部分连接为"一"字形自由平面。西段讲求空间对位，仪式感强，山墙收头复杂，空间组合中甚至包含外部环境规划；东侧健身俱乐部外观不对称，山墙尽头以大片草坪作为终结，简单干净（图6、图7）。这样的处理让看似简单的平面合理、得体又轻松自然。

　　俱乐部立面上同时使用古典三段式与不对称手法，强调比例，也强调材料对比。外庭院大阶梯上来，恰好从西南望向主入口，是俱乐部的"亮相角度"，不对称体量强化入口透视感。由坡顶、墙身、雨棚形成稳定的入口构图，墙身三段式切分，用柱和栏板组成木构的意向，利用真实的构造关系呈现传统文化色彩。南侧主立面墙身也分三段式，实墙点缀小花窗，

中间柔和通透的弧形立面具有现代"幕墙"的意向（图8）。俱乐部褐色蘑菇石的勒脚与地坪处理构成厚重基座，具有山地建筑特点（图9）。石材砌筑工艺严谨，肌理美观，配合水刷石构件、小方砖地面，让俱乐部外立面通过材料与工艺形成饱满充实的视觉、触觉，有"质朴"之美。

　　别墅中也有鲜明的二元融合手法。"L"形别墅[8]主入口于转角处出头，门厅如圆厅别墅[9]一样，向两个方向突出成为"正立面"，一为简约板片下的入口雨篷，一为南向圆形客厅（图10）。南立面构图完整，纤细的檐口和立柱形成优美的柱廊，弧形客厅部分增加了一些古典要素和装饰性。别墅北向是服务区，按功能呈翼形排开，外观没有刻意处理，尽端收头

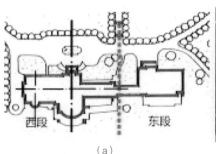

(a)

(b)

(c)

图6.俱乐部的自由平面
（a）平面图；（b）西段入口；（c）东段入口（资料来源：（左）地图为北京市建筑设计研究院编.建筑实录[G].1985:112.

⑧　别墅群用两种标准平面交叉组织，1#、3#、5#是"L"形平面，2#、4#、6#是"十"字形平面。
⑨　意大利文艺复兴时期别墅，平面呈"十"字形，四面出门廊。

图 7. 东段山墙处室外环境设计

图8.俱乐部南立面弧形外墙

图9.褐色蘑菇石勒脚

直接了当。"十"字形别墅平面的入口也在山墙处，处理手法类似"L"形别墅。山墙采用重檐错落的坡顶，具有民居的活泼风格，门厅一侧采用"转角幕墙"，让楼梯间充满阳光。别墅为院落式平面，但是入口集中在东北角，后勤附属部分独立向外延伸，形成不对称、错落的格局。入口雨篷处理与"十"字形别墅一样，由花隔断悬挑平板，类似杨廷宝先生和平宾馆入口的处理。旧照展示了 7# 别墅入口的不对称格局、转角幕墙和悬挑板入口（图 11）。

弧形空间和转角连续窗的共同采用，也可以看作"二元融合"的例证。弧形在重要的空间反复采用，增加动感和丰富性，以强化空间的等级。俱乐部临水

的大餐厅和楼上的多功能厅是整个建筑群的核心，椭圆形空间画龙点睛般突出其重要性（图 12）；门厅主轴线方向为短轴，空间序列并不烦琐，但对称的弧形大楼梯强化了仪式感和指向内部别墅区的方向（图 13）；大礼堂格局方正，但内部的室内天花、墙面运用了柔和的曲线，相邻的贵宾休息室也采用了凸出外墙的圆弧空间（图 14），为俱乐部添加了巴洛克式的乐感与华丽。

"工"字形客房楼、俱乐部和别墅单体中都采用了"转角连续窗"的设计。"工"字形客房楼的平面基本是对称的，但西北翼向外凸起，打破原有的四翼均衡；东侧两翼用转角连续窗和转角阳台收头（图 15），清晰的悬挑结构和轻盈的阳台栏板将"转角"部分变成亮点，这意味着形式处理从操作"面"变为操作"体"。相似的处理还出现在俱乐部东入口的西侧转角处（图 6（c））、俱乐部正对"大阶梯"的楼梯间、别墅楼梯间，一些墙身阴角处的相互衔接也有此意向（图 15）。

（a）

（b）

（c）

图10."L"形别墅
（a）入口旧照；（b）南立面；（c）北立面
（资料来源：（a）六十年回眸——济南南郊宾馆建馆60周年纪念.济南南郊宾馆 2019:078.）

图 11.7# 别墅入口旧照
（资料来源：六十年回眸——济南南郊宾馆建馆 60 周年纪念 . 济南南郊宾馆 2018:078.）

（a） （b）

图12.椭圆形厅
（a）旧照（b）现状
（资料来源：（左）北京市建筑设计院编.建筑实录[G].1985:113.

图13.旋转楼梯

图14.大礼堂贵宾休息室

四、技术、材料与装饰中的大量遗存

济南南郊宾馆建筑群的装饰语言，从外而内细化，装饰等级随着空间等级递增。建筑群没有采用20 世纪 50 年代常见的"民族形式"的大屋顶和西洋古典立面，也不是"结构主义"（现代主义），而是以错落的小坡顶和自由平面为基调，将体量化整为零，塑造适合园林景观的既体现传统文化又具有现代色彩的大型公共建筑。

俱乐部外立面的设计最为精细。外墙形式洗练，仅在檐口、墙心、栏杆等位置加以装饰，手法简明，大量采用工业化构件和材质对比，比如檐口、栏杆部分用水刷石倒模形成的凹凸变化生成光影细节，富有时代特征。建筑外观与旧照几乎完全一样（图16），但是原初的材料和细节已被遮盖，在剥落的涂料下可以看到旧照中外墙采用的黄色面砖，细腻密实，品质精良（图 17）。室内空间高挑，立面开间内满设深绿色的细框钢窗，采光面积大，室内阳光明媚，与厚重的蘑菇石基座对比，更显得轻盈通透（图18）。根据旧照做初步判断，这些门窗构件应当是原作，墙身装饰细节也保持着原有格局。

俱乐部室内材料讲究，工艺精湛。门厅采用多种大理石材铺装，主材的天然肌理华丽美观，装饰性很强；暖色石材包裹方形立柱，柱头饰有精美立体的石膏花线；宽大旋转楼梯弧线优雅，栏杆采用铸铁镶嵌

图15.转角连续窗的处理：客房楼东翼、俱乐部楼梯间、别墅楼梯间、阴角交接处

玻璃的装饰艺术手法；顶层的开敞式过厅中，还完好地保留着铜丝镶嵌的红黄双色水磨石地面，边角与中心点缀的中式图案简洁又富有民族色彩，色泽鲜艳，如同新制（图 19）。

大礼堂充分利用了南北立面的采光，在二楼形成跑马廊。地面起坡保证视线的合理，天花和舞台造型采用柔和曲线，巧妙地把面光和音响设施包裹在弧线中，面向舞台，令观众能看到完整的墙面（图 20）。舞台台面暗藏机关，前半部分下方是一个可以开启的乐池，不用的时候打开地面，乐池便显露出来，合上地面，则可以放大舞台的空间。礼堂内壁保

图16.俱乐部旧照（左）与现状（右）（资料来源：（左）张开济家属提供）

图17.俱乐部外立面细部和材料：水刷石构件檐口和栏杆、原有外墙面砖

留着原有的精美木作，地面满铺细小水曲柳木地板。据工作人员介绍，当年采用小块儿地板是为了完美呈现弧形的设计，这些地面迄今保存完好（图 21）。

笔者在《建筑师张开济》一书中收录了 1960 年春节期间，张开济在南郊宾馆现场一个月左右的日记，其中有多处具体工作的记录。

……

2 月 7 日 上午画俱乐部门厅内部。

2 月 8 日 上午与邝校对两楼钢窗及内部装饰，下午与邝继续研究甲、乙楼钢窗。

2 月 9 日 上午去工地看老乙楼，中午回处，下午搞礼堂内部方案。

2 月 10 日 上午在处搞礼堂内部方案。下午与彭局长、张处长及张中一、倪总等开会讨论俱乐部内部方案，晚间继续开会，至晚间十一时。

2 月 11 日 上午与邝、刘、汪同去工地看老乙楼及新乙楼，中午回处，下午孔处长等来谈卫生设备国外定货事，研究甲楼内部。

2 月 12 日 下午工地白主任来谈俱乐部用砖问题。

2 月 13 日 上午与邝、单永寿同去工地，看老乙楼及甲楼，一时回家，王处长来谈电气问题。

2 月 14 日 上午金秘（书）长彭局长，以及有关同志开会讨论南郊工程用纺织品问题，下午一时半陪金秘（书）长去看老乙楼，三时回家。

2 月 15 日 上午与邝研究甲楼装饰问题。下午与

图18. 俱乐部现状：南立面细钢窗、墙身外观和正在重新装修的室内

图19. 俱乐部顶层水磨石地面现状

图20.大礼堂室内现状（左）、弧线装饰的舞台（右）

图21.大礼堂墙身弧线处理（左）、舞台弧线转角和细木地面（中）、台下可以开启的乐池（右）

刘、单研究总平面室外照明问题。

2月16日 下午与邝、单同去工地将甲楼电气装置逐室作检查。

2月17日 上午与邝研究甲楼余留问题，下午研究宴会厅内门。十时半开会讨论俱乐部装修方案至深夜一时半。

2月18日 上午研究大样，下午讨论俱乐部装修方案，晚间讨论灯具问题。

对照文字，这些经历了半个多世纪风雨，制作精良的石材内饰、水磨石纹样、精巧舞台和钢窗木作尤显珍贵，它们记载着现代中国建筑道路上，先辈们在传统与现代之间把控"中而新"理想的尝试，也曾见证了60余年前，老一辈建筑师、工程师们兢兢业业的身影。

五、园林艺术在公共建筑中的运用

1950—1960年间，我国的大量公建都采用中轴对称或"大屋顶"的范式，园林式宾馆也不例外。北京西郊宾馆采用了大屋顶的形式和对称的布局，钓鱼台国宾馆公共部分为油漆彩画的大屋顶，别墅群采用各种花园洋房形式，风格并不统一。南郊宾馆以景观融合建筑，虽然折中了传统与现代的不同手法，但是风貌统一和谐，具有很强的艺术性。建筑外观格调素雅，多数内部空间尺度宜人，设计与工艺细腻质朴，兼有朴素的时代特点和浪漫的园林意境（图22、图23），值得深入研究。

建筑师关注传统园林始于童寯先生，他从20世纪30年代便开始考察园林并发表文章，于1937年完成了《江南园林志》[⑩]。东南大学教授刘敦桢先生1957年完成了《苏州的园林》一书。这些研究专注于古代私家园林本身，并未提及如何将其运用到现代公共建筑中。1956年，陈植、汪定曾在《建筑学报》上发表《上海虹口公园改建记》一文，引用朱启钤为《园冶》重印撰写的序言，"秦汉以来，人主多流连于离宫别苑而视宫禁若樊笼，推求其故，宫禁为法度所局，必取均齐，不若离宫别苑，纯任天然，可以尽错综之美，穷技巧之变"[⑪]，并指出"中国园

⑩ 韩艺宽.童寯建筑写作研究[D].东南大学,2019.

图22.俱乐部入口旧照
（资料来源：北京市建筑设计院编.建筑实录[G].1985:110.）

图23.别墅室内旧照
（资料来源：北京市建筑设计院编.建筑实录[G].1985:112）

林中找不到中轴对称的布局，整齐笔直的林荫道……我们天赋的祖先，总是因地制宜地利用或甚至创造复杂的空间而组成一个美丽丰富的环境"[12]。1958年，莫伯治团队在《建筑学报》上发表文章介绍广州北园

酒家。文中谈到"中国庭园的特点是巧妙地运用自然景物——山、水，花卉与亭、廊、轩馆，厅堂等建筑物结合起来，内外的空间密切渗透，使人停留在室内也有浸润在大自然气氛中的畅快感，可以运用在公共建筑设计上"[13]。由此可见，南郊宾馆设计建造时期，建筑师们已经感悟到把私家园林的艺术运用到现代公建领域是时代所需，"错综之美""巧妙地运用自然景物"等思想以及因地制宜地创造复杂丰富空间是传统园林精髓，也是具有发展潜力的手法。南郊宾馆的两位主持人显然于此也有着共识。

项目总规划师程世抚是我国重要的园林专家，他曾就读于哈佛大学和康奈尔大学，是我国第一位获风景建筑及观赏园艺硕士学位的人。程世抚在1960年发表的文章中指出，应该吸取古代园林手法的精华，运用在现代的城市建筑艺术布局上，打破围墙式的传统格局，使园林面向人民，并与道路、河湖系统形成有机的整体[14]。他认为在我国传统园林中，人为因素占了主导地位，达不到"真实自然"，景观中的建筑应该融入自然，虚实对比，尺度得当；在风景区的设计里切忌"人定胜天""喧宾夺主"，房舍应该顺应地形，配合观景，凸出乡土特点，实现低造价养护原则[15]。20世纪80年代初，他在《建筑学报》发表《苏州古典园林艺术古为今用的探讨》一文，提出空间布局不受轴线或几何图形限制，随地形或环境变化，灵活地创造出各种丰富多彩的自然景色，这是我国造园的特有手法，应该继承发扬。文中还提到造园上的"错觉"技巧，如以椭圆夸张圆形，以重檐增强高度，以弧形道路在方正中求活泼生动等手法[16]。

程世抚的上述观点在南郊宾馆的设计中都有体现，也与项目总建筑师张开济的设计思想非常契合。张开济比程世抚小5岁，毕业于国立中央大学建筑系，

⑪ 陈植，汪定曾.上海虹口公园改建记——鲁迅纪念墓和陈列馆的设计[J].建筑学报,1956,(09):1-10.
⑫ 同上
⑬ 莫伯治，莫俊英，郑旺.广州北园酒家[J].建筑学报,1958,(09):45-47.
⑭ 程世抚.城市建筑艺术布局与园林化问题[J].建筑学报,1960,(6):26-28
⑮ 程世抚.城郊园林空地与周围环境的生态关系[J].建筑学报,1982,(02):32-35.
⑯ 程世抚.苏州古典园林艺术古为今用的探讨[J].建筑学报,1980,(03):6-12+3-4.

是新中国成立后最重要的建筑师之一。在他的早期作品中，有经典的"民族形式"也有"现代风格"，但是纵观他的建筑设计思想脉络，南郊宾馆建设时期，他赞同梁思成提出的"中而新"的建筑道路，在同期主持的几个大型国家级项目中进行了以此为核心的尝试[17]。张开济倡导建筑设计要符合综合效益，不走极端。1961年，他在《建筑学报》发表文章点评刚落成的现代公建——北京工人体育馆，围绕"空间"和"审美"进行评论，认为空间是建筑的根本目的，"真实的、合理的、健康的、符合时代精神的"才是正确的创作方向。同时他也指出建筑作品虽然要以功能使用为重点，但是应该具有民族性，且要以新的，不同于传统"大屋顶"的方式进行民族性的演绎[18]。南郊宾馆的同期作品钓鱼台国宾馆是张开济的代表作之一。他在晚年接受的采访中，多次表达了对于钓鱼台国宾馆在设计中难以如愿协调苏联范式尺度和园林意境的无奈，他认为设计中"要多一点园林气息，少一点沉重"[19]。南郊宾馆的设计则更好地体现了他的这一理想。

20世纪50年代末，国家正处于经济困难时期，艺术性和经济性是宾馆建设者们必须面对的取舍。别墅群采用两种标准平面交替组织，或许是为了最大化利用标准图，同时又不失园林的变化；同样，二元性的手法是建筑设计的技巧，也是一种可以有效降低造价、让"好钢用在刀刃上"的方法。在南郊宾馆旧照中可以看到原作中更多对于民族形式的探索，用并不奢华的材料和工艺做出高品质的空间。比如别墅的室内空间采用园林月洞门的装饰，在窗纱的柔化下，呈现朦胧诗意的意境；暖气罩、挂落的装饰线脚与俱乐部水磨石地面的图案一样，是从传统纹样中进行了提炼，简洁而具有量身定制的精美（图23）。在时代条件制约下，创作者们对于创新与传承、造价与品质之间的把握，体现在南郊宾馆建筑群的每一个细节中。

六、小结

南郊宾馆被称为山东的钓鱼台国宾馆，建成后的60年间，接待了数百位党和国家领导人、国际政要和友人，馆中也积累和珍藏着大批名人字画真迹，它自身也具有重要的文化价值和历史价值。笔者实地考察的时间和深度有限，但可以看出，南郊宾馆的设计思想、形式语言是我国现代建筑发展道路上一个重要的佐证，是"中而新"建筑理论下的一个出色探索成果，它的类型、规模具有不可替代性，学术研究价值很高。

宾馆于2000年被评定为山东省历史优秀建筑，但历史角色所形成的政务接待文化既是特色，也是目前经营处于困境的一个原因。宾馆处在发展的十字路口，需要在激烈的市场竞争中完成转型的艰巨任务，保存了半个多世纪的旧建筑群一方面缺乏足够的维护资金，另一方面又面临很大不确定性。笔者对照北京市建筑设计院1985年拍摄的资料，可以分辨出一些空间，已经在历次装修中，改变了内装的材料和做法，导致风貌的折损；同时，也惊喜地看到以核心建筑俱乐部为代表，许多依然在使用的空间从整体到装修细节都完好保存着原貌！南郊宾馆是一座20世纪的建筑遗产，是集体创作顶峰时代的杰作。它在几代管理者和经营者的细心呵护下，跨越半个多世纪，保存了大量新中国建造史的重要信息。它的现状迄待引起有关部门和专家学者的高度关注，进行及时的评估与保护，以避免这一座遗珍在发展转型中遭受进一步的毁坏和损失。

[17] 张开济同期的国家级建筑作品为中国革命博物馆和中国历史博物馆、钓鱼台国宾馆。
[18] 张开济. 试论北京工人体育馆的建筑艺术 [J]. 建筑学报,1961,(8):7-8.
[19] 余玮. 红色建筑师张开济百姓, 2006 (11) :48-51.

社会主义建成遗产保护略谈

马锡栋　张玉坤

一、20 世纪建筑遗产保护工作的历史功绩

2008 年 4 月，由国家文物局主办，无锡市政府承办，中国古迹遗址保护协会、江苏省文物局协办的"第三届中国文化遗产保护无锡论坛"在江苏无锡召开，首次提出并倡议加强中国 20 世纪遗产保护。2016 年 9 月，中国 20 世纪建筑遗产委员会经由中国文物学会、中国建筑学会指导，向社会各界推介"首批 20 世纪建筑遗产"项目。该项工作的启动，不仅为了紧随国内行业组织，紧随 UNESCO、ICOMOS 等国际组织的方向，更为了丰富本土建筑遗产保护体系。

时至今日，已有八批 798 个"20 世纪建筑遗产"项目被评选推介，不仅包含 19 世纪末的近代历史建筑，不少新中国成立后社会主义时期的建筑遗产也被纳入保护范围。这些项目所涉门类广泛、时间跨度宏大，见证了近现代中国百余年的建筑风格演变与社会发展历程，颇具保护价值与意义。同时，借助大量有关推介论坛、讲座、访谈等科普活动，有效助推了中国近现代建筑遗产的保护利用，大幅提升了公众对这类新型遗产的价值认知和保护意识。"20 世纪建筑遗产"项目所取得的成绩值得学界高度肯定。

二、社会主义建成遗产保护的重大意义

社会主义建成遗产指的是 1949 年至今，党团结领导人民在社会主义不同历史时期所开展重大社会主义建设活动的物质遗产，包括一切具有历史、社会、科学技术、艺术价值且具备显著社会主义特征的城乡规划、建筑、景观和设施等文化遗存，是一宗包含多尺度、多领域的综合性遗产。注意其与 20 世纪建筑遗产的两大区别：一是不同的社会制度所反映的不同历史价值和意义；二是"建筑遗产"与"建成遗产"所涉范围和类型的不同，前者意义更为重要。

2021 年 11 月 8 日至 11 日在北京召开的党的十九届六中全会通过了《中共中央关于党的百年奋斗重大成就和历史经验的决议》，回顾总结了党领导人民百年奋斗的光辉历程。指出 1949 年 10 月，诞生于家国危难之际的中国共产党带领人民推翻封建主义、官僚资本主义的压迫，建立了符合实际国情的社会主义制度。新中国成立至今的 75 周年，党团结带领人民进行社会主义革命、建设、改革等伟大实践，创造了社会主义革命和建设、改革开放和社会主义现代化建设以及新时代中国特色社会主义的伟大成就，人民生活不断改善、综合国力日益繁盛，实现了从贫穷到富裕、从羸弱到强大的伟大飞跃。可见，社会主义给予中华民族伟大复兴的历史指引，在当代中国及未来发展具有不可动摇的地位，而中国共产党创立并执政的社会主义阶段必将彪炳史册，在中华民族发展历史上具有里程碑之重要意义。

作为开天辟地时期的代表性遗存，社会主义建成遗产既见证了不同阶段社会主义制度对政治、经

济、社会等方面的深刻影响，还记录了多次重大社会变革时期人民生产生活形式的演变。其最明显特征包括两个方面：一是依靠地方群众合力建造，且服务于民众；二是本体功能、风格、装饰、标语等创作要素以工农阶级、国家身份、英雄人物、社会主义美德等为主导。显然，社会主义建成遗产强调集体主义、共产主义价值观，是国家进行社会主义制度建设的典型产物，具有明显的时代特征。与几千年封建社会、半封建半殖民社会相比，社会主义建成遗产作为伟大精神和伟大成就的物质载体，保护意义更为重大。

国际上，德国、波兰等部分中东欧前社会主义国家于20世纪初即已逐步开展了苏联政权社会主义时期建成遗产的认定与保护工作。2013年4月，德国古迹遗址保护协会联合中东欧十二国发起"社会主义现实主义和社会主义现代主义"专家会议，探讨该类遗产申报世界遗产的可行性，并将社会主义现实主义建筑以及先前的前卫主义建筑、斯大林主义建筑等社会主义时期建筑、绿地公园、

城镇街区、基础设施、纪念碑统称为"社会主义遗产（Socialist Heritage）"，与社会主义建成遗产异曲同工。同年，20世纪遗产国际科学委员会组建了"社会主义遗产倡议"研究小组，专门监督和推动中东欧地区社会主义遗产的记录和保护。2017年9月，德国古迹遗址保护协会再次牵头倡议，指出须重新评估和评价战后社会主义规划和理想城市建设方面所取得的成就，并建议将柏林、波兰华沙—新胡塔等苏联城市遗产提名为世界遗产城市或20世纪世界遗产候选城市。与此同时，不少来自这些国家的学者专家已着手社会主义遗产价值意义、空间特征、保存现状、适应性再利用等多维度的理论研究和工程实践，积累了丰硕成果。而中国作为当前世界上最大且最强盛的社会主义国家，经受住东欧剧变、苏联解体带来的巨大冲击以及来自西方资本主义的各种风险考验，已是世界振兴社会主义的中流砥柱，故保护中国的社会主义建成遗产于国际社会同样意义非凡（图1）。

图1：社会主义建成遗产所具备的集体主义和共产主义特征。按1~6序号分别为武汉歌剧院（设立伟人雕像并采用红星、旗帜作为装饰）、天津市公安局旧址（以红星为核心装饰）、南开大学主楼（宣扬强大的三段式构图与层叠向上的中段造型）、福绥境大楼（城市人民公社集体住宅的样本）、国营庆岩机械厂装配车间（外墙上的砖砌生产、革命标语）、国营庆江机械厂家属区（三线建设职住一体的厂城规划和居住空间）

三、社会主义建成遗产面临的困境与挑战

令人遗憾的是，全国范围内的多数社会主义建成遗产正面临着被肆意拆毁和掠夺性开发的保护困局，其历史、社会、科学技术、艺术等重要价值正不断被湮灭，所代表的社会主义时期文化遗产或将深陷断层的尴尬境地。

其一，社会主义建成遗产因其制度属性和历史久远度而未能得到广泛的价值认同。当前遗产保护仍侧重历史久远度，尽管一些社会主义时期的优秀建筑和工业遗存登录入册"20 世纪建筑遗产""中国工业遗产"等，但模糊了 20 世纪新中国成立前后两个历史时代截然不同的独特文化内涵、时代特征和历史地位，难以突显社会主义时期所取得的伟大成就，其潜在价值亦未被广大人民众发掘和认同。

其二，因保护意识滞后，社会主义革命与建设时期（1949—1978）的重要遗产面临空前生存危机。代表新中国建设成就、具有明显时代特征和历史价值的一批国家和地方重要建筑先后被拆除改建，如"国庆十大建筑"北京华侨大厦（1959—1988）

和北京工人体育场（1959—2020）、商务部办公楼（1952—2008）……难以历数，令人扼腕。同时，伴随行业衰退和科技革新的现代化进程，包括"一五"计划的 156 项工程以及 1 100 余个三线建设项目在内的众多工业厂区和科技设施被迫转让产权或外迁城郊，遗留下来的旧址不得不成为拆除腾地以再开发的牺牲品，正深陷或面临着被改建、拆毁的保护沉疴……

其三，在大规模城乡建设进程中，普遍存在"仿古去今"现象，一些尚未界定或未得到关注的社会主义建成遗产多已不存。在多数城镇包括乡村的城市化、存量更新、风貌保护过程中，除了彰显社会主义时期伟大成就的公共建筑、生产设施等建成遗产正逐渐消失，大量社会主义时期的城市街区、单位住区、公社新村也被拆除、改建，代之以清一色的仿明清或仿欧风街区形式（图2）。

纵览全国，社会主义革命和建设时期，乃至改革开放和社会主义现代化建设新时期，已然成为大多数城市和乡村历史的"空档期"。因此，在文化思想日益多元、城镇建设愈加快速、科学技术日新月异和人

图2：大量社会主义革命和建设时期的社会主义建成遗产被拆除荒置。按1~6序号分别为"国庆十大建筑"北京华侨大厦（1988年拆除）、商务部办公大楼（2008年拆除）、哈尔滨工人体育馆（2006年拆除）、重庆"国庆十大建筑"山城银幕电影院（1996年拆除）、西南俄文专科学校旧址（立面遭水泥抹灰）、三线国营红山铸造厂家属住宅区（立面整改后整体空置）

民需求渐趋多元的今天，如何妥善对待社会主义建成遗产已成为当下和未来文化遗产保护领域的一大难题。

四、社会主义建成遗产保护构想

正值新中国成立 75 周年，为彰显和铭记党领导人民取得的伟大成就，社会各界须认识并接受这类文化遗产的重大意义、困境和挑战，加快普及群众社会主义建成遗产保护观念、建立完善相关保护措施和法律法规，尽快启动社会主义建成遗产保护工程。

第一，坚持"整体性""完整性"原则，全面梳理建成遗产保护类别和构成要素。社会主义建成遗产保护对象涵盖 1949 年建国至今社会主义建设活动的重要且典型物质遗产，具有多尺度、多领域特征：包括但不限于以下五个方面：

（1）反映社会主义不同时期、代表社会主义制度和政体先进性的城镇和乡村建设成就的整体性规划遗产；

（2）解决时代性国民重大需求的道路交通、农田水利、环境保护、教育医疗、体育娱乐等基础设施遗产；

（3）体现国家工业化、现代化发展，具有时代创新性的工业、科技设施建成遗产；

（4）新中国成立后具有标志性的单体建筑遗产，包括早期国家和部门（部委）/地方党政机关及其他重要建筑遗存等；

（5）重大历史事件发生地，以及社会主义时代楷模、英雄、名人纪念地、故居或教育基地等纪念场所。

第二，开展社会主义建成遗产试点调查和全面普查。选择某一典型城市开展试点调查，如国家首都北京市、建设重点城市重庆市、首批重点建设工业城市株洲市等，在已确定的保护范围和类型基础上作进一步补充。而后根据试点经验调整完善大纲，或以未来第四次全国文物普查为契机，将社会主义建成遗产列为重要普查对象，开展全国各地社会主义建成遗产的全面普查。

第三，启动社会主义建成遗产价值评估与名录申报。组织党史、城建、工业、农业、军事、科技、文化、交通等各领域相关单位，深入阐发社会主义建成遗产的时代精神、历史价值、社会价值、科学价值和文化内涵，开展并强化社会主义建成遗产的系统性研究。依据普查结果，在充分研究基础上建立社会主义建成遗产的价值评估体系，并与国内外相关文化遗产评估标准具有适配性和兼容性，用以认定多重性质的建成遗产。

第四，编制社会主义建成遗产保护法律法规和专项规划，开展抢救性保护、预防性保护以及保护性再利用。在完整性、真实性、系统性保护基础上，应尽快制定社会主义建成遗产专项保护法规和保护规划，以保障既存遗产通过法律手段得到及时且有力的保护。对列入文物保护单位的社会主义建成遗产，因势利导实施保护工程：①针对社会主义革命和建设时期的濒危建成遗产，开展抢救性保护；②针对改革开放和社会主义现代化建设时期、新时代中国特色社会主义时期的建成遗产，开展预防性保护；③对孤立或残缺不全的建成遗产、遗址予以重点保护；④对意识形态敏感遗产，应当客观而宽容，为后人留下置评空间。还应意识到社会主义建成遗产独特的再利用价值，其潜在社会经济效益有待开发。

社会主义建成遗产保护理论与实践研究的迫切性已不言而喻，关注并开展社会主义建成遗产保护工程已刻不容缓。可以肯定，社会主义建成遗产保护将会是未来文化遗产保护领域的新题和难题，亦是一项具有时代性、前瞻性、创新性的大型文化保护行动，功在当代、利在千秋。为此，在我国仍长期处于快速城市化、新型城镇化发展阶段的背景下，如何调动相关政府、科研院所以及广大人民群众一同有计划、有步骤地开展遗产理论、普查、评估、登录以及保护实施等工作，如何形成我国社会主义建成遗产有效保护的整体思路和方法，是社会各界需要思考和研究的重要课题和工作焦点。

呵护延安红色遗产

屈培青　高伟　闫飞

我们所到的每一个城市，给我们留下印象最深的往往是这个城市的地域风貌，人们不一定记住这个城市的某个建筑，却对那统一和谐的建筑风貌和城市空间尺度难以忘怀。城市建设要尊重城市原有的肌理去织补，因为城市是有记忆的，也是有情感的，而且是具有延续性的。而建筑既是城市的生命元素、又是城市的肌理组成，它像脉络一样植入城市之中，不应被时代所割裂。在城市发展过程中，城市建设不应大拆大建而割断历史文化肌理，严格来说我们在设计建筑的同时也设计了城市，新建筑在不同程度上延续着城市的历史格局。

一个城市需要有标志性建筑作为它的名片，但建设方不应把自己设计的建筑都定义成标志性建筑，一个城市需要历史性、标志性的建筑，这些建筑布局在城市肌理的重要节点，更注重建筑的风格，我们可以把这类建筑比喻成城市的红花。但城市也需要有大量风格统一、和谐的民风建筑，这些大量的民风建筑是城市的绿叶和城市的底图，应该称之为城市的风貌，而城市风貌更加彰显他的城市肌理。要想维护城市特有肌理的和谐，建筑师往往要有"甘当绿叶配红花的"精神。这些"红花"与"绿叶"共同形成了城市完整肌理。

西安经历千年沧桑，其城市形式和风格、内容和规模、材料和技术都在传承中不断演变，在演变的过程中，既保存了大量的历史遗存及新设计的标志性建筑，同时也保护和延续了民风建筑的城市尺度及建筑风貌。西安还有大量的民居、小店铺等平民建筑一直没有形成自己的风貌，民风建筑的风貌及街道尺度在不断消失，同时还受国际、国内建筑潮流的影响。显性的地域文化机理特征正在慢慢地消失，城市中与人接触最为密切的建筑为居住、学校、医院、商业及公园，均为民风建筑，我们一定不要随意改变一个城市原有的风貌。我们几十年来一直在研究地域文化建筑和保护城市风貌，坚持走本土设计的道路，做出了一批优秀的建筑作品，下面将我们设计的几组建筑作品，从传承红色文化、挖掘地域文脉和保护城市风貌的角度来解读并与大家分享。

延安鲁迅艺术文学院旧址位于延安桥儿沟，是中国共产党创办的第一所综合性艺术学校，1961年被定为全国首批重点文物保护单位，与枣园、宝塔山和杨家岭等并称为"延安红色十大景区"。鲁艺核心保护区由鲁迅艺术文学院旧址、东山窑洞群和西山窑洞群三部分组成（图1）。鲁迅艺术文学院（以下简称"鲁艺"）旧址，位于延安城东北5公里的桥儿沟，现保存有哥特风格的天主堂一座和石窑洞数十孔，是保护区的核心建筑。其中天主堂既是学校的礼堂，也是中共六届六中全会的会址。鲁艺由音乐、文学、戏剧、美术四大系组成，是延安时期文艺工作的重要组成部分，在这里群贤云集，文星荟萃，培养的艺术家创作出一大批优秀作品，同时这些艺术家也是新中国文艺的奠基人（图

2~图5）。

核心保护区东侧的东山窑洞群是鲁艺教员住宿区域，而西侧的西山窑洞群是学员生活和教学区域。《黄河大合唱》《白毛女》《兄妹开荒》《夫妻识字》等经典著名剧目就诞生于此（图6、图7）。

站在核心保护区向两山望去，一孔孔窑洞仿佛是从连绵起伏的群山中生长出来的。黄土地的山川河流和人文环境，更增添了鲁艺这段历史的浪漫色彩。在修复和保护之前，东西山上盖了很多自建民房，将原有的鲁艺窑洞完全隐藏在里面，破坏了鲁迅艺术文学院旧址东西山原有窑洞黄土高原的川地风貌（图8、图9）。2012年政府决定对延安桥儿沟鲁迅艺术文学院旧址及东山窑洞进行保护性修复工作，并提出在保护的基础上新建一座延安文艺纪念馆，与延安鲁迅艺术文学院旧址，东西山窑洞形成延安鲁艺文化园区。我们全程参加和主持了鲁艺园区的规划设计与修复保护工作，并用了10年时间完成了保护与建设的工作。如今十几年过去了，鲁艺景区已基本恢复了当年的风貌，我们的创作历程主要历经了以下几个阶段。

一、第一阶段

我们主要是对延安鲁迅艺术文学院旧址进行保护，在修旧如旧的基础上，对现有环境进行了提升。对教堂前广场，通过复原原有场地的地面高

图1.鲁艺旧址景区全貌

图2.鲁艺旧址天主堂

图3.鲁艺教室旧址1

图4.鲁艺教室旧址2

图5.鲁艺教室旧址3

图6.冼星海指挥鲁艺同学演唱《黄河大合唱》

图7."鲁艺"演出秧歌《挑花篮》

度，恢复了教堂前的大踏步；同时用改性土替代原来的黄土，恢复了广场地面的质感，并根据图片资料复原了学院大门、围栏、花池及室外篮球场、排球场等鲁艺时期的一些场景，真实反映出当年的历史风貌（图10、图11）。

二、第二阶段

对东西山窑洞的保护，首先将后建的那些散乱的民房全部拆掉，露出原有的窑洞现状，并通过道路和景观的组织一步步地恢复原来的山川地貌。在东西山建设中，开始大家有两种意见：一种是完全保护原有风貌，不建任何新的窑洞和建筑；另一种意见提出随着现代功能的需求，是否可以插建一些新的窑洞和小尺度的建筑，以满足整个园区的需求，同时也兼顾市场效益。

图8.修复前的鲁艺东山

我们将方案和意见带到北京，由《中国建筑文化遗产》杂志负责组织北京的专家召开了专家评审会，会议邀请到原故宫博物院院长单霁翔，中国工程院院士、全国工程勘察设计大师马国馨，中国工程院院士、全国工程勘察设计大师、时任清华大学建筑学院院长庄惟敏及主编金磊担任评审专家（图12~图14）。

我们将两个方案汇报之后，专家一致认为在该保护区内不应建新的项目，还是应秉承修旧如旧的原则对环境进行整治。更重要的是寻找和挖掘历史文化资源，为旧址空间赋予新的生命力。这个意见很明确，

图9.修复前的鲁艺西山

图10.初步恢复风貌的鲁艺旧址景区

图11.修复后的鲁艺校门

图12.在北京召开的方案评审会

而且应该作为保护与建设的设计原则。同时也从处理新旧建筑关系、平衡开发与保护、充分体现建筑的地域性等角度提出了十分宝贵的意见。这些意见为我们接下来优化方案指明了方向。

在建设过程中，我们更加注重去寻找和挖掘延安和鲁艺史文化资源。我们和甲方及文物局同事多次到北京，与鲁艺当年的学员以及他们的后代召开了多次座谈会。其中老一辈革命艺术家于兰、黎辛、梦于、韩梦民、李一非、荆蓝等出席了会议（图15）。老艺术家们首先肯定了园区建设的意义和价值，并向我们表达了希望延安鲁艺文化园区的建设应本着朴素真实的原则，切忌贪大求洋。最令人难以忘怀的是，这些老一辈革命艺术家和我们共同追忆了当年在鲁艺求学的点点滴滴，一幅幅艰苦但是乐观浪漫的画面呈现在我面前，令人深受感染。

同时我们在延安学习调研，利用3年的时间收集了大量的历史资料。通过参加专家评审会，以及与老艺术家们的多次座谈会，我们对该项目的设计更加清晰，我们要保护好现存的建筑遗产，挖掘更多的红色文化和历史资料。完善园区的整体建设。为延安时期的文艺塑造一座纪念碑。

单霁翔
任文化部党组成员
故宫博物院院长

马国馨
中国工程院院士
第二届"梁思成建筑奖"获奖者
全国工程勘察设计大师
北京市建筑设计研究院顾问总建筑师

庄惟敏
清华大学建筑学院院长、教授
清华大学建筑设计研究院院长兼总建筑师
国家一级注册建筑师
全国工程勘察设计大师

金磊
中国文物学会传统建筑园林委员会副会长
《建筑文化遗产》杂志主编
著名社会活动家/策展人

图13.评审专家

图14.评审会后集体合影

三、第三阶段

我们先安置了东西山区的居民，拆掉东西山后来建的民房，保护了原有的窑洞风貌。然后我们先

图15.与鲁艺老艺术家及其后人座谈

将东山区160 栋老艺术家居住过的窑洞恢复好，针对每个教员居住的窑洞位置，将他们住过的窑洞开设为他们个人的展馆，展示老艺术家的艺术成就和在鲁艺工作生活时期的重要事件（图16~图20），以及展示老艺术家生前的生平照片和留下的手稿文物。而在西山上，我们在恢复窑洞原貌的同时，也复原了鲁艺校园里合唱、舞蹈、戏剧等课程教学、排练的室外空间。

四、第四阶段

延安文艺纪念馆规划选址过程如下。整个核心保护区南边教堂为延安鲁迅艺术文学院旧址中心并向北延伸，沿着沟底，东西两侧自南向北，各自展开蜿蜒的黄土台地，台地上散落着一孔孔窑洞，这是一个典型的黄土高原丘陵沟壑区，而两侧的黄土台地，属于古滑坡带，包括滑坡带向外20米的范围内，都是无法进行任何建设的。我们曾经设想过将整个建筑埋在地下的做法，也因为会对山体产生挠动而作罢。所以，从一开始的选址，我们就无法创

图18.复原后的鲁艺东山名人故居窑洞群1

图16.复原后的鲁艺东山名人故居窑洞群2

图19.复原后的鲁艺东山名人故居窑洞群3

图17.东山名人故居窑洞群室外景观

图20.施工过程中和甲方现场讨论

作一个通过"消失"来尊重原有建成环境的方案，而且也无法在一个蜿蜒的沟谷中完成一个从总图上就仪式感明确的华彩章节（图21）。

我们将延安文艺纪念馆设计在园区南北轴线的北端终点，既离开南边保护区，又与南边鲁艺旧址及东西山窑洞风貌相呼应。也是升华鲁艺旧址文化内核的高潮所在。同时，在视点高度上，将延安文艺纪念馆高度控制在低于教堂的高度。从南到北形成了一条文艺的星光之路，整个核心保护区形成了200米的南北向文化轴线（图22）。

五、第五阶段

延安文艺纪念馆设计过程如下。延安文艺纪念馆位于整个中轴线的北端偏西处，建筑背靠黄土山川，面向鲁艺核心保护区文化中轴线。所以我们将建筑呈环抱形式，而且中心广场外形呈现一个3/4圆形，其1/4口部开到东南方向与中轴线相呼应。

同时建筑风格选用了延安时期的红色建筑及窑洞建筑的元素，以及寻找与教堂相呼应的元素进行

组合。建筑色彩采用浅米色，与整体建筑环境色彩相呼应。一组组扶壁墙和窑洞组成圆形序列的建筑立面空间，既与地域文脉建筑及历史建筑相呼应，又反映了文艺建筑风格的韵律感和艺术感（图23~图25）。

图23.延安文艺纪念馆1

图24.延安文艺纪念馆2

图21.鲁艺园区空间布局

图22.鲁艺园区纵断面

图25.延安文艺纪念馆3

天津城市建设与建筑遗产的兴与衰

宋昆

一、天津市20世纪建筑遗产的建设历程

天津是一个既有文化又有历史的城市。相对于我国五千年文明史而言，天津距今只有六百多年的建城历史，这段历史虽然是非常短暂的，但其中蕴含的文化内涵却异常丰富。天津是我国近代洋务运动、清末新政的发源地，也是第二次鸦片战争、八国联军侵华战争的主战场，更是世界上绝无仅有的拥有九国租界的城市。正所谓中国"百年历史看天津"，我国近代史中的政治、经济、军事、科教、文化以及城市建设、生活方式等方面的近代化转型与现代化发展，都淋漓尽致地反映在天津城市文化和建筑遗产之中。

天津的城市发展与建设经历了几个重要且明显的时间节点。

天津地区虽然在商周时期就出现了人类聚集的群落，但作为城市则形成较晚。隋朝修建的京杭大运河，在天津地区与通往渤海的海河相汇，大运河被分成南运河和北运河两段，形成三河交汇的三岔河口，是天津城最早的发祥地。唐朝中叶以后，三岔河口成为南方粮、绸北运的水陆码头。金朝在三岔河口设直沽寨。直沽是天津城市发展中有史料记载的最早名称，一直延续至今。明朝建文二年（1400年），燕王朱棣在此度过大运河，南下争夺皇位，并于永乐二年十一月二十一日（1404年12月23日）将此地改名为天津，即天子经过的渡口之

意。因此，天津是我国古代唯一有确切建城时间记录的城市。天津作为"拱卫京畿"的军事要地，在三岔河口一带筑城设卫，称"天津卫"，揭开了天津城市发展新的一页。

1860年第二次鸦片战争后签署的《北京条约》，开天津为商埠，英、法、美三国在天津沿海河一线相继设立租界，天津真正开始大规模城市建设。1861年，清政府开始实施以富国强兵为目的的洋务运动。尤其是在1870年李鸿章任直隶总督兼任北洋通商大臣期间，作为直隶总督的驻地，天津成为北方洋务运动的重镇，这是天津近代城市发展建设的第一个重要时间节点。

1900年庚子事变，八国联军攻打天津。天津沦陷后，八国联军组成天津临时政府委员会，俗称"都统衙门"，负责管理天津事务。1901年，都统衙门下令拆除城墙，建成东、南、西、北四条马路。至1902年，天津城厢东南的海河两岸相继设立了英国、法国、美国、德国、日本、俄国、意大利、奥匈帝国和比利时九国租界，天津成为全中国乃至世界上租界最多的城市。天津近代城市就是依托这些租界发展起来的。

1901年，清政府实行经济和政治体制改革，又称清末新政。时任直隶总督兼北洋大臣的袁世凯将天津作为实施新政的先行示范区。在天津海河北岸开发的新城区——河北新区，是在我国近代率先采用西方现代城市规划理念建设的城区。这是天津近

代城市建设发展的第二个重要时间节点。

与此同时，各国租界也开始了快速建设。1870年天津教案、1900年庚子事变、1912年壬子兵变等几次重大历史事件，使得华界遭受很大破坏，尤其使洋人的建筑遭受毁灭性打击。洋、华显贵纷纷搬入租界这个法外之地。自1902年至1937年卢沟桥事变的30多年间，是天津租界建设的黄金时期。天津城市中的大部分建筑遗产集中在这些租界内，主要建成于20世纪。

天津虽然有九国租界，但建设规模、程度差别很大。美国、比利时租界基本无建设。德国、俄国、奥匈帝国是第一次世界大战战败国，战后将租界归还我国，因此建设量也很小。只有英、法、意、日四国租界一直持续至第二次世界大战后，因此建设得比较完整、充分，也是20世纪建筑遗产比较集中的区域。四个租界区建筑也各具特色。英租界以集中于五大道地区的高档住宅区闻名，也是近代名人故居最集中的地区；法租界以解放北路银行一条街为主；意租界虽然规模不大，但建设得比较完整，也是意大利本土以外唯一的租界地；日本租界因母国财力所限，所以建设标准不高。

二、天津市20世纪建筑遗产的建设群体

在我国近代从事城市建设与建筑设计的工程师、建筑师主要来源于三个群体：一是来华的外国建筑师，二是留学归国的中国建筑师，三是本土培养的建筑师。

第一批西式建筑的诞生主要靠外国商人、传教士和中国传统工匠的配合来完成，他们皆为非专业的"建筑师"。随着近代城市对外开放程度的不断提高和开发建设规模的逐步扩大，一些西方土木工程师、市政工程师、测量师、建筑师随着军队、商船来到中国，承担起早期租界建筑的设计、建造任务。20世纪初在天津从事建筑设计工作比较著名的外国建筑师有法商永和营造公司的建筑师慕勒，其主要设计作品有劝业场、天津工商学院主楼、渤海大楼（图1）、利华大楼等；法商沙得利工程司的建筑师查理和康沃西，其代表作品有解放北路近代建筑群中的朝鲜银行、东方汇理银行（图2）、华俄道胜银行等；奥匈帝国建筑师盖苓，其代表作品有五大道建筑群中的香港大楼（图3）、剑桥大楼、民园大楼等；意大利建筑师鲍乃弟，其代表作品有第一工人文化宫（原回力球场）、五大道建筑群中的华侬公司公寓（俗称疙瘩楼）等。

20世纪20年代前后，第一代留学归国的建筑师开始在租界内创办建筑设计机构。天津市是最早建立本土建筑师事务所的城市。建筑设计机构主要有沈理源于1918年创办的华信工程司，其代表作品有盐业银行（图4）、浙江兴业银行、新华信托储蓄银行大楼等；关颂声于1920年创办的天津基泰工程司，其代表作品有基泰大楼（图5）、中原公司等；

图1.渤海大楼，永和营造公司慕勒设计

图2.东方汇理银行，沙得利工程司查理和康沃西设计

图3.香港大楼，盖苓设计

阎子亨于1925年创办的亨大建筑公司，后更名为中国工程司，其代表作品有北洋工学院南、北大楼（图6）、南开学校范孙楼、耀华学校第三校舍等。

第一代本土建筑师除了开展建筑设计业务外，还致力于创办本国的建筑教育体系，为国家培养出大量优秀的专业建筑人才。如杨宽麟在加入基泰工程司之前就曾任教于北洋大学土木工程系。沈理源、阎子亨和基泰工程司的张镈曾任教于天津工商学院建筑工程系。新中国成立后从事社会主义城市建设的主体大都是这些本土院校培养的建筑师、工程师。如基泰工程司南迁后留津的部分人员，在天津工商学院建筑工程系毕业生虞福京的带领下成立了唯思齐工程司，主持设计了天津第二工人文化

宫、天津市人民体育馆等重要建筑。

三、天津市20世纪建筑遗产的兴衰

天津近代城市建设孕育出丰富的建筑文化遗产。这些建筑遗产既是城市文化的重要载体，也是建筑遗产保护的主要对象。但是这些建筑遗产在20世纪天津城市发展过程中经历了几次毁灭性破坏。

第一次是1900年的庚子之役，天津成为抗击八国联军的主战场。北洋水师学堂，北洋武备学堂，天津东、西机器局等洋务运动在天津的建筑成果被彻底摧毁。老城厢及其周边地区，英、法租界区内的建筑物也遭到了严重破坏。第二次是1937年卢沟桥事变后，日军对华界的行政机构、军警机关、文化机构、交通枢纽、通信设备、公共设施等进行有目的的定点摧毁。天津市市政府驻地、中山公园（原劝业会场）、南开大学等重要区域及其附近的建筑几乎被夷为平地。第三次是1976年的大地震，天津城市遭受有史以来最大的一次自然灾害，近代以来的城市建设成果损失巨大。其中完全损毁并拆除的标志性建筑有英工部局戈登堂、新学书院、德国领事馆、俄国东正教堂、新合众会堂、博文书院及胡佛旧居等众多名人故居。

相对于上述的天灾人祸，改革开放后快速而大规模的城市建设所造成的建筑遗产损失要大得多。

图4.盐业银行，华信工程司沈理源设计

图5.基泰大楼，天津基泰工程司关颂坚、杨廷宝设计

图6.北洋工学院南大楼，中国工程司阎子亨设计

建设性破坏源于城市的市政建设、房地产开发、建筑改扩建等，造成了历史建筑不可恢复的根本性改变。其中造成历史建筑消失的建设类事件有天津东站交通枢纽扩建、老城厢及周边地区改造、海河大开发工程、道路拓宽、新建桥梁、修建地铁等。总体来看，此阶段天津城市建设飞速发展，大量历史建筑得到了保护。但此过程中，仍有相当数量的近代建筑消失了。

20世纪80年代初，天津东站的改扩建工程开启，导致原俄租界北半部分整体消失，俄租界工部局等几个典型近代建筑被拆除。滨江道商业区的开发建设也在此时期展开。为建设滨江道步行街，几处近代建筑被拆除。

20世纪90年代初，随着天津城市发展建设的重点向原市区转移，早期修建的马路宽度不够疏解与日俱增的交通流量。老城厢周围东南西北四条马路首先被拓宽，沿街的如正兴德茶庄等一些近代建筑被拆除。

2000年以后的老城厢整体改造和海河两岸开发改造工程是天津市进入21世纪后的两项最重要的城市建设工程。在经济利益的推动下，老城厢优越的区位条件以及所形成的商业价值将天津城市的商业开发活动推向顶峰。2003年，老城厢整体被夷为平地，其商业开发建设全面启动。这是一场不可逆的建设性破坏。对老城内大量历史建筑的肆意拆除是对天津传统文化延续性的巨大威胁。

海河两岸开发改造工程也包括位于解放北路历史风貌保护区内天津市重点工程津湾广场的开发建设。其开发建设范围内，小到独栋的近代历史建筑，大到已成为全国重点文物保护单位多年的重要建筑，均遭到不同程度的破坏，甚至拆除。大规模的旧路拓宽与整合工程逐步启动，包括对海河周边重要道路的拓宽，对市区内原英、法、日租界中重要道路的整合，以及海河上桥梁的修建，使得一大批重要近代建筑消失殆尽。

20世纪10年代前后，在商业区的开发中，对历史建筑甚至城市肌理造成破坏的事件继续出现。滨江道步行街继续沿东北向开发和平路商业区。在社会各界不断呼吁停止此类行为的情况下，仍有两处重要近代建筑被拆除。在恒隆广场的建设中，其巨长的体量将几条直通海河的城市道路拦腰切断，在破坏了天津原法租界城市肌理的同时也损毁了大批近代历史建筑。

四、天津市20世纪建筑遗产的保护

与此同时，天津市委、市政府高度重视历史风貌建筑和风貌街区的保护工作。1998年，市政府成立了天津市保护风貌建筑领导小组。2003年，成立了天津市保护风貌建筑办公室，负责历史风貌建筑保护管理。2005年2月，成立了天津市历史风貌建筑保护委员会。同年3月，成立了天津市历史风貌建筑保护专家咨询委员会。同年7月，天津市人大常委会通过了《天津市历史风貌建筑保护条例》（以下简称《条例》）。按照《条例》的规定，经专家咨询委员会审查，天津市政府于2005—2013年，分六批确认了天津历史风貌建筑877幢、126万平方米。2006年3月，国务院批准的天津市城市总体规划的历史文化名城规划中，确定了14片历史文化风貌保护区。大部分历史风貌建筑就坐落在这些历史文化风貌保护区内。纵观之，可以说2005年是天津市文化遗产保护的转折之年。自此以后，天津市对于城市文化遗产保护的意识和力度都得到了很大提升。

中国文物学会20世纪建筑遗产委员会（以下简称委员会）在对我国近现代建筑遗产进行宣传和保护的工作中作出了巨大贡献，自2016年至2023年连续公布了八批中国20世纪建筑遗产项目名录，共计798项。其中天津有52项入选，占比6.5%。虽然总量并不多，但以单项入选的天津五大道建筑、马可·波罗广场建筑、天津市解放北路近代建筑等，包含了众多的名人故居、工商业实体、银行办公等近现代建筑遗产，也体现了天津市建筑遗产成片保护的特点和现实情况。近年来，委员会所公布的20世纪建筑遗产项目名录的范围已经延展至21世纪的建筑创作，这对当代优秀建筑作品的宣传推广和未来的更新保护，将会起到重要的价值引领和舆论导向的作用。

南北两座西式大礼堂

贾珺

中国的大学中拥有历史悠久的校园和文物建筑的学校数量有限。几所名校在民国时期修建的礼堂，留存至今，成为这几所大学最珍贵的历史文化遗产。其中厦门大学、河南大学和北京协和医学院的礼堂采用中式古典建筑风格，飞檐翘角，典雅秀美，而清华大学和原国立中央大学的礼堂则是西式古典建筑风格，穹顶巍峨，柱式严谨，各具特色。

我曾有幸在拥有两座西式大礼堂的校园中读书。这两座宏伟的建筑分别建成于1921年和1931年，正好相差十年，南北遥相呼应，在20世纪中国建筑史上占有特殊地位，值得记录。

1914年，时任清华大学校长的周诒春委托他在耶鲁大学校友亨利·基拉姆·墨菲（Henry Killam Murphy）为校园制定了新的全面规划，并主持设计了大礼堂、科学馆、图书馆、体育馆四大建筑，所有图纸均遵照美国建筑标准，在美国绘制完成后寄往中国。

1917年5月正式开工的大礼堂位于校园东部大草坪的北侧，地理位置十分显要。这座建筑采用希腊十字式平面布局，入口门廊以汉白玉砌筑，竖立四根爱奥尼式的石柱，柱间开设三个并列的拱门，门扇以青铜铸造，雕饰细致，门上为二楼观众席的外阳台。正方形平面的中央大厅以帆拱的形式支撑起6米高的八角形鼓座，其上覆盖直径达18.3米的半圆形穹顶。墙面主要以清水红砖垒砌而成，穹顶外表面安装黄铜镶板，后来为了加强防水而涂上一层青灰色的沥青。

墨菲设计的清华大礼堂仿效美国第三任总统、《独立宣言》起草人托马斯·杰弗逊（Thomas Jefferson）设计的弗吉尼亚大学图书馆，但也在若干方面有所变化，例如门廊更多参考的是古罗马凯旋门的立面，同时穹顶四面用红砖各建一个三角形的山花，不同于其先辈在门廊上构筑石质山花的手法，形式比较简洁。整座建筑的比例经过严格的推敲，显得非常精致。

大礼堂的主要建筑材料都从美国进口，工程质量很高。清华办学和建设的经费来自美国退还的部分庚子赔款，以美元结算，而大礼堂施工期间正逢美元贬值，财政趋紧，为了减少支出，墨菲对原设计作了一些修改，取消了穹顶天窗，节省了钢肋

清华大学大礼堂

支架的开销。弗吉尼亚大学图书馆的穹顶在1903年重建过一次，当时采用一种名为"瓜斯塔维诺（Guastavino）体系"的多层陶瓦叠加的建造技术，墨菲本来打算用同样简易的方式来建造清华大礼堂的穹顶，但方案被中国外交部和清华董事会否决，最终采用了成本更高的钢筋混凝土现浇薄壳完成了建筑的封顶，由此导致工程进度推迟，直至1921年4月才竣工，总造价为15.5万美元。

大礼堂建筑面积1 840平方米，是当时全中国所有大学礼堂中规模最大的一座，建成以后成为清华园重要的标志性建筑，举行了无数会议和演艺活动，周末经常放映外国电影。内部大厅以角部的四根柱子承重，空间高敞，灯光明亮，地面铺软木地板，局部悬挑二层楼座，上下两层共有1 200个观众席，保证视线通畅。厅中曾经悬挂两块匾额，一为"与国同寿"，一为"人文日新"，意思是人文精神日益精进。北部设有宽阔的舞台和后台空间，可满足大型会议和演出功能。主要的缺陷是当初的设计未能充分考虑声学问题，导致舞台的声音传播效果较差，1926年在物理系叶企孙教授的指导下对礼堂进行了声学系统改造，情况有所好转。

1920届庚申科毕业生集资献给母校一座日晷，日晷被放置在大草坪南端，正对大礼堂。日晷本是古代测影计时的工具，而清华大学这座日晷的底部台基采用西式造型和纹样，上刻"行胜于言"四字格言，顶部安装刻有十二时辰的银胎珐琅圆盘和指北针，后来被替换为石刻。

抗战期间清华大学南迁，后与北京大学、南开大学在昆明组建西南联合大学。美丽的清华园被日寇侵占，一度被改造成兵营和野战医院，校园内一片狼藉，所幸大礼堂未遭到大的破坏。

1968年4月，清华校园中发生"武斗"，大礼堂和科学馆是重要的据点。其间大礼堂前面的草坪被连根铲除，改铺煤渣和石灰，大礼堂前的台基被垫高几十厘米，改作主席台，直到"文革"结束才将草坪恢复。

20世纪80年代以来，清华大礼堂做过多次修缮。2006年为了迎接清华大学九十五周年校庆，礼堂内部做了电声系统的改造，对舞台和观众席进行更新，整体品质得到进一步的提升。

2011年清华大学百年校庆，中国人民银行发行了一枚纪念金币，纪念币的设计图案便是这座大礼堂，整体效果熠熠生辉，璀璨夺目。

1928年，位于国民政府首都南京的江苏大学改称国立中央大学，开始筹建大礼堂，为此成立了一个建筑委员会，次年决定邀请英国公和洋行建筑师白乐（T. W. Barrow）完成设计。新金计康号营造厂负责施工，于1930年3月开始动工，因为经费困难，一度停工，后在国立中央大学建筑系的卢毓骏教授主持监督下继续建造。1931年5月5日，大礼堂尚未彻底完工，国民政府第一次国民会议已经在此召开。1931年6月9日国立中央大学的大礼堂举行落

东南大学大礼堂

东南大学120周年邮票

清华大学100周年金币

成典礼。此后，社会各界多次在中央大学大礼堂召开会议，例如1935年中国科学社二十周年纪念会。

大礼堂坐北朝南，建筑面积约4 320平方米，取代清华大学大礼堂成为中国规模最大的礼堂。主立面底层呈基座形象，二、三两层以贯通的爱奥尼式柱廊支撑山花，从整体到细节都处理得井井有条。大厅之上覆盖穹顶，内设三层观众席，上部的两层出挑尺度很大，结构相当复杂，体现了当时中国建造技术的最高水平。

抗战爆发后，中央大学西迁至重庆，原校园被中国红十字会用作救护伤员的临时医院，大礼堂与图书馆被改为病房和手术室。12月13日南京沦陷，中央大学被日寇占领，大礼堂用作陆军伤兵医院。抗战胜利后，中央大学迁回原址，大礼堂仍是校园内最核心的建筑，重要的典礼和会议均在此举行。

1952年全国高校院系调整，在中央大学旧址上成立了南京工学院。1965年，建筑大师杨廷宝先生主持扩建工程，在大礼堂两翼增加了三层教室，整体造型更加丰富。1988年南京工学院更名为东南大学，大礼堂成为校徽图案。

近年来有多部影视剧在东南大学校园中拍摄，大礼堂成为热门的网红建筑。前面的林荫大道直通南门，两侧的法国梧桐树岁久繁茂，在秋日里为城市带来一片金黄，令人沉醉。正门外的空地上改建了喷泉水池，倒影婆娑。

2022年6月6日正值东南大学一百二十周年校庆，中国邮政发行了一枚纪念邮票，邮票主图正是大礼堂的线描立面图，影雕套印，朴素低调，很符合学校的气质。

清华大学的早期建筑和中央大学旧址分别于2001年和2006年被国务院公布为全国重点文物保护单位，又先后入选中国20世纪建筑遗产名录，南北两所名校的大礼堂均在其列。

这两座大礼堂分别被两校视为最高象征，见证了中国百多年高等教育的发展历程，具有独特的历史价值、艺术价值和科学价值，举办了许多重要的典礼、演讲和艺术表演活动，历久弥新，依旧散发着青春的光彩和动人的魅力。

遗产·记忆·身份
——纪念"中国 20 世纪建筑遗产"10 周年

徐苏斌

从中国5 000年文明进程来看，鸦片战争至今还不到200年，是短暂的一瞬间。李鸿章曾经认为近代是"三千年未有之大变局"①，反映了从古代到近代的巨大变化。近代特别是20世纪是一个激荡的年代。20世纪遗产无疑是中国文化遗产的重要组成部分。回顾研究历程可以发现：研究近代遗产的保护案例比较多，而为何保护近代建筑的理论思考则较少。我们日常面对的很多城市遗产都产生于近代。我们要正视近代和近代遗产。今年恰逢纪念中国文物学会20世纪建筑遗产委员会成立10周年，借此机会我们重新思考在中国文明体系中的近代遗产的定位。

思考的难点是文化遗产学在当前还是一个方兴未艾的学科，目前尚未建立起成熟的文化遗产学体系，因此需要从范式建立开始思考。托马斯·库恩（Thomas S. Kuhn）在1962年出版的经典著作《科学结构的革命》中，提出了范式和科学共同体的概念。这本书是一部科学史领域的重要著作，为全世界带来了科学哲学史的全新认识。他认为："一个范式就是一个科学共同体的成员所共有的东西，而反过来，一个科学共同体由共有一个范式的人组成。"②他提出了"范式转换"的概念，即面对反常和危机就

会产生新的范式以适应新的需求。文化遗产学的范式、科学共同体的构成都是已有的某个学科不能涵盖的。今天的遗产研究已经涉及众多学科。历史学、考古学、人类学、民俗学等领域的专家已经提出对学科的思考。为了了解当前中国的保护实态以及人们的认识，我们采访了400多位专家，记录他们的思考和实践，同时将我们的思考和不同的信息共同织补成为一个暂定的文化遗产学框架。这个框架为三个层次的金字塔，最下层是遗产，中层是记忆，最高层是身份，是共同体的归属（图1）。

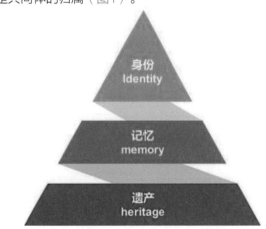

图1 文化遗产学的金字塔框架

① 出自同治十一年五月十五日《筹议制造轮船未可裁撤折》。原文是："臣窃惟欧洲诸国，百十年来，由印度而南洋，由南洋而中国，闯入边界腹地，凡前史所未载，亘古所未通，无不款关而求互市。我皇上如天之度，概与立约通商，以牢笼之，合地球东西南朔九万里之遥，胥聚于中国，此三千余年一大变局也。"
② 库恩. 科学革命的结构 [M]. 金春伦，胡新和，译. 北京：北京大学出版社，2003.

一、遗产

在遗产层面需要进行研究的内容包括物质和非物质遗产。遗产学要回应的核心问题是价值问题，包括三个基本问题：①遗产价值是什么；②遗产价值如何保护；③遗产价值如何传承。探索遗产的价值是历史研究。保护则是方法，即使用不同的技术达到修缮和复原的目的。传承可能是在保留传统精神基础上的创新，也可能是材料或整套技术的继承。

在中国，文化遗产保护已经有一百多年的历史了，而作为学科关注文物学则主要始于 20 世纪 80 年代，21 世纪初逐渐改为文化遗产学③。早在 2003 年，曹兵武就提出了"文化遗产学"的构想，他认为这是"一门应当和遗产价值及本体研究、管理、经营、动作等密切地结合在一起的高度综合的创新性学科"④。2005 年以后讨论逐渐增多，孙华在 2005 年发表《文化遗产"学"的困惑》一文，他认为："考古学从事的是文化遗产的发掘与研究，博物馆学从事的是文化遗产的展示和利用，文物保护从事的是文化遗产的保存与维护。如果按照这种认识，文化遗产学就是一个囊括了上述三个学科或更多学科的十分庞大的学科体系。"但是他也表述了如果多学科协作已经能够解决问题，为何还要设置文化遗产学的困惑⑤。尽管如此，北京大学还是创建了文化遗产保护学科。2005 年，苑利提出："我们认为所谓文化遗产学，就是指以研究前人创造、传承并保留至今之传统文化遗产为主要研究对象的一门学问。它所要回答的主要问题包括：什么是文化遗产？为什么保护文化遗产？以及怎样保护文化

遗产？"⑥ 2011 年贺云翱在其发表的《走近"文化遗产学"：问题与对策》一文中提出了文化遗产的跨学科特点。2017 年，他的《文化遗产学论集》从人学、理学、实学、新学等不同的学术视角来理解文化遗产⑦。2012 年，彭兆荣在其发表的《非物质文化遗产体系的"中国范式"》一文中说明了中国的文化遗产学应有的特点。2018 年，他发表了国家社科重大课题研究成果《生生遗续 代代相承——中国非物质文化遗产体系研究》，他以"生生遗续"为总体系，"六生"为次体系，每一个次体系中又有各自的核心元素。因此选择它作为项目的总体设计中的核心价值，并将它作为主导性概念统领整个成果的框架⑧。2014 年，蔡靖泉所著的《文化遗产学》一书分为八章，逐一阐述了文化遗产学的学科构架及文化遗产保护与利用的重要问题，将迄今关于文化遗产的概念、类型、构成、价值及其保护与利用的原则、机制、方式等认识，进行了系统化的归纳和理论化的总结⑨。王福州的《"文化遗产学"的学科定位及未来发展》，阐述了文化遗产学的学科本质、学科特征和实现途径，提出了新的观点，并致力于推进文化遗产学一级学科建设⑩。潘鲁生在《关于文化遗产学建设的思考》一文中认为文化遗产的框架为本体认知、发掘与保护、管理与运营三个方面⑪。这些都是新近发表的文化遗产学的见解。冯骥才在天津大学创建了中国第一个非遗研究生专业，2023 年在《光明日报》发表《非遗学原理（上、下）》文章，他指出非遗学要记录、保护和传承遗产⑫。以上的研究都为文化遗产学的进一步讨论奠定了基础，引发了对"文化遗产学要研究的核心问题是什么"这个问题的思考。在笔者看来，很多

③ 王运良 . 中国"文化遗产学"研究文献综述 [J]. 东南文化，2011(5)：23-29.
④ 曹兵武 . 文化遗产学：试说一门新兴学科的雏形 [N]. 中国文物报，2003-5-30（8）.
⑤ 孙华 . 文化遗产"学"的困惑 [J]. 中国文化遗产，2005(5):8.
⑥ 苑利 . 文化遗产与文化遗产学解读 [J]. 江西社会科学，2005(3):127-135.
⑦ 贺云翱，毛颖 . 走近"文化遗产学"：问题与对策——贺云翱教授专访 [J]. 东南文化，2011(5)：4-23. 贺云翱 . 文化遗产学论集 [M]. 南京：江苏人民出版社，2017.
⑧ 彭兆荣 . 非物质文化遗产体系的"中国范式" [N]. 光明日报，2012-6-6；彭兆荣 . 生生遗续 代代相承——中国非物质文化遗产体系研究 [M]. 北京：北京大学出版社，2018.
⑨ 蔡靖泉 . 文化遗产学 [M]. 武汉：华中师范大学出版社，2014.
⑩ 王福州 . "文化遗产学"的学科定位及未来发展 [J]. 中国非物质文化遗产，2021(2)：6-13.
⑪ 潘鲁生 . 关于文化遗产学建设的思考 [J]. 中国非物质文化遗产，2021（3）：6-10.
⑫ 冯骥才 . 《非遗学原理》（上下）[N]. 光明日报，2023-03-19（12），2023-03-26（12）.

研究者都提到了价值保护的问题，这应该是文化遗产学要研究的核心问题，更为完整地可以表述为研究遗产价值发现、遗产价值保护、遗产价值传承这三个部分的问题。每个部分又包含了丰富的内容，"遗产价值发现"包含了定义遗产，为了确认什么是遗产必须有跨学科的研究基础。借用相关既有学科的研究成果，例如借助考古、历史、人类学、美术史、科技史、建筑史、宗教、文学、古文字、测量学、数字化等学科的知识对所选择的对象进行价值判断，利用测绘记录遗产。"遗产价值保护"包含了保护理念、保护手法等，有传统技法保护、现代技术保护方法。什么时候可以用现代技术手段也是被广泛讨论的话题。近年来采用了很多新的技术，例如化学方法、物理方法、微生物方法、3D打印等各种方法用于遗产保护。"遗产价值传承"涉及博物馆，旅游，遗产管理，多媒体，数字化，名城、镇、村建筑设计，工艺设计，公众参与等。传承也有很多层含义，可以体现在博物馆的展品上，也可以体现在多媒体表达或者设计中，还需要有管理和商业运营等专业的合作。总之，这是一个复杂的系统，就像电动汽车装配越来越需要多学科协作一样。

20世纪建筑遗产是一类比较特殊的遗产。2012年单霁翔发表的《关于20世纪建筑遗产保护的思考》中指出："'20世纪建筑遗产'，顾名思义是根据时间阶段进行划分的建筑遗产集合，包括了20世纪历史进程中产生的不同类型的建筑遗产。20世纪是人类文明进程中变化最快的时代。对于我国来说，在20世纪的百年时间里，完成了从传统农业文明到现代工业文明的历史性跨越。事实上，没有哪个历史时期能够像20世纪这样慷慨地为人类提供如此丰富、生动的建筑遗产，而面对如此波澜壮阔的

时代，也只有建筑遗产才能将20世纪的百年历史进行最为理性、直观和广博的呈现。"[13] 在国际上有Docomomo（Documentation and Conservation of buildings, sites and neighbourhoods of the Modern Movement），Docomomo也是关于20世纪建筑遗产的，主要保护现代主义运动建筑、遗址和街区的组织，2013年成立了Docomomo-China。中国20世纪建筑遗产并不以现代主义运动为核心，它的形成是和多元文化共同体相关的。而共同体又是依赖集体记忆形成的。中国的20世纪建筑遗产是基于其多元的共同体构成了多元的遗产类型。

二、记忆

保护遗产和留住记忆有关。遗产是记忆的载体。2006年，批判遗产学的倡导者劳拉简·史密斯(Laurajane Smith)出版了《遗产利用》一书，强调了记忆在遗产中的重要地位。她认为："遗产概念与其说是一种'东西'，不如说是一种关涉记忆行为的文化与社会过程，而这些记忆行为能帮助人们更好地理解现在，联系现在。"她谈到巨石阵遗产："正是人们当前对其进行的文化过程与活动使其变得有价值、有意义，而且这堆石头也成为文化过程与活动的一部分。"[14] 我们可以看到遗产和记忆的关系和批判遗产研究对记忆的重视。

关于集体记忆的研究始于法国社会学家莫里斯·哈布瓦赫(Maurice Halbwachs)。他在1925年《记忆的社会框架》中记入如下对记忆的研究[15]。他将记忆从个体记忆带到了社会学中，研究了社会中的记忆问题。1992年出版《论集体记忆》谈到关于集体记忆和空间地点的关系[16]。这是比较早将集体记

⑬ 单霁翔.关于20世纪建筑遗产保护的思考[M]//中国文物学会传统建筑园林委员会.建筑文化遗产的传承与发展论文集.天津：天津大学出版社，2012：6-11.
⑭ 史密斯.遗产利用[M].苏小燕，张朝枝，译.北京：科学出版社，2022.
⑮ （1）记忆是过去在当下的存在；（2）孤立的个体是虚构的，个体记忆只能在社会框架中；（3）记忆有社会功能，社会影响记忆.哈布瓦赫.记忆的社会框架[M]//哈布瓦赫.论集体记忆.毕然，郭金华，译.上海：上海人民出版社，2002.
⑯ （1）个体记忆借助具体空间唤起集体记忆；（2）共同体通过将记忆认为定位或迁移到具体空间中，巩固或者获得社会地位；（3）同一空间上的不同记忆存在竞争合流，同一份集体记忆定位在不同空间；（4）一个集体由不同群体构成，他们不同的传统与历史经历也会重新定位记忆.哈布瓦赫.福音书中圣地的传奇地形学[M]//哈布瓦赫.论集体记忆.毕然，郭金华，译.上海：上海人民出版社，2002.

忆和空间建立关系的论述。

德国的埃及考古学家阿斯曼(Jan Assmann)在《文化记忆》一书中系统提出了"文化记忆"理论，探讨了记忆（有关过去的知识）、身份认同（政治想象）、文化的连续性（传统的形成）三者之间的关系。"身份认同归根结底涉及记忆和回忆。正如每个人依靠自己的记忆确立身份并且经年累月保持它，任何一个群体也只能借助记忆培养出群体的身份。两者之间的差别在于，集体记忆并不是以神经元为基础。取而代之的是文化，即一个强化身份的知识综合体，表现为诸如神话、歌曲、舞蹈、言语、法律、圣书、图画、纹饰、标记、路线等富有象征意义的形式。"[17]他在哈布瓦赫的集体记忆的基础上把集体记忆分为交往记忆和文化记忆，"交往记忆所包含的，是对刚刚失去的过去的回忆。这是人们与同时代的人共同拥有的回忆，其典型范例是代际记忆。这种记忆在历史的演进中产生于集体之中；它随着时间而产生并消失，更确切地讲，是随着它的承载者而产生并消失的"[18]。相对于交往记忆，文化记忆则是发生在绝对过去的事件，其形式是被创建的高度成形的庆典仪式性的社会交往、节日。载体是客观外化物：以文字、图像、舞蹈等进行传统的、象征性的编码及展演。传统承载者有专职的[19]。他认为仪式和节日是文化记忆的首要的组织形式。他所说的客观外化物包括了空间。他认为："在古代的东方国度，一些城市的格局是基于与节日庆典有关的主要街道来确定的。在重大节日里，最重要的神祇在此随着游行队伍前进。"[20]

在他的论述中可以看到物质和非物质都是外化的体现，忠实地反映着文化记忆。他认为："回忆形象需要一个特定的空间使其被物质化，需要一个特定的时间使其被现实化，所以回忆形象在空间和时间上总是具体的，但这种具体并不总意味着地理或者历史意义上的具体，且集体记忆会在具体时空中促发一些结晶点。"[22]

更加明确地把记忆和场所捆绑到一起的是法国历史学家皮埃尔·诺拉（Pierre Nora），他的著作《记忆之场》是阐释记忆和场所的关系的经典之作。《记忆之场》还涉及了遗产、记忆和身份三者之间的关系："身份、记忆、遗产：当代意识的三个关键词，文化新大陆的三个侧面。这三个词彼此相连，极富内涵，具有多重含义，每个含义之间又互相回应，互相依存。"[23]

回到20世纪建筑遗产，这是和我们不太遥远的过去，存在着交往记忆，同时也存在着文化记忆。那些留下来的建筑都是文化记忆的载体。虽然并非所有的建筑都和仪式或活动相关，但是近现代建筑已经承载了集体记忆。因此，20世纪建筑遗产和古代建筑遗产不同，其承载了交往记忆和文化记忆双重形式的集体记忆。即我们可以通过采访在世者记录交往记忆，同时也可以通过研究档案，调查实物整理文化记忆。20世纪建筑遗产名录的选出和认定是对载体的再确认作业，有的是交往记忆，还有一种是通过查阅文献、挖掘资料获得文化记忆的证据。每次有纪念活动，发布名单，出版图书，通过这一系列的活动不断强化集体记忆，这是距离我们最近的遗产，我们不应该忘记。

三、身份

为什么要保护遗产？遗产代代传承的目的是回应古老的哲学问题：我是谁，从哪里来，到哪里去。对于过去的共同记忆，对文化遗产的保护唤醒文化认同，这是关于身份研究的重要内容。对于遗

⑰ 阿斯曼. 文化记忆 [M]. 金寿福，黄晓晨，译. 北京：北京大学出版社，2015.
⑱ 阿斯曼. 文化记忆 [M]. 金寿福，黄晓晨，译. 北京：北京大学出版社，2015：44.
⑲ 阿斯曼. 文化记忆 [M]. 金寿福，黄晓晨，译. 北京：北京大学出版社，2015：51.
⑳ 阿斯曼. 文化记忆 [M]. 金寿福，黄晓晨，译. 北京：北京大学出版社，2015：55.
㉑ 阿斯曼. 文化记忆 [M]. 金寿福，黄晓晨，译. 北京：北京大学出版社，2015：59.
㉒ 阿斯曼. 文化记忆 [M]. 金寿福，黄晓晨，译. 北京：北京大学出版社，2015：31.
㉓ 皮埃尔·诺拉. 记忆之场 [M]. 曹艳红，等，译. 南京：南京大学出版社，2020.

产的价值认知也随着文化认同而不同。哈布瓦赫、阿斯曼和诺拉都建构了集体记忆和身份认同的联系。

身份认同就是一个关于共同体的研究。而关于共同体的研究已经有很多著名的研究可以列举。例如德国社会学家滕尼斯在《共同体与社会》一书中提到自然共同体和人为共同体，这是有关共同体的经典著作[24]。

近代共同体研究的兴起始于20世纪80年代。剑桥大学社会人类学教授厄内斯特·盖尔纳（Ernest Geller）于1983年出版的《民族与民族主义》[25]，本尼迪克特·安德森（B. Anderson）出版的《想象的共同体》，安东尼·史密斯（Anthony D. Smith）于1986年出版的《国族的族群起源》[26]等都是关于共同体的名著。其中影响最大的是本尼迪克特·安德森（B. Anderson）的《想象的共同体》。它重点讲述了印刷的发达对于国民国家共同体意识建构的意义。国民国家是近代的概念。20世纪建筑遗产正是诞生于近代，它是20世纪国民国家建构叙事的载体[27]。

中国近代关于身份认同和共同体研究可以追溯到梁启超。1901年，梁启超发表了《中国史叙论》一文，首次提出了"中国民族"的概念[28]。梁启超清楚地勾勒出不同时代华夏和外界交涉、繁赜、竞争的圈层不断扩大，今天回顾那些在当时并不属于同意共同体的文化后来都被吸收，成为中国文化的一部分。

费孝通的《中华民族的多元一体格局》（1988）把中国历史的演进分为两个步骤："第一步是华夏族团的形成，第二步是汉族的形成，也可以说从华夏核心扩大而成汉族核心。""华夏族团"是指单纯族团。汉族也是由华夏族团的核心扩大而形成的，后来和蛮夷戎狄不断融合，构成中华民族。

许倬云的《说中国：一个不断变化的复杂共同体》更是从共同体的角度考察中国的发展。因为从春秋至清朝，中国这个共同体没有边界限制，不是单纯的族群，所以他称之为"天下国家"。"天下国家"的发展有一个过程。在春秋时代，华夏内部没有统一；到秦汉时代，华夏内部形成汉民族共同体，但是对于周围的夷狄戎蛮是视作"他者"的；到隋唐时代，把周边民族也纳入华夏体系中，实现了和周边民族从制度、文化、外交上的大融合；到明清时代，这个"天下国家"走向衰退[29]。"天下国家"恰如其分地描绘了中国古代复杂共同体的特点，从此划分可以看到对于梁启超的继承和细化。

夏、商、周三代断代工程和中华文明探源工程为我们提供了很多证明中华文明发展的证据。中国社会科学院学部委员、中国古代文明与国家起源研究中心主任王震中在总结了前人研究的基础上提出了邦国、王国、帝国，他认为邦国是靠血缘联系起来的，即以血缘共同体为主。王国是靠地缘联系起来的，即以地缘共同体为主。而秦以后的帝国是一个"大一统"[30]。邦国、王国、帝国细化了从血缘到文化"大一统"的共同体演化过程。

古代中国是个借镜，提供我们如何看待近代外来的方法。梁启超于1901年在《中国史叙论》中提出的"中华民族"概念时近代刚刚开始，"此时代今初萌芽。虽阅时甚短，而其内外之变动。实皆为

㉔ 滕尼斯.共同体与社会[M].张巍卓，译.北京：商务印书馆，2020.
㉕ 盖尔纳.民族与民族主义[M].韩红，译.北京：中央编译出版社，2002.
㉖ SMITH. A D. The Ethnic Origins of Nations. B. Blackwell, 1986.该书追溯了民族（Nation）的起源是族群（Ethnicity），指出族群有6个特征：①有名称；②共同的血统神话；③共有历史；④独自的文化（言语，习惯，宗教等）；⑤与某特定的领域如圣地相关；⑥连带感。
㉗ 安德森.想象的共同体[M].吴叡人，译.上海：上海人民出版社，2016.
㉘ 梁启超将中国民族的历史划分为三个时代：第一，上世史，自黄帝以迄秦之一统，是为中国之中国，即中国民族自发达、自竞争、自团结之时代也；第二，中世史，自秦统一后至清代乾隆之末年，是为亚洲之中国，即中国民族与亚洲各民族交涉、繁赜、竞争最烈之时代也；第三，近世史，自乾隆末年以至于今日，是为世界之中国，即中国民族合同全亚洲民族与西人交涉、竞争之时代也.梁启超.中国史叙论[M/OL].[2024-07-15].https://www.sohu.com/a/292402743_99947082.
㉙ 许倬云.说中国：一个不断变化的复杂共同体[M].桂林：广西师范大学出版社，2015.
㉚ 秦"在全国范围内废除诸侯，建立起单一的由中央政府直接管辖的郡、县二级地方行政体制。秦朝将治理的范围扩展至全域，并贯彻至统治基层，由行政管理所带来的政治上的统合可减少、融化族群之间的差异，有利于集权和统一".转引自王哲.中国为什么不会分裂："大一统"始终凝聚人心.中国网·文化中国.[2024-07-15].http://cul.china.com.cn/2022-07/18/content_42039294.hm.

二千年所未有。故不得不自别为一时代。实则近世史者，不过将来史之楔子而已"[31]。1934年顾颉刚创办《禹贡半月刊》讨论民族问题，那时是为了整理中华民族的概念，应对外来侵略。关于近代中国尤其是民国时期的民族观与民族政策研究依然是一个薄弱的领域，迄今为止较少有人涉足。松本真澄于1999年出版的《中国民族政策之研究：以清末至1945年的"民族论"为中心》阐述了近代中华民族共同体认识的发展[32]。在此，不再详细展开历史细节，仅仅梳理近代共同体的特点。

"中华民国"的成立标志着中国国民国家（national state）的成立。国民国家的共同体基础发生了变化，即变为了民族（nation）。

这个共同体不是靠血缘、地缘共同体，而是如本尼迪克特·安德森（B. Anderson）所说的"想象的共同体"。在中国，20世纪的共同体是高度复合共同体：有中国传统的文化共同体延续（如血缘的、地缘的、儒释道等）；有外来文化的（如基督教）；有不同民族所构成的（如汉族、苗族等）；还有不同等级层次的共同体（如工人阶级）等。和"天下国家"的复杂共同体相比，国民国家"想象的共同体"是个更加复杂的共同体。其复杂之处不仅仅在于身处汉族文化圈内，也不仅仅在于身处多民族文化圈内，而在于同时身处世界文化圈中。

19世纪末20世纪初，中国被强制性地卷入全球化。鸦片战争以后，海外移民这些新型共同体是近代"想象的共同体"所特有的。这个特殊的共同体的嵌入加速了全球化时代的国际贸易、交通，加速了近代化进程。

费孝通在《中华民族多元一体格局》一书中论及了历史上汉族和周边民族摩擦、融合的过程，我们可以从中看到华夏共同体从未停止过变化。汉族始终没有被外来文化消灭，而是逐渐壮大起来。费孝通这样比较古代和近代的差别："中华民族成为一个自觉的民族实体，是近百年来中国在与西方列强的对抗中出现的，但作为一个自在的民族实体则是几千年的历史过程所形成的。"[33]的确，中国从"自在"走向"自觉"就是近代中华民族共同体意识逐渐觉醒的过程。

如何看待外来文化及其遗产？在我们的采访中，有专家认为中国文化自古都是在和外来文化交融中发展而来的，因此这些外来文化已经融入中国文化中，成为中国文化的一部分。我们应该更为积极地看待外来文化带来的遗产。笔者认为，在近代，中国受到外来文化影响形成了两种有代表性的20世纪建筑遗产：一种是租界遗产，另外一种是红色遗产。租界大多分布在沿海城市，这些租界大多成为历史文化街区，建筑成为文物或者历史风貌建筑。鼓浪屿还成为世界文化遗产。红色遗产是马克思主义传入中国后形成的独特的阶级共同体所创造的具有中国特色的遗产类型。

我们能不能说这些外来遗产今天已经成为中国文化遗产多元格局的一部分？费孝通提到大约在7世纪中叶，从海路有大批阿拉伯和波斯的穆斯林商人在广州、泉州、杭州、扬州等沿海商埠定居，当时称"蕃客"。1937年，顾颉刚在《禹贡半月刊》中认为反帝的national identity的集团就是中华民族。不一定血统、生活、语言、宗教、风俗习惯完全一样。对于回族，他认为虽然宗教不一样，但是同属中华民族[35]。

按照这个逻辑，我们也可以把近代中国国民国家共同体看作高度复杂的共同体，这些外来文化今天已经融入中华民族文化，就像唐代胡人的服装、家具等融入中国一样，近代西服也融入中国人的生活。因此，多元共同体留下的遗产也是构成了今天

㉛ 梁启超.中国史叙论[M/OL].[2024-07-15].https://www.sohu.com/a/292402743_99947082.
㉜ 松本真澄.中国民族政策之研究：以清末至1945年的"民族论"为中心[M].鲁忠慧，译.北京：民族出版社，2004.原文1999年由日本多贺出版社出版.
㉝ 费孝通.中华民族多元一体格局[M].北京：中央民族大学出版社，2017.
㉞ 费孝通.中华民族多元一体格局[M].北京：中央民族大学出版社，2017.

中国文化遗产多元化的事实。

和古代的一样，近代的复杂共同体内部也不是铁板一块，外来文化和中国文化也相互制约，民族主义和殖民主义一直在博弈中充满矛盾，民族主义因为"他者"而产生，一方面抵抗"他者"，另一方面又在向"他者"学习，这在租界城市和建筑发展中十分明显。和唐朝比较，近代中国这个共同体虽然有制度、文化、外交的跨文化融合，但是缺少像"天下国家"那样的文化"大一统"，缺乏像隋唐那样有话语权和经济实力作依托。不可否认，近代是一个灾难深重的时代。

回到开篇的"遗产"，我们可以看到，正是因为近代中国有高度复杂的共同体存在才会产生多元的20世纪建筑遗产。在乡村保留了更多的中国传统文化基因。以宗族为核心的共同体保持了很强的生命力。他们是血缘和地缘以及传统文化的体现。近代中国有多民族的建筑遗产，也有全球化时代带来的西方文化影响。特别是沿海城市留下了很多西式建筑。如果说这是共同体的水平特征，那么红色遗产则反映了共同体的阶层特征。红色遗产记录了无产阶级反抗剥削阶级的集体记忆。事实上，红色遗产还充当了抵御外来侵略的中国民族共同体一员的角色。安东尼·史密斯1986年出版了《民族的族群起源》，他以印度为例论述了纵向的共同体区分，可以给我们带来启示[36]。可以说，近代叠加了历朝历代的文化，也融合了中国多民族文化，还吸纳了世界的文化而产生了高度多元的遗产种类，这些都构成了中华民族的集体记忆的载体。笔者认为积极地看待近代高度复杂的共同体的变化和发展才能更好地理解当今的遗产。

四、小结

本文从遗产、记忆、身份三个角度思考20世纪建筑遗产，特别是近代建筑遗产，具体如下。

（1）文化遗产学研究的内容应该是全面的，不仅仅是非物质文化遗产，也包括从遗产到记忆，再到身份认同的全链条研究。（图2）。

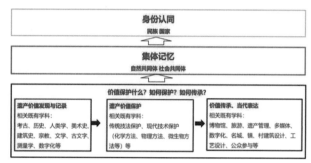

图2.从遗产到记忆，再到身份认同的全链条研究

（2）文化遗产是一种载体，承载着一代人的交往记忆和跨越代际的文化记忆，即集体记忆。研究遗产的目的是从遗产中找回集体记忆，加强中华民族共同体意识。

（3）20世纪遗产是中国5 000年不间断的历史长河的见证，是中国文化遗产的重要组成部分，其中的外来建筑遗产也可以视作高度多元的共同体带来的遗产多样性，应该给予保护。近代是缺失"天下国家"那样的中国文化凝聚力的时代，需要借镜近代，重拾中国文化的自信。

本文承蒙国家社科艺术学重大课题"中国文化基因的传承与当代表达研究"（21ZD01）支持。

㉟ 顾潮.顾颉刚年谱[M].北京：中国社会科学出版社，1993.
㊱ SMITH. A D. The Ethnic Origins of Nations. （《民族的族群起源》）B. Blackwell, 1986.

回望北洋大学堂
——关于天津近代教育建筑遗产保护的思考

舒平

一、最初印象

北洋大学堂是中国近代第一所现代意义上的大学，在我国近代教育史上占有举足轻重的地位。从1987年来天津上大学开始，我就和这么重要的建筑生活在一起却全然不知，现在回想起来觉得还是很幸运的，不仅学了自己喜欢的建筑学专业，还在上学之初就有机会接触著名的历史保护建筑。

初到天津上大学是在1987年的9月，当时学校还叫河北工学院，位于天津市红桥区，分为院部、东院和南院三个校区，我所在的建筑学专业是在院部上课。刚到学校时，对学校的历史和发展知之甚少，只是对学校分散的校区使用状态存有好奇和疑惑，后来随着对学校发展历史的逐步了解，也就解惑了。平时我们的课程大部分都在院部上，偶尔也有一些课程在南院上，基本没有需要去东院上的课，因此对院部和南院相对比较熟悉，对东院就比较陌生了，偶尔去一趟东院，也是来去匆匆，对东院的这组著名的建筑并没有什么特别的记忆，现在回想起来东院有这么重要的历史建筑，我却没能第一时间就近距离接触、了解、学习，的确是比较遗憾的。

上大学期间真正近距离观察东院，还是因为三年级的一个建筑设计快题作业，是关于东院南北大楼（上学期间对这组建筑的称谓）之间场地的快速设计。针对这个作业，我们需要到现场去调研，由此才对北洋大学堂这几栋建筑有了仔细观察的机会。记得当时是一个秋天的下午，我们几个同学结伴去东院场地调研。印象中，午后阳光明媚，照得两栋红砖建筑金光灿灿，几位同学围着建筑里里外外看了好几遍，当时这两栋建筑均为电气专业的教学楼，我们也把它仅仅作为同学们上课的教室，只是建筑形式上与其他房子不同而已。现在想来当时也仅是20世纪90年代，明显感觉当时我们虽然是高年级了，但还是比较封闭，对历史建筑的认识还仅仅停留在表面，尽管当时做设计时也查阅了一些文献资料，但还没有真正深入思考对历史建筑如何保护利用的问题，也只是通过设计了解了一些基础知识而已。虽然这次设计时间并不长，但也成为我和这栋历史建筑最初、最近距离的接触了，有些记忆，但并不深刻。

真正对这组历史建筑做一些深入的研究还是从2007年开始，当时我作为教师主持天津风貌办组织的历史建筑测绘工作，带领学生开始对这组建筑开展测绘工作，对相关资料信息进行了系统的梳理。随后到2019年天津电视台策划一组名为《小楼春秋》的纪录片，其中一集的主题就是北洋大学堂，当时邀请我参与拍摄，因此我才有机会更加深入地了解这组建筑的历史、发展历程以及在当代所经历的方方面面。

图1.分别于1933年和1936年建成的北洋工学院工程学馆（南大楼）、工程实验馆（北大楼）及教员宿舍（即团城，建设时间不详）

二、北洋大学堂旧址建筑概况

现存北洋大学堂旧址是1902年在天津西沽武库旧址上建立起来的，它承载了天津甚至中国教育发展史的重要部分，是近现代重要史迹及代表性建筑。西沽武库旧址不仅是当年清军储藏军械弹药的武器库，也曾是戍守重地和抗击八国联军的战场，北洋大学堂也因此增加了其历史的厚重感。

北洋大学堂旧址作为天津市教育建筑遗产，现存南大楼、北大楼、团城及校门，其中南大楼（建成于1933年）和北大楼（建成于1936年）为我国近代著名建筑师、建筑教育家阎子亨创办的中国工程司设计，融合了西方古典主义与现代主义风格的特征（图1）。团城据其形制推测为西沽武库遗留建筑，为中国屯堡式建筑风格（图2）。20世纪80年代，南北大楼和团城还是作为学校的教学和办公空间，当时刚入学的我偶尔从这一建筑组团经过，看到南大楼门斗上"北洋工学院"几个字（图3），不禁好奇其与北洋的渊源？团城则因其相对封闭的院落空间和檐口的堞雉造型给人与众不同的感觉。

图2.团城鸟瞰图

图3.南大楼入口题字

三、北洋大学堂旧址建筑遗产保护历程

2005年，北洋大学堂旧址北大楼、南大楼和团城同时被列为天津市首批重点保护等级历史风貌建筑，这也引起了我对天津市历史风貌建筑保护和利用的关注。2007年，我受天津市历史风貌建筑办公室委托，协助制定《天津市历史风貌建筑保护图则》，于是组织河北工业大学建筑与艺术设计学院教师与2004级部

分建筑学专业学生对北洋大学堂旧址进行了详细的测绘和图纸绘制。当时由于南北大楼之间增建的教学楼破坏了组团的整体感，建筑本身整体状况保存尚可，只是由于自然力与设施更新等各种人为因素影响，建筑亦出现了一些病害，如墙体局部风化碱蚀、吊顶局部损毁、局部门窗更换等，其中最为严重的就是南大

楼地下室防水层损毁，地下水渗透进来，在雨季水面达到1~2米深。负责楼道清洁的工人曾半开玩笑地说："可以在里面划船捕鱼了。"

2013年5月，北洋大学堂旧址被国务院公布为第七批全国重点文物保护单位，收录于2016年公布的首批中国20世纪建筑遗产名录。2017年，受河北工业大学委托，天津大学建筑规划设计研究总院承担了《北洋大学堂修缮工程》项目。时隔10年，我带领我院教师与研究生利用暑期，再次参与了该项目，其内容为北大楼、南大楼、团城、校门文物本体的建筑修缮，包括结构加固、残损构件修补替换、设备更新、消防措施等。保护总体目标就是维护文物本体结构安全、延续文物历史信息、提升文物实用功能。借此机会我们对北洋大学堂旧址展开了进一步的研究，包括其历史发展脉络梳理、遗产价值构成、病害及其成因分析、可适性再利用等。研究中最令人感动的就是其突出的历史价值与科学价值。

历史价值:北洋大学堂是中国近代史上的第一所现代意义的大学，它的创办，不仅推动了我国第一个近代学制的产生，为我国高等学校初创时期体系的建立起到了示范作用，更重要的意义在于其结束了中国延续长达一千多年封建专制教育的历史，开启了中国近代高等教育的航程。同时，资送留学生，谱写中西文化交流新篇章（图4）。

科学价值：钢筋混凝土结构技术作为人类建筑技术史上的创举，于20世纪初传入中国。天津是继上海、广州之后最早采用这一技术的城市。南、北大楼均使用德国进口建材，部分采用了钢筋混凝土结构，改变了过去砖木或砖混结构形式。进而在学习、借鉴西方技术和经验基础上，从经济实用角度出发，结合实际情况，对建筑基础、建筑结构与构造、楼板荷载、建筑防火与隔音、设备选用等都进行了精心设计与科学计算，对于研究当时建筑技术发展有着重要的历史意义。

北洋大学堂旧址由于一直沿用其教学与办公功能，保存状况相对较好。时至今日，南大楼已改为校史博物馆，北大楼依然作为教学空间使用，团城作为学校会议室与办公空间。此次修缮项目将北大楼（图

5）未来功能调整为展示、办公与教学空间，其余则保持不变。

2023年，该修缮工程以天津大学建筑设计规划研究总院有限公司为主要申请单位，获"海河杯"天津市优秀勘察设计（传统建筑设计）二等奖。

四、天津教育建筑遗产保护与再利用的思考

1. 从城市与校园两个层面加强整体保护

城市层面：首先，根据校园发展状况与建筑保存现状对天津市教育建筑遗产进行登记造册与等级划分，制定有针对性的保护策略。其次，校园结合城市周边区域规划与教育建筑遗产分布状况，打造天津近现代教育历史发展脉络线路，形成主题文化线路整体保护，并以天津近现代教育历史新视角打造城市名片，感受城市发展和教育演变。

校园层面：首先，在校园规划中将历史建筑单体周围的绿化景观纳入保护范围，充分考虑校园文脉的

图4.北洋大学40周年校庆时李书田与教员合影（照片摄于1935年）

图5.北大楼

延续和区域文化特色，注重建筑遗产与环境相协调。其次，校园管理层面制定具体保护措施，对历史建筑使用状况进行监控与定期检查、维护。最后，营造校园文化氛围，促进校园文化建设。不同时期不同形制的历史建筑都是校园文化代表，通过发挥校园不同专业的特色，打造历史建筑IP，使其作为校园文化建设标志，引起校园师生对历史建筑的关注，提高历史建筑在校园建筑中地位，也是对历史建筑情感价值的回应。

2.可适性再利用

由于教育建筑遗产分布在各个学校内部，不同学校组织各自管理，受其经济条件或认知程度影响，各校教育类历史建筑保护标准参差不齐。利用是最好的保护历史建筑方式，对于教育建筑遗产而言，最好的方式就是延续其教育功能，或对其进行适当改造，主要策略如下。

（1）推动城市与校园融合共享。结合城市更新要求，校园历史建筑与城市周边功能结合，弥补城市缺失功能，使城市与校园融合共享。同时增加校园历史建筑知名度与社会关注度，发挥历史建筑的价值，促进其可持续发展。例如，南大楼作为校史展览空间，不仅可以对校内师生开放，也可对市民开放，充分发挥其教育与公众参与的职能。

（2）参与社会公共活动。天津近现代史的特殊性，使处于不同区域的教育建筑形成多样风格，是当时经济发展、社会思潮、公共建筑的代表。一些影视作品来此取景，既还原了影视作品的时代背景，也提高了校园历史建筑知名度与经济效益。

五、结语

回望北洋大学堂的历史，我们不仅仅是在追溯一所学府的兴衰，更是在审视一个时代的发展与变革。北洋大学堂的创办者们为中国近现代史的发展留下了不可磨灭的印记，他们的努力探索成为中国教育事业发展的重要契机（图6、图7）。虽然北洋大学堂已经成为历史的一页，但其精神依然激励着我们，引导着

图6.周学熙　　　　　　　　　图7.学熙路

中国高等教育走向更加光明的未来。夕阳下，南北大楼与团城三座建筑犹如三位世纪老人相互守望、静谧安详，默默地诉说着历史与曾经的辉煌……教育建筑遗产作为天津市重要的遗产类型，除了延续其教育功能，其本身亦是重要的教育载体，希望社会各方共同努力，使其在当前城市更新与高质量发展的大背景下发挥更大的作用，焕发更多的活力，也得到更好的保护、利用与可持续发展。

参考文献：

1. 中国第一历史档案馆编 . 中国近代第一所大学：北洋大学（天津大学）历史档案珍藏图录 [M]. 天津：天津大学出版社，2005.
2. 舒平，张慧，王倩 . 北洋大学堂旧址建筑图典 [M]. 天津：天津科学技术出版社，2020.
3. 孟怡然 . 河北工业大学老校区教育建筑遗产及其保护策略研究 [D]. 天津：河北工业大学，2018.

风雨七十载，峥嵘学院路
——北京八大院校历史建筑述要

王冠东　陈雳

文教类是我国20世纪建筑遗产的重要类型，这类建筑数量众多，凝聚了几代人的宝贵记忆，成为一个时代的标志。在北京就曾经有一片规模庞大的高教校区，其中大量文教建筑始建于20世纪50年代，成为弥足珍贵的20世纪建筑遗产，这片区域就是北京学院路的八大院校。

学院路是北京海淀区的一条南北主干路，北起清华东路，南至蓟门桥。与北京城充满历史沧桑的街巷胡同不同，1952年即开工建设的学院路要年轻很多，但是这条道路却承载了新中国教育发展宝贵的历史回忆：这里坐落了新中国第一所航空航天高等学府、第一所钢铁工业高等学府、第一所石油高等学府、第一所矿业高等学府……学院路上诞生的八所大学从建立至今已有70余载，它们与国同行，为中国特色社会主义建设事业培养了大量杰出的人才。今天置身在这些建筑群中，仿佛仍能倾听到半个多世纪前新中国蓬勃建设的嘹亮号角（图1、图2）。

一、建设缘起

八大院校的建设活动始于20世纪50年代，那个时期国际、国内关系非常特殊：国际上随着雅尔塔体系的形成、杜鲁门主义的实施，世界形成了两大阵营；而国内刚结束了战争，百废待兴，新技术、新思想不断出现，这样的大环境会在各种层面上深刻影响国内的建设活动。面对即将到来的经济建设

的高潮，旧有的高等教育特别是工科教育的体系已经不能适应国家工业化发展的需要，工科院校力量不足，工科人才极度缺乏，于是中央人民政府决定进行高等学校的院系调整，参照苏联高等教育管理方式，组建高度分工的专门教育体系，形成中国新型的高教制度。1951年11月，《全国工学院调整方案》出台，拟定了工学院调整的基本原则，将单科工业大学作为高校调整的重要成果，这样既能保证对口工业建设部门所需专业人才的培养，又利于

图1.学院路鸟瞰

图2.八大院校建校时期（组图）

有计划的管理与领导。1952年6—9月，全国高等学校的院系调整正式展开，将高等学校分拆、院系合并、院校增设、专业调整等，其中由北大、清华、燕京、辅仁大学院系以及许多专业学校统一集中合并后，重新组建了第一批（8所）专业理工科高等学府，八大院校应运而生（图3、图4）。

二、八大院校

1950年底，北京都市委员会下发文件《北京市都市计划草案》，要在北京西北郊规划建设"学院区"。八大院校便是北京城市规划文教区的重要组成部分，它们以学院路为轴，在位于燕京八景——蓟门烟树的元大都城墙北相继破土动工。八所院校的校园两两相对，由北向南排开，中间形成一条宽阔的大道，这片区域成了北京最早的大学城。以学院路为界，西侧为北京林业学院（现北京林业大学）、北京矿业学院（现中国矿业大学和北京语言大学校园共同属于原北京矿业学院）、北京地质学院（现中国地质大学）、北京航空学院（现北京航空航天大学），东侧为北京农业机械化学院（现中国农业大学）、北京石油学院（现中国石油大学）、北京钢铁工业学院

（现北京科技大学）、北京医学院（现北京大学医学部）。

新中国的建设活动受到了苏联的影响，当年在苏联专家的参与下，八大院校的校园形成了一种区别于以往高校建筑的形式，其规划布局强调从入口空间的大型广场和庞大的建筑体量展开，注重外部空间的主次关系，结构清晰，整体感、空间感和层次感较强，群体组织具有很高的质量。这种布局方式对之后我国高校的规划建设起到了重要的示范作用。今天的高校建设中，入口大广场与轴线主楼组合依旧是频繁使用的设计手法（图5）。

三、协调性的整体把控

八大院校的建设属于国家主导的行为。在苏联专家的参与下，很多建筑都是集体创作完成的，故此对校园建筑的整体把握做得非常精准到位，主要体现在两点：其一是校园规划整体秩序的营造，其二是校园建筑外在形式风格的协调统一。

1.轴线关系

八大院校的校园规划在轴线（图6）上下足了

图3.《中央人民政府教育部关于全国工学院调整方案的报告》

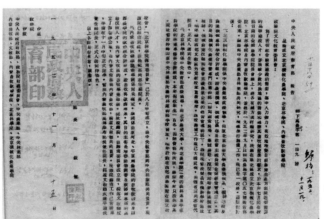

图4.关于成立北京农业机械化学院（中国农业大学）、北京林学院（北京林业大学）的通知

图5.1953年北京钢铁工业学院校园规划平面图
（资料来源：武强，周庆素《北京钢铁工业学院设计介绍》）

| 北 | 北京农业机械化学院
（中国农业大学） | 北京石油学院
（中国石油大学（北京）） | 北京钢铁学院
（北京科技大学） | 北京医学院
（北京大学医学部） | 南 |
| | 北京林学院
（北京林业大学） | 北京矿业学院
（中国矿业大学（北京）） | 北京地质学院
（中国地质大学（北京）） | 北京航空学院
（北京航空航天大学） | |

图6.八大学院规划轴线

功夫，而其所形成的轴线空间序列并不是简单的中国传统的轴线空间序列的延续，而是在全面学习苏联设计经验后，发展形成的一种高校建筑所特有的空间特色，具体表现为：用纪念碑式的大楼取代传统轴线上相对低矮的建筑或围和空间，形成一种新型轴线序列形式。轴线关系层层递进，强化建筑群的象征性含义。八大学院建筑群的轴线空间序列是其建筑群组织的重要形式。

2.均衡的构图

统一均衡性是建筑设计的一种构图方式，也是考验建筑师职业能力的一项标准。在主立面入口门廊、山墙、翼角等处的设计，都体现了建筑的均衡性，并巧妙利用色彩协调建筑风格。砖红墙与青灰窗槛的搭配简洁美观，得体大方。

大型公共建筑的设计非常强调立面的节奏和韵律。建筑单体三段式的布局，以及立面柱廊、窗间墙设计，都表现出一种美学的秩序韵律。

八大院校主楼在体量和高度上，都要比其他教学楼高大，立面装饰讲究，平面工整对称，外观庄严厚重，主入口的柱廊常作为构图的重点。在立面造型上，多采用中间高两边低的形式，或主楼中间呈台阶形，两侧设置配楼，中部高于两翼，构成等级分明的形式秩序。其余教学楼、办公楼等建筑则相对较小，装饰元素较简明。所有建筑都采用了横

三段、纵三段的立面构图形式。整个建筑外立面由于窗户与外墙相交处的线脚向外突出，产生强烈的竖向划分感觉，营造出建筑挺拔、雄伟的气势（图7）。

四、细部设计

八大院校建筑在形式处理上有很多独到之处，可以看出无论是在设计上，还是在施工过程中，都有很多值得称道的地方。

1.墙面材质

八大院校的校园建筑在墙面材料的使用上非常丰富，有现代建筑常见的红砖、混凝土、石材，也有中国传统建筑的琉璃瓦和木材，常见的建筑材料几乎全都包括在内。尽管如此，使用最普通的还是砖、石及混凝土，它们往往共同使用，形成材质与色彩的对比。

2.门窗组合

门窗元素的组合是八大院校展现建筑形象的主要形式。所有的门窗遵循一定的比例，按照一定的韵律进行排列组合，即便不使用花哨的装饰构件，同样可以达到社会主义现实主义追求的内在要求与和谐之美（图8）。

图7.八大院校主楼示意（组图）

图8.八大院校门窗组合示意

3.入口柱廊

入口柱廊是主楼设计的重要环节。八大院校主要采用三开间的柱廊式入口，一些线脚的刻画与石刻的图案较为朴素，但十分讲究，有些甚至采用了中国古典建筑的彩画图案，如北京林业大学的入口门廊在顶棚四角饰有祥云的图案，还有北京航空航天大学主楼入口门廊顶棚用一圈斗拱来强调其线脚，这是20世纪50年代建筑师对"民族形式"的一种尝试（图9、图10）。

图9.八大学院入口门廊示意

图10.八大学院内部空间示意

4.内部空间

八大院校的门厅更多地作为从室外进入室内的一个过渡空间。空间围合规整、层次比较简洁。门厅整体空间较小并且没有通高空间，内部装饰较朴素。铺地相应地采用简约的"回"字形图案；除了吊顶外，空间内再无其他华丽装饰。

空间的照明方式较单一，走廊两边都是教室，没有为公共活动做开放空间，厚重的墙壁使内部空间显得比较沉闷。主楼梯通常为宽阔的分合式楼梯，踏步、栏板、扶手以及周围墙体的材料都采用了简单、经济的处理方式，但仍可以感受到秩序性和低调内敛的空间氛围。

其余使用空间没有复杂的空间构成，以单一空间为主，整体简洁实用，高空间、大进深，富有节奏感。因为采用了较大的开窗，所以每个房间光线充足，明朗清新。

5.装饰细部

八大院校建筑群除了采用当代社会主义题材的装饰元素外，还运用了很多中国传统建筑装饰元素。建筑师通过改变尺度、更替材料和简化装饰的手法，将西方与传统建筑的符号很好地运用在八大学院建筑中，图案类型凸显时代性、民族性。室内空间简洁大方，装饰元素集中于柱与门窗处。

门厅内除主楼梯外，视觉焦点集中在柱子上，八大院校建筑室内的立柱并不刻意追随爱奥尼克式或者科林斯等西方古典样式，更多地注重全新的雕塑题材。中国矿业大学民族楼正立面门洞券柱上雕有灵动的枝叶，并用太阳花作为分割。柱础采用须弥座的形式，摆脱了西洋柱式的束缚。栏杆立柱则成为内部空间较为重要的装饰。

门套和窗套借鉴了中式风格，窗框由额、雀替等传统构件变异为门窗周围的装饰。红色外框结合栅格窗同时彩绘精美的纹样，在现代风格基础上配以传统花式点缀。

窗槛墙的设计则表现出另一番变化：窗槛墙凹入窗间墙内，形成以窗户和窗槛墙组成的竖向线条，增强韵律感，内有石刻线脚，结合了中国传统栏板的纹饰和苏式建筑的风格（图10）。

五、可贵的民族性探索

八大院校建筑群的建设是新中国成立后20世纪

图11.八大院校装饰示意（组图）

50年代建设活动的缩影。回顾20世纪50年代中国建筑设计风潮起伏，这一轮民族建筑形式的探索从1953年左右开始，迅速席卷全国。北京的友谊宾馆、四部一会大楼、八大院校等一大批代表性建筑相继竣工，形成了继20世纪30年代"中国固有形式"之后的又一波民族形式复兴的高潮，其影响贯穿了整个20世纪50年代。而这一波浪潮对社会主义建筑形式的探讨对以后的中国建筑创作实践产生了深远的影响。

八大院校的建设就发生在这一时期，其建筑设计受到了当时苏联"社会主义现实主义"手法的影响。在全面学习苏联的过程中，中国建筑师将社会主义的现实创作方法提炼成"社会主义内容、民族的形式"，在民族形式上积极探索。

八大院校建筑群的设计无疑在很大程度上体现了民族特色。从建筑空间到建筑装饰，传统元素作为重要的符号穿插其中。室内空间虽没有精美的装饰纹案，但像博古纹的装饰点缀空间，使得庄严肃穆的建筑也在轻快活泼的装饰点缀下达到和谐的境界，并且富有强烈的时代性，同时对传统的建筑符号重新编码，赋予了社会主义的新内容。

八大院校面对现代设计思潮的冲击，既顺应了时代的要求，承载着共同的文化内核，又在积极地探索超脱历史束缚的表达。八大院校建筑对于探索中国建筑民族形式的积极实践在北京城市建设历史中具有重要的意义，值得我们研究和思考（图12）。

图12.《空天报国忆家园：北航校园规划建设纪事（1952—2022年）》书影

基于国际视野的中国 20 世纪机场建筑遗产

欧阳杰

自1910年建成我国第一个机场——北京南苑机场以来，我国机场建设至今已有上百年历史，按其发展时序可分为近代机场建筑史（1910—1949）和现代机场建筑史（1949年至今）两大阶段。中国近现代机场建筑是具有鲜明的航空行业特色的公共建筑类型，兼有工业建筑、军事建筑以及交通建筑的多重属性，涵盖航空工业、军事航空和民用航空三大行业类别。留存至今的近现代航空建筑遗产主要包括三大类：一是驻扎机场的飞机维修厂（或飞机制造厂）、航空学校系列；二是由中央或地方政府军事航空或民用航空主管部门所主导建设的民用机场系列，主要包括机库、航空站及指挥塔台三类专业建筑（图1）；三是民营、官办或中外合资的航空公司所主导建设的民用航空站系列。这些为数不多但弥足珍贵的近现代机场建筑遗产已是20世纪建筑遗产不可或缺的建筑类别。

一、中国近现代机场建筑遗产的基本特性

1.系统性和广泛性

航空业主要采用由中央政府主管机构至各级地方政府职能部门"自上而下"式的垂直化交通行业管理体制，这使得近现代机场建筑制度体系具有鲜明而独特的行业性特征，涵盖机场的规划建设、运营管理制度以及技术规范标准等诸多领域。例如，由南京国民政府航空署所主导的大型军用机库普遍采用标准化设计图集，以实现快速而低成本地在全国各地推广复制的效果，如南京大校场、南昌老营房、洛阳金谷园和西安西关等地军用机场均建有标准化的机库（图2）。

图1.成都双流机场20世纪60年代新建的航站楼（2023年被拆除）

图2.南京大校场机场的标准化军用机库（已被拆除）

在孙中山先生倡导"航空救国"理念的激励下，我国近代航空业始终处于优先发展的地位，这一时期的机场建造数量之庞大、建设范围之广泛以及机场建筑形制之丰富都是举世罕见的。在抗日战争及频繁内战的背景下，南京国民政府时期是近代机场建设的高峰期，尤其是在20世纪30年代的"空军至上"军事建设思想和"航空救国"运动及其"一县一机"目标的影响下，机场更是在全国范围内广为建设。时至1950年5月，新中国接收的机场便达542座。

2.国际性和先进性

中国近代航空业是国际化程度较高的行业，其主要体现在自国外引入的先进航空技术和留学归国的航空专业人才两方面。由于近代欧美国家竞相推销飞机带来了多元化的航空技术和机场建设技术，无论是军用还是民用，中国近代航空技术和机场建设水准始终是与国际航空发达国家接轨的。例如，南京国民政府先后开办了中美合资的中央杭州飞机制造厂、中意合资的中意南昌飞机制造厂、中德合资的中国航空器材制造厂以及中苏合办的迪化飞机制造厂等。尤其是在抗战胜利后，中国与国际民航组织的机场建设标准对接，以跑道和航空站为主体的机场建筑体系逐渐成熟。

此外，中国近代航空业的国际化也体现在海外留学回国的航空专业人才领域。以麻省理工学院（MIT）为主体的第一代航空工程师尤以"航空三杰"巴玉藻、王助、曾诒经最为典型，他们秉承"航空救国"的信念，学成归国后投身到航空工业体系或空军建设之中。航空先驱王助甚至在马尾海军飞机工程处跨界主持设计了芬克式屋架的"钢骨飞机棚厂"（即钢制机库），并在《制造》杂志发表相关论文（图3）。

从技术史的角度来看，近现代机场建筑在中国建筑史中占据重要地位，在建筑形制、建筑材料、建筑结构以及建筑设备等诸多方面都具备有一定程度的先进性，它是反映新材料、新结构、新技术和新设备应用的新式交通建筑，至今尚存的机场建筑遗产具有较高的科学价值和建筑价值。

图3.航空先驱王助设计的芬克式屋架（"铁胁厂"局部保留）

3.特色性和稀缺性

中国近代机场建筑是相对短时间内兴起而又大规模建设的特色性新型建筑类型，其数量众多，形制丰富，在中国近代建筑体系中具有独特的发展路径和行业价值。这些行业特色鲜明的机场建筑遗产是见证近现代机场大规模建设的重要实物文物，普遍具有较强的历史文物价值、科学技术价值以及行业文化价值。

近代频繁的战事已导致被视为兵家必争之地的机场普遍遭受了反复损毁，而旧机场地区再开发的热潮也致使不少在战争中幸存的老机场建筑遗存遭到拆除，以至当前仅有数十处机场建筑遗存散落分布在上海龙华、乌鲁木齐地窝堡、昆明巫家坝等全国各地，但这些"孤立"分布的机场建筑遗产实际上都具有内在的航空业联系和航空技术文化的传承，而且近代航空建筑遗产与现代航空建筑遗产之间也普遍具有一定的继承性，如驻扎在南昌青云谱机场的国民党空军飞机修理厂在新中国成立后被改作洪都飞机制造厂，现老厂区遗址已被纳入整体保护范围。

二、20世纪机场建筑遗产保护的现状和问题

我国近代的机场普遍经过战火的反复洗礼，在频繁的战争中屡遭破损，遗存至今的近代机场建筑遗产

弥足珍贵，可谓"吉光片羽，劫后遗珍"，其空间分布特点为"大隐隐于'军'、中隐隐于'工'、小隐隐于'民'"，其中"军"是指以北京南苑、杭州笕桥等为代表的近现代军用机场；"工"是指以沈阳东塔、哈尔滨马家沟等为代表的航空工业、航天工业等驻场单位；"民"是指以大连周水子、天津滨海等为代表的近现代民用机场，这些军队和航空、航天及民航单位的驻场使得近代机场建筑遗存既有"养在深闺无人识"的窘境，也使得这些近现代机场建筑幸免于大规模的房地产开发而得以留存至今。

由于近现代机场建筑遗存布局分散且相对偏远，以及由于军事保密等各种约束性因素，以至中国近现代机场建筑遗产不为大众所熟知或重视，仅有的机场建筑遗产因缺乏整体性的价值评定和保护级别划分而面临着在和平时期被不断拆毁的危险。例如，在战时幸免于难的洛阳金谷园机场机库、上海龙华机场欧亚航空公司机库（著名建筑师奚福泉设计）、齐齐哈尔南大营机场航空站却在房地产开发热潮中直接遭受了被拆除的噩运（图4）。总而言之，20世纪机场建筑遗产亟待进行系统性研究和抢救性保护。

由于近代机场建筑行业性强、相对独立发展等因素，少量的机场建筑遗存研究也多局限于单个城市中的单一建筑孤例，未上升为航空交通建筑类型进行专题研究保护，以至机场建筑遗存的保护始终未纳入应

图4.齐齐哈尔南苑机场航空站建筑（2013年被拆除）

有的层级。例如，在先后公布的八批"全国重点文物保护单位（简称'国保单位'）"名单中，仅交通类的国保单位就达40项以上，但至今仍缺乏民用航空类的国保单位。在第八批国保单位中，铁路项目占有5项，军事航空类项目仅有"人民空军东北老航校旧址"1项，航空工业类项目只有"三线贵州航空发动机厂旧址""三线贵州歼击机总装厂旧址"2项。显然，与铁路遗产相比，机场建筑遗产无论是数量还是等级均严重滞后。

三、20世纪机场建筑遗产的保护对策

根据建筑遗产的空间分布特性与自有行业特色及其价值体系判定，中国近现代机场建筑遗产需要从"点""线""面"三个维度予以保护与再利用。

一是在针对单体建筑的"点"保护层面上，需要对具有航空特色的机场专业建筑遗产予以系统性保护。要对我国近现代机场建筑遗存的现状分布进行田野调查，力求将散落各地的机场遗址及其建筑遗存串接起来，强化跨区域的"点"保护，建立分门别类、图文并茂的中国近现代机场建筑遗产数据库，最终使典型的机场建筑遗产分批分片地纳入全国重点文物保护单位或20世纪建筑遗产保护名录。

二是在针对航空线的"线"保护层面上，针对民用或军用航空线沿线的机场建筑遗产，需要秉承"文化线路"或"线性文化遗产"的理念，由航线串接沿线各地的航空站建筑遗产，予以跨区域的整体保护。通常航空类文化线路的构成要素包括机场建筑、机场场址、机场周边自然环境和社会环境等所形成的航空类物质文化遗产，以及机场建设发展和航空活动所衍生的非物质文化遗产。以抗战时期由中苏航空公司执飞的新疆哈阿航空线为例，该国际航线承担了西北国际运输通道的职能，新中国成立后又由中苏民用航空公司延续开通了北京至阿拉木图的国际航线。沿线的伊宁、乌鲁木齐地窝堡和哈密三个机场至今仍保留有较为完好的苏联建筑风格的航空站或相关建筑（图5）。这些体现"抗战生命线"的机场历史建筑群的保护价值重大，适宜打造具有国际性的近现代航空类

线性文化遗产。同样，抗战后期中美空军在西南地区开辟的"驼峰航线"所遗留的航空类遗产也应提升到航空类"系列遗产"的高度予以保护。

三是在针对全国或区域的"面"保护层面上，需要在全国范围内对国家级乃至世界级的航空建筑遗产跨区域、跨行业地予以重点保护。近现代机场建筑遗产普遍具有重要的历史文化价值、文物价值、科学技术价值和行业价值，尤其是至今在全国零星散布但仍保留相对完整的、成规模的、系列化的国家级航空工业遗产，这些具有跨区域特性、反映抗战主题且体现了国际航空技术交流历史的航空工业系列遗产不仅具有申报国家级重点文物保护单位或工业遗产名录的实力，而且具备在中国近现代国家航空工业体系的构架下整体打包申报"世界文化遗产"的潜力。

四、中国民航大学和天津机场近现代历史建筑遗存

天津滨海国际机场原名"张贵庄机场"，张贵庄机场在新中国民航发展历史上具有举足轻重的地位，是许多重大历史事件见证地和发生地。天津机场既是奠定了新中国民航的发展基础的"两航起义"发生地，也是新中国"八一通航"的发生地，1950年8月1日顺利开通新中国第一条国内航线（广州—汉口—天津航线），由此开启了新中国民航新时代。另外，新中国第一个国营航空运输企业——中国人民航空公司、第一所民航学校、第一个通用航空机构等都先后在天津机场成立，由此天津张贵庄机场被誉为"新中国民航的摇篮"。天津机场地区至今保留了全国最为完整的近现代机场建筑群，申报20世纪建筑遗产将在民航领域起到示范带动作用。

1.中国民航大学原高级航校教学建筑群
北2、北3教学楼；行政办公楼；俱乐部；北八公寓；北一、北三、北五宿舍等。

2.天津机场1950年代初的机头库和第一代航站楼
机头库1座；航站楼及其附属建筑各一座。

3.天津机场20世纪70年代初的第二代航站楼
容纳约600名乘客、5 500 平方米的航站楼及餐厅、宾馆等配套工程，包括航站楼及其两座附楼所围合的花园环岛。

波音公司赞助的维修车间为两栋连续三跨厂房，车间的建筑平面均为矩形，建筑面积约为780平方米，均为单层砖混结构建筑。

4.天津机场1980年代初的第三代航站楼
建筑面积2.5万平方米的飞机状航站楼；
中国通用航空公司使用的钢结构联排式直升机机库。

5.天津机场铁路支线及其仓储设施
自京山铁路引入，用于航空油料运输和货物运输的铁路专用线及其仓储设施。

6.日伪时期的碉堡（20世纪40年代）
侵华日军修建的一大两小的三座钢筋混凝土地堡（机场飞行区内）。

图5.1939年新建的哈密机场航空站

图6.20世纪40年代侵华日军遗留的机场地堡

图7.国民政府交通部民用航空局天津航空站（已拆除）

图8.20世纪50年代建成的中国民航高级航校（中国民航大学前身）教学建筑群

图9.20世纪50年代建设的机头库正面

图10.20世纪50年代建设的机头库侧面

图11.20世纪50年代建成的航站楼

北京 1959 年"国庆十大工程"问题研究

刘亦师

一、"十大建筑"名称和内容是否一以贯之、一成不变

　　1958年8月，中央政治局扩大会议提出了新建12~15幢"永久性"大型公共建筑的设想，并由万里同志在9月8日向在京的建筑设计和施工单位传达。经过数日紧张的筹备，计划所需建筑材料、人工、施工器械等条件，国庆工程的内容已发生了显著变化。时任清华大学建筑系系主任梁思成的工作笔记上记载了1958年9月13日参加市委常委会会议的记录，其上已出现"十大建筑"的名称，其内容为：人民大会堂、历史博物馆、革命博物馆、大剧院、两处大型旅馆、文化艺术展览馆、科学技术展览馆、农业展览馆，外加1955年已建成的苏联展览馆，一共10处。其中，大会堂的预期建筑面积仅6万平方米（实际建成超17万平方米），革命、历史两个博物馆尚未合并为一，因当时天安门广场扩建的规划尚未确定，确有一批方案将革命、历史两馆分别设在广场南段。整体而言，事实证明，梁思成在9月13日所记的"十大建筑"过于保守了，甚至将已竣工多年的苏联展览馆（当时计划改作工业展览馆）也列入名单中。这反映出当时建筑师和施工单位面对前所未有的大型设计任务，在时间紧迫的条件下，为保证完成工程任务而提出了可行性计划（图1）。

　　这是国庆工程办公室领导成员之一、北京市规划管理局设计院院长沈勃的回忆。

　　为了进一步明确国庆工程范围，落实设计任务，9月15日，赵鹏飞、冯佩之、张鸿舜和我参加了由万里同志召开的会议，进一步研究了有关国庆工程项目问题。会议初步决定人民大会堂、国家剧院、革命历史博物馆、农业展览馆、美术馆、军事博物馆、民族文化宫、科技馆、迎宾馆以及一个新建旅馆等十项工程为既定项目；电影宫和工人体育场为争取项目。会议决定把农业展览馆、美术馆、电影宫技术设计和施工图纸，交由建工部领导的工业设计院负责；把国家剧院和科技馆交由清华大学负责具体设计；将其余的全部工程交由北京市建筑设计院负责解决。

　　可见，当时已将拟建设项目分为"既定项目"（后亦称"必成项目"）和"争取项目"（后亦称"期成项目"），其总数超过10项。

图1.梁思成工作笔记，1958年9月13日，清华大学档案馆藏

1958年10月11日，北京市委上报周恩来总理及中央的报告中首次明确提到"国庆十周年十项工程"的提法，并初步计算了投资总额和单方造价。名单中包括了艺术馆（美术馆）、科技馆和国家剧院3项后来缓建的项目，同时革命博物馆和历史博物馆虽合并建立（二馆合一）但仍分开计算，总计为十项。这一名单中尚未包含北京站和民族饭店（表1）。

表1 国庆十周年十项工程建筑面积和投资估算表

工程项目	建筑面积（平方米）	建筑投资（万元）	单方造价（元）	说明
总计	372 450	14 447.6	—	
人民大会堂	60 000	3 600	600	（开会、展览演出、办公所需的家具和设备不包括在内，另由使用单位编造预算报国务院核批）
国家剧院	30 000	1 500	500	—
革命、历史博物馆	40 000	2 000	500	（两馆合建）
民族宫	26 300			（已有投资，总投资不再包括）
科学技术馆	25 000	750（900）	300	（最近又提出再增加5 000平方米）
艺术馆	12 000	360	300	
解放军博物馆	95 000	4 275	450	（军委自己提出的造价标准及面积）
农展馆	25 000	750	300	（已建成标准较低的展览馆18 121平方米，再增标准较高的20 000平方米和办公服务用房5 000平方米）
迎宾馆	59 150	1 212.6	205	—

注：除人民大会堂外，其余各项工程的建设投资均未包括内部设备的投资

来源：市委关于纪念国庆十周年工程的筹建情况和问题的报告. 1958. 北京市档案馆. 47-1-60.

值得注意的是，上述各名单中均未提及北京站。这说明1958年10月间党中央并未决心建新车站，仍准备沿用位于前门附近的老京奉总站。但由于前门车站面积太小不敷使用，与作为北京十年国庆的"门户"地位不相称。铁道部决心以该部的资源为主，争取北京市和相关单位支援，提出了建设新车站的倡议，并于10月中旬获得党中央的认可。此后，选址、拆迁、设计工作顺利进行，最终建成了极具民族特色并融合了新技术、新形式的新车站大楼。北京站的立项和建设是由建设单位——铁道部发起的，这与其他国庆工程项目由中央决定完全不同。其跻身"十大建筑"之列，也体现了负责具体工作的铁道部领导同志（武竞天等人）的积极性和主动性[①]，在其领导和鼓舞下，北京站的建设才能后来居上，最终顺利竣工。

1959年初，各处正在紧张施工的工地有14、15处之多，均为国庆工程的"必成"或"期成"项目。1959年2月28日，周恩来召开各部委主管领导会议，讨论国庆工程压缩问题。北京市由万里和赵鹏飞、沈勃等国庆工程办公室领导成员参与会议。该会议决定，科技馆、国家剧院、电影宫和美术馆4个项目推迟缓建。其中前两个由清华大学建筑系设计，后两个由建工部北京工业建筑设计院设计。当时，科技馆的基础已做好，大剧院、美术馆也已开挖基础。负责人民大会堂、民族宫、民族饭店3处建筑设计的张镈后来回忆："周总理当机立断，为了保证人民大会堂的规模，宁可舍掉科技馆和国家剧院等子项。这一决定可以说是果断的、适时的。稍一犹豫就会在千军万马齐上阵的战役上出现难以挽救的局面。"[②]

此次会议之后，最终确定1959年国庆工程共十项：人民大会堂、革命历史博物馆、民族文化宫、民族饭店、华侨大厦、迎宾馆、工人体育场、军事博物馆、全国农展馆和北京站，这就是广为人知的"十大建筑"。其中前八项为北京城市规划管理局设计院（后改名为"北京市建筑设计院"）主持设计，后两项为建工部北京工业建筑设计院设计。可以看到，"十大建筑"的名称和内容是经过多次变化才最终确

---

① 北京政协文史资料委员会编. 北京文史资料[M]. 北京: 北京出版社,1994.
② 张镈. 我的建筑创作道路[M]. 北京: 中国建筑工业出版社, 1994: 174.

定下来的，这一过程也反映出最高领导层平衡政治理想和社会现实的决策过程。

二、周恩来总理指示"一年建成、五年修好"是否意味着完成度不高、建筑质量差

周总理对"十大建筑"各项目的设计和施工十分关心，屡次视察革命历史博物馆、北京站、民族文化宫等工地，但人民大会堂是其最为关注的项目。张镈、沈勃的回忆录以及人民大会堂管理局出版的各种书籍皆详细记述了设计和施工过程中周总理"常到现场启发、指导"，并多次出主意解决具体问题，如大礼堂顶棚做"水天一色"、建议将大礼堂设计成马蹄形平面等。

1959年7月上旬，人民大会堂施工接近尾声，周恩来再次视察宴会厅工地，对国庆工程办公室的负责人赵鹏飞、沈勃等人提出建议："短时间内搞这么大一个工程，边设计、边施工、边备料，难免会考虑不周；但关键部位一定要保证做好，次要的地方可以逐步修改。"这就是"一年建成、五年修好"这一著名口号的由来[③]。

从沈勃、赵冬日等人的回忆看，周总理说的"关键部位"是指1959年国庆需投入使用的万人大会堂、5 000座的宴会厅等主要部分，南翼的人大常委会办公楼则可推迟竣工验收。"五年修好"并非指建筑质量欠佳，需推倒重新修建，而是指将1958—1959年间在装饰装修方面存在安全隐患或档次较低的材料替换成永久性的、较高级的材料。其用意是考虑当时的国情和技术水平，次要环节不求一步到位，而尽全力保障主要功能的安全性和适用性。

主持工程设计的总建筑师张镈在其回忆录中列举了数例可供了解周总理指示的原意。

（礼堂等高大空间的设计照度200勒克斯，沈勃从勤俭建国出发改为100勒克斯）原定方案是符合政策的，追加方案也是有余地的……不一步到位的做法是可取的。

20世纪50年代在大空间厅堂之中，喜欢悬挂大花吊灯。（设计人）主张用铜管制造，原因有二：一是铜材成型规整，能满足弯曲度要求，二是质感、色泽好，比较高贵。沈勃认为这是国防需要的物资，因而非但不同意在灯具上使用，就是当时一般大型建筑在大楼梯上铺地毯用铜棍压毯的办法也不许用。人民大会堂完工后，除各省自备料、自装者外，在建筑上均使用无铜料的装饰。

后来把闷顶里能替换的木构件更换为轻钢结构，增加横竖小钢材以方便到每个灯位检视防火性能和更换灯泡之用。原设计有喷洒的灭火龙头，随着产品的更新换代，逐步加以改进[④]。

张镈的回忆录也提到周总理关于"一年建成、五年修好"的指示，"他对我们说，保证万人礼堂能开会，五千座宴会厅能开宴为主。要留有余地，不要想把文章做绝……全部可以一年建成五年修好就行了"。至于建筑质量问题，大量文献证明了在设计和施工过程中反复测试、反复进行方案比较的艰难过程，"五年修好"是当时客观能力所能实现的情况。

2020年在北京市文物局召开的"十大建筑"讨论会上，人民大会堂管理处的同志也提到近10年来人民大会堂外立面也将原先的外饰面即斩假石，全部替换为色泽相近的干挂石材面饰。张镈在20世纪90年代的回忆中已提到："为了不妨碍将来有条件改为真石砌筑，在钢筋混凝土柱外加砌了24墙空位，为将来改换挂砌12厘米厚的真石面材留有余地。这也是不想把文章做绝的一种表现。"[⑤]

这说明人大会堂的装饰装修整改工作一直持续不断。这也是维护建筑正常使用所必需的工作。无论历史文献还是使用单位的工程修缮资料都证明了人民大会堂、民族文化宫等"十大建筑"主体结构的科学性和可靠性。

---

③ 何虎生. 人民大会堂见闻录（上）[M]. 北京: 中共党史出版社, 1998.
④ 张镈. 我的建筑创作道路[M]. 北京: 中国建筑工业出版社, 1994.
⑤ 张镈. 我的建筑创作道路[M]. 北京: 中国建筑工业出版社, 1994.

三、"十大建筑"是否采取了世界领先、具有独创性的新技术

对于"十大建筑"的评价，一般易见非黑即白、二元化的现象。如前所述对建筑质量质疑者，常罔顾大量史料和事实，而赞颂"十大建筑"者也易同样落入窠臼，也是"选择性"叙事的一种。

"十大建筑"中采用新技术最典型者是北京站中央大厅（设计文件中称"广厅"）屋面所用的大跨度双曲面薄壳（亦可称双曲扁壳）。薄壳结构"是较经济、合理的结构形式之一，由于它具有自重轻、刚度大、节省建筑材料、体型灵活等优点，所以近年来在建筑工程中得到较广泛的应用"[6]。北京站采用三种不同尺寸的薄壳屋面，其中最大、覆盖广厅的双曲薄壳尺寸为35米x35米，双曲薄壳的厚度仅为80毫米。从跨度和覆盖面积而言，这是当时国内先进的结构和施工技术的例子（图2）。茅以升在总结新中国成立10周年以来建筑结构发展的文章中也高度赞扬了这一新技术："薄壳空间结构是一种能充分发挥材料作用的高效能结构形式，早在1950年即开始应用，其后大跨度的长壳、短壳、双边扁壳、球壳等都已建造。1958年，全国纺织工业厂房盖起薄壳屋面结构，占全部钢筋混凝土结构厂房的81%左右。1959年建造的北京铁路车站大厅，以双曲扁壳的钢筋混凝土作屋顶，跨度为35米x35米，矢高7米。"[7]可见，北京站的双曲薄壳技术作为我国结构设计方面的重大进展，从其建成时即得到公认。

然而，茅以升在文中也提到薄壳技术早在1950年即在苏联等地得到广泛应用，力学性能和施工技术已逐步成熟。1958年在莫斯科举办的"新建筑新技术展览会"（其为1958年国际建协大会的一部分）上，全场最后陈列着一个18米x18米的钢筋混凝土预制正体双曲薄壳屋面结构的实物[8]，该薄壳展现了苏联结构技术的进展和成就。登载该文的《建筑学报》1958年第12期则以展出的该薄壳结构作为其封面的一部分（图3）。这说明，双曲薄壳结构的计算和施工当时已经成熟。

在跨度方面，35米x35米固然可观，但茅以升在同一篇文章中还提到，1959年7月建成的广东番顺县大良人民会堂，采用了扁球形钢筋混凝土薄壳屋顶，跨度为55米，矢高为7.5米，其结构选型与北京站一样，跨度甚至更大，在我国当时建成的这种类型的薄壳结构是全国最大的[9]，而且其设计和建成实践与北京站基本同时。这说明，北京站的新技术虽然在全国而言是位于前列的，但采用的是国际上成熟的技术，而且跨度并非最大。除北京站外，农展馆的一些场馆也采用了类似的双曲薄壳机构，但跨度小得多。其他如折板结构、大跨度钢桁架结构等，在评析其技术价值时均应在国际视角和国内实践的语境下，持客观公允的态度。

四、建设过程中，苏联专家是否被排斥在外，或是否由苏联专家主导

我国独立自主工业体系的基本框架是由苏联援建、在"一五"计划期间逐步建立起来的。"一五"计划期间，在"建成学会"思想的指导下，我国设计人员跟随苏联专家学习城市规划和各

图2.北京站高架候车室薄壳

⑥ 胡世平,郑秀媛.北京新车站双曲扁壳设计和施工(下)[J].土木工程学报,1959(9):765-780.
⑦ 茅以升.建国十年来的土木工程[J].土木工程学报,1959(9):702-714.
⑧ 杨芸.莫斯科新建筑新技术展览会[J].建筑学报,1958(12):38-39.
⑨ 罗崧发.广东省番顺县建成目前全国最大跨度的钢筋混凝土薄壳[J].土木工程学报,1959(8):632.

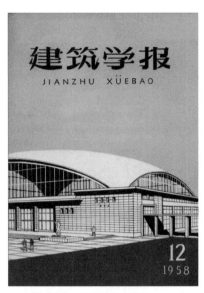

图3.《建筑学报》1958年第12期封面

类现代建筑设计的方法，但同时苏联模式的弊端逐渐暴露出来，如刻板的工作方法、规章制度和苏联式复杂的等级制度。

毛泽东在1955年底就提出"以苏为鉴"。他在《十年总结》一文中说："前八年照抄外国经验。但从1956年提出十大关系起，开始找到自己的一条适合中国的路线。……1958年5月党大会之后制定了一个较为完整的总路线，并且提出了打破迷信、敢想敢做的思想。这就开始了1958年的'大跃进'。是年八月发现人民公社是可行的。"⑩可见，从新中国成立初"一面倒"地依赖苏联经验和苏联模式，中国开始摸索符合自己国情的建设道路，在坚决摒除之前的各种陈规旧习后，急迫地希望形成一套新理论和新方法。与1958年5月八届二中全会提出的"多快好省"社会主义建设总路线一样，"两条腿走路"方针也是面对如何尽快建成富强的社会主义国家而做出的现实选择。

一般认为，1957年或1958年以前全面学习苏联时期，苏联专家在大型建设项目中发挥了重要作用，而"十大建筑"工程是由我国自己的技术人员进行设计、施工，并装配国产设备的成功尝试。就设计而言，无论是赵冬日、张镈、张开济，还是清华大学建筑系师生，均在这些项目中发挥了巨大作用。就建筑设备而言，北京站中央大厅（广厅）内配置的四台国产电梯和人民大会堂配备的传译设备和空调设备，亦均为国内首先试产成功并运用者。

但在施工方面，苏联专家仍起到一定作用。当时北京市建工局的苏联施工专家是保尔特，其意见仍受到相当重视。现北京市档案馆仍保存他在建工局副局长、建筑专家钟森的陪同下每周数次巡视"十大建筑"工地，并提出具体意见和建议的大宗文献，其中不乏有价值的历史信息。例如，1959年4月15日，保尔特在铁道部、建工局及设计和施工单位负责人陪同下视察了北京站工地，批评了工地的混乱无序和钢材的浪费情况。此事得到铁道部和相关部门重视，对施工次序进行优化并加强了现场施工的管理。5月8日，保尔特重到北京站工地，对关键性的双曲薄壳混凝土浇灌（薄壳钢筋已在工厂预先绑扎好），提议分段浇灌，并"按图中表示的顺序浇灌"（图4）。后经现场结构工程师和施工单位协商，对此意见进行过详细讨论，认为其"施工过于复杂，施工缝数多于需要"，而汲取其分区浇灌的优点，采用了分段分片的浇灌方案。此外，还有不少文件说明苏联专家对工地具体问题的意见，其中不少意见被采纳，如要求工人体育场的设计和施工单位参考苏联当时新盖成的大体育馆，修改其防水设计等等，都在后来的设计总结文件中得到反映⑪。

这说明，苏联专家对"十大建筑"工程有其贡

⑩　新中国成立以来毛泽东文稿(9)[M].北京:中央文献出版社,1992.
⑪　北京市规划管理局设计院体育场设计组.北京工人体育场[J].建筑学报,1959(Z1):61-68.

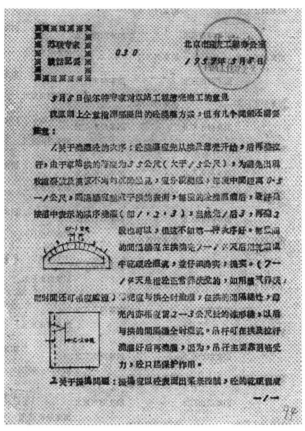

图4.苏联专家保尔特对北京站薄壳施工的建议书面记录
（资料来源：北京市档案馆）

献，也考虑到国际先进经验，但整个设计和施工的决策确为我国建筑师和工程师结合国情和工地的实际进展决定的。

五、"十大建筑"期间北京是否还有其他建设工程

建造"十大建筑"的决策是在1958年8月间做出的，当时在各行各业尤其是工业"大跃进"的形势下，北京市已布置了大量建设任务。在1959年初北京市建委和建工局的建设计划中，按建筑性质分类统计了1959年的建设计划：工业建筑375万平方米；科学研究类建筑238万平方米；学校109万平方米（其中高等院校74万平方米）；军事类建筑40多万平方米；统建住宅177万平方米；公共福利设施及其他650万平方米；使馆及外事用房11万多平方米；国庆工程50万平方米[⑫]。虽然同一文件中提到"必须有计划的（地）推迟和削减一部分"，但国庆工程的十项建设任务无疑只占全北京建设总量的很小部分。但因国庆工程的建筑标准高、政治意义大，所以得到极大关注，而其他建设包括道路拓宽等市政工程则较少提到。事实是，在"十大建筑"建设期间，北京的市政、工业、教育和民生保障方面的建设量更大，也反衬出"十大建设"兴建过程中筹措物资、遵循进度以及平衡国家城建发展各方面关系之不易。

⑫ 《北京市城市建设委员会关于建筑业情况和问题的汇报提纲》. 1959. 北京市档案馆. 47-1-66.

南京历史名城保护：从 1.0 版走向 3.0 版

施蓉蓉　周学鹰

著名古都南京，承载了丰富的文化遗产和历史记忆。这些历史遗迹、文化符号不仅是城市根脉，也是激发创新、促进发展的不竭源泉。历史文化名城保护与利用，在文化遗产传承需求下显得尤为特殊。

历史文化街区作为历史文化名城不可或缺的组成，上承历史文化名城总体保护规划和城市设计，下接从单体建筑到街区多尺度形态肌理与风貌特质。因此，历史文化名城保护与利用的关键和核心在于对历史文化街区的保护与"活化"，在此过程中，尤需处理好保护与活化利用关系。通过保护与传承，将传统文化薪火相传，焕发城市新的生机与特色。

一、改革开放初期1.0版：遗产保护挑战与社区变迁

1982年，南京入选我国第一批国家级历史文化名城名录以来，南京积极探索文化遗产保护与城市建设的有机结合。

1984年，南京市编制第一版《南京历史文化名城保护规划》，确立了包括秦淮风光带在内的五个重点保护区。同年，南京市开始对秦淮风光带的中心区域夫子庙进行改造，先对标志性建筑大成殿进行重建，又按"前庙后学"规制陆续重修；与此同时，特别按照历史上的商市重建东西市场，形成以带有清式风格为主体的"古风"建筑群。同时对部分非物质文化遗产传承与振兴也成为关注焦点，"秦淮灯会"在此背景下复兴。

新建的夫子庙等复兴工程改变了曾经的历史地段：原来低矮的单层建筑拆变为多层建筑，窄街小巷拓宽成大街大巷，建筑风格中融入了一些古代建筑元素等（图1）。但是，在此过程中出现了"拆真建假"，将传统建筑变为现代建筑等现象。

尤其是，建筑风格和设计手法千篇一律。在此过程中，本地原居民被迫外迁，与之生活息息相关的茶社、食铺、剧院等荡然无存，成为粘贴、复制的商业景观；具有地方特色的老字号、名人故居等被拆；承载本地居民情感寄托和历史记忆的纽带和载体完全消失[①]。据此，夫子庙地区原居民自在生活为主、外来游客为辅的有机状态，转变为全部外来商户、游客的商业化景象。在旅游经济推动下，低端业态不断扩张，导致夫子庙历史文化内涵和地方特色不断缺失，原有空间形态发生了根本性改变。

当然，受限于此时期全社会上下缺乏对历史文化遗产保护意义认识的历史局限，相关城市历史街区更新措施还处于初级阶段，由此对具有历史、文化和艺

---

① 徐铭泽,孙世界. 城市更新全周期过程中的地方性建构思考——以南京夫子庙历史文化街区为例[C] //2021中国城市规划年会论文集. 2021:1-9.

术价值的传统民居、历史建筑等未能在规划之初进行保护。由于过度商业化，该历史文化街区氛围发生了变化，损害了其历史文化价值，丧失原本的传统文化特色，南京人已很难在其中寻找过去的记忆。

1992年，南京推出第二版《南京历史文化名城保护规划》，在原有基础上做了进一步深化。这一版本初步确立了城市整体格局、历史地段及文物保护单位这三个层次的保护框架，将整体建筑风格纳入保护范畴，开始重视传统民居和近代建筑保护，不断完善建筑遗产保护内容等[②]。

二、迈入新千年2.0版：传统文化延续与现代转型

南京老门东规划之前保留有较为完整的江南民居空间形态与城市肌理。

2002年，第三版《南京历史文化名城保护规划》公布，补充了对非物质性要素的保护，并提出"调整城市空间布局"的保护战略。此版规划指导了2003年南京市规划局组织编制的《南京老城保护与更新规划》，划定56片历史文化保护区，门东历史街区即包含在内。

2006年，编制完成的《南京门东"南门老街"复兴规划》要求以文化为基准，以历史为参照，将门东片区改造成综合商业、旅游、休闲等多种功能"民俗博物馆"。

随后，该街区开始整体搬迁工作，"镶牙式"保护方式仅针对有价值的民居，最终仅保护了为数较少的省市两级重点文物保护单位。换而言之，"镶牙变成为拔牙"。

2010年8月，江苏省人大批准《南京历史文化名城保护条例》，明确"整体保护"原则，严格保护老城历史风貌、整体格局和自然环境。条例规定历史文化街区应实施整体保护，街区核心保护范围不得从事除基础及公共服务设施外的新建、扩建活动[③]。同年，南京市政府组织实施老城南保护复兴工程，提出"整体保护，有机更新，政府主导，慎用市场"十六字方针。经过论证，老门东街区重新调整规划方案，并于2013年9月正式建成对外开放。经过调整，老门东地区缩小了街巷尺度，将早期因小区开发被拓宽的箍桶巷复原，着力恢复明清民居街巷肌理，在箍桶巷延长出来南段的街区核心区域新建两排古风建筑，复兴该地区物质空间。同时，非物质遗产要素纳入该街区保护与利用范畴，大量南京本地民俗品牌得以进驻。街区内还开放芥子园、惜抱轩文化展馆、金陵美术馆等，期盼建成历史上"商贾辐辏""人文鼎盛"的门东。[④]

粗略回顾老门东历史文化街区十余年间的保护与利用历程，可见其保护理念不断深化，在保护与利用过程中越来越关注历史文化街区空间形态、使用方式、环境风貌等要素，建筑形态也更接近传统建筑。老门东的"古式"建筑群虽然依旧是钢筋混凝土结构，但体量缩减了，多以2~3层为主；外墙贴上了仿古面砖，部分利用古建筑木构架、门窗及老旧构件等，外观亲民不少。老门东的遗憾仍然在于拆旧建新；小街小巷变成中街中巷；建筑也从一层为主两层为辅变成两层为主三层为辅；最重要的还是迁走了原居民，而人才是建筑利用的"主人"。因此，过去的居民社区同样转变为商业文化街区，历史建筑所承载的居民情感与文化记忆也在此转变中逐渐消失无踪（图2）。

不过，相较于夫子庙街区保护与改造，无疑老门东建筑体量和空间场景适当缩小了规模，更具传统街巷风貌。与此同时，商业模式也发生了转变，不再局限于低端业态，而是涵盖老字号、非物质文化遗产传承等具有传统文化特色的新型业态，为原有商业模式带来进一步提升。

② 沈俊超.南京历史文化名城保护规划演进、反思及展望[M].南京: 东南大学出版社,2019.
③ 南京市人大常委会.南京市历史文化名城保护条例[EB/OL].（2010-8-13）[2024-1-4].https://www.jsrd.gov.cn/qwfb/d_sjfg/201009/t20100916_57753.shtml.
④ 胡恒.遗忘之场[M].上海: 同济大学出版社, 2018.

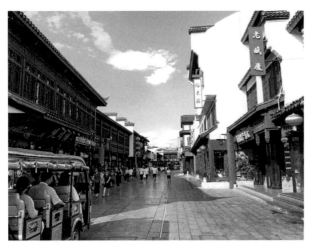

图1.夫子庙街景

图2.老门东街景

三、面向未来的3.0版：创新驱动与文化复兴

2011年，第四版《南京历史文化名城保护规划》获江苏省人民政府批复，该规划确立"全社会参与"的方法，倡导"敬畏历史、敬畏文化、敬畏先人"的保护理念。该版规划形成城市整体格局、历史地段、古镇古村、文物古迹、非物质文化遗产多层次的保护框架体系，精细化保护建筑遗产资源。强调以小规模、渐进式、院落单元修缮的方式进行有机更新，杜绝大规模破坏重建；更鼓励居民按照保护规划自主进行修缮，建立长期的历史建筑维护机制⑤。此版规划为南京以后城市建设中文化遗产的保护铺就了可持续之路。

例如，2015年小西湖历史风貌区在改造之初确立了改善民生的目标和"小规模、渐进式"理念，采用微改造方式去保护和延续原有街巷肌理，探索基于产权及多元主体参与的更新，推动街道向功能混合发展⑥。小西湖历史风貌区改造，以实现业态同原居民和谐共存的格局为目标，将提升居民生活品质、满足精神文化需求同建筑遗产保护与活化利用有机融合，促进可持续发展（图3）。

2022年，被誉为南京明清民居"活化石"的荷花塘历史文化街区通过保护与再生规划论证，启动建设。该街区以确保房屋安全和改善民生为第一要务，借鉴小西湖经验，进行单元试点，鼓励居民自主更新，以微改造保护与利用建筑遗产，为打造未来的文化体验线路进行有益探索（图4）。

2023年，南京发布第五版《历史文化名城保护规划》。未来，该规划将重点保护老城历史街巷和林荫道，明确永不拓宽街巷名录，严控老城建筑高度。同时，维持历史街区社会活力和延续性，改善基础设施与人居环境质量，加强遗产展示和文化传承，不断挖掘文化资源中的新型遗产⑦。南京作为古城名都，将以传承文化遗产为核心，持续探索城市蓬勃发展，为可持续进步注入动力。

回顾四十年南京历史文化名城规划过程，有关建筑遗产保护与活化理念经历了三阶段：首先仅关注文物单体建筑，缺乏成片区保护建筑群意识，探

⑤ 江苏省人民政府.省政府关于南京历史文化名城保护规划的批复：苏政复〔2011〕72号[EB/OL].(2011-12-15)[2024-1-4].https://www.jiangsu.gov.cn/art/2011/12/15/art_46143_2544292.html.
⑥ 韩冬青.显隐互鉴，包容共进：南京小西湖街区保护与再生实践[J].建筑学报,2022,(1):1-8.
⑦ 南京市规划和自然资源局.南京历史文化名城保护规划（公众意见征询）[EB/OL].(2023-09-27)[2024-01-04].https://ghj.nanjing.gov.cn/pqgs/ghbzpqgs/202309/t20230927_4021377.html.

图3.小西湖街景

图4.修缮中的荷花塘民居

索、认识保护理念；其次明确历史街区保护意义，探索城市整体保护体系；最后是精细化保护建筑遗产，引入公众参与，不断完善保护模式，为保护与活化注入新活力。这种演进反映了遗产概念认识、保护理念的不断深化，从单一建筑到整体历史街区，再到公众参与的细致保护，为城市文化遗产可持续发展提供了宝贵经验。

历史文化名城内的历史文化街区是城市文化的缩影，聚集了大量建筑遗产和文化景观，是城市历史底蕴和独特风貌集中展示场所。在不同规模城市发展中，都需要建立起由单体对象到城市的多尺度、多层级的建筑遗产保护机制，维护古城街巷肌理和空间形态，最大限度保护各级各类建筑遗产。在此基础上，历史文化名城的活化利用，应以人为本，以提升居民生活品质和满足精神文化需求为首要目标。

在商业发展中，同样应以原居民为主，外来商贩、游客为辅，注重优先满足当地居民生产生活需求，形成本地居民与游客和谐互动的氛围，这无疑是未来历史文化名城、街区、历史传统保护的发展

方向。不可局限于追求经济增长和服务游客，需放眼于改善当地人的生活环境与文化传承，这才是未来历史文化名城的核心责任和立足之本。

有研究者认为："阆中古城在历史文化遗产活化过程中可以兼顾好改善民生与发展旅游。倘徉在古城内，闲适的原住民与探幽的旅行者一起，成为彼此的'对景'，构成天地人和的画卷。"⑧无疑，这是我国历史文化名城保护的榜样，应是未来各地名城保护与活化的3.0版。

当然，不同规模、历史底蕴的城市在合理处理文化遗产保护和经济社会发展关系时有不同的难点和困境。同济大学阮仪三教授认为："能够留存并保护较好的历史名城有其特点：一是保护了历史古城、开发了新区，比如平遥、丽江、苏州及江南的一些古镇；二是保护了历史地区和街区，比如扬州、绍兴、上海等。一些大城市和发展快的中等城市大部分已遭到破坏，而一些小城市如韩城、阆中（图5、图6）、商丘等还保住了古城风貌。"⑨南京作为拥有丰富文化遗产和发达现代经济体系的超大型城市，在实现文化遗产保护和促进经济社会发展

⑧ 马晓,周学鹰.兼收并蓄融贯中西：活化的历史文化遗产之三·中国阆中与西班牙托莱多[J].建筑与文化,2014(10):154-159.
⑨ 阮仪三.历史文化名城保护呼唤"理性回归"[J].城市观察,2011(3):5-11.

图5.阆中古城鸟瞰（从中天楼上）

图6.阆中古城内闲适生活的原住民

上有责任和义务探索一条"可复制、可推广、代表先进水平的历史文化遗产活化利用经验"[10]，探索历史文化名城和历史文化街区保护的"南京经验"。

⑧　中共南京市委办公厅.南京印发《关于加强保护传承营建高品质国家历史文化名城的实施意见》[EB/OL].（2023-02-22）[2024-01-04].http://sw.nanjing.gov.cn/sjb/zyfb/202303/t20230316_3864432.html.

20 世纪 50 年代共和国岁月的记忆
——20 世纪中国建筑遗产与苏联的影响

韩林飞　韩玉婷

20世纪上半叶，中国的城市规划与建筑设计理念受到苏联建筑明显的影响。20世纪50年代苏联建筑师的设计思想和技术经验在中国的城市规划、工业建筑、公共建筑和住宅建筑的建设与发展方面都起到了至关重要的推进作用。"苏式"建筑的经验在中国得到了广泛传播和发展，形成了20世纪50年代中国现代建筑遗产的重要内容，20世纪中国建筑遗产在许多方面采用了"苏式"的设计思想与形式表达及功能与空间布局的方式，如"民族形式、现实主义表现"、传统元素的再创作等，形成了被西方建筑史学界认可的具有世界影响的、独树一帜的"东方建筑"风格。此外，苏式建筑的实用效能和工业标准的现代技术体现等科学思想也深刻影响了中国的建筑设计，促进了20世纪中期中国城市与建筑的全面发展，充分体现了20世纪50年代共和国的现代建筑发展的脉络与时代青春的记忆。

一、背景

中华人民共和国成立初期，历史时代激情的召唤激发了共和国全面现代化建设热潮。20世纪50年代，大批苏联专家来华为新中国的现代化建设提供了全面且不可或缺的帮助，中国城市与建筑理论与实践的发展也顺理成章地受到了苏联方面深刻的影响。

1.20世纪50年代火红的中国社会主义现代化建设

20世纪50年代，中国社会主义现代化建设迈开了重要的一步，标志着年轻的共和国迎来了深刻的社会变革和迅速发展。在这一时期，年轻的共和国致力于推动城市和乡村的现代化建设，满足了当时人民对美好生活的迫切需求。而在这一时期的建筑与城市建设作为国家现代化建设的重要组成部分，成为时代巨大变革的记忆和辉煌发展的体现。

朝气蓬勃的中国政府在这一时期大力推动现代基础设施建设，为国家的工业化、现代化发展奠定了坚实的基础。年轻的共和国在20世纪50年代建设了大量铁路、公路、水利工程和电力设施等项目，以促进国家经济的发展和人民生活水平的提高。据统计，仅在1950年至1959年间，中国新修铁路总长近2.5万千米，公路总里程增加了约20万千米，水利工程包括大型水库和灌溉系统的建设也取得了显著成就，电力设施的建设也大幅增加，同时建设了大量城市公共事业，为国家工业化提供了坚实的城市与建筑的支持。

这一时期的建设数据展示了中国在基础设施建设方面的巨大投入和成就。这些基础设施的建设为中国经济的快速增长打下了坚实的根基，也为城乡居民的生活带来了显著改善。20世纪50年代中国基础设施建设及城市建设方面的成就不仅在当时取得了显著成果，也为后来中国更加迅速地启动现代化进程提供了有力支撑，成为中国现代化建设的重要起点，这些成就的取得在许多方面得到了苏联方面的大力帮助。

2.20世纪50年代中国现代建筑的设计与城市规划的初建

在中华人民共和国成立之初，中共中央代表团访问了苏联，特邀了苏联市政专家团为北京市规划提出建议。1949年到1960年间，中华人民共和国相继接待了四批苏联规划专家，他们为中国多座城市的建筑设计和城市规划提供了重要的技术援助和指导。1953年，中共北京市委成立了畅观楼规划小组，完成了第一版《北京市规划草案》，国家计划委员会提出审查意见后，党中央决定邀请苏联方面派遣建筑设计和城市规划专家组援华，共同开展城市总体规划和建筑设计等方面的研究。

在新中国成立初期的十年间，北京的建筑设计和城市规划成为中华人民共和国建筑史中的核心内容之一，涉及行政中心选址、旧城保护、天安门广场和长安街扩建、国庆十周年"十大工程"建设等议题。北京作为中国的首都，在这一时期的建筑设计和规划中扮演着最为重要的角色，成为中国现代建筑史的开篇。同时，苏联建筑师们倾情参与到这个宏伟的建设计划中，一同开始了对"民族形式、社会主义内容"中国化的探索。新政府办公大楼和职工住宅区的规划建设也是这一时期中国城市规划的重要组成部分。因此，研究这段历史对于理解中国建筑史的发展具有重要意义，苏联专家成为20世纪这一时期中国建筑遗产诞生的重要因素。

在城市规划与建筑设计方面，20世纪50年代中国大规模城市建设得益于苏联的全面帮助，社会主义城市规划理念被全面引入，强调人民利益和社会公益，提倡合理的城市布局和建筑设计的科学性。中国建筑设计全面接收了苏联建筑设计与创作的思想，注重本土文化和民族传统建筑风格的传承和创新，寻求与现代化建设相结合的路径。这一时期的许多建筑创作，成为20世纪中国建筑遗产的重要作品，不仅是中国现代建筑史上的重要一页，也是中国现代建筑自我路径探索的重要实践，更是中国社会主义现代化建设青春岁月的重要见证和永恒的记忆。

3.中国第一个五年计划的成就

1949年往后的十多年里，中国以苏联为榜样开始了大规模城市建设。新中国成立前外国建筑的影响主要体现在现代建筑学的启蒙和建筑产业初步资本化的发展，以及建筑师的培养制度和城市管理基础制度的确立；而新中国成立后苏联的影响则主要表现在建筑业的集体化，国营建筑设计院制度的建立，"社会主义内容、民族形式"建筑原则的倡导，建筑工业化、标准化的探索，居住社区与住宅建设的工业化以及为了实现新中国的工业化目标而进行的大规模城市规划与工业建设等方面的工作。

20世纪50年代，中国模仿苏联开启第一个五年计划，强调全面学习苏联的设计经验，将社会主义设计思想作为建筑设计的指导原则。这种影响促使苏联社会主义现实主义建筑理论成为中国建筑发展至关重要的指导原则。而中国的第一个五年计划期间的建设规模在中国历史上也是前所未有的，其中包括苏联援建的156个项目的建设，并以此建立了中国工业基础设施的现代化布局，奠定了工业化发展的重要基础。

第一个五年计划期间新中国建成的房屋面积高达26 640万余平方米，主要包括工人新村和住宅建筑、行政用房以及文化教育、生活福利建筑和大型公共建筑。为了满足大规模建设的需求，我国全面学习苏联的建筑设计思想，加速向工业化体制方向的转变，建立了专业的施工队伍。工业建筑设计的体系也初步完善，建造技术和现代管理制度也逐渐从无到有，走向了成熟。在大批苏联建筑专家指导，在国内大中城市均建设了相当数量的"苏式"建筑。

二、20世纪50年代中国建筑的苏联影响

苏联专家们对北京和其他重点城市的建筑设计提出了积极而重要的指导意见和建议，并对这些城市的建设和长远发展起到了重要的推动作用，为国家全面工业化奠定了重要基础，不仅帮助我国建立了建筑设计和城市规划的基本制度，培养了一批建筑师和规划师骨干人才，而且在中国的专业人士和高校中广泛传播了现代建筑设计和城市规划的基础知识。

1.苏联建筑发展的经验与成就（1917—1958）

1917年至20世纪30年代初，苏联建筑经历了革命和工业化的初步发展时期之后，构成主义建筑在苏联建筑中得到充分的体现，例如工人住宅、文化宫、休息大厦等建筑类型的出现，以及服务大众的公共建筑的建设。新的现代化建筑形体、简洁的造型、现代钢与玻璃等材料的应用，体现了这一时期对抽象主义现代造型的探索，充满了蓬勃发展的现代主义建筑精神，彻底否定了传统建筑的古典装饰风格。

1932年苏维埃宫建筑设计竞赛之后，现代建筑中古典元素的表达成为主题。社会主义现实主义强调"民族形式、社会主义内容"，即要求作品在形式上体现民族特色，在内容上则要符合社会主义的理念。在建筑领域，这意味着要在关注广大劳动人民需求的同时体现社会主义的伟大壮丽[①]。这一时期的苏联建筑风格和理念与社会主义思想相契合，符合当时年轻的共和国在政治和社会方面的发展需求。同一时期的中国建筑界也充满了中国传统建筑

文化现代化的愿望，"民族形式、社会主义内容"对年轻的共和国建筑设计思想具有一定的借鉴意义，并产生了相得益彰的影响。

1933年至1953年期间，苏联建筑受到社会主义现实主义艺术文化思想的影响，建筑风格呈现出宏伟叙事和历史再现等特点。这一建筑风格在大型的政府建筑和城市基础设施的建设中得到了广泛的应用，如莫斯科地下铁路和"七姐妹"建筑群。同时，也出现了一些现代与古典相融合的建筑风格，如莫斯科的新建筑学派。受到社会主义现实主义的创作思想影响，年轻的中华人民共和国在许多政府建筑的建设及城市规划理念上也展现了宏伟叙事和历史元素再现的特点。

1953年至1958年期间，苏联反思了古典复兴建筑的问题，建筑风格开始呈现出更多的现代功能主义特点，注重实用性和创新性，并取得了许多标志性的成就，如莫斯科的多层住区建筑、苏联各加盟共和国大中城市的现代城市规划等。这一时期的建筑作品更加注重人民的实际需求和生活条件，并融合了东方传统建筑元素和现代主义理念，形成了独特的风格。《弗莱彻建筑史》一书在第47章将苏联建筑界定为东方建筑，详细地描写了其建筑风格所融合的民族元素、传统的建筑形式、装饰艺术和结构特点等。这些成就展示了苏联在东方建筑领域的丰硕成果，可供世界其他国家借鉴，并从中获得启发。东方建筑风格对世界建筑产生了深远的影响，其独特的设计理念和标志性的建筑成就为世界建筑史增添了璀璨的一笔，成为当时建筑发展中的重要篇章，也深深地影响了中国城市与建筑的发展。

2.社会主义现实主义建筑思想的中国转译

中国建筑师最早通过苏联专家的介绍和解释接触到了苏联建筑理论，不仅包括苏联专家穆欣在1952年向北京的建筑师介绍苏联历史主义建筑，阿谢普可夫在清华教授的"苏维埃建筑史"课程中系统介绍了苏

---

① 吉国华. 新中国与苏联建筑：20世纪50年代苏联建筑理论的输入和对中国建筑的影响 [J]. 广西城镇建设, 2013 (2): 70-74.

联建筑发展历程及相关理论，还有来到中国的苏联专家，如巴拉金、克拉夫秋克等人也向中国建筑师介绍了苏联建筑的理论与实践经验。1954年，《建筑学报》刊载了多篇翻译文章，包括米涅尔文、阿·库滋涅佐夫、瓦尔特·乌布利希、柯·马葛立芝等人的作品，全面引入了苏联建筑理论。

而由于当时苏联对社会主义现实主义建筑形式的界定并不完全清晰，中国的建筑师仅仅根据苏联所提供的实体建筑图片等资料来了解和学习历史主义的建筑造型和结构。其中北京苏联展览馆是苏联援建项目中最具代表性的建筑，它采用了典型的俄罗斯建筑形式，并融合了中国传统建筑细部处理，这成为中国建筑师学习和借鉴苏联建筑理论的基石。

中国建筑师的访苏代表团在实地考察中也获得了现场的经验。1953年，梁思成在访问苏联后在《新观察》发表了《民族的形式，社会主义的内容》一文，介绍了他在苏联的感受和与莫尔德维诺夫的谈话，向中国介绍了苏联的建筑理论。他是在中国全面推广和阐释苏联建筑理论的代表性人物。苏联在社会主义现实主义建筑追求的民族与文化、传统的建筑精神体现等思想与梁思成先生对中国历史建筑的研究结合了起来，20世纪50年代梁思成先生通过演讲和发表的文章将新中国的建筑定义为"新民主主义的、民族的、科学的、大众的建筑"，并强调中国传统建筑的特征，这些思想至今仍具有重要的意义。

3. 20世纪50年代中国工业建筑的苏联影响

在苏联提出的"156项工程"援助计划的帮助下，年轻的共和国开始了大规模热火朝天的基础设施建设，包含了军工、能源、机械、精密仪器等全套重工业与轻工业建设内容。在苏联勘察测绘专家与中国团队的通力合作下，基本掌握了中国当时的工业分布与发展情况，对中国进行了集中工业布局，分为东北、西南、华北及华中三大片区。改造升级对象既有民族工业基础，又有完善修复外来工业基础，以及建设新兴工业基地，其中涉及工业区规划、厂区规划、工业建筑与民用建筑设计等大量内容。在工业区与厂区的规划布局上，吸收了苏联的规划理论，增加了绿化布局与配套建筑等理念；厂房为了提升流水线作业多进行集中布置，广泛采用6米×12米的柱网；由于当时中国钢材产量不足，厂房多采用钢筋混凝土柱与钢结构屋架组合的形式，建筑围护墙体使用红砖砌筑；注重建筑立面的装饰，以俄罗斯古典主义建筑形式为基调，融合了大量中式传统建筑符号和装饰元素，构建出表达中式"民族形式"语义的独具魅力的现代工业建筑立面形式，形成了20世纪中国工业建筑遗产重要的特征，成为中国近代工业文明进程中珍稀的样本[④]。

"156项工程"的建设是以鞍山、武汉、包头三个大型钢铁综合企业为核心的多项重要工程，如长春第一汽车制造厂、武汉重型机床厂、沈阳第一机床厂、哈尔滨汽轮机厂、兰州炼油化工设备厂、洛阳第一拖拉机制造厂等大型工业企业的基础设施建设。围绕这些重点企业，我国兴建了一系列配套工程，形成规模巨大的工业基地，如鞍山钢都、长春汽车城、沈阳飞机城、富拉尔基重型机械加工城等，初步建起了中国的工业经济体系，为中国工业化的进一步发展奠定了基础。

这些项目涵盖了国民经济的各个领域，是中国工业化进程的重要组成部分。"156项工程"使中国的重工业发展在现代化道路上迈进了一大步，形成了独立自主的工业化体系雏形。对于当时百废待兴的新中国，在如此快速的时间内建成了全面且完善的工业门类，创下了人类历史上开拓进取的峥嵘历程，如今，这些"156项工程"大多成为了中国20世纪建筑遗产，为那个蓬勃发展的时代留下了建筑

④ 韩锐. 东北地区"156工程"建筑研究[D]. 哈尔滨: 哈尔滨工业大学, 2021.

遗产的记忆。

4.20世纪50年代苏联影响下的城市规划与建筑设计

在1949—1952年间，国家处于经济恢复和社会秩序逐渐稳定的过渡时期，"苏联模式"的城市规划开始被引入，主要表现为城市规划思想的启蒙以及苏联专家在北京、上海和东三省等多地的城市规划初步实践。然而苏联城市规划与欧美城市规划理念大相径庭，年轻的共和国采取了"除旧"与"布新"并行的策略，批判并剔除资本主义城市规划思想，并彰显社会主义城市规划体系的优越。最终新中国实现了"以苏为师"的思想转向，统一并行多方面的规划思想，高效地推进社会主义新中国的第一轮现代化建设。

第一个五年计划期间国家"自上而下"的宣传与推动使得"以苏为师"逐渐成为全国信念。在苏联经验的影响下，中国城市规划运作体制几乎完全参照了苏联模式，包括规划编制、审批和实施过程，但由于新中国的规划技术力量有限，进行了适应性变动处理，将苏联"三段式"改为按总体规划、详细规划两段进行，并在总体规划阶段内设置"初步规划"。因此，中国城市规划的"以苏为师"呈现是"有限模仿"而非"全盘苏化"[5]。

新中国建筑业在很大程度上是参考苏联经验、仿习苏联模式而建立和发展的，包括组建重要机构的组织、规划与建筑思想的建立、完善建筑教育体系等方面。通过外访活动主要关注了解苏联和其他社会主义国家的组织结构、规章制度和工作方法，以此为据建立和调整中国的建筑机构，以适应大规模计划经济建设的需要。中国建筑学会和中国建筑科学院等重要机构的组建都受到了苏联经验的影响和指导。梁思成等人考察了苏联建筑教育的实际情况，了解到苏联建筑科学院的研究主要是一般建筑理论、建筑构图、苏联建筑设计、建筑通史研究、建筑技术与装饰史研究等几个方面[6]。并将其经验应用于中国现代建筑教育的发展，对我国建筑界产生了重要影响。

在此期间中国出现了大量的"民族形式"建筑，其中以"大屋顶"造型为主。然而，由于当时经济实力及多元实践探索的不足，这些建筑引发了严厉批评，导致中国建筑师陷入困境。自1955年起，关于建筑的"内容"和"形式"、传统的"继承"与"创新"成为中心议题，但20世纪50年代民族形式的中国建筑遗产的价值成为20世纪建筑遗产重要的体现。

三、20世纪50年代中国建筑遗产的苏联影响与价值分析

20世纪50年代中国建筑遗产的特色体现了当时社会主义时期的建筑风格和理念。这一时期的建筑呈现出社会主义现实主义的特征，注重民族形式与历史风格的再现，但功能性、实用性和集体主义精神的体现也是非常重要的内容。受"苏式"建筑风格的影响，许多建筑采用了苏联式建筑的设计元素和布局手法。这些建筑遗产不仅代表了当时社会主义时期的政治、经济和文化背景，也反映了中国现代建筑现代化的探索历史轨迹，为中国建筑领域的发展奠定了重要基础，对20世纪中国建筑遗产的保护和传承具有重要的历史和文化价值。

1.20世纪50年代中国工业遗产建筑的苏联影响及价值分析

20世纪50年代中国工业建筑的建设在苏联的帮助下取得了重要的成就，这些工业项目的建设奠定了共和国工业发展的基础，如国有的738厂（北京有线电厂，入选中国20世纪建筑遗产的第二批项目）

⑤ 许皓.苏联经验与中国现代城市规划形成研究（1949—1965）[D].南京：东南大学，2018.
⑥ 梁思成.梁思成工作笔记[A].1956-10-10.清华大学档案馆.

是中国"一五"计划期间156项重点工程之一，在苏联专家团队的帮助下于1957年正式落成。原址建筑"五角大楼"是工业遗产核心建筑物之一，至今已有60余年历史（图1、图2）。

在建设初期，该建筑参考了苏联原红霞有线电厂的布局，至今保留了完整的工业形态，建筑外观呈灰色，共三层，由五座楼房相连而成，东面留有通道，正面有21个开间（共42扇窗户），东边还有一座塔台，上面有旗杆，曾经悬挂着五星红旗。整个建筑都展现出明显的苏式风格，占地面积广阔，而且院落中的五角大楼周围绿树成荫，还有凉亭和雕像。仔细观察房檐的装饰，也能看到典型的斯拉夫风格。它的建筑风格和结构设计体现了当时的工业化发展水平和建筑技术。在功能上体现了工业生产的需求，同时在形式上展现了现代主义建筑风格的特征。

国有738厂五角大楼见证了20世纪50年代中国工业化进程中的重要历史时期，承载了工业化发展的历史记忆和文化符号。作为现代工业遗产，它具有重要的历史和文化价值，能够为人们了解中国工业化历史、建筑技术和工业文明提供宝贵的实物资料和历史信息。

20世纪50年代中国工业建筑遗产开创了中国大规模工业化建筑体系的先河，形成了完整的标准、技术、结构、造型等体系，经过1917—1950年近40年的发展，较为成熟的苏联工业建筑体系全建制地影响到了中国，早期苏联工业建筑的一些缺点也被克服，在中国156个重点工业项目建设中实现了"快速、高效、适宜"的建设方针。在工业建筑遗产的价值方面不仅是工业的效率、建筑的实用、空间的合理，而且考虑到工人生活的需求，实现了工业化与人文关怀的统一，许多工厂完善的配套设施、工人的文化活动设施、休闲设施成为20世纪中国工业建筑遗产的重要特征，而且结合本土文化及建筑传承的工业建筑也成为本土化建筑创造的重要样板，如许多156项目中传统建造方式的应用、地方民族建筑符号的应用等。

图1."五角大楼"全貌
（资料来源：https://mp.weixin.qq.com/s/hfCJyubz1ATV9nZ7SLz M1A）

图2."五角大楼"园区现貌
（资料来源：来源：https://mp.weixin.qq.com/s/hfCJyubz1ATV9nZ 7SLzM1A）

2.20世纪50年代的公共建筑遗产

20世纪50年代苏联的公共建筑设计思想极大地影响了中国的建筑创作，社会主义现实主义的艺术文化思想、民族形式与时代精神的主题体现了那个时代热火朝天的建设热潮和社会主义的新理念。这一时期最具代表性的公共建筑作品是北京展览馆和中国人民革命军事博物馆。

北京展览馆建筑始建于1954年（入选首批中国20世纪建筑遗产），是苏联援助中国建设的重要建筑项目之一，最初的建筑设计由中国建筑设计研究院和苏联莫斯科民用建筑设计院合作进行，它是中国重要的展览和会议场所，采用了"苏式"建筑风格，外观简洁大方，结构坚固耐用，主建筑呈"山"字形，具有俄罗斯古典主义建筑立面构图特征，布局清晰明确，各个展厅相依而独立，可适应各类大小不同的展品展览。整体建筑宏伟庄严，具有清晰和容易辨别的线路。通过利用节点空间变化和地面高差来实现空间上的转折和递进，进而形成稳定的整体视觉效果。展览馆的建筑风格体现了中国建筑界在新中国成立初期的先进技术和创新精神。展览馆的外观简洁大方，内部空间设计合理，采用了20世纪50年代先进的建筑材料和技术，展现了中国建筑20世纪50年代的发展水平和设计理念（图3）。

中国人民革命军事博物馆是于1959年完工、国庆10周年献礼的"首都十大建筑"之一，是我国唯一的大型综合性军事历史博物馆，被列入第二批20世纪建筑遗产名录。它同时也是中国第一个综合性军事博物馆。建筑的外立面采用了渐次升高的设计，外墙的勒脚使用了花岗岩蘑菇石，而屋顶则使用了黄色的琉璃砖，这些元素的结合使得整个建筑既庄严肃穆又气势雄伟。中国人民革命军事博物馆是中国现代军事博物馆的重要代表，建筑风格融合了中国传统建筑风格和现代建筑技术，展现了中国建筑在20世纪50年代的设计理念和先进的建设水平（图4）。

中国20世纪50年代的公共建筑受到了苏联社会主义现实主义创作思想的影响，其古典雅致的形式、雄伟的建筑造型、精巧的历史细部的表达不仅是时代的记忆，更是苏联建筑师和中国建筑师共同探索的现代建筑的表达。以梁思成先生为代表的中国建筑师为此作出了杰出贡献，不仅探索了中国古典建筑的现代表现，而且展示了博大精深的中国建筑传统。其精美的比例尺度、深思熟虑的细部设计、现代结构与材料的巧妙应用、雄伟庄重的体量处理，不仅是建筑师深厚功底的展示，也是那个时代文化与艺术追求的完美体现。这些20世纪50年代的公共建筑大多成为20世纪中国建筑遗产杰出的代表，成为中国建筑历史伟业的丰碑，至今仍影响着人们的精神，是一代代建筑师们鼎模的榜样。

3.20世纪50年代住区与住宅遗产建筑

苏联在二战前后建设了大规模的工人住宅项目，大多采用围合大庭院的街坊式布局方式，注重公共配套服务设施与文化教育设施的建设。20世纪

图3.北京展览馆建筑外观
（资料来源：http://xhslink.com/XTvhLy）

图4. 中国人民革命军事博物馆外观
（资料来源：https://sales.mafengwo.net/mfs/s18/M00/53/47/CoUBYGFRmw6AcFQzAAXD6ox9vD469.jpeg）

50年代前期，中国在苏联的影响下采用大街区的模式建设了很多住区。沈阳铁西工人村（入选第三批中国工业遗产保护名录）是中国辽宁省沈阳市的一个工人社区，建立于"一五"计划期间，它是根据

苏联专家设计的"三层起脊闷顶式住宅"图纸，使用红砖建造的工人村。

工人村建设初期采用围合形态和街坊式分布，配备公共院落和内部服务设施，以体现社会主义的平均性和向心性。整体风格以红砖绿瓦为主，同时建有配套的学校、医院和文化活动中心等公共服务设施，满足居民生活需求。这种设计加强了邻里关系，密切了社会关系网络，营造了良好的居住氛围，为后续住区设计提供了范例。工人村项目于1957年完工，建成140余栋苏式风格建筑的5个建筑群，建筑面积40万平方米，成为年轻共和国时期最早的工人村住宅群。当时形容工人村是"高楼平地起，条条柏油路；路旁柳成荫，庭院花姿俏"。这就是中国最早、规模最大的工人住宅区（图5）。

20世纪50年代中国许多工人住区的建筑见证了中国工业化进程中工人阶级住宅发展的重要历史阶段，承载了中国城市规划和建设的历史记忆和文化符号。作为中国现代城市规划和建设的重要建筑遗产，以铁西工人村为代表的住区具有重要的历史和文化价值，为中国工业化进程中的城市规划建设、工人阶级的生活状况提供了重要的实物资料和历史信息。

北京百万庄住宅区（入选第二批中国20世纪建筑遗产）是位于北京市海淀区的一个大型住宅社区，建成于20世纪50年代，是由我国著名设计大师张开济先生主持设计的国家第一批公务员宿舍（图6）。百万庄小区是当时北京市规模最大的居住区之一，拥有大量的集体住宅楼和公共设施，它是苏联"居住小区"与"邻里单位"概念的实践，也是苏联建筑风格影响下的首批住房建筑。

图5.沈阳铁西工人村外貌（上）和规划平面图（下）
（资料来源：https://mp.weixin.qq.com/s/OF4PX1CeAFyoPKRBEUAFBg）

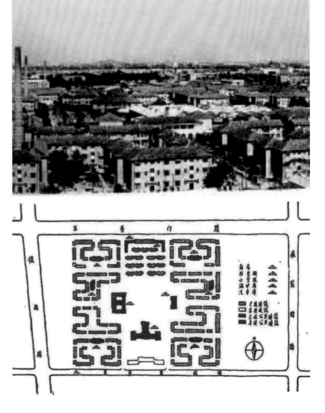

图6.北京百万庄小区建成初期外貌（上）和设计总图（下）
（资料来源：https://mp.weixin.qq.com/s/zRo513rALw2AEQWSNucamw）

百万庄小区在红色砖墙的建筑界面上融合了中国传统回纹的造型，使整个组团形成了独特的城市景观和空间肌理，体现了社会主义的城市风貌和艺术特征。其公共空间承载了20世纪50年代中国人城市生活的集体记忆和艰苦奋斗的时代精神，成为激活中国人对于"家"的符号记忆。百万庄小区在中国近代住宅规划设计史上具有重要意义，被视为一次开创性的探索和实践，有人称其为"新中国第一住宅区"，这一说法并非夸大其词。

中国20世纪50年代的住宅区及住宅建筑的设计建造受到了苏联"居住小区""邻里单位"等思想的影响，苏联的围合式住宅设计、日照间距的确定、千人指标配套设施的规范及方法奠定了中国现代住宅设计与建设重要的基础；住宅平面设计的标准化、卫生设施、框架结构体系等技术标准成为新中国住宅建筑规范的基础；住宅标准化、工业化的施工技术体系和公共化配套及文化配套设施的设计均成为20世纪中国住宅建筑遗产重要的内容和价值的体现。

四、结语

20世纪中国建筑遗产受到苏联的重要影响，奠定了中国20世纪50年代建筑思想理论与实践的基础，这一时期是中国现代建筑发展历史中重要的组成部分。苏联对中国建筑的影响不仅体现在建筑风格和设计思想及其理念与方法上，更是体现在城市规划、工业建筑、住宅建设与建筑工业化等众多方面，为20世纪50年代中国现代化建设奠定了坚实的基础，并留下了极其深远的影响，时至今日，20世纪50年代共和国现代化建设青春的活力仍激励着一代又一代人。

苏联的社会主义现实主义将建筑与社会意识发展紧密联系，建筑被赋予了阶级性和公众精神的表现，从传统中进行创新，重塑现代的民族形式，这些都形成了对世界的影响。在中国，影响了中国建筑师在传统表达与民族精神再造等方面的创新。通过今天对20世纪50年代共和国青春岁月中的建筑遗

产的保护和传承，我们能够更好地理解中国20世纪现代建筑发展的历史脉络，同时也能够更好地认识20世纪50年代中苏两国在建筑领域的交流与合作，建筑遗产的价值不仅代表了昨日的辉煌与前辈们的努力，更是理解记忆中国那个激情岁月的见证，因为建筑可以使人得到深刻清晰的直观印象。继承这些传统的价值，在当今的保护发展与再利用中，理所当然地可以更上一层楼，这就是我们心目中苏联影响下的20世纪50年代中国建筑遗产的价值与贡献。

感谢中国文物学会20世纪建筑遗产委员会十多年的努力与贡献，特别是马国馨院士、单霁翔院长、金磊秘书长等前辈们的贡献，重新客观而科学地界定了20世纪建筑遗产不可磨灭的价值，为未来的发展奠定了历史基础，其远见卓识一定会使有识之士不忘历史，在继承中创新，为文化遗产的保护与传承贡献更多的智慧与力量，让后人能够在这些珍贵的遗产建筑中感受历史的厚重与时代的魅力。

天津市 20 世纪建筑遗产保护十年回望

戴路　李怡

已推介出的八批中国20世纪建筑遗产项目中，天津的建筑项目共有52个，价值珍贵。回望2014—2024年，通过政策护航、修缮探索、活化示范、平台搭建及研学宣传，天津市对20世纪建筑遗产的保护工作的演进，取得了瞩目成就。

20世纪建筑遗产是对中国近现代建筑作品时代脉络的新诠释，也是对建筑价值与建筑师贡献的挖掘与珍视。国家文物局在2008年发布了《关于加强20世纪建筑遗产保护工作的通知》，自2016年首批评选以来，至今已评选出八批建筑遗产项目，这不但扩充了中国建筑遗产的范围，促进了文博界和建筑界的进步，也广泛提升了人们对20世纪中国建筑及其事件的认知程度，进而汲取、传承中华优秀传统文化与中华民族精神，进一步推动其创造性转化、创新性发展。

早在1997年，天津大学建筑学院邹德侬教授就首次提出，"紧急呼吁保护20世纪50年代以来的现代建筑遗存"，以留下"第一手令人信服的实证，以证明中国现代建筑是世界建筑之林的长青之树"[1]，并提出了包含60余座20世纪50—70年代典型中国现代建筑遗存的初步建议名单。距离2012年"首届中国20世纪建筑遗产保护与利用研讨会"在津召开已有十余年，天津20世纪建筑遗产相关工作加速展开，其中离不开各界人士的共同努力。如今，保护与活化建筑文化遗产的外部环境和内部条件正发生深刻变化，面临着更加多样的环境。分析天津20世纪建筑遗产于过去十年之中的发展历程，在个体与集体的共同推动下

所取得的成就，并针对未来将要面临的挑战提出相应的建议，以进一步助力天津20世纪建筑遗产的发展。

一、回望天津20世纪建筑遗产的演进与成就

自近现代建筑被纳入国家保护范围，同时受到国际古迹遗址理事会将20世纪遗产保护作为一项全球战略不断推进的影响，中国文物学会20世纪建筑遗产委员会成立后，加快推进此项工作，从最初的理念与呼吁转化落实到实际行动。天津也见证并积极参与了2014—2024年从启动到发展的全过程。

1.政策护航

我国现行的《文物保护法》尚未赋予20世纪建筑遗产以明确的定义，这些建筑建成时间相对较短，人们因此常常忽略它们存在的意义，使其遭到损毁及破坏。因此，早在2015年，中国文物学会20世纪建筑遗产委员会副会长、秘书长金磊就提出"中国20世纪建筑遗产保护急需立法"[2]。而在2018年国家文物局发布的《不可移动文物认定导则（试行）》中，对于"在一定区域范围具有典型性，在社会相关领域中具有代表性，形式风格特殊，且结构形制基本完整"的近代现代代表性建筑，及"1840年以后与近代现代历史进程或者历史人物有重要关联的各类史迹"，均应当认定为不可移动文物。除对建筑功能类型有广泛的范围界限外，更包含了与重要历史进程、历史事件、

历史人物有关的史迹本体尚存或者有遗迹存在以及为纪念重大历史事件或者著名人物建立的建筑物、构筑物等。这为进一步规范各地开展不可移动文物认定工作,为中国20世纪建筑遗产的评选、认定、保护工作提供了更加详细的规则和依据。

自2005—2013年,天津877幢、126万平方米历史建筑分6批被确认为历史风貌建筑,并逐栋挂牌建档,逐户签订《历史风貌建筑保护责任书》,其中有大量建筑完成了保护性修复。在2005年正式颁布施行的《天津市历史风貌建筑保护条例》(以下简称《条例》)中,其认定标准同中国20世纪建筑遗产的认定标准有很多相似之处;在之后评选出的建筑中,也有相当数量的项目相重合。依照地方《条例》被认定的天津市历史风貌建筑,为后期中国20世纪建筑遗产的评选提供了选择及可供参考的依据。

在《条例》的指导下,天津市建立起了"政府引导、专家咨询、企业运作、公众参与"的一套完整保护工作体系,使历史风貌建筑能够依照明确的保护制度和标准实施保护措施[3]。同时,《条例》中创设了同现实条件相符的各类措施,并在2018年做了进一步的修订。在《条例》的基础上,《天津市历史风貌建筑和历史风貌建筑区确定程序》《天津市历史风貌建筑使用管理办法》《天津市历史风貌建筑腾迁管理办法》《历史风貌建筑安全性鉴定规程》《天津市历史风貌建筑保护财政补助项目管理办法》等一系列完整具体的配套规章和规范性文件颁布,使众多历史风貌建筑得以在大规模的城市改造建设中被保留,妥善处理了保护与利用的关系,实现了可持续的发展。在《天津市历史文化名城保护规划(2020—2035年)》中,规划形成"一城、双区、两带、多点"的整体保护结构,彰显"一带多片,中西融合"的风貌格局。对各类历史文化遗存应保尽保,最大限度保留各历史时期具有代表性的发展印记,全面体现天津整体历史文化价值。

这使中国20世纪建筑遗产中的天津项目在尚未有一部专门的法规、其法制体系尚待建立健全的过程中,能够有地方性法规对其进行保护,针对区域特色和现实情况,使天津的建筑遗产、风貌特色、文化底蕴得到了较好的保存和延续。

2.修缮探索

在城市更新的进程中,天津的20世纪建筑遗产也曾面临严峻的现实,即便是如今已成为城市名片的著名建筑或历史街区。如为拓宽内环线和改造成片老城厢危陋破旧平房工程,天津市唯一在辛亥革命时演出过新剧的大观楼戏院被拆除,甚至被列入亚洲"中国近代建筑总览"中的天津市旧城南开区东马路很有名的正兴德茶庄钟楼和官银号等也被拆除[4];为拓宽大沽北路,启新洋灰公司、先农公司等建筑被拆除;为建桥扩路,盐业银行旧址等被破坏。浙江兴业银行旧址、五大道历史街区内尚未挂牌的部分20世纪建筑还是在建筑及遗产专家的坚持下,才得以保留。随着中国20世纪建筑遗产概念的提出,一座座天津近现代建筑位列其中,引起各界关注,推进了历史风貌建筑的保护修缮进程。同时,有效的保护修缮完成后,促进了建筑遗产的"可达性""可视性""可用性"及"关联性"[5],使建筑遗产获得被提名和入选的资格。

传统工艺与现代科技相辅相成,以技术革新守护文化底蕴。抢救将要被拆改的五大道风貌建筑区(首批中国20世纪建筑遗产)是天津市较早的实践,使其从"聚客锚地"整改为"五大道历史街区保护利用实验区"。整修先农大院时,恢复其红砖坡顶的原貌,也根据现代使用功能增设了采暖、空调及消防安全系统,并配合建筑物墙体、屋顶内侧增设保温层及仿古中空门窗,整体提升了建筑的节能等级。对庆王府等项目的修缮,以"天津历史风貌街区保护与利用"项目之名,于2016年荣获第十三届中国土木工程詹天佑奖,成为自该奖设立以来,全国首个获此殊荣的近代历史街区及建筑保护类项目。由风貌整理公司自主研发的一种微损防潮层化学修复方法获国家知识产权局专利批复,使近10万平方米历史风貌建筑和街区得到保护并发挥效应。另有碳纤维布加固技术用于建筑构件、"火眼"视频图像火灾探测系统实时探测、一体化密闭式污水提升装置节水增效、外檐墙面清洗清洁污垢等技术,配合《天津市历史风貌建筑保护图则》

与搭建起的数据库，保障着老建筑的安全性能和再生活力。

融合不同阶段历史记忆，解决新与旧在环境中的自然接续。在面对历史与新生的问题时，使之呈现自然生长的形态，面对的挑战更多。如位于原英租界的天津利顺德大饭店，经历了诸多历史阶段，具有极高的历史价值。在由天津大学建筑学院张颀教授带队完成的保护性修缮工程中，将建筑外观复原至最具历史价值时期（1886—1924年），恢复清水砖墙，叠涩挑檐、组合壁柱、拱形窗门洞口等外檐细部，并将外廊的木栏杆复原成"十字叉"样式，同时使宝瓶装饰木外廊这一北方传统官式做法在殖民建筑上实现变通，以延续利顺德大饭店的历史记忆和街区文脉[6]。在保护修复的基础上，拆除二层楼板，以打造两层通高、宽敞通透的迎宾空间，同时，以拱形玻璃顶营造出一个两层通高、具有庭院意向的多功能空间，两侧以传统的英式回廊环绕（图1）。地下室的一部分则被设为博物馆，对公众开放。通过改善功能，再现历史，并放置博物展示，全面提升建筑的文化价值，传承天津多元融汇的中外文化。

通过将建筑遗产保护工作与城区功能布局相协调，依据各建筑的不同特点，将建筑本身及其所蕴含的丰富历史文化和艺术信息纳入保护范畴，同步提升观念和技术，从而防止建设性破坏，保留历史脉络，延续文化记忆。

3.活化示范

2019年，习近平总书记来到第二批中国20世纪建筑遗产项目天津梁启超纪念馆视察，对馆藏文物和纪念馆工作表示肯定，并提出"要爱惜城市历史文化遗产，在保护中发展，在发展中保护"。根据这一重要指示，天津市坚持保护优先的前提，运用多种方式激发历史风貌建筑的当代生命力，力求让建筑遗产"活起来"。通过精准定位，采取点对点"敲门"招商、专业招商、精准招商、以商招商等方式，探索可持续盈利的运营模式；并将商业元素、文旅产业同建筑遗产相结合，唤醒市民、游客的文化认同和文化自信。

通过精准定位，引入多元功能，成就了热门活态化案例。五大道近代历史建筑风貌保护项目和第一工人文化宫花园地区历史风貌建筑保护项目先后于2004年、2011年获得"中国人居环境范例奖"。其中五大道的庆王府成为城市文化休闲空间，先农大院成为集餐饮娱乐、时尚购物、文博展览等于一体的体验式综合社区，民园西里文化创意街区则变身创意生活街。

深度融合现代生活，焕新建筑遗产适应性再利用。在历史保护与文旅创新结合的思路下，老建筑的转型有助于以用促保，让建筑遗产在当代社会继续发挥价值，以保留城市特色，并重塑公众的时代记忆。始建于1920年的原英租界内的体育场——民国广场，曾因无法适应足球职业联赛场地需要而一度废弃。在2012年的改造中，建筑师那日斯通过对其定位的转变——补充旅游资源，注重对公众的开放性，使之成为天津市的"城市会客厅"[7]，使其既可作为天津夏季达沃斯论坛文化之夜的举办地，又能成为节假日游人如织、平日里市民休闲的打卡处。而由天津大学建筑学院张威副教授主持的一系列项目，如为庆王府加装电梯（图2），将天津浙江兴业银行打造成星巴克

图1. 利顺德大饭店修缮后的整体与窗户、墙体等细部（组图）

图2. 庆王府加装电梯
（资料来源：天津广播公众号《我给庆王府装电梯！》）

图3. 浙江兴业银行室内柜台
（资料来源：天津广播公众号《我给庆王府装电梯！》）

臻选旗舰店（图3）等案例，均遵循了文物保护的最小干预和可逆性原则，最大可能地还原建筑在当时的氛围，解决现代实用需求及入驻商家商用需求与实际文物保护间的矛盾。如加装电梯采用了钢结构和玻璃，另附加于建筑背面，不影响建筑整体及结构；将原银行中雕刻大理石狮子的柜台改造为能通上下水的操作台，并经反复甄别后，仅在后期修复的石材上打

孔。这些成功的活化案例，也为天津其他建筑遗产提供了范本。如今又有段祺瑞故居屋顶修复（图4），安里甘教堂成为音乐殿堂艺术中心（图5），使旧建筑以新的身份亮相，重获新生，或将继续补充和壮大中国20世纪建筑遗产项目的队伍。

4.平台搭建

每一批中国20世纪建筑遗产项目发布，便相应地有研讨会同时召开（表1）。但在此之前，围绕相关工作，已有多项前期学术活动举办，为中国20世纪建筑遗产的正式评选认定奠定了坚实的基础，如2012年在天津召开的首届研讨会，该研讨会趁中国首批传统村落名录公布之机，在会上发布了《中国20世纪建筑遗产保护天津共识》（以下简称《共识》）。《共识》既指出近现代建筑正发生着许多违规拆建行为，酿成了一些不可再生的损失，同时认为建筑是文化等的载体及公共事物，这些20世纪建筑遗产亟须保护与活化利用。在此之后，又有《现当代建筑遗产传承与城市更新·成都倡议》（2022）、《新中国20世纪建筑遗产项目活化利用·上海倡议》（2023）、《中国安庆20世纪建筑遗产文化系列活动·安庆倡议》（2023）等相继发布。首届研讨会成为之后每年举办研讨会的开端，更成为该主题领域的里程碑事件，之后各项倡议内容则是对《共识》的进一步完善与延伸。

依托天津大学自2007年每年主办的"建筑遗产保

图4.段祺瑞故居屋顶修复　　　　图5.安里甘艺术中心
（资料来源：天津广播公众号《我给庆王府装电梯！》）

表1 八批中国 20 世纪建筑遗产研讨会

批次	时间	地点	研讨会主题
首批	2016-09-39	北京	致敬百年建筑经典：首届中国 20 世纪建筑思想学术研讨会
第二批	2017-12-02	池州	第二批中国 20 世纪建筑遗产项目发布暨池州生态文明研究院成立
第三批	2018-11-24	南京	第三批中国 20 世纪建筑遗产项目公布学术活动
第四批	2019-12-03	北京	第四批中国 20 世纪建筑遗产项目公布暨新中国 70 年建筑遗产传承创新研讨会
第五批	2020-10-03	锦州义县	守望千年奉国寺·辽代建筑遗产保护研讨暨第五批中国 20 世纪建筑遗产项目公布推介学术活动
第六批	2022-08-26	武汉	第六批中国 20 世纪建筑遗产项目推介公布暨建筑遗产传承与创新研讨会
第七批	2023-02-16	茂名	文化城市建设中的文化遗产保护与传承研讨会暨第七批中国 20 世纪建筑遗产项目推介公布活动
第八批	2023-09-16	成都	第八批中国 20 世纪建筑遗产项目推介暨现代建筑遗产与城市更新研讨会

护与可持续发展·天津"学术会议，参会人员聚焦各类建筑遗产，尤其对天津近现代建筑的最新研究成果进行交流分享，如围绕建筑材料、特定建筑功能发展等主题发言，紧扣建筑遗产保护与利用的理论政策、价值评价体系、保护活化实践等主题内容，积极提供科研力量。

为引进先进理念，拓宽保护思路，相关单位专业人员多次赴世界各地区、国家调研，并接待各地到访专家学者。先后与国家文物局、中国文物学会等单位建立合作关系，开设专题讲座与研讨会；以天津国际设计周等交流活动为契机，如2023年天津国际设计周建筑展中参展建筑师那日斯所作五大道公园设计方案，以"商业区和历史风貌区""慢生活和快节奏""人文与自然"呼应主题"联结"（图6）。各类沙龙活动拉近了建筑师之间的距离，也推动了天津同国内外各城市间的友好交流。

5.研学宣传

保护不可再生的历史文化遗产，留存近现代城市记忆，是一项持久而深刻的课题，关联生产生活方式与思维观念转变，不仅需要依托专业人员的先进理念技术，还需要通过普及性宣传，唤醒全社会的共同关注，推动中国20世纪建筑遗产保护工作的有序开展。

通过与各高校、各研究机构建立长期战略合作关系，实现产学融合与校企融合，共同应对新一轮科技革命和产业变革及新经济发展所带来的挑战。以学术刊物为平台，以科研创新为导向，相关课题研究成果

图6.2023年天津国际设计周建筑展中参展建筑师那日斯所作五大道公园（组图）
（资料来源：网络）

图7.部分已出版图书（组图）

渐增，研究程度也不断深入。天津各建筑高校结合智慧城市、低碳建筑等可持续发展理念，研究如何能更好地保存、利用和展示建筑遗产价值，并推动对建筑全寿命周期的信息保护进程。

各类成果的形成离不开各界的共同努力，已出版的《天津历史风貌建筑》《洋楼遗韵：天津历史风貌建筑概览》《天津历史风貌建筑图志》《静园大修实录》《庆王府大修实录》《问津寻道：天津历史风貌建筑保护十年历程》《中西文化碰撞下的天津近代建筑》等多部书籍（图7），以图文并茂的形式，真实记录，客观呈现。在改革开放四十周年之际，北京市建筑设计研究院有限公司、中国文物学会20世纪建筑遗产委员会主编的《中国20世纪建筑遗产大典（北京卷）》出版，循此经验，经多年积淀，天津建城将迎来第620个年头，《中国20世纪建筑遗产大典（天津卷）》也将付梓，其中内容呈现八批入选中国20世纪建筑遗产的52项天津项目，系统梳理了天津建筑遗产历史沿革、建筑师贡献与百年间城市记忆。

配合各媒体平台，宣传工作大力推进。中央电视台《新闻联播》等电视新闻节目，《人民日报》等报刊纸媒持续关注报道。人文纪录片《小楼春秋》《行走海河》等播出后收获广泛好评，以建筑作布景，展现城市底蕴。

二、展望天津20世纪建筑遗产的期待与走向

20世纪建筑遗产应当是活态的、传承的。对其保护的意义，在于留住多元建筑文化，并使其融入当今生活。在过去十年，天津的保护探索虽成就显著，但仍有较大提升空间，需要配套更为本土化、常态化和机制化的保护措施，汇集政府、专家和公众之力，共同推进建筑传承与创新，有力应对城市特色危机。

1.加强立法执法，加大惩处破坏遗产行为力度

为了能真实完整地保存历史原貌和建筑特色，使建筑遗产的保护修复规范化，需要出台相应配套的法律法规，实现从腾迁到活化的全过程均能有法可依。进而保障一体化的设计与实施，发挥修缮团队的专业力量，明确各部分的年代与价值，选择适当的材料、工艺、结构、型制，审慎修复。对于房屋产权复杂和开发进度较慢的项目，需要及时排查原因，通过"一楼一策"，明确建筑产权，规范开发利用和运营行为。同时，对未能发挥出项目应用经济成效的工程项目，也应配套制定帮扶政策，加紧推进项目周边的改造和建设，让土地不再闲置，提升整体环境的活力。

同时，要明确执法与普法的过程密不可分，让擅

自迁移、拆除、修缮或其他破坏不可移动文物的主体承担违法成本和整改责任，注重发挥典型案例的教育警示作用，加强对社会的宣传教育。

2.推动数据库建设，信息化管理广泛化参与

对于20世纪建筑遗产而言，相对较短的建成时间一方面常使其易被忽视，另一方面却也为信息资料的收集带来了极大的便利。对于天津历史风貌建筑，天津市国土房管局已应用手机App技术开发了导览系统，实现了当游客走近历史风貌建筑时，就自动播放该建筑的语音讲解等功能。对中国20世纪建筑遗产，同样可参考这一信息平台打造方式，既收录建筑基本信息，又进一步专业化收录其二维测绘成果、三维建筑模型、构件构造信息、图片影像、基础地理信息、历史沿革中的人物故事等信息。前期通过运用三维激光扫描、VR全景影像拍摄和BIM逆向建模等技术方法，在对古建筑本体无损的前提下，为建筑遗产提供一个全新的信息展示平台，并提供快捷的建筑遗产数据信息搜索、查询功能。2023年度国际古迹遗址理事会 ICOMOS发布的国际古迹遗址日主题Heritage Changes，旨在展示遗产研究和实践在实现气候韧性的路径、推动面向低碳未来的包容性转型的潜力。由此可见，解决并预防建筑遗产可能会面对的各类灾害，仍然是当今建筑遗产需要解决和应对的首要问题。而数据库的建设，也将为未来建筑遗产提供应对风险的能力，以及维护修建提供复原的依据。

在此基础上，可以进一步利用数据平台，与相关单位合作，开发互动性手游、制作动画短视频等方式，寓教于乐，吸引更多人关注20世纪建筑遗产，为人们提供更时尚、更易接受的了解方式，以及探索式、沉浸式、互动式的学习体验。

3.全面挖掘含义，提炼地方文化促进创新

保护20世纪建筑遗产，并非仅关注建筑自身，对于文化生态的保护更为重要，即与建筑相关的人、事、物及其所处的环境。"在城市特色问题上，我们今天面临的突出问题是'新建设'不新，'老环境'失落，是这种'新建设'正在吞噬'老环境'，新特色难以形成，老特色正在消失。"[8]保护建筑遗产的前提是要首先意识到建筑并非独立存在的，它依附于人们的现实生活。因此，对文化的复兴更需要展现建筑中的活动，对其环境给予同等程度的关注。

现有的20世纪建筑遗产项目中，有部分建筑专辟展播部分，对建筑的历史沿革完整展现，如梁启超纪念馆饮冰室，特通过老照片、旧物品等，对建筑发展历史，建筑中居住人员的变迁，与之相关的事件、人物等都有完整的展现。然而大多数建筑或因功能在用，或因面积受限，未能设专门的展陈部分，只有极少数建筑自发设置了"中国20世纪建筑遗产"标示（图8），难以凸显被评选出的建筑的价值。

以各建筑遗产为参照，探源天津本土文化在建筑遗产中的体现，就如何融合传统建筑风格与元素进行专题研究，这将为当代建筑设计者提供理论支持和实践指引，通过了解、掌握并不断充实更新对建筑遗产和城市文化的认知，进而认同地方文化，建立文化自信与文化自觉，并将提炼、运用传统建筑形式与内容作为设计中的关键一环。可以通过设立专项奖，在已设立的"海河杯"天津市优秀勘察设计城市更新设计等项目的评选中有所倾斜，鼓励各设计单位对更新活化建筑遗产项目进行申报，并充分利用天津设计周建筑展等平台，为获奖作品举办展览。同时鼓励建筑院校积极组织师生参与相关设计竞赛，赋予建筑遗产及其周边地区以新时代活力。

图8.天津大学冯骥才文学艺术研究院内所设"中国20世纪建筑遗产"标示

4.推动文旅融合，打造精品旅游线路品牌

每年一次中国20世纪建筑遗产的评选，使越来越多的天津建筑上榜，其价值得到认可。这些建筑遗产类型多样，分布广泛。以文旅为线，可连接各建筑地点，使之成为整体，合力扩大影响。规划形成红色记忆、名人故居、商业饭店、金融银行、高校风采、改革气象等各种主题文旅路线（图9~图14），整合地区的优势旅游资源。

在充分把握市场导向的前提下，结合天津地域文化特征，如赏海棠盛放，听相声曲艺等，进而创新地为游客提供独特的旅游产品和服务。以天津20世纪建筑遗产为新时代文旅的引爆点，继续延续"近代中国看天津"的地方优势。通过发展观光游、研学游等业态，并充分激活建筑中的"冷空间""闲空间"，使游客在不同时段中感受建筑遗产的多样风情。在此过程中，还可以融合地方特色，增加"津味儿"解说，让游客可观、可感、可玩，将文化遗产的故事融入游客体验之中，同时拉动天津经济增长与突破。

三、结语

图9.名人故居路线：梁启超故居和梁启超纪念馆（饮冰室）—马可·波罗广场—天津五大道近代建筑群

图10.商业饭店路线：中原公司—中国大戏院—天津劝业场大楼—惠中饭店—天津交通饭店—天津利顺德饭店旧址—天津大光明影院—起士林餐厅

图11.金融银行路线：浙江兴业银行天津分行—天津新华信托银行大楼（现新华大楼）—天津盐业银行大楼——天津利华大厦—天津市解放北路近代建筑群（天津法租界工部局等10幢）

图12.校园风采路线：北洋大学堂旧址—南开学校旧址—天津市耀华中学（老楼）—天津工商学院主楼旧址—天津大学主楼—天津大学冯骥才文学艺术研究院—南开大学主楼

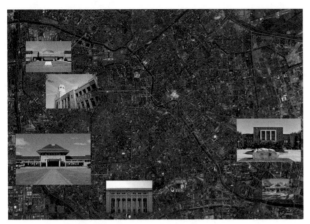

图13.红色记忆路线：平津战役纪念馆—天津市第一工人文化宫（原回力球场）—周恩来邓颖超纪念馆—天津礼堂—天津第二工人文化宫—天津第一机床厂

图14.改革气象路线：天津站铁路交通枢纽—天津友谊宾馆—天津人民体育馆—天津体育馆—天津水晶宫饭店—天津自然博物馆

回望天津20世纪建筑遗产十年历程，由中国文物学会20世纪建筑遗产委员会带头推动，天津地方各界共同配合，并率先在法规、修缮、活化、交流、宣传等方面做出了探索和实践。十年的评选工作，也将促进未来能有更多优秀的项目上榜。反思20世纪建筑遗产走过的路，目的是促进其生存发展，融入现代社会，唤醒公众意识，提升文化自信。如今，天津市历史风貌建筑已为民众所熟知，人们可以按"牌"索"楼"，相对应的，对于天津20世纪建筑遗产，同样需要配合全方位的举措，以一套更为完整的体系，依据每一座建筑的特点，为其提供具有针对性的保护措施。十年间，在各地针对20世纪建筑遗产而提出的倡议声犹在耳畔，更需要尽快将其转化为实际的动作，推进评选后的进一步工作。

20世纪遗产保护早已成为一项全球性的战略。对于天津建筑而言，从20世纪初期的"小洋楼"，到改革开放后的"大公建"，都紧扣地方文化，照应时代发展。这些为如今的地方建筑设计提供着参考与依据。现代都市需要反映底蕴，避免历史被无情抹除——过去快速的城市化进程中，这个教训实在太过沉重。关注其历史，设想其发展，通过法律体系保障其安全，加强信息化发展，充分挖掘涵义，推动文旅进程，是为了让历史追得上发展，是为了让现代人守护好一座城的记忆。

注释及参考文献：

[1] 邹德侬.未来的历史是今天：紧急呼吁保护20世纪50年代以来的现代建筑遗存[J].建筑师,1997(4):109-112.

[2] 金磊.中国20世纪建筑遗产保护急需立法[J].中国勘察设计,2015(5):62-65.

[3] 高绍林,张宜云.地方立法保护独特历史文化遗产：以《天津市历史风貌建筑保护条例》为例[J].地方立法研究,2017,2(2):33-44.

[4] 黄殿祺.文化遗产：城市高楼下的盆景？[N].中国文物报,2006-08-25.

[5] 北京市建筑设计研究院有限公司,中国文物学会20世纪建设遗产委员会,中国建筑学会建筑师分会.中国20世纪建筑遗产名录 第2卷[M]. 天津:天津大学出版社, 2021.

[6] 张颀,郑越,吴放等.古韵新生：天津利顺德大饭店保护性修缮[J].新建筑,2014(3):18-23.

[7] 根据对天津博风建筑工程设计有限公司总裁、首席设计师那日斯的访谈整理.

[8] 邹德侬,宋静.城市特色何处寻[J].世界建筑,2004(7):70-73.

纽约与开平的建筑对话

金维忻

在世界的不同角落，存在着一些令人动容的历史的共同见证，一个耸立于西方繁荣的大都会，一个坐落在东方古老的文明发源地。一西一东，从美国纽约的移民博物馆到中国广东江门的开平碉楼，它们的每一块砖、每一寸土地都泛着人类追求新生活的层层涟漪。这两个地方虽然身处不同文化和历史背景之中，却都以留白的墙壁，道出移民的心声，给20世纪遗产活化利用以启示，更见证着无数人在追逐新生活的路上披荆斩棘。我在过去的一段时间里，走进它们，感受它们。

一、寻根之旅——移民公寓博物馆

影视作品中的移民题材常常令观众潸然泪下，斩获奥斯卡多项提名的电影《伯德小姐》、英国动画电影《帕丁顿熊》、情景喜剧《初来乍到》都以移民为创作的灵感来源。然而，真实的移民故事绝非都是"重启人生"的温情叙事，更多的是苦楚、心痛，甚至绝望的情感表达。

在纽约曼哈顿这座被誉为"世界十字路口"的城市中，摩天楼宇间隐匿着一个真实角落——下东区果园街的97号和103号。1863至1935年间，曾有约7 000名来自20多个国家的移民栖身在此。博物馆比邻纽约曼哈顿中国城。时至今日，这里仍有百分之四十的居民出生在美国以外的国家。近150年间，这里见证了数千户移民家庭在纽约安家落户的离合悲欢，展现了"同一屋檐下"的多元美国移民生活的全景。

1863年，这两栋移民公寓由普鲁士的一名裁缝创立，成为无数移民在纽约的"首个寄居港"。这里承载着世代移民的梦想，是他们新生活的起点。直至1988年，在史学家和社会活动家的倡导下，移民公寓博物馆终于崭露头角，成为一个共同探讨社会移民问题的博物馆。其使命是"介绍并解释曼哈顿下东区各色移民和流动人口，以使人们加深对他们的理解，改变对他们的传统印象"。博物馆分别于1992年、1994年、1998年被评为美国国家历史遗迹登记、美国国家历史地标以及美国国家历史遗址（图1）。

2018年，经过一次全新的规划和定义，移民公

图1.移民公寓博物馆

寓博物馆焕发新生。如今，它以全新的面貌诉说着美国在建国过程中外国移民、移居和难民的精彩故事。这里有从中国南方漂洋过海来到纽约的裁缝在新大陆上书写坚韧与希望的艰辛旅程；有二战期间迁往英国的犹太儿童在陌生土地上找寻安稳生活的传奇经历；还有从美国自由港波多黎各迁往洛杉矶的移居者为全家构筑梦想家园的坎坷历程。

二、回家故事——开平碉楼

距美国近1.3万千米（8 000英里）大洋彼岸的开平碉楼始建于明代后期，傲立于广东省开平市。这个著名的华侨之乡自16世纪中叶以来，便有侨胞乘上木帆船，远渡重洋，到南洋群岛和南北美洲，谋求新生活。开平因地处新会、台山、恩平、新兴四县之间，成为"四不管"地区。侨胞们为了防洪防匪，保护侨眷安全，纷纷投入兴建既可居住又具备防御功能的碉楼。很多华侨在国外节衣缩食，在侨居国请人设计好碉楼蓝图，带回家乡建造，集资汇回家乡建碉楼。抗战时期，开平成为阻止日寇进犯的重要地区，防止其直通四邑，成为联结一条由南路向广州撤退之交通线。

受到西方建筑的启发，开平碉楼独具创意地融汇了古希腊的柱廊、古罗马的柱式、拱券和穹隆，欧洲中世纪的哥特式尖拱和伊斯兰风格拱券、欧洲城堡构件，抑或是文艺复兴时期和17世纪欧洲巴洛克风格的建筑样式。在局部建筑装饰中，巧妙地融入了中国传统建筑元素，形成了独特的文化交融之美。

在建筑材料和技术方面，开平碉楼展现出多样性，广泛使用了进口的水泥、木材、钢筋、玻璃等，同时采用了先进的钢筋混凝土结构。这种创新性的设计体现了中国乡村民众在建筑艺术上的积极态度，成功地融合了西方建筑艺术与本土传统元素，使开平碉楼呈现出独特而富有智慧的建筑风貌。

在岁月流转中，如今仍有1 833座独具特色的碉楼屹立不倒，其中以立园、马降龙碉楼群、锦江里瑞石楼、自力村碉楼群等为代表（图2~图4）。2001年，开平碉楼被列为第五批全国重点文物保护单位。

图2.自力村碉楼群

图3.立园

2007年，开平碉楼被列入《世界遗产名录》，成为首个属于华侨文化的世界遗产项目。2017年，开平碉楼被推介为第二批中国20世纪建筑遗产项目。

在建筑类型和使用功能方面，移民公寓博物馆和开平碉楼中的居楼主要用于居住。在建筑构造方面，在当时它们都属于高层建筑，尽管背后的原因各不相同。开平碉楼最初兴建是为了防范匪患和自然灾害，其中的居楼是碉楼中最为坚固安全、适宜居住的建筑类型。相比之下，5层或更高楼层的移民公寓则是为了转化成更多的出租单元。就建筑风格而言，移民公寓博物馆的立面采用传统红砖，与周边街道社区的建筑风格协调一致。然而，移民公寓博物馆的室内设计以出租公寓为单元，每家每户最初都根据自身文化装饰其室内空间。相较之下，开平碉楼中的居楼则更多地展示了东西方建筑元素的融合，其建筑风格多元而独特，多栋碉楼内的宗祠牌坊都深受华侨旅居国建筑风格的影响，展示了华侨的广阔眼界与独特视野。

分析它们在更新上的活化修缮理念，移民公寓博物馆和开平碉楼都致力于最大程度地保留建筑的"原

图4.马降龙碉楼群的骏庐

图5.移民公寓博物馆的公寓单元

图6.纽约埃塞克斯集市内宣传移民公寓博物馆的陈设

真性",包括楼梯、墙面和地面等。然而,不同之处在于,移民公寓博物馆保留了一间"原始"公寓单位,完整地展示了无任何修缮痕迹的移民家庭的空间状态,特别是房间内20多层缝缝补补、层层叠叠的墙纸痕迹,令人痛惜且感同身受。从参观模式来看,开平碉楼景区采用传统的参观模式,开放了10栋可入室参观的碉楼。参观者可以按照规划线路自由参观,也可以跟随景区导游全天候游览。相比之下,移民公寓博物馆的参观者只能在选择主题后跟随限定团进行参观,每次参观时间限制为1小时。由于移民公寓博物馆开放了11家公寓单元,则需要11次才能全面了解博物馆的全部内容。在景区宣教和宣传方面,开平碉楼景区内的宣传随处可见,小型展览设立在景区内的访

客接待处。相比之下,移民公寓博物馆的宣传模式更为生动和丰富。博物馆与周边熙熙攘攘的历史集市相互联动,实现资源共享。博物馆在集市内设立小型展区,使其成为宣传纽约移民公寓博物馆的组成部分。在博物馆内,通过利用原始公寓空间展示"出土"的老物件,如台灯、抹布、红砖,并利用多媒体互动屏向观众展示这些实物背后的移民故事。同时,博物馆还专设了对博物馆周边历史建筑的"研学"之旅(图5、图6)。

开平碉楼和移民公寓博物馆虽然处于不同的地理位置和历史时期,但它们之间存在诸多共性。从主题方面,它们都聚焦于移民主题。开平碉楼见证了华侨为谋求新生活而远离家乡的努力,而移民公寓博物馆记录了纽约移民家庭的生活艰辛。从建筑风格和文化交融方面,开平碉楼巧妙地融合了东西方建筑元素间的交融之美。移民公寓博物馆在建筑设计以及室内装饰方面体现了多元文化的融合,呈现出美国移民生活的独特之处。

理念篇

CONCEPTS

项目

PROJECT

EVALUTION

评

从复合场景到共享景观：长三角工业遗产更新的思考——访同济大学教授李振宇

李振宇　朱怡晨

受访者：

李振宇，同济大学建筑与城市规划学院教授、原院长

访谈者：

朱怡晨，同济大学建筑与城市规划学院助理教授

朱怡晨（以下简称"朱"）：

您在什么契机下开始研究长三角地区的工业遗产？

李振宇（以下简称"李"）：

契机主要有两个。首先，2013 年左右，为研究城市更新找一些典型案例，我们和王骏老师选择了浙江嘉兴的甪里街。甪里街有两个大厂，分别是冶金厂和造纸厂。相较于嘉兴的城市规模，这两个工厂的体量非常大，经过将近一个世纪的发展，厂和城已经紧密相连。如何保护和利用工业遗产，改变文物建筑、工业遗产厂区的肌理与周边城市道路、居民的关系，是我们第一个遇到的具体问题。第二个契机是我的家乡常州的一个毛纺厂，它现在已经改为名叫"运河 5号"的创意园区，位于大运河畔。运河 5 号在发展过程中有很多收获，例如文创、艺术、文化交流和设计产业。然而，它也面临着挑战。像常州这样的中小城市，它的文化创意设计产业能否支撑类似运河 5号的创意园区的运营？常州有很多类似的工厂，有几十甚至上百个，是否都适合将其转化为创意办公园区？

苏锡常（苏州、无锡、常州）、杭嘉湖（杭州、嘉兴、湖州）和上海，这 7 个城市是我们最初关注的地区，由此我们对长三角工业遗产的保护、利用、发展和更新提出了自己思考和设想。十年来我们有机会去观看、体验并参与工业遗产的保护、利用和更新

图 1. 研究组在嘉兴造纸厂（2014 年）

图 2. 研究组在常州运河五号（2016 年）

图 3. 常州运河 5 号室内空间（李振宇摄于 2016 年）

图 4. 嘉兴冶金厂（李振宇摄于 2014 年）

（图 1~ 图 4）。与此同时，房地产市场如火如荼。与房地产或者资本市场对比，工业遗产的保护利用和更新仍然面临许多挑战。上海有许多有趣精彩的案例，如"1933 屠宰场""中成智谷"等。以文化创意设计为驱动，把工业园区改造为创意园区，这种做法引领了当时的潮流。这就引发了我们的思考：这样的引领潮流，是不是具有普遍性？我们还应该做哪些工作？

朱：

您刚才提到嘉兴的工业遗产特点是产城融合。您认为整个长三角地区的工业遗产有哪些特征？

李：

特征可以用三个字概括：早、水、中。

长三角地区人杰地灵，经济发展历来较好。洋务运动后，在 19 世纪六七十年代，一批民族资本家和社会贤达，甚至一些文人，都投身到办实业、办工厂的热潮中。从时间上来说，长三角地区在实业办厂方面的发展是比较领先的，比如大家都知道的南通的张謇。南通位于长江以北，广义上它属于长三角文化圈。再比如，常州的刘国钧、无锡的荣氏家族等民族资本家，他们的发展过程可能是一代人、两代人、三代人的积累，发展较早，这是与其他地区有所不同的。

我们也看到国内一些其他地区，也是在较早的时期开始发展实业，例如天津、东北、广东等。但长三角地区的"早"与其他地方的"早"不同。它的形式源自五口通商，依托上海的大码头和万商云集的背景以及水路交通的便利。

也因此，第二个特征是"水"。长三角地区的工业发展完全依靠水运，水运是长三角工业发展的命脉。如果没有水，首先就无法解决运输问题，其次也无法解决工业制造所需的水源问题。当然，还有排污问题。长三角工业发展较快的原因可能与低廉的水运价格和过街就到大港的距离有关。我们较早的工业如纺织业，生产过程需要水，降温需要水，排污也需要水。

第三个特征是"中"，就是我们所说的"城中厂"。我们团队在研究时率先提出了"城中厂"这个概念。众所周知，深圳和广州都有城中村。城中村自 20 世纪 80 年代改革开放后，成为南方发达地区非常特别的城市空间。1865 年至今，大约一百多年的时间里，长三角地区的工厂都位于城市的边缘。许多小厂都是由乡绅和乡贤利用自己的宅院开展生产的，将家宅慢慢变成厂房。随后，他们在当时城市的边缘，例如护城河和大运河两岸，开始建厂。经过百余年的发展，城市规模不断扩大。原先地处城市边缘的厂区反而变为城市中心。

长三角的工业遗产很多都集中在城市，这与其他城市有所不同。例如，华北平原城市的工厂与江南地区的情况不同，与西部地区的厂也有所不同。无论是小三线还是大三线，当时的发展阶段都与国有经济、军工制造和大制造相关。因此，许多工厂建在山区或者与城市有一定距离的峡谷和山沟。

归纳起来，长三角地区的工业遗产建造时间较早、临水而建，现在处于城中的状态。找到这三个特点后，我们会发现，在长三角"城中厂"或者工业遗产保护改造中，我们应该用与这三个特点相关的眼光看待它们，对城市更新做出更多贡献。

朱：

您认为长三角工业遗产保护更新的阶段性发展如何？

李：

从工厂改造的角度来说，大约有三个阶段。

1.0 版本是拆迁。工厂最容易拆。随着产业的不断升级换代，许多纺织厂，甚至中小型钢厂、机械制造厂和无线电厂等逐渐退出市场。以前提出的口号是"退二进三"，"退二"意味着将第二产业，变成第三产业。第三产业中的一个重要内容是房地产。因此，1.0 版本是将工厂拆除后变成住宅，我们可以看到这

种情况比比皆是，直到今天仍然有这样的延续。1.0 版本现在并未消失，而是将工厂拆迁、改造成商品住宅区或者其他城市设施。

2.0 版是我们讨论的创意产业园区。我认为 2.0 版非常有意思，从 2000 年前后一直到今天，上海出现了很多创意园。在这个时候，我们要讲一个现象，即新天地现象。新天地将原有的里弄住宅转化为城市商业文化艺术的聚居地，呈现街坊式布局。这给大家带来了许多启发。许多设计师、艺术家、政治家和企业家开始关注，工业园区是否有办法转化为与艺术、设计和创意相关的产品。

我们都知道 20 世纪 90 年代末台湾建筑师登琨艳改造了苏州河畔的老仓库，将其变成了设计工作室，该建筑获得 2004 年联合国亚太遗产奖。同时，苏州河畔也出现了艺术家集聚区、M50 创意产业园（图 5）。这些都是因地制宜的改造，改动量较小，用来组织展览、艺术活动和文化创意活动。在上海则有几个"大动作"。例如 1933 老场坊，这个项目将钢筋混凝土结构的屠宰场改造成创意中心，并且带动周边几个工业建筑改造成音乐谷等，一时成为非常吸引人的聚会场所。又比如上海常德洛的"800 秀"（图 6），这个项目由我的学生柯复南和王芳设计，将常德路的一个厂房改造成了一个秀场，从"锈带"到秀场，将工业遗存变成了一个容纳文化生活和商业创意的场所。还有，如淮海西路的红坊，由钢厂改造成了

图 5. 上海 M50 创意产业园（朱怡晨摄于 2019 年）

图 6. 上海常德路 800 秀（朱怡晨摄于 2018 年）

一个雕塑展示公园，成为博物馆、展览馆和艺术馆的集群。再有一些结合商业设施的改造项目，如永嘉路的永嘉庭，等等。这些都是 2.0 版本的工业厂区改造。

3.0 版本就是我们所说的"城中厂"。除了文化创意之外，在工业用地上建造办公楼，将其从仓储功能转型为亦工亦商亦住的功能，这正符合了提出的"城中厂"的社区化更新理念。社区化改造的理想是让原来的"城中厂"变为生活社区的一部分。尤其是对中小城市，它的魅力更大。创意产业和文化娱乐艺术的承载力有限，无法做到那么大的容纳量。例如嘉兴、常州等城区，都是百万级人口的城市，但即便在百万级人口的城市里，真正从事文化创意的产业就业人员、每年的产值、文化艺术活动都是有限的，这样的规模无法容纳或者没有足够的功能支撑创意园区式的改造更新。因此，将"城中厂"作为一个正常的社区对待才能够形成可移植、可复制的模式。如果常州有 100 个工厂，我们不能奢望常州出现 100 个创意园，但是我们可以期待将常州的 100 个工厂变成 100 个城市社区，这就是我们提出的 3.0 版本。

朱：

可以认为，社区化更新提出的背景是由于 2.0 版本创意园式的改造不具备普适性。那社区化更新的核心观点是什么呢？

李：

我们提出了"城中厂"的社区化更新理念，核心观点可以用"四三二一"来概括。

"四"是指我们到底需要保留什么？我们的研究观点是，有四样需要保留：厂区道路及建筑肌理、绿化部分、文物建筑和有价值的历史建筑、有价值的工业构筑物。

首先，需要保留厂区道路及建筑肌理。如果厂房动迁后，按照现有城市规划的常规做法，将道路红线和转弯半径重新布局，这将形成简单重复的街道和社区，那将失去太多的意义。当下，城市普遍面临千篇一律、缺乏个性的问题。而"城中厂"的厂区经过了几十年甚至百年的历史。它们的道路完整，道路与建筑之间是一种非常特别的空间关系，这是我们今天依靠新规划无法呈现的个性与氛围。如果能保留这样的肌理，只需拆除围墙，它就能与城市对话、相融合，产生偶然性、特殊性，即空间上的对比、张弛、质感、比例和尺度的变化。这将给城市空间带来个性、独特的记忆。

其次，保留绿化部分。每个厂区都有非常独特的绿化。无论是运河 5 号、民丰厂还是上海的许多工厂，其中的绿地、景观和树木都非常有趣。如果我们将这些绿化部分保留，就可以呈现时间的延续性。

第三，保留文物建筑和有价值的历史建筑。相对而言，文物建筑较为明确，包括一些百年老厂和特殊构造的建筑，大家都能达成共识。未被纳入文物保护范畴但有价值的历史建筑，则存在一定的争议。如何判定是否有价值，我个人认为有四个方面：一是空间形态和物理形态有特色；二是在技术上，有特殊尺度的结构体现；三是不同时期的材料交叠，如砖、混凝土、钢铁、瓷砖，甚至木头；四是具有许多代表不同时代的装饰。

第四，保留具有价值的工业构筑物，例如水塔、烟囱、洗涤池、吊机、齿轮等。一些非常有趣的工业构筑物如宣传栏、船锚、码头踏步、沙包坡道，又如赶牛坡道、工人爬上屋顶灌装粉仓的旋转楼梯等，都令人陶醉。

"三"是要引入三种功能：办公、居住和配套服

图 7. 上海 M50 创意产业园（2019 年）（组图）

务和基础设施。

第一是办公，无论是创意办公、景观式办公、共享办公，都没有问题。第二是居住和配套服务，居住在厂区，与历史环境和建筑对话，这种居住形式非常有趣，可以通过插建、添建、加建等方式实现。这在欧洲有很多成功的实例。例如柏林苏特海斯啤酒厂社区，它将 5 公顷的啤酒厂的 99% 改造成住宅，其中包含加建和改造，即原有车间被改造成住宅（图 7）。这是一个有趣的案例。大家对统一模式的居住已经开始厌倦，对追求个性化居住的人群，厂区改建的住宅具有很强的吸引力。

第三个功能非常有趣，即城市基础设施。在改革开放后的几十年中，我们兴建了许多城市基础设施。我们研究团队认为，城市所需要的城市级、区域级、社区级公建配套，无论是 1 000 人的剧院，还是 100 人的报告厅、幼儿园、文化展厅和体育场，都应该优先选择"城中厂"进行改造，一举数得。还有社区服务设施，如菜场、健身房、公厕、停车库、托老所等都应如此。

如何在长三角地区的城中厂里选择办公、居住和城市配套呢？我们有一个大致设想，40% 的办公、40% 的居住以及 20% 的城市和社区配套。未来的

图书馆、艺术馆、健身中心、青少年活动中心、老年中心、文化站、体育活动室、游泳馆等应该优先选择"城中厂"进行改造，而不是拆除后再另建。从社会文化的记忆和传承、多元化的生活需求来看，这非常重要。

"二"是指我们在"城中厂"的建造方式有两种：新建和改造。

新建因地制宜，在已有格局中，添加一些有趣的、有个性的新建筑，使其更高、更特别，避免 50 米宽、12 米深、间距 45 米，像盖图章一样不断盖到 100 米高、80 米高的行列式商品住宅。在原有厂区肌理中的新建筑，将会形成统一中的参差变化。

改建则可以进行贴建、加建、挖建和建楼中楼。楼中楼是一个有趣的场景，可以在高大的厂房空间内建立小的建筑空间。我们已经进行了相应的探索，例如，在钢结构大框架中填充钢筋混凝土小型建筑，或者砖混建筑，甚至可以采用可移动、可拆卸的轻钢构筑物，营造可折叠、可移动的场景。

"一"是指一个目标，即建立一个多元、有文化传承、低碳生态的社区。每个社区都应具有独特性，并依托已有厂区工业遗产的条件来创造。我们经常说希望城市可行走，建筑具有温度。工业遗产对城市文

化和温度非常重要。现代城市的生活质量和水平都是基于现代工业文明的发展。没有现代工业文明就没有我们今天的生活质量。今天我们的生活非常方便，淘宝、京东、众多外卖平台，使人们衣食住行的供应水平达到了相当高的程度，这正是工业化的结果。如果没有工业化的生产，产量就无法提高；没有现代的纺织业，我们的穿着也不可能丰富多彩。工业是现代文明和当代生活的基本依托。因此，工业发展值得大家敬畏，这是我们所讲的慈善。城中厂社区化更新的核心观点如图所示（图8）。

朱：

您认为社区化更新作为一种策略，它的前景和应用如何？当前是否已经有了相应的实践支持这样的策略？

李：

社区化更新的前景光明，但应用却不简单。

目前，城市已进入精细化治理过程，大拆大建不应该是普遍规则，而是要慎之又慎地进行。精细化治理需要让城市有自己的特质，不能说苏州、无锡、常州、杭州、嘉兴、湖州全长得一样，这不是我们的目的。每个城市在工业化进程中拥有的工业遗产遗存是铸造个性化设计非常有意义的先天条件。

我认为社区化更新的难点在于进展缓慢，不适合资本的高周转。资本没有耐心，房地产要求高周转，最好一个月内完成设计，两个月内完成拆迁，六个月后建成房子，一天内卖光，再进行下一个项目。

在市场和管控之间，我们需要找到平衡。推动社区化更新的主要方式是顶层设计，合理引导城市发展，将原来的"拆改留"变为"留改拆"。对于有价值的工厂和工业遗产，首先要考虑有哪些值得留，而不仅是单独的建筑。我反对仅留一个房子，将其他部分拆除，并且将周边的大马路和绿地都连接起来。我认为保留的建筑应该与原有环境有联系。

上海的"一江一河"，即黄浦江、苏州河周边的改造有很多成功案例（图9、图10）。它们不仅保留了原有工厂的单体，还保留了与单体相关的要素，

Objective 目标
Open, diversity, integrated Community in the downtown city
开放、多元的城中综合社区

Methodology 方法
New-built Construction 新建　　　Transform-Construction 改建

Function 功能
Residence居住　　Creative Office 创意办公　　Community Facility 社区设施

Conservation 保留
Street System 路网　　　　　　　　　　　Buildings 建筑
Landscape 景观　　　　　Important Elements 要素

图8. 城中厂社区化更新的核心观点
（资料来源：李振宇）

图9. 上海杨浦滨江（朱怡晨摄于2019年）

图10. 徐汇滨江油罐艺术中心（朱怡晨摄于2019年）

例如船坞、塔吊、锚桩、水埠头、铁轨等。我们在"一江一河"已经看到了许多有趣的事物，虽然不完全是社区化更新，但是它已经为我们做出了好样板。如果我们能够以"一江一河"作为参考，花费 10 年、20 年的努力，认真将工业遗产改造提升，我相信我们一定会有新的思路和收获。

在这个问题上，我认为欧洲已经有很多有趣的实践。除了我们刚才提到的苏特海斯啤酒厂之外，还有许多案例，例如巴黎铁路工厂改造，波鸿鲁尔地区许多科研、办公建筑与已经退化的钢铁厂、水泥厂、炼焦厂等逐步融合。

又例如上海徐汇区的西岸滨江。它以滨江路为界，靠近黄浦江一侧的工业遗产都保留得较好，靠内侧的地块则变成了高层建筑。我认为这不是并置的关系，而是更好的融合关系。

在乡村工业遗产中也出现了一些社区化更新的案例。例如我们前一阵去黄山市黟县，看到有些原来的老乡镇企业与现在的民宿、居住建筑融为一体。乡村的优势在于权属转换较快，乡镇企业转换成其他功能时灵活度和自由度较大。在城市中，我们如何在土地"招拍挂"的过程中促进厂区改造与城市的融合呢？

当下虽然有社区化更新的实践支持，但是时间的沉淀还不够。需要大家的努力。我期待着将更多的厂改造成城市社区。

朱：

为什么说工业遗产可以成为共享景观？

李：

我认为你在这个问题上比我更有发言权。在你的博士论文写作过程中，我们已经多次讨论过这个问题。

我们提到长三角地区的早、水、中三个特点。"早"表明工业遗产大多数都有近百年的历史，而这段百年历史能够引起文化共鸣。具有时间积累的建筑物具有怀旧的情调，例如老火车、汽笛、铁桥、红砖厂房以及水泥谷仓都能给我们带来思古之忧伤，具有很大的

震撼力。这与景观中的"废景"理论相吻合。

第二个特点是滨水。许多厂房都是依水而建的。滨水在城市意象中的最大特点在于具有足够的景深。我们在城市街道观看建筑时，会退到街道对面50 米。在水岸对面，这个距离则可以拉到 500 米，整个建筑都暴露在视野中，轮廓、高低和深浅都能够表现出来。中国古代画论提到高远、平远、深远，我认为滨水工业建筑已经具有这样的特质。

"中"意味着城市中央是人们最有机会去的地方。现在黄浦江两岸，江南造船厂、杨浦水厂、南市发电站等建筑遗产，成为深受大家喜爱的地方。

还有一个原因，滨水工业遗产已经成为共享景观。原来的工厂有围墙，各自为政，因为需要专用码头、铁路线和公路线等设施，所以为了生产安全，经常是"闲人免进"。但是等到生产功能退出后，"闲人免进"这 4 个字就无效了。滨水工业区原本就是公共水岸，通过生产转型后，从专属走向共享，又能够将水岸归还给城市。因此，这个工业遗产成为共享景观，具有先天条件。

朱：

您认为长三角工业遗产应该如何成为共享景观？

李：

我认为成为共享景观最重要的一点是共享，而非多功能。

共享与多功能有重叠之处，共享强调多主体。共享景观意味着无论是购票的旅客，工作人员还是偶尔路过的居民，上班族或者退休老人，我们都需要方便不同主体使用。

最近华东政法大学将沿苏州河的校园空间开放，变成了可以随意进出的空间。苏州河畔的 M50 沿河那段也打开了。多主体是共享的第一位。人民城市人民建，人民城市为人民。共享景观是人人可达的，这是第一点。

第二点是渗透性。工业建筑通常体量较大。在江南水乡，过去的民宅尺度是 10 米。高度不到 10 米，

宽度只有 10 多米，10 米是一个基本尺度。而工厂经常以 60 米、80 米、100 米甚至更大的尺度进行生产，并且当年厂区的边界是封闭的。工业遗产要成为共享景观，必须能够被穿越，尤其是在建筑底层。

渗透代表着一种融合共享的状态。我不赞成将工业遗产变成边界非常硬朗的博物馆。早上 10 点开放，下午 6 点关门，除此之外就没有其他可以访问的可能。我认为这不是我们共享景观的方法。共享景观意味着即使关闭门店，人们仍然可以在一定范围内体验这个空间。今天我们需要把曾经被工业占据的水岸还给市民，至少要让市民能够穿越这些巨大的工业建筑，从非临水的一面走到临水的一面。这就是渗透性。

第三个是分时性。共享不仅指活动使用主体的不同，也意味着活动可以从早到晚，在不同时段发生。我们不能将工业遗产变成芭蕾舞团的排练厅，练完功就关门了，没有其他活动。我们希望早上有人练功、中午有人闲坐、傍晚有人散步、晚上有人谈恋爱。这个空间能够从早到晚吸纳各种人群，提供全时段服务。如果我们的工业遗产里都有嵌入式的驿站，为市民提供全时段服务，这是特别好的事情。

第四点是日常性。除了高大上的内容，我们需要更加接地气的使用。现在很多年轻人选择城市街景拍照，通过小红书、抖音和微视频等移动互联网平台，将生活中细小的美进行自我展示，与他人分享，这就是日常的体现。

李：

除了这四点以外，你认为还有哪些需要补充？

朱：

我想还有历时性。

历时性认为保护并非仅仅是强调某个时间片段，而是当下整个变化过程中的事件或者相关人物的故事和场景，因此是一个动态演变的过程。并且越靠近当下，能够与其产生共鸣的人可能会更多。尤其对于工业遗产而言，亲历者仍然存在于城市的各个角落。如果我们能将靠近当代的这部分历史以某种方式在空间上呈现，那么与之产生共鸣的景观将拥有更多的

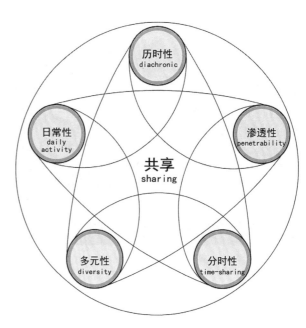

图 11. 滨水工业遗产共享性的五个核心维度
（资料来源：朱怡晨．《共享水岸：苏州河两岸工业遗产纪事》165 页）

受众（图 11）。

李：

章明老师在苏州河边设计的加油站兼咖啡馆就具有一定的历时性，将不同时期的片段叠加在一起，并与当代生活结合。还有其他建议吗？

朱：

我对多元性还有一点补充。

刚才您提到的多元是使用人群的多主体，包括游客、访客、居民和在这里工作的人。同时，功能的多元性也应该被考虑进来。像您提到的，功能既包括一定消费能力的商业功能，也应该有免费或低消费的业态存在（图 12）。

李：

我想再反问一遍，如果长三角的工业遗产成为共享景观，你认为公益和市场这对有趣的矛盾，理想状态是什么样的？

图 12. 上海苏州河中石化加油站改造
（资料来源：同济原作设计工作室）

朱：

离开市场开发，工业遗产的保护不会持久。但任何市场行为，都需要存在一定的公益空间和事件。

李：

我非常赞成你的观点。

我们现在需要面对的难题是如何将公益和市场以更公正的方式组合。有时候我们担心麻烦，会将公益和市场分得很清楚，这块地是公益的，这块地是市场的。我们有很多聪明的办法，甚至股份都可以混改。为什么在工业遗产中，我们不能通过拍卖或者其他方式引入市场支撑？因为有了市场支撑，你提到的 5 个维度自然而然地能够推动。渗透、历时、分时、多元以及日常性可以通过公益与市场的结合，从而得到一部分补充。

举个例子，我非常愿意在某个工业遗产建筑中看到包子铺、奶茶店等日常经营、丰富多样化的场所。也可以考虑在厂区改造过程中纳入居住功能，如建设保障性租赁住房。保障性租赁住房与商品住宅存在很大的不同。前者有时段性，通常是为了吸引人才，在某一个时期内让刚到城市的人可以有一段落脚的缓冲时间。我认为在 "城中厂" 的社区化改造中，可以考虑将其转化为租赁住宅，其不仅可以售租，还可以采用并购或者其他方式，应该呈现出更加多元的特点（图 13）。

图 13. 嘉兴冶金厂社区化更新方案
（资料来源：李振宇）

朱：

您对长三角工业遗产更新的思考，从社区化的复合场景到共享景观，转型的契机是什么？

李：

我认为契机在于信息化。

21世纪，尤其是2011年以后，社会生活发生了根本性变化。个人移动终端和智能手机的出现，促进网上支付、快递等共享经济的发展。共享经济特别适合多主体、不规则的活动。

第一，过去功能主义强调功能分区，而功能分区恰恰是工业遗产改造中令人头痛的问题。信息化完全不再依赖原来的空间分区，而是借助信息手段实现不同功能组合。

第二，多主体能避免空间潮汐式使用的困局，让空间更具魅力。以居住和办公为例，居住功能需要使用车位的时间，恰好是办公功能不需要使用车位的时间。在此办公的人下班后，另一个人下班回到这里居住，可以充分利用社会资源。

信息化和共享经济是我们思考转型的契机。那么有哪些研究和实践成果呢？例如黄浦江、苏州河、大运河等长三角的滨水区域，已经吸引了很多来自民间的人士、专业人士、研究者、管理者以及投资者的关注，我相信有意思的实践会不断出现。

朱：

长三角工业遗产更新有什么意义？如何响应国家城镇化的战略？

李：

长三角工业遗产的更新具有三个意义。

首先，它具有文化意义。长三角工业遗产的保护、更新和利用意味着我们对人类工业文明辐射到中国后，对带来的变化做出了正面回应。中华民族的文化包括近代工业化过程，如黄道婆、江南造船厂、万吨水压机、华为、高铁、盾构机等。这些工业发展是我们今天生活的依托，这正是文化的意义。

第二个是技术意义。随着工业遗产的改造日益成熟，我们在建筑技术、工艺和手法上得到全面发展，为城市生活和建筑空间带来更多可能性。

第三个是低碳减排。拆迁不仅仅是对原有建筑的拆除，还需要处理大量建筑废料。如果我们能充分利用既有工业遗存，就可以少拆少建、少建多用，这符合双碳发展趋势，也与我国新型城镇化低碳策略相吻合。

朱：

您对未来长三角工业遗产更新的愿景和期望是什么？

李：

从历史文化的角度，我的愿景是尊重工业和城市发展的历史，正视自己的历史。

历史由多个环节组成，其中近代和当代的工业化是城市发展不可或缺的一环，我们今天的生活是从那里逐步演变过来的。

从日常多元开放的角度来看，我们希望它是一个多元共享的空间，不再仅仅是围起来的封闭园区。我们希望在打开原有工厂的围墙后，它能成为一个正常的社区。无论是作为景观还是日常，都应该将"旧时王谢堂前燕，飞入寻常百姓家"这种感觉融入工业遗产，让百姓都能感受到它的珍贵价值。这样的场景具有历史、文化、温度和使用方面的多元价值。

最后，希望长三角地区"城中厂"的改造能成为低碳生态中的重要一环，减少拆除，并在工业遗产的保护和利用中同时保护好环境。

赓续文脉，激活历史，
中建设计致力建筑遗产更新活化新征程

李琦　王一统

　　加强文化遗产保护是传承中华优秀传统文化的必然要求，是留住文化根脉、守住民族之魂的应有之义。中建设计研究院坚决贯彻落实习近平总书记关于文物保护利用和文化遗产保护传承的重要讲话和指示批示精神，十五年来如一日，坚守和奋斗在文化遗产传承保护的一线，涌现出一批致力于不同方向城市建筑遗产传承保护的名人专家，构建了涵盖区域—城市—建筑不同尺度的文化遗产保护更新业务体系，遍布国内 14 个省 34 个地级市，总计承接了 120 多个项目，包含区域文化遗产保护规划、文物保护单位保护规划、考古遗址公园规划、文化遗产的保护工程（古建筑、古遗址、近现代建筑等）、文化遗产的展示工程、文化遗产环境整治工程、世界文化遗产文本申报、历史文化名城保护等八大类型，涵盖了文化遗产保护与利用的大多数领域。在 20 世纪文化遗产的更新活化的新征程上，我院从区域文化遗产保护利用到历史片区保护复兴再到单体建筑遗产活化更新三个方面也形成以下总结思考。

一、区域文化遗产保护利用

1. 专家思考

　　我院首席大师宋晓龙总规划师经过长期研究和思考，认为文物保护利用的观念应该从传统的散点性、单一性保护向连片性、系统性保护转变，推动区域性文物资源整合和集中连片保护利用。

　　我院大师吴宜夏认为，应将文化遗产与城市发展、市井烟火融合起来，通过以活态保护和可持续运营为核心的新模式，形成规划策划、设计、运营"三位一体"服务，以人为中心，完善基础设施，植入适当的业态功能，通过有效运营为项目落地结果赋能，让历史"活"起来、让业态"火"起来、让人民"爱"起来，满足人民群众日益增长的高品质生活需求，实现遗产保护的活化利用与可持续发展。

2. 作品实践

　　（1）晋冀豫革命文物保护利用片区规划（山西部分）

　　晋冀豫片区（山西部分）位于山西省中部及南部，

范围涉及 7 个地市 54 个区县，占地面积约 8.6 万平方公里，是抗日战争时期中国共产党领导人民武装、全民族抗战的先锋地和模范地，已梳理片区主题革命旧址的资源 850 处，革命纪念场馆数量 16 处。根据对抗日战争史、中国共产党党史等史实提炼，构建晋冀豫片区主题体系，并按照 5 个空间层次，策划革命旧址保护、整体展示和融合发展项目体系，对省际协作的片区管理保障、政策保障、资金支持等研提具体要求，创新了跨省革命文物保护利用机制。

图 2. 杨家沟革命旧址
（资料来源：中国中建设计研究院有限公司城乡可持续发展院）

（2）米脂县（转战陕北）革命旧址保护总体规划

米脂县（转战陕北）革命旧址是以文化线路为线索的区域文化遗产，是中共中央"转战陕北"文化线路中最重要的一环，米脂县既发生了扭转全国解放战争局势的关键之战——沙家店战役，又是中共中央驻留时间最长（4 个月）的县，见证了新中国国名的诞生和建设蓝图的绘就。规划以打造"国家级革命文物主题游径"为目标，对革命旧址进行活化利用，将其作为高质量的爱国主义教育基地、党史教育基地、中小学生研学实践基地，引领观众追溯革命文化线路、重温革命故事、延续红色精神。在此基础上，联动县城及 60 余处散布于黄土高原沟壑内的文旅资源，拓展和延伸出总长度达 93.4 公里的主题游径网络，充分展示县域自然生态、历史文化和传统产业内涵特色，让米脂县的特色古城、传统村落与红色村庄，踏上城乡联动、乡村振兴的新征程。

图 3. 北京冬奥公园规划结构图
（资料来源：中国中建设计研究院有限公司风景园林院）

（3）北京冬奥公园概念规划

北京冬奥公园概念规划以更新后的首钢园区为冬奥文化服务核心，通过对区域交通、景观、用地的系统组织，联动永定河两岸三区八园，形成统一规划、统一管理、统一运营的大园区体系；通过全园马拉松路线设计、冬奥雕塑布点、标识和服务设施小品设计，以及系列公共空间提升项目共同构成水绿相生、城景渗透、奥运主题鲜明的城市滨水开放空间。使冬奥公园成为服务保障北京 2022 冬奥会冬残奥会的重要举措、传播冬奥文化西山永定河文化的重要载体，也是首都城市工业遗产片区有机更新、存量空间再利

用的重要实践。

（4）京西"一线四矿"文旅康养休闲区规划

"一线四矿"指曾经的京西煤炭运输专用线——门大线铁路及四个沿线矿区——王平矿、大台矿、木城涧矿和千军台矿，记载了京西煤矿的百年沧桑。为了挖掘铁路矿区工业遗产价值及周边独特的自然人文资源价值，规划提出重塑"轨道新迹、蓝绿基底、产业体系"三大提升策略，配套运动基地及相关服务设施，实现区域资源整体增值赋能，在工业景观最为

图 4. "一线四矿"遗产分布图
（资料来源：中国中建设计研究院有限公司城市规划院）

图 5. 米市街历史文化街区更新前后对比图
（资料来源：中国中建设计研究院有限公司城乡可持续发展院）

突出的王平矿区域，集中打造集文娱、度假于一体的文旅小镇，使来访者穿梭于历史的情景中，与户外山地乡村环境联动，增加来访者探索区域的停留时间、提升探索感受、丰富探索内容，真正实现"使文物活起来"。

二、历史片区保护复兴

1. 专家思考

我院遗产保护前沿专家王小舟带领的团队，基于历史城区的整治与复兴全过程咨询，旨在逐步探索形成传统城市规划保底线、运营前置规划、健全城市造血机制、文化规划挖掘价值特色的"三规融合"技术，为历史城区的整改与复兴从图纸到落地的全过程周期提供顶层设计策略，以破解我国城市更新领域中遇到的大量"保护与发展"相互对立的深层矛盾。在历史城区中的重要历史地段，以可落地的"市长交钥匙工程"作为示范性项目，引领同类地段的城市更新思路和方向；与此同时，推动历史文化名城数字化保护管理平台建设，辅助政府主管部门在名城保护工作中多维度升级精细化管理、打造城市文化名片，真正实现历史城区的高质量发展。

2. 作品实践

（1）聊城米市街历史地段全过程咨询

聊城米市街是山东省第一批历史文化街区，在聊城国家历史文化名城"城、市、河、湖"历史格局中，

"市"是东关片区的重要组成部分，兼具有古城营建、运河商贸和近代工业遗产等多重时空历史文化内涵及特色。随着工业用地逐步从市中心腾退，街区内面临历史文化保护与产业转型升级的双重挑战。团队联合了中国商业联合会协助进行招商和指导后期运营，以米市街、羊使君街为主线路，利用各个特色打卡点吸引人流，形成持续的造血功能，最终使工业历史建筑的外观得以修复，并焕发新生。

（2）自贡工业遗产保护与利用城市更新专项规划

四川自贡是我国的"千年盐都"，清末太平军、抗日战争时期二次"川盐济楚"的主产地，民国二十八年（1939 年）因盐设市，新中国成立初期成为"大三线建设"重要基地，至今保留了大量不同年代国家级、省级工业遗产资源，亦是第二批国家历史文化名城。会聚工业遗产的历史城区，其保护与利用正是城市更新的重点与难点，同类城市多被选为住建部城市更新试点。专项规划旨在将工业遗产保护利用与城市更新、文化旅游深度融合，并与国家历史文化名城的内涵展示有机结合。通过系统盘点工业遗产名录，挖掘其历史沿革和文化价值，借助产业转型、升级契机，实现历史城区功能织补、提质增效，让工业遗产"活起来""火下去"，对促进中华民族工业精神永续传承和创意转化、充实老工业城市文化 IP 具有重要意义。同时在历史城区尺度上，结合近代工业文化线路，结合针对性、差异化的工业遗产活化利用策略，打造融入生产、生活的工业遗产主题游径、

城市景观廊道，以发展促保护，让工业遗产为历史名城的城市更新赋能。

（3）河北省邯郸市涉县一二九师司令部旧址赤岸村连心巷项目

赤岸村连心巷项目通过深入挖掘红色资源，充分发扬红色传统，切实传承红色基因，紧紧把握红色历史的原真性、红色文化的体验性、红色旅游的科技性，通过项目的建设将八路军一二九师司令部旧址与红色赤岸旅游村相结合，形成一二九师纪念馆——司令部旧址——连心巷——将军岭——赤岸公园胜利广场的红色旅游闭环，是一二九师与当地百姓军民鱼水情的重要体现。项目由8个红色足迹串联了11组近百年历史的红色院落，分别植入了赤岸茶棚、有声故事馆、十一封家书邮递所、红色绘本馆、赤岸咖啡馆、赤岸英雄馆、赤岸照相馆、胜利小酒馆、军民手工坊、红色放映厅、保育院甜品铺等十一组以一二九师红色背景故事为原型的文旅业态。以十一封家书邮递所为例，通过活化左权将军十一封家书的红色故事，打造成为售卖红色文旅明信片、旅游商品的零售店铺。项目以"运营前置"理念为引领，通过策划、设计、运营一体化的模式，以文旅手法讲述红色故事，以场景设计再现红色风貌，在革命遗产环境下结合非物质文化遗产的植入形成创新型红色文旅业态，成为河北省红色遗产活化的样板标杆。

三、建筑遗产的活化更新

1. 专家思考

我院中建大师薛峰认为建筑活化更新不是简单的改造利用建筑物，而是通过建筑师的创作，创造新的文化和生活场景，创造特色的人性化烟火味道。

2. 作品实践

（1）民族文化宫更新改造

民族文化宫始建于1958年，由毛泽东主席提议，周恩来总理审定设计方案，为新中国十大建筑之一，改造建筑规模4.5万平方米。改造体现"修旧如旧"，避免大拆大改。在保证历史建筑风貌的前提下，采用新技术、新工艺，对展览、交流、文物陈列、剧院等原有功能，以及抗震安全、绿色节能和设备设施等进行功能和性能改造与扩建。体现了老记忆、新空间、新设施，延续历史可传承基因，融入时代发展的印记，增加历史建筑的现代活力。

（2）北京友谊宾馆更新改造

北京友谊宾馆始建于1954年，改造扩建了友谊宾馆3.13万平方米的会议、餐饮、配套服务和地下停车功能，改造对园区车行和步行系统、停车场所、园林景观和缺失功能进行"再规划"，对北京科学会堂、苏园等园林景观等进行功能提升和微改造。并在

图6. 赤岸连心巷
（资料来源：中国中建设计研究院有限公司风景园林院）

图7. 民族文化宫

图 8. 北京友谊宾馆更新改造图

新旧建筑间植入富有历史记忆的院落，延续场所历史记忆。2019 年 4 月 26 日习近平总书记在此接待了普京总统。

四、未来发展思路

在城市有机更新趋势不断加强的背景下，作为最接近现代城市生活的历史文化遗产，20 世纪城市建筑遗产的保护与活化利用事业越来越得到社会各界的重点关注，未来我院将以"新时代新需求"为导向，研究谋划"产、学、研"创新发展的"明星部队"和产品线，为 20 世纪城市建筑遗产传承保护及城市更新活化利用贡献更大力量。

结构环境，初手经典——梁启超墓园

李兴钢

2020 年 11 月深秋，笔者在偶然之间拜谒了北京西山植物园东南角的梁启超墓园（图 1），初次体验即惊叹其在简朴的设计中流动着的现代感，与此同时，更是被一种莫名动人的情愫所环绕，思绪万千。后又带着研究梁启超墓园的任务，在不同的季节时段，两次考察墓园，绘制草图，安排学生测绘，弥补档案缺失，查阅相关文献，深入研究、探寻，获得对这一梁思成先生初手之作较为充分的理解、认识与体悟。

一、初手经典

众所周知，梁思成先生一生主要致力于中国古建筑调查、历史研究写作和建筑学科创建及教育（乃至科普）工作，但作为建筑师，他给人留下的工作印象似乎显得较为模糊，除了大家熟知的鉴真纪念堂和人民英雄纪念碑外，还有 20 世纪三四十年代的少量建筑作品（吉林大学礼堂和图书馆、仁立地毯公司门面、北京大学地质学馆和女生宿舍等）及五六十年代的任弼时墓、林徽因墓等。而 1929 年设计、1931 年落成的梁启超墓园，由梁思成为其父梁启超设计，可谓真正意义上的梁氏处女之作。28 岁的他一出手，便成就了一处堪称经典的建筑与环境设计作品。梁启超墓园也理应是重要的中国 20 世纪建筑遗产，只是 90 年来深藏于北京西山脚下而不为人熟知。

梁启超墓园位于北京西山一处诸峰合围的南向坡地东端、卧佛寺的东南方向、绵延山脉的西南侧山脚，北侧背靠向西延伸的侧峰，东侧依傍向南逐渐坡降的侧峰，向西远望为西山主峰。墓园大致呈边长约 90 米的正方形，四周环围毛石砌筑的矮墙（水泥压顶），开南、北、西 3 门，园内密植松柏（以松为主）。

图 1. 梁思成先生设计的墓园及纪念碑 1

图 2. 梁思成先生设计的墓园及纪念碑 2

　　整个墓园大抵以一个八角石亭为几何中心，亭高约 5 米，整体由规则石块精致砌筑而成，单层平面为八边形，下方坐落于高出铺砌地面的两层八边形石砌平台上，四向各做两跑共 5 级石砌台阶，并各开一梯形拱门洞，其中东西南门洞各通向一条甬路，唯北门洞前有台有阶，且正对墓园北门，却未通向北甬路，令人颇感疑惑。顶部为绿色琉璃瓦顶，八面坡中间攒为四边抹角小平顶，石椽叠涩挑檐，檐下四个抹角设两个一斗三升的转角石铺作，四门洞上方各设一个人字形补间石铺作。亭子内部为穹顶，雕莲花藻井。亭内空无一物，抹角四边墙体内侧凹入，有预留的固定构造痕迹，猜测此处原设计为墓主人生平事迹纪念壁挂刻碑，另据说石亭内拟立梁启超塑像，终遇

波折而未能实现，纪念碑亭转而为休憩凉亭。此亭乃 1929 年 9 月参加梁启超公祭安葬仪式的张君劢等众亲友当场议定捐资并动土而建。1931 年石亭与主墓同时完工。

　　石亭的东北即主墓的墓台及墓表（图 2），主墓坐北面南，一条长长砖砌甬道由墓园南门沿南北轴线延伸至墓台正面台阶。墓台高出约 1.4 米，其侧墙为与墓园围墙相同的毛石砌法，而台阶及墓台台面收边为规则条石，台面为方形错横缝铺砌石板。墓台后端栏墙逐渐高出台面以与坡地相接，条石压顶，并有正北台阶出口，连接北面坡地。坡地上两大株白皮松树形高大，枝条繁密，一左一右对称栽植。相对于主墓的中轴布局，墓台呈现不对称状态，东侧规整而西

侧由南至北错退变化，台阶西侧台宽近两倍于东侧台宽。由于墓园所在位置是由东北向西南渐低的坡地，水平的墓台东北与坡地平接，西南则自然凸出于坡地之上。

拾级而上，墓台中间即梁启超与夫人李蕙仙合葬墓及墓表。后部墓体呈长方形，缓三坡顶，由石材砌筑；墓体由整齐的灌木呈"U"形合围，形成环绕的祭拜流线。墓表肃穆简洁，井然有序，整体由共计 49 块大型浅黄色矩形块石及条石砌筑而成，中间耸起的主碑高约 3.6 米、宽约 1.7 米，主体碑芯压顶为两层条石，两侧各为叠砌护石，左右护石之顶分别刻有平行饰带及内旋涡卷纹。主碑前有供台，两侧低平形成带状衬墙，端部向前伸出呈环抱之态，靠近其顶部分别镌刻象征供养人的浮雕；两侧各有一石椅，后部石面掀起微妙一角，有坐靠之意。主碑之阳镌刻"先考任公府君暨先妣李太夫人墓"14 个大字，碑阴刻"中华民国二十年十月，男梁思成、思永、思忠、思达、思礼，女适周、思顺、思庄、思懿、思宁，媳林徽因、李福曼，孙女任孙敬立"（标点为空格），无碑文及墓主生平甚至生卒年月。沿墓体及墓表左右下部台面上均有土槽绿植，主墓西侧的墓台上一株独柏。合葬墓东侧的卧碑为 20 世纪 90 年代梁氏后人新制，碑后有一株树形较小、但枝叶优美的白皮松，题为"母亲树"，纪念梁启超第二夫人王桂荃。主墓于 1925 年破土并先行安葬母亲，墓台、墓体及墓表于 1929 年设计，1931 年 10 月竣工。41 年后设计者梁思成去世。

平台下的松柏林中，中轴主甬路东侧砖铺方形小平地为梁思成七弟梁启雄及梁启雄之子梁思乾（卒于 1983 年）之墓及墓碑；甬路西侧对向石亭东门洞分出一条支甬路，其南侧为其子梁思忠墓、梁思礼墓、女梁思庄墓及墓碑，除梁思忠墓碑或为梁思成设计外，其余均应为后世所作。

主墓前方砖砌甬路靠近墓园南门处，左右各立一座清康熙年间墓碑（西碑阴尚余原碑文），弃置于墓园。石亭西面门洞，略偏北对向墓园西门，西门南侧有一管理房，为简易硬山坡顶，砖墙包砌毛石墙芯，墙芯与墓园围墙和墓台挡墙为同一种毛石墙体做法。

小院正南有一直径约 15 米圆形土丘，显为人工堆成，上植松柏若干株，位于墓园西南之角。现状形成一条半回环主园路，由北门偏转向西南经西门转东遇主甬路再转至南门，石亭面西、面南甬路与主园路相接，面东甬路与主甬路相接。

墓园大小老幼的树木疏密有致，间有若干高大松树，树冠高挂连绵，常年遮天蔽日，树干成竖密剪影之林，清朗幽静。石亭以北，有一组规则排列的较大松树，主甬路和亭南甬路及亭东甬路两侧、石亭四周和主墓台北侧均植列树夹围。

梁思成设计梁启超墓园前后的时刻和状态，处在一个极其特殊的历史氛围、文化氛围和情感氛围之中。家庭、事业、国家——种种要素相互纠葛缠绕，最终决定了梁思成的设计。其中最令人叹息的是，思成对于父母、特别是挚爱自己并无微不至关怀自己成长的父亲梁启超的英年早逝之扼腕不甘、不忍分离之情。这既体现于为同在父亲病逝医院出生的女儿取名"再冰"以寄期待父亲（自号"饮冰室主人""饮冰子"）再生之热望，更是深刻体现在父亲墓园设计营造的种种冥思斟酌之中。

考察同时代与梁思成相关的师友们——诸如宾大（宾夕法尼亚大学）老师保罗·克瑞和康奈尔大学学兄吕彦直、宾大同学杨廷宝、宾大同学暨东北大学同事童寯、陈植以及他们同时代的建筑作品，既有某种类似的基因与特征，也有西方与中国、现代抑或传统之思索与斟酌。笔者以为，因学养深厚、兼得中西、权衡全面、思考深邃，更因对父母的情深意切，梁思成做出了因时因境、得体合宜的选择和设计。

二、谜题试解

实地探访墓园过程中，笔者发现了设计者留下的诸多"谜题"，令人颇感困惑难解，而建筑师梁思成对自己这一特殊的早期作品，也未留下任何只字片语和草稿正图，对此其家人师生也少见回忆记载。而这些"谜题"如此重要，关乎设计的手法意图、判断取舍、营造手段乃至经济造价等，不可不发问，不可不琢磨。笔者尝试依据客观史实向外探寻，也向内发问，设身处地、处时、处境、处事努力思考，找到最为可能的答案。

谜题 1： 墓园西南角人工堆土丘（上植松柏）。试解答案："风水"调节。但此做法很可能是墓园动土时主持建设工程的"二叔"梁启勋依据风水先生指点所为，而非后来留学归国的思成设计。

谜题 2： 墓园分东西二半，石亭位在园之几何中心。试解答案：东西两分，对应天国与尘世，石亭既是两者分隔之界，又作两者沟通枢纽，冥俗共用、生死相会于此也，并定位于园之中心。

谜题 3： 墓表与石亭风格差异，一现代而简朴，一传统而装饰（图 3）。试解答案：碑表主要为冥界之供，为父亲品格学问道德之表征；石亭主要为世俗之用，为子女后人尊仰纪念父母之依托。同时，石亭传统中含抽象简朴，而墓表现代中有传统。

谜题 4： 石亭北门洞外正对墓园北门单侧列松。试解答案：此 12 株颇为粗壮、排列整齐的松树应为设计栽植，暗示着曾有由园北门径直通向石亭的甬路，子女由北门专用入园通道，在其缓步走向石亭过程中，与向西凸伸而出的墓台呼应，仿若父母于台上欢迎子女回"家"团聚。

谜题 5： 墓园和主墓设计中对称中的不对称。试解答案：三个原因共同作用的结果，一是顺应此处由侧后山势顺延而来的东北高、西南低的不对称坡地地形；二是子女祭拜流线与西端凸伸墓台的呼应；三是设计者不想固守传统及成规，而如父亲生前所愿——现代而向新。

谜题 6： 双清碑废而未用（图 4）。试解答案：怎能采用代表保守、老旧、没落的清代皇族墓碑作为对他的纪念物？在思成的心中，父亲的形象当永远是"与天不老、美哉壮哉"的维新少年。

谜题 7： 墓表碑文无父母生卒年月及享寿。试解答案：思成痛切于未见生母最后一面、痛切于父子情深而父因医疗事故而早逝，心中无限不甘，不能忍受生死两分，不忍在石碑上镌刻表示将永远凝固不变的父母生卒时刻，他希望父母"永生"，父母子女可以永远如往常一样随时在此地相见。

谜题 8： 关于碑文设计，不取传统阴刻书法字体，而设计为阴底阳刻、充满几何感的现代设计字体。试解答案：思成以碑文及其字体设计表达现代风范，向变法维新、崇尚现代科学的父亲致以敬意，也以此向父亲表明自己由西方现代国家学成归来的设计能力和学术志向。

谜题 9： 墓后"双松"与墓前"双木"。试解答案："双松"与"双木"均为思成设计，且有极为重要的象征和纪念意义。墓台后坡地上左右对称栽植的两大株白皮松树姿优美古雅，应是对两位墓主的象征、礼赞和纪念；墓前"双木"及墓体周围灌木与墓

图 3. 梁思成先生设计的墓园及纪念碑 3

图 4. 梁思成先生设计的墓园及纪念碑 4

后坡上两株高大白皮松形成呼应，犹如父母大人与绕膝的儿女。

谜题 10：墓台上墓表西侧有独柏。试解答案：此柏意在表征此墓为北方合院中常见的植树庭院，实现父亲的生前嘱托，同时又满足自己希望父母"尚在人世"的内心期望。

上述种种谜题与试解之中，除谜题 1 中父辈预先筹划并作为思成可资以利用的"风水营造"之外，其余均可体现出他作为设计者的种种周思详考。而所有思考的核心，都指向思成一心要将墓园设计为山林环境中长子对伟大父亲的敬仰纪念之地、永生不老父母与挚爱子女兄弟的家庭聚会之所。

三、场所体验

将梁思成先生作为建筑师出道之初设计的梁启超墓园称为经典之作，源于实地体验之后所获得的深度感受——这一作品完整体现了笔者谓之中国传统营造体系中蕴含的"现实理想空间营造范式"之五点要素（以梁、林等先生后来发现的五台山佛光寺为其典例），试描述如下。

（1）环境形势。由墓园入口主轴甬路可见，主墓坐北朝南，面向尘世和俗众。未依东北主峰而靠其右路侧峰而立，谷地地形东北高西南低，墓座平台由东北向西南水平延伸展开。前庭平台不依主墓轴线对称，西长而东短，且西端凸出并借地势升起，犹如一座向西行驶的航空母舰，不动声色之中气势感人。

（2）结构场域。墓园内密植松林，不求粗壮而竖直密布，围绕着墓台。树冠遮蔽上空光线，成墨绿深沉、繁密垂落的树干剪影，其中长长墓台浮起于微坡地形之中，水平的石墓台和阶梯与竖直的树干丛构成横与竖、明与暗的强烈对比和对话。光线照亮的暖白色石作主墓墓碑，很远可见，高雅圣洁，遗世独立。

（3）人作天工。主墓碑体均由几何切割的巨大石块横向竖向堆叠而成，浑然天成，自然简朴。石块堆叠的墓碑造型构成"一山两翼"的空间和态势；中间供台左右两株灌木穿插于供台、石椅和衬墙之间，与环围墓体灌木、墓碑西侧独柏、地面土槽青草乃至

墓后高大的白皮双松一起，共同构成人工山林的抽象意象。除墓台地面及台阶护石外，全由就地取材的毛石砌筑挡土墙体，仿佛是山坡地形的人工化延续，亦增加了简朴和自然接地之感。

（4）叙事空间。参观、瞻仰或祭拜墓园者，当有两种流线——公众参访流线：由南门沿长长中轴甬路进入，直抵墓台前及台上墓表前后瞻仰，之后下台参观梁弟及子女墓碑后入亭，稍歇，由亭南甬路回墓园主入口离开。更重要者则为家庭祭拜流线：概由正中北门入园，经亭北甬路向石亭前进，主墓台南部向西伸出，与甬路及石亭呼应，仿若父母大人站在墓台之上欢迎子女"回家"团聚，情绪由此酝酿；至石亭中稍歇准备，出亭东，经子女墓群，大家"聚齐"，至主甬路左转向北，上台阶拜谒祭扫，之后下台经叔父家墓，在甬路东侧方形空地，大家随意休息聚谈，再由亭北甬路离开，想象慈爱父母于台西回首送别，依依亲情，一如生前绕膝聚离。

（5）胜景情境。众人瞻仰拜谒祭扫之后居于高台之上，如身处日常家中房前庭院之中、独柏之下，夕阳西沉，映照出远处西山群峰淡影及近树剪影，墓台向西延伸浮出，形成强烈的几何透视，引导视线西望山树夕阳；身侧墓碑石座包围，仿佛父母大人与大家一起凝望西天世界，空间深远引发时间悠远之想，落日余晖带动生命情境之思，使人不由陷于佛家"观日冥想"之境，深深沉浸于眼前胜景，达到空间体验的高潮，深刻而动人。

梁思成在墓园的设计中既领会了父亲的嘱托和教导，又实现了自己的认知和追求，并由简朴进而现代；对比同时代的同类型作品，梁启超墓园是如此鲜明而独特——既庄重而传统，又现代而创新，以此映射呼应设计者心目中的梁任公之道德学问和情怀主张。笔者以为：梁思成在梁启超墓园的设计中，既超越了同侪，也超越了时代，甚至可以说，此时还不到 30 岁的他以这个作品超越了自己后来的一生；他最大限度地利用了父亲亲自选定的场地环境和风水形势，人作结合天工，配合得体合宜的构筑物及空间场域营造。尤为重要的是简朴与现代的设计中饱含着深情——仿佛在以此诉说和寄托对父母真挚而深

厚的情感，创造出可使人强烈体验和感受到的叙事氛围和胜景情境，因此而格外动人。

四、结构环境

梁思成先生在 1944 年完成的《中国建筑史》绪论中即已指出："建筑显著特征之所以形成，有两因素：有属于实物结构技术上之取法及发展者，有缘于环境思想之趋向者……政治、宗法、风俗、礼仪、佛道、风水等中国思想精神之寄托于建筑平面之分布上者，固尤甚于其他单位构成之因素也……"依此可简单描述为"中国建筑 = 实物结构技术 + 环境思想趋向"，亦即建筑及其空间的设计创作中，实物结构技术与环境利用营造，当为同等重要并须紧密结合而共同作用，才可产生有"显著特征"的中国建筑。后因种种社会、国家等情势因缘，梁、林二位先生的主体学术工作根本性地发展了中国传统建筑中的"实物结构技术"内容，而其"环境思想之趋向"内容则未及充分开展（梁先生后来提出的"体型环境"思想及教学体系或与此相关但有较大差异），但实乃梁思成先生对于中国建筑研究及创作的两大"初心"之一。如此看来，梁启超墓园应是梁思成早在完成写作《中国建筑史》之前 15 年——28 岁时即已践行了深藏其初心的大作，初手即经典。

诸如上文中提到的对环境形势的借助和强化、场地地形的利用及与建筑物体布局的结合、通过特定的树木栽植对环境氛围空间的对比设定和象征及纪念性表达、空间体验流线的周密组织和建筑物体风格细节做法的把握营造等等，均在体现这样的核心思想：以环境空间利用配合实物结构技术，营造动人胜景情境。这里的"结构环境"之"结构"，既是与"环境思想"并列结合的名词之"实物结构"，亦是营造"环境空间场所"的动词之"连结建构"。其中关键则应源于父子深情与对乃父人品学问情怀的深刻理解及表达，并依托和作用于体验者的实地亲身感受和情感共鸣，最终产生和成就了这一经典杰作。梁公的初手作品，启发我们获得了一个终极建筑创作公式"环境 + 结构 + 人 + 情感 = 杰作"。

梁思成先生作为中国建筑学科的开拓者、奠基者和创建者，应是所有中国现代建筑师的无限敬仰之师。谨以后辈拙文致敬梁师诞辰 120 周年。

（原文发表于《建筑学报》2021 年第 9 期，本文做了较大压缩与修改。）

因地制宜，传承创新
——从两个博物馆的改扩建看现代建筑遗产

桂学文

"现代建筑之父"格罗皮乌斯在《全面建筑观》中提到，"现代建筑不是老树上的分枝，而是从根上长出来的新株"。这支新株，是应运而生的"早产儿"。在产业革命、民族解放、世界大战等宏大历史浪潮中，面对翻天覆地的时代新命题，诞生了以包豪斯为代表的现代建筑体系，它以简洁、功能性和工业化生产，来回应战后重建、经济危机与前所未见的新客户群体——大量的现代公民。

如今司空见惯的人体尺度、建筑模数、标准材料以及随之衍生的"方盒子、玻璃体、标准楼"等概念，正是由现代建筑带来的。这解决了一部分急难愁盼的现实问题，但也因其不成熟，出现了部分区域生硬突兀、千城一面等问题。

新中国成立后，中国现代建筑历经了国民经济恢复、第一个五年计划、"大跃进"和国民经济调整、"设计革命运动"和"文化大革命"、建设社会主义现代化国家等重大历史事件。在此期间，我国的建筑设计方针也从"适用、经济、在可能条件下注意美观"，到"适用、安全、经济、美观"，再到"适用、经济、绿色、美观"，可见其所对应的建设浪潮和时代命题不断变化。

20世纪是一个大破大立的时代，世界建筑包括中国建筑的流变正是其真切的注脚。以这样的历史背景回看建筑变迁，20世纪的建筑承载了这个特殊的充满了大历史、大事件、大人物时代里的人类活动和文明进程，而对这部分建筑遗产的保护、继承和活化利用，则代表了当代建筑人对于那个时代、那段历史、那些人的尊重与敬畏，对于当前需求、当下条件、当代人的理解与回应。

我们有幸在近15年的时间里，参与了两个已被推介为中国20世纪建筑遗产项目的改扩建工作，它们分别是中国人民革命军事博物馆和抗美援朝纪念馆。在具体的设计实践中，我们深感"延续场所记忆，活化建筑生命，契合时代精神"的重要与复杂，希望我们的工作对此有所助益。

一、传承经典，交融相生——中国人民革命军事博物馆改扩建工程

中国人民革命军事博物馆老馆是新中国成立十周年时"首都十大建筑"之一，位于北京西长安街的延长线——复兴路上，由北京市建筑设计院主持设计，承载了几代国人的深刻记忆。因当时建设标准偏低，且经过50多个寒暑岁月的洗礼，旧建筑无论在空间规模、结构抗震，还是设施设备、消防安全等诸多方面，均已无法满足当今社会的需求，迫切需要进行改扩建。

在改扩建设计中，通过对建筑体量和城市空间的研究，我们采用了新老融合的原则，以相对集中布局、拓展地下的策略控制地面空间容量；以规整对位、统一规划的方式令新老建筑一体相融；以近、远期结合，

提前预留的理念规划多种流线。在设计中，我们完整保留了宽阔的南广场、经典的南立面、两侧展厅的外立面及高大树木，将扩建建筑在平面、竖向的体量、柱网关系上同保留建筑严整对位延续，令复兴路界面的城市空间、尺度与标志性形象得以完整保留，传承城市的记忆与精神。

针对不同的区域，设计团队则分别采用了"保留段原真性保护、微创化改造""过渡段精神性传承、形态上谦逊""新建段当代性呈现、未来感探索"等策略。

保留的老馆中采用微创、无痕式的加固改造措施，在空间形式不变的前提下，最小限度地增加结构构件，并完善设施设备、满足消防安全等现代需求。改造后，项目完整保留了原先南迎宾厅的毛主席汉白玉立身雕像、五楼多功能厅中式藻井及宫灯纹饰、大楼梯石材踏面、电梯厅彩色水磨石地面、自然采光窗等一系列记忆点和完整场所，并将现代功能（如空调、消防等）巧妙嵌入其间，例如将多功能厅的空调风口衬于侧墙中式花格栅装饰之后，使得改造后的老馆在形象上保留原真，在感受上焕然一新。

从老馆走向新馆的过渡空间是 10 ~ 17 米宽、通高的立体透光环廊，环廊两侧的新老建筑在这个高大、明亮、开放的空间中交相辉映，宛如时光隧道，一端深沉浑厚，一端磅礴激昂；平、立面上的规整对位与细部构造上的同质异构形成了和而不同的整体气质，随着阳光的流转，建筑投射出斑斓的光影。从老馆室内 8 ~ 16.3 米高的南迎宾厅，穿过 24.3 米高的环廊，到 27.5 米高的中央兵器大厅的过程中，强烈的空间对比令人自然产生出时代变迁的直接感受和震撼体验（图 1）。

扩建的核心与高潮是 128 米 ×64 米 ×27.5 米的中央兵器大厅，以及以之为中心打造的"十字主轴 + 环绕放射"观展流线（图 2）。中轴对称的巨型展厅中立体布置了海、陆、空军的超长、超大、超重兵器展品，气势恢宏，超高、超大的展厅空间与可近距离观赏的巨型兵器带给人强烈的感官冲击。透过大厅四边环绕的高侧采光窗、顶部均匀分散的导光藻井，阳光以柔和漫射的方式进入中央兵器大厅，结合东、

图 1. 新老建筑衔接处实景

图 2. 中央兵器大厅实景

南、西三边采光环廊中透射的自然天光，为这个恢宏的空间增添了生动的光影变化，形成博物馆内独有的展、观、游、览一体，时移影动的空间特色，也有效降低了人工照明的能源消耗。2层、3层的廊道和平台将中央兵器大厅、环廊、老馆融为一体，同时增加了布展空间，逐层递进，为观赏中央兵器大厅中的巨型兵器展品提供了不同距离、尺度的立体观展视角。其正下方为同等平面规模9米高的地下超大、超重兵器展厅，以24米×24米的规整柱网，朴实庄重、连续有韵律、做工精致的混凝土梁、柱、墙体，共同营造出现代、简约、拙朴、厚重的空间气质，为展陈设计提供优质、均好、灵活、可变的展厅空间。

中国人民革命军事博物馆中所收藏、研究、陈列、展示的是反映中国共产党领导的军事斗争历程和人民军队建设成就的文物、实物、文献、资料，以及中华民族数千年军事历史和世界军事史，其中既有西汉时期的铜鎏金弩机，又有近代战争的舰船、坦克，红军时期的印章、刀枪，当代国防的导弹、飞机，以及未来科技的体验互动。这座建筑所承载的是中国人民、中华民族对军事、战争、革命的体悟，展示了敬畏与警醒、坦诚与勇敢（图3）。

图3. 扩建建筑北侧立面局部实景

二、因势利导，大地雕塑——抗美援朝纪念馆改扩建工程

抗美援朝纪念馆是一座专题纪念馆，由纪念馆、纪念塔、全景画馆与国防教育园四部分构成，旨在全面反映抗美援朝战争和抗美援朝运动的历史。建筑位于鸭绿江畔的英华山上，山地地形条件复杂，各方向保留的建筑、构筑物多，紧临丹东市博物馆、丹东市气象局等建筑、构筑物，可建设用地范围较小。在秉承整体观、大局观的原则下，统筹兼顾复杂的现状约束条件与改扩建设计目标，实现专题战争馆建筑与场所的纪念性、叙事性、体验性与标志性，并且尊重历史文脉与记忆，实现保留、改建、扩建建筑新旧衔接的自然一体，在地活化，以及近、远期相结合，在时间与空间尺度上，做到生态可持续，建筑可生长，是有较大难度的。

诸多的限制条件激发了创作的设计灵感，我们从建筑的本体功能出发，思考作为后人应当如何看待战争、认识和平。纪念性的建筑场所与优美的山体环境给了我们重要的启发，结合纪念馆、纪念广场、纪念塔、指挥所旧址所高度浓缩的战争纪念主题性，与英华山多层次、立体、丰富的游览体验性，我们重新梳理了保留的建筑与场地环境，采用了因地制宜、顺势而为的原则来规划设计。设计将新馆的体量顺应山势，尽量埋入纪念广场之下，半嵌入山体之中；广场之上的部分则采用简洁、方正的"一"字形布局，居中对称，并与全景画馆连为一体，形成一座精心雕琢的大地雕塑，与英华山浑然相融，宛自天开（图4）。

室内的展陈空间自与纪念广场相连的序厅开始，

图 4. 抗美援朝纪念馆鸟瞰实景

图 5. 抗美援朝纪念馆展厅实景

顺势向下，由浅入深，展开陈述了抗美援朝战争的历史，令人仿佛亲身经历一段战争历史，感受一份雄浑悲壮（图 5）。在新馆地下室与全景画馆之间，特设一条宽度不大，置身于架空连体天棚之下的环形天窗，通过折射、漫射透进一缕天光，指引着参观者最终回到首层与纪念广场相连的路径。历经"战争的洗礼"，方显和平的可贵，从纪念广场空间氛围的肃穆，经历纪念馆战争历史的残酷，再次回到室外，感受天高地阔，回味和平的来之不易，结合坚实的建筑形象，突出"和平的基石，英雄的赞歌"这个创意主题。

园区采用"自然 + 几何"的布局模式，在保留原有自然环境的前提下，通过一横一纵的馆、塔巨构统领全局，多标高广场组合构成连续、开阔、逐级而上的室外流线，并与统一、坚硬、对称、连续的景观一起，共同营造出庄严肃穆的纪念性氛围，强化园区动线的叙事性与体验性。

主要参观路径之外，园区还有丰富多层的公园景观与立体自由的游览路线。周边既有主题性的国防教育园，展出与战争相关的飞机、战车等兵器，提供射击、攀爬、野战军训等体验性项目；也有观赏性的荷花池、景观林、木栈道，构建出步移景异的多路径体验。

通过对抗美援朝纪念馆改扩建项目特殊地势地形、场地元素、战争纪念属性的挖掘和洞察，设计团队因势利导，将纪念馆建筑与全景画馆、自然山体融为一体，结合纪念塔、指挥所旧址与自然起伏的山地地形与秀美景观，形成浑然一体的大地雕塑，丰富游客多层的感官体验，营造独特的"英雄之旅"。

对于保留的全景画馆和纪念塔，设计团队分别采用改善更新与保护修缮的策略，保留原全景画馆剪力墙、密柱网结构体系，科学妥善地保护修复"全景画"，增设无障碍电梯、螺旋式剪刀梯，满足当下的功能、消防及人性化需求；保护性修缮纪念塔，加固地下结构、整修防水工程，重挂饰面石材，保持外形尺度基本不变的同时，预留纪念塔地下空间在未来拓展的可能性。

20 世纪已经过去，但曾经的大历史、大事件、大人物对于世界的改变与影响仍在持续和演化中。那些由历史上的人与物所见证、记录和诉说的信息，通过存世的文物、痕迹、遗产，持续发出来自历史深处的回响。现代建筑遗产正是这段历史的亲历者、承载者和幸存者，我们无数次站在他们面前，以敬畏、赤诚之心与其对话，回望过去，也希望能与之相伴，共同走向未来。

多元视角下成都 20 世纪建筑遗产活化利用示例

李纯

近年来，国内学界开展了不少有关遗产活化利用的研究。总体而言，无论是实践还是学术探索，关于遗产活化利用的核心理念与方法尚难有统一、明确的标准，此外大多数情况下，关注点总体呈现出自上而下的视角，以文化遗产专家学者的角度，去"赋予"文化遗产活化利用功能，在一定程度上割裂了遗产规划决策者和实际使用者之间的关系，难以提出使活化利用成果真正满足使用者需求的有效途径。值此，本文尝试从多个视角来探讨建筑遗产保护与活化利用的思路。

一、多元视角下的思考

1. 价值体系判断

价值体系是进行一切历史建筑保护与利用活动的根本，通过对建筑遗产价值的认知和评判，确定保护对象，厘清保护思路，对于制定建筑遗产保护与利用策略具有重要的实践意义。目前，学界普遍认可的文化遗产三大价值是历史价值、艺术价值和科学价值。《中国文物古迹保护准则》2015 年修订版在此基础上增加了文化价值和社会价值。对建筑遗产价值的认知和评判是我们确定建筑遗产、开展保护工作的基础，也是我们制定保护措施的重要依据。经过几十年的发展，我国已根据现实状况构建了文物古迹保护价值体系，作为指导遗产保护工作的基础。

因此，建筑遗产的保护与利用需要以建筑遗产的价值体现为辨别标准[1]。

图 1. "东郊记忆"艺术区的工厂遗存与构筑物

图 2. 厂区内对建筑遗产的活化利用

2. 文化基因的挖掘

理查德·道金斯通过类比生物基因的概念，最早提出了"模因"这一概念，其是在文化领域内通过模仿进行传播的最小单位。内在于各种文化现象中，在时间和空间上得以传承的基本理念和精神，以及具有这种能力的文化表达或表现形式的基本风格就是文化基因[2]。在建筑领域内，文化基因直观地体现为"来源于传统建筑，在现代建筑中通过模仿及转译表达后被继承和发展的传统建筑特征"。与生物基因相似，文化基因具有继承性、变异性和选择性三个特征。在建筑遗产活化实践中，人们常对文物的外观、材质、文脉、建筑技法等进行相关基因的转译和变化。

3. 场所精神的传承

国际古迹遗址理事会于 2008 年召开的第 16 届全球代表大会上发布了《有关保护遗产地精神的魁北克宣言》，标志着学界开始系统性地将场所精神概念和运用纳入遗产的保护研究工作中。该宣言指出：场所精神是遗产场所中一切物质要素和非物质要素的总和。遗产的物质和非物质要素并非互相对立的，而是相互作用的，共同塑造遗产地的特质，赋予其灵魂[3]。在此基础之上，场所精神以非物质形态存在，拥有动态和多样化的属性，并存在于不同的遗产之中，塑造着遗产的不同特质和意义，随着时间的流逝而改变，且对于不同人群，场所精神有着不同的影响。

二、活化利用路径的思考

1. 确定文化价值核心

在价值体系中，各种价值互相渗融，互相作用，很难独立分离讲，但所有特性又归于文化价值。文化价值的核心在于突出包含了文化多样性与文化传统的延续性。因此，需要充分评估建筑遗产的文化特征，充分厘清建筑所蕴含的历史特性、文化特性和设计理念等信息，并作为建筑遗产的核心去检验活化利用是否保留了其文化价值，形成了有效的价值阐释路径。例如成都"东郊记忆"艺术区，成都东郊工业区曾经是成都工业区辉煌的象征，汇集着来自全国各地的

科技力量，是国家电子工业和国防工业集中地之一。成都国营红光电子管厂是"一五"计划期间苏联援建的 156 个重工业机械和国防项目之一。旧工业区是工业时代社会文化的载体，其建筑表现了新中国成立初期建筑遗存与工人文化。在活化利用时应控制好工业区的整体风格和历史风貌，合理保留有较高价值的工业文化元素并加以改造（图 1、图 2）。

2. 文化基因转译

文化基因转译通常有几种途径。其一，文化基因的基因继承指新生代建筑高相似性地模仿上一代的过程。其二，基因变异，指的是在继承建筑传统过程中形成简化或增加某些表达内容，这些变异受多种外在因素的影响，在当下的各类建筑遗产活化中更为明显。其三，基因选择指的是发生"变异"的部分能够适应现代的功能、技术和文化需求，被选择性地保留下来，另一部分则被逐步舍弃。近代以来，外来建筑文化冲击了中国传统建筑文化。综上，文化基因转译要尊重历史、保护传统，但又要与现代生活有机结合，适应社会发展规律。

如成都祠堂街有六栋历史建筑，它们凝固了近代的历史，见证了"风起云涌"的成都。在祠堂街的外观改造和街区整体活化利用中，设计人员进行了文化基因的传承与突变。其传承在于街区的建筑设计团队借鉴了中国传统的修复手艺"锔瓷金缮"来恢复原有街区的街巷格局。"锔瓷金缮"是一个经由残缺重塑完美的过程，是一种在尊重器物的前提下，突显新老对比美的瓷器修补艺术。在这种修复工艺的逻辑之下，祠堂街上的老建筑就像破碎的瓷器残片，新建建筑和被重新赋予活力的街巷空间就像修补瓷器时使用的新瓷和金箔，让新旧空间的递进没有缝隙感（图3）。

其突变在于祠堂街进行活化利用时采用了现代的技术与理念，在本来的民国建筑文化基因上进行了现代科学技术与理念的突变。其中的美术馆，在材料上选择了呼应古建筑的灰砖，但没有坡屋顶和木栏杆，不论外形还是内部空间，都十分现代，但是又没有突兀感。可见祠堂街在坚守属地文化和独有资源焕

图 3. 祠堂街内院的更新修复

图 4. 祠堂街活化利用

新的同时，吸纳包容了新兴的潮流艺术文化。更新后的祠堂街，为有百年历史的文化艺术精神创造了一个沉浸式、开放式的可及场景（图 4）。

又如位于成都宽窄巷子的钓鱼台精品酒店的历史街区活化利用实践，设计团队在室内设计和场地文脉的传承上都对本土文化进行了优秀的文化基因转译。项目以"传承韵味老成都，演绎时尚新成都"为设计理念，充分挖掘、运用和演绎地域文化元素。在文化基因传承方面，钓鱼台精品酒店使用了清代川西民居特有的黑灰墙和小青瓦建筑工艺，将建筑内外都融入了宽窄巷子历史街区（图 5），并在建筑场地内融入了代表成都闲适生活的鸟笼元素，运用现代的技术与工艺对文化基因进行了突变，使用"镂空铁质"

的现代材料演绎了传统川西建筑中"竹"材质的造型和意境（图 6），彰显出设计对于场所、地域和都市的文化回应。

3. 场所精神转变

建筑的场所精神是场所所蕴含的、人们在此场所经过"定居"、思考和文化等活动后，赋予这处场所的意义、价值、情感以及神秘气息。在此基础上，建筑遗产使用者作为享有并使用着遗产地的"人们"，其"生活行为"及相关实践活动无疑会对遗产场所精神产生至关重要的影响，从而使得建筑遗产形成精神传承的空间。

如成都中车共享城本是成都市成华区二仙桥的

图 5. 宾馆内部采用了地域材质的基因转译

图 6. 场地内鸟笼造型的设计

图 7. 中车共享城活化利用现状（组图）

机车车辆厂，其中紧密相连的三座建于不同年代的厂房，体形和建造方式各异，这里是老一辈成都人奋斗过的地方，是新中国不断发展、欣欣向荣的象征，是工人文化的形成地，是旧场所精神的延续地。该场所中涌现了大量为事业奉献一生的人和事迹。机车工厂积极上进、刻苦匠心的场所精神在活化利用中得到了延续，使用者们能不断地从工厂中保留的文字信息和大气昂扬的空间氛围中感受到前进与奋斗的力量（图7）。

在对建筑遗产活化、利用、塑造后，机车厂结合室内外空间设计进行展陈，以文化为基调，产生了涵盖商业、生态、教育、医疗、立体交通的核心城区优质人居微环境与使用人群，创新、和谐、发展的场所精神在此形成，给原来的建筑遗产赋予了新的活力，促进了遗产在精神与物质上不断地活化与利用。

本文从价值体系的视角来表达建筑遗产内核。厘清文物保护与利用的重点，在此价值体系标准下，对建筑遗产进行动态的、积极的价值评价，并制定有针对性的保护措施，对于相关文物保护与活化利用工作具有十分重要的意义。本文从文化基因的视角，借助基因学理论，探讨建筑遗产核心价值的转译与表达，在物质层面系统性探讨建筑遗产的活化利用；从场所精神的视角在非物质层面探讨建筑遗产核心价值传承。通过实现对遗产场所精神的保护，让遗产使用者能够产生对遗产的归属感和认同感。

参考文献

[1] 国际古迹遗址理事会中国国家委员会. 中国文物古迹保护准则 2015 年修订 [M]. 北京：文物出版社，2015.

[2] 曹吕. 基于文化基因视角的城市铁路车站形象研究 [J]. 美术教育研究，2019（8）：70-71.

[3]ICOMOS.Quebec declaration on the preservation of the spirit of place(2008)[EB/OL].(2008-10-04)[2021-07-21].https://whc.unesco.org/uploads/activities/ documents/activity-646-2.pdf.

回望长安

赵元超

青年建筑师最为推崇的是代表新时代的新建筑，年长的建筑师则把能代表一个时期的老建筑视为珍品。记得 20 年前在希腊考察时，我们考察组对建筑考察的方向出现了分歧，几乎所有青年建筑师都选择去看新建筑，只有几位老建筑师坚持要继续考察希腊的经典建筑。中国文物学会 20 世纪建筑遗产委员会关注 20 世纪建筑遗产的发现和保护，就是对城市历史文化的重视。中国城市化运动与第二次世界大战后的西方城市建设很相似，现代主义占据了主要话语权，扼杀了城市的历史和文化的传承。在国外 20 世纪 60 年代兴起并在国内 80 年代流行的后现代主义绝不是在玩弄形式，而是试图拓展建筑所能表达的意义和文化价值，以某种形式探索如何让建筑重新融入地方、城市和社区的方法，是对现代主义的修正和补充。可惜的是，国内一些建筑师仅仅把后现代主义当成一种形式的探索，严重忽略了它的思想内核。中国

文物学会 20 世纪建筑遗产委员会成立 10 年来所举行的各种活动，实际上弥补了我们在城市快速发展中的种种误区，站在时代的高度回望我们走过的道路，指导未来城市的发展。日本著名作家村上春树曾说："有的东西不是过了很久，是不可能理解的，有的东西等到理解了，又为时已晚。"20 世纪建筑遗产委员会的使命和职责就是唤起广大民众对建筑遗产保护和利用的认识。在参加了建筑遗产委员会的一系列活动后，我才体会到：只有一定经历的人才知道最为珍贵的是什么。

我一直在西安工作，时常与文物遗址打交道。30 年前，我在西安南门外的金华豪生酒店的设计过程就是一次与南门——永宁门遗产的对话，之后我又亲身参加了南门综合提升改造工程（图 1），在城市的"心脏"做了一个"搭桥手术"，把 7 万平方米的城市配套功能植入地下，合理解决了复杂的城

图 1. 西安南门广场综合提升改造

图 2. 西安人民大厦

图 3. 西安火车站与大明宫丹凤门遗址

市交通问题；把碎片化的城市空间重新整合，在不显山不露水的情况下使这座古城的节点焕发了新生。南门广场多次作为春晚分会场，代表西安人民向全国人民拜年，如今南门广场和文化街区已成为西安接待中外来宾的城市客厅，也是本地老百姓喜闻乐见的活动场所。我也由衷地体会到有时建筑师不是你设计了什么，更重要的是保护了什么。

西安人民大厦是西安 20 世纪的建筑遗产（图 2），代表着一个时期的城市风貌，也记录了城市的重大事件。20 年前西安人民大厦的改扩建是我近距离感受和触摸经典建筑的机会，也是我与敬佩的老建筑师的一次对话。通过我们适宜的改扩建让记录着现代西安的标志性建筑老树新枝、老当益壮，更有风采、更有腔调。有时我觉得一个建筑师的作用并不是盲目地标新立异，而是适宜地"接着说"，对好下联，适宜先于创新。

2021 年全面完成的西安火车站改造工程，我们更是与不同时期的建筑遗产打交道（图 3）。西安火车站南面是有 1000 多年历史的唐大明宫遗址，北侧是有 600 多年历史的保护完整的明西安城，还有 100 年前建的陇海铁路和 20 世纪 80 年代建成的西安火车站，它们都是代表西安城市历史的宝贵遗产。通过改造，我们成功打通了从大雁塔到丹凤门的盛唐轴线，使站、城、宫完美结合，地上地下完全一体化，在空间中融合了不同时期的建筑遗产。

之后，我还设计了一组表现新长安时代发展的系列建筑——长安乐、长安云和长安书院（图 4，图 5，图 6）。虽然这组建筑没有任何传统的形式和材料，但骨子里具有传统的精神和空间美学，具有后现代主义的思想和内核，富有象征意义和模棱两可的暗示，将城市形态的潜在模式和秩序作为建筑设计的前提，保持与传统的联系而不是割裂。

图 4. 西安文化交流中心（长安乐）

图 5. 西安城市展示中心（长安云）

图 6. 长安书院

图 7. 西安人民剧院

图 8. 西安邮政局大楼

记得在 20 多年前我曾给省领导写过一封信，建议保护老建筑，最终这座建筑被完整保留。最近，我又为一座 1985 年建成的百货大楼向领导建言献策。建筑师的工作不仅仅是面向未来创新，更重要的是要保护城市最为重要的遗产和传承建筑的文化价值。

我们从一个疯狂的新区建设时代走出，迎来了在城市中建设城市阶段，进入了一个新旧融合、共生的后现代时代。我们不应用一个美学标准看世界，而应以更加包容的心态拥抱未来。

在近 10 年中，我作为 20 世纪建筑遗产委员会的委员，在北京、深圳、上海、池州、沈阳、成都等地多次参加了许多有益的活动，从南到北不断阅读城市，也阅读着记录城市年轮的经典建筑，丰富了作为一个建筑师的阅历，受益匪浅。建筑是写在大地上的文章，也希望自己的设计能够成为新世纪的经典。

参加了八批中国 20 世纪建筑遗产的评选，陕西共有 36 个项目入选，是西部入选较多的省份。这些建筑遗产大致分为以下五类。第一类是 20 世纪初叶建造的一批建筑，如西安中山图书馆（亮宝楼）、西安易俗社、西安新城黄楼、和西安事变有关的建筑、延安边区建筑。第二类是新中国成立初期建造的建筑，以西安人民大厦、西安人民剧院（图 7）、西安邮政局大楼（图 8）、国家 156 项目、西安工业建筑群、中国科学院陕西天文台、西安交通大学主楼群为代表。第三类为 20 世纪六七十年代建造的建筑，如中国科学院陕西天文台。第四类也是最主要的一类是改革开放时期建造的建筑，以陕西历史博物馆（图 9）、大雁塔风景区三唐工程（图 10）、秦始皇陵兵马俑博物馆、青龙寺空海纪念碑院（图 11）、西安钟楼广场及地下工程为代表。第五类是 21 世纪初建造的新建筑，如西安汉阳陵博物馆等。这些建筑基本涵盖了 20 世纪陕西不同时期、不同风格的优秀建筑。它们的入选极大提高了人们对建筑遗产的认识，增加了城市的多样性和丰富性，促进了城市文化特色和精神的塑造，也为城市的保护和发展指明了方向，如人民大厦的改扩建工程、易俗社文化街区的改扩建工程。当然陕西的经典建筑主要集中在西安，我们对周边城市经典建筑的发掘不够，有些具有代表性的建筑未能

图 11. 青龙寺重建规划及空海纪念碑院

入选，如西安美院主楼、西安改革开放初期建造的合资宾馆等，这需要陕西西安的建筑工作者继续发掘和发现。

这些建筑汇编成一部波澜壮阔的陕西近现代建筑史。所谓回望，就是总结过去、展望未来。

图 9. 陕西历史博物馆

图 10. 大雁塔风景区

湖南 20 世纪建筑遗产的类型特征

柳肃

湖南历史悠久，文化积淀深厚。从古代至今，留下许多重要的、有历史价值的建筑遗产。20 世纪的建筑遗产留存下来的也很多，总的特征是数量众多，类型丰富。湖南的 20 世纪建筑遗产大体上可以分为如下几类：中国传统建筑类、民族形式类、西洋古典建筑类、现代建筑类、工农业生产和交通设施类等。各类建筑都能分别代表一个时代的历史文化特征。

一、中国传统建筑类

所谓中国传统建筑类，就是这一类建筑完全是按照中国传统建筑的式样，采用传统建筑的材料和工艺来建造的，等于仍然是古代建筑的延续。这一类建筑虽然建于 20 世纪，但一般建于 20 世纪初。这个时代，在民间建筑尤其是农村的民居建筑中，常常还是沿用着传统的建筑工艺，继续建造传统式样的建筑。在这类建筑中，某些历史人物做了有历史意义的事情，因此这座建筑被列为建筑遗产，例如长沙的"新民学会旧址"和衡阳的"湘南学联旧址"就属于这类。

长沙新民学会旧址建于 1918 年，它最初就是一座长沙郊外的普通民宅（图 1）。当年青年蔡和森在长沙读书的时候租住在这里，湖南的热血青年常来这里活动，并在这里组织了进步团体"新民学会"，于是这里就成了一座有历史纪念意义的建筑。

二、民族形式类

所谓"民族形式类"是指近现代建筑采用中国传统民族建筑式样的这一类建筑。区别于"中国传统建筑类"，前一类本来就是中国的传统建筑，甚至就是古代建筑的类型，而民族形式指的是近现代建筑的形式。这一类建筑又分为以下两种情况。

一是西方人仿照中国建筑式样设计建造的建筑。例如长沙湘雅医院大楼就是美国著名建筑师墨菲于 1915 年设计建造的。墨菲是美国雅礼学会派遣到中国来设计教会医院和学校的，他首先就在长沙设计了湘雅医院和雅礼学校（图 2）。那时西方教会为了迎合中国人的文化习惯，把一些与教会相关的学校、医院等建筑设计成民族形式的大屋顶宫殿式样。这位美国建筑师墨菲后来又设计了燕京大学、上海复旦大

图 1. 长沙新民学会旧址

图 2. 长沙湘雅医院

学、南京金陵女子大学等一批大学校园建筑，这些建筑都采用了民族形式。

　　另一是 20 世纪 50 年代流行的一种建筑风格——"民族形式"。那时中国流行的建筑口号是"民族的形式，社会主义内容"。那时我国全盘学习苏联，这个口号就是苏联提出来的。这个口号传到中国以后当然指的是中国的民族形式——飞檐翘角的宫殿式大屋顶了。20 世纪 50 年代初，全国各地建筑中曾经一度流行"民族形式"，尤其是政府机关、学校以及各地重要的公共建筑，几乎都采用中国宫殿式屋顶造型。例如长沙"湖南大学早期建筑群"中的大礼堂和老图书馆、长沙市苏家巷的省粮食局大楼等都属于这一类建筑。典型实例是湖南大学大礼堂（图 3），其设计师柳士英先生是一个纯粹的现代主义建筑师，但是在那个年代，他也按照民族形式来设计。他的设计项目建成以后好评如潮，当时武汉相关部门也请他去设计了两座同样类型的建筑（武汉市政府大礼堂和中南民族学院大礼堂），这也充分说明这是那个时代的风潮。这种类型的建筑在 20 世纪 50 年代中期我国兴起反浪费运动后就停止了，因此这种形式的建筑

图 3. 湖南大学大礼堂

就成了那个时代的象征。

三、西洋古典建筑类

这类建筑是近代西洋建筑文化传入中国的结果。鸦片战争以后,西方西洋建筑随着西方文化进入中国,洋务运动以后,中国逐渐开放,主动学习西方技术,西方建筑形式在中国逐渐开始传播。尤其是辛亥革命以后,在工厂、车站、学校、医院、银行等建筑中,各种新的建筑类型和新的建筑形式大量出现,开启了中国近代建筑史的新阶段。到了民国,这一过程仍在延续。今天保存下来的湖南的 20 世纪建筑遗产中,属于这一时期的建筑数量较多。而且这时期的建筑类型也很丰富,有海关、学校、商业建筑、公馆住宅等各种类型。

岳州关(岳阳海关)是湖南的海关中比较有代表性的。岳阳地处洞庭湖畔,洞庭湖直通长江,长江通海,因此岳阳是湖南省最早对外开放的地区。岳州关是湖南较早的西洋式海关建筑的典型代表。

这一时期的学校建筑中西洋古典风格的建筑特别多,例如岳阳教会学校、湖南省立第一师范学校、湖南大学早期建筑群中的几座建筑、黄埔军校第二分校、祁阳县重华学堂,等等。一些教会学校由外国人直接设计,也有一些是中国人仿照西洋古典建筑风格设计的。例如长沙的湖南省立第一师范学校就是一座典型的西洋古典风格的建筑群(图 4)。它是仿照日本的青山学校的式样设计建造的,而日本在那个年代也在学习西方,大量建造西洋古典风格的建筑。这座建筑本来就是一座有时代特色的典型实例,早年毛泽东曾在此求学,接受了新思想的影响,从此走上了革命道路,使这座建筑更具有了重要的历史意义。现在它已经成为全国重点文物保护单位。

四、现代建筑类

湖南从 20 世纪 30 年代开始就出现了早期的现代风格建筑。现代风格区别于西洋古典风格,更区别于中国古典和民族形式,其以简洁的造型、简单的线条和尽可能减少立面装饰为基本特征。从民国中期一直到新中国成立以后,大量的公共建筑、工业与民用建筑基本上是以这一类风格为主。

长沙中山亭是早期现代风格建筑的典型代表。这是长沙市也是整个湖南省内最早建造的城市钟楼,上面安装了一口德国进口的大钟,为市民报时。其建筑形式采用了简单的方盒子造型,具有简洁流畅的线条,外立面除了局部重点部位以外基本上没有了装饰(图 5)。

新中国成立以后的建筑大部分都是现代风格的了。在 20 世纪 50 年代初期有过一段时间提倡民族形式,50 年代中期以后我国的建筑基本是现代风格了。在"文革"期间,我国设计建造了一些带有革命

图 4. 湖南第一师范学校

图 5. 长沙中山亭

图 6. 长沙火车站

性时代特征的建筑。这些建筑往往采用火炬、党旗、向日葵等符号装饰来表达革命性的特征。长沙火车站是最典型的代表。

长沙火车站建于"文革"的最后一年（1976 年设计建造，1977 年建成），具有典型的"文革"建筑的特征。其主要造型是中央塔楼上高耸的火炬，因为湖南是最重要的早期革命发源地之一（图 6），故以高耸的火炬象征革命。除此之外，整体建筑造型简洁，各部位比例尺度都非常好。特别是车站内部平面布局合理，人流交通组织简明顺畅。我本人早年向文物部门提议，应将这座建筑列为文物保护单位，它代表了一个特殊的年代，是一个时代的象征。2014 年它被列为长沙市重点文物保护单位，从建成到被列为文物保护单位只有 37 年，可能是全国的现代建筑中最年轻的一处文物保护单位。而且最重要的是它至今还在继续使用，这一点也可以昭示众人：文物建筑和文化遗产可以很好地继续使用，保护和利用并不矛盾，而且利用才是最好的保护。

五、工农业生产和交通设施类

新中国成立以后的现代文化遗产中，工农业生产和交通设施类建筑逐渐增多，这是近些年来人们才逐渐意识到并加以重视的一个类型。这类遗产包括工业遗产、交通设施遗产、农业和水利灌溉工程遗产等。湖南省内这类值得保护的遗产其实还是比较多的，但是这项工作起步较晚。2022 年被列入 20 世纪建筑遗产的韶山灌区工程就是一个典型实例。

韶山灌区位于湖南省中部，跨湘潭、湘乡、宁乡 3 个县，是湖南省内最大的一个水利工程，建造于 20 世纪 60 年代中期。这是一个集农业灌溉、工业供水、发电、航运等多项功能为一体的综合性工程，包含水库、电站、大坝、水渠、渡槽等多种类型的工程设施，覆盖了 2 500 平方千米的范围，灌溉良田约 6.67 万公顷。这在当时也算是一个政治工程，从 1965 年到 1966 年，花费 10 个月的时间内建成，但是工程质量非常好，建筑物建造精美。建成至今将近 60 年了，它仍然在很好地发挥作用，在 2023 年湖南各地普遍旱情比较严重的情况下，韶山灌区内水源充足，所覆盖范围内的农田完全没有受到旱情的影响。这确实是一项有着重要保存价值的建筑遗产。

湖南省内的 20 世纪建筑遗产分布面广，最重要的是它们有着不同的建筑风格和式样，分别代表了不同时代、不同地域的建筑特色，是值得好好保存的历史文化遗产。

北京航空航天大学 3 号楼的有机更新

叶依谦

2023 年 9 月 16 日，"第八批中国 20 世纪建筑遗产项目推介暨现当代建筑遗产与城市更新研讨会"召开，会议向社会与建筑文博界推介了 101 个中国 20 世纪建筑遗产项目。至此，中国 20 世纪建筑遗产项目从 2016 年第一批在故宫宝蕴楼推介，到第八批在四川大学推介，共计 798 个项目。这些建筑遗产展示了中华民族的现代文明成果，是中国 20 世纪经典建筑瑰宝的集中展现（《文汇报》2023-09-17）。

据笔者粗略统计，八批中国 20 世纪建筑遗产名录中教育类项目总计 121 项，占比超过 15%。且其中有不少项目是群体建筑，如"清华大学早期项目""未名湖燕园建筑群""北京航空航天大学近现代建筑群"等，因此教育类建筑进入中国 20 世纪建筑遗产名录的数量是较为可观的。究其原因，既因为教育类建筑多以校园建筑群体形式呈现，又与中国尊师重道的文化传统有关。即便是在新中国成立初期经济水平不高的条件下建设的北京"八大学院"，其建造标准和施工质量作横向比较的话，也超过当时北京城市建设的平均水准。

笔者所在工作单位——北京市建筑设计研究院（以下简称"北京建院"）自 1949 年成立以来，参与了大量北京高校的建设，尤其是始建于新中国成立初期的"八大学院"，就是以北京建院为主做的规划设计。笔者从 2003 年起，有缘为"八大学院"之一的北京航空航天大学（以下简称"北航"）做设计服务，

在 20 年的时间里陆续设计了多栋教学楼、科研楼、宿舍楼和食堂建筑。

2019 年，笔者团队承接了北京航空航天大学学院路校区 3 号楼的改造设计，这是由笔者负责的首个北京"八大学院"历史建筑的改造设计案例。北航 3 号楼由中国第一代建筑师杨锡镠先生设计，它承载着北航的历史记忆，并作为北航近现代建筑群的成员，被列入第一批《北京优秀近现代建筑保护名录》《北京第二批 315 栋历史建筑名单》和第三批《中国 20 世纪建筑遗产名录》。

北航 3 号楼始建于 1954 年，在将近 70 年的使用过程中，3 号教学楼先后作为公共教学楼、院系教学楼使用（图 1）。除 20 世纪 80 年代进行过抗震加固、

图 1. 北航 3 号楼入口立面改造前的旧貌

图 2. 北航 3 号楼入口立面

建筑外立面及门窗局部改造、内部装修外，该楼整体格局和风格均保留完整（图 2）。但由于其早已超出设计合理使用年限，建筑的结构安全、消防系统、机电系统以及内外装修都已无法满足正常使用要求，需要进行整体改造。

　　由于这个项目是对列入历史建筑、20 世纪建筑遗产名录建筑的改造，在设计开始前，除了必要的设计档案搜集，结构、机电系统检测鉴定之外，设计团队对 3 号楼进行了多次实地踏勘，形成评估报告；对需要保留、修缮提升的建筑元素，包括建筑外立面

风格、细部、材质、颜色，建筑室内公共区装修的彩画顶棚、水磨石地面、楼梯扶手、走廊门，大阶梯教室的课桌椅等均建立了保护档案，专题深化（图 3，图 4）。

　　设计团队与校方、建筑遗产保护专家和结构专家召开多次研讨会，最后在"延年益寿"的设计原则下，确定了对北航学院路校区 3 号楼改造的内容，包括结构加固、必要的平面布局调整、外围护系统修缮、内部装修及机电系统改造提升等。设计以尽量"少"的动作，满足当前功能需要和规范要求，对历史遗产

图 3. 北航 3 号楼中厅改造前的中旧貌

图 4. 北航 3 号楼阶梯教室改造前的旧貌

的最精彩处进行保护性修缮、提升。

如何在提升建筑性能的同时最大限度地保留历史，是设计中最具挑战性的。一方面，改造在提升外围护结构保温、防水性能的同时，完整保留了原立面的风格、色彩和细部构造；另一方面，仔细梳理了室内空间，慎重地调整了平面布局，进行了必要的结构加固，增加了电梯和无障碍设施，升级、改造了机电系统和消防系统，保留了入口门厅极具特点的天花彩画、水磨石地面、主楼梯的栏杆扶手、走廊门、大阶梯教室的课桌椅等，并采取相应的修缮、翻新处理措施（图5、图6）。

设计通过墙面单侧加固、局部粘钢加固、板上混凝土加固等方式，既达到了建筑结构加固的改造要求，又保护了外立面、走廊、大厅等重点保护区域。为了满足消防安全要求，设计增设自动喷水灭火系统、消火栓系统、自动报警系统；在门厅等重点保护区域，为了最大限度地保留藻井造型，设计采用侧喷式喷头与红外烟感报警器等设施，实现了消防报警系统的全覆盖。

在不改变原有承重墙位置的原则下，设计对局部房间进行重新划分和调整：对卫生间的位置进行调整，将两端走廊打开作为新增休息区，并为走廊引入了自然采光；建筑北侧增设教师休息室及学生讨论室，满足学生研讨、交流的需要；在建筑走廊增加了吊顶装饰，更新了墙面，并调整了室内的整体色彩关系，使整栋建筑更适合当下的功能需求。

2020年，北航3号楼完成改造并重新投入使用。总体效果得到了校方的认可，并作为学校历史建筑改造的成功范例，在其他项目中推广设计经验。

通过北航3号楼的改造设计，我们对教育类历史建筑、20世纪建筑遗产的改造利用有了些初步的了解和认识。这类项目的特点是大多都在按照原设计功能继续使用，经过多次的装修、改造，且基本超过了设计使用年限，需要进行整体加固、改造。国内对历史建筑、20世纪建筑遗产的保护利用研究刚刚起步，相关的标准、规范尚不齐全。在实践中如何判定哪些是需要保留的有历史价值的建筑元素以及确定改造提升的边界是核心问题，有大量研究工作亟待推进。

图5. 北航3号楼中厅

图6. 北航3号楼阶梯教室

回望百年北大，铸写北大百年

张祺

北京大学百周年纪念讲堂是为庆祝 1998 年北京大学建校 100 周年而建。纪念讲堂建在北大著名的三角地北侧，原学四食堂旧址，紧临燕南园。学四食堂在 20 世纪 50 年代为学生大饭堂。1983 年，大饭堂改建为大讲堂，1996 年 6 月举办设计竞赛，邀请了包括北京市建筑设计院魏大中先生、美国归来的马清运先生以及同济大学、中国建筑设计院参加，笔者所做的方案中标并实施。1997 年 6 月在老饭厅的旧址上，世纪大讲堂正式动工。1998 年，正值北大百年校庆，第三代讲堂"百周年纪念讲堂"正式投入使用。

在方案述标时，时任校长陈佳洱先生提问：为什么斜向布置讲堂主入口。我即兴而答：入口的轴线方向朝向北大红楼，有一定寓意所在。事后会场的老师和我说，当时如果没有完美的解释，恐怕这个方案会被舍掉，因为北大校园里还没有斜向布局的建筑。

图 1. 一代讲堂——20 世纪 50 年代大饭堂。北大学生回忆道："周末夜晚的大饭厅里则是另一番暗潮涌动，地上流着从洗碗池里溢出的水，脚下时常有被音乐和舞步震动出来的土豆在滚动。"

图 2. 二代讲堂——20 世纪 80—90 年代大讲堂：1983 年，原来的大饭堂改建为大讲堂，条件依然简陋：一色青灰，大门破旧，东墙上漆着大字的"勤奋、严谨、求实、创新"。

一年后在讲堂初步设计审查会上，主持评审的清华大学关肇邺先生对设计给予了充分的肯定。会后关先生带着大家看图书馆新馆施工现场，当时建筑结构已经封顶，大屋顶轮廓已然成形。关先生关注大家的感受，并反复退后比量尺度，可见一个建筑大家对作品的审度、推敲及把握的精妙。

记得 1993 年我代表中国建筑设计研究院参加北京大学图书馆设计竞赛，会后确认清华大学建筑设计院和我院方案准备做第二轮比选。北大到台湾考察后，基建处的唐幸生处长找我谈话，讲了许多北大的历史及校园的传统，从侧面告诉我校方已经确定了清华的方案。随后校方委托院里做一个以色列总理投资的管理学院，告诉我可以出国考察，我最终因主持文化和旅游部办公楼施工图设计未能参加。北大讲堂设计邀标时，北大明确指出让我主做一个方案，我院共两个方案参加投标，或许这是我和北大最早的机缘吧。

一恍，重识北大已近三十年。到北大参观，图书馆老馆长林被甸先生还总是和我聊起当年我做的方案。这些年我陆续在北大设计了包括百周年纪念讲堂、人文大楼、南门教学楼改造、留学生公寓、科维理天文物理研究所、国家发展研究院六组建筑，其间先后结识了许许多多北大的领导和老师，熟识了北大的生活与环境，也便又多了一层北大情结。

在北大做设计有两种特殊的待遇，一则是独特的自然环境及北大特有的人文环境，二则是北大管理人员之敬业及人文思想之活跃而带来的严格要求。这为建筑设计的深入带来了积极的影响，至今回忆起来仍颇有感触。

一、关于环境

北京大学前身为京师大学堂，创建于 1898 年（光绪二十四年）8 月 9 日。京师大学堂具有完整的组织形式，是中国近现代第一所国立综合性大学。北京大学现址为燕京大学旧址，由美国建筑师墨菲（Henry Killam Murphy，1877—1954）于 1920 年设计。校园建设吸取中国传统建筑的要素，顺应校园的自然景观，采用园林式布局，形成了独特的建筑结构体系和景观文化。

"燕园"一名来自燕京大学，建筑师利用早年的淑春园遗址重新规划设计。校园以指向玉泉山上的塔为中轴线展开，形成了前方布局严谨的教学区和后面环湖的风景区。湖光塔影、画檐飞栋、翠瓦红门，燕园确是"美轮美奂"，实现了当初校园规划体现中国传统建筑思想的景象。著名学者侯仁之先生这样评述："燕园是在古典园林的基础上，为现代化建设的目的而进行规划设计并取得成功的一例。"

规划布局上，墨菲将中国四合院空间加以凝练，形成"π"字形平面构图。三面围合，一面开放，满足私密性与开放性的要求。由于这种三合院具有高

图 3.1996 年 5 月，时任国务院副总理李岚清来到北大大讲堂作报告。当时，1983 年修葺的顶棚已十分脆弱，正在李岚清报告时，顶棚忽然掉下一块块土片，在场众人一阵虚惊。讲台上的李岚清不经意说了一句："这个礼堂也该修一修了。"会场上顿时爆发出长达 25 分钟的掌声。

度的灵活性和联系性，从 20 世纪 30 年代到 80 年代，尽管建筑内部平面和建筑单元的群体组合有所变动，但建筑单元的室外空间仍保持了三合院空间的可连续性。北大校园正是利用这种三合院的有机法则，沿空间构架的几条控制线纵深发展，从而形成了校园的整体构架。

新中国成立后，北大校园进行过几次大规模的改扩建工作。一是 20 世纪 50 年代初的校园扩建，建设了东区包括哲学楼在内的多栋建筑；建筑形式采用复古主义，布局多为三合院，与校园环境十分和谐。二是 70 年代的建设，以图书馆、电教中心为代表；由于当时特殊的历史原因，建筑形式单调。三是 80 年代开始的理科楼的规划与建设；由于注重了对传统建筑文化及校园文化的研究，规划工作取得了很大的成果。到了 90 年代，随着理科楼群的竣工，图书馆新馆、光华楼及百周年纪念讲堂、资源楼等工程全部展开，校园建设迎来了又一个高峰。

"校园环境的重要性，在于它所能容纳的教育、运动和生活内容，以及时间延续下富有弹性的承载力。"作为可持续发展的校园，北京大学是一座给学生和教研人员提供教研及生活必需品的校园。校园建筑设计功能的适应性尤为重要，且要有长远的考虑。决定场所可持续性的一个重要因素，在很大程度上是吸引情感的力量，是空间和建筑在心灵的最深层面产

生的共振。

二、关于创作

在中国的传统建筑中，"塔"成为一个有系统的地标形象，甚至成为人们感情的维系中心。纪念讲堂的群体形态处理正是遵循这一经验，以舞台为中心层层落下，以舞台高耸的体量统帅群体。形体上建筑做分层处理，减少体量以与校园环境相协调，建筑角部及主舞台顶部顺应内部空间结构形成屋顶。利用双柱廊的空透和突出墙面的质感来表达建筑立面关系，把室内空间、照明与校园自然景观连成一体，使建筑无论在尺度上还是意境上都与北大校园相融合，并以自己独特的姿态脱颖而出（图 4）。

纪念讲堂主体退后并旋转 45°，巧妙地解决了 2 220 座剧场的大体量及舞台合理使用的高度与环境的协调问题。东南向的广场为自身的体量及周围的建筑提供了缓冲空间，同时也容纳了原"柿子林"的空间。建筑环绕广场布置，两翼前伸，恰当地保证了原"三角地"的空间尺度，并延续其功能含义，使讲堂前广场成为学校特有的交流空间。精心设计的斜向花池可靠可坐，中心的青杆树为广场增添了一道绿色。在演出和平日的学习生活中，纪念广场已成为学生日常交流的重要场所。

纪念讲堂在设计中以舞台为中心，承接侧台、后台、观众厅和纪念大厅，缩短人流交通路线，使之成为复合使用功能空间。利用岛式舞台的概念，扩大使用功能，满足学校使用特点和要求。建筑一层柱廊连贯建筑形体，正面布置纪念大厅，左右各有楼梯引导人流上到二层的多功能排练厅和观众休息厅，纪念大厅利用玻璃墙与纪念广场相隔，远望纪念亭，将外部自然景观引入室内，内墙的实墙面做石材雕饰，强化纪念主题。

原剧场观众厅室内结合二道面光、耳光及台口的处理，墙、顶一气呵成。乐池升降结合毕业典礼的需求做成阶梯状，便于演员上下舞台使用。观众厅于 2015 年进行声场改造，在保证观众厅总体装修效果和气氛不变的前提下，更换顶棚、侧墙的饰面材料，扩大乐池及提升顶棚高度，增加观众厅的容积；台口左右及上口的八字墙及二层挑台侧板的弧度重新设计，改善声音反射角度，加强中区的声音反射。经测算改造后混响时间提高到 1.5 秒，进一步改善

图 4. 三代讲堂——北京大学百周年纪念讲堂：1996 年 6 月举办设计竞赛，1997 年 6 月在老饭堂的旧址上，世纪大讲堂正式动工。1998 年，时值北大百年校庆，第三代讲堂"百周年纪念讲堂"正式投入使用。

图 5.2014 年大讲堂内部声学改造：北京大学百周年纪念讲堂观众厅内景

了室内声场环境（图 5）。

北大讲堂自使用运营以来，每年演出 200 场以上。中国交响乐团、中央芭蕾舞团等众多国内外演出团体把北大讲堂作为一个重要的演出场地。的确，北大讲堂特有的校园文化氛围、独特的演出环境为剧目演出创造了非常好的条件。2018 年北京大学 120 周年校庆对外开放日，北大讲堂成为六个校友纪念景点之一。20 多年来，讲堂与北大学子朝夕相处，已经成为北大人校园记忆中的重要场所。

三、关于文化

一所大学校园的生命力就在于它与众不同的生活环境和在此基础上形成的校园文化。北大学人孜孜不倦的人文追求，对自由思想的终极关怀，对诗意人生的无限眷顾，与整个燕园水乳交融。早年北京大学著名学者王义遒先生强调用"文、雅、序、活"四个字来概括高品位的学校文化环境，且要使任何人进了校园就能觉察到一种文化，感受到一种科学与人文的气息。学校有高于社会的文明格调，景观布置、建筑设施、一草一木、一水一石，都给人以美的欣赏与陶冶。"文、雅、序、活"相辅相成，构成了统一有机整体，共同组成高品位的育人环境。

著名学者陈平原 2000 年 3 月在北大演讲时提到，现在学术界流行思路是走出国门，寻找"最新的"理论与方法，套在自家的研究中。表面上看，走得很

快，早就"与国际接轨"了，但实际上一直跟在别人后面，永远依靠"拿来"的不是好办法。"中国经验"不应该只是研究中的"原材料"。"嫁接"本土经验的研究思路亦属于"滋补"而非"急救"。

北大学人对待研究课题，强调的不仅是一个课题，而是一种极好的情感、心志以及修养的自我训练。套用北大著名学者冯友兰先生的说法，研究学问，要追求"接着讲"，而不只限于"照着讲"。雨果曾这样评述建筑："最伟大的建筑物大半是社会的产物，而不是个人的产物……它们是民族的宝藏，世纪的积累，是人类社会才华不断升华留下的残渣。总之，它们是一种岩层，每个时代的浪潮都给它们增添冲积土，每一代人都在这座纪念性建筑上铺上他们的一层土，每个人都在它上面放上自己的一块石。"

每一栋校园建筑的场地条件和使用需求各有不同，针对不同的环境积极地提供有效的解决方案。提供用于交流与学习的室内外开放空间，并从长远考虑空间的灵活性与持续发展的可能性，关注校园，尤其是老校园的有机更新与改造，最大限度地满足和提升校园的功能需求与整体质量是设计的主要原则。校园建筑不应该只是功能的容器，它担负着熏陶人、培育人的教育场所的精神功能。校园建筑文化意蕴的表达和场所特色的追求就显得尤为重要。

梁思成先生说："当时的匠师们，每人在那不可避免的环境影响中工作，犹如大海扁舟，随风飘荡，他们在文化的大海里飘到何经何纬，是他们自己所绝对不知道的。"建筑之所以是有生命的艺术，就在于它能把结果留给历史、留给时间去评价、去反思，并作为一种价值自然地传承下去。

四、关于北大

在这个世界上，没有比大学更充满灵性的场所。漫步静谧的校园，埋首灯火通明的图书馆，凝望清澈见底的湖池，只要有心，你总能感知到这所大学的脉搏与灵魂。如陈平原先生所言："中国大学的意义不仅仅是教学与研究，更包括风气的养成、道德的教诲，文化的创造等。"大学不只需要大楼，不只需要

SCI 或诺贝尔奖，更需要信念、精神以及历史承担。百年北大，其迷人之处，正是由于其不是"办"在中国，而是"长"在中国。

大学是有"精神"的，这种精神属于学人共同接近的"共同的思想、立场、价值体系与文化资源"。北京大学教授苏力在致辞里言道："北大并不是一所大学的名字，不是东经 116.30 度与北纬 39.99 度交会处的那湾清水，那方世界，甚至不是所谓北大象征——'一塔湖图'或墙上铭刻的北大校训。每个人都有一个属于他自己的'北大'。"这或许言明了学生对熟悉的校园的最真实的情感。校园如同城市一样，"他们的发展形成一部分与过去有关，同时又与未来有关。我们的大学永远不会完成……"校园为不同的人提供着不同的风景。校园生活伴随着我们成长的记忆，从清华到北大，从西北到东南，在不同的校园里做设计是一种非常好的经历，因为带着曾经的感受又回到了久违的校园和最初的熟悉。

在北大讲堂运营五周年的纪念专刊上，北大法学院尹田教授这样评价讲堂："北大讲堂是北大最重要的标志性建筑之一。姿态敦厚，色彩庄重，构思精巧，质感强烈，错落有致，时代特征明显，又不乏古朴气息。其整体造型与周围建筑浑然一体，相得益彰……讲堂在展现北大绚丽多彩的文化元素结构的古今建筑中占有一席独特的地位，使之在北大独有的文化背景下，从一座精美的现代建筑，升华成为表现北大思想文化的一种外在的符号，一种文化的标志。刺激、引导并塑造北大人的价值观念。……百年讲堂是北大的一颗活的心脏，而心与心的交流与共振，营造了讲堂活的灵魂。……缺少讲堂的北大，是一个不完整的北大。"

讲堂内的许多场景在十几年的使用中已与学生的生活密不可分。建筑内部的庭院与咖啡厅独具情调，让北大学子流连忘返。有文写道："它面积虽小，却因地制宜，不拘格套，自成一体。阳光从造型别致的玻璃屋顶洒落下来，处身其中还真有几分坐拥四季，看花开花落、月圆月缺的闲适之感。"《北京晚报》2002 年 8 月 1 日曾介绍北大建筑，对北大讲堂给予了如下评价："讲堂由最高点 35 米向周围降到 22 米，最后降到 13 米，使讲堂无压抑感并与周围建筑协调。……地面用音符沟通，屋顶上开天窗增加采光，室内外适当位置绿化，使建筑室内外交融，最终在建筑'第五立面'上得到升华，成为连接休息厅、纪念广场、绿化和阳光的'场'，使这里继续成为北大人向往的中心。"

这些评价从不同的角度表明，北大讲堂和北大学子密不可分的联系和使用中产生的感情，提升了建筑的感染力，造就了讲堂在他们心中的地位。这个北大人离不开的生活中心竟然让我为它服务了 20 多年，

图 6.1999 年 5 月 4 日，百周年讲堂举办五四运动八十周年纪念音乐会，图为会前与领导交谈。（左起：马树孚副校长、陈佳洱校长、陈至立部长、任彦申书记、张祺）

图 7.1999 年 5 月 4 日，笔者和音乐会指挥、著名钢琴家石叔诚先生合影。其间我问他排练时对声场感觉如何，他说准确的视听感受还是要问观众，指挥感觉不到。但是观众厅的室内氛围及走进这个建筑的感受非常好。

或许这才是建筑师真正的幸运所在。

五、结语

在北京大学百周年纪念讲堂竣工首演的上午，马树孚副校长在观众厅召开了一个总结会。会后陪我去选树的园林处同志过来向我解释，说没想到我这么年轻就已经是设总，当时他劝我不懂不要选树，说只是好看的树不容易活。但我还是坚持去了几个苗圃，选定了8棵青杆树。至晚上我和陈至立部长、石叔诚指挥与任彦申书记、陈佳洱校长闲叙时，马校长还招呼我和原副总理李岚清合影。马校长儒风雅致，对晚辈的学术关怀和激励，在之后的厦门生物园项目的合作中随处即现，让我受益匪浅。

一个好的作品实在有赖于业主、建筑师和施工单位的充分合作和相互尊重。北大不仅提供了独特的环境，也拥有一流的业主。对建筑高品质追求的默契与坚持是设计得以完善的前提，不可或缺。在北大这一特殊人文环境中工作，和北大学子朝夕相处，学到了许多工作之外的东西，这或许就是北大的魅力所在。

北大百周年纪念讲堂自竣工始，前后获得了包括国家勘察设计银奖、优质工程奖、新中国成立60周年创作大奖等诸多奖项，而一栋建筑的重要价值不是它所取得的成绩，而是它的存在所带来的成效。一个真正好的建筑设计构思是可遇不可求的，是建筑师发自内心的充满情感的作品，它反映着设计者素养和对周边文化、社会等信息思考的不同角度、方式和深度，也反映着使用者所寄望的生活情感。

建筑是有寿命的。一栋建筑随着社会的变化，经过功能复合、转化、变迁而有幸留存下来，它一样会为下一代人接受，为当地接受，成为长寿的建筑，能够在具体的时间、地点，在环境自然发展中留下有益于人的审美情趣和良好建设质量的建筑，是一个长于人寿命的建筑存在并对话于环境的积极意义之所在，更是一个建筑完成其生命历程的重要使命之所在。

如今，北京大学已经成立125年，校园的发展伴随着其特有的人文环境形成了独特的校园文化。在北大校园环境有机生长的进程中，凝结着不同时期的建筑师对校园文化韧性的追求与个性的坚持。世界上最古老的博洛尼亚大学（1087年建成）至今已有937年的历史，北京大学的历史也将无限延续至一个又一个百年。北大正在成长，北大百周年纪念讲堂将在今后随着时光的延续，迎接北京大学一个又一个的百年庆典。

之江风华：建筑遗产的保护与更新

许世文

建筑承载着时代的记忆，见证着社会的变迁，蕴藏着宝贵的文化财富，作为建筑师，我们有责任去保护那些具有历史价值的建筑遗产并让它们焕发新的活力。浙江省建筑设计研究院在 70 余年的设计实践中，为浙江的城市建设发展贡献了重要力量，在各发展阶段均有相当多的颇具时代特征的建筑设计项目实践，在此，我选取其中三个项目，分别介绍一下对它们保护、更新和利用的情况。

一、浙江展览馆

浙江展览馆建于 1969 年，是浙江省标志性建筑之一，长期以来一直是浙江省开展政治、文化活动的重要场所，也曾是浙江省最有影响的展览馆。

浙江展览馆的建筑平面呈"中"字形布置，以中区门厅为中心线呈基本对称的格局，东、西区分别以"口"字形布局。立面采用经典三段式构图，庄严典雅，属苏式建筑风格。门前的红太阳广场和馆内随处可见的五角星、葵花等红色元素记录着这座建筑的文化背景。南面是浑然一体的高大玻璃立面，正厅前有高高的台基，上有 8 根大理石立柱，地面为水磨五彩石，台阶为白色花岗岩，墙面敷设将军红大理石，屋顶是金黄色的琉璃瓦（图 1）。

建馆 50 多年来，此处举办了 2 000 多场政治、文化、艺术、经济和科技类展览，开展了丰富多彩的公益性活动，为促进浙江省两个文明建设做出了重要

图 1. 浙江展览馆改造前实景照片

图 2. 浙江展览馆改造后实景照片

贡献。

浙江展览馆共经历了三次提升改造。1998 年进行了第一次改造，主要是扩大了部分经营用房的面积。1999 年进行了第二次改造，主要是对周边环境进行整治提升。第三次改造于 2011 年启动，进行了结构加固、建筑外观改造及部分设备设施的更新（图 2）。结构加固方面，为提高建筑的稳定性和抗震能力，根据不同部位选择不同加固方式，东、西两侧的展厅

图 3. 浙江省体育馆改造前历史照片

图 4. 浙江省体育馆改造前照片

采用与原有砖混结构复合的内衬钢筋混凝土框架结构加固，中间门厅的框架结构采用增大截面、外粘型钢以及采用粘贴纤维复合材料和外粘型钢等措施。建筑外观改造秉承"修旧如旧"的原则，尊重原有建筑风貌，柱廊、柱基采用与原建筑相同色系的耐久石材，外墙也更换为同色耐久涂料，锈蚀的外门窗按照原线条划分更换为断热型铝合金窗，配备降噪隔音的双层中空玻璃，屋顶线脚部分更新为同色的琉璃面砖。另外，改造还对空调设备设施和智能化系统进行了更新。以上一系列更新改造使浙江展览馆增加了使用的舒适性和节能性，与周边环境更加协调。

浙江展览馆对杭州人民而言，不仅仅是一座建筑，更是承载深厚社会情感的文化象征。更新改造后的展览馆激发了人们对历史的记忆，也注入了新

的活力。

二、浙江省体育馆

浙江省体育馆现名杭州体育馆，是浙江省首座具有真正现代意义的体育建筑，1965 年设计，1969 年竣工（图 3，图 4）。工程项目建设期间，我国的经济发展水平不高，物资匮乏，当时，唐葆亨建筑师接受此项设计任务时还是第一次接触大跨空间的体育建筑项目，他虚心地向国内知名建筑师、结构工程师请教，并大胆创新，设计出了由椭圆形建筑平面和马鞍形双曲屋面相结合的体育馆。该项目具有造型新、跨度大、用钢省等特点，屋盖通过 56 根承重索和 50 根稳定索垂直交叉编织成受力体系，使建

图 5. 浙江省体育馆改造后照片

筑、结构和美学有机结合，浑然天成。由于构思巧妙、设计合理，体育馆的用钢量仅为每平方米 17 千克，总造价仅为 200 多万元，是当时"经济、实用、安全、美观"的示范楷模，更成为那个时代体育建筑的典范。半个多世纪以来，这座经典建筑始终在浙江乃至全国体育界承担着重要角色，成为建筑专业教科书中的经典案例（图 5）。

2016 年，杭州体育馆被选定为亚运会拳击赛事和亚残运会硬地滚球比赛两项赛事场馆。为了更好地适应亚运会的赛事要求，体育馆于 2018 年进行了提升改造，主要内容如下。

1. 立面改造

拆除了后期增设的黄色铝塑板，重新恢复了具有历史年代感的水刷石的外立面材质，并在水刷石外侧涂刷了一层固化剂，使其能更长时间地保存水刷石的色彩与质感。在主体育馆屋顶、窗框、平台等线脚部位恢复斩假石。平台栏杆修复为原始的预制混凝土栏杆。在拆除黄色铝塑板后，发现南侧主立面上有一面描述体育精神的巨型马赛克墙体，具有重要的历史文化价值，最后建设团队采用手工粘贴马赛克的方式复原了马赛克墙体（图 6）。

2. 结构改造

在保留原有主体结构的基础上，通过综合抗震能力评定的方法，进行了结构加固设计。这种做法是在尊重原有结构的同时，确保建筑在未来 30 年内的安全性。特别值得注意的是对马鞍形悬索屋盖的改造，采用了金属十字索夹的创新方式，不仅减轻了屋面的重量，还提高了整体的防水性能。

3. 空间利用

设计充分考虑了空间的合理利用，包括椭圆形平面看台下部空间的灵活设计，设置了内廊、接待室、储藏室、门厅和错层的休息厅等功能空间。这使得观众席下部空间不仅满足功能需要，而且室内空间获得了错层的艺术效果。

4. 视线优化

设计通过将椭圆形比赛厅座位沿长轴方向布置，使得绝大多数观众都能享有较好的视线，优化了整体的视觉效果。设计考虑了观众席的排布、座位宽度和排距的合理设置以及观众席最远视距和俯角的控制，保障了观众的观赛体验。

图 6. 浙江省体育馆改造后实景照片

5. 声学处理

体育馆采用了悬挂集中式组合扬声器，具有良好的声学效果。混响时间在 2 秒左右，声压级在 80 分贝左右。这对于举办体育赛事以及文艺演出等活动来说是至关重要的，保证了观众良好的听觉体验。

6. 消防设计

面对文保建筑的消防难题，设计团队组织了多次论证会，以确保体育馆在满足现行消防规范的同时保持原有结构特点，在消防安全和文保建筑特性之间取得平衡。

7. 无障碍设计

针对现代无障碍设计标准的要求，通过增加室外无障碍电梯、设置无障碍人行坡道等措施，使体育馆更好地满足不同人群的需求。尤其是作为亚残运会场馆，这方面的改造是对社会公平性的有益贡献。

8. 赛后利用

体育馆改造后，新建的地下立体车库对市民开放，满足了周边居民的停车需求。此外，体育馆作为多功能空间为社区提供了举办文化、体育和社交活动的场所，促进了社区文化生活的繁荣。

三、杭州黄龙体育中心主体育场

黄龙体育中心建设工程是浙江省人民政府为迎接国内外大型体育赛事而策划并启动的重要体育设施，占地 62 公顷，包括一座容纳观众 60 000 座的主体育场、8 000 座的体育馆、1 500 座的游泳馆等多个配套设施。其中主体育场是体育中心的首期工程，也是规模最大的工程，于 1997 年开工，2000年竣工。主体育场工程是中国改革开放活跃期的产物，体现了社会经济发展迅猛的时代特征（图 7）。

我院在 1995 年开始项目总体规划设计，确定了以主体育场为中心、其他场馆围绕布置的"众星捧月"式总体布局。主体育场看台平面呈椭圆形，采用钢筋混凝土结构，分上下两层，中间为包厢区。双塔斜拉

图 7. 黄龙体育中心主体育场改造前实景照片

图 8. 改造后主体育场照片

图 9. 黄龙体育中心改造后鸟瞰实景照片

图 10. 改造后主体育场空中跑道照片

四、结语

这三个项目是浙江极具代表性的保护和更新案例，展示了浙江建筑在不同历史时期建筑遗产的特色。从这三个提升改造项目案例我们可以看到建筑遗产的保护更新与活化利用是可以相辅相成的，更新是为了其更好地适应现代社会的需要，重新焕发活力，实现了历史建筑的可持续发展。作为建筑师，我们将继续以尊重历史、面向未来为原则，致力于建筑遗存的保护更新和活化利用，让我们设计的建筑承载更多的时代记忆，为我们的城市留下更多宝贵的文化遗产。

空间网壳的建筑造型设计灵感来自展翅欲飞的天鹅，生动地展现了"更高、更快、更强"的奥林匹克运动精神。同时，采用斜拉索与空间网壳相结合的结构形式使得观众席中不需设置柱子，实现了观众视线的 100% 无遮挡（图 8、图 9）。

主体育场建筑面积近 10 万平方米，决算造价为 2.9 亿元，在同期建设的其他体育场馆中，其造价较为经济。由于其造型独特、美观大气、经济实用，荣获了 2003 年度浙江省"钱江杯"优秀设计一等奖，后来还获得了全国建筑设计行业新中国成立 60 周年建筑设计大奖。

为迎接杭州亚运会，主体育场于 2019 年至 2022 年进行了更新，主要更新内容为：在南塔、北塔分别增添两块空中高清大屏，实时呈现赛事或演出的现场画面，提升了观赛体验，也增加了场馆的吸引力；将外围草坡改造为商业外街，为赛事和日常活动的参与者提供了更多商业服务空间；在商业辅房屋顶上架设空中智能跑道，全天候免费对公众开放，突出了"以人民为中心"的公共健身服务理念（图 10）。

整个项目的改造更新以主体育场为重点，兼顾其他场馆，改造后的黄龙体育中心已成为杭州市的运动休闲综合体、文体培训大本营、竞赛表演集聚区、场馆运营新典范、体育消费新场景，成为展示浙江体育形象的"金名片"，服务百姓运动健身的"主窗口"，引领体育产业发展的"新标杆"。

江苏 20 世纪建筑遗产保护利用的思考

崔曙平　王泳汀　陈亚薇　程丽圆

"习近平总书记今年 7 月在江苏考察时，对江苏提出了……在建设中华民族现代文明上探索新经验……"[1]建筑遗产是最直观、最普遍的历史文化遗产，构成了城市的文化底色。进入新发展阶段，江苏迫切需要按照建设中华民族现代文明的新要求，增强文化自信自觉，积极保护，整体创造，努力让建筑遗产焕发新的时代光彩。

一、江苏 20 世纪建筑遗产具有突出的保护利用价值

江苏历史悠久，自宋朝以来一直是物产丰盈、财力充沛的富饶之地，也是人才辈出、艺文昌盛的人文渊薮。20 世纪的江苏，率先遭遇西方文明冲击，国民政府定都于此也使得江苏的 20 世纪建筑遗产尤为丰厚和璀璨。从纵向的历史脉络看，江苏被列为全国重点文物保护单位的建筑遗产中，以 20 世纪建筑遗产数量最多；从横向的地域差异看，江苏入选中国 20 世纪建筑遗产名录的数量在全国各省区市中位居前列。

可以说，江苏的 20 世纪建筑遗产在中国建筑历史上具有突出地位。其特征表现为以下四个方面。一是开风气之先。20 世纪是传统营造方式向现代建筑转型的重要时期，作为开风气之先之地，江苏不仅是中国近代第一批职业建筑师和承包商的诞生地，也是中国近现代新型建筑活动最为活跃的地区之一，

大量"西风东渐"的建筑遗产体现了中国传统审美与现代建造方式的有机融合。二是规格等级高，建成了一批等级和规模均属当时全国（甚至东亚）之最的公共建筑。三是类型丰富，从民居建筑到行政建筑、商业建筑、交通建筑、科教文卫建筑等无一不含。四是精品众多，以梁思成、杨廷宝、童寯、刘敦桢等为代表的中国第一代建筑大师在江苏留下了一批引领建筑创作"之先"的永恒经典。国家最高科技奖获得者、两院院士吴良镛在《张謇与南通"近代第一城"》一书中指出：张謇从 1895 年到 1926 年在南通的系统建设所创造的"南通模式"，可与同期的国际城市规划先驱霍华德的"田园城市"理论相提并论，更重要的是，它是一种"源自中国本土的传统，采纳先进文化的城市现代化道路"。

与古代建筑遗存相比，20 世纪建筑遗产不仅构成了城市重要的空间文化特色，更因其保存的相对完整性和现代适用性，更加具备被活化利用的可能，成为我们坚定文化自信、推动中华优秀文化创造性转化、创新性发展的重要载体。

二、江苏 20 世纪建筑遗产保护利用面临的问题

江苏历来重视建筑遗产的保护，省、市两级积极开展了对各类建筑文化遗产资源的调查。近年来，江苏尤其是对近现代，特别是对中国共产党成立、新中国成立、社会主义建设和改革开放等重大历史事件

载体的遗产资源进行调查认定，科学评估资源的多重价值，积极推介具有代表意义的 20 世纪建筑遗产列入中国 20 世纪建筑遗产名录。目前江苏已有 53 处 20 世纪建筑遗产进入名录，其数量占全国总数的比例很高。

围绕 20 世纪建筑遗产保护，江苏积极推动相关实践探索。如南京市在 20 世纪 80 年代和 90 年代两次组织系统调查近代优秀建筑的基础上，于 21 世纪初再次开展系统研究和保护工作，在 2006 年率先由省人大通过了《南京市重要近现代建筑和近现代建筑风貌区保护条例》，为近现代重要建筑和风貌区保护奠定了坚定的法规基础。无锡作为中国民族工商业发祥地，2006 年通过了工业遗产保护《无锡建议》，随后发布了《无锡市工业遗产普查及认定办法》，成为国内较早开展普查和保护工业遗产的城市之一。

2023 年 3 月，中国国民党前主席马英九大陆之行首访南京，在南京先后参访了中山陵、中国近代史遗址博物馆（民国总统府）、侵华日军南京大屠杀遇难同胞纪念馆、中国第二历史档案馆、拉贝故居等多处 20 世纪建筑遗产。马英九感慨"没想到南京民国时期的建筑保护得这么好"，感到"很震撼"。随行的大学生冯灏在接受采访时说，这趟旅行印象深刻的是参访侵华日军南京大屠杀遇难同胞纪念馆和中山陵，"使他们对于过去的历史有一些非常深刻的感触……对于历史情怀使他们对两岸关系之间的认识都更上一层'楼'。保存完好的江苏 20 世纪建筑遗产承载着中华民族的共同记忆，已经成为中华民族情感的重要纽带。

但同时也要看到，对标习近平总书记关于历史文化保护传承和建设中华民族现代文明的重要指示精神，江苏在 20 世纪建筑遗产保护利用中还存在"认不清、舍不得、理不顺、用不来"等突出问题。

一是"认不清"，对 20 世纪建筑遗产的意义价值尚未形成广泛共识。相比年代久远的历史文化遗产，20 世纪建筑遗产较少得到人们的认同和保护，不论是专家学者还是社会大众，普遍存在"厚古薄今"的思想。据不完全统计，江苏省级及以上的文物保护单位中 20 世纪建筑遗产共 286 处，在全省占比超

30%。但对中国知网文献搜索显示，在以江苏历史文化资源保护利用为主要研究内容的 2 000 余篇文献中，聚焦近现代历史建筑的仅有 76 篇，占 3.77%。相对于 20 世纪建筑遗产的数量和重要性而言，关于其历史价值、保护和活化利用等研究不足。正如中国文物学会会长单霁翔所说："与那些令人肃然起敬的古代文化遗产相比，20 世纪建筑遗产在文化遗产大家庭中最为年轻，因此人们往往忽略了它们存在的意义，造成 20 世纪建筑遗产在各地不断遭到损毁及破坏……"2023 年初，建于 1972 年的"苏州影园拆除"风波受到社会的广泛关注，这实际上体现了长期以来地方政府在城市开发建设中对待 20 世纪建筑遗产的态度。所幸，在"留下影园"的呼声下，该计划被叫停。

二是"舍不得"，缺乏对 20 世纪建筑遗产保护投入的积极性。20 世纪建筑遗产一般位于城市老城区的"黄金地段"，区位条件优越，寸土寸金。在城镇化快速推进的阶段，各地普遍在 20 世纪建筑遗产所在的一定规模片区，进行整体拆迁安置和出让，连片开发建设。在城市更新阶段，无法大拆大建，如果仅从遗产保护单个项目的资金投入和获利回报来看，往往是"不划算"的，甚至是"赔本"的，这对于当前普遍存在财政压力的地方政府而言，无疑是一大难题。与此同时，活化利用项目一般涉及大量与老百姓协调的工作，工作量大，难以独立完成，在开发利用的模式上也有诸多限制，社会资本参与的积极性不高。

三是"理不顺"，复杂的产权关系制约了保护和更新利用。由于历史原因，20 世纪建筑遗产的所有权与使用权归属多元，公房与私房混杂，自主用房和租用房混杂，遗产保护与利用难度大。据不完全统计，南京市经调查核实的 20 世纪建筑遗产中，军管建筑占 20%，省级机关建筑占 15%，省、部属大单位占 11%，市、区房产部门管理的占 14%，院校占 8%，市级机关占 19%，个人占 13%。不同片区情况有所差异，如在颐和路历史文化街区的建筑中，军管、省部属、院校产权的占比较高，荷花塘和小西湖历史文化街区的建筑以个人住宅为主。同时，建筑还存在一院多户、一宅多户的现象，房屋产权分割的碎片化现

象严重。实施保护利用项目因涉及居民复杂多样的诉求，协调难度大，所需时间周期一般较长，极易在困难中搁置。如小西湖街区首例居民"自主更新"房屋，从立项到顺利完成前后经历了近 6 年时间。

四是"用不来"，20 世纪建筑遗产活化利用的体制、机制不健全。我国现有的规划、建设、土地、消防政策及相关标准主要针对新建项目制定，严重缺乏适应既有建筑，尤其是历史建筑更新改造和活化利用项目全生命周期管理的政策标准。当前，20 世纪建筑遗产的活化利用普遍面临修缮难、审批难、利用难和管理难等问题。加之 20 世纪建筑类型多元，既有木、砖石结构，也有混凝土、钢结构，客观上增加了政策和标准制定的难度。

三、推进江苏 20 世纪建筑遗产保护利用策略建议

20 世纪建筑遗产是最具利用价值的遗产，它们中的很多至今仍生动地活跃在城市中，承载着城市的历史记忆、文化特质和情感归宿，构成了城市文化气质的底色。因此，江苏 20 世纪建筑遗产保护要坚持"积极保护整体创造"的原则，加快实现"四个融入"，将遗产作为文化文明再出发的基点和基础，为建设中华现代文明做出积极贡献。积极保护即坚持空间全覆盖、要素全囊括，确保各时期重要城乡历史文化遗产得到系统性保护，守住文化根脉。整体创造是指在保护的基础上，通过推动中华优秀传统文化创造性转化、创新性发展，使建筑遗产焕发时代魅力和光彩，成为城市新的活力空间与文化标识。

不应孤立地看待 20 世纪建筑遗产保护，而是要坚持四个融入，即融入城市更新，推动 20 世纪建筑遗产的再创造和再生产，提升城市魅力，延续城市记忆，激发城市活力；融入乡村建设，挖掘、彰显革命遗迹、名人故居、乡村工业遗迹所承载的历史记忆和人文精神，激发乡村内生动力，助力乡村振兴；融入区域特色发展，推动遗产保护利用，融入长江、大运河国家文化公园建设，融入世界级运河文化遗产旅游廊道等"两廊两带两区"文旅空间体系；融入现代百姓生活，以遗产为依托，打造更具吸引力、

更显人文性、更有情感共鸣的城乡公共空间，让建筑遗产成为百姓喜闻乐见的生活元素。"只有全面深入了解中华文明的历史，才能更有效地推动中华优秀传统文化创造性转化，创新性发展……建设中华民族现代文明"[2]。具体建议如下。

（1）厘清底数，建立名录，全面掌握全省 20 世纪建筑遗产数量、价值、质量、权属和保护利用等的现状。启动实施全省与各设区市 20 世纪建筑遗产的摸底调查与价值评估工作，尤其注重对展现中国共产党成立、新中国成立、社会主义建设和改革开放等重大历史事件载体的调查；全面收集整理全省范围内 20 世纪建筑遗产的建成年代、现状质量、权属关系、功能用途、居民改善意愿、承载的历史文化等信息；从历史、文化、艺术、科学等多重价值维度开展科学评估，建立省级建筑遗产名录，分析评价当前全省 20 世纪建筑遗产总量及分布、保护利用潜力等情况，以期为建立保护名录、确定省域层面登录制度和评价标准提供决策依据。

（2）整体谋划，建档立库，为 20 世纪建筑遗产的活化利用提供坚实基础。在全省调查评估工作基础上，积极推广如苏州"古城细胞解剖工程"等地方创新实践经验，分批启动实施江苏代表性 20 世纪建筑遗产解析工程，综合运用移动测量技术、三维全景技术、无人机正射影像采集技术等手段，搭建并动态更新"江苏 20 世纪建筑遗产"数据库及数字化档案，为每一栋 20 世纪建筑遗产建立"身份证"。根据遗产保护利用现状和居民意愿，按照"保护为主、抢救第一、合理利用、加强管理"的方针，分类施策、把脉开方，有序推进 20 世纪建筑遗产保护利用工作。

（3）创新机制，制定标准，为 20 世纪建筑遗产保护利用提供政策和制度保障。鼓励 20 世纪建筑遗产丰富的城市率先探索突破自上而下简单管控的遗产保护管理规定及标准，按照试点先行、分步实施、由点及面的方式方法，制定适用于当下建筑遗产保护与活化利用需求，有利于市场主体参与的规划、土地、产权、审批、消防等方面的创新政策，优化审批手续，制定优惠政策，完善奖补政策，明确活化利用的基本程序及各个环节的责任主体，严格落实保护管理要

求，为江苏 20 世纪建筑遗产保护利用营造良好的政策环境，为国家立法提供先行先试的可复制、可推广经验。

（4）积极引导，多元参与，加快探索市场力量参与 20 世纪建筑遗产保护利用的路径模式。积极引导和鼓励市场力量参与遗产活化利用的设计、建设与运营，在实施遗产活化利用时统筹推动建设实施和后期运营。通过提高物业持有比例和期限，参与项目的长期运营，实现资金的总体平衡。同时，推动市场力量在遗产活化利用过程中不断响应社会需求，与遗产周边地区、居民形成良性互动、共同成长的有机整体，共同推动遗产及其周边地区功能完善、业态优化、活力提升。畅通渠道、搭建平台，鼓励专业机构、专业人士和文化名人参与历史文化遗产保护工作，形成全社会共保共建共享的良好氛围。

（5）加强宣传，形成共识，着力提高全社会对 20 世纪建筑遗产的价值认同。进一步加强对江苏 20 世纪建筑遗产的研究阐释，在多层次、全方位、持续性挖掘其历史故事、文化价值、精神内涵的基础上，积极联动线上和线下传播方式，运用画册、绘本、图书、短视频等多媒体载体，生动地呈现江苏 20 世纪建筑遗产的真实性、完整性和延续性，展现其影响力、凝聚力和文化魅力，提高全社会对 20 世纪建筑遗产价值的认知和理解。引导专业力量策划开发具有更强沉浸感和交互性的研学培训项目、展览、文创产品，使遗产成为公众可触摸和可体验的文化，让江苏 20 世纪建筑遗产"活"起来、"潮"起来。

注：[1] 方式南 . 在建设中华民族现代文明上探索新经验 [N]. 新华日报，2023-07-13（1）.

[2] 习近平 . 在文化传承发展座谈会上的谈话 [J]. 求是，2023（17）.

传统的续写——成都美术学院规划设计

刘艺

设计，是一次相逢，一段旅程，一路匠心。

一、结缘

和成都美术学院项目结缘，始于 2021 年的夏天。四川省政府决定在资阳市建设四川音乐学院的分校区，将原美术系扩建为未来能够单独办学的成都美术学院（以下简称"成都美院"）。我们在资阳参加了第一次的各方交流会。会上有政府部门和平台公司的领导，还有设计单位和意向投资方。会议开得高效，讨论很热烈，能够感受到大家对项目的期待，也有问题与思考。会后主办方组织去重庆的四川美院新校区考察，川美校区依山就势、布局自由，颇有艺术学院的特色。学校对于山林和现状田舍的保留以及山野的自然气息给我们留下了深刻的印象，也启发了后续的方案创作思路——未来的成都美院应该是一所掩映于自然之中的生态校园。

二、从规划到入画

考察回来以后，我们开始着手准备第一轮设计方案。在 2000 年前后的大学建设热以后，建筑师们已经很难有机会再完整地设计一个大学校园了，所以这个项目对于我们而言是非常有吸引力的。成都美院的建设用地位于山水之间。我被现场的如画风景所打动，动笔画下第一幅草图，用了一个晚上的时间，在 A1 大小的半透明纸上用马克笔和彩铅上色。画面

图 1. 校园人工湖
（资料来源：存在建筑）

图 2. 美院教学区鸟瞰
（资料来源：存在建筑）

上保留了主要的山体，利用洼地造了一个湖，建筑环绕山水而建。第二天早上，我带着草图和团队一起开会，团队很快就确立了基本的规划。我们的方案在第一轮专家评选中获得了最多的认同，也受到了与会的美院老师代表的喜欢。沿主干道设置人工湖（图 1），湖的周边布置美术馆、礼堂等重要公共建筑，是"显山露水"的好办法，既呼应了地形特点，也便于对城市的开放共享。教学区沿九曲河展开，生活区则掩映在砚山以北的山谷中。建筑按照上位规划要求，采用新中式风格，体现传统意蕴。

方案比选中我们排名第一，消息传回来，团队很受鼓舞。方案上报以后，省里领导对方案的规划格局和理念表示认同，对于建筑风貌希望进行调整优化。原本设计任务书里"国际范儿、中国气派、巴蜀韵味、资阳元素"如何理解，这是一个见仁见智的问题。中国传统建筑存在两条线索：一条线索是官式建筑，包括宫殿、寺庙等公共建筑类型，以北方大木作作为代表；一条线索是民居建筑，包括因地制宜、各具特色的

地方宅院。我们在第一轮方案中借鉴的是四川民居，采用双坡屋面，平面随地形变化，布局自由。在后面的调整中，我们也参考了梁思成先生对官式大木作建筑的研究，特别是校园的重要公共建筑应体现端庄大气的传统之美（图 2）。

总图布局在随山就势的基础上，增加了一条南北轴线，作为校园的空间脊梁。这条轴线始于主校门，越过人工湖，经礼堂、中央大草坪、综合楼，延伸到背后的狮子山，在山水之间建立起人文礼仪轴线，体现了人文与自然的相融。新调整的第二轮方案得到了领导和专家们的一致认可。中标兴奋之余，我们也深感肩上的重任，如何完成一个各方认可的体现艺术与生态理念的未来校园，仍然需要研究很多课题，如山水的处理以及校园建筑的风格细节的优化。

我们后续又持续进行了多轮方案优化，任务书中"公园城市中的山水美院"是一个内涵很丰富的概念。"公园城市"是人文传统在当代城市建设中的价值投射，"山水美院"则是具体的规划策略，在资阳的

青山绿水之间生长出大美校园。对场地高差和保留植被的仔细研究成为总图深化的基础。不仅是建筑师，也包括团队里的结构工程师、园林设计师、市政工程设计师，都到现场实地踏勘，不能仅仅依靠小比例的等高线图来抽象地开展设计工作。我们提出了从"规划"到"入画"的概念。当代规划的理论和设计工具源于西方，而创造一所具有东方艺术韵味的校园，更需要从中国传统人文艺术中去寻找思想源泉。我们从山水画中获得了启发。山水画是中国古代绘画的主要类别，不仅表达"仁者乐山，智者乐水"的人文情怀，也是描绘自然与人居和谐共生的"规划蓝图"。成都美院的设计就是一副以资阳山水为本底，创作的一幅当代山水画作。建筑掩映于山边水畔的林木之中，有情有景，可居可游。

校园中的教学区、图书馆、生活区与教师工作室是学院功能的核心。主校门朝南，入口空间开阔，踏入校门，月亮湖和砚山映入眼帘，体现"开门见山水"之意境。湖面东西两岸是美术馆与图书馆，拥有朝湖的最佳视野，也便于对校外开放，体现与城市的资源共享。美术馆是美院的重要建筑，不仅是美院师生们创作与教学展览的场地，也是对外交流的学术高地。设计受到了张大千先生的"八德园"的启发，那是他晚年在异乡思念四川故土而建的宅院，白墙灰瓦，清秀明快的风格非常适合美院湖畔的山水环境。美术馆主体建筑为三组坡顶展厅，我们将传统的"人"字形屋顶设计为"八"字形，中间脱开的部分设计为

高窗，为室内展厅引入自然光线，同时通过遮阳措施避免阳光直射展厅内部，以保护展品。创新的设计体现了对中式风格的再创造，建筑文化在传承中获得新的发展。

湖东岸的图书馆体现四水归堂的意象，四片风车形排布的单坡屋面环抱着中庭。中庭室内是环绕的书墙，让人回想起那些著名的古典图书馆场景。我们还特意在每片屋顶下设计一处夹层阅读平台，取名"藏书阁"，为师生们创造了一个沉浸式的半私密阅读空间。建筑立面采用了弧线穿孔遮阳铝板。这源自"竹简"的形态，传递出历史的记忆，文化典故通过设计以润物细无声的方式再现。

美院教学区是校园建筑的主体（图3）。我们希望教学楼群化整为零，掩映在树林与山水之间，展现一种"画意"。砚山和月亮湖的自然地貌将教学区天然分为不同的组团，每个组团有不同的教学内容与建筑形式，体现多元中的统一。教学楼建筑采用新中式的建筑风格，各组团又各具特色。公共教学区采用了手工青砖外墙。传统艺术区包括国画、油画、版画、雕塑四大艺术门类，建筑外观采用了青灰色陶板，延续"秦砖汉瓦"的陶土烧制的传统，又体现了时代的新工艺。新兴艺术区位于砚山以南，建筑选用了浅米色陶板外墙，避免校园整体灰调的沉闷，也体现了动画、数码、工业设计等新艺术学科的时尚气息。

好看的建筑更要好用。针对美院与众不同的教学特点，我们多次走访各院系，进行实地调研。现有的

图3. 美术教学区
（资料来源：存在建筑）

图4. 校院美术馆
（资料来源：存在建筑）

老校区教学楼拥挤陈旧，老师们对于新校区非常期待，对自己的"新家"都有很多想法和建议，我们花了很多精力来对接各个院系的功能和细节。设计不仅要贴合美院师生的使用要求和习惯，还要创造艺术化的空间和形式语言。院系教学楼都有形态各异的中庭、天井、平台和景观楼梯，营造艺术的氛围，创造师生们交流共享的场所。美院的教学非常关注室内光环境，针对不同艺术门类的特点，我们设计了多种外窗方式。"光斗窗"将天光引入，适合传统架上绘画艺术。"光罩窗"遮蔽直射阳光，适合动画与数码系的电脑教学。"支摘窗"过滤光线，适合设计门类的教室。"顶侧窗"充分利用坡屋顶形态，提供顶层大空间教学的充足光线。丰富的外窗形式与屋顶形态塑造了成都美院独具特色的建筑形象（图4），实现了造型与功能的完美统一：建筑之美、融艺术之美，成就美院之美。

一个好的设计包括总图规划与建筑单体、景观环境、室内装修，从宏观到微观是一个不可分割的艺术整体。我们邀请院内景观设计团队和院外的室内设计团队共同完成设计，其间反复推敲，力求完美。最终的美院整体定稿方案山水相依、飞檐层叠、林木成荫，完美地再现了中国传统山水长卷的万千气象。

好的建筑作品如同好的乐队演出，只有好的乐谱是不够的，还要高水平的演出——如果说设计阶段是作曲，那么施工阶段就是演奏。设计工作不仅反映在图纸上，也体现在现场中，包括工地巡场、帮助施工方熟悉图纸、对施工重点和难点进行指导，并根据施工现场的实际情况对原有设计及时做出调整，工作烦琐、细致。工地范围很大，巡场一次至少要耗费半天的时间，我们常常每天行走万步以上。正是靠着驻场同事的辛勤付出，在一遍遍的巡场检查中，保证了原初设计意图得以高品质实现。后期服务的重要工作还包括材料选样，好的材料是建筑品质的保证，但又不能突破原有概算，设计师总是要平衡理想与现实的矛盾。对于建筑的外墙青砖，我们经过反复比选，在早晚不同光线和晴雨天气的情况下观察打样墙体，从四川、江西、山西等多地厂家提供的样品中，最后选用山西的老砖。这是从当地老建筑中回收的砖块，

再经过手工磨制而成的，它们色彩温润，透射出时间的沉淀，为建筑增色不少。每一种材料都有自己的表情、自己的语言，都是一段自然化为人工的故事，共同编织出建筑的乐章。

随着塔吊林立，建筑拔地而起，工地日日更新。数千名工人和百余台工程车辆在山水之间穿梭忙碌，日夜奋战，一步步将蓝图变为现实……校园建设初具雏形，办学工作同步推进，设计作为建设方和校方联系的技术中介，会同施工单位与学校老师的共同努力，力求将每一件教具、每一处座椅、每一组插座都合理安放，真正做好"交钥匙"工程，为美院师生们提供一个理想的新家。

新春新气象，2022年3月26日，成都美术学院正式对外官宣成立，省相关领导带队来到资阳现场指导工作，并亲手种下了综合楼前的香樟树。"十年树木，百年树人"，高大的香樟象征着生命与成长，也代表着参建各方的殷切期望和深深祝福，辛勤付出的汗水浇灌出今日的校园，相信未来美院的发展会像大树一样枝繁叶茂，蒸蒸日上。行文至此，心中感慨万千。回想接到设计任务时候的兴奋与焦虑，设计过程中的每一次思考、每一份手稿都历历在目，成为记忆中最难忘的部分。短短一年多的时间，成都美院从构想变为了现实，感谢团队每一位设计师的倾情付出，感谢各方的精诚合作，不忘初心，不负韶华，共同写下青山绿水间的大美诗篇。

北京 20 世纪苏式建筑遗产及影响

赵一诺　崔勇

本文从 20 世纪建筑文化遗产审美与批判的角度，论述北京 20 世纪苏联式建筑遗产的形成、特征及其影响，梳理这一特殊历史时期的中苏建筑文化交流与建筑实践，以作为 20 世纪 50—60 年代特殊历史时期下北京城市建筑创作与历史研究的参照。20 世纪 50—60 年代，北京城市建筑实践在苏联思想文化影响下经历了三个建设高峰：第一个高峰是 1949—1952 年，新中国成立初期；第二个高峰是 1953 年伊始的第一个五年计划时期；第三个高峰是 1958—1959 年新中国十大建筑建设时期。这段特殊历史时期由苏联专家指导的城市建设实践以及受苏联建筑思想、风格影响下的相关建筑实践对北京城市建筑文化与历史变迁产生了深远的影响。本文以北京 20 世纪苏联式建筑文化遗产为研究对象进行历史总结，也为保护北京建筑文化的原真性、完整地传承和保护北京城市历史文脉与建筑文化发展提供历史参照。

随着 2023 年 9 月 16 日第八批中国 20 世纪建筑遗产名录的公布，共计 798 项遗产项目被列入名录。北京的 20 世纪建筑遗产共计 135 项，其中 20 世纪 50—60 年代的完全由苏联专家负责设计、施工的"新中国建筑"以及受苏联建筑思想理论、风格影响的相关建筑遗产约 30 项。建筑遗产是一个时代的公共表达，由此一方面可见北京 20 世纪苏联式建筑文化遗产数量之多、影响之大，它们具有极高的研究价值；另一方面，它们也是我们了解新中国成立初期北京城市建筑文化与历史变迁的物质记载。

一、北京 20 世纪苏联式建筑遗产历史脉络

在 20 世纪，步履维艰的中国经历了辛亥革命、新中国成立和改革开放的三次历史性巨变。北京 20 世纪城市建筑更是经历了不同阶段下的蜕变与转折，尤其是在新中国成立初期的 20 世纪 50—60 年代这一特殊历史时期中，无论是以苏联为师还是以苏联为鉴，苏联在首都北京城市建设与建筑实践方面都扮演着主导角色。

1. 北京 20 世纪苏式建筑实践的历史背景

新中国成立初期，我国国民经济得到了恢复和重建，解决了人民吃饭穿衣的基本需求。政府宣告在中国共产党领导下的新中国加入社会主义阵营。1949 年 10 月，"中苏友好协会"在北京成立，1950 年 2 月《中苏友好同盟互助条约》的签署代表着中国和苏联正式结盟。中国向苏联学习，获得苏联支持，确保生产活动顺利开展，20 世纪 50 年代新中国必然选择社会主义发展道路[1]。在 1948—1960 年间，苏联向中国派遣的苏联专家有 2 万余人，其中 1949 年 9 月，莫斯科市苏维埃副主席阿布拉莫夫率一个苏联专家组来北京，协助研究北京的城市规划和建设。1952 年穆欣和阿谢普可夫两位苏联专家先后来到北京系统地介绍苏联建筑由 20 世纪 10 年代至第二次世界大战之后的发展历程，并对"社会主义现实主义创作方法"与"民族形式，社会主义内容"文学

与艺术的政治标准与艺术要求等进行了阐述。同年12月，梁思成在《人民日报》发表了《苏联专家帮助我们端正了建筑设计的思想》一文。1952年，梁思成到苏联访问后在《新观察》提出了"民族性的形式，社会主义的内容"思想观念，诠释苏联建筑思想原则与意蕴。1953年6月，北京城市规划建设小组成立，并基于苏联专家的规划方案制定了《北京城市建设总体规划初步方案》。1955年4月，苏联城市规划专家组来京指导北京城市规划与建筑施工建设。

2. 北京20世纪苏联模式影响下三个建设高峰

通过已公布的北京20世纪135项建筑遗产中，20世纪50—60年代，苏联模式影响下的中国建筑遗产约30项（表1），其建筑遗产数量之多、建筑遗产类型之丰富，代表了特殊历史时期下北京20世纪苏联建筑模式影响下的三个建设高峰。

第一个高峰是在1949—1952年新中国成立初期，中苏友好背景下苏联模式的城市建筑理念传入北京，北京市人民政府对城市建筑采取了以苏联为师的策略，并向苏联学习交流。在城市规划建设方面，1949年苏联专家组来京协助研究北京的城市规划和建设，不无遗憾的是：在同比选择北京西部新址作为城市建设与规划发展中心的"陈梁方案"的情况下，当时的相关管理部门最终认可了苏联专家以北京旧城为基础进行扩建的规划方案，这对今后北京城市建设产生了深远影响。在建筑方面，1952年，两位苏联专家穆欣和阿谢普可夫带来了建筑新理论。尤其在校园规划与建设方面，中国在苏联教育体制影响下进行了高等院校调整，北京在苏联专家及苏联规划理论的指导下于城郊文教区进行了八所高等院校的规划建设，在校园空间形态与建筑风格上采用苏联模式风格，校园中轴线、入口广场和主楼的构筑用最形象的

表1 北京20世纪部分苏联式建筑遗产统计

建设时期	序号	建筑遗产名称	建成时间 / 年	建筑类型	建筑师	建筑风格	保护情况	使用情况
1950—1953年	1	北京医学院	—	教育建筑	—	苏联大学模式	良好	融入现代校园
	2	北京钢铁学院	1954	教育建筑	—	苏联巴洛克式	良好	融入现代校园
	3	北京石油学院	—	教育建筑	—	苏联大学模式	良好	融入现代校园
	4	北京农业机械学院	—	教育建筑	—	苏联大学模式	良好	融入现代校园
	5	北京航空学院	1954	教育建筑	—	苏联大学模式	良好	融入现代校园
	6	北京地质学院	—	教育建筑	—	苏联大学模式	良好	融入现代校园
	7	北京矿业学院	1955	教育建筑	—	苏联大学模式	良好	融入现代校园
	8	北京林学院	—	教育建筑	—	苏联大学模式	良好	融入现代校园
1953—1958年	1	北京展览馆	1954	文化建筑	安德列夫	苏联巴洛克式	良好	功能延用
	2	北京饭店西楼	1954	商业建筑	戴念慈	苏联复古主义	良好	—
	3	北京市百货大楼	1955	商业建筑	—		良好	—
	4	北京友谊宾馆	1955	商业建筑	张镈	大屋顶民族形式	良好	功能延用
	5	"四部一会"办公楼	1955	办公建筑	张开济	大屋顶民族形式	良好	功能延用
	6	北京首都剧场	1955	文化建筑	林乐义		良好	功能延用
	7	全国政协礼堂（旧楼）	1955	办公建筑	—		—	—
	8	百万庄住宅区	1956	住区建筑	张开济	苏联工业化	一般	—
	9	北京天文馆	1957	文化建筑	张开济		良好	—
	10	北京电报大楼	1958	办公建筑	林乐义	苏联复古主义	良好	功能转用
	11	中央广播大厦	1958	办公建筑	—	苏联复古主义	—	—
	12	北京焦化厂历史建筑	1959	工业建筑	—	苏联工业化	—	—
1958—1959年	1	北京火车站	1959	交通建筑	陈登鳌	大屋顶民族形式	良好	—
	2	民族文化宫	1959	文化建筑	张镈	大屋顶民族形式	良好	功能延用
	3	中国革命历史博物馆	1959	文化建筑	张开济	大屋顶民族形式	良好	—
	4	全国农业展览馆	1959	文化建筑	—	大屋顶民族形式	良好	功能延用
	5	中国人民革命军事博物馆	1959	文化建筑	—	苏联复古主义	良好	功能延用

空间形态语言述说了中国式的社会主义印记。

第二个高峰是 1953—1957 年新中国的第一个五年计划时期。此段时期，北京苏联式建筑数量多、类型丰富，足以看出这是北京苏联式建筑建设的实践高峰。苏联"社会主义现实主义"与"民族形式，社会主义内容"设计原则、政策及方针引导并塑造了新北京城市的社会主义新中国的建筑风貌。1953 年以来，中苏多次签订援建项目协议，1955 年苏联城市规划专家组来京指导北京城市规划与建筑施工建设，产生了极大的影响。苏联式建筑遗产类型包括文化建筑、商业建筑、办公建筑、住宅建筑与工业建筑等，建筑遗产数量在 20 世纪 50—60 年代苏联式建筑遗产中占比很高，体现了首都北京"民族形式，社会主义内容"城市建设的新风貌。

第三个高峰是 1958—1959 年，这也是新中国展示社会主义初期建设成果大发展的时期。此段时间，受新中国初期苏联模式影响建造的中国特色社会主义特色建筑成果屡见不鲜。从北京 20 世纪五六十年代苏联式建筑遗产来看，"十大建筑"中的北京火车站、民族文化宫、中国革命历史博物馆、全国农业展览馆、中国人民革命军事博物馆都体现了受苏联影响的中国特色社会主义民族形式的建筑实绩。

二、北京 20 世纪苏联式建筑遗产审美特征

1. 北京 20 世纪苏联式建筑审美的两个阶段

回眸历史，客观地察看 20 世纪苏联建筑思潮和建筑美学与风格的发展演变及其影响，其以 20 世纪 50 年代初期苏联与国际现代建筑共进的构成主义的现代建筑为开端，经历了 1933—1955 年的古典主义复兴时期，再到工业化与标准化的现代建筑回归时期。北京 20 世纪苏联式建筑审美深受 50 年代中期以前的斯大林古典主义、民族形式和 50 年代中期以后的苏联工业化、标准化的影响，经历了苏联式建筑审美的两个阶段。第一个审美阶段为 20 世纪 50 年代中期以前的"社会主义现实主义"的文艺创作观阶段，以苏联历史主义建筑审美为观照，用新的建筑形象表达"民族形式，社会主义内容"，同时以新型的

建筑类型如展览馆、剧场等文化建筑"反映社会主义时代的伟大和壮丽"。第二个审美阶段为后斯大林时期的"反浪费运动"的审美时期，形成以苏联 20 世纪 50 年代中期以后现代建筑回归的标准化、工业化建筑审美阶段，践行"适用、经济，在可能条件下注意美观"为方针的建筑审美观，以工业建筑、住宅建筑类型为典型开启了北京工业化城市建设。

2. 北京 20 世纪苏联式建筑文化遗产的美学特征

1952 年 9 月，原建筑工程部召开城市建设及其建筑群体布置技术研究座谈会时，苏联专家穆欣提出"建筑是一种艺术，是修建美丽方便的住宅、公共建筑及城市的艺术"。可见苏联式建筑所反映的时代精神具有独特的审美特征。从审美视角来看，北京 20 世纪苏联式建筑遗产在建筑形态、建筑风格方面具有独特的美学特征。

在建筑形态方面，苏联式建筑呈现秩序与整体性、轴线与对称性，以及平、立面"三段式"构图的美学特征。在群体与单体建筑布局建构关系方面，井然的秩序与整体性、轴线性和对称性的规整一方面体现在校园建筑、工业建筑、居住建筑等群体建筑的布局中（如"镶边式"建筑布局、匀质空间的秩序与整体性制衡），另一方面也体现在展览类、文化类等综合性、整体性、共享性公共建筑中，尤其是苏联式公共建筑并非个体建筑要素的独立存在，而是通过建筑主体与群体要素组合的方式整体呈现出规模及壮美气势。主楼与配楼、主体与回廊、建筑与广场浑然一体地呈现出秩序与整体性美感。在建筑造型方面，受苏联古典主义影响，建筑以轴线对称方式布局，单体建筑造型也呈现出严谨的轴线与对称性，这体现在商业建筑、文化建筑、办公建筑等综合建筑中；在纵向上均以主体中线为轴，呈对称式，中央主楼高耸，两边低呈两翼状，或中间部分高起呈轴线对称的特征，同时建筑以檐部、墙身、勒脚在横向上明显划分建筑立面，形成典型的"三段式"构图美学特征（图 1）。

在建筑风格方面，中国的苏联式建筑呈现苏联古典主义、民族形式折中主义、苏联工业化的风貌特征。苏联古典主义风格以苏联专家设计的北京苏联展

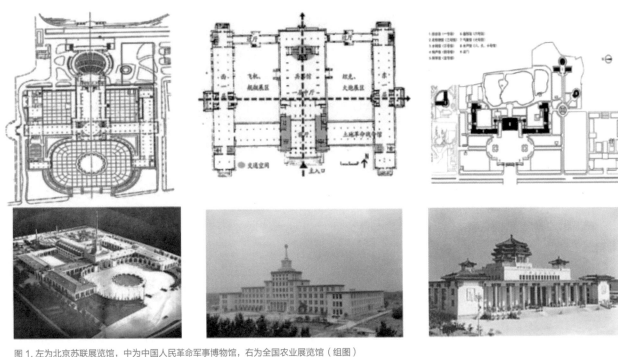

图 1. 左为北京苏联展览馆，中为中国人民革命军事博物馆，右为全国农业展览馆（组图）
（资料来源：《北京 20 世纪博览类建筑》）

览馆为典型，代表了斯大林巴洛克式古典主义风格。建筑以入口柱廊、立面柱列、拱形形式、顶部尖塔为典型塑造建筑立面，以复杂装饰、图案符号塑造建筑细部。其成为北京 20 世纪苏联式建筑历史主义建筑审美时期的典型范式。它体现出的古典主义对称性、尖塔崇尚性、符号象征性、柱廊仪式性等古典主义建筑设计手法普遍出现在了其他苏联式建筑遗产中，成了苏联复古主义风格的美学特征在中国的映现。民族形式折中主义是对"民族形式，社会主义内容"中"民族形式"的本土化表达，也是在特殊历史时期下，继 20 世纪 20 年代吕彦直等建筑师坚持民族固有形式理论与实践而建构中山陵与中山堂之后，中国本土建筑师对"民族性"的转译表达，形成了 20 世纪 50 年代"大屋顶"形式、民族建筑细部装饰图案与苏联式屋身组合的折中主义建筑风格。北京 20 世纪苏联式建筑遗产中"大屋顶"建筑形式的遗产数量占比较多，如"四部一会"办公楼、北京友谊宾馆、新中国十大建筑等建筑遗产。苏联工业化风格为北京 20 世纪苏联式建筑的第二个审美时期，体现在住

图 2. 20 世纪 50 年代南礼士路街道界面（历史照片，组图）

图 3.20 世纪 50 年代百万庄住宅区（历史照片）

图 4.20 世纪 50 年代"四部一会"办公楼建筑群与街道界面（历史照片）

宅建筑、工业建筑遗产中，以百万庄住宅区、北京焦化厂历史建筑遗产为典型，配套及功能性平面布局、砖混结构、简洁的立面体现了工业化、标准化的规模建设（图 2~ 图 4）[2]。

三、苏联建筑模式对北京城市规划与不同功能类型建筑的影响

在城市规划建设方面，1951 年初，北京市政府在城市建设与规划时进行总图编制工作时明确"以苏联专家巴兰尼可夫同志'北京市将来发展计划的问题'作为制定总图计划的基础"，即明确了将行政中心设于老城，随后明确部分中央机关建筑可沿长安街及延长线建设的原则。以中国科学院办公楼、中央广播大厦等建筑遗产为代表的重要公共建筑（群）相继建成，逐步形成了北京现代城市风貌的街道界面。苏联"大街坊"的规划模式将行政办公区、生产区与住宅区进行就近配套规划建设，形成了典型的开放式街区空间格局和开放式单位大院空间形态，成了新中

国成立初期城市规划建设探索的典型，塑造了新北京城市风貌与城市空间格局。

在不同功能类型的建筑中，苏联式文化公共建筑、住宅建筑、学校建筑以及工业建筑等更是对北京城市建筑文化产生了立竿见影的直接影响。大型公共建筑以北京展览馆、全国农业展览馆、中国人民革命军事博物馆、中国革命历史博物馆等为典型，成了特殊历史时期国家意志的象征，具有鲜明的时代印记，构成了新北京的城市地标，对塑造新的城市空间与历史风貌、促进城市文化认同、反映社会生活具有重要的影响意义。在住宅建筑方面，苏联模式打破了中国传统居住的合院住宅模式，以百万庄住宅区为典型建设了单元式集合住宅。周边式街坊统一规划，内部形成院落组团空间，将生活区与工厂融为一体而建立自给自足的居住模式，这是住宅设计标准化和工业化的前身。在学校建筑方面，苏联模式将学校与城市总体规划中单独设置的文教区相结合，选址于城郊集中规划，以北京西北郊的海淀"八大院校"为典型，以入口广场、"工"字形主楼的"镶边式"建筑布局形成轴线对称、布局严谨的校园形态。在工业建筑方面，厂区规划组织及工业建筑设计合理化，推动了工业建筑结构向钢筋混凝土及钢结构的变革，强调标准化和预制构件。工厂建筑多采用钢筋混凝土结构，以红砖墙、立面线脚为装饰，以天窗来实现采光和通风，以北京东北郊、东郊工业区为典型，形成了具有鲜明特色的现代工业建筑。

20 世纪 50 年代苏联模式城市规划及建筑思想对筚路蓝缕、举步维艰的新中国的建筑理论与实践产生了现实且深远的历史影响。苏联在城市的工业区规划、居住区规划、规划标准、指标定额、远近期结

合以及城市的艺术面貌和精神功能的发挥等方面具有较丰富的经验，而这些正是当时的中国所缺乏的，其对北京 20 世纪 50—60 年代苏联式建筑文化遗产中的文博与展馆建筑、公共建筑、行政办公建筑、住宅建筑、教育与校园建筑、工厂与商业建筑、集体宿舍建筑等在风格与类型的影响可见一斑。历史不可避讳，客观品察与审美观照整个 20 世纪中国现代建筑发展的历史足迹，始于 20 世纪 20—30 年代并延续至新中国成立之初的与时俱进的中国现代建筑发展举步维艰，以北京和平宾馆和北京儿童医院为典型的 20 世纪中国现代建筑被明确指出为西方现代结构主义或构成主义的现代建筑，而遭到"左倾"主义思想的批判与否定，与苏联社会主义现实主义并举，强行地将建筑与意识形态、政治策略及方针联系在一起，使得新中国现代建筑的发展停下了历史脚步。在随后的近 20 年的特殊政治氛围中，中国现代建筑历史进程更是被抑制了。此乃中国现代建筑发展的历史劫难。与此同时，苏联建筑思想之于中国对"民族形式"探索也困顿于"大屋顶"的建筑语言之中，关于"继承与创新""内容与形式"的现代建筑民族神韵内核的议题仍有待深思。

四、小结

20 世纪的中国建筑遗产是中国现代建筑文化发展的文明结晶，纵观北京 20 世纪 50—60 年代受苏联模式影响下的建筑遗产数量之多、建筑遗产类型之丰富、建筑文化蕴藉之深刻、历史意味之无比深长，令人感叹。本文梳理了这段特殊历史时期下北京 20 世纪苏联式建筑文化遗产的历史脉络，总结了北京 20 世纪苏联模式影响下的三个建设高峰，从遗产批判继承与文化审美角度观照北京 20 世纪苏联式建筑遗产的审美阶段及美学特征，总结苏联模式对北京城市与建筑文化的影响，思考其对现代建筑发展的影响。邹德侬教授认为，"得在中国特色社会主义体制和工业建筑体系的确立，失在苏联建筑理论的夹生引进及长期的不良影响"。

在 20 世纪 50 年代新中国成立之初的特殊历史时期中，北京大力建设与塑造的首都北京新城市空间与社会主义建筑文化新景象，在一定程度上形成了"社会主义现实主义"与"民族形式，社会主义内容"的民族主义建筑集体认同，也促进了城市建设与社区文化建构的认同与模范。这些苏联式建筑遗产成为当时北京重要的建筑文化与生活空间，许多建筑至今仍发挥着重要的文化功能，在保护北京建筑文化的原真性，整体传承和保护北京城市文脉和建筑文化方面有着重要意义。

参考文献

[1] 董志凯 . 建国初期新中国反"封锁"的效应和启示 [J]. 经济研究参考 ,1992（Z6）：810-816.

[2] 沈志华 . 苏联专家在中国（1948—1960）[M]. 北京：社会科学文献出版社 , 2015.

[3] 李扬 ."苏联式"建筑与"新北京"的城市形塑：以 1950 年代的苏联展览馆为例 [J]. 首都师范大学学报（社会科学版）,2017(2)：136-143.

[4] 王浩 .20 世纪"苏式建筑"遗产伦理文化初探：以北京百万住宅区为例 [J]. 美与时代（城市版）,2018(6)：26-28.

[5] 程静 . 建国初期北京市政建设与城市发展（1949—1952）[D]. 北京：中央民族大学 ,2015.

[6] 张杰，王韬 .1949—1978 年城市住宅规划设计思想的发展及反思 [J]. 建筑学报，1999（6）：36-39.

[7] 王元舜 . 苏联"民族形式、社会主义内容"建筑理论来源与演变之初探 [J]. 新建筑 ,2014(4):91-93.

[8] 李泽厚 . 中国现代思想史论 [M]. 北京：东方出版社 , 1987.

[9] 邹德侬 . 中国现代建筑史 [M]. 天津：天津科学技术出版社 , 2001.

[10] 左川 . 首都行政中心位置确定的历史回顾 [J]. 城市与区域规划研究 ,2008(3)：34-53.

现代化进程中"饭店设计"的探索与启示

王大鹏

20世纪80年代初，改革开放伊始，因为涉外旅游和商务活动激增，酒店需求旺盛。然而当时国内酒店的基础设施、服务态度、管理水平都与国外星级宾馆相距甚远，难以满足旅客需求，于是一大批中外合资与合作的酒店应运而生。首批建造的酒店有北京建国饭店、长城饭店，上海华亭宾馆、虹桥宾馆、广州白天鹅宾馆，南京金陵饭店等，同期还有一批特色酒店相继落地，如北京香山饭店、曲阜阙里宾舍、杭州黄龙饭店、西安唐华宾馆、福建武夷山庄、新疆友谊宾馆三号楼等。过去的几十年是中国全面现代化的过程，建筑也不例外，如今这些早期建成的饭店基本成了中国20世纪建筑遗产，文章将对香山饭店、长城饭店和黄龙饭店予以比较分析，这不仅仅是它们设计、建造时间接近，更重要的是它们既有内在联系，又代表着中国建筑现代化之路上在三个不同方向的探索。

一、江南气息的香山饭店

1978年，贝聿铭先生受邀访华，北京市政府希望他在故宫附近设计一幢"现代化建筑样板"的高层旅馆，贝聿铭回绝了这个邀请，他希望做一个既不是照搬美国的现代摩天楼风格的建筑，也不是完全模仿中国古代建筑形式的新建筑，最后他选择在北京郊外的香山设计一个低层的旅馆建筑，这也是改革开放后第一个外籍建筑师在国内设计的作品。

"我体会到中国建筑已处于死胡同，无方向可寻。中国建筑师会同意这点，他们不能走回头路。庙宇殿堂式的建筑不仅在经济上难以办到，人们的思想意识也接受不了。他们走过苏联的道路，他们不喜欢这样的建筑。现在他们在试走西方的道路，我恐怕他们也会接受不了……中国建筑师正在进退两难，他们不知道走哪条路。"这是1980年贝聿铭在接受美国记者采访时的讲话，当时中国的建筑师也许会进退两难，然而作为政府却只能勇往直前。

1982年香山饭店（图1）落成后引发了众多媒体持续和广泛的报道和讨论，截至2014年，仅在《建筑学报》上发表的关于香山饭店的座谈会、评论、设计研究等方面的文章、随笔等就多达16篇，至今还有相关研究论文在继续讨论。为什么一个饭店能引起这么经久不衰的讨论和思考？这应该是中国建筑现代化之路的复杂性和矛盾性所致，再就是贝聿铭个人的影响。当时的中国建筑师很难感同身受地体会到贝聿铭当时所处的社会和文化环境：美国建筑界正处在现代主义和后现代主义的热烈讨论之中，贝聿铭正是在这样的一个背景下接手香山饭店的设计的。贝聿铭传记的作者迈克尔·坎内尔在谈及香山饭店时认为，"中国方面对香山饭店的反应不冷不热，这是由于理解上的差别太大"。他的观察有一定道理，但并不完全准确。事实上，中国建筑师对香山饭店在艺术上的成就给予了充分的肯定和客观的评价。当时大众所不能或者说不愿理解和接受的是贝聿铭在香山饭店之

图 1. 香山饭店

后的文化意图——对西方现代主义建筑和现代化模式的反思和批判。坎内尔显然无法体会到当时的中国社会在贝聿铭所处的西方语境下，在关于现代化认识上所存在的巨大落差。

实际上在当时，中国社会和建筑师也都没有准备好接受一个既不是现代风格，也不是传统形式的建筑，或如贝聿铭所说的"一种并非照搬西方的现代化模式"，何况香山饭店对贝聿铭的设计生涯来说也是一种新的探索，所以会有建筑风格不适合北方、客房流线过长、选用材料要求太苛刻、工程造价太高等质疑和批评。如果说国人对贝聿铭的探索存在误会与误读，他的西方同行也一样存在误会和误读——他们以为贝聿铭也加入了后现代主义建筑的阵营。多年后再看，完全不是这么回事，因为贝先生是在非常真诚地为中国建筑现代化探索一条可行的道路，他对民族形式的提取和运用也是建立在现代建筑系统化基础之上的，这远不是当时西方后现代主义建筑师对传统元素的拼贴、杂糅和戏仿态度可比。

贝聿铭在 1980 年谈及他的创作时说道："至于如何使高层建筑具有民族特色和风格的问题，我看世界上没有这方面的例子，有民族风格的都是老房子。"也许是出于这个原因他拒绝在北京市内进行高层现代建筑的探索。在香山饭店的座谈纪要里，他列举了心目中最美的两个城市——巴黎与伦敦，他认为它们和谐的秘密在于对建筑标准的严格控制，因此，

他建议北京市政府做好城市规划，并控制好建筑风格的协调统一。

二、全玻璃幕墙的长城饭店

尽管贝聿铭回绝了在故宫附近设计一座"现代化建筑样板"的高层饭店，但这遏制不了我们对"现代化"的追求。1980 年 3 月，紧临东三环的北京长城饭店开工建设。其由美国的贝克特公司来设计，并于 1983 年底竣工试营业，建筑面积达 8.2 万多平方米。长城饭店外立面采用了全玻璃幕墙的形式，而且这也是中国第一栋全玻璃幕墙建筑。除此之外装修工程还引进了许多新的建筑技术和材料，如比利时的玻璃幕墙、擦窗机、金属门，美国的卫生洁具、门上五金件、吊顶吸音板，日本的电梯及自动扶梯，新西兰的地毯等。

长城饭店（图 2）的设计具有典型的后现代主义手法，主体高层建筑外立面是很现代的玻璃幕墙，低层建筑却采用石材墙面，屋顶被设计成中式风格的庭院，并且女儿墙呈长城"垛口"形式，寓意酒店的名字，这是典型的后现代拼贴手法。室内中庭设计也采用了大量的中式元素来营造氛围，公共空间设有喷泉、水池、花木和休闲茶座，还装有四部观光电梯，客人可直达八角形的屋顶餐厅，俯瞰城市风光。

"北京长城饭店从开业至今，党和国家领导人多次下榻并在此参加外事活动，且圆满接待了美国前总统里根、布什，日本前首相中曾根等逾百位外国首脑、政要，以及近千万名海内外宾客，以高品质的服务享誉五洲，赢得了国内外各界人士的信任和好评。"这是来自长城饭店官网上的介绍，在 20 世纪八九十年代，入住长城饭店绝对是身份与地位的象征，对国人来说更是现代与时髦的体现，长城饭店当时还被评为"北京市民最喜爱的建筑"。

截至 1992 年，在《建筑学报》上发表的关于长城饭店的文章也有 9 篇之多，只是这些文章更多的是围绕玻璃幕墙、吸音板吊顶、地下车库、人造水景、型料地板等技术应用和施工进行介绍。其中，名为沈凤鸾的作者一人就发表了 4 篇文章。这些文章中有 2

篇与建筑设计关系密切，其中一篇题为《北京长城饭店设计手法上的一些特点》，文章分别从"地下室和公共部分的设计、抗震设计、标志设计、关于两个问题的一些看法（设计图的细节问题、利用外资引进先进技术问题）"对长城饭店进行了系统全面的介绍。文章虽然没有涉及建筑设计手法和思想的探讨，但是对技术协调和施工管理等方面见解很深刻，譬如作者对施工图设计的看法和建议——"由施工单位和供应厂商画图，在不违背设计的原则下，加以补充……施工单位什么都要设计人员出图，反而限制了现场施工技术人员和广大技术工人力量的发挥，埋没了人才，堵塞了言路，对四化建设是没有一点好处的"。作者还认为"引进的新技术不是孤立的一项、两项，不是材料、设计、施工分着来，而是一系列成套地引进"。该文作者为刘导澜，网上对他的背景资料介绍得很详细："1945 年毕业于中央大学建筑工程系，曾任北京市建委总工程师，北京市第三、第六、第一建筑工程公司主任工程师，北京市建筑工程局副局长，市旅游局副局长兼总工程师，第十一届亚运会工程总指挥部副总指挥、总工程师，亚运村工程指挥部总指挥。"长城饭店施工单位是北京市第六建筑工程公司，他作为主任工程师参与了施工建设管理工作。

1986 年 3 月，在长城饭店竣工营业两年多后，北京建筑学术委员会，就"长城饭店建筑和保护北京古城风貌问题"召开了建筑评论和座谈会，发言不仅涉及长城饭店具体设计问题的得失，还谈到建筑与环境的关系、与保护古城风貌的关系，树立新的建筑观念，创造新的建筑风格避免复古主义重演等问题。这个座谈会除了布正伟和顾孟潮的发言外，讨论长城饭店具体设计的内容并不多，更多是在讨论新建筑如何与北京古城风貌协调的问题。大多数人认为建筑创作要解放思想，走现代化之路，当然也有一些人对如何保护"古城风貌"有所担心，陈志华和王贵祥认为新建筑采用什么风格不是主要问题，他们更强调在老城区应该从规划层面来限制新建筑的高度。

1993 年，北京市委领导提出"夺回古都风貌"，然而中国建筑界却刮起了强劲的"欧陆风"，罗马柱式与穹顶备受推崇 …… 40 多年过去了，今天中国

图 2. 长城饭店

的城市显然是"长城饭店"们的天下，我们因为大拆大建导致老建筑沉淀的文化和与之对应的生活消失殆尽，而大量快速、无序扩张的新城却变得千城一面，如果只从速度和效率来评价中国的城市化进程，那取得的成就还是令人惊叹的，只是鱼和熊掌不能兼得，这是需要我们思考的根本问题。

三、悠然见南山的黄龙饭店

1982 年，作为浙江第一家中外合资管理的酒店——黄龙饭店开始设计（图 3）。起初的方案是由设计过北京长城饭店的美国贝克特国际公司来完成，也许是杭州的城市文化底蕴，也许是业主的定位要求，贝克特国际公司设计的方案没有像长城饭店那么"洋气"——方案布局尽管采用了中式的院落布局，甚至还有七八栋很传统的低层大屋顶建筑，而客房却采用了七八层高呈"U"形布局的建筑，立面采用了竖条形虚实相间的开窗方式，体量巨大的客房和低层大屋顶建筑摆在一起显得不伦不类，这样的形式倒也符合西方后现代主义建筑拼贴的设计手法，而不是被我们误读的西方建筑师不了解中国文化所致（图4）。当然不了解也是一个原因，但应该不是真正原因——文化背景差异和时空的错位才是问题的关键。投资方显然对这个"折中"的方案无所适从，所以又找来了香港建筑师严迅奇进行方案设计，严迅奇因为当时在巴黎歌剧院的国际竞标中胜出而名声大振。

从严迅奇提供的方案来看，他的设计乍看之下和贝聿铭的香山饭店极为相似，也许他们内心都有意为中国建筑寻求"一种非照搬西方的现代化模式"（图5）。只是由于黄龙饭店容积率要大于 1.5（香山饭店只有0.3），用地也远比香山饭店要小，布局相对集中，并且客房需要做到六七层才能满足要求。

　　当时程泰宁先生牵头的本土建筑设计团队起初的身份仅仅是"陪练"，因为在投资方看来，"西方建筑师在五星级酒店喝咖啡的时间都要超过中国建筑师的画图时间"，现实的情形也的确如此。中国建筑师设计的手法和生活（功能）的体验不足是不争的事实，但是程泰宁对杭州的城市尺度与人文环境的把握却是西方建筑师所不及的。他和团队经过多方案反复比较，最后推荐的方案采用对建筑体量拆分重组，并结合院落组织、地上地下空间处理，既满足了现代化酒店的功能需求，又营造了极具江南文化气息的空间意象，并且在此基础上很好地处理了建筑的外墙材料、窗户以及屋顶的形式与色彩的关系，最终达到了内与外的和谐，尤其是建筑与对面宝石山的呼应。在这次国内外建筑师设计的交锋中，程泰宁先生的取胜显得十分自然，可谓以"虚"取胜——在城市环境中虚化主体、在建筑单体上虚化墙面屋顶、在庭院园林中虚化形式，而最终强化"意境"。"悠然见南山"是他为黄龙饭店主入口铭牌背面选择的诗句。黄龙饭店的设计成功虽然得到了国内甚至国外同行的高度评价和认可，建筑在落成后成了程泰宁先生的代表作之一，然而当时的投资方对方案团队设计经验"信心不足"，竟然在约定的签约仪式上放了鸽子。事后程泰宁和多方反复协调，最终和香港严迅奇设计团队合作完成了全部设计工作。

　　搜索"中国知网"上关于黄龙饭店设计评论的文章，竟然只有三篇，其中一篇还是设计者程泰宁本人执笔的。尽管评论的文章数量不多，即使今天来看发表在《建筑学报》上的两篇文章还是很有阅读价值的。程泰宁在《环境·功能·建筑观——杭州黄龙饭店创作札记》一文中详细介绍和解读了黄龙饭店的创作过程，不仅展示了自己的过程方案，还分析点评了严迅奇的方案。文章既从传统文化和城市环境宏观方面来

图 3. 黄龙饭店

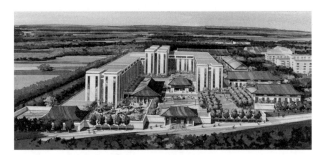

图 4. 美国贝克特公司设计的黄龙饭店效果图

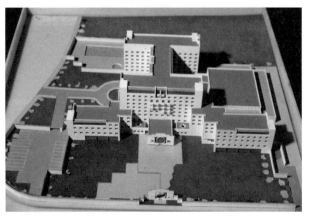

图 5. 严迅奇设计的黄龙饭店模型照片

谈创新与立意，也从使用功能、交通组织、庭院空间等具体方面来谈操作和落地，最后发表了他对建筑"创新"的看法，全文堪称建筑创作"演示"的典范。

1988 年 7 月，中国建筑学会学术部和《建筑学报》在杭州召开了关于黄龙饭店建筑设计的座谈会。程泰宁从设计创新、传统与时代感、创作与文化素质三方面谈了他在黄龙饭店创作中的感悟和思考，设计负责人详细介绍了设计过程，难得的是业主也从实际运营使用角度谈了对项目的看法。以张开济为首的十几位发言嘉宾充分肯定了黄龙饭店创作的成功之处，对于局部存在的问题也直言指出，让人能感受到那个年代大家对创作的真诚态度。

四、三个方向的探索与启示

大约 40 年前，参与建造这些饭店的建筑师大体可以分为三类。第一类是境外建筑师团队，如北京长城饭店、南京金陵饭店，现在来看前者无论是文化属性，还是空间品质都比较普通，而后者从各方面来看都很经典，这应该得益于香港巴马丹拿设计事务所（前身为公和洋行）长期在东南亚地区从事设计工作，对地域文化乃至经济发展水平都有深入的了解和实践经验，还有杨廷宝、刘树勋、童寯等我国建筑界大师也付出了不少心血。第二类是有中国文化背景的华裔建筑师，如贝聿铭设计的北京香山饭店和陈宣远设计的北京建国饭店，它们既有现代建筑的系统性特点，又充分利用庭院和园林来组织空间，最后的效果具有东方文化情调。第三类则是本土建筑师，除了前文分析的黄龙饭店外，典型的还有广州白天鹅宾馆，由佘畯南与莫伯治合作设计，建筑采用现代材料，整体显得轻快简约，并且把现代建筑的空间处理手法与岭南园林进行了巧妙结合；曲阜阙里宾舍由戴念慈设计，指导思想是现代内容与传统形式相结合、新的建筑物与古老的文化遗产相协调。设计采用传统的四合院组织空间，使用青灰砖、清水墙、花岗岩等地方材料，屋顶按当地传统格式与民居相仿，中央大厅的屋顶则采用新型的扭壳结构，外观是传统的十字屋脊的歇山形式，既减轻了屋顶的自重，又增加了室内空间和改善了采光条件，从而使整座建筑消融在孔府的建筑群中，被誉为"不是文物的文物"。福建武夷山庄由齐康设计，采取"宜土不宜洋，宜低不宜高，宜散不宜聚，宜藏不宜露，宜淡不宜浓"的设计理念，并将传统民居风格与现代化设施融为一体，建筑与自然景观浑然一体。西安唐华宾馆由张锦秋设计，对唐风、庭院与现代建筑进行了融合创新。新疆友谊宾馆三号楼由王小东设计，对新疆的民族文化和地域建筑特色进行了成功的转译与表达。

这些经典的饭店作品在创作时对传统文化进行了"创造性转换"，从而取得了"创新性发展"的效果。它们成了改革开放对外形象展示的窗口，也充分证明中国建筑的现代化不应该是对西方建筑的直接引进，即使最初使用主要对象为外宾，也需要在现代建筑基础上因地制宜、因时制宜地设计。因为我国幅员辽阔，自身的气候环境、历史人文、经济发展与建设水平等差异很大，何况我们和发达国家的经济与文化差异也非常大。这些饭店除了建筑创作的成功外，还系统性地引进了现代化的管理制度，建立起了饭店标准的评价体系和运营管理体系，并且能及时收到旅客的反馈意见，持续积累的经验又与设计形成闭环。在今天来看，中国的星级酒店设计、建设、管理与运营无疑是特别成功的，这些成功的案例也极大地丰富和扩展了现代建筑的内涵与外延。

塞缪尔·亨廷顿认为，冷战后世界冲突的根源不再是意识形态的差异，而是文化方面的差异，主宰全球的将是"文明的冲突"。21 世纪以来，全球的政治格局与经济发展波诡云谲，许多矛盾的确是由文化差异所导致的，以至于发展到了今天的"去全球化"态势。中国作为世界第二大经济体与发展中国家的代表，提出"一带一路"的倡议，我们不仅要引进来，还要走出去。饭店设计的探索是典型的中国式现代化的成功体现，取得的经验有助于我们走出去时能积极有效地与异域文化和文明交流对话，从而可以"共同打造政治互信、经济融合、文化包容的利益共同体、命运共同体和责任共同体"，这也充分体现了"坚定文化自信、秉持开放包容、坚持守正创新"的意义与价值。

2024 年 1 月 10 日再改

湖北省两处化工遗产的活化改造

胡珊　梁博翰　莫树星

随着世界经济格局的变革，城市布局需要重新调整，传统老工业被新时代淘汰，工业遗产的存留问题成为当务之急，其保护更新也是新一轮城市更新重点关注的问题。西方国家的工业化进程较早，对工业遗产的保护利用已形成相对完善的体系。我国的工业化进程与西方国家不同，对于工业遗产体系的完善还处于摸索阶段。化学工业遗产是工业遗产的一种类别，学界对于化学工业遗产的关注度尚处于初级阶段，相关文献较少。近代以来，洋务运动提出"师夷长技以制夷"，开创了中国近代的化学工业。化学工业遗产是相对特殊的一类遗产：首先，化工产业具有特殊性，生产设施和车间厂房与其他一般工业遗产的不同；其次，化学工业具有污染性，对改造更新提出了更高的要求。化学工业遗产见证了我国近现代工业发展的辉煌与成就，是城市工业发展的活化石。本文重点讨论湖北省两处化学工业遗产案例，探索化学工业遗产的保护更新方法。

一、我国化学工业产业的发展历程

1. 我国古代的传统手工业

我国作为世界四大文明古国之一，农业与手工业发展历史源远流长，水稻种植、家禽养殖、丝绸纺织、陶瓷制作、金属冶炼等技术不仅促进了古代中国经济与文化的繁荣，也对世界历史的进程产生了深远影响。但我国古代的酿酒、制陶、金属冶炼等技术属于传统手工业范畴，并无当代化学原理支撑。

2. 近代化工产业的探索

近代以来，西方国家依靠工业化迅速发展，并对我国发动了侵略战争。在特定的历史背景下，中国打开了工业化的大门，洋务运动的兴起标志着我国步入工业化的道路[2]。洋务运动期间，我国的化工产业得到了发展，积极引进西方的化工技术和设备，秉持实业救国理念创办化工厂，主要化工项目包括制盐、制糖以及制造火药、火柴、化肥等。

3. 新中国成立初期的发展阶段

新中国成立之初，政府把化工产业作为国民经济建设的重点领域之一。该时期主要通过引进苏联和其他社会主义国家的技术和设备来建立起一些基础化工企业，如煤化工、肥料产业、合成树脂产业等。但由于当时技术水平和管理水平的不足，这些企业在生产效率、产品质量和安全环保等方面存在较大问题，限制了化工产业的发展。

4. 改革开放后的迅速发展阶段

1978 年十一届三中全会提出了改革开放的伟大方针。改革开放的顺利实施也为化工产业的快速发展提供了机遇。政府鼓励外资投资和技术引进，加快了化工产业的现代化进程。同时，在政府的支持下，一大批优秀的化工科学家和企业家获得了自由的发展空间，并开始注重自主创新。在这一阶段，我国成功地开发了多种重要的化工产品，如化肥、农药、塑料、橡胶等，并逐渐形成了一定的规模。

5. 近年来的创新驱动阶段

近年来，随着中国经济的快速发展和政府治理能力的提升，中国化工产业进入了创新驱动型发展阶段。政府鼓励化工企业加大技术研发和创新投入，推动产业升级和转型升级；同时，注重推动绿色化、智能化和可持续发展，加强环境保护、资源节约和循环利用。同时，老旧化工企业出现衰退和转型，合理利用历史存留的化工遗产成为当下城市建设与经济发展的重点问题。

二、化学工业遗产概述

化学工业遗产是工业遗产下的一个类别。从工业遗产的概念来看，"凡为工业活动所造建筑与结构、此类建筑与结构中所含的工艺和使用的工具、这类建筑与结构所处的城镇与景观以及其所有其他物质和非物质表现，均具有至关重要的意义。工业遗产包括具有历史、技术、社会、建筑或科学价值的工业文化遗迹，内容有机械、厂房、生产作坊、矿场以及加工提炼遗址，仓库、货栈，生产、转换和使用的场所，交通运输及其基础设施以及用于住所、宗教崇拜或教育等和工业相关的社会活动场所"。而化学工业遗产则是化学工业开发和生产过程中所形成的建筑或结构，其包括具有历史、社会、建筑或科学价值的工业遗迹，也包括加工提炼遗址，生产、转换和使用的工业生产场所 [6]。

随着化工企业的转型以及化工体系的改造升级，原有的老旧工业基地已经不能满足生产要求，加上当时许多工厂规划布局不合理，废弃的工业遗址往往存在着土壤污染、水体污染和空气污染等环境隐患，对周围的生态环境和人类健康构成了潜在威胁。然而这些化工遗址却蕴含了丰富的文化价值、历史价值等，它们见证了一个时代的兴衰和社会变迁，是工业文明发展的活化石，能够唤起人们对历史的认知和情感共鸣。若能对这些遗址中的建筑、设备和土地资源进行合理的开发改造和再利用，便能使其在当代焕发出新的活力，创造新的经济价值，实现资源的再生利用和经济的可持续发展。

三、湖北省化学工业遗产现状

19 世纪 60 年代，清政府的洋务派官僚开始筹建近代军事工业。随着近现代城市的开埠，湖北的化学工业起步。洋务运动推进了近代湖北化工行业的发展，洋务派近现代公司体制，兴建了一大批化工企业，开启了日后中国工业发展和现代化之路。在洋务运动期间，中国开始引进西方的科学技术和制造工业，这也为湖北省化学工业的发展奠定了基础。随着近代工业的发展，湖北省的化学工业领域逐渐扩大，化工企业开始涉及日用化工、农药、医药等领域。

自中华人民共和国成立以来，湖北的化学工业随着石油原料的充分开发得到了空前发展。以石油为主要原料的现代化学工业已经成为现代工业和人们日常生活中不可或缺的原料和产品来源。随着潜江江汉油田的开发，荆门市内和邻近的荆州（沙市）的化肥、农药、日用化工行业也随之发展起来。武汉作为湖北的经济与工业中心，较早出现了现代化学工艺企业，在技术集成上有着巨大的区位优势，但整体的产业规模与服务范围有限。在化工产品加工制造方面，武汉承担了湖北省大部分化工原料加工和初级产品输出的重任 [1]。以下是两处湖北省化学工业遗产的改造更新案例。

案例 1：武汉太平洋肥皂厂将变身为工业设计小镇。

伤心太平洋：武汉市的太平洋路没有一滴水，为何叫太平洋？湖北省地方志编纂委员会办公室出版的《硚口区要览》介绍了太平洋肥皂厂的由来。太平洋肥皂厂原名民信肥皂厂，1914 年由无锡商人薛坤明出资在汉正街创办。这样，在没有水的"太平洋"诞生了第一家肥皂厂，称为太平洋肥皂厂，是武汉早期民族轻工业企业的代表。太平洋肥皂厂位于武汉市硚口区仁寿路 148 号，整个厂区沿南北向布置，主入口位于基地北面的仁寿路上。主入口两边便是有 100 多年历史的办公楼，往里走是基地南侧的厂房，3 座日式风格的厂房并联在一起，形成一个整体。基地西南角还有一幢苏联风格的两层楼房，除去这些建筑，其余的建筑已经被拆毁或是处于正在被拆的状态，保留下来的建筑都已被列为工业遗产（图 1、图 2）。为配合存留的工业遗产，周边的住宅楼立面进行了一些改造 [1]。

新中国成立后，太平洋肥皂厂在公私合营后改名为武汉化工厂。武汉化工厂位于一大片工业区内，该地区现状为几近荒废。厂区的荒废对城市景观和环境造成了负面影响。太平洋肥皂厂是一家历史悠久的化工企业，其建筑和设施代表了一段时期的化工遗产和城市发展历程。目前，这些建筑失去维护和保护，变得破旧和颓废，影响了周边地区的美观和城市形象。此外，厂区的荒废对当地经济带来了不利影响。作为一家曾经具有一定规模和影响力的企业，太平洋肥皂厂在运营期间为当地提供了就业机会和经济效益。目前，该地区无法发挥其潜在的经济价值。厂区的荒废还可能引发安全隐患和环境问题。废弃的建筑和设施可能存在结构不稳定、污染物泄漏等问题，对周边环境和居民的健康构成潜在威胁。厂区的荒废对文化和历史保护也产生了负面影响。太平洋肥皂厂的建筑和设施承载着历史记忆和文化价值，是城市的重要文化遗产，目前这些文化和历史遗产逐渐消失和被破坏，对于城市的文化和历史的传承形成一定的挑战。

如今，太平洋肥皂厂已不复存在。在武汉化工厂老厂区旧址之上，一座新的现代工业设计小镇即将让老工业基地焕发活力（图 3）。

案例 2：荆州沙市日用化工厂的改造活化。

荆州古城下辖的沙市区在明朝后期成为比荆州

图 1. 太平洋肥皂厂生产设备及周边住宅立面改造

图 2. 太平洋肥皂厂建筑立面

图 3 太平洋肥皂厂改造意象模型

古城江陵更繁华的商贸中心。随着武汉近代化城市格局的形成,荆州与武汉正好位于江汉平原的两端,水路交通联系较为便利。1895 年《马关条约》签订之时,日本、英国等国家意识到了沙市在中国经济布局中的特殊地位,使沙市成为新的开埠城市。沙市是当时外国商品和资本深入中国腹地的重要门户。沙市洋码头文创园片区岸线长度约为 2 千米,总用地面积约 67.5 公顷。按照长江大保护的要求,项目保留了现代工业厂房和具有历史文化价值的建筑物 14.2万平方米,作为文化产业园进行打造。项目依托沙市洋码头悠久的历史文化和遗迹,按照城市整体规划,将原废弃的沙市日用化工厂、打包厂厂房等老建筑进行保护性改造,传承沙市悠久的商埠文化。

沙市日用化工总厂位于今荆州市沙市区临江路 1号,1950 年 11 月始建,时名沙市油脂公司(俗称沙市油厂),1951 年建成砖木结构厂房 5 176 平方米,为中华人民共和国成立后沙市兴建的第一处国有工厂厂房。沙市日用化工总厂占地面积约为 5.03 万平方米,总建筑面积为 3.28 万平方米,目前留存的工业遗产有办公楼、生产车间、仓房、设备四类。厂址位于沙市老码头一侧,紧临长江黄金航道,可直通汉口、上海及重庆,水运交通十分便利[1]。改革开放后,沙市日用化工总厂的产品"活力二八"家喻户晓,在 21 世纪品牌影响力仍较大,品牌价值突出。

如今,在"活力二八"老厂房的基础上改建而成的"沙市工业成就"展馆,既属于典型的工业遗存,也是沙市精神的象征,呈现了新中国成立至今沙市工业发展的历程。其以 20 世纪 80 年代的"活力二八"厂房的工业遗存为主,借助声、光、电等现代媒介,利用场景再现、图文陈列等综合手段,专题展呈现了"一袋洗衣粉"从原料到成品的整个生产流程。工业遗迹(图 4)唤醒了城市记忆,荆州将原废弃的厂房、候船室、生产设备间(图 5)等老建筑进行保护性改造,将项目打造成集文化展示、创意工坊、旅游休闲、滨江观光、运动健身、文创空间等多种业态为一体的长江商埠文化创意产业园区,修旧如旧,重现历史风貌。在加固、修缮历史建筑时,尽量保留了原有结构体系,在不改变其外观特征前提下,对墙面进行清脏补缺、门窗修补、屋面检修、拆除搭建等。

"活力二八,沙市日化"的广告语经典难忘。来到活力二八厂房旧址,红蓝相间的"活力二八"标牌引人注目。园区对旧厂合成车间进行设计改造,在保留生产设备的基础上打造江汉明珠工业成就展示馆,让人仿佛穿越到 20 世纪 80 年代的沙市工厂。

图 4. "活力二八"工业遗迹改造

图 5. 沙市日用品化工厂生产设备

四、总结

由上述两个案例可以看出，湖北省在化学工业遗产的更新利用方面初见成效，并有极大的发展空间。随着经济社会的发展，人们对精神层面的追求不仅仅局限于日常的休憩娱乐，更需要有历史性、独特性的文化内涵，而化工遗产在这方面很好地满足了这一点。化学工业遗址不应只有落后、衰败的命运，而应在当代焕发出新的活力。首先，化工遗址因特殊性如独特的生产设备、生产流程，可以作为体现城市社区特色的地标存在，如武汉良友红坊社区的生产设备（图6）等。它们是有着独特历史意义的见证、彰显城市个性的存在。其次，在对化学工业遗址保留的同时，还要重视它的环境遗留问题，对它进行改造的时候，要重视生态价值观的取向，对城市宗地进行分析，避免产生环境污染。同时，在开发利用上，要树立其独有的精神，着重突出其工业特色，将城市发展和化工遗产紧密相连。

图 6. 武汉良友红坊社区生产设备

参考文献：

[1] 周卫，万谦. 中国工业遗产史录（湖北卷）[M]. 广州：华南理工大学出版社，2021.

[2] 中国文物学会 20 世纪建筑遗产委员会 .20 世纪建筑遗产导读 [M]. 北京：五洲传播出版社，2023.

[3] 闫觅. 化工类工业遗产保护利用探索：以天津碱厂为例 [D]. 天津：天津大学 ,2011.

[4] 王珂. 工业文化的承继性与工业遗产保护：评《现代化工企业管理》[J]. 塑料工业 ,2021(3):163.

[5] 阚玉丽. 化工工业遗址的旅游资源开发：评《化工厂系统设计（第三版）》[J]. 塑料工业，2021(10):176.

[6] 陆明洁. 化工遗址的旅游价值及其开发策略探究 [J]. 日用化学工业 ,2021(4):377-378.

[7] 藏思. 化工工业遗址的旅游开发规划路径探索 [J]. 材料保护 ,2021(1):213-214.

北京白塔寺历史街区保护与更新

李超凡

一、白塔寺历史街区概况

北京城内"胡同—四合院"的形制在元大都时期就已经形成。白塔寺街区是北京的历史街区中需要更新保护的重点区域，是传统的"胡同—四合院"形制，整个片区较多地保留着历史时期的街巷肌理（图1）。片区内现存房屋中有近半数建于明清时期，清代的《万寿盛典图》（图2）中就有这一街区特定历史时期的场景描绘，其余房屋多建于民国初期。这一街区承载着居民的街巷记忆，拥有独特的空间肌理。

白塔寺街区位于北京市 33 片老城区历史文化街区中的阜成门内历史文化街区，区域内共约 5 600 户，常住人口约 1.3 万人，户籍人口约 1.6 万人。其中老龄人口占比约 19%，外来流动人口占比约 50%；现存 800 余个院落，包括 4 000 余座建筑，当中70% 的房屋质量较差。街区现状面临着不少问题，包括院内私搭乱建严重、街巷公共空间有大量杂物堆积、卫生间等基础设施缺失等问题。

二、场地使用分析

1. 使用观察

（1）交通

街区内交通以步行、非机动车出行为主，11 点至 14 点、17 点至 19 点为交通高峰期。街区虽禁止机动车驶入，但仍有不少机动车驶入，某些时刻会出

图 1. 白塔寺历史文化街区

现人、非机动车、机动车并行的现象。街区内并未设置机动车停车位，却仍有一些机动车随意停放。此外，街区内非机动车停车区域十分匮乏，多数自行车随意停放至街道两侧，机动车与非机动车的乱停乱放在很大程度上影响了街巷内的正常通行。

（2）商业

这里的生活服务类商铺明显不足，居民生活便利程度受限。商业铺面面积局促，部分铺面仅能供一人使用，甚至有一些商铺只能使用窗户作为对外的售卖窗口。

（3）休闲娱乐

沿胡同两旁商户自发放置桌椅板凳，午后居民在此处聊天、喝茶、下象棋。北京气候属暖温带半湿润半干旱季风气候，年最高气温一般在 35~40℃之间，最低气温一般在 -14~ - 20℃之间，这样的室外活

动空间在夏季和冬季并不舒适。

（4）基础设施

卫生间设置区域较分散，数量远远无法满足该街区的使用需求，且每个卫生间设置坑位较少，卫生间常出现排队现象。

2. 访谈调研（基于现场调研的用户画像）

表 1 为现场调研的用户画像表。

表 1 现场调研的用户画像

	年龄分段	中年	性别	女	职业	销售
受访者一	家庭结构	一家三口（定居胡同）				
	画像总结	35 岁宝妈，从小生活在胡同，因孩子就学问题在胡同搬过家，生活规律，朝九晚五				
	功能需求	①现有生活属性服务功能缺失，生活便利程度受限，如缺乏理发店、便利店等；②在室内，孩子学习空间不足；③品质较高的公共活动空间不足；④对"以新带旧"的憧憬，希望能通过年轻人就地创业带来社区经济增长；⑤对亲密的邻里关系和社区文化具有期待				
	年龄分段	老年	性别	男	职业	无
受访者二	家庭结构	与老伴一同生活				
	画像总结	在胡同里生活了一辈子的老北京大爷，亲身经历了胡同几十年的变迁，对胡同有着深厚的感情，不愿搬去和儿子住单元楼，孩子每隔两三周来看望他一次				
	功能需求	①希望有一个地儿能和大家聚一聚，感觉人情味变淡了；②想有个地方联系亲情；③希望这个地儿能是公益的、免费的，所有人都可以去的，不要有距离感				
	年龄分段	中年	性别	女	职业	瑜伽教师
受访者三	家庭结构	一家三口（定居胡同）				
	画像总结	20 年前由东城区的筒子楼嫁到本片区四合院的老北京人，见证了本片区过去 20 年的变化，每天主要活动为接送孩子、辅导作业以及练习、教授瑜伽。为人热心，和附近邻居关系很好，具有代表性，需求明确				
	功能需求	①对胡同现状基础设施基本满意；②对胡同的人情味比较重视，希望有一个能交朋友的地方；③希望有一个可以练瑜伽的公共空间，不需要有多高级，有个大镜子就好				
	年龄分段	青年	性别	女	职业	学生
受访者四	家庭结构	离家在外求学				
	画像总结	在京的在读大学生，同时也是一个自由撰稿人，喜欢胡同玩，在胡同里穿梭能找到灵感				
	功能需求	①希望有一个安静的地方写稿子，不想受到过多的外界打扰；②认为家家户户门口的小墩子、小椅子很有意思，指出可以有一些供大家一同休息的公园绿地；③需要在一定程度上解决院内空间不足导致的室外晾晒、自行车乱停乱放等问题				

续表

	年龄分段	老年	性别	男	职业	无
受访者五	家庭结构	未知				
	画像总结	沿街小店铺老板，喜欢在街边下象棋，冬天零下十几度时也会戴手套下棋				
	功能需求	在街区下了 20 多年的象棋，透露出希望能有一个室内下象棋的公共活动区域				
用一个简单的词形容对胡同的感受		受访者：知足、亲情、松弛、互利互惠、家、烟火气、念旧、温暖、包容等				
简单描述认为这一片区的缺点和不足		受访者：基础设施不足、没地儿、没法运动、跟楼房没法比、不方便等				

三、场地问题分析

1. 历史院落空间破旧局促

白塔寺历史街区位于老城区，寸土寸金的地方不可避免地会出现居住空间局促的问题，由此又会进一步产生院落空间破旧局促的问题，而居住空间的舒适度对于居民来说是关系最密切、最基础、最关键的。街区中 80% 以上的院落整体上虽然保留了四合院的基本形式，但院中私搭乱建十分严重，存在违规搭建卫生间、厨房等辅助功能空间的现象，并存在大量杂物堆积，这些现象的出现都源于居住空间不足这一本源问题。原本四合院的空间布局被割裂失去原有秩序，传统居住模式变得杂乱无章，院落空间原本承担的社交和娱乐功能丧失，街区活力遭到较大冲击（图 3）。

2. 公共空间和基础设施匮乏

由于时代的发展，历史街区的基础设施越来越无法满足现在居民的生活需求。建于特定历史时期的院落绝大部分没有设置卫生间，虽然街区内设置有公共卫生间，但分布和数量无法较好满足街区居民的需求。此外，历史街区建成时未考虑生活垃圾堆放问题，导致垃圾桶数量不足，且一些垃圾桶的设置地点未经过合理规划，也在一定程度上影响了街区风貌。同时，在片区的胡同中，原本可以进行公共活动的节点空间被杂物、非机动车、空调外机、晾晒衣物等占据，街区的公共活动空间严重不足。

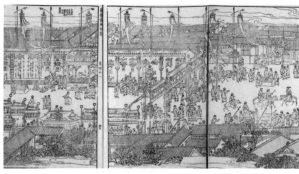

图2.《万寿庆典图》（局部）

图3.街区风貌受到破坏（组图）

3. 交通系统组织混乱

目前街区内的交通现状为人、非机动车、机动车混行，缺少道路限制分级，且已有的道路通行限制未得到有效实施，在明确禁止机动车通行的胡同里仍有机动车通行。历史街区内的胡同四通八达，是非常适宜步行的。但由于道路本身较窄，再加上杂物堆积、非机动车与机动车来回穿梭，使得步行空间局促，步行道路通达性差。此外，胡同内的非机动车停车空间严重不足，仅有的停车场在管理上又有很大问题，没有设置合理且管理得当的停车位和停车场，大量机动车、非机动车"见缝插针"，随意停放，加剧了交通负担并陷入恶性循环。

4. 传统街区风貌受到损坏

历史街区空间界面风貌极具历史价值、艺术价值和文化价值，但空调外机、不同样式的防盗门窗等的随意安设使得建筑外立面形式冗杂，再加上自行车和杂物的胡乱堆放，严重破坏了历史街区风貌。同时，现有的公共卫生间无论是材料还是形式，都十分简陋，与周围的历史街区无法很好地协调，与街区风貌格格不入。此外，电力设施设置同样存在问题，配电箱、变电箱生锈老旧且设置随意，胡同的天际线被杂乱交错的电线"割裂"。

四、更新改造策略

对白塔寺历史街区进行更新改造，就必须解决传统四合院形式肌理与现代化生活需求的平衡问题。首先需要将院落内不具备产权、私搭乱建的建筑物、构筑物拆除，恢复历史院落格局，使院落空间得以重生、邻里关系得以重塑。此外，还需要对保存下来的建筑进行更新改造，使之能够更好地满足居民的现代生活需求：合理利用部分建筑的室内高度，借助坡屋顶设置错层，置入合理的功能，提高空间利用率；充分运用新结构、新材料，寻找新的空间，拓展室内空间，满足更多空间需求；在结构和风貌允许的前提下，可在屋顶设置休息平台，形成社交、娱乐的小型公共空间；营造小尺度的院落附属空间，满足居民日常晾晒衣物等基本生活需求。

在街区中其实存在很多可进行公共活动的节点空间，如院落主体建筑的房前屋后、各个胡同的道路岔口等。需要提高这些节点空间的利用率，从实际功能需求出发在不同节点设置合理的公共空间，以点带面活化整个片区。基础设施直接决定了居民生活的便捷性与舒适度，需要根据居民实际生活需求量对片区的公共卫生间进行更加合理的规划设置，满足居民基本的生活需求。另外，对于公共卫生间的设计也应该充分考虑周边建筑风貌，使之在颜色、材质、造型等方面都尽可能与传统建筑风貌达到和谐统一。

根据实际交通需求合理规划更新现行交通系统：对道路进行定级，明确何处为车行道路，何处为步行胡同，以解决人车混行等安全问题；对影响道路交通的构筑物或杂物进行清理，增强道路的通达性；规范停车空间，考虑利用街区外围道路和竖向集约设施解决停车问题，在结构和相关政策法规允许的前提下，可运用新的材料和结构寻求地下停车空间，以解决地上街巷停车难的问题；提倡绿色出行，鼓励居民采取步行、共享单车等交通方式，在外围道路设置共享单车停车点，缓解交通压力；加强交通管理，严格按照道路分级管理各个巷道，保证非机动车的停放整齐，对随意停放的予以处罚。

最后，要高度重视街巷风貌的保护与更新：对与传统建筑风貌格格不入的立面加建部分予以拆除，保证立面的整体协调性；对于立面更新或新建的部分，充分考虑立面比例、尺度、颜色、材料、纹饰、肌理，使得改造或新建部分贴近既有建筑墙面风格；对堆放的杂物进行清除，对于变电箱的位置进行重新设计，对于管线进行合理的规划改造铺设，在最大限度地保证原有街区历史风貌的前提下让街区重焕活力。

参考文献：

[1] 吴良镛 . 北京旧城居住区的整治途径：城市细胞的有机更新与"新四合院"的探索 [J]. 建筑学报 ,1989(7):11-18.

[2] 常青 . 思考与探索：旧城改造中的历史空间存续方式 [J]. 建筑师 ,2014(4):27-34.

[3] 黄也桐 , 庄惟敏 . 历史街区建筑更新改造使用后评估：以北京什刹海银锭桥胡同 7 号院为例 [J]. 新建筑 ,2021(2):93-97.

[4] 宁昭伟 , 崔雪娜 , 黄丹 . 传统街巷空间品质提升模式研究：以五道营胡同更新改造为例 [C]// 中国城市规划学会 . 面向高质量发展的空间治理 中国城市规划年会论文集 2020. 北京：中国建筑工业出版社 ,2020.

[5] 马婷婷 , 范霄鹏 . 老城空间更新中关注点及其类型研究：对砖塔胡同更新改造的思考 [J]. 古建园林技术 ,2022(4):61-65.

[6] 李烨 , 张海滨 . "旧瓶新胆"：人居环境视角下的北京旧城四合院更新 [J]. 华中建筑 ,2022(1):18-21.

[7] B.L.U.E，etal. 白塔寺胡同改造 [J]. 建筑实践 ,2019(7):144-145.

[8] 吉湘 . 提升当地居民生活品质 , 延续城市历史文化脉络：记北京白塔寺胡同大杂院建筑室内改造项目 [J]. 家具与室内装饰 ,2018(6):48-53.

[9] 曾昭奋 . 有机更新：旧城发展的正确思想：吴良镛先生《北京旧城与菊儿胡同》读后 [J]. 新建筑 ,1996(2):33-34.

[10] 沙榕 . 北京白塔寺历史街区公共空间活力营造策略研究 [D]. 北京：北京林业大学 ,2021.

[11] 孙辉宇 . 宜居视角下居住型历史文化街区保护策略研究 [D]. 苏州：苏州科技大学 ,2019.

北大校史馆札记

刘淼

一、及冠

1. 缘起

20 世纪 90 年代中期的北京建院（北京市建筑设计研究院, 简称北京建院）群星灿烂, 张镈、张开济、赵冬日等泰斗均年过 80 还在工作, 熊明、何玉如、马国馨、刘力、柴裴义等老总正活跃于中国的建筑舞台上。中国的建筑设计市场良性繁荣。作为刚刚入院的新人, 在名师带领下, 我得到优质项目的实践锻炼机会, 很快成为设计院的主力军。1996 年我跟随二所一室的朱家相主任中标了北京大学科技发展中心（北京大学太平洋大厦）, 从此和北京大学结缘, 之后又设计了北大校史馆、北大资源集团投资的西单安福大厦（现在的中国华电集团总部）。1998 年初, 我跟随北大副校长及基建处领导参观上海太平洋大厦, 在返京的飞机上, 马树孚副校长邀请我参加即将开始的校史馆的设计竞赛, 对于 20 多岁的年轻人来说, 这是一个极具诱惑力的项目。之后在很短的时间内, 我在懵懂间战胜了对手。

2. 选址

校史馆面积为 3 000 平方米, 选址敏感, 位于从西校门进入后的燕园旧址, 属于北京市文保区, 具体位置紧临化学南楼南墙的三角地, 当时那里堆放着化学垃圾。场地东靠土丘, 林木茂盛, 背阴山坳中是"三一八"烈士墓。三角地西侧视野开阔, 面对荷花

池塘。水面不大, 对岸可见校园虎皮围墙。池水从玉泉山而来, 流经西校门内三拱雕栏石桥, 然后从池塘向东, 经用地的南界流向芍园。南界流水潺潺, 跨过其上的小石桥, 就是放置塞万提斯像的口袋公园。

3. 设计

1998 年初我赢得设计竞赛, 当年项目要求开工, 因为建筑规模很小, 设计时间尚可。但此时自己制造了一段插曲。原投标方案是以天圆地方为理念, 将 3 000 平方米的功能体量完全放置于地上, 我意识到这个方案的尺度设计有误, 形态与环境有矛盾, 且理念也落入俗套。因此在没有新想法之前, 我贸然向基建处表达了重做的请求。现在回想, 这种情况在今天是不太可能发生的。基建处时任处长支琦听取了我对于原方案的批评之后, 上报北大艺委会的吕斌教授, 吕教授毕业于日本东京大学, 成为修改方案的支持者, 同时告诫我时间有限, 尽快提交方案。之后的两周内, 我陷入进退维谷的困境之中, 伴随着焦虑与痛苦, 等待着曙光的出现。

此时北京建院各部门正在从寄居几年的临时办公室搬入刚刚落成的新楼。就是那个周末, 我在新楼 B 座的新工位上用 A3 纸裁剪撕叠, 冥思苦想时忽然拨云见日, 然后一气呵成, 设计方案很快通过了北大艺委会的评审。吕斌、张永和和俞孔坚几位教授都是重量级的评审委员, 记得当时俞孔坚教授建议东侧的山体流入建筑内部, 虽然这点我没有采纳, 但也是让

北大校史馆南侧的塞万提斯雕像

暮色西沉之时的北大校史馆

我耳目一新。

二、而立

1. 实现

1998 年底，项目如期开工。当时北大基建处的负责人是李钟，现在他已经是基建处的处长。总承包方是中铁集团。北京建院设计团队的主要负责人除了我之外，还有建筑专业的朱方、结构专业的金平、设备专业的于永明、电气专业的孙林。每周末我都会在工地度过，因为每一项图纸的疏漏和不足都需要解决和弥补，此过程中也得到很多前辈的帮助。例如屋面瓦的材料原设计是金属瓦，因为我的想法是跳脱出传统，张永和先生看后给予了中肯的意见，建议改为传统瓦做法。地下防水做法，朱家相主任提出做双墙，既防又疏，双保险。张德沛老总送给我积累多年的美国屋顶花园构造的英文资料。在世纪交替之前，校史馆按计划终于完工，成为我 30 岁的见证，也是献给北京大学新世纪的礼物。2001 年 8 月 1 日，北大举行了校史馆建筑落成仪式。2002 年 5 月 4 日，校史馆正式对外开放。

2. 理念

2003 年，北京建院通知我这个项目申报 WACMD 国际奖，现将申报材料中的设计理念摘录如下。

地段条件带有强烈的敏感性、苛刻性和挑战性。地段紧临化学南楼，带来的矛盾焦点就是如何保护老建筑，并在保护老建筑的同时，改造地段内破旧的现状，重新塑造一个新景观。因此在总平面布局上，找到了一个和老建筑的尺度几乎一样的矩形，和化学南楼成 90 度角布置，新老建筑的东墙完全对齐。如此布局自然而然地在建筑与荷花池之间形成一个大的室外花园广场，于是巧妙地将一项建筑设计（Architecture）转化成一项景观设计（Landscape）。除地上门厅外，建筑所有的功能部分均安排在地下层。这大大减少了建筑覆盖率，增加了绿化率，从而使燕园旧址得到了最大限度的保护，使这块三角地并没有因新建筑的出现而失去绿色，反而被注入了新景观的内涵，使这块被人们忽视的校园一角重新恢复了活力，转化为校园内新的重要的场所。该场所大面积的室外空间不仅方便了重要节日人流的集散，而且师生还可以在其中读书、休息，并能举行室外展示活动以及其他小型活动。

（1）校园肌理

北大校园主要以建筑群构成了东西南北正交格网，其中穿插着形状自由的未名湖。本方案的地上建筑主体摒弃了各种复杂的形状，而采用极其简练的"一"字形，使建筑自然而然地融入校园之中。

（2）燕园尺度

主体沉入地下，地上采用和老建筑相同尺度的矩形，和化学南楼成 90 度角摆放，从而使得老燕大"外

自地下展厅仰望北大校史馆室内空间

文楼""办公楼""化学南北楼""档案馆"的尺度得到延续,同时也将"三合院"的外部空间围合方式得到延续。

（3）景观设计

本项目由一个以建筑设计为主体的设计转化为一个以景观设计为主体的设计。建筑、西侧荷塘和北侧化学南楼之间以大玻璃相隔,表示对环境的尊重;建筑的南立面为塞万提斯像,提供了花岗石背景,为"三一八烈士墓"开辟了东花园,通过设计,地段周围的人文景观有机地和建筑融合在一起。

（4）轴网交错

地段既从属于北大校园,又西临堤岸为45度的荷塘。这自然衍生出方案的两大轴网,两个相交成45度的格网产生了空间上的矛盾和戏剧性。

（5）传统与非传统

建筑只保留了传统大屋顶这一个符号,并将其抽象、简化。除此之外,其他所有的部分包括墙体、檐口、室内布局、偏入口方式以及景观设计均采用非传统或反传统的设计手法,使纪念性的主体建筑获得放松。墙体也因使用整面无框玻璃而消解了其存在感,屋顶好似飘浮在空中,山水和树木、室内的展品、化学南楼以及几个周围的纪念雕塑在视觉上互相渗透,自然环境和人文环境成为展品,流入博物馆之中。站在室外观赏,建筑轻巧通透,玻璃将新老建筑、建筑

北大校史馆与北侧的化学南楼成90度角摆放

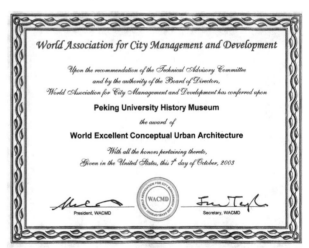

2003年北大校史馆项目获国际WACMD "World Excellent Conceptual Urban Architectures" 奖

与自然联系在一起，反映出四季、阳光、阴晴的变化，建筑具有了生命。

3. 获奖

校史馆在新的世纪来临后开馆，获得了师生和行业的认可。国家领导人为校史馆提名后，如何挂字颇让人费脑筋。此项目在北京建院优秀设计和优秀工程的内部评审中获得一等奖，刘力大师和柴裴义大师到现场评审，给予了肯定。本项目获得奖项如下：

2000 年度中国首都规划设计汇报展十佳建筑奖；

2000 年度中国首都规划设计汇报展专家评审奖；

2001 年度北京市优秀设计一等奖；

2002 年度建设部优秀设计三等奖；

2003 年获国际 WACMD "World Excellent Conceptual Urban Architectures" 奖。

摘录 WACMD 的评语如下。

"Beautiful as it undoubtedly the museum is about more than just elegant design. Set within the site of the cultural relic protect zone of Peking University ,the building provides new cultural facilities for the community in a truly striking piece of contemporary architecture."

"The judges are impressed with the building's historic and cultural commitment, and the innovative styles that were specially developed."

"Building is very striking, deeply rooted as it is in the long history of Peking University's past. The building pays its dues to historical events – it is built on the original site, with the new structure looking to the future. "Perfectly detailed" and "really ingenious" were among the judge's comments."

三、不惑

早在 2001 年 3 月，北大设立了校史馆机构，由主管文科的副校长何芳川教授担任馆长，副馆长是从驻外使馆工作归来不久的马建钧，历史学系郭卫东教授是兼职副馆长。在之后十几年的运维过程中，马馆长和我结下了深厚的友谊。校史馆出现各种问题，我都会负责解决，包括北大鸟类协会的意见。由于西向的玻璃明净通透，会导致鸟类分辨不出这里有障碍物，对此我也进行了处理。

2017 年，我已到不惑之年，马馆长告知我，校史馆到了大修的年龄，又获得了 1 200 万的维修资金。记得 1998 年建设校史馆时同样是这个数字。当年的设计费是 30 万元，如今改造设计费用不可能提高太多。改造的总承包方是中建八局三公司，展陈设计的施工方为天禹文化集团。

我们将建筑材料进行了统一翻新，对机电系统进行了更换。原有藏品库增加了气体灭火设施，办公室全部改建为展厅。在材料和细节设计上也有机会进行二次更新，所有栏板更换为简洁的玻璃栏板，大屋顶收檐也从原来的弧形改为平直。最重要的调整是展陈，原展陈设计偏于保守，与建筑空间存在一些矛盾，例如在首层用展板堵住了东墙观看"三一八"烈士纪念碑的景窗。展陈新设计则有机会将遗憾消除。室内各层公共空间吊顶得到全新的设计，展陈手法结合最新的技术实现了与建筑空间的相得益彰。

2024 年初的大寒日，我再次回到校史馆。首层临展厅正在展出当代哲学家黄枬森先生的生平纪念展。沿着宽大的台阶逐级而下，我被京师大学堂的牌匾引导着，被来自地面上的阳光所照亮。

史韵檐语 共筑隰华
武汉理工大学余家头校区历史建筑群保护与传承

徐俊辉 詹子倩 曹政祺

2022年8月26日，在中国共产党第二十次全国代表大会召开前夕，"第六批中国20世纪建筑遗产项目推介公布暨建筑遗产传承与创新研讨会"在武汉市洪山宾馆隆重举行。武汉理工大学余家头校区历史建筑群凭借苏式建筑特色和在我国水运交通事业中的突出贡献，得到专家的一致认可，以独具特色的校园文化和历史文化底蕴成功入选中国20世纪建筑遗产名录。截至2023年底，中国文物学会、中国建筑学会共计收录湖北20世纪建筑遗产42项，其中武汉大学、武汉理工大学、中南民族大学等高校历史建筑遗产成为其中浓墨重彩的一笔，这些建筑不仅是培养各类专业人才的摇篮，也是一代又一代校友的共同记忆。

武汉是具有独特人文历史的创新型城市，也是支撑我国中西部崛起的支点型城市，因其"九省通衢"的地理位置，成为我国重要的交通枢纽。武汉理工大学余家头历史建筑群建于20世纪60—90年代之间，由原武汉水运工程学院（1957年）、武汉交通科技大学（1993年）的主要建筑构成。建筑群包括教学主楼、东西配楼、学生第一食堂（原大礼堂）、船池观察楼（原航海楼）、船机实验室、单身宿舍楼、300吨水塔等众多单体建筑。这些建筑是不同历史

图1. 余家头校区历史建筑群各建筑档案

时期建筑文化遗产的凝结，从新中国成立初期的苏式建筑到革命集体主义建筑，再到功能主义建筑，风格迥异，类型丰富，见证了新中国发展水运事业的决心与初心（图1）。

建筑群中最引人注目的是紧临和平大道的教学主楼。该建筑始建于1963年，由建筑工程部中南工业建筑设计院承担设计与制图工作，总建筑面积15 000平方米，总层数7层，高29米。设计具有强烈的年代感，总体采用苏式建筑风格，造型和功能设计模仿参考了苏联列宁格勒水运工程学院（现乌克兰马卡洛夫国立造船大学）主教学楼。当我们再次在

图 2. 余家头校区主教学大楼北立面图（临和平大道）

武汉理工大学档案馆中翻阅这套绘制于 1962 年的手绘图纸时，不禁感慨万分——当年的设计师在追求建筑恢宏气势与装饰细节的同时，还兼顾了施工中的经济性与便利性。建筑临街主立面采用富有立体感的分段集中式处理手法，配合合理的比例尺度与细部线条，从整体上突出苏式建筑横向展开的雄伟气势。

然而令人感叹的是设计仍然充分考虑了经济性，主立面开窗采用统一尺寸，立柱采用统一宽度，柱头采用统一装饰，建筑立面造型反映了标准化、重复性下的激情和律动。这一核心的设计思想，恰恰代表了新中国成立初期先辈们的奋争精神。如今，站在主楼面前，我们不禁肃然起敬（图 2~ 图 4）。

另一个值得一提的是同样建于 1963 年的学生食堂兼礼堂，其至今仍然保留并在使用中。该建筑层数为 1 层，总高度为 12 米，紧靠学生宿舍区的西侧。礼堂的侧门面向学生宿舍楼，门廊由高大的圆柱托举着 5 个拱顶。苏式建筑风格在此与我们的本土文化展开激烈碰撞与交融，中式建筑的比例奠定了稳定大气的基调与旋律，苏式建筑的圆柱与拱券为建筑增添了精致细腻的妆容与打扮，二者相辅相成，相得益彰。这样的交融不仅让大礼堂别开生面，也让建筑群中的

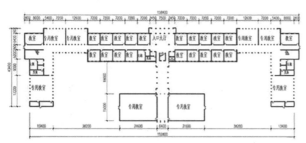

图 3. 余家头校区主教学大楼首层平面图

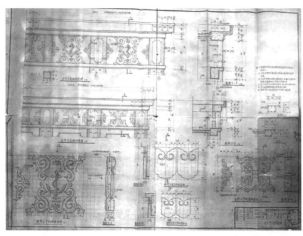

图 4. 余家头校区主教学大楼细部装饰纹样图纸（武汉理工大学档案馆收录）

图 5. 余家头校区学生食堂兼礼堂

图 6. 余家头校区历史建筑群总体布局

每一个建筑"淡妆浓抹总相宜"（图 5）。

武汉理工大学正在用一种独特的方式保护和传承着这些建筑遗产。该建筑群作为武汉市优秀历史遗产至今保留着初始的使用功能，这在建筑遗产中是不多见的。长期使用和定期维护为这些建筑及其周边环境带来了活力，也使其成为学校的名片。在日常的教学、会议、交流活动中，老建筑的故事与对人物的回忆让各类活动充满话题感，这些建筑形成的深厚的情感纽带也是众多返回校园的校友从事专业交流与合作的基础。船舶与海洋工程的首席教授吴卫国老师为我们讲述了校园规划的故事，追忆了 1958 年至 1984 年担任武汉水运工程学院院长的张德甫教授。他为校园规划与建设倾心竭力，奠定了余家头建筑群的格局与规模。在张德甫教授的坚持下，余家头校区历史建筑群成为早期武汉市徐东滨江片区唯一采用正南北朝向，没有顺应与长江平行道路肌理的建筑群（图 6）。

另一方面，将历史建筑群测绘考察与文化传播引入现有的建筑、艺术等专业教学实践体系，并融入校园文化活动中，是校园建筑遗产独特的传承方式。近年来，武汉理工大学艺术与设计学院联合船舶邮轮中心、档案馆、图书馆等机构，系统性地针对多个校区的历史建筑开展测绘考察、艺术展陈、文化创意和数字化艺术表现等系列活动，众多专业教师和学生参与其中，让更多的人认识到 20 世纪建筑遗产的价值。这也是爱国主义思政教育的重要组成部分。

遗产建筑的相关保护工作任重而道远，"千里之行，始于足下"，将余家头历史建筑群融入校园生活和教育实践中，只是传承建筑的历史记忆和文化传统、弘扬民族精神和文化自信的一小步。在未来的教学传承中，我们将不断挖掘学校历史建筑遗产的历史价值和文化内涵，从而发挥历史建筑在教育、文化和社会发展中的积极作用，也将更加关注在建筑空间中学习并走向社会、参与新中国建设的各类人群，建立空间遗产与人的对话；同时进一步探索历史建筑与教育资源的融合利用，深化学子们对历史文化的认知，培养他们对传统文化的尊重和传承意识，为建设社会主义文化强国和实现中华民族伟大复兴贡献智慧，共睹史册辉煌，再创未来光景。

事件篇

EVENTS

PROJECT
REMEMBRANCE

20 世纪事件与事件建筑学

金磊

2004 年我策划主编了《建筑师看奥林匹克》一书，它通过"从历史中走来""悠扬的城市交响""人文关怀的文化精神""中国建筑师的期望"四个章节，由 21 位建筑学人写下了不同时期造访奥林匹克赛场的感受，反映了一个专业媒体机构对奥林匹克建筑与城市的情缘，这是具有思想与内涵的建筑事件。同年，也正值一代才女建筑师林徽因诞辰 110 周年，《建筑创作》杂志社也出版了纪念专辑，无论是奥运建筑、还是建筑巨匠林徽因，都是典型的 20 世纪建筑遗产的事件与人物。面对 20 世纪建筑经典，不能不产生念天地悠悠之情怀。

关注 20 世纪的事件，联结起事件与建筑的关系，源自《中国 20 世纪建筑遗产认定标准》中对现当代建筑作品入选的理由，无论是从历史还是从时代价值来说，"20 世纪事件建筑学"都有其存在的价值。它从审视 20 世纪发展脉络出发，可叙说国内外在不同时间节点上的建筑大事，自然形成"事件"长河，不仅有建筑地标作证，更有城市精神的支撑。2017年 4 月第 20 期《中国建筑文化遗产》刊发了笔者所著的《20 世纪事件建筑学问题研究与探索》一文，重点研究了 20 世纪事件建筑学的历史演变与自然发展，特别是如何给予其科学归纳的思路及建构的框架。2017 年第 12 期《建筑与文化》杂志刊发本人的《"20 世纪事件建筑"应广泛认知》一文，它从遗产批评的角度，强调何以要用不同学科的知识渗入有时间、有建筑、有事件的历史叙述中，其意义在业界与跨界交叉中是显而易见的，尤其对在公众与社会中普及 20 世纪建筑遗产认知是很有价值的，所以可断言："20 世纪事件建筑"是具有宏大视野的现当代建筑文化遗产的奠基之学。

一、20 世纪事件建筑学的概念外延

"事件"是英文单词"event"的直译，指那些对一个国家、区域、城市产生重大历史、社会、经济、文化、生活影响力的活动。过去的百年中国，个人命运的唏嘘声被时代洪流的轰隆声淹没，著名建筑学家梁思成（1901—1972 年）就是一位伟大且有"事件"思想的建筑大家。近十多年来，北京两届奥运会、上海世博会、广州亚运会、杭州亚运会乃至一系列峰会成功举行，在经历了重大"国家事件"或"城市事件"的轮番冲击后，从重振民族文化自信的影响力项目，到一个个"成功、精彩、难忘"的盛会工程的涌现，从此种意义上讲，在 21 世纪初期，以反观中国百年建筑的保护与传承为使命的"20 世纪建筑遗产"，正在为那些无名"英雄"筑起一座丰碑，同时为了严谨、理性、专业化地给中国当下高速发展的城市进程一个交代，就要找到中国建筑的"榜样"，就要确立中国建筑有时代印记的城市发展策略。2016 年 10 月 31 日是联合国确立的第三个"世界城市日"，它的创生来源于 2010年上海世博会，以"城市，让生活更美好"的主题

所产生的持续影响力及倡议。通过对事件的长期影响分析，一定会对城市发展产生作用。从历史的角度来看，建筑形式在特定的社会环境下，往往具有特定的社会象征意义。从 1906 年清廷宣布"预备立宪"到 1912 年 2 月宣统皇帝下诏退位，在五年多的时间里，中国社会经历了从封建专制到共和政体的急剧变化，中国第一次以建筑为载体表达现代化进程，如北京的代表性建筑有陆军部（1907 年）、海军部（1909 年）、电灯公司（1905 年）、大清银行（1908 年）、电话总局（1910 年）、中山公园（1914 年）等。新中国成立至今，北京历史上已有四批"北京十大建筑"，其内涵为：新中国成立的五年或十年的国家纪念活动背景下的建筑，最有典型意义的当数 20 世纪 50 年代新中国成立十周年的"国庆十大工程"，由此开启了新中国历史上标志性建筑的建设序幕，如按照北京人民大会堂的外形，全国在

△《现代建筑：一部
批判的历史》封面

△《城市建设艺术史》
封面

△《2008 奥运·建筑》封面

20 世纪 50 年代末 60 年代初建成了十余个各省市的"人民大会堂"，这种标志性意义是值得总结的。自此以后，全国各地也纷纷举办过城市标志性建筑的评选。这已成为城市文化精神的象征，而这些标志性建筑背后的"人和事"，不仅丰富，还极为感人，城市界、建筑界乃至文博界的很多先贤都集中于此。

2022 年 7 月 18 日，中国文物学会 20 世纪建筑遗产委员会与北京市建筑设计院叶依谦工作室联合主办"20 世纪与当代建筑：事件＋建筑＋人"建筑师茶座。我在主持语中讲道："事件需要回眸，特别离不开有记录及有省思归纳的研究。而 20 世纪遗产提供的大舞台就是最好的机遇，为什么这样说呢？马国馨院士就是中国第一位积极倡导研究 20 世纪现代建筑经典的'先行者'，2004 年他代表中国建筑学会建筑师分会向国际建协提交了《20 世纪中国建筑遗产的清单》，其中有 20 世纪中国建筑经典 22 项。如果说，1999 年吴良镛先生的《北京宪章》提醒各国建筑师面向 21 世纪，要及时总结 20 世纪的建筑精神与建筑师，那么，马院士的工作更是一种持续的开拓。据此，中国文物学会会长单霁翔凡提及 20 世纪遗产，总要讲述马国馨院士对此的贡献，也恰恰如此，2014 年在故宫博物院敬胜斋成立了中国文物学会 20 世纪建筑遗产委员会，至今持续向全国推介'中国 20 世纪建筑遗产项目'。也许大家从'今日话题'中看到'20 世纪与当代遗产'这个词，它体现了我们对遗产时间的新理解，也在更新对建筑遗产的时间

认知。如果说中国 20 世纪建筑遗产是一个文化国家需要努力践行的'大事'，那么在过去的岁月中我们确有丰富的学术'印迹'，不少看似平凡的'建筑、事件与人'的故事，都有股摧枯拉朽的力量，它以追求'真实'成为时代的骄傲。"

"传承不等于复旧，传统更要发展创新，所以'怀旧'在当下就应有理由和方式。我手上找到'十年前'，2012 年 7 月 20 日，我与李沉、刘谞等探望重病在家的资深建筑学编审杨永生，他赠给大家刚刚出版的《缅述》一书，我们含泪与他交谈合影，他留下一些人生感慨与嘱托。今天的主题'茶座'想必针对特定历史与时代意蕴的概念，是可载入会议'事件'的系列，大家探究的问题一定会是'史与传'结合的、'个体与历史'有深度的对话，20 世纪与当代遗产特征必将留下城市文化的'传记'。"

二、20 世纪事件建筑学的基本内容

关注中国 20 世纪建筑遗产发展历程的大事，是近年来凡编研项目总要有的内容版块，如《中国 20 世纪建筑遗产项目名录（第一卷）》《中国 20 世纪建筑遗产项目名录（第二卷）》《中国 20 世纪建筑遗产大典（北京卷）》等均有丰富可查的"事件"，甚至自 2004 年每年完成的《建筑师工作志》也必有年度大事记，它们既留下时间上完成的空间内容，也用丰富的图文并茂方式写下重要的学术活动记忆。也许它正在成为重要的建筑档案，从档案视角看"事件"，其内容很不一般，从大处着眼，它属于世界记忆遗产范畴。

刘阳所著的《事件思想史》（华东师范大学出版社 2021 年 5 月 第一版）给出的基本结构是以思想史研究的历史性为线索主轴，辅以共时性专题的论述架构。事件作为一种思想方法，是可建构联系的意义所在。该著作建立事件与欧美诸位哲思大家的关系，发掘事件的表达特征与技术哲学，展开事件背后的思辨。该书启迪了大众何以用历史观，以事件谱系为对象，展开以建筑名义所进行的研究。这里可以有设计机构的沿革，有设计项目的迭进，更有事件组成的发展历程。以 20 世纪历史为背景，将建筑载体融入，按时间节点将作品或人物与事件对接，无疑会拓展事件建筑研究的价值与方法可能。虽然，事件学源自西方，但建筑文博界对 20 世纪建筑遗产的瞩目，既源自城市与建筑背后蕴含的问题意识与人物传承之烙印，也更需要有事件的议题来凝视，纯粹的事件学强调要有话语、符号、叙事、书写等过程与表现，但 20 世纪事件建筑则重在以工程语言（图纸）、以设计创作表征（设计理想）、以营造技术（设计与施工）、以传播与教育传承有时代感的一个个过程及成果。

20 世纪建筑遗产学之所以可以独立存在，其深意在于建筑并非仅仅是艺术及思想，无论建筑的新与旧，其常识是它是"发生之所生"（What happens），将建筑创作或建筑遗产传承引入建筑事件学，它就使建筑更具思想性，使之成为有缜密分析且确切的例证。如在用 20 世纪事件建筑审视城市建设时会发现，由于时代在变，规划师、建筑师已很难迈出那条可以追寻老记忆、原生活的设计之路。事件建筑会告诉人们：要缅怀、要追忆、要挽留；要持悲悯情怀展开有生命力的策展；要如同上演高超技艺一般，创作与生活产生共鸣的有向往的建筑空间；要策划并组织向所有人敞开怀抱的建筑田野新考察。也许这些构成了我们瞩目并践行 20 世纪建筑遗产的思考，更是屡屡回溯事件与理念发生现场的理由。《事件思想史》以韩裔新生代思想家韩炳哲对事件的研讨与思想研究做压轴，其中有不少 2019 年后的话题，体现出新锐色彩之思想魅力。正如韩炳哲所言："事件中蕴含着否定性，因为它生长成一种全新的与现实的关系，一个崭新的世界，一个对'实然'（was ist）的不同理解。它让万物突然在另一种完全不同的光芒中现相（erscheinen）。"

20 世纪的复杂性与丰富性需要有一个主题框架，

袁菲在《城市规划学刊》2022 年第 4 期载文《20 世纪历史主题框架：评估遗产地的工具》。文章通过十篇专题文章综合讨论影响 1900—2000 年世界的关键社会、技术、政治、环境和经济变化之驱动力，它在促进新材料与新技术发展中，为 20 世纪新建筑类型的丰富产生了推动作用。这些专题是：（1）快速城市化与大城市的发展；（2）科学技术的加强发展与规模增加；（3）农业机械化与产业化下的景观；（4）世界贸易与全球跨国公司的崛起；（5）运输系统和大众传播的演变；（6）国际化、新民族国家和人权；（7）保护自然环境、保护文化遗产、重建历史遗迹与景观；（8）流行文化与旅游（含主题公园、国际博览会等）；（9）宗教、教育和文化机构；（10）战争及其后果（含战后恢复与重建等）。这十个方面无疑是 20 世纪事件建筑学所涉及的挑战与项目内容，是体现在城市住区、建筑场所、景观环境等方面有潜力的发展内容。2021 年是中国共产党成立 100 周年，本人作为建筑工程界代表参加北京市规划和自然资源委员会"北京印迹"平台专题工作，在"北京城市故实——带您重温北京城市规划的建设发展的故事"专题栏目（注："故实"指有历史意义的事实）中，撰写并修订了相关建筑专题文章。它基于史实档案资料，以时间发展为纵轴，以专业技术及事件为横轴，将新中国成立后 30 年（1949—1978），改革开放后 30 年（1979—2012）和新时代做了系统梳理，参与其中感悟颇深。仅以 1957 年提出的《北京城市建设总体规划初步方案》为例，它诞生在 1959 年"国庆十大建筑"之前，1958 年中央北戴河会议作出在农村建立人民公社的决议，就有了北京第二版城市总体规划（第一版为 1953 年），第二版规划提出"要迅速地把它建成现代化工业基地和科学技术中心"。李浩所著的《北京城市规划（1949—1960）》在归纳 1957 版城市总体规划的意义时说，它经历了时间的考验，直到 20 世纪 70 年代初一直是北京市各项建设的规范。董光器强调，这版规划作为对北京现代

城市的认识，是讲科学、实事求是的，并解决了一系列城市发展与遗产保护问题，明确了拟采取的"拆、改、迁、留"四种方式。

对此，我很赞赏有位哲人的观点，"城市不仅是空间上的一个点，更是时间上的一台戏"。无论 20 世纪事件建筑保护面临什么困难，但有一点十分明确，即城市文脉保护是需要成本的。必须明确：何为社会价值、何为保护文脉的门槛，只有从根本上建立起对传承 20 世纪建筑的自觉，才有可能继承并发挥 20 世纪建筑遗产的价值。"20 世纪事件建筑"不能不涉及纪念建筑。纪念建筑不是为了满足人们的物质生活，不是避风遮雨的需求，而是为了满足人类精神需求的产物。从纪念建筑的模式上，它的表情最能唤起人们的思念、敬仰、膜拜的心境，所以它的建筑语汇既要有个性，又要有文化脉络和超常的尺度。无论是采用传统语汇的纪念建筑，还是现代主义建筑处理技巧，最重要的是要能体现纪念建筑的思想内容。在过去的研究中，先后建立以纪念孙中山为核心的"中山纪念建筑"、以第二次世界大战事件为背景的重塑抗战烽火建筑记忆的"抗战纪念建筑"、以辛亥百年（1911—2011）一系列地标性纪念建筑的"辛亥革命纪念建筑"。我以为，一个完整的国家建筑体系至少应包括科技工程、建筑文化、建筑管理几个层面，"20 世纪事件建筑"在当下是最容易唤起公众共鸣与建筑觉醒的话题。"20 世纪事件建筑"涉及的题材十分丰富，例如"灾难事件纪念建筑"。2008 年汶川大地震后，四川灾区建立起一系列纪念碑，但 1976 年唐山"7·28"地震后，于 1986 年建成的唐山抗震纪念碑并不多。灾难纪念应从纪念碑开始。唐山大地震纪念碑，当凭吊者一步步登上台阶时，所见到的浮雕场景让人联想到苍天，联想到树木与花草，立即使人产生了某种哀思和沉痛。四根高耸入云的梯形棱柱，既寓意地震给人类带来的天崩地裂的巨灾，更象征着全中国对唐山救援乃至重建的支持。中国至今有邢台抗震纪念建筑、汶川抗震纪念建筑、

青海玉树抗震纪念建筑等。在人为灾害上，还有克拉玛依火灾遗址墙等等。灾难过后重建纪念体系的规划设计，是 20 世纪事件建筑学的重要方面，其意义至少表现在建设国家社会良好信仰与敬畏感的重要转机，可谓"大难兴邦"；它是当代培育公众国民意识的重要机会，可谓精神疆界上的持续唤醒；同时也是纪念主题随"时空"观演绎并升华的培育及检验。对于战争与灾难，有时记忆并不唯一，更不应是最终目的，灾难事件是所有纪念体系规划设计应考量的。至少其纪念性规划设计主题要遵循如下轨迹："哀悼—记忆—教育—反思—感恩—再追索"。虽然 20 世纪事件建筑涉及的纪念物主要是人工纪念建筑，但规划设计实践也要关注自然纪念系统（如灾害中的标志、地陷、滑坡、土壤液化、堰塞湖坝等）。人工纪念建筑的主题既可以是灾难中的人，也可以是灾难整个过程中的一部分（如救援过程等）。无论是国家、城市还是社区层面的纪念空间，都可以用纪念堂、纪念场址、纪念绿地、纪念广场、纪念道路等形式进行设计。但最重要的是对灾难中出现的各种人、事、物要在认真评估的基础上，充分合理地纳入纪念建筑的规划设计场景中。

《20 世纪建筑遗产年度报告（2014—2024）》事件篇要展示的不仅有十年丰富的记忆，有深度及影响力的学术会议，盘点那些有价值的倡议与建议，更有具备发展"蓝皮书"般的思考与研究成果。这里有历程、经验和启示，更有价值认知与表达以及 20 世纪建筑遗产传承创新保护体系建设的城市实例。尽管事件篇的内容未能做详细展开，但可以从城市与建筑空间关系上得到启示，也可以从中汲取对 20 世纪建筑遗产可识、可读、可品、可走近的活化利用之思。

中外 20 世纪建筑遗产大事纪要（2014—2024）

7 月 7 日首届中国 20 世纪建筑遗产保护与利用研讨会"在天津召开

3 月 23 日文化城市设计遗产新春论坛子在故宫博物院举行

2012 年

7 月 7 日，在中国文物学会指导，天津大学、天津市国土资源和房屋管理局主办下，由《中国建筑文化遗产》编委会等在天津大学举办了"首届中国 20 世纪建筑遗产保护与利用研讨会"，会议通过了《中国 20 世纪建筑遗产保护·天津共识》。

2013 年

3 月，故宫博物院举办了《中国建筑文化遗产年度报告（2002—2012）》首发研讨活动。

△ 1 月 16-18 日，《中国建筑文化遗产》考察组赴广州，考察莫伯治先生建筑作品

△ 2 月 26 日，考察组考察朱启钤故居

△ 3 月 19 日，以"新型城镇化背景下建筑师的作为"为主题的建筑师茶座活动合影

△ 4 月 29 日，中国文物学会 20 世纪建筑遗产委员会成立大会

△ 5 月 28 日，《建筑师的童年》图书首发式暨出版座谈会在北京第二实验小学召开

△《建筑师的童年》封面

2014 年

1 月 13 日，由《中国建筑文化遗产》策划主编的《新中国建筑记忆（1949—2014）》一书启动仪式座谈会，在天津大学建筑设计规划研究总院召开，金磊、洪再生主持开展了专家研讨。

1 月 16—18 日，《中国建筑文化遗产》考察组赴广州，专程考察莫伯治先生的建筑作品。2014 年是莫伯治先生 100 周年诞辰，此次活动旨在探求莫伯治先生在建筑创作中取得的成就。

2014 年第二期《建筑学报》刊登蒲仪军撰写的文章《从光陆大楼看上海近代建筑设备的演进》。

2 月 7—23 日，2014 索契冬奥会举行，主题为：激情冰火属于你（Hot.Cool.Yours），其中菲施特主体育场是由 2012 年伦敦夏季奥运会"伦敦碗"的设计者 populous 设计的。

2 月 26 日，这一天是中国营造学社创始人朱启钤先生逝世 50 周年纪念日，《中国建筑文化遗产》编辑部特邀请部分在京的专家、学者，重走朱启钤先生当年驻足的工作与生活之地，包括中山公园、赵堂子胡同故居等地。

3 月 19 日，《中国建筑文化遗产》《建筑评论》编辑部在武汉与中南建筑设计研究院有限公司和四所大学共同主办了以"新型城镇化背景下建筑师的作为"为主题的建筑师茶座活动。金磊与中南建筑设计研究院有限公司总建筑师桂学文共同主持了活动。

2014 年是第一次世界大战爆发 100 周年，国际古迹遗址理事会（ICOMOS）"4·18"国际古迹遗址日的年度主题为"纪念性遗产（Heritage of Commemoration）"。

4 月 29 日，在北京故宫博物院，中国文物学会 20 世纪建筑遗产委员会成立大会召开，会议选举马国馨、单霁翔为会长，郭旃、路红、金磊等为副会长，金磊任秘书长。单霁翔会长指出：20 世纪建筑遗产委员会的成立，不仅为建筑师看文化遗产提供了"时空"平台，更是文博专家充分理解并传承建筑师设计

△ 7月16日，"中国20世纪建筑遗产认定标准"推出，"中国20世纪建筑遗产评选工作启动会"举行

△ 7月17日，与天津院签订品牌传播战略合作委托协议

△ 8月1日，故宫博物院举办了以"设计遗产与设计博物馆"为主题的建筑师茶座活动

△ 9月17日，"反思与品评——新中国65周年建筑的人和事"座谈会合影

△ 9月22日，单霁翔荣获文物保护专业内最高学术荣誉"福布斯奖"

思想的好契机，极其珍贵的 20 世纪建筑遗产保护工作从此有了专家工作团队。

2014 年"5·18"国际博物馆日主题："博物馆藏品架起沟通的桥梁（Museum Collections make connections）"

5 月 28 日，由中国文物学会 20 世纪建筑遗产委员会等机构共同主办、北京第二实验小学承办的《建筑师的童年》图书首发式暨出版座谈会在有着悠久历史的克勤郡王府（北京第二实验小学现址）举行。

5 月，在中国文物学会会长单霁翔的批示下，秘书处根据群众反映，实地调研了北京市三里河一区北建委宿舍区状况。此建筑群为 20 世纪建筑遗产中有历史、有文化、有事件的典型居住区的代表。

7 月 16 日，中国文物学会 20 世纪建筑遗产委员会在故宫召开了"中国 20 世纪建筑遗产认定标准"及"中国 20 世纪建筑遗产评选工作启动会"。会议确定了以委员会委员、顾问组建"提名委员会"的动议，并提出"遗产的提名、审评等专业工作均需提名

委员会与具有公证资格的机构参与完成"。

7 月 17 日，《中国建筑文化遗产》编辑部与天津市建筑设计研究院有限公司签订品牌传播战略合作委托协议，共同推进以 20 世纪建筑遗产保护与传承天津院新建筑作品为己任的工作。

8 月 3—7 日，以"别样的建筑"为主题的国际建协第 25 届世界建筑大会在南非德班举行。

8 月 1 日，《中国建筑文化遗产》《建筑评论》编辑部在故宫博物院举办了以"设计遗产与设计博物馆"为主题的建筑师茶座活动。

9 月 17 日，由中国建筑学会建筑师分会、中国文物学会 20 世纪建筑遗产委员会主办、《中国建筑文化遗产》《建筑评论》编辑部承办，以"反思与品评——新中国 65 周年建筑的人和事"为主题的建筑师茶座活动，在中国建筑技术集团公司举行。马国馨院士，清华大学建筑学院陈志华、曾昭奋，费麟总建筑师，评论家顾孟潮和布正伟等 30 余人出席活动。此次活动被行业誉为"继 80 年代广州会议后又一次

△ 11 月 1 日，"旧建筑·新未来——河北省 20 世纪建筑文化遗产研讨会"在石家庄召开

△《2014 年：建筑文化感悟与求索》，《中国建设报》2014 年 12 月 29 日第 4 版

△《中国建筑文化遗产 13》封面

△《中国建筑文化遗产 14》封面

△《建筑评论》第一辑封面

△《建筑摄影 1》封面

△ 2014 年国际博物馆海报

建筑设计行业建筑评论的文化聚会"。

9 月 22 日，国际文物修护学会在香港举行以"源远流长：东亚艺术文物与文化遗产的修复"为主题的会议，会上颁布了文物保护专业内的最高学术荣誉"福布斯奖"，《中国建筑文化遗产》名誉主编、时任故宫博物院院长单霁翔荣获此项殊荣。

9 月 23 日，首届中国 20 世纪建筑遗产项目评选工作正式启动，秘书处向提名委员发出聘书，包括中国 20 世纪建筑遗产认定标准和提名表在内的初评文件同时生效。

9 月，应建设部领导的批示，《中国建筑文化遗产》《建筑评论》编辑部草拟了《如何传承与发展中国建筑文化》《如何在传承中国建筑文化中找到自信》等多份报告提交住建部相关领导审阅。

11 月 1 日，由中国文物学会 20 世纪建筑遗产委员会、河北省土木建筑学会建筑师分会主办，《中国建筑文化遗产》《建筑评论》编辑部承办的"旧建筑·新未来——河北省 20 世纪建筑文化遗产研讨会"在石家庄召开。

11 月 27 日，中国建筑学会建筑师分会换届大会在深圳举行。大会上，由宋春华副部长、马国馨院士任名誉主编、《中国建筑文化遗产》《建筑评论》编辑部策划承编的《建筑摄影》创刊号与大家见面。

12 月，《中国建筑文化遗产》编辑部连续两次在《中国建设报》建筑文化栏目中刊登整版文章，从不同角度、不同层面介绍中国 20 世纪建筑遗产所取得的成绩。

2014 年第八期《世界建筑》刊登张杰、贺鼎、刘岩的文章《景德镇陶瓷工业遗产的保护与城市复兴——以宇宙瓷厂区的保护与更新为例》。

2014

△ 3 月 12 日，"作品·思想·文化——回望徐尚志大师座谈会"合影

△ 4 月 21 日，"建筑阅读：良知传播＋精品出版"的建筑师茶座活动合影

△ 4 月 30 日 首届"中国 20 世纪建筑遗产"初评活动在北京柏林寺举行

△ 9 月 15 日，"第六届中国（天津滨海）国际生态城市论坛"之分论坛"20 世纪建筑遗产保护与城市创新发展论坛"在天津滨海新区举行

△ 10 月 15 日，举行"与新中国一同走来——BIAD 室内设计的那些人·那些事"建筑师茶座

2015 年

2015 年第二期《建筑学报》刊登程枭翀、徐苏斌撰写的文章《近代西方学者对中国建筑的研究》。

3 月 12 日，由中国建筑西南设计研究院有限公司主办、《中国建筑文化遗产》编辑部承办，纪念徐尚志大师百年诞辰"作品·思想·文化"建筑师研讨会在成都中建西南院举行。来自中建西南院的领导、专家，徐尚志大师的同事、学生、亲友，部分员工代表共 40 余人齐聚一堂。

2015 年第四期《建筑学报》刊登陈薇撰写的文章《"中国建筑研究室"（1953—1965）住宅研究的历史意义和影响》。

4 月 21 日，在联合国教科文组织设立的"世界读书日"（4 月 23 日）之前，"建筑阅读：良知传播＋精品出版"建筑师茶座活动在北京交通大学举办。

4 月 30 日，首届"中国 20 世纪建筑遗产"初评活动在北京柏林寺举行。马国馨、单霁翔、费麟、路红、

张宇、张兵等多位委员会顾问、专家委员参加活动。

5 月 11 日，《中国建筑文化遗产》编辑部在辽宁省义县奉国寺举行以"千年奉国寺 承继韵书香——纪念中国第十个文化遗产日暨让中小学生走进传统建筑文化"为主题的研讨会。蒋立新、金磊、汤更生、季也清、郭斌、王飞等相关专家参加活动。

2015 年"5·18"国际博物馆日主题是："博物馆致力于社会的可持续发展（Museums for a sustainable society）"

2015 年第六期《建筑学报》刊登李海清撰写的文章《20 世纪上半叶中国建筑工程建造模式地区差异之考量》。

6 月 25 日，中国第十个 "文化遗产日"前夕，由中国文物学会会长单霁翔著、《中国建筑文化遗产》编辑部承编的《新视野·文化遗产保护论丛（第一辑）》正式出版。《新视野·文化遗产保护论丛》分三辑，共三十分册。

6 月 29 日—7 月 16 日，时值世界反法西斯战

2015

△ 12月28日，举行《中国建筑图书报告：阅读·传播·评介（2011—2015）》编撰座谈会

△《建筑摄影2》封面

△ "新视野·文化遗产保护论丛 第一辑"

△《都市印迹——中建西北院UA设计研究中心作品档案（2009-2014）》封面

△《重庆建筑地域特色研究》封面

△《中国园林博物馆》封面

△《中国建筑文化遗产15》封面

△《中国建筑文化遗产16》封面

△《中国建筑文化遗产17》封面

△ 2015年国际博物馆日海报

争暨中国人民抗日战争胜利 70 周年之际，中国文物学会 20 世纪委员会组成考察组，赴法国、德国、波兰进行"二战"建筑遗址的调研与考察。

8月13日—9月18日，为纪念世界反法西斯战争暨中国人民抗日战争胜利 70 周年，由 20 世纪建筑遗产委员会秘书处策划的"以建筑的名义抗战"为主题的系列文章，在《中国建设报》头版刊出，累计 16 次，涉及超过全国 15 个市的 20 余座抗战纪念建筑。

8月27日，由中国文物学会 20 世纪建筑遗产委员会主办的"首届中国 20 世纪建筑遗产"项目终评活动在北京举行。在公证员的全程监督下，最终评选出"首届中国 20 世纪建筑遗产"项目 98 项。

9月15日，由中国文物学会、天津市滨海新区人民政府主办，中国文物学会 20 世纪建筑遗产委员会、天津市历史风貌保护专家咨询委员会、《中国建筑文化遗产》《建筑评论》编辑部等机构承办的"第六届中国（天津滨海）国际生态城市论坛"分论坛"20 世纪建筑遗产保护与城市创新发展论坛"，在天津市滨海新区举行。

10月15日，由《中国建筑文化遗产》《建筑评论》编辑部等机构共同主办、以"与新中国一同走来——BIAD 室内设计的那些人·那些事"为主题的建筑师茶座活动举行。常莎娜先生、张绮曼教授、邹瑚莹教授、柳冠中教授、马国馨院士、朱小地院长等众多我国室内设计大家和建筑设计界的知名学者以敬畏之心回顾了"国庆十大工程"设计者的贡献。

11月19日，由重庆市设计院和《中国建筑文化遗产》编辑部编写的凸显重庆传统与现代建筑特色的《重庆建筑地域特色研究》由中国建筑工业出版社出版。

12月，由北京市建筑设计研究院有限公司 EA4 设计所编，中国建筑学会建筑摄影专业委员会、《中国建筑文化遗产》《建筑摄影》编辑部承编的中国第一部展示园林发展历程的《中国园林博物馆》出版。

12月28日，《中国建筑图书报告：阅读·传播·评介（2011—2015）》编撰座谈会在北京启动，来自建筑、文化、出版方面的专家学者建言献策。

△ 3 月 11 日，举行"辨方正位 斯复淳风——回应《若干意见》"2016 建筑师新春论坛

△《天地之间》首发式合影

△《天地之间——张锦秋建筑思想集成研究》封面

△《天地之间》一书部分编委向张锦秋院士汇报编撰工作后与张院士合影

△ 5 月 13—14 日 "建筑在当下·河北省土木建筑学会建筑师分会 2016 春季活动"在石家庄市举行

△ 5 月 27 日，"向公众解读建筑 向社会展示责任——《建筑师的自白》首发座谈会"在北京三联韬奋图书中心举行

2016 年

1 月，由天津市国土资源和房屋管理局、中国文物学会 20 世纪建筑遗产委员会联合编著，《问津寻道——天津历史风貌建筑保护十周年历程》由天津大学出版社正式出版。该书旨在纪念《天津市历史风貌建筑保护条例》颁布实施十周年。

3 月 1 日，《中国建筑文化遗产》编辑部承编的《壁中圣境——高志永西藏壁画影响精粹》由武汉大学出版社出版，该书收录了堪称珍贵遗产的西藏壁画建筑摄影作品 300 余幅。

3 月 11 日，《建筑评论》编辑部与中国建筑技术集团联合主办的"辨方正位 斯复淳风——回应《若干意见》"2016 建筑师新年论坛举行。40 余位院士、大师、总建筑师共聚一堂，一同为中国建筑的美好未来发声。

4 月 3 日，《天地之间——张锦秋建筑思想集成研究》首发式在西安召开。

2016 年"4·18"国际古迹遗址日的主题为"运动遗产（The Heritage of Sport）"。

4 月 20 日，《凤舞唐山 精彩世园——2016 唐山世界园艺博览会践行纪实》正式问世。

5 月 13—14 日，"建筑在当下·河北省土木建筑学会建筑师分会 2016 春季活动"在石家庄市举行。

2016 年"5·18"国际博物馆日主题是："博物馆与文化景观（Museums and Cultural Landscapes）"。

5 月 27 日，"向公众解读建筑 向社会展示责任——《建筑师的自白》首发座谈会"在北京三联韬奋图书中心举行。

6 月 18—21 日，"敬畏自然 守护遗产 大家眼中的西溪南——重走刘敦桢古建之路徽州行暨第三届建筑师与文学艺术家交流会" 在黄山脚下的西溪南镇举行。此次活动由中国文物学会、黄山市人民政府、中国文物学会 20 世纪建筑遗产委员会、北京大学建筑与景观设计学院、东南大学建筑学院等机构联

△ 重走刘敦桢古建之路徽州行考察合影

△ 开幕式嘉宾合影

△考察唐山抗震纪念碑

△ 9 月 7 日，举行"审视与思考：柯布西耶设计思想的当代意义"建筑师茶座

△ 第一批中国 20 世纪建筑遗产项目公布活动于 2016 年 9 月 29 日在故宫博物院宝蕴楼举行

合主办。在为期三天的考察中，建筑师与文学家的足迹遍布西溪南村的老屋阁、绿绕亭、汤樾、唐模、歙县古城（许国牌坊、徽州府衙）、潜口民居乃至世界文化遗产西递等建筑遗产。

2016 年第七期《建筑学报》刊登了介绍 20 世纪经典建筑设计研究的系列文章：冯刚、吕博撰写的文章《亨利·墨菲的传统复兴风格大学校园设计思想研究》，周慧琳撰写的文章《近代上海百货公司的发展及建筑特点分析》，朱晓明、吴杨杰、刘洪撰写的文章《"156"项目中苏联建筑规范与技术转移研究》。

8 月 5—21 日，2016 里约热内卢奥运会举行，主题为：点燃你的激情（Live your passion），主场馆为马拉卡纳体育场。

9 月 7 日，由国际著名建筑师勒·柯布西耶（1887—1965）设计，分别建于 7 个国家的 17 座建筑入选世界遗产名录后，20 世纪建筑遗产委员会与中国建筑技术集团有限公司联合主办以"审视与思考：柯布西耶设计思想的当代意义"为主题的建筑师

茶座。

9 月 29 日，在北京故宫博物院宝蕴楼（建于 1911 年），召开"致敬百年建筑经典：首届中国 20 世纪建筑遗产项目发布暨中国 20 世纪建筑思想学术研讨会"。会议公布了 98 项"首批中国 20 世纪建筑遗产名录"，推出《中国 20 世纪建筑遗产名录（第一卷）》图书，同时宣布第二批中国 20 世纪建筑遗产项目的评选工作正式启动。中国科学院、中国工程院两院院士吴良镛，中国文物学会会长单霁翔，中国建筑学会理事长修龙，国家文物局副局长顾玉才，中国工程院院士马国馨、张锦秋、孟建民，全国工程勘察设计大师刘景樑、柴裴义、汪大绥、周恺、庄惟敏、张宇，周岚、伍江等领导专家参加了活动。会上宣读了《中国 20 世纪建筑遗产保护与发展建议书》。

10 月 22 日，第四届"建筑遗产保护与可持续发展·天津"国际会议在天津大学建筑设计规划研究总院（1895 天大建筑创意大厦）举行。

2016

△ 2016年9月29日，第一批中国20世纪建筑遗产项目公布活动在故宫博物院宝蕴楼举行

△ 10月22日，第四届"建筑遗产保护与可持续发展·天津"国际会议在天津大学建筑设计规划研究总院举行

△ 10月27—28日 《中国建筑文化遗产》编辑部赴河北省张家口市开展"田野新考察"活动

△ 12月8—9日 "新年论坛：倾听西安与北京的'双城记'"建筑师茶座活动在西安举行

△ "致敬中国三线建设的符号'816'暨20世纪工业建筑遗产传承与发展研讨会"会议现场

△ 研讨会合影

△ 瞻仰革命烈士公墓

△ 《中国建筑文化遗产18》封面

　　10月27—28日，《中国建筑文化遗产》编辑部赴河北省张家口市开展"田野新考察"活动。其意义有二：第一，2016年是"新田野考察"活动开展10周年；第二，为告别即将停运的京张铁路，这是著名工程师詹天佑先生设计的、也是中国人自己设计建造的第一条铁路。

　　12月8—9日，"新年论坛：倾听西安与北京的双城记"建筑师茶座活动在西安举行。这也是新年论坛活动自创办以来第一次在北京以外地区举行。

　　12月17—19日，由中国文物学会20世纪建筑遗产委员会、中国三线建设研究会、全国房地产设计联盟联合主办，重庆市涪陵区人民政府等机构承办的"致敬中国三线建设的符号'816'暨20世纪工业建筑遗产传承与发展研讨会"在重庆市涪陵区

△《中国建筑文化遗产 19》封面

△ 2016 年国际博物馆日海报

△《建筑师的自白》

△ 3 月 16 日金磊主编采访张家臣大师、林桐大师

△《壁中圣境 高志勇西藏壁画影像精粹》封面

△《寻津问道 天津历史风貌建筑保护十年历程》封面

△《凤舞唐山 精彩世园》封面

△ 5 月 13 日，嘉宾为《高校规划建筑设计》图书首发揭幕

举行。活动通过了《为明天播种希望——中国重庆816 共识 · 致敬中国三线建设的"符号"816 暨 20 世纪工业建筑遗产传承与发展研讨会宣言》。

2016 年第一期《世界建筑》刊登王贵祥的文章《〈中国营造学社汇刊〉的创办、发展及其影响》。

2016 年十一期《建筑学报》刊登叶露、黄一如撰写的文章《设计再下乡——改革开放初期乡建考察（1978—1994）》。

2017 年

3 月 16 日，为编撰《中国建筑结构工程设计大师胡庆昌》及《周治良先生纪念文集》两书，《中国建筑文化遗产》编辑部一行赴天津市建筑设计院，采访全国勘察设计大师林桐先生和张家臣先生。

4 月 10 日，编辑部组织摄影师团队，为世界遗产颐和园编制的《光幻湖山 颐和园夜景灯光艺术赏析》一书完成拍摄任务。

4 月 13 日，为迎接"世纪读书日"的到来，"三刊编辑部"与中国建筑技术集团有限公司联合主办了建筑师茶座活动，同时启动了《20 世纪建筑遗产读本》（暂定名）的编撰工作。

2017 年"4 · 18"国际古迹遗址日的主题：文化遗产与可持续旅游。

4 月 25 日，由《中国建筑文化遗产》编辑部承编、辽宁省义县奉国寺管理处主编的《慈润山河——

△ 8 月 23 日，考察团队在国润祁红茶厂老厂房合影

△ 致敬中国建筑经典：中国 20 世纪建筑遗产事件、作品、人物、思想展览（2017 年 · 威海）

△ 宋春华等领导参观展览

△ 11 月 20 日，第二批中国 20 世纪建筑遗产项目终评活动在故宫博物院举行

△ 专家在安徽国润茶业·祁门红茶老厂房前合影

义县奉国寺》一书正式出版，该书系 2008 年 6 月出版的《义县奉国寺》的"科普版"，为辽代木构建筑系列"申遗"提供了普惠公众的传播模板。

2017 年"5·18"国际博物馆日主题是："博物馆与有争议的历史：博物馆难以言说的历史（Museums and contested histories: Saying the unspeakable in museums）"。

5 月 23 日，由《中国建筑文化遗产》编辑部和中国北方工程设计院有限公司联合主办，主题为"匠心·创新"的学术研讨会在石家庄市举行。

5 月 30 日，金磊著《建筑传播论——我的学思片段》由天津大学出版社正式出版。

8 月 20 日，历时两年，由全国工程勘察设计大师黄星元著，《中国建筑文化遗产》编辑部承编的《清新的建筑——大连华信（国际）软件园》一书，由天津大学出版社出版。

9 月 3—10 日，以"城市之魂"为主题的国际建协第 26 届世界建筑师大会在韩国首尔召开

9 月 15 日，由中国文物学会 20 世纪建筑遗产委员会策划的"致敬中国建筑经典——中国 20 世纪建筑遗产的事件·作品·人物·思想展览"，亮相威海国际人居节并受到业内外赞誉。此次展览围绕"致敬中国建筑经典"的主题，以横跨百年的时间为轴，在贯穿 20 世纪时代主线的背景下，将时代、作品、人物、思想等要素融为一体，展现经典建筑的建设过程。单霁翔院长、宋春华副部长、山东省住建部门领导、威海市领导等人参观了展览。

10 月 21 日，《建筑师的大学》首发式在天津大学建筑学院举行。本书与《建筑师的童年》《建筑师的自白》并称为"建筑师三部曲"。

11 月 20 日，第二批中国 20 世纪建筑遗产项目终评活动在故宫博物院举行。共有 100 项建筑入选

△ 第二批中国 20 世纪建筑遗产项目推介活动嘉宾合影

△《慈润山河——义县奉国寺》封面　△ 2017 国际博物馆日海报　△《中国建筑文化遗产20》封面　△ 2017 年世界建筑师大会海报　△《建筑传播论——我的学思片段》封面　△《清新的建筑——大连华信（国际）软件园》封面

第二批中国 20 世纪建筑遗产名录。

　　12 月 2 日，在安徽省池州市举办了"第二批中国 20 世纪建筑遗产"项目发布会，共有 100 项中国 20 世纪建筑遗产向社会公布。

　　2017 年第十二期《建筑学报》刊登范思正撰写的文章《从群英荟萃到草根运动：1949 年后北京建筑复古演义》。

　　12 月 12 日，《建筑时报》以整版篇幅，对第二批中国 20 世纪建筑遗产项目公布、20 世纪建筑遗产的重要意义等内容进行了深入报道。

　　12 月 15 日，《光幻湖山——颐和园夜景灯光艺术鉴赏》由天津大学出版社正式出版。该书由颐和园管理处主编，《中国建筑文化遗产》编辑部承编。《中国建筑文化遗产》编辑部针对全国 52 处世界遗产编写出点亮世界遗产的技术导则。

　　12 月 21 日，《中国建筑文化遗产》编辑部与北京服装学院联合主办的《中国建筑图书评价（第一卷）》首发座谈会在北京服装学院举行。

　　12 月 25 日，《中国建筑文化遗产》编辑部正式向池州市人民政府提交了《安徽国润茶业有限公司祁红茶工业遗产创意产业策划调研报告》及《安徽国润茶业有限公司祁红茶工业遗产创意产业"后十三五"规划（2017—2022）》成果报告初稿。

△ "文化池州——工业遗产创意设计考察活动"　　　　△ "文化池州——工业遗产创意设计项目专家研讨会"与会嘉宾合影

△ "文化池州——工业遗产创意设计项目专家研讨会"会场　　△ "笃实践履 改革图新 以建筑与文博的名义纪念改革:我们与城市建设的四十年"北京论坛在北京嘉德艺术中心举行

2018 年

1 月 28 日,《世界建筑》原主编曾昭奋先生所著《建筑论谈》正式出版。该书是《建筑评论》编辑部继 2015 年为曾昭奋先生承编《国·家·大剧院》之后的又一力作。

3 月 3—5 日,为深化《文化池州建设——安徽国润茶业有限公司创意设计调研报告》的课题内容,中国文物学会 20 世纪建筑遗产委员会组织专家团队,赴池州市开展"文化池州——工业遗产创意设计考察活动"。张宇、赵元超、张松、张杰、江心、金磊等专家参加考察调研。

3 月 15 日,"文化池州——工业遗产创意设计项目专家研讨会"在故宫博物院举行。中国文物学会会长、时任故宫博物院院长单霁翔,中国工程院院士马国馨,池州市市长雍成瀚、副市长贾瑄,中元国际工程设计研究院有限公司资深总建筑师费麟,全国工程勘察设计大师黄星元、周恺、张宇、李兴钢等专家

参加了活动。活动以建设国润祁红科技文化创意小镇为主题,对文化池州的创意设计进行剖析和研讨,金磊副会长主持了研讨会。

3 月 29 日,在北京举行"笃实践履 改革图新 以建筑与文博的名义纪念改革:我们与城市建设的四十年"北京论坛,在北京嘉德艺术中心举行,以此拉开了"改革开放四十年系列论坛"的序幕。

4 月 12 日,作为 2018 年纪念改革开放四十年系列活动的第二个城市活动,第二届"建筑的力量——让建筑更美好学术沙龙暨以建筑的名义纪念改革开放 40 年"论坛,在位于河北省石家庄市的河北省建筑设计研究院举行。

2018 年国际古迹遗址日的主题确定为"遗产事业 继往开来(Heritage for Generations)"。

4 月 21—23 日,《中国建筑文化遗产》《建筑评论》编辑部与陕西省土木建筑学会建筑师分会联合举办了"重走洪青之路婺源行"活动。

2018 年第五期《建筑学报》刊登唐玉恩、邹勋

△ 北京论坛会场

△ 4 月 12 日，第二届"建筑的力量——让建筑更美好学术沙龙暨以建筑的名义纪念改革开放 40 年"论坛嘉宾合影

△ "重走洪青之路婺源行"考察活动合影

△ "重走洪青之路婺源行"会议现场

△ "新中国 20 世纪建筑遗产的人和事学术研讨会"嘉宾及观众合影

△ 5 月 17 日，在泉州市威远楼广场举办了第一批、第二批中国 20 世纪建筑遗产展览

撰写的文章《勿忘城殇——上海四行仓库的保护利用设计》；胡新建、张杰、张冰冰撰写的文章《传统手工业城市文化复兴策略和技术实践——景德镇"陶溪川"工业遗产展示区博物馆、美术馆保护与更新设计》。

2018 年第六期《世界建筑》刊登吕富珣的文章《立陶宛建筑的前世今生——考纳斯现代主义的建筑遗产及城市身份》。

5 月 16 日，由中国文物学会 20 世纪建筑遗产委员会等主编的《致敬中国建筑经典——中国 20 世纪建筑遗产的事件·作品·人物·思想》出版。本书收录了 2017 年 9 月 15—17 日在山东省威海市第九届国际人居节上举办的"致敬中国建筑经典——中国 20 世纪建筑遗产的事件·作品·人物·思想"展览的全部内容，此举也是将优秀展览变成可阅读的普及性图书的尝试。

2018 年"5·18"国际博物馆日的主题是"超级'链'接下的博物馆：新方法、新公众"。

5 月 17 日，在福建省泉州市召开中国建筑学会年会之际，在泉州市威远楼广场举办了第一批、第二批中国 20 世纪建筑遗产展览。展览用 20 世纪建筑遗产中的人和事诉说"光阴的故事"。这些有着百年历史的建筑与今人"相逢""牵手"，从而让中国建筑文化遗产走进普通百姓之中。

5 月 20 日，2018 年中国建筑学会年会分论坛之九"新中国 20 世纪建筑遗产的人和事学术研讨会"，在泉州海外交通史博物馆举行。中国建筑学会秘书长仲继寿，泉州市旅发委主任、泉州古城保护发展协调办公室主任李伯群，金磊副会长等专家领导参加了研讨会。

2018 年第六期《建筑学报》刊登了彭一刚撰写的文章《传统与时代圆满的契合——回顾徐中先生的代表作原外贸部办公楼》。

6 月 26 日，"以建筑设计的名义纪念改革开放：我们与城市建设的四十年·深圳、广州双城论坛"在深圳市蛇口希尔顿南海酒店举行。孟建民、倪阳、

△ "以建筑的名义纪念改革开放 40 年：深圳、广州双城论坛"嘉宾合影　　　△ 论坛手册　　△ 双城论坛部分嘉宾合影

△考察香厂地区　　　△ 第三批中国 20 世纪建筑遗产项目终评活动　　　△ 第三批中国 20 世纪建筑遗产项目终评活动嘉宾合影

陈雄、左肖思、徐全胜、覃力、黄捷、林建军、丁荣、周文、陈日飚、李胜良等来自深圳、广州、北京等地建筑设计、城市规划、文化遗产保护方面的专家、学者参加了论坛活动。

8 月 29 日， 20 世纪建筑遗产委员会组织在京部分专家，参加了"北京香厂地区近现代建筑考察"活动，对珠市口附近的基督教堂、留学路、万明路、华康里、东方饭店等建筑进行考察，这是对朱启钤先生对北京城市发展建设贡献的再回望。

9 月 5 日，第三批中国 20 世纪建筑遗产项目终评活动在故宫博物院举行，评选出第三批中国 20 世纪建筑遗产 100 项。全部活动是在北京市方正公证处公证员的公正下进行的。

10 月 13 日，第五届"建筑遗产保护与可持续发展·天津"学术论坛在天津大学举行。其间由中国文物学会 20 世纪建筑遗产委员会主办的"改革开放 40 年建筑遗产保护与可持续发展的省思"分论坛举行。

2018 年第十一期《建筑学报》刊登了邵星宇撰写的文章《20 世纪初中国建筑中的科学"制图"（1900 年—20 世纪 10 年代）》。

11 月 24 日，在南京东南大学，举行了"致敬百年建筑经典：第三批中国 20 世纪建筑遗产项目公布"学术活动，并举办了学术研讨会。中国建筑学会理事长修龙，中国工程院院士张广军、钟训正，全国工程勘察设计大师刘景樑及江苏省、南京市有关方面的领导、专家、学者参加了活动。来自东南大学几百名学生也见证了这一瞬间。金磊副会长受单霁翔会长的委托，做了题为《20 世纪建筑遗产的保护与创新》的演讲。

2018 年十二期《建筑学报》刊登卢瑞芳撰写的文章《中国住宅工业化的早期发展：历史回顾与反思》。

12 月 18 日，《中国 20 世纪建筑遗产大典（北京卷）》首发暨学术研讨会在北京故宫博物院举行。

△ "致敬百年建筑经典：第三批中国 20 世纪建筑遗产项目公布"嘉宾与师生合影

△《20 世纪建筑遗产的保护与创新》主题演讲

△ 专家领导向第三批中国 20 世纪建筑遗产入选项目代表颁发铭牌

2018 年 12 月 18 日，《中国 20 世纪建筑遗产大典（北京卷）》首发暨学术报告研讨会

△ 左起：张宇、徐全胜、赵知敬、马国馨、单霁翔

△ 2.《中国 20 世纪建筑遗产大典（北京卷）》封面

△ 2018 年国际博物馆日海报

△《中国建筑文化遗产 21》封面

△《建筑论谈》封面

△《致敬中国建筑经典——中国 20 世纪建筑遗产的事件·作品·人物·思想》封面

2018

△ 1 月 31 日，《天津滨海文化中心》学术发布会

△《天津滨海文化中心》封面

△ 金磊副会长在"注册城乡规划师继续教育培训班"授课

△ 感悟润思祁红·体验文化池州——《悠远的祁红——文化池州的"茶"故事》首发式嘉宾合影（2019 年 4 月 3 日）

△《悠远的祁红——文化池州的"茶"故事》首发式会议现场

△《悠远的祁红 文化池州的"茶"故事》（英国版）封面

△《悠远的祁红——文化池州的"茶"故事》封面

△ 5 月 7 日，中国 20 世纪建筑遗产考察团于悉尼歌剧院考察后与 ICOMOS20 世纪建筑遗产科学委员会秘书长、前主席等专家合影

2019 年

1 月 31 日，由刘景樑大师主编、《中国建筑文化遗产》编辑部策划、天津大学出版社出版的《天津滨海文化中心》一书，在天津市建筑设计研究院举行首场学术发布会。

1 月末，由《中国建筑文化遗产》编辑部策划、设计的"河北省工程勘察设计大师丛书"由天津大学出版社出版。

3 月 29 日，应北京城市规划学会邀请，金磊副会长为 2019 年度第一期"注册城乡规划师继续教育培训班"讲课，主题为"20 世纪建筑遗产保护理念与问题研究兼议北京 20 世纪建筑遗产项目背后的人和事"。

4 月 3 日，感悟润丝祁红·体验文化池州——《悠远的祁红——文化池州的"茶"故事》首发式在故宫博物院建福宫花园举行。在与会嘉宾的共同见证下，由《中国建筑文化遗产》编辑部联合多位专家编撰完成的书籍与大家见面。

4 月 16 日，"品质设计：以文化建筑的名义纪念新中国 70 年暨《天津滨海文化中心》首发座谈会"在天津滨海文化中心举行。

2019 年国际古迹遗址日的主题确定为"乡村景观"（Rural Landscape）

4 月 29 日—5 月 11 日，受国际古迹遗址理事会 20 世纪遗产科学委员会等机构的邀请，由中国 20 世纪建筑遗产委员会秘书处策划组织，组成"中国 20 世纪建筑遗产考察团"，赴新西兰、澳大利亚考察 20 世纪建筑遗产经典项目，并与当地专家进行研讨交流。中国 20 世纪建筑遗产委员会与国际组织建立了联系，用工作成果向新澳建筑遗产界展示了一个中国的新面孔；用作品与新澳同行进行交流，使得

△ 考察组于罗特鲁阿政府花园前合影

△ 考察组于悉尼歌剧院内合影

△ Christine Garnaut 教授为考察组展示南澳大学建筑博物馆展品

△ 单霁翔会长主旨报告现场

△ 与会专家合影

△ "中国建筑遗产保护 70 年"学术沙龙现场

世界 20 世纪建筑遗产舞台上有了中国人的身影；围绕中外 20 世纪建筑遗产保护与创新的交流，体现出当代建筑师对城市建设的态度。

2019 年 "5·18" 国际博物馆日主题是："作为文化中枢的博物馆：传统的未来（Museums as Cultural Hubs: The Future of Tradition）"

6 月 14—15 日，"新时代·新征程——中国建筑遗产保护 70 年学术论坛"和中国文物学会传统建筑园林委员会、20 世纪建筑遗产委员会 2019 年年会暨盐业文物专业委员会揭牌仪式在四川省自贡市举行。本会作了题为《中国 20 世纪建筑遗产的认定与发展思考》的主旨演讲。

6 月 21 日，北京市第一批历史建筑公示共计 429 处建筑物。20 世纪建筑遗产委员会向北京市规划和自然资源委员会提交了《北京首批历史建筑公示意见反馈》。

8 月 15 日，由中国建筑学会建筑师分会、中国文物学会 20 世纪建筑遗产委员会、北京市建筑设计研究院有限公司、《建筑评论》编辑部共同组织的《中国建筑历程 1978—2018》首发座谈会举行。来自全国的数十位勘察设计大师、总建筑师及建筑出版媒体人参加活动。此书向为中国建筑守正创新而塑造座座丰碑的管理者、为中国城市用作品书写印迹并创新开拓的建筑师、为中国文化走向世界不懈耕耘传播发声的评论家致敬。

2019 年第八期《建筑学报》刊登刘亦师撰写的文章《1963 年古巴吉隆滩国际设计竞赛研究——兼论 1960 年代初我国的建筑创作与国际交流》。

2019 年第六期《世界建筑》刊登罗文婧的文章《英国工业建筑遗产可持续再利用实践及启示》。

8 月 19—23 日，中国文物学会 20 世纪委员会秘书处组织专家团队，赴黑龙江省大庆市、齐齐哈尔

△ 以建筑设计的名义纪念新中国 70 周年暨《中国建筑历程：1978-2018》发布座谈会嘉宾合影　△《中国建筑历程 1978-2018》封面　△ 人民日报海外版刊文

△ 北京建院成立 70 周年活动现场　△ 徐全胜董事长在北京建院成立 70 周年活动发言　△《都·城——我们与这座城市》封面

市、黑河市、哈尔滨市，开展对 20 世纪建筑遗产项目的考察，包括大庆油田工业遗产、中俄铁路近现代建筑遗存、齐齐哈尔及黑河抗战遗址、哈尔滨市 20 世纪建筑遗产等项目。

9 月 16 日，《人民日报》海外版刊登了题为《20 世纪能留下多少建筑遗产》的专题文章，通过对委员会的采访，向读者阐述了中国 20 世纪建筑遗产不可替代的独特性、保护与利用现状等命题。

9 月 19 日，第四批中国 20 世纪建筑遗产项目终评活动在北京市建筑设计研究院有限公司举行，在公证处的全程参与下，选举产生了第四批中国 20 世纪建筑遗产项目共 98 项。随后，在众多专家、领导的见证下，单霁翔、修龙、马国馨共同为中国文物学会 20 世纪建筑遗产委员会、马国馨院士学术研究室、BIAD 建筑与文化遗产设计研究中心三个机构揭牌。

10 月 14 日，正式组建"新潮澎湃"策展项目组，

该项目组系"磐石慧智"旗下以"挖掘品牌文化内核，打造定制展示空间"为目标的引领潮流、创意先锋型特展品牌。

10 月 25 日，由北京市建筑设计研究院有限公司主办的"高质量发展的建筑与城市——北京建院成立 70 周年主旨论坛"在北京城奥大厦举行。由《中国建筑文化遗产》编辑部承编的《纪念集——七十年纪事与述往》《五十年代的"八大总"》《都·城——我们与这座城市》北京建院院庆 70 年系列丛书举行首发式。

12 月 3 日，"致敬百年建筑经典：第四批中国 20 世纪建筑遗产项目公布暨新中国 70 年建筑遗产传承创新研讨会"在北京市建筑设计研究院举行，有 98 项中国 20 世纪建筑遗产问世。会议宣读并通过了由中国文物学会 20 世纪建筑遗产委员会发出的《聚共识·续文脉·谋新篇 中国 20 世纪建筑遗产

△《北京市建筑设计研究院有限公司五十年代"八大总"》封面

△《纪念集 七十年纪事与述往》封面

△ 第四批中国 20 世纪建筑遗产项目公布会场

△"河北省工程勘察设计大师丛书"（四卷本）封面

△ 第四批中国 20 世纪建筑遗产项目公布会议合影

△"守正创新 思辨文博 单霁翔文化遗产保护丛书"封面

△《中国建筑文化遗产22》封面

△ 12 月 14 日，"第三届全国建筑评论研讨会暨海南省土木建筑学会 2019 年学术年会"在海南省海口市召开

△ 2019 年"5·18 国际博物馆日"海报

△《中国建筑文化遗产23》封面

△《中国建筑文化遗产24》封面

传承创新发展倡言》。

12 月 4 日，委员会接受《人民日报》（海外版）记者的采访，就国内外 20 世纪建筑遗产推介标准和评估体系、如何做好遗产的活化利用、如何保护遗产的现状及未来发展等大家关注的话题回答了记者的提问。

12 月 13—14 日，以"谱写人居环境新篇章"为主题的第三届全国建筑评论研讨会在海南省海口市举行。委员会作了题为《保护 20 世纪建筑遗产需要建筑评论》的主旨演讲。

12 月 30 日，经《中国建筑文化遗产》编辑部同天津大学出版社历时一年筹备，"守正创新 思辨文博 单霁翔文化遗产保护丛书"正式推出，该丛书系单霁翔会长自 2006 年至 2014 年出版的"城市、文保、博物馆"系列著作的改版图书。

△ 1月14日，《中国建筑文化遗产》编委会迎新春建筑学人文化聚会嘉宾合影　　△《中国20世纪建筑遗产名录（第一卷）》书影　　△ 第七届中华优秀出版物奖获奖证书　　△ 黄锡璆大师接受金磊主编采访

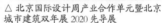

△ 2020年国际博物馆日海报　　△ 六一微信　　△ 第五批中国20世纪建筑遗产项目推介终评活动部分嘉宾合影　　△ 北京国际设计周产业合作单元暨北京城市建筑双年展2020先导展　　△《人民日报》文章

2020 年

1 月 14 日，《中国建筑文化遗产》编委会《迎新春建筑学人文化聚会》在入选中国 20 世纪建筑遗产名录的北京工人体育场院落举行。几个月后，这项跻身 20 世纪 50 年代"北京十大建筑"行列的著名建筑，被以"保护性修复"的名义拆除重建。

3 月 26 日，在新冠病毒疫情得到初步控制的形势下，遗产委员会秘书处部分人员在疫情发生后首次到办公室现场办公，并举行 2020 年首次面对面现场工作会。

4 月 23 日，时值第 25 个"世界读书日"之际，《建筑评论》编辑部主办主题为"感知战疫的阅读文化力量"的云茶座，意图在新冠病毒疫情全球蔓延的特殊背景下，通过来自国内外不同地方的建筑、文博、传媒各界人士在疫情中的阅读感悟与感受分享，彰显阅读图书给人们在特殊时期带来的抗疫力量。

4 月，中国出版协会颁发了第七届中华优秀出版物奖，由中国文物学会 20 世纪建筑遗产委员会承编、天津大学出版社出版的《中国 20 世纪建筑遗产名录（第一卷）》继 2019 年荣获天津市委宣传部等单位颁发的"天津市优秀图书奖"外，还获得第七届中华优秀出版物奖提名奖。

2020 年国际古迹遗址日的主题确定为"共享文化、共享遗产、共享责任"。

5 月 13 日，20 世纪建筑遗产委员会来到中元国际工程公司拜访了黄锡璆大师，此行为"纪念新中国成立 70 周年"组织编撰出版《建筑师的家园》一书，对黄锡璆大师进行了专访。

2020 年"5·18"国际博物馆日的主题是："致力于平等的博物馆：多元和包容"（Museums for equality: Diversity and Inclusion）。

2020 年第六期《建筑学报》刊登宋科、谢殷睿撰写的文章《深圳地王大厦的国际性与中国性——关于中国当代建筑史的一个案例研究》。

2020 年第七期《世界建筑》刊登陈朝晖等的文

△ CAH 平台分别发布上下两篇综述报道　　△ 专家领导考察义县奉国寺　　△ 单霁翔会长为大会作题为《让文化遗产资源活起来》的主旨演讲　　△ 单霁翔会长等领导参观"慈润山河——奉国寺千年华诞大展"

△ 研讨会嘉宾合影　　△ 部分专家会后考察义县奉国寺

章《京张铁路遗址公园——探索共建共治共享之路》。

2020 年第八期《世界建筑》刊登董贺轩等的文章《尊重之下创新——回顾洛厄尔、贝聿铭、福斯特对波士顿艺术博物馆的百年设计接龙》。

2020 年第十一期《世界建筑》刊登刘扶英等的文章《上海近代纺织工业建筑遗产解析》，刊登郑红彬的文章《近代在华外籍建筑师群体初探》。

6 月 1 日，中国建筑文化遗产微信平台推出文章：《唤回"六一"记忆：感恩父爱给我们的"建筑与少年"》。

6 月 6 日，中国文物学会 20 世纪建筑遗产委员会作为主组稿方，在《当代建筑》杂志社推出"20 世纪建筑遗产传承与创新"专刊，秘书处应邀作为该期主编，并撰写卷首语：《中国 20 世纪建筑遗产乃遗产新类型》。专刊收录了包括单霁翔会长在内 10 余位国内建筑和文化遗产界专家学者的文章。

6 月 8 日，由北京市规划和自然资源委员会主办成立的"北京印迹 inBeijing"微信平台举办了"选

题座谈会"，北京市规划学会理事长邱跃主持会议，金磊应邀出席并参加了研讨。

9 月 1 日，第五批中国 20 世纪建筑遗产项目终评活动在北京市建筑设计研究院有限公司举行。

9 月 21 日，2020 北京国际设计周产业合作单元暨北京城市建筑双年展 2020 先导展开幕式在北京城市副中心张家湾设计小镇举行。中国文物学会 20 世纪建筑遗产委员会与北京市建筑设计研究院有限公司共同主办的"致敬中国百年建筑经典——北京 20 世纪建筑遗产"特展在活动中推出。

9 月 24 日，《人民日报》刊登由中国文物学会 20 世纪建筑遗产委员会署名的文章《珍视二十世纪建筑遗产》。

10 月 3 日，在辽宁省锦州市义县奉国寺举行了"守望千年奉国寺·辽代建筑遗产保护研讨暨第五批中国 20 世纪建筑遗产项目公布推介学术活动"。中国文物学会、中国建筑学会联合推介了"第五批中国 20 世纪建筑遗产"项目共 101 项。至此，自 2016

△ 考察组在岳阳当地领导陪同下考
察岳阳教会学校

△ "重庆城市建筑思考"与会部分嘉宾合影

△《中国建筑文化遗产
25》封面

△《中国建筑文化遗产
26》封面

△ "高校社区化升级更新设计暨《北航新宿舍组团设计》
图书研讨会"现场

△《中国建筑文化遗产
27》封面

△《当代建筑》"20世
纪建筑遗产传承与创新"
专刊封面

年起，中国文物学会、中国建筑学会联合推介了五批
共 497 项中国 20 世纪建筑遗产项目。中国文物学
会会长、故宫博物院原院长单霁翔作了题为"让文化
遗产活起来"的主题演讲。

10 月 11—16 日，中国文物学会 20 世纪建筑
遗产委员会秘书处组织专家团队赴江西省、湖南省开
展田野新考察活动。

10 月 24 日，在四川美术学院八十周年校庆之际，
由中国文物学会 20 世纪建筑遗产委员会、重庆市城
市规划学会历史文化名城专业委员会、四川美术学
院公共艺术学院联合主办、承办，以"重庆城市建
筑思考：建筑·艺术·遗产"为主题的学术研讨会，
在四川美术学院举行。

10 月 30 日，由北京航空航天大学校园规划建
设与资产管理处、北京市建筑设计研究院叶依谦工作
室、《建筑评论》编辑部联合主办了"高校社区化升
级更新设计暨《北航新宿舍组团设计》图书研讨策划
会"。

11 月 9 日，受中国文物学会单霁翔会长的委
派，20 世纪建筑遗产委员会秘书处赴北京市东城区
东四八条 111 号朱启钤旧居进行调研，与朱启钤先
生曾孙朱延琦先生就建筑遗产保护及相关人物、事件
进行了交流。

12 月 10 日，CAH 微信公众号的全新升级版"慧
智观察"（ArchiCulture InSights）平台首次"亮相"。

2020

△《蓝天碧海听涛声 第三届全国建筑评论研讨会（海口）论文集》

△ 慧智观察"三八妇女节"专文

△ 编辑部同中南院领导交流合影

△ 考察组调研黄鹤楼

△ 编辑部拜访高介华先生

△ "致敬中国 20 世纪红色建筑经典"专栏

△ 世界读书日纪念活动暨《中国建筑图书评介（第二卷）》座谈会嘉宾合影

△ 慧智观察对世界读书日活动的报道

2021 年

2021 年第二期《建筑学报》刊登张书铭、刘大平撰写的文章《东北近代砖砌建筑砌法的历史与演变》。

3 月 1 日，由《建筑评论》编辑部策划，第三届全国建筑评论研讨会组委会、海南省土木建筑学会、《建筑评论》编辑部主编的《蓝天碧海听涛声 第三届全国建筑评论研讨会（海口）论文集》正式出版。

3 月 8 日，值"三八"妇女节之际，"慧智观察"平台推出《长安韶华 锦秋繁花》文章，向以中国工程院院士、全国工程勘察设计大师张锦秋为代表的女性建筑师致以节日的祝贺。

3 月 13 日，秘书处署名文章《梁思成诞辰 120 周年：再回首先生的建筑遗产保护观》得到了《人民日报》、文博中国、新华网客户端、学习强国等多家媒体网络平台转载。

3 月 31 日—4 月 5 日，中国文物学会 20 世纪建筑遗产委员会秘书处组织专家团队赴武汉，标志着"以 20 世纪建筑遗产的名义纪念建党百年"系列考察活动正式启动。考察内容以武汉市及周边红色遗产为重点，调研了瞿家湾湘鄂西革命根据地旧址、武昌首义纪念馆（新、旧）、黄鹤楼、武汉大学、詹天佑故居、黄石工业遗产群等经典项目。同时拜访了高介华先生等为 20 世纪建筑遗产保护作出贡献的前辈专家。

4 月 9 日，在中国文物学会 20 世纪建筑遗产委员会指导下，天津大学出版社建筑邦平台推出"致敬中国 20 世纪红色建筑经典"栏目，该栏目入选国家新闻出版署"百佳数字出版精品项目献礼建党百年专栏"之一。

2021 年国际古迹遗址日主题确定为"复杂的过去，多彩的未来"。

4 月 22 日，值联合国教科文组织发起的第 26 个世界读书日前夕，"世界读书日纪念活动暨《中国建筑图书评介（第二卷）》座谈会"在北京市建筑设

△ "新时代文物保护研究与实践"学术研讨会与会嘉宾合影

△ 学术沙龙专家合影

△ 《图说李庄》赠书仪式

△ 李庄专家考察合影

△ 2021 年国际博物馆日海报

计研究院有限公司刘晓钟工作室举行。

4 月 26—28 日，"新时代文物保护研究与实践学术研讨会"在天府之国成都及四川宜宾李庄举行。学术活动由中国文物学会传统建筑园林委员会、中国文物学会 20 世纪建筑遗产委员会、中国文物学会工匠技艺专业委员会联合主办。中国文物学会会长、故宫博物院原院长单霁翔，著名建筑学家刘敦桢之子、东南大学建筑学院教授刘叙杰，以及来自全国建筑界、遗产界、文博界的百余位专家领导与会。金磊在会上发表了《20 世纪遗产中的红色建筑经典》主题报告。成都活动后会议代表参观了三星堆博物馆并赴宜宾李庄中国营造学社旧址进行考察。

2021 年 "5·18" 国际博物馆日的主题是 "博物馆的未来：恢复与重塑"（The Future of Museums: Recover and Reimagine）。

5 月 21 日，"深圳改革开放建筑遗产与文化城市建设研讨会"在被誉为深圳改革开放纪念碑的标志性建筑——深圳国贸大厦召开。会议在中国文物学

会、中国建筑学会支持下，由中共深圳市委组织部、中共深圳市委宣传部、深圳市规划和自然资源局、深圳市文化广电旅游体育局、中共深圳市龙华区委、龙华区人民政府、中国文物学会 20 世纪建筑遗产委员会主办。中国文物学会会长单霁翔，中国建筑学会理事长修龙，深圳市政协副主席吴以环，深圳市委副秘书长胡芸，中国工程院院士马国馨、何镜堂等 70 余位建筑界、文博界及深圳市文保、住建等部门领导、代表与会。

6 月 9 日，秘书处与全国工程勘察设计大师黄星元先生交流，黄大师倡言在推进中国 20 世纪遗产中的工业遗产项目中，也要关注新型工业遗产问题。

6 月 21—24 日，中国文物学会 20 世纪建筑遗产委员会组织"以 20 世纪建筑遗产的名义纪念建党百年之东北地区考察"活动，先后调研了位于丹东市的鸭绿江断桥、伪东行宫旧址，在宫绍山副馆长的陪同下考察了抗美援朝纪念馆等，并同《建筑设计管理》共同调研了东北大学旧址、京奉铁路沈阳总站、中国

△ 与会嘉宾合影

△ 参观国贸大厦历史展

△ 研讨会手册

△ 考察嘉宾合影

△ 南头古城考察

建筑东北设计研究院有限公司20世纪50年代办公楼、辽宁工业展览馆、奉天驿建筑群、沈阳二战盟军战俘营遗址陈列馆等项目。

6月23日，值中共建党百年及《中俄睦邻友好合作条约》签订20周年之际，由《中国建筑文化遗产》编辑部倾力三年策划编撰，由深圳市建筑工务署、深圳北理莫斯科、香港华艺设计顾问（深圳）有限公司主编的《深圳北理莫斯科大学》正式出版。

7月8—9日，应新疆建筑设计研究院有限公司之邀，《中国建筑文化遗产》《建筑评论》编辑部借为新疆院拍摄工程项目图片资料之机，为新疆院、新疆及乌鲁木齐市住建与文博部门相关人员作了主题为"遗产视野 创新凝思——致敬中国20世纪建筑经典与建筑巨匠"的学术报告。拜访了王小东院士、孙国城大师、自治区建设厅副总工程师金祖怡女士，并参观了刚刚开幕的新疆院院史文化展。

7月12日，由国际建筑师协会、巴西里约世界建筑师大会组委会、北京市人民政府、中国建筑学

会联合举办的第27届世界建筑师大会中巴合作论坛暨中国建筑展在北京城市副中心张家湾未来设计园区顺利开幕。作为论坛的重要组成部分，中国文物学会20世纪建筑遗产委员会应邀完成了"中国20世纪建筑遗产"特展版块。

7月18—22日国际建协第27届世界建筑师大会在巴西里约召开，本届 UIA 大会主题为"大千世界，万象归一"（All the Worlds. Just one World）

7月23日—8月8日，东京奥运会举行，口号为激情聚会（United by Emotion)，主场馆为隈研吾设计的新国立竞技场。

8月31日，由中国文物学会、中国建筑学会学术指导，北京市建筑设计研究院有限公司、中国20世纪建筑遗产委员会、《中国建筑文化遗产》《建筑评论》"两刊"编辑部联合主办承办的"第六批中国20世纪建筑遗产项目推介座谈会"在北京市建筑设计研究院有限公司举行。会上播放了由20世纪建筑遗产委员会编制的标志性活动宣传片，秘书处还向与

△ 考察组调研东北大学旧址

△ 考察组调研北大营营房旧址

△ 考察组拜访王小东院士

△ 考察组在薛绍睿总建筑师、范欣副总建筑师陪同下拜访孙国城大师

△ "第六批中国 20 世纪建筑遗产项目推介活动（终评）"专家合影

△ 7 月 12 日"中国 20 世纪建筑遗产"特展

△ 欧美同学会考察专家合影

△ 中国儿童剧院考察专家合影

△《中国 20 世纪建筑遗产名录（第二卷）》

会顾问委员特别解读了对试行稿《中国 20 世纪建筑遗产认定标准》的修订要点。会上推出了《中国 20 世纪建筑遗产名录（第二卷）》预印本。

2021 年九期《建筑学报》刊登"纪念梁思成诞辰 120 周年纪念专刊"。

9 月 12 日，由中国文物学会、中国建筑学会指导，北京市建筑设计研究院有限公司、中国文物学会 20 世纪建筑遗产委员会等单位联合编著，《中国 20 世纪建筑遗产名录（第二卷）》正式出版。

9 月 16 日，作为 2021 北京国际设计周"北京城市建筑双年展"的重要板块，由中国建筑学会、中国文物学会学术指导，中国建筑学会建筑文化学术委员会、中国文物学会 20 世纪建筑遗产委员会主办，北京市建筑设计研究院有限公司、《中国建筑文化遗产》《建筑评论》编辑部承办的"致敬百年经典——中国第一代建筑师的北京实践"系列学术活动日前正

△ 会议合影

△ 北京建筑双年展感谢信

△《深圳北理莫斯科大学》

△ 北航校庆 70 年建设历程——以校园建设的名义编撰《北航校园建设记（1952–2022）》研讨会嘉宾合影

△《中国建筑文化遗产》28 期封面

△《创造力：华艺设计 耕作集》

△《创造者：华艺设计 思语集》

式启动。9 月 16 日先期组织专家对欧美同学会（贝寿同作品）、原真光电影院（中国儿童艺术剧院）（沈理源作品）、北京体育馆（杨锡镠作品）等项目展开了学术考察。

9 月 26 日上午，"致敬百年经典——中国第一代建筑师的北京实践研讨沙龙"及"致敬百年经典——中国第一代建筑师的北京实践（奠基·谱系·贡献·比较·接力）"展览在北京市建筑设计研究院有限公司同时举行。研讨会由全国工程勘察设计大师、北京建院首席总建筑师、中国建筑学会建筑文化学术委员会副主任委员邵韦平，中国文物学会 20 世纪建筑遗产委员会副主任委员、秘书长、中国建筑学会建筑评论学术委员会副理事长金磊联合主持。

2021 年第 10 期《建筑学报》刊登了"纪念杨廷宝诞辰 120 周年纪念专刊"。

10 月 1 日—2022 年 3 月 31 日，第 43 届世界博览会在迪拜举行，主题口号为："沟通思想 创造未来"。

10 月 20 日，为感谢中国文物学会 20 世纪建筑遗产委员会为 2021 北京城市双年展中推出的"中国第一代建筑师的北京实践"系列活动版块，北京国际设计周组委会等单位特发来感谢信。

11 月 3 日，《悠远的祁红——文化池州的"茶"故事》（英语版）由英国独角兽出版集团推出（中国版于 2019 年出版），它堪称中国 20 世纪建筑遗产与中国"茶文化"远游海外的回声。

2021 年第 12 期《建筑学报》刊登曾子蕴、王小东撰写的文章《现代中国建筑史上闪光的一页——1949—1966 年新疆建筑师队伍的成长历程》。

12 月 1 日，由北航校园规划建设与资产管理处、《中国建筑文化遗产》《建筑评论》编辑部等单位联合主办的"北航校庆 70 年建设历程——以校园建设的名义编撰《北航校园建设记（1952—2022）》策划研讨会"在北航沙河校区举行。

12 月 16 日，由"三刊"编辑部策划编撰，体现深圳改革开放传承创新的设计机构史专著："华艺成立 35 周年丛书"《创造力：华艺设计 耕作集》《创造者：华艺设计 思语集》正式出版。

△ 2 月 25 日，"朱启钤与北京城市建设——北京中轴线建筑文化传播研究与历史贡献者回望"在北京建院召开

△ 3 月 2 日，"中建西北院 70 年创作座谈会"与会人员合影

△ 在首钢冬奥会跳台设施前合影

△ 2022 年 5·18 国际博物馆日海报

△ 6 月 21 日，北京建院建筑与文化遗产院成立揭牌仪式专家合影

2022 年

2 月 25 日，在影响中国城市建设的先驱、被周恩来总理视为爱国老人的朱启钤先生辞世 58 周年的前一天，中国文物学会 20 世纪建筑遗产委员会等举办了"朱启钤与北京城市建设——北京中轴线建筑文化传播研究与历史贡献者回望"学术沙龙活动。

3 月 1 日，"三刊"编辑部与中建西北院共同主办"《西安新建筑》编撰座谈会"在西安举行，来自西安市城市建设管理部门、建筑设计及相关高等院校的专家、领导 30 余人参加座谈会。3 月 2 日，"中建西北院 70 年创作"座谈会举行，来自中建西北院骨干建筑师的代表 20 多人参加座谈会。

3 月 28 日，"三刊"编辑部组织建筑文化考察活动，调研了北京永定河沿线、爨底下古村落等文化遗产项目，并在首钢工业园区考察工业遗产及北京冬奥会体育场馆，收集了丰富的冬奥场馆信息。

2022 年度国际古迹遗址日的主题确定为"遗产与气候"（Heritage & Climate）。

2022 年 "5·18" 国际博物馆日的主题为"博物馆的力量"（The Power of Museums）。

6 月 1 日，由中南建筑设计院股份有限公司、中国文物学会 20 世纪建筑遗产委员会共同编著的《世界当代经典建筑 深圳国贸大厦建设印记》正式出版。

6 月 21 日，以中国文物学会、中国建筑学会为学术指导，中国文物学会 20 世纪建筑遗产委员会、北京市建筑设计研究院有限公司、"两刊"编辑部联合主办承办的"第七批中国 20 世纪建筑遗产项目推介座谈会暨北京建院建筑与文化遗产院成立揭牌仪式"在北京市建筑设计研究院有限公司举行。

7 月 18 日，"20 世纪与当代遗产：事件＋建筑＋人"建筑师茶座在北京市建筑设计研究院有限

△ 6 月 21 日，第七批中国 20 世纪建筑遗产项目推介座谈会与会专家合影　　　　△ "20 世纪与当代遗产：事件 + 建筑 + 人" 建筑师茶座嘉宾合影

△《予知识以殿堂》　△《林徽音先生　△ 微信发布　△ 会议考察　　　　　　△ 赠书仪式
封面　　　　　　　年谱》封面

公司举行。邀请了线上、线下共 30 余位专家参加，会上推出了李东晔的《予知识以殿堂》、曹汛的《林徽音先生年谱》两书。

7 月 21 日，"慧智观察" 平台改版升级，推出 CAH 编辑部文章《经过专家推介，中国又添了哪些 20 世纪建筑遗产？》。

8 月 10 日，"中国 20 世纪建筑遗产项目·文化系列" 的第三部著作——《奏响瑰丽丝路的乐章——走进新疆人民剧场》正式出版。该书由中国文物学会 20 世纪建筑遗产委员会指导，金祖怡、范欣编著。

8 月 26 日，"第六批中国 20 世纪建筑遗产项目推介公布暨建筑遗产传承与创新研讨会" 在武汉洪山宾馆举行。洪山宾馆曾入选 "第四批中国 20 世纪建筑遗产" 项目名录。在来自全国建筑设计、文物保护、建筑文化等方面的专家、领导的共同见证下，主办机构向全国正式发布了 "第六批中国 20 世纪建

筑遗产项目推介" 名单，共 100 项。活动发布了《中国 20 世纪建筑遗产传承与发展·武汉倡议》，并举行了《世界当代经典建筑　深圳国贸大厦建设印记》首发仪式，举办了 "建筑遗产传承与创新研讨会"。"慧智观察" 视频号全程直播了本次活动。

9 月 2 日，在金磊的策划下，《建筑师的家园》由三联书店正式出版发行。该书是继《建筑师的童年》（2014），《建筑师的自白》（2016），《建筑师的大学》（2017）中国建筑师 "三部曲" 之后，中国建筑师文化的又一力作。

10 月 8 日，"中国 20 世纪建筑遗产项目·文化系列" 第四部著作——《洞庭湖畔的建筑传奇——岳阳湖滨大学的前世今生》正式出版。该书由中国文物学会 20 世纪建筑遗产委员会、岳阳市南湖新区教会学校文物管理编写。

10 月 15 日，中国文物学会 20 世纪建筑遗产委

△ 第六批公布会专家领导合影

△ 专家领导见证《武汉倡议》

△《世界的当代建筑经典——深圳国贸大厦建设印记》出版首发仪式

△ 单霁翔会长作主旨演讲

△宣读并阐释第六批中国20世纪建筑遗产项目

△ 沙龙现场

△ 沙龙研讨第二场

员会接到由著名文保专家华新民女士转来的相关人士对"通州发电厂旧址"保护现状堪忧的函，10月19日下午，委员会与华新民女士共同赴位于临河里街道棚改区域的"通州发电厂旧址"做现场调研。

10月22日，"理想之城与家园设计——《建筑师的家园》新书分享会"在北京三联书店举行。10余位建筑师和人文学者，围绕建筑师的社会使命、公共空间设计等话题，与参与活动的同行及读者进行了交流。

2022年第10期《世界建筑》刊登沈迪等的文章《外滩轮船招商总局大楼修复工程设计，上海》。

2022年第11期《建筑学报》刊登：刘东洋撰写的文章《彼时方塔园：追议那些正在隐去的时间性条件》；董书音、黄全乐、翁子添、温墨缘撰写的文

△ 10 月 19 日，调研考察通州发电厂旧址

△《建筑师的家园》首发式合影

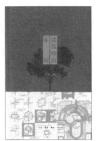

△《建筑师的家园》

△微信

△ 10 月 14 日考察石埭会馆

△ 10 月 26 日，考察北京石埭会馆团队合影

△《中国建筑文化遗产29》封面

△ 空天报国忆家园

△ 世界的当代建筑经典 深圳国贸大厦建设印记（封面）

△ 奏响瑰丽丝路的乐章 走进新疆人民剧场（封面）

△ 洞庭湖畔的建筑传奇：湖滨大学的前世今生（封面）

章《狭缝之间：1958—1985 年间的广州园林小品建筑》。

11 月 21 日，由《中国建筑文化遗产》编辑部承编，本书编写组编著的《空天报国忆家园 北航校园规划建设纪事（1952—2022）》正式出版。该书是以校园建设的名义，献给北京航空航天大学建校 70 周年的文化厚礼。

11 月 22 日，中国文物学会 20 世纪建筑遗产委员会专家团队正式向池州市人民政府提交了《北京池州石埭会馆修缮及恢复性活化利用申请报告》。

△ 2月8日，建筑文化考察组在云南大学合影

△ 2月16日，"文化城市建设中的文化遗产保护与传承研讨会暨第七批中国20世纪建筑遗产项目推介公布活动"嘉宾合影

△ 第七批中国20世纪建筑遗产推介活动宣传微信（组图）

△ 2月17日，池州老池口历史文化街区保护与城市更新研讨会专家领导合影

△ 2月25日，"《陈明达全集》首发式暨陈明达学术成就研讨会"嘉宾合影

2023年

2月8—13日，由中国文物学会20世纪建筑遗产委员会、《中国建筑文化遗产》编辑部等组成的建筑文化考察组一行九人，赴云南开启了为期6天的"云南20世纪建筑遗产考察"，在走访的26个建筑遗产项目中20世纪遗产占到80%。

2月16日，在广东茂名举行了"文化城市建设中的文化遗产保护与传承研讨会暨第七批中国20世纪建筑遗产项目推介公布活动"，公布推介了100个"第七批中国20世纪建筑遗产"项目。

2月17日，应池州市委市政府邀请，中国文物学会20世纪建筑遗产委员会陪同单霁翔会长等专家，赴池州参加"老池口历史文化街区保护和城市更新研讨会"，单霁翔会长受聘成为"池州市文旅发展首席顾问"，并在会上提出举办"首届中国池州世界三大高香茶暨茶文化产业国际博览会"的倡议。

2月25日，由中国文物学会20世纪建筑遗产委员会、《中国建筑文化遗产》编委会参与举办的"《陈明达全集》首发式暨陈明达学术成就研讨会"圆桌会议在首发式后举行。金磊、陈同滨联合主持。

3月20日《人民日报》（海外版）《世界遗产》栏目专访文章《中国20世纪建筑遗产再添100项》，对1~7批中国20世纪建筑遗产项目及特点的六个方面予以深度访谈。

4月12日，第30期《中国建筑文化遗产》学刊出版，本期主题为"20世纪遗产的事件学阐释：建筑与人"。

2023年度国际古迹遗址日的主题确定为"变革中的文化遗产"（Heritage Changes）。

4月14日，"价值创新与职业责任 三会联合学术年会"在北京香山饭店举行，由《建筑评论》编辑部承编、叶依谦著的《设计实录》一书在活动中首发。

5月4日，中国文物学会20世纪建筑遗产委员会携手五洲传播出版传媒有限公司，在PAGEONE北京坊店共同举办了《20世纪建筑遗产导读》新书

△《人民日报》（海外版）专访文章

△ 4 月 14 日，《设计实录》新书首发仪式在"三会联合学术年会"中举行

△《20 世纪建筑遗产导读》新书分享会嘉宾与读者合影

△《20 世纪建筑遗产导读》宣传页

△ 5 月 9 日，"'好建筑·好设计'主题系列"活动开幕沙龙对谈

△ "5·18 国际博物馆日"海报

△ 6 月 10 日，"第八批中国 20 世纪建筑遗产项目终评推介座谈会"嘉宾合影

分享会，与会专家一直认为，该书堪称"20 世纪建筑与当代遗产传播的'指南范本'"。

5 月 8 日，China Daily 中国日报网刊文 New book spotlights 20th—century architectural heritage。之后，中国日报网刊还发专题介绍了中国 20 世纪建筑遗产的相关情况。

5 月 9 日，《建筑评论》编辑部与北京建院联合举办的"'好建筑·好设计'主题系列"活动正式开启。7 月 26 日、8 月 15 日又分别举办了两场沙龙交流活动，单霁翔会长、马国馨院士、徐全胜董事长、崔彤大师、邵韦平大师、叶依谦总建筑师、薛明总建筑师等相继出席了系列交流活动。

2023 年"5·18"国际博物馆日的主题为："博物馆、可持续性与美好生活"（Museums, Sustainability and Wellbeing）

6 月 10 日，中国"文化与自然遗产日"当天，在中国文物学会、中国建筑学会指导下，20 世纪建筑遗产委员会于北京市建筑设计研究院有限公司举办了"第八批中国 20 世纪建筑遗产项目终评推介座谈会"，共计推介 101 项第八批中国 20 世纪建筑遗产项目。

6 月 16—20 日，建筑文化考察组赴江苏南通考察了张謇民族工业的系列贡献及南通博物苑的开创性成就；赴浙江杭州开展了 20 世纪遗产拍摄工作。

2023 年 7 月 2—6 日，国际建筑师协会第 28 届世界建筑师大会在丹麦哥本哈根隆重举行，主题为"可持续未来——不让任何一个人掉队"。

2023 年第 1 期《世界建筑》刊登许晓佳的文章《现代住宅中的机械隐喻——20 世纪技术革新是如何重构居住空间的》。

2023 年 7 期《建筑学报》刊登张聪慧撰写的文章《1890—1950 年代中国建筑话语中的"样式"与"风格"》；赵子杰、徐苏斌、青木信夫撰写的文章《日本建筑师在中国东北的集合住宅实践（1905—1945）》。

7 月 7 日，编辑部摄影团队前往新疆建筑设计研

△ 6 月 16 日，建筑文化考察组在南通市张謇第一小学张謇铜像前合影

△ 6 月 19 日，建筑文化考察组在潘天寿纪念馆内合影

△ 20 世纪建筑遗产委员会与浙江摄影出版社签署的《战略合作协议》封面

△ 7 月 7-14 日，《中国建筑文化遗产》编辑部应邀再为新疆建筑设计研究院开展建筑摄影拍摄工作

△《人民日报》报影

△ 8 月 10 日，在野寨抗日阵亡将士公墓忠烈祠前合影

△ 8 月 11 日，考察红军中央独立第二师司令部旧址

△ 8 月 9 日，考察安庆师范大学红楼并与校领导交流

△ "天津历史街区与工业遗存活化利用交流会"会前部分专家合影

△ "第八批中国 20 世纪建筑遗产项目推介暨现当代建筑遗产与城市更新研讨会"与会嘉宾合影

究院开展建筑作品拍摄工作。

8 月 5 日《人民日报》刊发金磊文章《中国二十世纪建筑遗产项目公布推介七批共六百九十七项——现代建筑的实践，穿越时光的魅力》。

8 月 8 日—8 月 11 日，为出版《历史与现代的安庆 中国近现代建筑遗产》一书收集项目资料并拍摄，委员会秘书处组织团队赴安庆市共计完成了 30 余个项目的考察。

9 月 7 日，天津历史街区与工业遗存活化利用交流会在天津棉 3 创意街区举行。单霁翔、金磊分别围绕 20 世纪遗产理念与新中国工业遗产"活化利用"作了主旨演讲。

9 月 16 日，"第八批中国 20 世纪建筑遗产项目推介暨现当代建筑遗产与城市更新研讨会"在四川大学望江校区举行。在中国文物学会、中国建筑学会的指导下，由四川大学、四川省建筑设计研究院有限

△ 西南建筑遗产保护发展现状分析评估座谈会嘉宾合影 　　△ 四川大学举行的学术沙龙 　　△ 第八批中国 20 世纪建筑遗产项目推介会议手册 　　△ 9 月 24 日 *China Daily* 中国日报网刊发文章

△ 10 月 8 日，"新中国 20 世纪建筑遗产活化利用暨上海现当代优秀建筑传承创新研讨会"嘉宾合影 　　△ 考察杨浦区图书馆 　　△ 中国新书杂志刊出《20 世纪建筑遗产导读》推介版块

△ 建筑师"好设计"营造暨叶依谦《设计实录》分享座谈现场 　　△ 11 月 18 日，"光阴里的建筑——20 世纪建筑遗产保护利用"研讨会学术对话 　　△ "光阴里的建筑"嘉宾合影

公司、中国文物学会 20 世纪建筑遗产委员会联合主办。第八批中国 20 世纪建筑遗产项目推介名录公布，共 101 项。自 2016 年至今，共计向社会推介了八批 798 个项目。会上发布了《现当代建筑遗产传承与城市更新·成都倡议》。

10 月 8 日，20 世纪建筑遗产委员会与上海市建筑学会联合举办了"新中国 20 世纪建筑遗产活化利用暨上海现当代优秀建筑传承创新研讨会"，并发布了《新中国 20 世纪建筑遗产项目活化利用·上海倡议》。

10 月 14 日，由北京市建筑设计研究院有限公司主办，《中国建筑文化遗产》《建筑评论》编辑部承办的建筑师"好设计"营造暨叶依谦《设计实录》分享座谈会成功召开。来自全国各地 20 余位院士大师齐聚北京建院，共同分享《设计实录》一书。

11 月 18 日，"光阴里的建筑——20 世纪建筑

△ "近现代建筑遗产在安庆"学术沙龙环节

△ 首发式及赠书仪式

△ 中国安庆20世纪建筑遗产文化系列活动与会嘉宾合影

遗产保护利用"在江苏南京举行，单霁翔会长、周岚副主席、王建国院士、金磊秘书长等应邀出席并展开学术对话。

11月19日，中国安庆20世纪建筑遗产文化系列活动在安庆市举行，活动汇聚了建筑规划、遗产文博、高校等领域的百余名专家。单霁翔会长以"让文化遗产活起来"为题发表了主旨演讲；金磊秘书长、安庆师范大学彭凤莲校长分别发表主题发言；中国文物学会20世纪建筑遗产委员会策划主编的《历史与现代的安庆：中国近现代建筑遗产》和《高等教育珍贵遗存：走进安庆师范大学敬敷书院旧址·红楼》在首发及赠书仪式中亮相；《中国安庆20世纪建筑遗产文化系列活动·安庆倡议》在活动中发布。晚间，组织部分专家举行了"沙龙叙谈 近现代建筑遗产在安庆"座谈活动。

11月，CHINA BOOK INTERNATIONAL（中国新书）杂志刊出《20世纪建筑遗产导读》推介版块。

11月23日，20世纪建筑遗产委员会秘书处执笔的《北京20世纪建筑遗产保护与利用研究报告》完成撰文，提交《北京建筑文化发展报告（2023）》编写委员会。

2023年第12期《建筑学报》刊登彭长歆、李睿撰写的文章《世界性与地方性：岭南学派的创建》；罗坤撰写、崔雨初译的文章《新岭南建筑的沉浮：白天鹅宾馆与世界性》。

2023年第6期《城市规划学刊》，提出了"城市规划学科发展年度十大关键词（2023—2024）"，其中第三个关键词为"城市财务；城市更新可持续发展"，联合国人居署确定的2023年世界人居日主题是"韧性城市经济，城市推动经济增长和复苏"。同期刊出学术笔谈，共提出四个议题：（1）文脉传承与基因延续；（2）保护与开发；（3）遗产智化；（4）政策导向与机制创新；

12月13日，由中国文物学会20世纪建筑遗产委员会、北京市建筑设计研究院有限公司叶依谦工作室联合举办的"建筑遗产新书写 围绕《20世纪建筑

△ "沙龙叙谈 近现代建筑遗产在安庆"座谈活动专家合影　　　　△ 与会嘉宾在安庆师范大学红楼前合影

△ 中国安庆 20 世纪　△ 安庆会议宣传页　　△ 下午研讨会场景　　　　　　　　　　　△ 金磊与郑时龄院士、吴硕贤院
及建筑遗产文化系列　　　　　　　　　　　　　　　　　　　　　　　　　　　　　　士（坐）、刘颂书记
活动会序册

△《中国建筑文化遗产
30》封面

遗产导读》研究与传播的座谈"学术活动。

12 月 19 日，今日头条"建筑的文化"平台刊发秘书处《用国际化视野看待中国的 20 世纪建筑遗产保护》专题文章。

12 月 23 日，金磊等参加在同济大学召开的中国科学院学部科学与技术前沿论坛（第 154 次）"建筑学与城乡规划学前沿"暨 2023 中国建筑学会建筑评论学术委员会会议。

12 月 28 日，由《中国建筑文化遗产》编辑部作为展陈策划及文字统筹的北京建院院史馆正式开馆。

△ 参观北京建院院史馆

△ 第九批中国 20 世纪建筑遗产项目推介座谈会 嘉宾合影

△ 《朱启钤与北京》封面

△ 《浙江画报》文化专版 "浙风流韵：中国 20 世纪建筑遗产"

△ 院士大师参观马院士图书展

△ "马国馨：我的设计生涯"展览开幕式合影

2024

2 月 26 日，在中国文物学会、中国建筑学会指导下，由中国文物学会 20 世纪建筑遗产委员会与北京市建筑设计研究院股份有限公司联合主办的"与国同行·都城设计—走进北京建院'院史馆'暨《朱启钤与北京》首发座谈会"在北京建院举行；

3 月 7 日，由中国文物学会、中国建筑学会学术指导，中国文物学会 20 世纪建筑遗产委员会、北京市建筑设计研究院股份有限公司、《中国建筑文化遗产》《建筑评论》"两刊"编辑部联合主办承办的"第九批中国 20 世纪建筑遗产项目推介座谈会"在北京建院举行。在公证处的监督下，共计产生 102 项"第九批中国 20 世纪建筑遗产项目"。

3 月 10 日，由中国文物学会 20 世纪建筑遗产委员会与浙江摄影出版社联合在 2024 年第 3 期的《浙江画报》推出大篇幅《浙风流韵：中国 20 世纪建筑遗产》长篇文化专版。

3 月 11 日，《文汇报》刊发文章《中轴线申遗历史贡献者如何启示今人〈朱启钤与北京〉一书在京首发》。本文是根据《文汇报》2 月 27 日对委员会专访整理而成的。

3 月 20 日，在天津大学、中国建筑学会、中国文物学会、中国工程院土水建学部指导下，"马国馨：我的设计生涯——建筑文化图书展"系列文化活动（展览开幕·研讨会·北洋大讲堂）在天津大学卫津路校区举行。

值新中国成立 75 周年之际，2024 年 4 月 27 日，"公众视野下的 20 世纪遗产——第九批中国 20 世纪建筑遗产项目推介暨 20 世纪建筑遗产活化利用城市更新优秀案例研讨会"在"第六批中国 20 世纪建筑遗产推介项目"天津市第二工人文化宫隆重举行。本次活动，旨在贯彻习近平总书记 2024 年 2 月视察天津时再次强调文化遗产保护对城市建设的重要性，尤其要围绕"以文化人、以文惠民、以文润城、以文兴业"开展城市文化建设的重要指示。活动在中国文

△ 第九批推介会现场（组图）

中国文物学会 20 世纪建筑遗产委员会副主任委员、秘书长金磊主持

全国工程勘察设计大师、天津市建筑设计研究院有限公司名誉院长刘景樑

中国建筑学会理事长修龙

中国工程院院士、全国工程勘察设计大师、中国文物学会 20 世纪建筑遗产委员会主任委员马国馨

物学会、中国建筑学会、天津大学、天津市住房和城乡建设委、天津市规划和自然资源局、天津市文化和旅游局、天津市国资委、天津市科学技术协会单位指导下，由中国文物学会 20 世纪建筑遗产委员会、天津住宅建设发展集团有限公司、天津津融投资服务集团有限公司、天津市海河设计集团、天津大学建筑设计规划研究总院有限公司主办，天津市建筑设计研究院有限公司、天津大学建筑学院、天津市房屋鉴定建筑设计院有限公司、天津新劝业商业发展有限公司、天津新岸创意产业投资有限公司、天津大学出版社有限责任公司承办。在全国建筑、文博专家的共同见证下，共推介了 102 个第九批中国 20 世纪建筑遗产推介项目。推介活动由中国文物学会 20 世纪建筑遗产委员会副主任委员、秘书长金磊主持

中国文物学会常务副会长、秘书长黄元，中国建筑学会秘书长、全国工程勘察设计大师李存东简要宣读第九批中国 20 世纪建筑遗产项目发布环节

全国工程勘察设计大师、天津市建筑设计研究院名誉院长刘景樑，中国建筑学会理事长修龙，中国工程院院士、全国工程勘察设计大师马国馨，天津大学党委常委、宣传部长杨欢致辞，国际建筑师协会秘书长瑞伊·雷奥为大会作视频致辞。中国文物学会常务副会长、秘书长黄元，中国建筑学会秘书长、全国工程勘察设计大师李存东，简要宣读以沪江大学近代建筑群、天津第三棉纺厂旧址、哈尔滨北方大厦、宁波市人民大会堂、广州市府合署大楼、天津古文化街（津门故里）、青岛中山路近代建筑群、江西省美术馆、中国女排腾飞馆、西南大学历史建筑群、广西人民会堂、八路军驻新疆办事处旧址、黎平会议会址、安徽劝业场旧址（现前言后记新华书店）、韬奋纪念馆、中山纪念图书馆旧址、北京国际金融大厦、辽宁大厦、贵州博物馆旧址（现贵州美术馆）、营口百年气象陈列馆为代表的部分第九批中国 20 世纪建筑遗产推介项目名录。

国际建筑师协会秘书长瑞伊·雷奥为大会作视频致辞

中国文物学会常务副会长、秘书长黄元，中国建筑学会秘书长、全国工程勘察设计大师李存东简要宣读第九批中国20世纪建筑遗产项目发布环节

解读《中国20世纪建筑遗产年度报告（2014—2024）》蓝皮书环节

北京市建筑设计研究院股份有限公司党委书记、董事长、总建筑师徐全胜

天津津融投资服务集团有限公司总经理陈燕华

天津市建筑设计研究院有限公司副总经理、首席总建筑师朱铁麟

天津市房屋鉴定建筑设计院有限公司院长曹宇

天津大学建筑设计规划研究总院有限公司总经理、总建筑师谌谦

全国工程勘察设计大师、天津市建筑设计研究院名誉院长刘景樑，中国文物学会常务理事、天津市历史风貌建筑保护专家咨询委员会主任路红发布解读《中国20世纪建筑遗产年度报告（2014—2024）》蓝皮书环节

作为本次推介学术活动的"亮点"：全国工程勘察设计大师、天津市建筑设计研究院名誉院长刘景樑，中国文物学会常务理事、天津市历史风貌建筑保护专家咨询委员会主任路红发布并解读了《中国20世纪建筑遗产年度报告（2014—2024）》蓝皮书要点，"蓝皮书"出版意义与价值在于梳理中国20世纪建筑遗产十年发展的历程、总结概括中国20世纪建筑遗产十年的成果、提出未来中国20世纪建筑遗产的发展愿景；"蓝皮书"总结了20世纪遗产的十年历程呈现学术的"风景"，即在遗产类型上，不断拓展，坚持有据探新不止的十年；在国际视野上，不断用20世纪与当代遗产观紧随世界潮流的十年；在鼓励

创作上，不断用促进20世纪遗产的科技文化，助力设计创新的十年；在交叉科学建设上，中国文物学会、中国建筑学会密切合作，开创建筑文博大融合的十年；在见人见物上，结合20世纪遗产项目，不断挖掘寻找建筑巨匠的十年。

金磊秘书长在主持中阐释了本次活动的意义与价值，他表示向"新"而行的时代之境，要求记住"20世纪百年""10年求索""九批""900项"作品这一串耀眼的数字，它们是探寻中国建筑遗产新类型的文化密码，是城市更新中需要保护传承的文化场域，是中国建筑文博界联手打造展示给世界的一道风景，更成为见证并推动文博大发展、走向中国式现代化的生动实践。

北京市建筑设计研究院股份有限公司党委书记、董事长、总建筑师徐全胜，天津津融投资服务集团有限公司总经理陈燕华，天津市建筑设计研究院有限公司副总经理、首席总建筑师朱铁麟，天津市房屋鉴定

浙江省建筑设计研究院副总经理、总建筑师许世文

香港华艺设计顾问（深圳）有限公司总经理、总建筑师　深圳市勘察设计行业协会会长陈日飙

新书发布《新中国天津建筑记忆 天津市第二工人文化宫》、推介《20世纪建筑遗产导读》及赠书仪式

《公众视野下的中国20世纪建筑遗产·天津倡议》解读环节

"遗产百年·致敬经典 首届中国20世纪建筑遗产摄影大展"启动仪式

中国科学院院士、美国建筑师学会荣誉会士、同济大学建筑城规学院学术委员会主任常青作主旨演讲

建筑设计院有限公司院长曹宇，天津大学建筑设计规划研究总院有限公司总经理、总建筑师谌谦，浙江省建筑设计研究院副总经理许世文，香港华艺设计顾问（深圳）有限公司总经理、总建筑师、深圳市勘察设计行业协会会长陈日飙作为20世纪建筑遗产做出贡献的单位领导及专家代表先后发言，分享其在遗产传承发展中的设计经验、启示及感受。大会上发布了《新中国天津建筑记忆 天津市第二工人文化宫》、推介《20世纪建筑遗产导读》并举行赠书仪式，并向天津市双菱中学学生代表、天津市劳动模范代表及天津市图书馆界代表赠书。

会上隆重解读了《公众视野下的中国20世纪建筑遗产·天津倡议》要点，解读人为北京市建筑设计研究院股份有限公司执行总建筑师叶依谦，全国工程勘察设计大师、广东省建筑设计研究院副院长、总建筑师陈雄，全国工程勘察设计大师、中南建筑设计院股份有限公司首席总建筑师桂学文，全国工程勘察设计大师、北京建筑大学建筑与城市规划学院教授胡

越，新疆建筑设计研究院有限公司总建筑师薛绍睿，天津大学建筑学院党委书记、院长宋昆。会议另一个亮点是单霁翔会长、修龙理事长、马国馨院士宣布"遗产百年·致敬经典 首届中国20世纪建筑遗产摄影大展"启动，它预示着让业界与全民走近中国20世纪建筑遗产成为可能。

引发全场数百名嘉宾同与会者共鸣的是中国科学院院士、美国建筑师学会荣誉会士、同济大学建筑城规学院学术委员会主任常青、单霁翔会长的主旨演讲，分别从不同视角梳理了20世纪建筑遗产的理念，同时以国际视野下的建筑遗产活化利用，为与会者开拓了新视野。

下午先后举办了天津棉三创意街区的学术活动及揭牌仪式，在天津市规划展览馆推出了"时代之镜·十载春秋——中国20世纪建筑遗产全纪录特展"。还举办了两场平行论坛：其一，"重塑空间·焕新价值"暨天津市城市更新实践与建筑遗产活化利用研讨会"；其二，"守护与成就 我们的20世纪经典"研讨会。

公众视野下的 20 世纪遗产———第九批中国 20 世纪建筑遗产项目推介暨 20 世纪建筑遗产活化利用城市更新优秀案例研讨会"在"第六批中国 20 世纪建筑遗产推介项目与会嘉宾合影

4 月 28 日，与会代表考察学习了天津城市更新方面做出成绩的经典项目。

2024 年 4 月出版的"建筑文化蓝皮书"《北京建筑文化发展报告》收录了秘书处的文章《北京 20 世纪建筑遗产保护与利用研究报告》。

5 月 2 日深夜，第六批全国重点文物保护单位，中国 20 世纪建筑遗产项目，1934 年建成的河南大学大礼堂，全称河南大学河南留学欧美预备学校旧址大礼堂，在大火中轰然倒塌。

5 月 11 日，《人民日报》"文化遗产版"刊发中国文物学会 20 世纪建筑遗产委员会秘书处署名文章"在城市微更新中保护建筑遗产"。

5 月 13 日，国际标准化组织（ISO）文化遗产保护技术委员会（ISO/TC 349）成立大会在北京举行，ISO/TC 349 秘书处旨在团结国际同行、全球伙伴共同制定国际标准，共同保护世界文化和自然遗产，助推实现联合国 2030 可持续发展目标。

5 月 18 日晚，美国宾夕法尼亚大学韦茨曼设计学院的毕业典礼上，举行了林徽因入学宾大百年暨建筑学学位追授庆典，正式向林徽因颁发建筑学学士学位以表彰她作为中国现代建筑先驱所做出的卓越贡献。林徽因的外孙女于葵代表林徽因从韦茨曼设计学院院长弗里茨·斯坦纳手中接过了这份迟到近百年的学位证书。

5 月，UNESCO 纪念《海牙公约》70 周年国际会议"文化遗产与和平"在海牙召开。会议回顾了《公约》数十年来在冲突期间保护文化遗产的成就、优秀实践和挑战。《海牙公约》作为该领域的首个多边协议，被视为"所有文化遗产保护公约之母"。

5 月 21 日 -23 日，应中建西北建筑设计研究院屈培青总之邀，20 世纪建筑遗产委员会秘书处组织专家团队赴延安考察延安鲁艺文化传承项目在内的多项红色 20 世纪建筑遗产经典项目。

6 月 30 日，中国文物学会 20 世纪建筑遗产委员会，在"中国文物学会成立四十周年座谈会"中，向中国文物学会提交"书面工作建议"。

中国文物学会会长　故宫博物院学术委员会主任单霁翔作主旨演讲

天津棉三创意街区的学术活动及揭牌仪式

"重塑空间·焕新价值"暨天津市城市更新实践与建筑遗产活化利用研讨会"嘉宾合影

"时代之境 十载春秋——中国20世纪建筑遗产全纪录特展"开幕式合影

"重塑空间·焕新价值"暨天津市城市更新实践与建筑遗产活化利用研讨会沙龙现场

守护与成就 我们的20世纪经典"研讨会嘉宾合影

利顺德大饭店合影

张园考察合影

"建筑文化蓝皮书"封面

林徽因的外孙女于葵代表林徽因接受学位证书

林徽因建筑学学士学位证书

5月纪念《海牙公约》70周年会议

建筑文化考察组考察延安鲁艺

非
件
篇

EVENTS

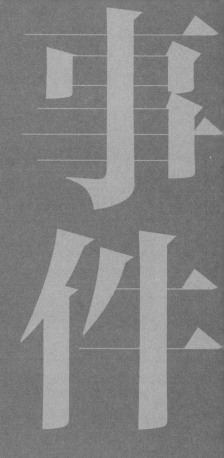

EVENTS
DECLARATION

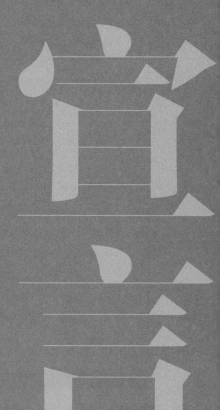

宣言一·20 世纪建筑遗产保护 · 天津宣言

（2012 年 7 月 7 日 天津）

　　2012 年 7 月 6 日至 7 日，"首届中国 20 世纪建筑遗产保护与利用研讨会"在天津召开。本次研讨会是为纪念中国第 7 个"文化遗产日"而举办的。在此之前的 6 月 29 日，刚刚从圣彼得堡第 36 届世界遗产委员会传出喜讯，"中国元上都遗址"已被列入《世界遗产名录》，至此我国已有 30 项世界文化遗产，我国世界遗产总数达到 42 项。本次会议由中国文物学会、天津大学、天津市历史风貌建筑保护专家咨询委员会、天津大学建筑设计规划研究总院、《中国建筑文化遗产》杂志社等单位联合主办、承办，共有全国十多个历史文化名城、近现代建筑遗产保护设计研究单位及高校师生近 200 人与会。会议聆听了国内外 20 世纪建筑遗产保护的最新理念，交流各城市在 20 世纪建筑遗产保护方面的成功经验，研讨了面向新时代中国建筑遗产保护的规划、设计、技术、工艺诸方面的策略及做法，从而提出有指导意义的近现代建筑遗产保护的技术与管理思路。

　　与会专家高度关注：由于中国城市化进程的高速推进，20 世纪建筑遗产保护面临严峻的挑战，正如 1999 年《北京宪章》所提出的文化危言 "20 世纪是个大发展、大破坏的世纪"。在新旧世纪交替之际，恰因不健全的市场、环境生态的破坏、盲目推进的城市化、建设管理者的失职等原因，致使全国上下近现代建筑，从公共项目到工业项目、从名人故居到城市街区的拆建行为屡见不鲜，造成一批不可再生的建筑遗产的损失。这是对城市文化的践踏与冲击，体现了破坏与建设同行、毁誉共生的复杂局面。在众多城市奇迹般崛起的同时，隆隆的推土机声传来对历史文脉断裂的担忧，出现了"千城一面，万楼一式"的单调、造成了"几根柱子托个球"式的雕塑泛滥，暴露出城市文化建设内涵的空虚，如此价值空心，失去文脉与年轮的城市何谈幸福与品质。

　　与会专家十分赞同：当前在全国，尤其是建筑和文物保护的学术与实践领域，对 20 世纪建筑遗产保护的关注与实践越来越多。无论是理论界的呼吁，还是操作层面的实践，全国都涌现出保护的范例；无论是民间的声音，还是政府层面的决策，保护的佳音频传。尤其值得赞叹的是，在保护的队伍里涌现了越来越多的普通百姓。人民群众对建筑遗产保护的关注达到了前所未有的高度，这是文化遗产保护的幸事，也是保护进一步前行的动力。正是基于全国范围内杰出的保护实践，成为我们此次会议的一个重要催化剂。

　　与会专家认为：城市文化的当代认同必须书写出对于遗产的价值评判。评判的主要依据有"三大价值"即历史价值、艺术价值和科技价值。若综合考虑 20 世纪建筑文化遗产保护的最新理念，可对 20 世纪中国建筑遗产做出如下初步分期：

　　（1）清末建筑（1901—1911 年）；

　　（2）民国初期建筑（1912—1926年）；

　　（3）民国盛期建筑（1927—1937年）；

　　（4）抗日战争及战后建筑（1937—1949年）；

　　（5）新中国初期建筑（1950—1965年）；

　　（6）"文化大革命"时期建筑（1966—1976年）；

　　（7）20世纪末期建筑（1977—2000年）；

　　（8）台港澳地区建筑（1950—2000年）等。

　　目前，按照世存数量、建筑水平和历史价值等多重因素综合考虑，1965年之前的建筑，多数应列入建筑文化遗产，而1966年至20世纪末的建筑，虽经几代人研究与甄别，还应尽早将其中的经典性、代表性建筑列入文化遗产行列。因为，建筑从来不是单纯砖石、水泥与钢筋的混合物，它是文化、民生、政治、天然的公共事物。因为建筑是"从空间去把握时代意志"的，所以建筑遗产保护绝不能让后代说："瞧，这些被毁的城市，当年我们的祖先曾经失去了魂灵。"具体评点如下。

　　（1）中国20世纪建筑是特定时代的产物，见证了中国自鸦片战争、辛亥革命、北伐战争、抗日战争直至中华人民共和国成立、"文革"、改革开放等重大历史事件与社会变革进程，记录着中国近现代推翻封建帝制、创立共和政体、逐步走向民主富强的艰难路途。

　　（2）在这百年的漫长岁月中，中国建筑形成了西方古典主义建筑、折中主义建筑、中西合璧建筑、中国固有建筑（中国古典复兴式）、现代主义建筑和后现代主义建筑等多种建筑艺术风格兼容并蓄的局面，先后出现了上海外滩建筑群、天津解放北路建筑群、南京中山陵园建筑群、广州中山堂、上海中国银行总部大楼、杭州钱塘江大桥、衡山南岳忠烈祠建筑组群、重庆市人大会堂、1959年"国庆十大工程"、台北国父纪念馆、台北圆山饭店、南京长江大桥、北京香山饭店、广州白天鹅酒店、西安三唐工程等建筑经典；同时涌现了如吕彦直、庄俊、关颂声、沈理源、杨廷宝、贝聿铭等建筑设计大师，出现了朱启钤、梁思成、刘敦桢等建筑理论家。这些不同艺术风格的建筑精品以及其所蕴含的建筑思潮，共同组成了一个完整的建筑体系，整体反映了中国在这一特定社会背景下的审美追求，具有独树一帜的美学价值。

　　（3）伴随着社会生产形态的变迁，近现代建筑活动每一次艺术风格的变化，都与材料、工艺和科技理论的进步息息相关，逐步形成了以科技进步带动建筑革命的局面。20世纪优秀的近现代建筑较好地诠释了当时的科学技术进步的水平。

　　鉴于上述评点，我们的共识是：随着时间的推移，中国近现代建筑保护研究虽逐渐展露其文化的多元性、技术的先进性和风格的独特性，但由于功利主义曾主宰了一切，使那些具有广泛而持久的历史、艺术和科技价值，承载着中国近现代历史文化的记忆、代表着中国在近代以来的巨大社会转型和创新具有不可替代的文化遗产价值的作品面临危险。据此，与会者倡议如下。

　　第一，加大中国20世纪建筑文化遗产保护的工作力度。结合全国文物普查工作成果，应将近现代建筑作为一个重点进行总体分析与归纳研究，对具有较高历史、科学、艺术价值的近现代建筑，应由各级人民政府及时将其公布为文物保护单位，划定保护范围和建设控制地带，明确保护要求和环境控制要求。因为城市的历史一旦失落，就不会再有城市文脉的真实未来。

　　第二，加强中国 20 世纪建筑文化遗产的保护技术研究。近现代建筑是中西文化碰撞与交融的产物，具有丰富的内涵；同时，近现代的建筑结构与中国传统木构架体系的建筑结构有所不同，其保护维修技术更有其自身的特殊性。因此，加强对中国近现代建筑文化内涵和保护技术的深入研究是当务之急。

　　第三，呼吁组建中国 20 世纪建筑遗产保护研究的专门机构，设立专项基金，凝聚更多的政府、社会、企业、非政府组织的合力，展开一个中国近现代建筑保护的长期持续的系统的文化工程，为不可再生的人类共同文化遗产的永久保存与合理利用提供帮助、奠定基础。

　　第四，加强中国 20 世纪建筑文化遗产的教育。如针对中国 20 世纪优秀建筑在艺术创作、科技进步乃至环境处理的特点、经典个案，发挥对当代建筑创作的借鉴作用，尤其将"中国 20 世纪建筑历史"及"建筑遗产学"等内容列入高校建筑学院（系）"建筑历史与理论"课程之中，丰富中国建筑历史教育体系。

　　第五，加大对中国 20 世纪建筑遗产的传播力度。抓住中央号召的文化大繁荣、大发展的机遇，让广大公众都能了解 20 世纪近现代建筑所蕴含的价值，让全社会都能自觉加入到对中国近现代建筑保护的行列中。对于近现代经典建筑作品，应像对待古代建筑经典和绘画、雕塑等其他门类的艺术精品一样，纳入国民文化启蒙教育体系。既要在城市文化的多样性与保护历史街区上探究新思，更要关注对不同城市文化人类学的考量，实现跨文化区域的综合遗产保护的定位。

　　第六，20 世纪建筑遗产保护和利用过程要依法办事。要大力加强建筑遗产保护的立法和依法保护。对于文物类建筑遗产一定要严格遵行《中华人民共和国文物保护法》相关规定；对于尚未成为文物类的建筑遗产，如各地挂牌的历史建筑，在实践中要执行国务院《历史文化名城名镇名村保护条例》以及各地在实践中颁布的一系列法规，做到依法保护与利用。必须最大限度地遏制乱拆、乱建，破坏城市文脉的各种违法行为。

　　第七，中国 20 世纪建筑遗产保护是全民族的大事，提升国民的文化品质就是提升整个国家的品质。要彻底改变城市建设中"历史、故乡、记忆"逐渐变为废墟的现状，尽管还有漫长的路要走，但如何保护并利用好就在我们身边的 20 世纪优秀建筑文化遗产，离不开政府职能部门及立法保护，更离不开有文化创意的中国建筑界、文博界专家与学术团体的通力合作。在这里，我们呼吁中国文物学会与中国建筑学会强强联合，携手共同发起建筑文化活动，呼吁两学会专家们共同为保护中国城市文脉而战。

　　中国城市化急速发展时期，最容易产生的问题就是传统的断裂与文化信仰的丢失。我们绝不期待高速的城市化建设能自动填满道德上的空虚、留存下城市的记忆。相反，高举由"功能城市"向"文化城市"转变之思，是践行中国十七届六中全会聚集文化"大发展、大繁荣"的创新之举。建筑文化遗产的保护并非冻结现状，而是要让他们融入并服务现代生活，为此，政府要扮好合作角色，制定保护政策，并有义务给非政府组织的保护行动提供体制机制上的保障。

　　国民之魂，文以化之；国家之神，文以铸之。中国文化遗产保护事业如何书写建筑文化遗产的"20 世纪发展史"，是检验城市化进程中我们文化自觉的标尺，更是将中国建筑文化遗产立足于世界文化之林的一种责任与使命。

出席"首届中国 20 世纪建筑遗产保护与利用研讨会"全体专家

2012 年 7 月 7 日 于天津

宣言二·中国 20 世纪建筑遗产保护与发展建议书

（2015 年 9 月 15 日 天津 滨海）

2015 年 9 月 15 日在第六届中国（天津滨海）国际生态城市论坛上，举行了由中国文物学会、天津市滨海新区人民政府联合主办的"20 世纪建筑遗产保护与城市创新发展"分论坛。与会专家面对中国经济"新常态"，结合天津港"8·12"爆炸事故反映出的安全生产与环境保护的问题分析，强调分割式的管理格局不仅是城市生态安全建设的大忌，也是 20 世纪建筑遗产保护与城市创新的障碍。作为一种共识：如果认同"风险社会"呼唤城市的安全度，那么可持续发展的城市生态安全治理就需要进一步精细化。城市化的高速发展同样也挑战"活化"的建筑记忆，无论是从城市的文化安全，还是从 20 世纪建筑遗产保护肩负的使命看，建设中国生态文化城市的目标仍十分艰巨。正如我们在迎接绿色时代到来时最缺乏生态投资，中国在面对新型城镇化建设时更需要文化遗产的多元投资。

早在 2012 年 7 月 6 日至 7 日，在天津召开的"首届中国 20 世纪建筑遗产保护与利用研讨会"上，与会专家就发出了《20 世纪建筑遗产保护·天津宣言》，它主要涉及六方面内容即：

（1）加大 20 世纪建筑遗产保护的工作力度；

（2）加强中国 20 世纪建筑遗产保护技术研究；

（3）组建中国 20 世纪建筑遗产保护研究专门机构；

（4）加强中国 20 世纪建筑遗产教育；

（5）加强对中国 20 世纪建筑遗产的传播力度；

（6）20 世纪建筑遗产保护和利用要依法办事等。

回眸中国建筑界、文博界近年来为中国城市文脉而战的一系列行动，可喜的是，2014 年 4 月 29 日中国文物学会 20 世纪建筑遗产委员会宣告成立，它使国家 20 世纪建筑遗产保护、研究乃至咨询智库有了专家团队。委员会秘书处自 2014 年 8 月完善了《中国 20 世纪建筑遗产认定标准》，2014 年 9 月至 2015 年 8 月在单霁翔院长、马国馨院士两位会长的指导下，依靠委员会权威的专家及顾问团队，已经在公证处的全程监督之下评选出首批中国 20 世纪建筑遗产名录。其相关命名、颁布工作正在推进之中。

然而，也必须充分看到，高速行进的中国新型城镇化步伐，最容易产生与传统的断裂和造成文化信仰的缺失。盲目大拆大建的城镇化进程，使城市规划与建筑设计丢失了自信与自尊，如何在 20 世纪建筑遗产保护法纪不彰的时下，持续完成从"功能城市"走向"文化城市"的转变，需要从体制、机制、法制诸方面来一次"顶层设计"，据此参加"20 世纪建筑遗产保护与城市创新发展"论坛的专家们提出如下建言。

（1）要率先在新型城镇化建设中对公务员普及 20 世纪建筑遗产知识。20 世纪建筑遗产在文化遗产家族中较为年轻，正因如此，人们往往忽视它的存在，建筑遗产在全国各地遭到损毁的情况仍比较严重。20 世纪遗产是近现代百年风云的载体，更是难得的文化资源，对此必须要有清醒的认识。为此，不仅要在高校中的城市与建筑学院（系）开设专门"20 世纪建筑遗产"课程，还要为城市公务员编写《20 世纪建筑遗产知识读本》，使之成为城市管理者的必备素养之一。

（2）要积极学习 20 世纪建筑遗产国际组织及相关国家的先进经验。联合国教科文组织下的国际古迹遗址理事会下设 20 世纪科学委员会，并且已有《20 世纪建筑遗产保护办法的马德里文件 2011》等文件发布，它们为中国 20 世纪建筑遗产保护提供了国际化视野及先进做法。要在坚持国内城市间交流的基础上，开拓视野，向世界范围内的先进经验学习，为中国 20 世纪建筑遗产保护与利用走向国际奠定基础。

（3）要加强对中国 20 世纪建筑师设计思想的研究。之所以要保护优秀的 20 世纪建筑，是因为它们具有历史价值、艺术价值和科学价值，是因为它们是在一定历史时期内中国建筑的"闪光点"，它们整体性地反映并代表了一个时代的审美取向及独树一帜的追求。因此，要在中国持续开展"纪念 20 世纪建筑英杰"文化工程的活动，挖掘建筑师的设计思想，发现设计遗产的瑰宝，这是中国建筑获得自信的文化基因标志性成果。

（4）要广为提升中国 20 世纪建筑遗产名录认定与评选工作的社会认知度。中国文物学会 20 世纪建筑遗产委员会要认真总结"首批 20 世纪建筑遗产项目"评选认定的经验，不断提升工作质量，特别要将中国 20 世纪建筑遗产项目向业界与社会广泛传播，并解读其设计特色、讲述建筑师的故事，还要在建筑师中普及与创新设计同源的建筑遗产观，在公众中树立中国建筑师的影响力，传播 20 世纪建筑教育与文化。

（5）要以城市设计之思开展 20 世纪建筑遗产保护与更新的实践。文化遗产是连接过去与未来的"纽带"，所以要反对任何在建筑遗产保护与修复上"破旧立新"的做法，坚守住对文化遗产深入研究的原则，宁可"多保"也不能"错毁"；实现城市更新与建筑遗产保护，必须研究为先，精神更新也要跟上；建筑遗产要释放利用成果，要总结优秀个案；保护城市建筑遗产不可缺失内涵，更不可丢失灵魂，特别需要从职业者内在修为的提升上下功夫；无论是城市更新，还是建筑遗产保护都要反对以任何方式对传统工艺的"破坏性开发"，要真正在城市建筑与文博界倡导有品质、有文脉的"慢"修复、"慢"发展的建筑遗产保护优秀理念。

（6）要加强中国 20 世纪建筑遗产保护的基础性工作，尤其要推进《20 世纪建筑遗产保护条例》的编研立项。要按照《中华人民共和国立法法》的内容，先破解保护法规缺失的难题，能够应对各地政府在涉及 20 世纪建筑遗产保护中的权力决策上的违法行为；要解决在城市更新建设中与宪法及相关法律不一致的权力问题；要解决不同城市与地区对 20 世纪建筑遗产的分级保护原则；要研究如何作为才能在新型城镇化建设中，非但"不伤"20 世纪建筑遗产、还能促进城市健康且生态友好的发展。事实上，与 20 世纪建筑遗产保护与利用在立法上的缺位相比，我国在文化遗产保护立法上执法、司法、守法诸方面都存在严重不足，迫切要解决的不是城市规划设计者本身，而是管理者以身试法、知法犯法的种种"破坏行为"，还要专门为 20 世纪建筑遗产保护"量身定制"法规或条例，这是真正推进中国 20 世纪建筑遗产保护的根本大计。

宣言三·《为明天播种希望：中国重庆 816 共识》
——致敬中国三线建设的"符号"816 暨 20 世纪工业建筑遗产传承与发展研讨会宣言

（2016 年 12 月 18 日 重庆 涪陵）

　　由中国文物学会 20 世纪建筑遗产委员会、中国三线建设研究会等单位联合主办，重庆市涪陵区人民政府、重庆建峰工业集团有限公司、加拿大宝佳国际建筑师有限公司承办的"致敬中国三线建设的'符号'816 暨 20 世纪工业建筑遗产传承与发展研讨会"于 2016 年 12 月 17 日至 18 日在重庆市涪陵区召开。来自全国及重庆市的院士、大师与文博界、建筑界、旅游界知名专家，通过实地调研考察，领略了以 816 地下核工程为代表的不可磨灭的"三线建设"的宏伟工程，在感受世界最大人工洞体、宛如迷宫的结构之美的强烈震撼后，经认真研讨，对 816 项目在遗产价值认定、在"三线建设"中的地位、活态遗产的利用、推进工业旅游项目开发及创意产业设计等方面，均形成了如下的阶段性共识，特以 816 宣言的名义发布，以期为未来项目的再发现、再挖掘奠定基础。

　　2016 年 6 月《人民日报》对"816 地下核工程"做了定位式报道：816，它既是一个历史名词，也是一种民族精神，一段共和国记忆，更是几代人的青春。这个历史名词叫"三线建设"；这种民族精神叫"无私奉献"；这段共和国的记忆叫作"备战备荒"。816 地下核工程曾是一个重大国家机密，直到 2002 年这段历史才解密，直到 2010 年核工程洞体才首次开放，尘封半个世纪的"珍藏"有太多建设者的感人故事，有太多应纳入国家记忆的事件，历史该如何作答，对未来该如何展露真容，对这蜿蜒的"地下长城"般人工奇观如何为今人利用，为什么它绝非一般意义上的旅游景点，对它的认知也非简单的探秘，必须在新认识观上实现四个超越：

（1）要实现充分认同 816 遗产价值基础上的品牌放大效应的超越；

（2）要实现 816 文化精神梳理与弘扬上传承理念的超越；

（3）要实现立足重庆、面向中国、走向世界的理念与举措上的超越；

（4）要实现破解困境，重构价值链，塑造"利好"新局面的超越。

据此与会专家认为。

一、816 地下核工程项目当属中国 20 世纪工业建筑遗产

816 地下核工程项目，2009 年 12 月 15 日由重庆市人民政府按"816 工程遗址"公布为重庆市文物保护单位，毫无疑义它属于"三线建设"的代表作，属于新中国准军事工业遗产。对照联合国教科文组织 ICOMOS 20 世纪遗产国际科学委员会《关于 20 世纪建筑遗产保护办法的马德里文件 2011》与中国文物学会 20 世纪建筑遗产委员会《中国 20 世纪建筑遗产认定标准 2014》的相关条款，816 地下核工程项目确系精湛的中国 20 世纪工业遗产，其遗产价值要充分且全面地估量。

二、816 地下核工程应进入全国重点文物保护单位预备名录

从 816 项目独创的科学价值，从项目的宏大规模，以及设计、施工建设的复杂度及高完成度看，它的代表性远超过一般省（市）文保单位的内涵，对其文化遗产价值的低估不仅是中国的损失，更是世界的损失。所以，站在 816 地下核工程特殊的视角看，其遗产价值应属于全国重点文物保护的范畴，显然它的遗产价值是超越地域性的，思考并深入研究它的特质是必须的，不仅要深度挖掘，还要系统研究，能否对它作出准确把握，是找到文化自信、自尊、自强的关键。

三、816 地下核工程是中国"三线建设"的典型个案地

"三线工程"建设历程是新中国历史上一段非凡的历程，816 地下核工程堪称典型代表，通过复原一部弥足珍贵的"三线建设"史书，不仅可触摸到时间的"皱纹"，更以人文地理学的视角铭记历史。因为在这里不仅有 50 年前，以山脉做天然屏障，成建制的英雄工程兵与科技人员在第二人生故乡的一次次壮举，更有 816 项目停建后，数千建峰员工所经历的"找米下锅"的困境。从为和平而建到为和平而停的历程，反映了在中国"三线建设"中一个超大规模"全生命链"的故事，可贵的是 816 项目至今还"活着"，816 铸造的"三线建设"精神还在新时期发扬光大，对 816 项目的回望，是为了前瞻，尊重这段历史，是 816 未来的风景。

四、816 地下核工程是将遗产变资源的深耕细作之世界级创意园区

大量发达国家基于工业遗产及文化遗产地成功的创意策划表明，创意环境是一个在硬性和软性基础设施方面拥有先决条件且可催生构思和发明的场所，它可以是城市一部分，一个建筑组团及工业遗址区域，但它更需要有思想开放的社会活动家、规划师、建筑师、文博专家、金融家乃至学生，它不仅可创造面对面交流的机会，更要衍生出巨大的经济效益。816 项目是新中国历史文化遗产，816 项目本身及其周边的自然遗产资源，以及蕴含其中的起催化作用的历史事件，乃至日趋成熟的文化产业人士的聚集，都为它营造了亦历史、亦时尚、亦艺术、亦设计、亦生活的文化形象，所以这里至少可呈现"三个"世界级创意空间的亮点。

其一，中国国家视野下的早已自然形成且不需"装扮"的"三线军工特色小镇"。

其二，中国乃至世界视野下的多主题博物馆、纪念馆聚落，无论在"三线建设""核工业遗产""地下综合建筑群"乃至"地上附属建筑"等方面都体现了建筑在构筑物、博物馆、教育与展示上的诸多"第一"。

其三，在中国乃至世界视野下有无穷潜力，体现多元内涵并存的再生的城市发展新动力。

五、816 地下核工程面临着巨大的影响力传播空间

与相当多的"三线"建设项目及工业遗产不同的是，816 项目是看得见的沧桑与辉煌。816 项目重在展示中国贡献与能力，但毕竟绝大多数中外游人尚不知 816 项目为何？816 项目这世界级大洞中究竟有什么新景象，其观赏意义何在？当下从保护"活态"遗产与利用出发，建造活力四射的 816 创意项目，传播与交流是迫切使命，重要的是要做准确定位的传播，要发出有 816 项目特质的文化遗产保护与传承之声。恰如意大利创意大师安东尼所言："创意目标的实现，依靠傻干、苦干及有限的投入是难以实现的，正确而有效的传播方式是创意成功之母。"

六、816 地下核工程保护与"活态"使用需要顶层设计

816 项目在承载太多的历史记忆中，有它消失的一面，更有它令人自豪的"一生"，留住 816 的"乡愁"，就少留住些遗憾，在明确遗产定位后，选择研究与实施路径格外关键。2016 年 12 月初《国家及工业旅游区（点）规范与评定》行业标准及《全国工业旅游发展纲要（2016—2025）（征求意见稿）》公布，但它只是为老工业基地转型破局带来的一道曙光，主要针对老工业基地、资源型城市、工业主导型城市，如何适用于 816 项目，如何研讨出一个适用于 20 世纪核工业遗产的发展路径，如何形成融文化创意、历史遗产、休闲娱乐、工业旅游等为一身的全新"产业链"，必须要有多专家、多视野、国际化的研判，任何盲目建设都是对这段历史、地域、人文、事件的不负责任，为此提出在精耕之始要做好顶层设计，它是未来几年 816 项目健康发展之根，不可仓促上马，不可粗放开发，更不可简单克隆。

（1）从体现精神传承与价值引领上编制《816 地下核工程遗产传承与保护顶层设计纲要（2017—2020）》，目的在于确定路径；

（2）从体现遗产机制、梳理遗产层级上，使 816 项目纳入中国 20 世纪建筑遗产保护发展项目培育计划中，在 816 项目这条丰富的文脉中找准方向；

（3）从复原那个特殊年代弥足珍贵的"三线工程"出发，挖掘 816 建设中设计师、建设者可歌可泣的故事，编制传播书刊及宣教读本是当务之急；

（4）继续组织不同规模有侧重的考察调研活动，择机举办"816 工程国际论坛"，探讨"三线建设"反思品评的经验；以产业转型突破口及中国制造新名片的落地开展项目综合开发，如全面研讨遗产升级、产业模式、博物馆群等综合项目建设等；

（5）与 816 项目保护与"活态"使用相配套的标准与规划蓝图；

出席"中国三线建设的'符号'816 暨 20 世纪工业建筑遗产传承与发展研讨会"全体专家

2016 年 12 月 18 日下午

宣言四·聚共识·续文脉·谋新篇
中国 20 世纪建筑遗产传承创新发展倡言

（2019 年 12 月 3 日 北京）

2019 年 12 月 3 日，中国文物学会、中国建筑学会主持、召开了"致敬百年建筑经典——第四批中国 20 世纪建筑遗产项目公布暨新中国 70 年建筑遗产传承创新研讨会"，旨在通过专业学术机构认证的形式向社会各界确认并传播中国 20 世纪建筑遗产的价值，它们是有深厚的文化底蕴、独特的艺术魅力和科学技术价值的现当代遗产。

习近平总书记指出，文化是城市的灵魂。城市历史文化遗存是前人智慧的积淀，是城市内涵、品质、特色的重要标志。与会专家高度认同这一观点，同时呼吁：20 世纪建筑遗产是城市的历史文化记忆，任何形式的城市文化创新都需要厚土的滋养。只有在历史延续中，才有功能提升与创新融合。中国要做文化遗产保护强国，需要全面对标国际保护理念，展示丰富的遗产类型，坚定文化自信，增强家国情怀。

一、国际视野

2019 年是新中国成立 70 周年，国际文博界传来捷报：继第 43 届世界遗产大会入选中国的黄（渤）海候鸟栖息地、良渚古城遗址后，中国"世遗"总数已超过 55 项，成为世界遗产大国。更令全球建筑界瞩目的是，20 世纪美国现代建筑大师赖特的 8 个 20 世纪上半叶作品也被列入《世界遗产名录》，至此连同勒·柯布西耶（2016 年）、格罗皮乌斯（2011 年）、密斯·凡·德罗（2001 年）的现代国际建筑大师的代表作品均成为世界文化遗产。特别应瞩目的是：《世界遗产名录》宝库的文化遗产项目中，已有近百项是 20 世纪建筑遗产，几乎占到世界文化遗产总数的 1/8。关注并发现《世界遗产名录》中"20 世纪建筑遗产热"的大势，这是世界遗产界的态势与方向之一。国际古迹遗址理事会下辖的《20 世纪建筑遗产保护办法的马德里文件 2011》标准已成为研究并指导世界各国关注 20 世纪遗产的借鉴框架。

二、中国行动

基于对中国 20 世纪建筑遗产项目的考量，在 2012 年 7 月举办的《首届中国 20 世纪建筑遗产保护与利用研讨会》就提出了以组建中国 20 世纪建筑遗产保护研究机构等方面建议的"20 世纪建筑遗产保护·天津宣言"。2014 年 4 月 29 日，中国文物学会 20 世纪建筑遗产委员会成立，标志着中国 20 世纪建筑遗产的认定与评选有了专家队伍，同时开启了中国文物学会与中国建筑学会在 20 世纪建筑遗产上的合作之旅，形成了与世界接轨的《中国 20 世纪建筑遗产认定标准》（2014 年 8 月 30 日 北京），2016 年 9 月 29 日在故宫博物院宝蕴楼举办"致敬百年建筑经典—首届中国 20 世纪建筑遗产项目发布暨中国 20 世纪建筑思想学术研讨会"，评选出 98 项 20 世纪建筑遗产项目，再次发布了《中国 20 世纪建筑遗产保护与发展建议书》。至今先后于 2017 年在安徽池州、2018 年 11 月 24 日在南京东南大学、2019 年 12 月 3 日在北京市建筑设计研究院有限公司公布了第二、三、四批"中国 20 世纪建筑遗产"，四批共计 396 项。为扩大在建筑文博界与社会公众的影响力，还先后在中国建筑学会的支持下，在山东威海、福建泉州举办了"致敬中国建筑经典——中国 20 世纪建筑遗产名录"大型展览，2019 年 5 月应国际古迹遗址理事会 20 世纪遗产科学委员会等机构之邀，成功举办了中澳 20 世纪建筑遗产传承与创新保护交流研讨活动，向世界展示了中国 20 世纪建筑遗产研究的最新成果。

三、我们共识

20 世纪建筑遗产见证了人类知识、文化、科技与艺术变革，没有哪个历史时期能像 20 世纪这样慷慨地为人类提供了丰富多样的文化遗产。国际社会早在几十年前就已关注 1945 年以后各类文化遗产，国际古迹遗址理事会也于 1986 年向联合国教科文组织的国际遗产委员会提交了《当代建筑申报世界遗产》文件，至今在全球已有多家机构推动着 20 世纪建筑遗产保护与利用。可见，20 世纪遗产已成为世界遗产界的核心话题之一，中国的遗产保护类型要更加丰富，更加全面地传递中国文化。

应理性归纳 20 世纪建筑遗产的特点：其一，它需完整保存，虽然它建立在国际层面的保护理念上，但它与城市的社会背景很契合，以北京的高校建筑群为例，1953 年后便有了 20 世纪 50 年代著名的"八大学院"，光阴流逝，使近 70 载的校舍"整体创造"成为具有保护意义的遗产；其二，它凸显时代文化，20 世纪建筑遗产是反映不同时代流派特点、艺术风格的建筑载体，1961 年国务院公布的第一批全国重点文物保护单位名单中，已将纪念建筑物作为第一类别，共 33 处，绝大多数为 20 世纪建筑遗产；其三，它延续功能且贴近生活，20 世纪遗产，在人类文明发展史上具有历史借鉴与理论创新的内涵，许多 20 世纪建造的房屋、工厂、商铺等，至今仍然保持鲜活的生命力；其四，它内涵丰富且感染力强，在 20 世纪的不平凡时期、不平凡人物、不平凡业绩的遗迹中，名人故居是重要组成部分，它们是缅怀先贤业绩的场所与课堂，强化着城市的文化地位，给城市化建设带来更多、更充分的觉醒。

四、我们忧思

虽然在如何以 20 世纪遗产作为一个遗产新类型作出科学判断的问题上，已是不争事实，但为什么屡有"破坏性"事件发生呢？虽然中国欲从遗产大国步入世界遗产强国，强化了以制度建设为核心的保护举措，但为何还是缺乏国际语境呢？虽然遗产的核心价值是文化价值，应充分发掘其承载的记忆，但现状是，面对城市的更新建设，为什么还争论着是要"活"的城市更新，还是实施拆旧建新的"城市更新"呢？这些都需要有从本质上体现不同理念的决策与行动。

我们知晓，致敬传统，亦需创新，但它不可陷入建筑遗产身份焦虑、信念缺失、价值混淆的文化危机中。如某些城市拼命追求经济利益和美化要求，借保护与发展之名对老旧建筑予以无序开发的"创造"；本地原生文化及历史建筑无人珍视和问津，却充斥着同质化的文创商店与网红产品等，这些都是中国 20 世纪建筑遗产建设中所面临的严峻形势。

五、我们倡议

中国 20 世纪建筑遗产的宝库是可期的未来，我们的倡言是希望在这个平台上，聚众智、凝共识、谋实策，绘制中国 20 世纪建筑遗产持续发展的新篇。

（1）要通过新认知提升新征程。文化乃城市最好的底色，文化营城贵在要反复讲清，城市的文化发展并非要追时髦才能繁荣，重在抓住自身特质与历史文化根基。敬畏 20 世纪建筑遗产不仅是国际遗产界的动作，也是我们遗产保护的"短板"，更是城市高质量发展的标杆。面对全国关注的既有建筑改造的大潮，20 世纪经典建筑要"活"在城市更新中，这才是对城市的负责精神，才是对 20 世纪建筑最好的保护。

（2）要加强国家层面的 20 世纪建筑遗产普查力度。要从抢救 20 世纪建筑遗产这个尚缺少呵护的遗产"老人"的紧迫性入手，在历史记忆的捡拾中，重建场所精神，在催生多元文化空间中，让城市文脉得以传承。让建筑师、规划师明白，这是文化创新的基石和原动力。为此倡导 20 世纪建筑遗产的普查与全生命周期研究，以及用制度保障的复原修缮活化研究。

（3）完善建筑遗产的登录保护制度是有效的保护举措。目前共计四批的中国 20 世纪建筑遗产项目是一种专家主导的"自上而下"的登录制度，其认定过程的权威及公平公正是业界认同的。但仅限于专家队伍，对量大面广的与城乡整体风貌相关的绝大多数各类 20 世纪经典建筑尚顾及不到，再优秀的 20 世纪建筑若不被发现、不属于"文物"，也未能成为"优秀历史建筑"，它很有可能成为被城市文脉遗弃的项目，因此专项研究 20 世纪建筑遗产认证登录的"国家制度"是必要的。因为它至少会在城市建设领域确立，凡涉及新建、改建、扩建、修缮拆除等作业的工程，要有一个城市各界专家的论证，要听信公众的评判，宁可"多保"，绝不再"错毁"。

（4）20 世纪建筑遗产要有创新保护制度。大凡中国城市，在覆盖全域的文化地标中，20 世纪建筑经典往往是最新格局之一，它是富有思想遗产的优秀建筑物。国际遗产保护的经验证明，一旦城市拥有了遗产观，它就打通了城市魂的经脉，全面地拥有了底气。无疑，20 世纪建筑遗产是让文化浸润城市肌理的最好方式，"老建筑"绝非要一味地"倚老卖老"，而是要"倚老卖新"。从此出发，我们倡言要用改革开放精神，激活文物的创新视野，如要做遗产强国不应仅仅满足于数量，而要看保护和利用方式，要看我们是否具备了"世遗"类型的全面性。中国是否应在《中国世界文化遗产预备名单》中，增加有关新中国经典建筑或建筑组群的系列内容，如 20 世纪 50 年代"国庆十大工程"等。

（5）20 世纪建筑遗产的法制保障惠民利国。20 世纪建筑遗产保护立法符合国家《中华人民共和国宪法》与《中华人民共和国立法法》的精神，也是对《中华人民共和国文物保护法》的补充和完善。保护立法不仅可以全面展现中国建筑遗产保护的理论与制度自信，有利于城市更新建设目标的实现，而且将对城市化建设与 20 世纪建筑遗产保护提供"量身定制"的法条，有利于从国家层面对 20 世纪遗产的认同，有利于提升公众对 20 世纪建筑遗产的文化认知、规范保护、修缮和利用行为，遏制任何破坏及不当改造的行为，从而使城市高品质环境塑造得到法律支撑。

今年是新中国成立 70 周年，也是 1999 年世界建筑师大会及《北京宪章》发布 20 周年，面对这些当代遗产思想的感召，中国 20 世纪建筑遗产传承与发展策略需要共识。中国文博界与建筑界要勇于为时代发声、为城市立传，为公众素养提升与生活福祉提高主动作为、承担责任。中国 20 世纪建筑遗产保护之路刚刚开始，我们任重道远。

出席"致敬百年建筑经典——第四批中国 20 世纪建筑遗产项目公布暨新中国 70 年建筑遗产
传承创新研讨会"全体代表
2019 年 12 月 3 日

宣言五 · 中国建筑文化遗产传承创新 · 奉国寺倡议

（2020 年 10 月 3 日 辽宁 义县）

　　中国建筑是世界历史上连续性最长的独立体系，完备的木构系统更在国际上独树一帜。虽然近代特别是 20 世纪建筑融入了国外的理念与技术，但建筑呈现中华文化完整的风格与形象并没有变，中国建筑作为承载万流归海的历史必然载体，展现中华优秀传统文化的渊源、脉络、技艺的态势没有变。今天，在中国文物学会、中国建筑学会及全国百余名建筑与文博专家、领导的见证下，于千年奉国寺大殿广场隆重举办"守望千年奉国寺 · 辽代建筑遗产保护研讨暨第五批中国 20 世纪建筑遗产项目公布推介学术活动"，彰显出多重意义。

　　回顾融汇古今文明中国建筑之演变，参会各界认为：如果说千年悠久广袤的时空中，古代哲匠营造了浑厚华滋、昭垂天下的奉国寺大殿，书写了中国辽代木构建筑经典的"建筑说"，那么纵观百年中外建筑变局的中国 20 世纪建筑经典，则印证了一位位现当代建筑师坚守华夏传统，以国际视野与设计方法将中国建筑融入世界的自信与自强。在"千年奉国寺"对话"百年建筑"里，不仅有建筑与文博人探索的身影，更有弦歌接续的建筑风景。据此，在奉国寺大殿下，举办中国 20 世纪建筑遗产项目推介特别有价值，其充分的理由是可探寻到新技术尺度下整体建筑观的"新史记"，为此，与会者共识如下。

　　一、 中国建筑的完整性要守正创新

　　早在 1999 年，吴良镛院士在第 20 届世界建筑师大会的《北京宣言》中说道："经数千年的积累，科学技术在近百年来释放了空前的能量，建筑需在综合的前提下予以创造，中国古语'一法得通，变法万千'证明，设计的基本哲理是共通的，而形式的变化是无穷的。"奉国寺大殿与 101 项第五批中国 20 世纪建筑遗产，虽在建筑文化上合而不同，但它们根植于文化沃土，具有多元化的技术与艺术建构，都体现出中国建筑一脉相承服务全社会的思想。守正，需长存妙道，永固福田，既要打通古今之变，也要将守望尊为要义；创新，呈现守正之最好底色，使"文化营城"的抱负有了点睛之笔。于是，建筑遗产让文化游径古今，在时间全域上唤醒人们记忆。

　　二、 中国建筑遗产保护不应满足名录公布的固有模式

　　作为首批全国重点文物保护单位的奉国寺保护有佳的史实，令人信服地说明，永葆奉国寺文化的"生命印记"是可持续发展的永续。同时，也启示人们：除了要保护文物建筑，也要保护具有文化与科技价值的现当代建筑遗产及各级

历史文化名城。有鉴于各级法规的欠缺，对数量巨大的表现百年城乡风貌的 20 世纪经典建筑保护却顾及不到，再优秀的 20 世纪建筑项目也难免以各种借口遭遇修缮保护性拆除。20 世纪遗产需要创新保护制度，它是《世界遗产名录》下的国际视野，更是需建筑与文博人从借鉴中付诸的中国行动。创新建筑遗产保护模式，离不开新路径的手段及做法，要有底气地向世界遗产界申明：中国建筑遗产传承发展是充满创意的。

三、中国建筑遗产需要用创意设计讲好城市故事

今年是 2015 年召开的"中央城市工作会议"五周年，检视人民城市为人民的作为，会在留住城市"基因"的文化进步上发现：无论是如奉国寺建筑保护与传承，还是连续五批共计 497 项 20 世纪建筑遗产项目被推介，都表明城市（县城）已在历史传承、区域文化、时代要求、城市精神等方面，用文化特色与建筑风格凝聚人心、开创未来。从创意到生意、从作品到产品、从单幢建筑到园区，乃至线下与云上齐发力，都使创意成为中国城市复兴的核心竞争力。中国城市文化传承与创意研究表明：古建奉国寺与 20 世纪遗产是不同文明的交织与叠加，是风景更是财富，重在要找到融入生活，在传承中带来福祉的技巧与方法；从时间轴上要遵循"以史为鉴"的全链条推演规律，从区域轴上要彰显不同城市、不同时代建筑"兼容并蓄"的发展竞争力，它给了我们讲好不同历史建筑"故事"的理由与依据。这里有对标国内外一流文物建筑的保护之法，也要为创建一种常态化的创新机制提出"智库之思"。

四、中国建筑遗产的"十四五"顶层设计要搭建普惠公众的文旅舞台

在奉国寺遗产地，丰富的历史文化就像一个多元艺术的博物馆，人们在此有太多的感触和求知欲，这是遗产地最应体现的教育功能。从文化遗产的多重属性看，无论是千年奉国寺如何迎来下一个千年，还是全国 20 世纪建筑遗产的传承发展，"活化"利用都是我们的使命和必须正视的命题。

（1）一方面要向公众讲明奉国寺何以因历史价值与文化科技价值成为扛鼎之作，要创立"奉国寺学"；另一方面也要以建筑文化为基调，搭建文化走廊，感悟文明演绎，让中小学生在此为艺术美育开源。

（2）一方面要编研"十四五"规划顶层设计大计，如"一带一路"的文化策略与不同属地的关联，还要塑造有针对市（县）全域文化旅游品牌、要在方案中体现如何能使文化古城变"老"为"宝"的实招；另一方面要研讨提升遗产"活化"的共享质量的方法，如可形成系列"千年风雅 走近辽代"文创设计比赛等建筑文化旅游主题节庆活动。

（3）一方面，要强调"活化"利用让老建筑"活"在当下、而非毁在城市更新中；另一方面要让它们成为能走进的"可读""可听""可看""可游"的"网红"项目。做到这些，建筑遗产就受到尊重了，它自然成为造福城市与公众的"红利"。

"守望千年奉国寺·辽代建筑遗产保护研讨暨第五批中国 20 世纪建筑遗产项目公布推介学术活动"，让与会各界仁人志士，穿越时空，在奉国寺"走进"与 20 世纪建筑遗产项目的"发现"中，读懂"最中国"的建筑文化。从建设"文化遗产强国"目标出发，除了构建文旅 IP 体系、注入有"故事"的引爆点和催化剂外，更要让旅游成为人们感悟华夏文化、增强自信与幸福感的难忘体验。搞活、做深文旅，中国建筑文化遗产保护传承才有力量，重要的是要开创能呈现共生之道、培育出让历史文化与现代生活相遇的新业态与新引力。

出席"守望千年奉国寺·辽代建筑遗产保护研讨暨第五批中国 20 世纪建筑遗产项目公布推介学术活动"全体

2020 年 10 月 3 日

宣言六 · 中国 20 世纪建筑遗产传承创新 · 武汉倡议

（2021 年 10 月 25 日 湖北 武汉）

在湖北省、武汉市各界的大力支持下，由中国文物学会、中国建筑学会指导，中国文物学会 20 世纪建筑遗产委员会、中南建筑设计院股份有限公司、中国建筑第三工程局有限公司、湖北省文物事业发展中心主办的"第六批中国 20 世纪建筑遗产项目推介公布暨建筑遗产传承与创新研讨会"，在荆楚之地的英雄城市武汉召开，它无疑是中国建筑与文博界的一次盛会。

2021 年是中国共产党成立 100 周年，今天的会场选择在第四批中国 20 世纪建筑遗产的洪山宾馆召开，让与会者重温并感受 1958 年在此举办的"中共八届六中全会"之光辉。今年又是弦歌不辍、薪火相传的辛亥革命 110 周年的重要时刻，正是在武汉打响了辛亥革命"第一枪"，打开中国近现代民族民主革命潮流的闸门。面对百年未有之大变局，全国建筑文博专家代表在此筹划伟大事件下的建筑遗产保护大计，意义非凡。

如果说，一滴水可以折射太阳的光辉，一座城市的演变发展可以见证时代的变迁，那么，武汉以独一无二的特质与视野提升着城市的国内外吸引力与关注度；如果说，不同时代有特有的建筑地标与纪实，那么无论是峥嵘岁月、铁律忠魂的武汉，还是联合国"设计之都"下文化存续与创新兼收的武汉，都在青砖灰瓦红巷间，呈现一道道亮丽的风景线。

20 世纪中国建筑随时代而发展，呈现肩负历史重任、立足本民族文化传统的大师之作。今年也适逢建筑宗师梁思成、杨廷宝二位先贤诞辰 120 周年，他们的作品堪称中国 20 世纪建筑的瑰宝。自 2016 年至 2021 年，在中国文物学会、中国建筑学会指导下，中国文物学会 20 世纪建筑遗产委员会共计推介了六批、597 个项目，它们是在如万花筒般历史事件演进中，建筑师与工程师共同为华夏建筑之山河立下的伟业。

今天推介的第六批中国 20 世纪建筑遗产 100 个项目，从思想与文化价值上，充分展现了相当数量的红色建筑，凸显了中国共产党人百年建设成果的一个个侧面，从革命老区到改革开放特区、从纪念建筑到新中国建设、从创新城市更新模式到设计新作迭出，不愧为大历史观下以建筑致敬建党百年之经典，这里有党史中的中华苏维埃共和国临时中央政府大礼堂、西南联大旧址；新中国成立后的重庆大田湾体育场建筑群、宁夏展览馆；改革开放后的深圳大学早期建筑、北京长城饭店；社会主义发展史中的北京方庄居住区、杭州铁路新客站等，它们构成了中华民族伟大复兴征程上的建筑物证，是体现 20 世纪百年"国情"与"史情"的珍贵档案与教材，是最辉煌的建筑遗产。20 世纪建筑遗产项目已写在中国建筑的城乡大地上，也必将载入世界建筑史的遗产册中。

与会专家认为：20 世纪建筑遗产承载时代意义的纪念性，还体现城市文脉的乡愁寄托；它不仅融中西方文化为一体，还以屹立百年的创新科技为城市提供保障；它更以有技艺、有人文历史及城乡类型完整的生活与生产空间，给现代建设者提供了无数优秀示范。为此，出席会议的全体代表，以致敬 20 世纪建筑遗产的名义，向全国的城市建设者与管理者、向市民发出倡议。

倡议一：20 世纪遗产是提升"城市更新"品质的珍贵记忆。

9 月初，中共中央办公厅、国务院办公厅印发了《关于在城乡建设中加强历史文化保护传承的意见》，强调了中央对延续历史文脉，提升城乡高质量发展，建设文化强国的责任与要求，这不仅要求城市管理者及从业者提高对"城市更新"的理解，更要对 20 世纪经典建筑坚持应留尽留、读懂价值、全力保留城市记忆。赓续传统根脉，内涵时代新质，使 20 世纪建筑遗产成为城乡建设中在建筑样态与技艺、建筑材料与人文历史有价值的传世地标。从城市人文地理、城市文化场域的营造，对 20 世纪建筑经典的精心考量都将是"城市更新"的重要抓手，20 世纪遗产保护与发展应成为城市有历史与现实价值的真正文化生态。

倡议二：20 世纪遗产要实施制度为先立法保护策略。

如何在城乡建设中加强历史文化保护传承，如何使之与保护量大面广的 20 世纪建筑相联系，事关"城市更新"的成败。早在 2008 年国家文物局就印发了《关于加强 20 世纪遗产保护工作的通知》，近年来住建部也连续发文防止在城市更新中出现大拆大建的行为，明确要求确保住房租赁市场供需平稳、保留利用既有价值、保留老城格局尺度、保持城市特色风貌。与会专家的共识是：每一座有灵魂的城市，都不该忘记属于自己的经典建筑，如何将 20 世纪遗产传承给后人，绝不可因为不当理解"城市更新"而淡化历史文化印记，使其以某种借口湮灭在新一轮水泥森林中，急需制度与法制保障。保护发展 20 世纪遗产，无论从国际视野与发展站位乃至创新城市治理水平都需要有立法依据，重在杜绝"保护性"与"修缮性"破坏的行为再发生。建议有关部门要在"十四五"期间尽快立项编制出台国家《城市建筑遗产保护法》。

倡议三：20 世纪遗产要挖掘设计与营造者的贡献。

细思 20 世纪遗产铸就的丰富多彩的建筑经典，其宏大的地标作品身后的创造者才是凝聚智慧之所在。建筑与城市建设传承要"以人为本"，这不是口号，重在审视我们的创作历程中，是否对充满强烈社会责任感的建设者保有一颗敬畏之心。从国际上看，近 20 年来《世界遗产名录》已将业界知晓的十多位国际 20 世纪顶级建筑师与作品，纳入世界文化遗产行列，可惜的是中国建筑师尚无缘于此。如果说，建筑师、工程师最伟大的老师是历史，我们要借 20 世纪与当代遗产推介之力，汇聚中国四代建筑师组成的广阔"知识群"，在业界强化 20 世纪遗产的传承与创新之力，让各大设计与施工机构都在自己"作品集""功勋榜"上呈现项目背后的设计与营造者的名字，以对历史与未来负责的传承精神，补上以往建筑工程"见物不见人"的缺憾。

倡议四：20 世纪遗产要存储记忆发扬工匠精神。

20 世纪建筑遗产作为物质载体是城市记忆的重要符号，它让城市在历史光辉中走向未来。中国文物学会、中国建筑学会坚持文化自信与自强，推介的中国 20 世纪建筑遗产项目，是百年建筑的先行者与探索者，它让经典建筑历久弥新，使记忆有科学、有艺术、有情感、有品质。中国 20 世纪有太丰富的宏大叙事，建筑经典之作在此已不是历史事件的见证者与追述者，而是建筑融入现实的重要创新者和参与者。业界讲述并挖掘 20 世纪遗产是个需计划的宏大工程，其价值中最可贵的是体现建筑与城市血脉的"工匠"技艺之遗产内涵，这里有令当代建筑文博学人应珍视的严谨职业精神、精益求精职业能力、虔诚敬畏的职业信仰与道技合一的不懈职业追求与创作态度。

倡议五：20 世纪遗产要纳入中国建筑文化传播系列。

设计创新与文化普及是实现 20 世纪建筑遗产传承发展的两翼，讲好建筑文博故事，不仅内容要准确科学，更要在提升吸引力、时代感上下功夫，要使"高冷"的讲座更普惠，让遗产新知"飞入"寻常百姓家。国家公布的《全民科学素质行动规划纲要（2021—2035 年）》中提出，要大力发展新媒体科学文化的传播方式。20 世纪遗产的丰富性及当代性，需要创新融入宣介矩阵，需要探求特色传播的力度与广度。不仅要为遗产保护传承插上"云端"之路的数字与智慧翅膀，更要走上从"文"的"物化"向"物"的"文化"转型之路。倡议在中国建筑文化传播系列中纳入 20 世纪遗产专项，特别要推动 20 世纪遗产纪录片的编研与录播，用生动故事带领公众回到历史现场，让建筑事件与人物，在"思其树、怀起源"中"落其实"。

中国 20 世纪建筑遗产作为我国城乡尚在开垦的传承创新品牌，定将服务于提升城市能级的核心竞争力及发展新优势。期望借"第六批中国 20 世纪建筑遗产项目推介公布暨建筑遗产传承与创新研讨会"，在传播新时代 20 世纪遗产理念时，让更多的城市知晓，保护 20 世纪建筑遗产是做强城乡文化软实力的创新基础。

出席"第六批中国 20 世纪建筑遗产项目推介公布暨建筑遗产传承与创新研讨会"全体专家

2021 年 10 月 25 日·湖北省武汉市

宣言七 · 现当代建筑遗产传承与城市更新 · 成都倡议

（2023 年 9 月 16 日 四川 成都）

在共襄青春盛宴，展现国际标准、中国风格、巴蜀韵味的成都大运会闭幕，给世界创造未来大运会示范之际，"第八批中国 20 世纪建筑遗产项目推介公布暨现当代建筑遗产与城市更新研讨会"在四川大学举办。会址选在四川大学，源于它的老校区早在 2017 年即被推介为"第二批中国 20 世纪建筑遗产"，更在于成都历史悠久且有亮眼的经济，是中国的"新一线城市"及"国家中心城市"，也是以建筑遗产保护传承名义推动成渝双城经济圈、彰显个性鲜明成渝文化瑰宝的开放高地。

本届会议在中国文物学会、中国建筑学会指导下，在四川省、成都市多方鼎力支持下，由四川大学、四川省建筑设计研究院有限公司、中国文物学会 20 世纪建筑遗产委员会联合主办。会议向社会与建筑文博界推介了 101 个中国 20 世纪建筑遗产项目。至此，从 2016 年第一批在故宫宝蕴楼的推介，到今天在四川大学的第八批，共计推介了 798 个项目。这些建筑遗产向中外展示了中华民族的现代文明成果，是中国 20 世纪经典建筑瑰宝的集中展现。

与会专家认为：无论建筑风格怎样更迭，中国 20 世纪建筑遗产项目的精神理念永续。回望历时八载的推介工作，与会专家无比感慨：中国 20 世纪建筑遗产项目已成"模式"，它的作用与价值正在明显跃升。无论从宏阔视角，还是微观技艺，都在唤醒遗产新类型，点亮活化利用的征程，扎实服务于城乡高质量发展及延续文脉的城市更新行动，为此作出以下倡言。

倡言一：要在业界及全社会进一步提升对 20 世纪建筑遗产国际视野及核心价值的广泛认知。20 世纪遗产的价值首先体现在联合国世界遗产大会的《世界遗产名录》上，其国际视野是价值的首位，核心价值是在物质与精神维度上对遗产类别、保护等级、建设规模与地域等方面有清晰的拓展；表现在历史人文与科技文化上，它有鲜明的价值指向，保护 20 世纪遗产就是在传承中华民族的现代文明。城市作为高质量发展的高地，浓缩现当代建筑的 20 世纪建筑遗产，确是践行中国式现代化的开路先锋。

倡言二：各级政府及管理部门要加大对 20 世纪建筑遗产的政策支持力度。早在 2008 年国家文物局就出台了《20 世纪遗产保护无锡建议》及《关于加强 20 世纪建筑遗产保护工作的通知》，中华人民共和国住房和城乡建设部在 2020 年已推出《国家历史文化名城申报管理办法（试行）》。全国各地利用一切可能，将 20 世纪遗产保护发展纳入政府文化传承工作中，如上海已开展多年新中国优秀建筑保护传承工作；北京已将 20 世纪建筑遗产纳入城市文化"蓝皮书"

编撰系列。可见，各级政府正将 20 世纪遗产作为依托力量，编入"城市更新行动"与旧城改造清单中，建议国务院在部署第四次全国文物普查、摸清家底时，也要增加对 20 世纪建筑遗产的项目统计。

倡言三：20 世纪遗产需依法保护，呼吁国家《城市建筑遗产保护法》的编制。《中华人民共和国文物保护法（修订草案）》已列入十四届全国人大常委会 2023 年立法计划，修改要点是拓展文物利用的范围及形式，扩大社会参与；唯有在城市更新中纳入 20 世纪遗产与现代生活的关联，建筑遗产才可重焕光彩。据此倡议：围绕 20 世纪建筑遗产与城市更新的依法保护，研讨《城市建筑遗产保护法》的编研，旨在为星光熠熠与籍籍无名的历史建筑及 20 世纪优秀建筑"拒绝拆毁"并传承创新，建构法律保护依据，形成法规标准体系。

倡言四：20 世纪遗产是"好建筑·好设计"的代表作，要全方位为 20 世纪建筑遗产留存记忆。倡议全国各级规划、建筑设计研究机构；高校与相关研究院（所）要设立相关机构，研究以中国 20 世纪建筑遗产为代表的"事件·作品·人物"的修缮设计、施工、管理的活化利用的理论与方法，特别要保护新中国建设成就及代表性事件建筑，如改革开放印迹的见证物、有创新设计价值的载体等；加大新中国建设成就的口述历史、记忆方法及体系化示范案例研究与呈现等。

倡言五：20 世纪遗产尤其要在全社会用多种方式普惠传播。1999 年在中国北京召开的第 20 届世界建筑师大会，《北京宪章》已成为建筑文献遗产。时隔 30 年的 2029 年，北京将再次举办世界建筑师大会。这既是业界的盛会，也是向公众加大普惠现当代建筑优秀成果的好机遇。为此，中国文物学会 20 世纪建筑遗产委员会将在中国文物学会、中国建筑学会学术指导下，举办全国 20 世纪建筑遗产项目摄影大展及深入普及相关的系列出版工作，还将与著名影视机构合作筹拍"20 世纪建筑遗产项目"纪录片等。要用多媒体的生动方式向公众讲述，全球现代建筑界的"中国风"，离不开"中国范"，传递中国百年建筑的精神气质，就要让全社会读好、读懂中国建筑师与中国 20 世纪与当代建筑文化的故事。

出席"第八批中国 20 世纪建筑遗产项目推介暨现当代建筑遗产与城市更新研讨会"全体代表

2023 年 9 月 16 日

宣言八 · 新中国 20 世纪建筑遗产项目活化利用 · 上海倡议

（2023 年 10 月 8 日上海）

2023 年 10 月 8 日，在中国文物学会、中国建筑学会学术支持下，上海市建筑学会与中国文物学会 20 世纪建筑遗产委员会联合主办并召开了"新中国 20 世纪建筑遗产活化利用暨上海现当代优秀建筑传承创新研讨会"。活动在华东建筑设计研究院有限公司及有着特殊意义的 20 世纪 30 年代董大酉设计的杨浦图书馆举行。会议介绍了自 2016 年起推介公布的八批共计 798 个中国 20 世纪建筑遗产项目，以及上海自 1949 年以来优秀现当代建筑价值评估标准研究，并聆听了中国文物学会单霁翔会长及相关院士大师的报告。

与会专家一致认为：在城市文化遗产备受关注的今天，以人为核心价值观的城市更新内涵与传承创新尤为重要，极有必要在城市更新大背景下建设高品质生活的城市宜居环境，不断提高对城乡建筑遗产保护传承和优秀现当代建筑价值的认识，建立有指导价值的评估标准和方法。为此特提出如下共识作为倡言。

其一，新时代条件下应积极提升对城市建筑的遗产观的认知。20 世纪建筑遗产是符合联合国教科文组织《世界遗产名录》现状与发展趋势的遗产类型，坚持数年的中国 20 世纪建筑遗产项目推介是建设"中华民族现代文明"的一个有力实践，它需要做深入的学术规划、发展与普惠研究，它需要以中国现代建筑的名义，成为涵养中国式现代化遗产传承的新类型，尤其要保护改革开放以后在建筑创作上已堪称经典的建设项目。

其二，保护新中国成立以来的 20 世纪建筑遗产及现当代建筑，需要加强从遗产价值、空间创作乃至政策机制方面的体系建构。中国建筑学会支持的专项课题，不仅将进一步在学术上得到中国文物学会、中国建筑学会的引领，中国文物学会 20 世纪建筑遗产委员会、上海市建筑学会更将以其具有的研究基础与综合实力，通过大有可为的中国特色现代建筑实践，在坚定历史自信、提升历史自觉中焕发建筑文博界服务社会的主动精神，并拓展现代建筑"中华性"对世界的影响力。

其三，新中国20世纪建筑遗产类型丰富，它保留着新中国城市文化的记忆。新中国优秀建筑最容易融入生活，延续城市历史文脉，更是新中国成立以来历史的建设印证，既赋予时代性又体现生命力，无论何种建筑类型都体现了文化绵延、有传统与现代的接续之力。借助"城市更新行动"及即将开启的全国第四次文物普查，在建筑文博界研讨分类施策的行动体系，有助于通过保护与传承、传统与创新，有效推进"城市更新行动"在城乡扎实展开，并使之有文脉、有尊严地呈现。

其四，用建筑记录并传承伟大时代是责任也是使命。纪念并致敬20世纪中国建筑巨匠不应成为口号。不但要传播20世纪中国建筑的五宗师"吕彦直、梁思成、刘敦桢、杨廷宝、童寯"的精神，更要研究融贯中西、通释古今、彰显中国建筑文化自信的中国建筑设计机构与前辈们的贡献，要研究董大酉、杨锡镠、张镈、戴念慈、洪青等一批中国建筑师为新中国早期建设的开创理念，创造"建筑·事件·人"同在的国际化传承创新高地。

与会代表认为：《上海倡议》旨在从立法与政策研究上达成共识，不仅在业界与社会上做到保护与管理并重，还在于为中国现代建筑找寻创造性转化与创新性发展的路径；更要为繁荣中国现代建筑创作服务，保护建筑瑰宝，并积极为中国建筑师及作品面向《世界遗产名录》的文化建设赋能。

"新中国20世纪建筑遗产活化利用暨上海现当代优秀建筑传承创新研讨会"全体代表

2023年10月8日

宣言九 · 中国 · 安庆—20 世纪建筑遗产文化研讨会 · 安庆倡议

（11 月 14 日 安徽 安庆）

安庆作为国家历史文化名城，历史悠久，文化遗存丰富，在我国城市发展史上占有重要地位，孕育了无数杰出人物，创造了无数全省乃至全国之"最"。新时代，推动安庆城乡高品质发展，需要塑造新功能、挖掘新价值，要以中华优秀传统文化的创造性转化和创新性发展为根本，提升安庆 20 世纪建筑遗产保护的价值影响力、文化凝聚力、精神推动力。

在中国文物学会、中国建筑学会与中共安庆市委、安庆市人民政府、安庆师范大学的大力支持下，"中国·安庆——20 世纪建筑遗产文化研讨会"成功举行。单霁翔会长在主旨报告中强调，让文化遗产在城市更新中重焕光彩，要结合安庆的实际情况，在保护遗产中推动中华民族现代文明的建设。

与会专家一致认为：本次研讨推出的《安庆倡议》，重在让安庆近现代建筑遗产，在 20 世纪遗产及城市更新的守正创新与活化利用中绽放时代新韵。具体倡议如下。

一、要认知安庆 20 世纪建筑遗产的特质

要提升对 20 世纪建筑遗产的理念认知，在城市建设中融入 20 世纪建筑遗产的示范作用，要利用国务院印发的开展第四次全国文物普查的通知要求，将 20 世纪遗产甄选融入其中，采用有世界视野、适合近现代发展的设计与营建模式，为城市更新与遗产保护制度创新提出示范案例。

二、要坚守"以人为本"的遗产保护策略

要搭建好过去、现在与未来对话的舞台，调动社区公众参与遗产保护的自觉性与积极性，让

居民从旁观者变成参与者、受益者；建筑师在空间规划设计与文化遗产保护有机结合上，要切实提升历史文化街区活化利用水平，提高 20 世纪建筑中居民的获得感与幸福感。

三、要用 20 世纪遗产开拓文旅发展的新业态、新格局

要持续搭建文化资源交流平台，创新 20 世纪遗产服务文旅活化新业态，建设安庆独具特色且有现代文明气息的、以 20 世纪建筑遗产传承与发展为核心的全链条发展新范式。

四、要出台政策依法保护安庆建筑遗产

政府决策团队要与学界及产业团队紧密配合，特别要调动企业界、金融界的积极性，推动、组织、协调并引导产、学、研一体化的"遗产 + 文化 + 旅游"合作模式，推出振兴安庆 20 世纪建筑遗产并服务"文化安庆"建设的创新规划与政策保障。

五、要用多种方式向社会普及 20 世纪遗产知识

将每年 4 月 23 日确定为"安庆建筑遗产开放日"，让建筑成为可阅读、可体验、可书写的好去处，同时开启"中国·安庆建筑文化遗产节"的品牌建设活动，以活化利用符合当代生活需求的 20 世纪建筑遗产，为全省乃至全国贡献"安庆智慧"及"安庆方案"。

出席"中国·安庆——20 世纪建筑遗产文化研讨会"全体代表

2023 年 11 月 19 日

宣言十·公众视野下的中国 20 世纪建筑遗产·天津倡议

（2024 年 4 月 27 日·天津）

2024 年系新中国成立 75 周年，也是京津冀协同发展上升到国家战略十周年。为落实习近平总书记加强文化遗产保护传承，弘扬中华优秀传统文化一系列重要指示，为建设中华民族现代文明，在中国文物学会、中国建筑学会、天津大学、天津市住房和城乡建设委、天津市规划和自然资源局、天津市文化和旅游局、天津市国资委等单位指导下，由中国文物学会 20 世纪建筑遗产委员会、天津住宅建设发展集团有限公司、天津津融投资服务集团有限公司、天津市海河设计集团、天津大学建筑设计规划研究总院有限公司主办的"公众视野下的 20 世纪遗产—第九批中国 20 世纪建筑遗产项目推介暨 20 世纪建筑遗产活化利用城市更新优秀案例研讨会"，在国家级历史文化名城、建筑遗产众多的天津举办，意义非凡。

2024 年也是天津建卫 620 周年，正值五一劳动节前夕，在与会专家感悟劳模"爱岗敬业，争创一流，艰苦奋斗，勇于创新，淡泊名利，甘于奉献"精神时，会场设在有 70 年历史的第六批中国 20 世纪建筑遗产项目推介地——天津市第二工人文化宫，更具特殊价值。来自全国建筑文博专家齐聚"津门"，文润海河，春享津城。建筑是时代的写照，最能代表城市的风貌，也最可引领社会的风尚。面对"十四五"规划提出的城市更新行动，天津市发布了《天津城市更新规划指引（2023-2027 年）》，它从天津特色出发，将城市更新分为"1+6"个类型，其中海河两岸更新提升为发挥资源特色，打造彰显城市核心竞争力的世界名河之城擦亮了"名片"。

自 2016 年至 2024 年，在中国文物学会、中国建筑学会指导下，中国文物学会 20 世纪建筑遗产委员会已向公众推介了九批中国 20 世纪建筑遗产项目共计 900 项，它源自在天津启动的 2012 年中国 20 世纪建筑遗产保护利用研讨会。从那时起我们共同见证了事业由起步发轫直至如今的蓬勃局面；同时也深感必须时刻关注国家遗产保护整体的发展态势，力求中国 20 世纪建筑遗产的保护更加融入国家与城市更新发展大业中。

2023 年，习近平总书记在文化传承发展座谈会上指出："中国式现代化赋予中华文明以现代力量，中华文明赋予中国式现代化以深厚底蕴。中国式现代化是赓续古老文明的现代化，而不是消灭古老文明的现代化；是从中华大地长出来的现代化，不是照搬照抄其他国家的现代化；是文明更新的结果，不是文明断裂的产物。中国式现代化是中华民族的旧邦新命，必将推动中华文明重焕荣光。"今年 2 月 1 日，习近平总书记来到天津对古文化街历史文化街区开展调研时再次指出，中国式现代化离不开优秀传统文化的继承和弘扬，天津是一座很有特色和韵味的城市，要保护和利用好历史文化街区，使其在现代化大都市建设中绽放异彩。习近平总书记强调，"以文化人、以文惠民、以文润城、以文兴业，展现城市文化特色和精神气质，是传承发展城市文化、培育滋养城市文明的目的所在。我们要加强城市历史文化遗产和红色文化资源保护，健全现代文化产业体系、市场体系和公共文化服务体系，打造具有鲜明特色和深刻内涵的文化品牌，进一步彰显天津的现代化新风貌"。这些重要论述，深刻揭示了中国式现代化与中华文明的内在联系，为此，国家发展改革委等七部门于 2024 年 3 月印发《文化保护传承利用工程实施方案》（修订稿）。今天，我们齐聚天津，再次学习习近平总书记的重要指示，与会专家共识：中国 20 世纪建筑遗产的保护传承，是有助于"文明展示"的，尤其在"中华民族的旧邦新命"上具有独辟蹊径的优势。有鉴于此，参加本届大会专家特提出"天津倡议"：

倡议一：应开展中国 20 世纪建筑遗产项目普查工作

目前九批 900 个项目的"名录"公布，但对照各地实际，应该保护的建筑数量是远远不够的。而真正做到全面把控，除委员会顾问专家外，尤应鼓励社会、行业与公众主动提供各地 20 世纪建筑遗产的项目信息，特别是那些亟待采取保护措施的"低等级"建筑遗产项目。建议：一方面各级政府要借第四次全国文物普查机遇，主动将 20 世纪遗产专项申报；另一方面委员会也将在调研基础上，尽快建立"中国 20 世纪建筑遗产项目预备名录库"；

倡议二：应将 20 世纪遗产纳入立法保护范围

还在 2012 年的倡议中，已建议有关部门要尽快立项编制出台国家《城市建筑遗产保护法》。要为那些具有较高建筑文化价值而尚未评定文物等级的 20 世纪建筑遗产项目提供法律层面的保护。此外，倡议从国家到地方，要将《立法法》赋予的立法权责真正承担起来，在城市更新、工业遗产、设计活化等条例法规中，注入 20 世纪遗产保护内容，尽快建构起中国 20 世纪建筑遗产保护传承的法规体系，最大限度让建筑遗产造福人民；

倡议三：应在建筑文博界提升对 20 世纪遗产概念的共识

"中国 20 世纪建筑遗产"是遗产新类型，在以往的认知中，"向西方学习先进的建筑技术，更新固有建筑理念"是 20 世纪中国建筑界的主流趋势。但同时也应注意到：中国传统建筑技艺乃至建筑理念，在 20 世纪及当下仍具有相当大的活力，不仅产生过如南京中山陵、广州中山纪念堂等引进西方建筑技术而保持中国传统建筑风格的"中国固有式建筑"，在园林营建、乡村民居、山区桥梁等方面，直至今日也仍有完全传承传统工艺做法的新作品问世。我们应提高对这类纯粹传统技艺建筑（含园林）项目价值认定，应将其纳入的中国建筑现代文明之列，无疑这是推进 20 世纪遗产传承发展的重要方面；

倡议四：20 世纪遗产有条件为城市更新开辟活化利用之道

国内外 20 世纪遗产保护传承的经验，都不是仅以推介评选为目标，重在要助力城市文化发展，通过价值挖掘，促进功能提升，尤其要为向"新"而行，提供更丰富的城市更新生动"样本"。20 世纪建筑遗产项目要在城市更新中开创活化利用之道，不仅要研究"活化利用"多重含义，坚持为城市留存记忆与"乡愁"，在求新求变的设计更新中，不可造成建设与历史文脉脱节，在扎实做好创造性转化、创新性发展中，绝不能让"遗产"变"遗憾"。

在构建保护大格局时，要让 20 世纪遗产造福公众与社会，要在活化利用前期做足可行性研究大文章：深度发掘契合时代与历史之需的功能价值；深度研究实现可活化利用与融合业态的开启方式；创造鼓励社会各界积极参与的多维机制，在政策导引下，让合乎标准的规划师、建筑师担负起责任，与政府、社区、公众共同组成 20 世纪遗产的守护者、传承者、创造者，从而解决"更新是什么，依据是什么，如何推动，怎么更新"等一连串路径与方法；

倡议五：探索新质生产力服务 20 世纪遗产发展之策

无论是 20 世纪遗产的防灾安全，还是历史街区城市更新的改造，都需要在传统保护更新中注入新理念与新技术，以实现"数字孪生"。2024 年政府工作报告中将发展新质生产力正式列入，20 世纪遗产保护就要用具有新时代意蕴的新质生产力，在传承现代文明中探讨保护遗产新法。20 世纪建筑发展是伴随科技进步及创造的，它最能体现新科技对保护利用的作用与贡献，它最可支撑"20 世纪遗产中国"数字体验命题的。发展新质生产力"关键在质优"，"质优"不排斥传统建筑遗产做法，重在推动传统产业现代化、智能化转型。在 20 世纪遗产保护传承中发展新质生产力，不仅仅是"数据引擎"，还在促进遗产保护发展的全方位革新，按国家数据局《推进城市全域数字化转型指导意见》，到 2030 年我国将涌现一批数字文明时代具有全球竞争力的中国式现代化城市。对此，与会专家认为，应积极探索新质生产力服务 20 世纪遗产传承发展的思路：用新质生产力拓展遗产传承新空间、新场景；用新质生产力全新阐释 20 世纪遗产与建筑师的示范经典；用新质生产力的新活力与新业态推动全民参与及关注度。

倡议六：在公众中普惠对中国 20 世纪建筑巨匠技艺的传播

与中国古代既强调建筑的象征国家形象功能，忽略建筑工匠的做法不同，20 世纪建筑界及建筑巨匠们越来越得到公众的尊重，如朱启钤、吕彦直、梁思成、杨廷宝等。他们的许多重大历史事件与经典建筑紧密相连，建筑作品与技艺理念成为名副其实的"事件建筑"，如已进入中国 20 世纪建筑遗产的北京社稷坛的中山公园、南京中山陵、南岳忠烈祠、天津利顺德大饭店、新中国"国庆十大工程"等。在新时代我们应加大对这些建筑巨匠和建筑作品的传播力度，20 世纪建筑遗产完全应将它们的宣传串接起来，用著作与图书、用纪录片、用新媒体，让公众对于 20 世纪建筑遗产"知其物，进而知其事、更进而知其人"，为提升中华民族的现代文明服务。

出席"公众视野下的 20 世纪遗产—第九批中国 20 世纪建筑遗产项目推介暨 20 世纪建筑遗产活化利用城市更新优秀案例研讨会"全体代表

2024 年 4 月 27 日·天津

附录

APPENDIX

中国 20 世纪建筑遗产
建筑师"英雄谱"

编者按：国内外在20世纪建筑遗产保护与传承上，始终强调关注建筑作品与建筑师，近年来更强调城市为人而更新，面对历史文化保护与再生，要将"人和建筑"一起保护。建筑师、工程师是伟大建筑遗产的创造者，在"人和建筑"一起保护的时代大势下，梳理为中国20世纪建筑遗产作出贡献的设计师们是极其必要的。这里归纳并梳理了第1至第9批中国20世纪建筑遗产贡献建筑师、工程师的"英雄谱"，尽管尚不全面，但意在展示他们的设计榜样之力，表现他们为中国现代建筑与文化传承作出的贡献。

董大酉
（1899—1973年）

沈理源
（1890—1951年）

柳士英
（1893—1973年）

吕彦直
（1894—1929年）

杨锡镠
（1899—1978年）

梁思成
（1901—1972年）

林徽因
（1904—1955年）

杨廷宝
（1901—1982年）

陈植
（1899—1989年）

张镈
（1911—1999年）

黎伦杰
(1912—2001年)

华揽洪
（1912—2012年）

徐中
（1912—1985年）

杨作材
（1912—1989年）

张开济
（1912—2006年）

洪青
（1913—1979年）

张家德
（1913—1982年）

莫伯治
（1915—2003年）

冯纪忠
（1915—2009年）

徐尚志
（1915—2007年）

陈登鳌
（1916—1999年）

林乐义
（1916—1988年）

贝聿铭
（1917—2019年）

巫敬桓
（1919—1977年）

戴念慈
（1920—1991年）

宋融
（1927—2002年）

关肇邺
（1929—2022年）

钟训正
（1929—2023年）

熊明
（1931—2023年）

彭一刚
（1932—2022年）

赵冬日
（1914—2005年）

陈嘉庚
（1874—1961年）

龚德顺
（1923—2007年）

胡庆昌
（1918—2010年）

莫宗江
（1916—1999年）

欧阳骖
（1922—2003年）

孙秉源
（1911—? 年）

孙培尧
（1919—? 年）

王时煦
（1920—2012年）

严星华
（1921—? 年）

杨宽麟
（1891—1971年）

郁彦
（1914—? 年）

张德沛
（1925—2015年）

亨利·墨菲
（1877—1954年）

邬达克
（1893—1958年）

茅以升
（1896—1989年）

刘开渠
（1904—1993年）

库尔特·罗克格
（1914—2003年）

李守先
（1878—1940年）

思九生

刘铨法
（1889—1957年）

奚福泉
（1902—1983年）

陆谦受
（1904—1992年）

朱兆雪
（1900—1965年）

林克明
（1900—1999年）

虞福京
（1923—2007年）

徐敬直
（1906—1982年）

米哈伊尔·安德列维
奇·巴吉赤

李光耀
（1920—2006年）

奚小彭
（1924—1995年）

杨伟成
（1927—2022年）

吴观张
（1933—2021年）

吴良镛
（1922—　）

白德懋
（1923—　）

金祖怡
（1929—2024年）

程懋堃
（1930—　）

齐康
（1931—　）

程泰宁
（1935—　）

费麟
（1935—　）

李拱辰
（1936—　）

张锦秋
（1936—　）

孙国城
（1937年—　）

何镜堂
（1938—　）

刘景樑
（1941—　）

柴裴义
（1942—　）

马国馨
（1942— ）

唐玉恩
（1944— ）

崔愷
（1957— ）

屈培青
（1959— ）

庄惟敏
（1962— ）

周恺
（1962— ）

赵元超
（1963— ）

张宇
（1964— ）

胡越
（1964— ）

邵韦平
（1962— ）

刘晓钟
（1962— ）

崔彤
（1962— ）

桂学文
（1963— ）

郭卫兵
（1989— ）

朱铁麟
（1967— ）

范欣
（1970— ）

中国文物学会 20 世纪建筑遗产委员会
顾问及专家委员名单（2024 年 3 月版）

顾问名单（24 人）

1. 吴良镛　中国科学院院士、中国工程院院士、清华大学教授
2. 傅熹年　中国工程院院士、中国建筑设计研究院建筑历史研究所研究员
3. 张锦秋　中国工程院院士、全国工程勘察设计大师
4. 程泰宁　中国工程院院士、全国工程勘察设计大师
5. 何镜堂　中国工程院院士、华南理工大学建筑学院院长
6. 邹德侬　天津大学建筑学院教授
7. 郑时龄　中国科学院院士、原同济大学副校长
8. 费　麟　中元国际公司资深总建筑师
9. 刘景樑　全国工程勘察设计大师、天津市建筑设计院名誉院长
10. 魏敦山　中国工程院院士、上海现代建筑集团有限公司顾问总建筑师
11. 王小东　中国工程院院士、西安建筑科技大学建筑系博士生导师
12. 王瑞珠　中国工程院院士、中国城市规划设计研究院研究员
13. 刘叙杰　东南大学古建筑研究所教授
14. 郭　旃　国际古迹遗址理事会副主席
15. 黄星元　全国工程勘察设计大师
16. 崔　恺　中国工程院院士、全国工程勘察设计大师
17. 刘加平　中国工程院院士、西安建筑科技大学绿色建筑研究中心主任
18. 孟建民　中国工程院院士、全国工程勘察设计大师
19. 段　进　中国工程院院士、全国工程勘察设计大师
20. 庄惟敏　中国工程院院士、全国工程勘察设计大师
21. 常　青　中国科学院院士、同济大学建筑城规学院教授、学术委员会主任
22. 王建国　中国工程院院士、中国城市规划学会副理事长
23. 梅洪元　中国工程院院士 全国工程勘察设计大师
24. 李兴钢　中国工程院院士 全国工程勘察设计大师

委员名单（84 人）

1. 马国馨　中国工程院院士、全国工程勘察设计大师
2. 王时伟　故宫博物院古建部原副主任
3. 孙宗列　中元国际工程设计研究院原执行总建筑师
4. 伍　江　同济大学原副校长、教授 亚洲建筑师协会副主席
5. 刘伯英　清华大学建筑学院副教授 中国文物学会工业遗产委员会主任委员
6. 刘克成　西安建筑科技大学建筑学院教授
7. 刘若梅　中国文物学会传统建筑园林委员会副主任委员
8. 刘临安　北京建筑大学建筑与城市规划学院教授
9. 吕　舟　清华大学建筑学院教授、清华大学国家遗产中心主任
10. 朱光亚　东南大学建筑学院教授
11. 汤羽扬　北京建筑大学教授
12. 邵韦平　全国工程勘察设计大师、北京市建筑设计研究院有限公司首席总建筑师

13. 何智亚　重庆历史文化名城保护专委会主任委员
14. 张之平　中国文化遗产研究院研究员
15. 张玉坤　天津大学建筑学院教授
16. 张立方　河北省文物局原局长
17. 张　宇　全国工程勘察设计大师、北京市建筑设计研究院股份有限公司总建筑师
18. 张　兵　自然资源部国土规划局局长
19. 祁　斌　清华大学建筑设计研究院有限公司总建筑师
20. 朱铁麟　天津市建筑设计研究院有限公司副总经理、首席总建筑师
21. 张　杰　全国工程勘察设计大师、清华大学建筑学院教授、北京建筑大学建筑与城市规划学院特聘院长
22. 张　松　同济大学建筑与城市规划学院教授、住建部科技委历史文化保护与传承专委会委员
23. 张　谨　北京清华同衡规划研究设计院遗产五所所长
24. 李秉奇　重庆大学建筑规划设计研究总院总建筑师
25. 吴　晓　湖北省文化厅古建筑保护中心副主任、总工程师、研究员
26. 单霁翔　中国文物学会会长、故宫博物院学术委员会主任
27. 陈同滨　中国建筑设计研究院总规划师
28. 陈伯超　沈阳建筑大学教授
29. 陈爱兰　河南省文物局原局长
30. 陈　薇　东南大学建筑学教授、建筑历史与理论研究所所长

31. 周　岚　江苏省政协副主席、中国城市规划学会副理事长
32. 周　恺　全国工程勘察设计大师　华汇工程建筑设计有限公司总建筑师
33. 金　磊　中国建筑学会建筑评论学术委员会副理事长、《中国建筑文化遗产》《建筑评论》"两刊"总编辑
34. 叶依谦　北京市建筑设计研究院股份有限公司执行总建筑师
35. 罗　隽　四川大学城镇化战略与建筑研究所所长、教授
36. 胡　越　全国工程勘察设计大师、北京建筑大学教授
37. 赵万民　重庆大学建筑城规学院院长、教授
38. 赵元超　全国工程勘察设计大师、中国建筑西北设计研究院执行总建筑师
39. 桂学文　全国工程勘察设计大师、中南建筑设计院股份有限公司首席总建筑师
40. 张伶伶　全国工程勘察设计大师、天作建筑研究院主持人
41. 许世文　浙江省建筑设计研究院副总经理
42. 唐玉恩　全国工程勘察设计大师、华建集团上海建筑设计研究院有限公司资深总建筑师
43. 陈日飚　华艺设计顾问（深圳）有限公司总经理、深圳市勘察设计行业协会会长
44. 谌　谦　天津大学建筑设计规划研究总院院长
45. 范　欣　新疆建筑设计研究院有限公司副总建筑师、绿建中心总工程师
46. 贾　珺　清华大学建筑学院教授
47. 奚江琳　解放军理工大学国防工程学院副教授

48. 徐苏斌　天津大学建筑学院讲席教授、中国文化遗产保护国际研究中心常务副主任
49. 徐　锋　云南省设计院原总建筑师
50. 殷力欣　《中国建筑文化遗产》副总编辑
51. 郭卫兵　河北建筑设计研究院有限责任公司董事长、总建筑师
52. 郭　玲　《中国建筑文化遗产》编委
53. 崔　彤　全国工程勘察设计大师、中国中建设计院有限公司首席总建筑师
54. 崔　勇　中国艺术研究院研究员
55. 彭长歆　华南理工大学建筑学院院长、教授
56. 韩林飞　北京交通大学教授、俄罗斯建筑与建设科学院外籍院士
57. 韩振平　天津大学出版社原副社长
58. 路　红　中国文物学会常务理事、天津市历史风貌建筑保护专家咨询委员会主任
59. 谭玉峰　上海市文物局原副总工程师、研究员
60. 薛　明　中国建筑科学研究院建筑设计总院总建筑师
61. 宋　昆　天津大学建筑学院党委书记、院长
62. 宋力锋　中国建筑设计研究院建筑历史研究所所长
63. 青木信夫　天津大学中国文化遗产保护国际研究中心主任、教授
64. 陈　飞　湖北文旅厅文物保护与考古处处长
65. 韩冬青　全国工程勘察设计大师、东南大学建筑设计研究院有限公司首席总建筑师
66. 夏　青　天津大学建筑学院教授
67. 刘丛红　天津大学建筑学院教授
68. 戴　路　天津大学建筑学院教授
69. 姜书明　天津土地利用事务中心正高级工程师

70. 徐俊辉　武汉理工大学土木工程与建筑学院副教授
71. 陈　雳　北京建筑大学建筑与城市规划学院教授
72. 汪晓茜　东南大学建筑学院历史及理论研究所副教授
73. 柳　肃　湖南大学建筑学院教授
74. 陈　纲　重庆大学建筑规划设计研究总院有限公司总建筑师
　　　　　重庆历史文化名城委专委会委员
75. 永昕群　中国文化遗产研究院研究馆员
76. 刘　艺　中建西南建筑设计研究院有限公司总建筑师
77. 丁　垚　天津大学建筑学院建筑历史研究所所长、教授
78. 周学鹰　南京大学教授
79. 舒　莺　四川美术学院副教授
80. 陈　雄　全国工程勘察设计大师　广东省建筑设计院总建筑师
81. 覃　力　深圳大学建筑设计研究院有限公司总建筑师
82. 李　琦　中国中建设计研究院有限公司党委书记、董事长
83. 胡　燕　北方工大建筑学院副教授
84. 李海霞　北方工大建筑学院副教授

ICOMOS 20 世纪遗产国际科学委员会关于 20 世纪建筑遗产保护办法的马德里文件 2011

ICOMOS

International Scientific Committee on Twentieth Century Heritage

ICOMOS 20 世纪遗产国际科学委员会

APPROACHES FOR THE CONSERVATION OF TWENTIETH-CENTURY ARCHITECTURAL HERITAGE, MADRID DOCUMENT 2011
Madrid, June 2011

关于 20 世纪建筑遗产保护办法的马德里文件 2011

马德里，2011年6月

FOREWORD

前言

The International Council on Monuments and Sites (ICOMOS) works through its International Scientific Committee on Twentieth-Century Heritage (ISC20C) to promote the identification, conservation and presentation of Twentieth-century heritage places.

国际古迹遗址理事会（以下简称ICOMOS）通过它下属的20世纪遗产国际科学委员会（以下简称ISC20C）来推动20世纪遗产地的鉴定、保护及展示。

ICOMOS is an international non-government organisation of conservation professionals which acts as UNESCO's adviser on cultural heritage and the World Heritage Convention.

作为联合国教科文组织在文化遗产和世界遗产宪章方面的咨询机构，ICOMOS是一个由保护专家组成的国际非政府组织。

The Madrid Document makes an important contribution to one of the ISC20C's current major projects, that of developing guidelines to support the conservation and management of change to Twentieth century heritage places.

马德里文件是为了推动ISC20C当前的主要项目之一——为20世纪遗产地的干预建立支持其保护与管理的准则。

The Madrid Document was developed by members of the ISC20C during 2011 and it was first publically presented at the "International Conference Intervention Approaches for the Twentieth Century Architectural Heritage", held in Madrid in June 2011. The conference was organized by ISC20C Vice President Fernando Espinosa de los Monteros in association with the Campus Internacional de Excelencia Moncloa – Cluster de Patrimonio, and with the collaboration of the Escuela Técnica Superior de Arquitectura de Madrid (ETSAM). Over 300 international delegates debated and amended the initial draft of the document, which was unanimously adopted by the conference delegates on June 16th, 2011 at the Palacio de Cibeles, before the City of Madrid and Ministry authorities.

马德里文件是2011年间由ISC20C的成员编写的，它第一次公开发表于2011年6月在马德里举办的 "20世纪建筑遗产处理办法的国际会议" 上。会议由ISC20C副主席Fernando Espinosa de los Monteros 同the Campus Internacional de Excelencia Moncloa – Cluster de Patrimonio及the Escuela Técnica Superior de Arquitectura de Madrid (ETSAM) 等机构共同举办。共有超过300名国际代表讨论并修正了该文件的第一版草案。2011年6月16日

Secretariat: 78 George Street Redfern, NSW AUSTRALIA 2016   isc20c@icomos-isc20c.org

全体会议代表在马德里市政府部门见证下，一致通过了马德里文件。

The Madrid Document has now been translated into several languages which are available to download on the ISC20C website: http://icomos-isc20c.org/sitebuildercontent/sitebuilderfiles/madriddocumentenglish.pdf

马德里文件现在被翻译为多种语言，并在ISC20C官方网站上提供下载：http://icomos-isc20c.org/sitebuildercontent/sitebuilderfiles/madriddocumentenglish.pdf

Currently, the Madrid Document refers only to architectural heritage and specifically, looks carefully at guiding intervention and change, but the ISC20C is considering broadening the document's scope to encompass guidelines for all types of heritage places of the Twentieth Century.

目前，马德里文件仅探讨建筑遗产，尤其是在如何引导处理及干预方面，但ISC20C正在考虑将文件针对的广度扩展至包含所有类型的20世纪遗产地的准则。

After following the usual ICOMOS processes for the development of conservation guidelines and principles, the final document may take its place among ICOMOS international doctrine.

依据ICOMOS通常的保护准则与原则编制的通常过程，马德里文件的最终稿将被收入ICOMOS的国际宪章中。

We invite comments on the Madrid Document, to assist the preparation of a second edition. Comments may be submitted in English, French or Spanish, addressed to the Secretary General of ISC20C: isc20c@icomos-isc20c.org

我们诚挚地邀请您为马德里文件提供建议和评论，以推动第二版的准备工作。您的意见可以是英文、法语或西班牙文，请发送至ISC20C的秘书处：isc20c@icomos-isc20c.org

Sheridan Burke

President, ICOMOS ISC20C

FIRST EDITION OCTOBER 2011

谢里登·博克

ICOMOS ISC20C主席

2011年10月第一版

© 2011 ICOMOS International Scientific Committee on 20th Century Heritage (ISC20C)

APPROACHES FOR THE CONSERVATION OF TWENTIETH-CENTURY ARCHITECTURAL HERITAGE, MADRID DOCUMENT 2011
Madrid, June 2011

关于20世纪建筑遗产保护办法的马德里文件 2011

马德里，2011年6月

PREAMBLE

序言

The ICOMOS International Scientific Committee for Twentieth Century Heritage (ISC 20C) is developing guidelines for the conservation of heritage sites of the twentieth century during 2011–2012.
国际古迹遗址理事会20世纪遗产   科学委员会20国际2012年间在编制20世纪遗产地的保护准则。

As a contribution to this debate, the International Conference "Intervention Approaches for the Twentieth-Century Architectural Heritage – CAH 20thC" adopted on 16 June 2011 the following text "Approaches for the Conservation of Twentieth-Century Architectural Heritage, **Madrid Document 2011**".
2011年6月16日，以"20世纪建筑遗产处理办法-CAH 20thC"为主题的国际会议采纳了"   20世纪建筑遗关保护方法 马德里文件**2011**的。

AIM OF THE DOCUMENT
文件的目的

The obligation to conserve the heritage of the twentieth century is as important as our duty to conserve the significant heritage of previous eras.
保护20世纪遗产是与保护先前时期的重要遗产同等重要的义务。

More than ever, the architectural heritage of this century is at risk from a lack of appreciation and care. Some has already been lost and more is in danger. It is a living heritage and it is essential to understand, define, interpret and manage it well for future generations.
由于缺乏欣赏与关心，本世纪的建筑遗产比以往任何时期都处境甚危。其中一些已经消失了，另一些尚处在危险中。20世纪遗产是活的遗产，对它的理解、定义、阐释与管理对下一代至关重要。

The Madrid Document 2011 seeks to contribute to the appropriate and respectful handling of this important period of architectural heritage. While recognising existing heritage conservation documents[i], the Madrid Document also identifies many of the issues specifically involved in the conservation of architectural heritage. Yet while it specifically applies to architectural heritage in all its forms, many of its concepts may equally apply to other types of twentieth-century heritage.
马德里文件2011致力于促成对这一重要时期的建筑遗产的合适的、有所尊重的处理。在充分认识现有的遗产保护文件的同时[i]，马德里文件亦指明了建筑遗产保护的一些特殊情况。虽然它针对所有形式的建筑遗产，但是其中很多概念和理念同样适用于其他类型的20世纪遗产。

The document is intended for all those involved in heritage conservation processes.
这份文件是为了所有遗产保护过程中的参与者编制的。

Explanatory notes are incorporated where necessary and a glossary of terms completes the document.
在需要的地方，注释已经被并入文件，同时，词汇表亦被包含在其中。

ADVANCE KNOWLEDGE, UNDERSTANDING AND SIGNIFICANCE
先前的知识，理解与价值

Article 1: Identify and assess cultural significance.

© 2011 ICOMOS International Scientific Committee on 20th Century Heritage (ISC20C)

第1条：文化价值的鉴定与评估。

1.1: Use accepted heritage identification and assessment criteria.
1.1 使用已被认可的遗产鉴定与评估标准。

The identification and assessment of the significance of twentieth-century architectural heritage should use accepted heritage criteria. The architectural heritage of this particular century (including all of its components) is a physical record of its time, place and use. Its cultural significance may rest in its tangible attributes, including physical location, design (for example, colour schemes), construction systems and technical equipment, fabric, aesthetic quality and use, and/or in its intangible values, including historic, social, scientific or spiritual associations, or creative genius.
20世纪建筑遗产价值的鉴定与评估应采用已被认可的遗产评估标准。这个特殊的世纪的建筑遗产（包括其各个构件）是它所在的时间、地点与功能的物理记录。它的文化价值可存在于物质层面，例如：物理区位，设计（例如色彩主题），建造系统，技术设备，材料，美学质量以及功能；亦可能存在于非物质价值层面，例如历史的、社会的、科学的、精神层面的关联，或创造的天赋。

1.2: Identify and assess the significance of interiors, fittings, associated furniture and art works.
1.2 鉴定及评估室内、配件、相关的家具以及艺术作品。

To understand the architectural heritage of the twentieth century it is important to identify and assess all components of the heritage site, including interiors, fittings and associated art works.
为了理解20世纪建筑遗产，鉴定及评估室内、配件及相关的艺术作品十分重要。

1.3: Identify and assess the setting and associated landscapes.
1.3 鉴定和评估环境及相关的景观。

To understand the contribution of context to the significance of a heritage site, its associated landscape and setting[ii] should be identified and assessed.[iii]
为了理解环境对一个遗产地价值的贡献，它相关的景观与环境[ii]需要被鉴定和评估[iii]。

For urban settlements, the different planning schemes and concepts relevant for each period and heritage site should be identified and their significance acknowledged.
对于城市中的场所来说，与各时期及遗产地方案的不同的规划   以及理念应该被鉴定，以知晓其价值。

1.4: Proactively develop inventories of the architectural heritage of the twentieth century.
1.4 先行制定20世纪建筑遗产名录。

The architectural heritage of the twentieth century needs to be proactively identified and assessed through systematic surveys and inventories, thorough research and studies by multidisciplinary teams, with protective conservation measures established by the responsible planning and heritage authorities.
20世纪建筑遗产需要通过系统调研及名录建立，由多学科团队进行的详尽研究以及由对应的规划与遗产管理部门制定保护手段等方法被先行鉴定和评估。

1.5: Use comparative analysis to establish cultural significance.
1.5 采用对比分析的方法来确定文化价值。

When assessing the significance of the architectural heritage of the twentieth century, comparative heritage sites must be identified and assessed in order to be able to analyse and understand relative significance.
为分析和理解遗产地的相对价值，当鉴定20世纪建筑遗产的价值的时候，需鉴定和评估对比遗产地案例。

Article 2: Apply appropriate conservation planning methodology.
第2条： 实施适当的保护规划方法。

2.1: Maintain integrity by understanding significance before any intervention.
2.1 通过在任何处理前了解对象价值的方式来维护（遗产地的）完整性。

© 2011 ICOMOS International Scientific Committee on 20th Century Heritage (ISC20C)

Adequate research, documentation and analysis of the historic fabric are needed to guide any change or intervention. The integrity of the architectural heritage of the twentieth century should not be impacted by unsympathetic interventions. This requires careful assessment of the extent to which the heritage site includes all the components necessary to express its significance and also to ensure the complete representation of the features and processes that contribute to this significance. Adverse impacts of development and/or neglect, including conjecture, should be avoided.

任何处理和干预都需要充分的研究、记录以及历史实物的分析作为指导。20世纪建筑遗产的完整性不应该遭受考虑不周的干涉带来的破坏。这就要求对能表达其价值、能保证它代表性特征的完整性的全部构件以及曾促使这个价值的过程予以仔细评估。开发带来的负面冲击及（或）忽视、臆测带来的不良后果应该被避免。

Understanding how cultural significance is manifest in the architectural heritage of the twentieth century, and how different attributes, values and components contribute to that significance, is essential in order to make appropriate decisions about its care, and the conservation of its authenticity and integrity. Buildings evolve over time and later alterations may have cultural significance. Different conservation approaches and methods may be necessary within one heritage site. The input of the original designer or builder should always be sought, where relevant.

为了做出适合的20世纪遗产的保护的决策以及保护它的真实性与完整性，我们必须了解20世纪建筑遗产的文化价值如何体现，了解（其）不同的特征、价值以及构件如何影响了这一价值。建筑随时间的发展而不断演变，晚期的干预亦可能有文化价值。同一处遗产地采用不同的保护手段与方法可能很有必要。其最初的设计师及建造者对遗产的影响在相关之处应该被考虑。

> *2.2: Use a methodology that assesses cultural significance and provides policies to retain and respect it, prior to commencing work.*
> *2.2 在具体工作开展之前，使用评估文化价值的一套方法，并且提供政策维护和尊重这套方法。*

The methodology used to assess the significance of the architectural heritage of the twentieth century should follow a culturally appropriate conservation planning approach. This will include comprehensive historical research and significance analysis in the development of policies to conserve, manage and interpret the identified cultural significance. It is essential that such analysis be completed before works start to ensure that specific conservation policies are provided to guide development and change. Conservation Plans should be prepared. Regional heritage charters and site-specific conservation declarations may be developed.[iv]

评估20世纪建筑遗产价值的方法必须遵循从文化角度来讲合适的保护规划方法。这要求在编制保护、管理与诠释已经被认定的文化价值的政策的时候必须包含全面的历史研究和价值的分析。这样的分析必须在工作进行之前完成，以此来确保（我们）拥有特定的保护政策来指导发展与处理。保护规划需要预先准备。区域性的遗产宪章以及针对不同遗产地的保护宣言亦可以被编制[iv]。

> *2.3: Establish limits of acceptable change.*
> *2.3 建立可容忍的改变的限度。*

For every conservation action, clear policies and guidelines should be established *before* starting any architectural intervention, so as to define the acceptable limits of change. A Conservation Plan should define the significant parts of the heritage site, the areas where interventions are possible, the optimum usage of the site and the conservation measures to be taken. It should consider the specific architectural principles and building technologies used in the twentieth century.

针对每一个保护实践，在进行任何建筑处理之前，首先明确的政策和准则应该落实到位，以此来划定可以被接受的干预的限度。一个保护规划需要明确指出：遗产地的重要构件，可以进行改变的区域，场所的最佳使用方式以及将要进行的保护手段。它应该充分考虑20世纪使用的建筑技术及建筑准则。

> *2.4: Use interdisciplinary expertise.*
> *2.4 运用跨学科的专业知识。*

Conservation planning requires an interdisciplinary approach, considering all attributes and values of cultural significance. Specialists in modern conservation technology and material sciences may be required to undertake specific research and exchange of knowledge due to the use and proliferation of non-traditional materials and methods in twentieth-century architectural heritage.

© 2011 ICOMOS International Scientific Committee on 20th Century Heritage (ISC20C)

保护规划需要一个考虑到了文化价值的所有特征与所有价值的跨学科的方法。由于在20世纪建筑遗产中非传统材料以及（建造）方法的广泛应用，为进行特定的研究及交换知识与意见，我们需要现代保护技术及材料科学方面的专家。

2.5: Provide for maintenance planning.
作2.5 为维护规划 准备。

It is important to plan for the regular preventive care and maintenance of these architectural heritage sites. Emergency stabilisation work may also be required. Continual and appropriate maintenance and periodic inspection is consistently the best conservation action for architectural heritage and reduces long-term repair costs. A Maintenance Plan will assist this process.
对这些建筑遗产的日常性的防护及维护的规划非常重要。持续性的合理的维护及定期的检查一直都是建筑遗产的最佳保护手段，且能节省长期的维修成本。一份维护规划将有助于这个过程。

2.6: Identify responsible parties for conservation action.
2.6 明确对保护手段(实施）负责的人群。

It is important to identify the parties who are to be responsible and accountable for conservation actions for the architectural heritage of the twentieth century. These may include, but not be limited to, owners, heritage authorities, communities, local government and occupants.
明确在20世纪遗产保护过程中将为保护行为负责的人群非常重要。其中可能包括，但不限于以下人群：所有者，遗产权威方，社区，当地政府以及居民。

2.7: Archive records and documentation.
2.7 档案记录与记录文件编制。

When making changes to twentieth-century architectural heritage it is important to produce records of those changes for public archiving. Recording techniques may include photography, measured drawings, oral histories, laser scanning, 3D modeling and sampling, depending on the circumstances. Archival research is an important part of the conservation planning process.
在干预 20 世纪建筑遗产保护时，以为公众存档的目的而进行的这些干预的记录工作十分重要。依照不同的情况，记录手段可能包括：摄影，测绘，口述历史，激光扫描，D 模型与样品采集。档案研究是保护规划过程中的重要环节。

For every intervention, the peculiarities of the heritage site and the measures taken should be documented appropriately. The documentation must record the state before, during and after the intervention. Such documentation should be kept in a secure place and in up-to-date replicable media. It will assist the presentation and interpretation of the site, thereby enhancing its understanding and enjoyment by users and visitors. Information acquired in the investigation of architectural heritage, as well as other inventories and documentation, should be made accessible to interested persons.
对每一个干预，遗产地的特性以及所采用的方法应该被合理记录。记录文件必须包含在干预之前、之中以及之后的各种状态。这样的记录文件需要保存在安全的场所，并依托于最新的可复制的媒介。它将有助于遗产地的展示与阐释，从而强化使用者和拜访者对遗产地的理解和享受。在建筑遗产调研中获得的信息以及其他档案与记录文件应该便于相关人员查看。

Article 3: Research the technical aspects of twentieth-century architectural heritage.
第3条：20世纪建筑遗产的技术层面的研究。

3.1: Research and develop specific repair methods appropriate to the unique building materials and construction techniques of the twentieth century.
3.1 研究并开发符合20世纪特殊的建筑材料与修建技术的专业性的修复手段。

Twentieth-century building materials and construction techniques may often differ from traditional materials and methods of the past. There is a need to research and develop specific repair methods appropriate to unique types of construction. Some aspects of the architectural heritage of the twentieth century, especially those created after the middle of the century, may present specific conservation challenges. This may be due to the

© 2011 ICOMOS International Scientific Committee on 20th Century Heritage (ISC20C)

use of new or experimental materials and construction methods, or simply due to a lack of specific professional experience in its repair. Original/significant materials or details should be recorded if they have to be removed, and representative samples should be stored.

20世纪建筑材料与修建技术往往不同于传统材料与修建技术。有必要研究和开发符合不同的修建类型的专门的修复手段。一些20世纪的建筑遗产，尤其是修建于20世纪中期之后的，可能带来特别的保护挑战。这可能因为新的或实验性的材料与修建方法的使用，亦可能是因为在修复中缺乏特殊的职业经验。原材料或细节若需要被移除则需要被记录，有代表性的样本需要被保存。

Before any intervention, these materials should be carefully analysed and any visible and non-visible damage identified and understood. Some experimental materials may have a shorter life-span than traditional materials and need to be carefully analysed. Investigations into the condition and deterioration of materials are to be undertaken by suitably qualified professionals using non-destructive and carefully considered non-invasive methods. Limit destructive analysis to the absolute minimum. Careful investigation into the aging of materials of the twentieth century will be required.

任何处理之前，这些材料需要被仔细分析，任何可见的与不可见的破损都需要被发现与了解。一些实验性材料可能相对传统材料来说寿命更短，亦需要被仔细分析。针对材料的现状及损毁的调查须由合适的有资格的职业人士采用无损害的、非侵入性的手段来完成。需要严格将有破坏性的分析降到最低。（我们）亦需要针对 20 世纪材料的老化的详细调查。

> *3.2: The application of standard building codes needs flexible and innovative approaches to ensure appropriate heritage conservation solutions.*
> *3.2 为确保得出合理的遗产保护解决办法，在运用标准的建筑规范的时候需要灵活的、创新的手段。*

The application of standardised building codes (e.g. accessibility requirements, health and safety code requirements, fire-safety requirements, seismic retrofitting, and measures to improve energy efficiency) may need to be flexibly adapted to conserve cultural significance. Thorough analysis and negotiation with the relevant authorities should aim to avoid or minimise any adverse heritage impact. Each case should be judged on its individual merits.[v]

为保护文化价值，需要灵活应用标准化建筑规范（例如：可达性要求，健康与安全规范要求，防火规范要求，防震改装，增进能源效率的要求）详尽地分析以及同相关权威机构的协商，应以避免或最小化可能对遗产造成的任何负面冲击为目的。每一个不同案例都应该按照个体的特性分别判断[v]。

MANAGE CHANGE TO CONSERVE CULTURAL SIGNIFICANCE
为保护文化价值而管理（遗产的）干预

Article 4: Acknowledge and manage pressures for change, which are constant.
第4条：承认并管理持续的干预的压力。
> *4.1: Whether as a result of human intervention, or environmental conditions, managing change is an essential part of the conservation process to maintain cultural significance, authenticity and integrity.*
> *4.1 无论是人类干涉还是环境因素，管理（遗产的）干预是维护文化价值、真实性与完整性的重要环节。*

Conservation of authenticity and integrity is especially important in urban settlements where interventions may be necessary due to changes in everyday use, which may cumulatively impact cultural significance.

在城市聚落中因为日常使用功能的变化而需要采取的干预，可能会逐渐影响文化价值。这些干预过程中保护真实性和完整性非常重要。

Article 5: Manage change sensitively.
第5条：细致地管理干预。
> *5.1: Adopt a cautious approach to change.*
> *5.1 使用谨慎的方法来干预。*

Do only as much as much as is necessary and as little as possible. Any intervention should be cautious. The extent and depth of change should be minimised. Use proven methods of repair and avoid treatments that may cause damage to historic materials and cultural significance; repairs should be undertaken using the least invasive means possible. Changes should be as reversible as possible.

© 2011 ICOMOS International Scientific Committee on 20th Century Heritage (ISC20C)

只做必要的、尽可能少的干预。任何处理都应该谨慎。干预的程度和深度应该被最小化。使用已经被验证过的修复方法，避免可能给历史材料带来破坏、可能破坏文化价值的方法；修复时应该尽量使用非侵袭性方法。

Discrete interventions can be introduced that improve the performance and functionality of a heritage site on condition that its cultural significance is not adversely impacted. When change of use is under consideration, care must be taken to find an appropriate reuse that conserves the cultural significance.
小心谨慎的处理可以被运用，条件是它在不对其文化价值产生有害影响的前提下，增进一个遗产地的表现和功能。应当考虑改变使用功能的时候，必须谨慎地找到一个保护其文化价值的合适的再利用方法。

> *5.2: Assess the heritage impacts of proposed changes prior to works commencing and aim to mitigate any adverse impacts.*
> 5.2 在开展工作之前，评估被提议的干预对遗产的冲击，并以缓和任何负面冲击为目标。

Before intervening in any heritage site its cultural significance needs to be assessed, and all components should be defined and their relationship and setting understood. The impact of the proposed change on the cultural significance of the heritage site must be thoroughly assessed. The sensitivity to change of every attribute and value must be analysed and its significance accounted for. Adverse impacts need to be avoided or mitigated so that cultural significance is conserved.
在任何遗产地被处理之前，需要评估它的文化价值，详细说明所有的构件，理解它们之间的关系以及所处的环境。被提议的干预对于遗产地的文化价值的冲击必须被全面地评估。必须分析每一个特征与价值的应对干预的敏感性，详细说明其价值。应该避免或缓和负面冲击以保护文化价值。

Article 6: Ensure a respectful approach to additions and interventions.
第6条：需要确定一个尊重（遗产地文化价值）的添加及处理的方法。

> *6.1: Additions need to respect the cultural significance of the heritage site.*
> 6.1 添加手段需要尊重遗产地的文化价值。

In some cases, an intervention (such as a new addition) may be needed to ensure the sustainability of the heritage site. After careful analysis, new additions should be designed to respect the scale, siting, composition, proportion, structure, materials, texture and colour of the heritage site. These additions should be discernable as new, identifiable upon close inspection, but developed to work in harmony with the existing; complementing not competing.
在一些情况下，为保证遗产地的可持续性，可能需要一个干预（例如增加一个新的构筑物）。在仔细地分析后，新建建筑应该尊重遗产地的尺度，场所，构成，比例，结构，材料，肌理，色彩等。这些新建建筑应该可被辨识为新的，在近距离检查时可以被识别，但与现状应和谐一致；补足而非竞争。

> *6.2: New interventions should be designed to take into account the existing character, scale, form, siting, materials, colour, patina and detailing.*
> 6.2 新的干涉需要考虑现存的特点、尺度、形式、场所、材料、色彩、光泽以及细节。

Careful analysis of surrounding buildings and sympathetic interpretation of their design may assist in providing appropriate design solutions. However, designing in context does not mean imitation.
仔细地分析周围的建筑以及细心诠释它们的设计可能有助于获得合适的设计解决方法。但是，在环境中的设计不等同于模仿。

Article 7: Respect the authenticity and integrity of the heritage site.
第7条：尊重遗产地的真实性与完整性。

> *7.1: Interventions should enhance and sustain cultural significance.*
> 7.1 干涉需要增强和延续文化价值。

Significant building elements must be repaired or restored, rather than reconstructed. Stabilising, consolidating and conserving significant elements are preferable to replacing them. Wherever possible, replacement materials should be matched like for like, but marked or dated to distinguish them.

© 2011 ICOMOS International Scientific Committee on 20th Century Heritage (ISC20C)

建筑的重要部分应该被维修和修复，而非重建。稳固、巩固以及保护重要部分比替换它们更可取。在可能之处，替换的材料应该与原件相配，但需要被标记或注明日期以区分它们。

Reconstruction of entirely lost heritage sites or of their important building elements is not an action of conservation and is not recommended. However, limited reconstruction, if supported by documentation, may contribute to the integrity and/or understanding of a heritage site.
重建一个完全消失的遗产地或者遗产地的重要部分不是保护的行为，亦不推荐。但是，有限度的重建，如果有记录支撑，将有利于完整性及（或）对遗产地的理解。

> *7.2: Respect the value of significant layers of change and the patina of age.*
> 7.2 尊重改变中各个主要层次的价值，尊重岁月光彩。

The cultural significance of a heritage site as historic testimony is principally based on its original or significant material attributes and/or its intangible values which define its authenticity. However, the cultural significance of an original heritage site or of later interventions does not depend on their age alone. Later changes that have acquired their own cultural significance should be recognised and respected when making conservation decisions.
作为历史的见证，一个遗产地的文化价值主要基于它原真的或重要的材料特征及（或）它的功能定义其真实性的非物质价值。但是，一个原有的遗产地或晚期的改动的文化价值不单单取决于它们的年代。在做保护决策的时候，已获得自身的文化价值的晚期改动应该被识别和尊重。

Age should be discernible through all the interventions and changes that have occurred over time, as well as in their patina. This principle is important for the majority of materials used in the twentieth century.
时代和因年久而产生的光泽可以通过所有随时间发生的干预和改变进行辨识部分 20 世纪的材料都很重要。

Contents, fixtures and fittings that contribute to cultural significance should always be retained on the heritage site where possible.[vi]
对文化价值有意义的内容、设备与家具应尽可能的在遗产地保留 [vi]。

ENVIRONMENTAL SUSTAINABILITY
环境可持续性

Article 8: Give consideration to environmental sustainability.
第8条：给环境可持续性予以充分考虑。

> *8.1: Care must be taken to achieve an appropriate balance between environmental sustainability and the conservation of cultural significance.*
> 8.1　应关注环境可持续性和保护文化价值间的平衡。

Pressure for architectural heritage sites to become more energy efficient will increase over time. Cultural significance should not be adversely impacted by energy conservation measures.
要求建筑遗产地更加节能的压力将与日俱增。文化价值不应因节能措施而遭受负面冲击。

Conservation should take into account contemporary approaches to environmental sustainability. Interventions to a heritage site should be executed with sustainable methods and support its development and management.[vii] To achieve a practical and balanced solution, consultation with all stakeholders is needed to ensure sustainability of the heritage site. All possible options in terms of intervening, managing and interpreting the heritage site, its wider setting and its cultural significance must be retained for future generations.
保护应该考虑环境可持续性的现代手段。一处遗产地的干涉应该采取可持续性的方法，并需要保证其发展与管理 [vii]。为确保遗产地的可持续性发展而找到一个可操作的、平衡的解决方法，需要咨询所有的利益相关者。在干涉、管理与阐释遗产地的所有过程中，它的广义的环境以及文化价值必须保留给后代。

INTERPRETATION AND COMMMUNICATION
诠释与交流

© 2011 ICOMOS International Scientific Committee on 20th Century Heritage (ISC20C)

Article 9: Promote and celebrate twentieth-century architectural heritage with the wider community.
第9条： 与更大范围的公众一同推崇和赞美20世纪建筑遗产。

9.1: Presentation and Interpretation are essential parts of the conservation process.
9.1 保护过程中展示与诠释是不可或缺的部分。

Publish and distribute twentieth-century architectural heritage research and conservation plans, and promote events and projects wherever possible among the appropriate professions and broader community.
发表和分发20世纪建筑遗产研究和保护规划，在适当的职业群体以及更大范围的公众中推进（20世纪建筑遗产的）活动与项目。

9.2: Communicate cultural significance broadly.
9.2 广泛交流文化价值。

Engage with key audiences and stakeholders in dialogue that assists in the appreciation and understanding of twentieth-century heritage conservation.
同关键受众以及利益相关者探讨任何能增进对20世纪遗产保护的欣赏和理解的话题。

9.3: Encourage and support professional educational programs to include twentieth-century heritage conservation.
9.3 鼓励和支持职业教育项目添加20世纪遗产保护部分。

Educational and professional training programs need to include the principles of conservation of twentieth-century heritage.[viii]
教育与职业培训项目需包含 20 世纪遗产的保护准则 [viii]。

GLOSSARY
词汇

Attributes include physical location, design (including colour schemes), construction systems and technical equipment, fabric, aesthetic quality and use.
特征 包括物理位置、设计（包括色彩主题）、建造系统以及技术设备、材料、美学品质以及功能。

Authenticity is the quality of a heritage site to express its cultural significance through its material attributes and intangible values in a truthful and credible manner. It depends on the type of cultural heritage site and its cultural context.
真实性 是一个遗产地的能采用真实的、可信的方式，通过它的物质特征和非物质价值表达其文化价值的特质。它取决于文化遗产地的类型和它的文化环境。

Components of a heritage site may include interiors, fittings, associated furniture and art works; setting and landscapes.
构件 一个遗产地的构件可能包括室内、配件、相关家具及艺术品、环境和景观。

Conservation means all the processes of looking after a heritage site so as to retain its cultural significance.
保护 是为了保持遗产地的文化价值而进行的全部保护过程。

Cultural significance means aesthetic, historic, scientific, social and/or spiritual value for past, present or future generations. Cultural significance is embodied in the heritage site itself, its setting, fabric, use, associations, meanings, records, related sites and related objects. Heritage sites may have a range of significances for different individuals or groups.
文化价值 是（遗产地留给）先前、当代以及后代的美学价值、历史价值、科学价值、社会价值及（或）精神价值。文化价值蕴含在：遗产地自身，它的环境、材料、功能、关联、含义、记录、相关场所和相关物品中。针对不同个体或群体，遗产地可能有不同价值。

Intangible values may include historic, social, scientific or spiritual associations, or creative genius.

© 2011 ICOMOS International Scientific Committee on 20th Century Heritage (ISC20C)

非物质价值 可能包含历史、社会、科学或精神关联，或创造天赋。

Integrity is a measure of the wholeness and intactness of the built heritage, its attributes and values. Examining the conditions of integrity therefore requires assessing the extent to which the property:
a) Includes all components necessary to express its value;
b) Ensures the complete representation of the features and processes which convey the property's significance;
c) Suffers from adverse effects of development and/or neglect.

完整性 是建筑遗产及它的特征与价值的完整性和完好性的量度。因此，调查完整性需要考虑遗产地符合以下方面的程度：
a) 包含所有能表达其价值的组成部分；
b) 确保了能表明遗产地价值的特征与过程的完全展现。
c) 受到因开发及（或）忽视而带来的不良影响。

Intervention is change or adaptation including alteration and extension.
干涉 是改动或更改，包括修改与扩展。

Maintenance means the continuous protective care of the fabric and setting of a heritage site, and is to be distinguished from repair.
维护 是针对遗产地的材料和环境的持续性保护，有别于修复。

Reversibility means that an intervention can essentially be undone without causing changes or alterations to the basic historical fabric. In most cases reversibility is not absolute.
可逆性 是指一项干涉可以被复原，而不对基本的历史实物产生任何改动或改变。在多数情况下，可逆性不绝对。

ENDNOTES
尾注

i Relevant documents and charters include:
相关文件与宪章包括：
- The Venice Charter - International Charter for the Conservation and Restoration of Monuments and Sites (The Venice Charter)1964
- 威尼斯宪章 - 保护文物建筑和历史地段的国际宪章（威尼斯宪章）1964
- The Florence Charter- Historic Gardens and Landscapes1981
- 佛罗伦萨宪章-历史园林与景观 1981
- The Washington Charter- Charter for the Conservation of Historic Towns and Urban Areas 1987.
- 华盛顿宪章-保护历史城镇与城区宪章 1987
- The Eindhoven Statement – DOCOMOMO 1990.
- 埃因霍温宣言 – 现代运动记录与保护组织 1990.
- The Nara Document on Authenticity – 1994.
- 奈良真实性文件 -1994
- The Burra Charter - The Australia ICOMOS Charter for Places of Cultural Significance 1999.
- 巴拉宪章 –针对具有文化价值的场所的澳大利亚古迹遗址理事会宪章 1999.
- Principles for the Analysis, Conservation and Structural Restoration of Architectural Heritage – 2003.
- 建筑遗产分析、保护与结构修复准则-2003
- The Nizhny Tagil Charter for the Industrial Heritage – TICCIH 2003.
- 有关工业遗产的下塔吉尔宪章-国际工业遗产保存委员会 2003.
- Xi'an Declaration on the Conservation of the Setting of Heritage Structures, Sites and Areas, ICOMOS 2005.
- 保护遗产建筑、古遗址和历史地区的环境的西安宣言，国际古迹遗址理事会，2005
- World Heritage Convention: Operational Guidelines 2008
- 世界遗产宪章：行动指南 2008.

ii Xi'an Declaration on the Conservation of the Setting of Heritage Structures, Sites and Areas, ICOMOS 2005. 保护遗产建筑、古遗址和历史地区的环境的西安宣言，国际古迹遗址理事会，2005

iii Open-air spaces or green areas around and between architectural objects or in urban areas often represent components of an overall composition and of a historically intended spatial perception. 建筑对象的周边和之间以及在城区中的开放环境以及绿色环境通常代表整体构成以及历史上预期的空间预想的一部分。

iv For example, Texto de Mexico 2011, Moscow Declaration 2006.例如，Texto de Mexico 2011，莫斯科宣言 2006.

v In certain cases, the materials used for built sites of the twentieth century have a shorter life span than traditional materials. Lack of conservation action and knowledge of appropriate repair methods based on their material characteristics may mean they need more drastic interventions than traditional materials and they could also require additional intervention in the future.在一些情况下，20 世纪建筑遗产使用的材料比传统材料寿命短。因为材料的特性而导致的保护措施的缺乏以及恰当的修复知识的缺乏可能意味着它们相对传统材料来说需要更加剧烈的干涉，亦需要在将来进一步的干涉。

vi Their removal is unacceptable unless it is the sole means of ensuring their security and preservation. They should be returned where and when circumstances permit.不能移除这些，除非这是唯一的确保它们安全与保护它们的唯一手段。当情况允许的情况下，它们应该被放回。

vii United Nations World Commission on Environment and Development (WCED): "Brundtland Report". Our Common Future (1987), Oxford: Oxford University Press. ISBN 0-19-282080-X.联合国世界环境及发展委员会（WCED）："布伦特兰报告"。我们共同的未来（1987）。牛津：牛津大学出版社 ISBN 0-19-282080-X

viii UIA (international Union of Architects) Architectural Education Commission Reflection Group. 世界建筑师协会建筑教育委员会思考组。

© 2011 ICOMOS International Scientific Committee on 20th Century Heritage (ISC20C)

CSCR 20 世纪建筑遗产委员会
中国 20 世纪建筑遗产认定标准 2021

CSCR-C20C

中国文物学会 20 世纪建筑遗产委员会

Chinese Society of Cultural Relics, Committee on Twentieth-Century Architectural Heritage，CSCR-C20C

中国 20 世纪建筑遗产认定标准

2014 年 8 月（试行） 2021 年 8 月（修订）

一、编制说明

1.1 依据

《中国 20 世纪建筑遗产认定标准（试行稿）》以下简称（认定标准）是根据联合国教科文组织《实施保护世界文化与自然遗产公约的操作指南（12-28-2007）》、国家文物局《关于加强 20 世纪建筑遗产保护工作的通知（2008）》、国际古迹遗址理事会 20 世纪遗产科学委员会《20 世纪建筑遗产保护办法马德里文件 2011》《中华人民共和国文物保护法（2017）》等法规及文献基础上完成的。

本认定标准是由中国文物学会 20 世纪建筑遗产委员会（Chinese Society of Cultural Relics, Committee on Twentieth-Century Architectural Heritage，简称 CSCR-C20C）编制完成，最终解释权归 CSCR-C20C 秘书处。

1.2 原则

中国 20 世纪建筑遗产是按时间段予以划分的遗产集合，它包括着 20 世纪历史进程中产生的不同种类建筑的遗产。20 世纪建筑遗产主要界定为：1900-1999 年设计建成的中国近现代建筑。世界的文化遗产多样性对中国 20 世纪建筑遗产的认定是一个丰富的精神源泉，具有重要的指导与借鉴作用。中国 20 世纪建筑遗产项目不同于传统文物建筑，其可持续利用是对文化遗产中"活"态的尊重及最本质的传承，保护并兼顾发展与利用是中国 20 世纪建筑遗产的主要特点。研究并认定 20 世纪建筑遗产重在传承中国建筑设计思想、梳理中国建筑作品，不仅是敬畏历史、更是为繁荣当今的建筑创作服务。

1.3 价值

城市和建筑的发展历程是人类文明的重要组成部分。建筑设计不仅创造世界上没有的东西，而是对所提出的问题作出基于传承的创新方案。坚持建筑本质、树立文化自觉与自信是开展 20 世纪建筑遗产推介认定的使命之一。无论是历史研究评估、还是通过评估认定建筑群的历史价值、艺术价值、科学价值等，都不严苛建筑的建成年代，而要充分关注它们是否对社会及城市普产生或正在产生深远影响，如是否存在某些方面"开中国之先河"等。此外还要特别研究、评估那些有潜在价值的建筑，如是否具备未来可能获得提升或拓展的价值（诸如建筑美学价值、规划设计特点、建筑造型、材料质感、色彩运用、细部节点、科技与工艺创新等）。

二、认定标准

世界遗产语境下的遗产名录是基于"突出的普遍价值"而设立的，其含义是纪念性建筑物或建筑群应从历史、艺术以及科技的视角发现其具有怎样的普遍价值。完成中国 20 世纪建筑遗产项目的认定推介并登录，要明确对中国新型城镇化建设、城市更新行动中 20 世纪建筑遗产项目的保护、修缮、再利用乃至公众参与及明晰产权关系。政府与企业与社会各方的积极支持均有重要意义。

CSCR-C20C

在中国 20 世纪建筑遗产认定推介中坚持文化遗产的普遍性、多样性、真实性、完整性原则要注意如下文化遗产特征的应用。

该建筑应是创造性的杰作；具有突出的影响力；文明或文化传统的特殊见证；20 世纪历史阶段的标志性作品；具有历史文化特征的居住建筑；与传统或理念相关联的建筑（如红色建筑经典及重要事件建筑等均属该类项目）。

凡符合下列条件之一者即具备申报"中国 20 世纪建筑遗产"项目的资格。

2.1　在近现代中国城市建设史上有重要地位，是重大历史事件的见证，是体现中国城市精神的代表性作品；

2.2　能反映近现代中国历史且与重要事件相对应的建筑遗迹、红色经典、纪念建筑等，是城市空间历史性文化景观的记忆载体。同时，也要重视改革开放时期的历史见证作品，以体现建筑遗产的当代性；

2.3　反映城市历史文脉，具有时代特征、地域文化综合价值的创新型设计作品，也包括"城市更新行动"中优秀的有机更新项目；

2.4　对城市规划与景观设计诸方面产生过重大影响，是技术进步与设计精湛的代表作，具有建筑类型、建筑样式、建筑材料、建筑环境、建筑人文乃至施工工艺等方面的特色及研究价值的建筑物或构筑物；

2.5　在中国产业发展史上有重要地位的作坊、商铺、厂房、港口及仓库等，尤其应关注新型工业遗产的类型；

2.6　中国著名建筑师的代表性作品、国外著名建筑师在华的代表性作品，包括 20 世纪建筑设计思想与方法在中国的创作实践的杰作，或有异国建筑风格特点的优秀项目；

2.7　体现"人民的建筑"设计理念的优秀住宅和居住区设计，完整的建筑群，尤其应保护新中国经典居住区的建筑作品；

2.8　为体现 20 世纪建筑遗产概念的广泛性，认定项目不仅包括单体建筑，也包括公共空间规划、综合体及各类园区，20 世纪建筑遗产认定除了建筑外部与内部装饰外，还包括与建筑同时产生并共同支撑创作文化内涵的有时代特色的室内陈设、家具设计等；

2.9　为鼓励建筑创作，凡获得国家级设计与科研优秀奖，并具备上述条款中至少一项的作品。

三、认定理由说明

3.1　20 世纪建筑遗产认定是一项权威性、科学性、文化历史性极强的工作，因此要考虑所选项目具有：

· 可达性：建筑与城市道路、交通枢纽的位置关系，反映人们到达建筑的便捷性；

· 可视性：建筑要有风貌特点及环境景观价值（质量、风貌、色彩）；

· 可用性：建筑的功能使用安全状况及现在的完好程度；

· 关联性：建筑融于城市设计并与周边项目的整体协调性。

3.2　20 世纪建筑遗产类型十分丰富，至少涉及文教、办公、博览、体育、居住、医疗、商业、科技、纪念、工业、交通等建筑物或构筑物。

CSCR-C20C

3.3 认定推介理由示例。

以进入联合国教科文组织《世界遗产名录》的部分近现代建筑为例：

城市类型

·1930~1950 年建成的特拉维夫项目（2003 年入选），在空地建起的白色建筑群"白城"体现了现代城市规划的准则，成为欧洲现代主义艺术运动理念传播到的最远地域；

·1948 年建成的墨西哥路易斯·巴拉干故居及工作室（2004 年入选），属"二战"后建筑创意工作的杰出代表，将现代艺术与传统艺术、本国风格与流行风格相结合，形成一种全新的特色，其影响力促进了风景园林设计的当代发展与品质；

·1956 年建成巴西利亚项目（1987 年入选），其城市格局充满现代理念，建筑构思新颖别致，雕塑寓意丰富；

·1958 年建成的广岛和平纪念公园（1996 年入选），伴随着"二战"的意义，广岛和平纪念公园成为人类半个世纪以来为争取世界和平所作努力的象征地；

·1999 年建成的墨西哥大学城（2007 年入选），该建筑群别具特色，将现代工程、园林景观及艺术元素有机融于一体，成为 20 世纪现代综合艺术体的世界独特范例。

著名建筑师类型

美国建筑师赖特（1867-1959），在 2019 年 43 届世遗大会上，有团结教堂（伊利诺伊州，1906－1909 年）、罗比之家（伊利诺伊州，1910 年）、流水别墅（宾夕法尼亚州，1936－1939 年）、纽约古根汉姆美术馆（纽约，1956－1959 年）共计八个项目入选。

法国建筑师勒·柯布西耶（1887-1965），在 2016 年 40 届世遗大会上，有跨越七个国家的印度昌迪加尔国会建筑群、日本东京国立西洋美术馆、法国马塞公寓等 17 幢作品入选《世界遗产名录》

德国建筑师沃尔特·格罗皮乌斯（1883-1969），1911 年设计的德国法古斯工厂于 2011 年第 35 届世遗大会入选。

德国建筑师密斯·凡德罗（1886-1969），他设计的德国布尔诺的图根德哈特别墅（1928-1938 年设计）2001 年第 25 届世遗大会入选。

丹麦建筑师约翰·伍重（1918-2008），由他设计、1973 年建成的悉尼歌剧院 2007 年第 31 届世遗大会入选。

四、使用说明

鉴于"中国 20 世纪建筑遗产认定标准"是彰显中国 20 世纪优秀建筑作品、传承建筑师设计思想这一宏大工程的标志性文件，而认定实践尚缺少可借鉴性，所以本标准的使用原则是，在按照标准认定的同时，要做到边使用、边完善、边实践。

4.1 严格按照认定标准的条目进行，通过调研、分析、发现、判断、甄别认定那些有价值（含潜在价值）且必须保护和传承的 20 世纪建筑遗产项目，旨在形成不同建筑类型、不同事件背景下的预备登录名单；

4.2 认定过程要视不同类型的 20 世纪建筑遗产做必要的工作流程设计，即每届推介评选认定都需编制与主题相适合的工作计划及"评选认定手册"；

4.3 专家评选认定工作需要提交的申报材料清单（略）。

20 世纪建筑遗产研究与传播动态
（著作·展览·论坛）

展览

纽约市住房的展览
Housing Exhibition of the City of New York
1934 年 10 月 15 日至 11 月 7 日
纽约现代艺术博物馆，纽约
https://www.moma.org/calendar/
exhibitions/2071

阿尔瓦·阿尔托：建筑与家具
Alvar Aalto: Architecture and Furniture
1938 年 4 月 18 日至 3 月 15 日
纽约现代艺术博物馆，纽约
https://www.moma.org/calendar/
exhibitions/1802

包豪斯：1919—1928
Bauhaus: 1919—1928
1938 年 12 月 7 日至 1939 年 1 月 30 日
纽约现代艺术博物馆，纽约
https://www.moma.org/calendar/
exhibitions/2735

战时住房
Wartime Housing
1942 年 4 月 22 日至 6 月 21 日
纽约现代艺术博物馆，纽约
https://www.moma.org/calendar/
exhibitions/3034?

路德维希·密斯·凡德罗
Mies van der Rohe
1947 年 9 月 16 日至 1948 年 1 月 25 日

纽约现代艺术博物馆，纽约
https://www.moma.org/calendar/
exhibitions/2734

美国制造：战后建筑
Built in USA: Post-War Architecture
1953 年 1 月 20 日至 3 月 15 日
纽约现代艺术博物馆，纽约
https://www.moma.org/calendar/
exhibitions/3305

现代建筑，美国
Modern Architecture, U.S.A.
1965 年 5 月 18 日至 9 月 6 日
纽约现代艺术博物馆，纽约
https://www.moma.org/calendar/
exhibitions/3464?

路德维希·密斯·凡德罗：藏品中的建筑图纸
Mies van der Rohe: Architectural Drawings from
the Collection
1966 年 2 月 2 日至 3 月 23 日
纽约现代艺术博物馆，纽约
https://www.moma.org/calendar/
exhibitions/2570

更新城市：建筑与城市更新
The New City: Architecture and Urban Renewal
1967 年 1 月 24 日至 3 月 13 日
纽约现代艺术博物馆，纽约
https://www.moma.org/calendar/
exhibitions/2593

博物馆的建筑
Architecture of Museums
1968 年 9 月 25 日至 11 月 11 日
纽约现代艺术博物馆，纽约
https://www.moma.org/calendar/
exhibitions/2612

纽约世界博览会和会议中心
New York City Exposition and Convention
Center
1980 年 2 月 21 日至 3 月 30 日
纽约现代艺术博物馆，纽约
https://www.moma.org/calendar/
exhibitions/2281

维也纳 1900：艺术、建筑、设计
Vienna 1900: Art, Architecture and Design
1986 年 7 月 3 日至 10 月 26 日
纽约现代艺术博物馆，纽约
https://www.moma.org/calendar/
exhibitions/1729?

休·费里斯：大都市
Hugh Ferriss: Metropolis
1987 年 2 月至 5 月
National Building Museum，华盛顿

威尼斯复兴二十年，1966—1986
Twenty Years of Restoration in Venice, 1966 -
1986
1987 年 10 月至 1988 年 1 月
National Building Museum，华盛顿

纽约解构七人展
Deconstructivist Architecture
1988 年 6 月 23 日至 8 月 30 日
纽约现代艺术博物馆，纽约

建筑艺术：普利兹克建筑奖
The Art of Architecture: The Pritzker
Architecture Prize
1993 年 3 月至 4 月
National Building Museum，华盛顿

建筑师弗兰克·劳埃德·赖特
Frank Lloyd Wright: Architect
1994 年 2 月 20 日至 5 月 10 日
纽约现代艺术博物馆，纽约
https://www.moma.org/calendar/exhibitions/418

设计百年，第四章：1975—2000
A Century of Design, Part IV: 1975 - 2000
2001 年 6 月 26 日至 8 月 11 日
https://www.metmuseum.org/exhibitions/
listings/2001/century-of-design-part-iv
纽约大都会艺术博物馆，纽约

纽约现代艺术博物馆的建筑 75 年
75 Years of Architecture at MoMA
2007 年 11 月 16 日至 2008 年 3 月 31 日
纽约现代艺术博物馆，纽约
https://www.moma.org/calendar/exhibitions/46?

埃罗·沙里宁：塑造未来
Eero Saarinen: Shaping the Future
2008 年 5 月 3 日至 8 月 24 日
National Building Museum，华盛顿
包豪斯 1919—1933：现代性的工作坊
Bauhaus 1919—1933：Workshops for
Modernity
2009 年 11 月 8 日至 2010 年 1 月 25 日
纽约现代艺术博物馆，纽约
https://www.moma.org/calendar/exhibitions/303

具体乌托邦：南斯拉夫的建筑，1948—1980
Toward a Concrete Utopia Architecture in
Yugoslavia, 1948—1980
2018 年 7 月 15 日至 2019 年 1 月 13 日
纽约现代艺术博物馆，纽约
https://www.moma.org/calendar/
exhibitions/3931

伯恩及希拉·贝歇夫妇
Bernd & Hilla Becher
2022 年 7 月 15 日至 11 月 6 日
纽约大都会艺术博物馆，纽约
https://www.metmuseum.org/exhibitions/
listings/2022/becher

"致敬中国建筑经典"特展
2017 年 9 月 15 日开幕
山东威海

"致敬中国经典"第二批中国 20 世纪建筑遗产项目展
2018 年 5 月 17 日至 5 月 31 日
福建省泉州市鲤城区威远楼，泉州

都·城——我们与这座城市
2018 年 11 月 22 日至 12 月 8 日
中国国家博物馆，北京

栋梁——梁思成诞辰 120 周年文献展
2021 年 8 月 10 日至 2022 年 01 月 09 日
清华大学艺术博物馆，北京

国匠：吴良镛学术成就展
2021 年 3 月 31 日至 2021 年 5 月 9 日
清华大学艺术博物馆，北京

基石——毕业于宾夕法尼亚大学的中国第一代建筑师
2017 年 11 月 21 日—12 月 21 日
江苏省美术馆老馆，南京

致敬百年经典——中国第一代建筑师的北京实践（奠基·谱系·贡献·比较·接力）
2021 年 9 月 26 日开幕
北京市建筑设计研究院有限公司，北京

中建西北院院士馆

2023 年 4 月 16 日开幕

中国建筑西北设计研究院，西安

NAMA10 周年纪念特别展

2023 年 7 月 25 日至 2023 年 10 月 15 日

2023 年 11 月 1 日至 2024 年 2 月 4 日

文化厅国立近现代建筑资料馆，东京

北京建院"院史馆"

2023 年 12 月 28 日开幕

北京建院 B 座，北京

马国馨：我的设计生涯——建筑文化图书展

2024 年 3 月 20 日至 2024 年 4 月 25 日

天津大学图书馆，天津

时代之镜·十载春秋——中国 20 世纪建筑遗产全记录特展

2024 年 4 月 27 日开幕

天津市第二人民文化宫，天津

贝聿铭：人生如建筑

2024 年 6 月 29 日开幕

M+ 艺术馆，香港

图书

Programs and manifestoes on 20th-century architecture
作者：Ulrich Conrads（翻译：Michael Bullock）
The MIT Press,1970

History of Modern Architecture The Modern Movement
作者：Leonardo Benevolo
The MIT Press,1977

Modern Architecture in America: Visions and Revisions
作者：Richard Guy Wilson and Sidney K. Robinson
Iowa State University Press, 1991

《日本の近代建筑 上：幕末・明治篇》
作者：藤森照信
岩波新书,1993

《日本の近代建筑 下：大正・昭和篇》
作者：藤森照信
岩波新书,1993

The Oral History of Modern Architecture: Interviews With the Greatest Architects of the Twentieth Century
作者：John Peter
H.N. Abrams, 1994

Charles Rennie Mackintosh
作者：Alan Crawford
Thames and Hudson Ltd, 1995

Modern Architecture Since 1900
作者：William J.R. Curtis
Phaidon, 1996

Charles Rennie Mackintosh
作者：Wendy Kaplan
Abbeville Press, 1996

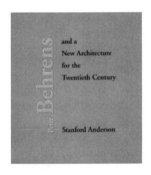

Peter Behrens and a New Architecture for the Twentieth Century
作者：Stanford Anderson
The MIT Press, 2002

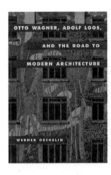

Otto Wagner, Adolf Loos, and the Road to Modern Architecture
作者：Werner Oechslin, 翻译：Lynnette Widder
Cambridge University Press, 2002

Modern Architecture: A Critical History
作者： Kenneth Frampton
Thames & Hudson，2007

《近代建筑史研究》
作者：稻垣荣三
中央公论美术出版, 2007

《日本の近代建筑：その成立过程》
作者：稻垣荣三
中央公论美术出版, 2009

Twentieth-Century Building Materials
作者：Thomas C. Jester
Getty Conservation Institute, 2014

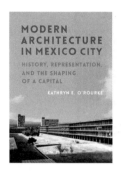

Modern Architecture in Mexico City: History, Representation, and the Shaping of a Capital
作者：Kathryn E. O'Rourke
University of Pittsburgh Press, 2016

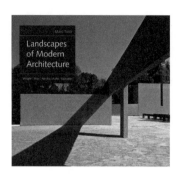

Landscapes of Modern Architecture: Wright, Mies, Neutra, Aalto, Barragá n
作者：Marc Treib
Yale Univ Press, 2016

A New History of Modern Architecture
作者：Colin Davies
Laurence King Publishing Ltd, 2017

The Other Modern Movement: Architecture, 1920 - 1970
作者：Kenneth Frampton
Yale University Press, 2022

Revaluing Modern Architecture: Changing Conservation Culture
作者：John Allan
RIBA Publishing, 2022

《国际建协〈北京宪章〉——建筑学的未来》
作者：吴良镛
清华大学出版社，2002

《中国四代建筑师》
作者：杨永生
中国建筑工业出版社，2002

《北京十大建筑设计》
主编单位：北京市规划委员会 北京城市规划学会
编著单位：北京市建筑设计研究院《建筑创作》杂志社
天津大学出版社，2002

《建筑师林乐义》
作者：崔愷
清华大学出版社，2003

《建筑家林克明》
胡荣锦 著
华南理工大学出版社，2012

《上海外滩东风饭店保护与利用》
唐玉恩 主编
中国建筑工业出版社，2013

《新视野·文化遗产保护论丛（第一辑）
20 世纪遗产保护》
单霁翔 著
天津大学出版社，2015

《重庆人民大会堂甲子纪》
陈荣华等 著
重庆大学出版社，2016

《中国 20 世纪建筑遗产名录（第一
卷）》
丛书主编 中国文物学会 中国建筑学会
本卷编著 中国文物学会 20 世纪建筑
遗产委员会
天津大学出版社，2016

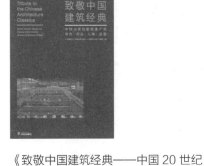

《致敬中国建筑经典——中国 20 世纪
建筑遗产的事件·作品·人物·思
想》
主编：中国文物学会 20 世纪建筑遗产
委员会《中国建筑文化遗产》编辑部
天津大学出版社，2018

《中国 20 世纪建筑遗产大典·北京
卷》
主编 北京市建筑设计研究院有限公
司、中国文物学会 20 世纪建筑遗产
委员会
天津大学出版社，2018

《中国建筑历程 1978—2018》
建筑评论编辑部 编
天津大学出版社，2019

《北京市建筑设计研究院有限公司
五十年代"八大总"》
北京市建筑设计研究院有限公司 编
天津大学出版社，2019

《20 世纪世界建筑精品 1000 件（十卷本）》
作者：总主编【美】K. 弗兰姆普敦
副总主编 张钦楠
生活·读书·新知三联书店，2020

《上海近代建筑风格（新版）》
作者 郑时龄
同济大学出版社，2020

《田野新考察报告 中国、新西兰、澳大利亚 20 世纪建筑遗产考察交流研讨报告》
中国文物学会 20 世纪建筑遗产委员会编著
天津大学出版社，2020

《中国 20 世纪建筑遗产名录（第二卷）》
丛书主编 中国文物学会 中国建筑学会
本卷编著 北京市建筑设计研究院有限公司
中国文物学会 20 世纪建筑遗产委员会
中国建筑学会建筑师分会
天津大学出版社，2021

《弗莱彻建筑史（第 20 版）》
【英】丹·克鲁克香克主编 郑时龄译审
郑时龄 支文军 卢永毅 李德华 吴骥良 郭黛姮 吴光祖 邹德侬 主译
知识产权出版社，2011

《南礼士路的回忆——我的设计生涯》
马国馨著
天津大学出版社，2023

编后记

AFTERWORD

编后记

金磊

百年建筑宏大壮阔，百年历史文脉赓续，百年巨匠经典永驻。

《中国 20 世纪建筑遗产年度报告（2014—2024）》一书就要付梓出版了，它是业界百余名建筑文博学者对 20 世纪遗产的贡献与心得之作。它并非一般的建筑、城市、文博史料文献的汇编，而是建筑行业文化与学科建设"蓝皮书"般的著作。对于这部洞察中国 20 世纪与当代建筑遗产作品与人物思想及事件的图书，我尤其认同它对宏观理念及微观视角的求索。

作为一名 20 世纪建筑遗产的研究者、记录者及整理者，我认为，用多元的文化视角还原历史建筑的身份与尊严是我们工作的初衷。1931 年圆明园遗物文献展在北京中山公园举办，满怀好奇的游人如潮涌至，这是中国历史上第一次举办纪念一处被毁坏建筑的公众活动。1936 年中国营造学社在上海八仙桥青年会 9 楼举办了中国建筑展览会，这个展会的举办不仅对建筑学科具有非凡意义，更强化了民族意识。董大酉特为《中国建筑展览会会刊》题字"发扬国光"，此建筑展览的最大亮点是包罗各式现代建筑模型、图纸、材料及外国建筑介绍，凭借新视野成为一次真正意义上的现代建筑展览会。无疑，它理应被载入中国 20 世纪建筑遗产大事件的史册中。时任《建筑创作》主编的本人，在 2006 年第 4 期《建筑创作》杂志中，收录了马国馨院士《百年经典亦辉煌》一文。文中，马院士强调，作为"石头史书"和"时代镜子"的建筑物，是重要的不可移动文物，是物质文化遗产中最重要的组成部分。此外还刊出

中国建筑学会建筑师分会与《建筑创作》杂志社共同完成的《20 世纪中国建筑遗产》一文，收录了 2004 年向 UIA 申报的 21 项中国 20 世纪建筑遗产项目。从这些已成往事的文献资料中，我感到编制"蓝皮书"，梳理浩繁文献和学术史料的重要性。但设置多元主线，寻找内在规律，立足学者视角，勾勒理论样貌，尤其对遗产要坚守根脉与魂脉更加重要。

2024 年 3 月 20 日至 4 月 25 日在天津大学图书馆开幕的"马国馨：我的设计生涯——建筑文化图书展"（图 1），不仅是一次面向行业与公众的建筑文化展，也是一次有普惠价值的 20 世纪中国建筑第三代建筑师的建筑思想的理念遗产展。由此，我仿佛悟到《中国 20 世纪建筑遗产年度报告（2014—2024）》一书

图 1.《中国建筑文化遗产》编辑部部分专家与天津大学等高校师生在"马国馨：我的设计生涯——建筑文化图书展"合影（2024 年 3 月 20 日）

图 2. 第九批中国 20 世纪建筑遗产项目推介座谈会嘉宾合影（2024 年 3 月 7 日）

的理论建树的重要性在于它是置身于时代服务社会的理论，它不仅局限于建筑与文博"圈层"，更启迪了公众与社会关注 20 世纪遗产，将 20 世纪建筑遗产作为一项道德事业来捍卫并呵护。再如，于 2024 年 3 月在中央美术学院美术馆开幕的"新中国设计的诞生 1945—1959"展（图 3），同样具有中国 20 世纪建筑遗产意义，有两点特别值得一提：其一是前言中说"展览围绕新中国设计的诞生这一主题，以中国社会的巨变为背景，以 1945—1959 年的中国设计与中国现代文明和历史文化之间的关系为主线，力求反映新中国设计历史构建的路径，全景式地梳理与呈现了中国现代设计发展的这个重

图 3. "新中国设计的诞生 1945—1959"展（于中央美术学院美术馆，2024年 4 月 4 日）

要阶段"；其二是在参展设计师名单中至少有近 20 位建筑学家及建筑师被提及，他们是：陈登鳌、林乐义、严星华、林徽因、张家德、欧阳骖、杨廷宝、张镈、赵冬日、朱畅中、陈占祥、汪定曾、戴念慈、华揽洪、张开济、陈植、莫宗江、梁思成等。

　　《中国 20 世纪建筑遗产年度报告（2014—2024）》一书从策划立项到编就共经历十个月，它源自秘书处上下及《中国建筑文化遗产》编辑部青年专家们的努力，发挥了建筑档案在 20 世纪文化传承中的作用。感谢各设计单位的大师、总师们为本书提供了城市更新的案例。70 多篇由一线名家学者撰写的"十年回望"文章生动而具可读性，开启了新中国建筑遗产保护文化场域的"窗口"。如果说，2023 年 5 月由中国文物学会 20 世纪建筑遗产委员会编纂的《20 世纪建筑遗产导读》是介绍中国 20 世纪建筑遗产理论框架的"第一书"，那么《中国 20 世纪建筑遗产年度报告（2014—2024）》一书则开启了 20 世纪遗产的亮丽风景线，更似一部中国 20 世纪建筑遗产十年历程的"全书"。

　　中国 20 世纪建筑遗产需要作品解读、人物理念的阐释，但更需要如"蓝皮书"这样的年度报告，"十年"的事件与动态有叙事的必要性及方法论的提升，进而会层层递进，揭示中国建筑文博自信与技术创新的关键点。我相信，本书在运用中国智慧，传递 20 世纪建筑遗产及保护经验与模式上，有规则与理念的提升，它有助于检视我们自身的工作，并再次确认中国 20 世纪建筑遗产"新十年"路径的正确性，激励我们不断向前。

　　感谢十年来为中国 20 世纪建筑遗产事业作出贡献的每个机构及每一个人。

金磊
中国文物学会 20 世纪建筑遗产委员会
副会长、秘书长
中国建筑学会建筑评论学术委员会副理事长
2024 年 4 月 27 日